HISTOIRE

UNIVERSELLE

PUBLIÉE

par une société de professeurs et de savants

SOUS LA DIRECTION

DE M. V. DURUY.

HISTOIRE

DE LA PHYSIQUE ET DE LA CHIMIE

OUVRAGES DE M. HOEFER

PUBLIÉS PAR LA MÊME LIBRAIRIE

Histoire de la botanique, de la minéralogie et de la géologie. 1 vol. in-16.　4 fr.

Histoire de la zoologie. 1 vol. in-16.　4 fr.

Histoire de l'astronomie. 1 vol. in-16.　4 fr.

Histoire des mathématiques; 2º édit. 1 vol. in-16.　4 fr.

Diodore de Sicile : *Bibliothèque historique,* traduction française avec deux préfaces, des notes et un index, par Ferd. Hoefer; 2º édition. 4 vol. in-16.　14 fr.

Coulommiers. — imp. PAUL BRODARD. — 718-1900.

HISTOIRE

DE LA

PHYSIQUE

ET DE LA

CHIMIE

DEPUIS LES TEMPS LES PLUS RECULÉS JUSQU'A NOS JOURS

PAR

FERDINAND HOEFER

TROISIÈME ÉDITION

PARIS

LIBRAIRIE HACHETTE ET Cie

79, BOULEVARD SAINT-GERMAIN, 79

1900

HISTOIRE
DE LA PHYSIQUE

DEPUIS LES TEMPS LES PLUS RECULÉS
JUSQU'A NOS JOURS

NOTION PRÉLIMINAIRE.

Tout ce qui tombe sous les sens, tout ce dont la science s'occupe, peut se résumer en ces deux mots : *matière* et *mouvement*. De là découle une division naturelle, particulièrement applicable à la physique. Cette division est si simple, qu'il y a lieu de s'étonner qu'on n'en ait pas encore fait usage. Comme elle se déduit de l'histoire même de la science, nous ne saurions mieux faire que de l'employer ici.

Le premier livre de cette histoire aura donc pour objet les propriétés générales de la matière qui compose notre globe. C'est là que notre vie est pour ainsi dire implantée et que nous pouvons nous livrer directement à tous les genres d'investigation.

Dans le second livre, nous traiterons du mouvement et de ses transformations, qui, en nous rattachant à la continuité infinie, font du globe terrestre une molécule de l'univers.

Cette économie de l'ouvrage ne préjuge en rien la question de savoir si la matière et le mouvement, unis dans leurs manifestations, sont, en réalité, absolument inséparables.

LIVRE PREMIER

MATIÈRE

Qu'est-ce que la matière ? Voilà ce que se sont demandé tous les philosophes de l'antiquité. Mais cette question, comme aucune de celles qui portent sur l'origine et la fin des choses, n'a jamais pu recevoir de solution. Les philosophes prétendaient avoir trouvé le principe de la matière, les uns dans l'*eau*, les autres dans l'*air*, d'autres dans le *feu*, etc.

Suivant Pythagore, la matière est un mélange d'eau et de poussière, universellement répandu, pénétré à la fois du principe actif ou mâle, et du principe passif ou femelle.

Sans se préoccuper de l'essence de la matière, Héraclite se demandait d'où elle provient, de quelle transformation elle est le résultat. Il essaya d'établir que « le feu se change en air, l'air en eau, et l'eau en terre. » Et comme ce grand philosophe soutenait le premier que « le feu n'est que du mouvement, » il fut conduit à enseigner que « tout est mouvement. »

La doctrine d'après laquelle la matière se compose de parcelles infiniment petites, insécables, appelées *atomes*, est aussi d'origine grecque. Elle a été mise en avant et développée par Démocrite, Leucippe et Epicure.

Unie à la doctrine héraclitienne de la chaleur ou du feu-mouvement, elle a été reprise de nos jours par un grand nombre de physiciens et de chimistes. Ainsi, suivant Ampère, les atomes sont des *centres d'action moléculaire*, dont les dimensions doivent être considérées comme rigoureusement nulles ; en d'autres termes, la matière se compose de véritables êtres simples, sans étendue. En citant la théorie d'Ampère sur la constitution de la matière, Cauchy ajoute : « S'il nous était permis d'apercevoir les molécules des différents corps soumis à nos expériences, elles présenteraient à nos regards des espèces de constellations, et en passant de l'infiniment grand à l'infiniment petit, nous retrouverions dans les dernières particules de la matière, comme dans l'immensité des cieux, des *centres d'action placés en présence les uns des autres.* »

Mais les discussions de ce genre, où il paraît bien difficile de s'entendre, sont moins du domaine de la physique que de la philosophie proprement dite. C'est pourquoi nous ne traiterons ici que de la matière en tant qu'elle est accessible à nos sens, et que nous pouvons la soumettre directement à nos recherches et à nos différents modes d'expérimentation. Ainsi comprise, la matière ne dépasse pas la constitution de notre globe. C'est seulement sur notre planète que nous pouvons la toucher et la manipuler. C'est là qu'elle intervient dans tous les phénomènes de la vie, à raison du milieu dans lequel nous vivons.

PROPRIÉTÉS IMMÉDIATES DE LA MATIÈRE (POIDS, VOLUME, DENSITÉ, ÉLASTICITÉ, COMPRESSIBILITÉ, etc.)

Tout ce qui est matériel pèse. Ce fait a été le point de départ d'observations très-importantes. La première en date est celle qui montre que tous les corps terrestres, étant abandonnés à eux-mêmes, tombent suivant une ligne qui fait un angle droit avec la surface d'un liquide en repos. C'est ce qui fit, dit-on, inventer à Dédale, personnage mythologique, le *niveau*, composé d'un triangle en bois, au sommet duquel est attaché un fil à plomb.

Il ressort de plusieurs passages de Plutarque que les anciens attribuaient le poids de la matière, non pas à une qualité occulte, mais à une tendance naturelle des particules à se grouper autour d'un centre commun. C'est par là qu'ils expliquaient la forme sphérique de la lune. Relativement au point où doit se concentrer tout le poids des particules matérielles d'un corps, Aristote avait déjà observé qu'un homme assis est obligé, pour se lever, ou de retirer ses pieds en arrière ou de porter son corps en avant [1]. L'importance de cette observation resta longtemps inaperçue.

Après un long intervalle de temps, demeuré à peu près stérile pour le sujet en question, Kepler eut le premier l'idée de donner de la gravité, c'est-à-dire du *poids* des corps, une explication mécanique : il fait venir la gravité d'effluves magnétiques qui, émanant, comme autant de rayons, du centre de la terre, attireraient vers ce centre tous

1. Aristote, *Quæst. mechan.,* XXXI.

les corps qui tombent. Quoi qu'il en soit, c'est un fait acquis à la science que tous les corps de la terre, s'ils n'étaient pas retenus par les obstacles sur lesquels ils reposent, tomberaient au centre de notre planète, suivant une droite perpendiculaire à la tangente du globe.

Les écrits de Pappus nous montrent que les anciens s'occupaient déjà de la recherche du centre de gravité, c'est-à-dire du point où est appliquée la résultante des poids de toutes les particules matérielles d'un corps. La question fut reprise au XVIIe siècle par le P. Guldin et Lucas Valerius, qui trouvèrent que, si le corps a une forme géométrique et que sa masse soit homogène, on peut calculer facilement la position du centre de gravité. Mais ces problèmes sont du domaine de la mécanique.

Balance. — Une des opérations les plus usuelles consiste à peser les corps, à comparer leurs poids avec ceux d'autres corps étalonnés. La balance est l'instrument employé à cet effet. Son invention est fort ancienne : elle remonte au moins à quatre mille ans. Abraham *pesa* (en hébreu *shakal*) les quatre cents sicles d'argent qu'il remit à Ephron pour le prix d'un terrain [1].

Le nom grec de *talent*, τάλαντον, signifiait primitivement *balance*; les talents, τάλαντα, en étaient les *plateaux*. Homère représente Jupiter pesant la destinée des mortels dans une balance :

Quand le soleil était parvenu au milieu de son circuit du ciel,
Le Père étendit les plateaux de sa balance d'or;
Il y plaça les deux destins du long sommeil de la mort
Des Troyens dompteurs de chevaux et des Achéens aux tuniques d'airain;
Il tenait la balance par le milieu....
Le destin des Achéens s'abaissa vers la terre,
Celui des Troyens s'éleva vers le ciel [2].

Il résulte de ces vers de l'*Iliade* que l'on connaissait déjà du temps d'Homère (environ mille ans avant notre ère) la balance ordinaire, composée d'un fléau ou levier, qu'on tenait par le milieu, et aux extrémités duquel étaient suspendus les deux plateaux. Les Grecs attribuaient cette invention, les uns à Phidon, les autres à Palamède. Une chose certaine, c'est que le véritable inventeur des balances est resté inconnu.

On s'est depuis lors singulièrement attaché à modifier l'instrument

1. Genèse, XXIII, 16.
2. *Iliade*, VIII, 68 et suiv.

du pesage, en donnant à chaque modification un nom particulier.
Cependant toutes les balances se réduisent à deux classes : balances à bras égaux, dont la balance ordinaire représente le type, et
balances à bras inégaux, dont la plus connue est la *balance romaine*.
Elle est ainsi nommée, non pas parce qu'elle était, comme on l'a
prétendu, en usage chez les Romains, — les Romains ne la connaissaient pas, — mais parce qu'elle nous vient des Arabes, qui appellent *roumain* (pomme de grenade) l'unique poids de cette balance [1].
Le *peson* (nom qu'on donne aussi à la balance romaine) sert encore
à peser les marchandises de poids variable, à l'aide d'un seul et
même poids qu'on éloigne plus ou moins du point d'appui. Hassenfratz, Gatley et Paul de Genève ont perfectionné cette balance par
des moyens simples et faciles.

La *balance hydrostatique* fut imaginée, on ignore par qui, pour
déterminer le poids spécifique des liquides et solides. Elle repose sur
ce théorème d'Archimède, qu'un corps plus pesant que l'eau pèse
moins dans l'eau que dans l'air, et que cette diminution équivaut
exactement au poids d'une masse d'eau de même volume que ce
corps; d'où il suit que, si l'on retranche le poids du corps dans l'eau
de son poids dans l'air, la différence donnera le poids d'une masse
de liquide égale à celle du solide employé.

Les physiciens qui au XVIII° siècle ont cherché à perfectionner
les différents genres de balances sont : Ludlam, Ramsden, Fontana,
Brisson, Varignon, Hooke, Musschenbroek, etc. [2]. Wallis dans son
Traité de Mécanique et Jac. Leupold dans son *Theatrum machinarum generale* ont les premiers donné une théorie complète de
la balance.

De nos jours, on a singulièrement perfectionné la balance des
physiciens et des chimistes, après avoir établi, comme règles de
construction, qu'il faut : 1° placer le centre de gravité au-dessous
et très-près du point de suspension; 2° faire les deux bras du
levier parfaitement égaux; 3° donner une grande longueur au fléau
et en diminuer le poids autant que possible. En observant ces
règles, on est parvenu à rendre les balances très-sensibles.

L'établissement d'un poids étalon, auquel on rapporte les poids
des corps à peser, fut déjà reconnu comme nécessaire par Charle-

---

1. Voy. Pocock dans Wallis, *Mechanica*, t. I, p. 642 (des Œuvres de
Wallis).

2. Voy. Busch, *Handbuch der Erfindungen*, au mot WAAGE (balance)

magne, au commencement du IX⁰ siècle. Cet empereur prit pour
étalon la livre romaine (*libra*, d'où le nom de *librare*, peser), en la
faisant égale à 12 onces ou à 96 drachmes (deniers), ou à 288 scrupules. La livre de Charlemagne n'a été conservée intacte, sous le nom
de *poids de médecine*, que dans quelques pharmacies. Mais dans
les transactions commerciales elle subit d'innombrables altérations.
Il en fut du poids comme des mesures de longueur, de superficie et
de capacité : il y eut bientôt autant de livres, de pieds, de perches,
de pintes, de boisseaux, etc., différents qu'il y a de contrées et de
villes différentes. Cette unité, dont tout le monde sentait le besoin,
était devenue la confusion des langues, une vraie tour de Babel,
lorsque vint à éclater la Révolution française. On se mit alors
sérieusement en quête d'étalons invariables ou toujours faciles à
retrouver. L'unité des mesures, le *mètre*, on le déduisit de la longueur du quart du méridien (la dix-millionième partie de cette longueur), et l'unité des poids, appelée *gramme*, fut ramenée au poids
d'un centimètre cube d'eau distillée, à 4° du thermomètre centigr.

Ce grand résultat découlait de la doctrine générale à laquelle on
était arrivé relativement à la pesanteur de la matière. Gassendi, Cas-
satus, Descartes et leurs disciples s'étaient attachés à des théories
qui, en dernière analyse, faisaient de la pesanteur une qualité occulte de la matière. Ces théories furent abandonnées lorsqu'on
commença, depuis Newton, à comprendre que non-seulement tous
les corps terrestres pèsent relativement au centre de la Terre, mais
que toutes les planètes et comètes pèsent relativement au soleil,
leur centre commun, enfin que la même loi s'applique à tous les
corps pesants, quelles que soient leurs dimensions. Cette hauteur
de vue fit à la fois mieux saisir l'ensemble et mieux préciser les
détails. On comprit que le même corps, pris pour unité, doit varier de poids suivant les différentes latitudes; qu'à cause de l'inégalité des rayons terrestres, il doit peser moins vers l'équateur que
vers les pôles; enfin que, pour que le gramme soit une unité fixe, il
faut le définir comme étant le poids de 1 centimètre cube d'eau à
4° sous la latitude de 45° (latitude moyenne entre l'équateur et
les pôles) et au niveau de la mer.

La balance ne donnant que le poids des corps, abstraction faite
de leurs volumes, on dut songer de bonne heure au moyen de connaître les poids de différents corps sous l'unité de volume. Pour
avoir une unité de même espèce (*species*), on compara le poids de
ces différents corps, appelé *poids spécifique*, à celui de l'eau à 4°.

C'est par le poids absolu des corps qu'on apprécie leur *masse*, c'est-à-dire le poids total des atomes, ou, plus exactement, la quantité de matière qu'ils contiennent. Ayant suspendu à des fils d'égale longueur des poids égaux de différentes substances, telles que l'or, le plomb, etc., renfermées dans des boîtes égales de même matière, Newton trouva que tous ces poids faisaient leurs oscillations dans le même temps. Il en conclut que la pesanteur, cause motrice, était, dans chaque poids oscillant, proportionnelle à la masse; que les masses de deux corps de même poids sont égales; qu'un corps qui a un poids double d'un autre a aussi une masse double, etc. Mais il n'en est pas de même du poids spécifique, qu'on nomme aussi *densité* [1]. Car un corps a d'autant plus de densité qu'il a moins de masse sous un même volume, de manière que, si deux corps sont également pesants, leur densité est en raison inverse de leur volume, c'est-à-dire que si l'un a deux fois plus de volume, il est deux fois moins dense, etc. Pour obtenir le poids spécifique d'un corps, on n'aura donc qu'à chercher le rapport du poids de son volume à celui d'un égal volume d'eau à 4°. Tout cela a été parfaitement établi et formulé par Newton.

Les physiciens ne tardèrent pas à s'apercevoir qu'on peut varier la densité d'un corps par la température et par la compression. Ce fait général les mit d'abord en présence de deux propriétés principales de la matière, la *porosité* et l'*élasticité*.

Porosité. — Beaucoup de substances, telles que l'éponge, la moelle de sureau, etc., permettent de distinguer, à la simple vue, des interstices dépourvus de matière solide; les métaux, réduits en feuilles minces, laissent passer la lumière à travers des ouvertures (transparentes) de leur masse; le mercure peut passer, sous forme d'une pluie fine, par les pores d'une peau de buffle, etc. Mais il arrive un moment où l'œil, même armé du meilleur microscope, ne distingue plus d'intervalles vides (pores), bien que la dilatabilité et la compressibilité montrent qu'il y a des *pores*, que la porosité existe. L'esprit continue alors ce que l'œil a commencé : on imagine des systèmes pour expliquer la compressibilité et la dilatabilité de la matière. On est ainsi revenu au système des atomistes. « Si nous

---

1. Rigoureusement parlant, la *densité* est la masse de l'eau sous l'unité de volume, tandis que le *poids spécifique* est le poids de l'eau sous l'unité de volume. Mais cette distinction ne change rien aux nombres qui expriment les densités ou les poids spécifiques des corps.

concevons, dit Newton, que les particules de la matière puissent être disposées de manière que les intervalles ou espaces vides qui les séparent soient égaux en nombre à celui de ces particules; si, de plus, nous concevons que ces particules soient elles-mêmes composées d'autres plus petites, qui aient, à leur tour, entre elles des espaces vides en même nombre que ces particules secondes, et que celles-ci soient composées d'autres plus petites encore, également séparées par des intervalles en même nombre que ces dernières particules, et ainsi de suite, jusqu'à ce qu'on parvienne aux particules solides insécables (atomes), qui n'aient plus entre elles aucun pore ou espace vide; si nous supposons enfin que, dans un corps donné, il y ait, par exemple, trois pareils ordres de particules, ce corps aura 7 fois autant de pores ou espaces vides que de particules solides insécables (atomes); que s'il y a quatre ordres de particules (dont les plus petites sont toujours supposées indivisibles), le corps aura 15 fois autant de pores; que s'il y en a cinq ordres, le corps aura 31 fois autant de pores, et ainsi de suite (suivant la progression des termes de $(2^n) - 1$, n ayant successivement la valeur de 1, 2, 3, 4, etc.) [1]. »

Reprenant l'idée de Newton, Laplace se demanda si la force qui fait graviter les astres s'appliquerait aussi aux molécules invisibles de la matière que nous pouvons toucher. « Pour admettre cette hypothèse, il faut, dit-il, supposer *plus de vide que de plein* dans les corps, en sorte que la densité de leurs molécules soit incomparablement plus grande que la densité moyenne de leur ensemble : une molécule sphérique d'un cent-millionième de pied de diamètre devrait avoir une densité au moins dix milliards de fois plus grande que la moyenne densité de la terre, pour exercer, à la surface, une attraction égale à la pesanteur terrestre. Or les forces attractives des molécules (cohésion des particules matérielles) d'un corps surpassent considérablement cette pesanteur, puisqu'elles réfléchissent visiblement la lumière, dont la direction n'est point changée sensiblement par l'attraction de la terre. La densité de ces molécules serait donc à celle des corps dans un rapport de grandeur dont l'imagination est effrayée, si leur affinité dépendait de la loi de la pesanteur universelle. Le rapport des intervalles qui séparent ces molécules, à leurs dimensions respectives, serait du même ordre que relativement aux étoiles qui forment une né-

---

1. Newton, *Traité d'Optique*, II, 3.

buleuse, que l'on pourrait ainsi considérer comme un grand corps lumineux [1]. »

Voilà comment, par l'application d'une seule et même loi à la matière du ciel et à celle de la terre, on a été conduit à supposer aux corps une porosité telle que, par exemple, les solides d'une densité égale à la moyenne densité de la terre doivent avoir dix milliards plus de vide que de plein. Quoi qu'il en soit, il est certain que sans l'hypothèse des espaces interatomiques, analogues aux espaces intersidéraux, l'élasticité et la compressibilité seraient des propriétés inexplicables de la matière.

Élasticité. — Presque tous les corps ont la faculté de reprendre la forme et l'étendue qu'une cause extérieure leur avait momentanément enlevées; en un mot, ils sont presque tous élastiques. Les opinions furent, dès le principe, fort partagées sur la cause de l'*élasticité*, condition essentielle de la sonorité. Les Cartésiens l'attribuaient à une matière subtile, à l'*éther*, qui devait faire effort pour passer à travers les pores devenus trop étroits. « Ainsi, disaient-ils, en bandant ou comprimant un corps élastique, par exemple, un arc, ses particules s'écartent les unes des autres du côté convexe et se rapprochent du côté concave; par conséquent, les pores se rétrécissent du côté concave, de sorte que s'ils étaient ronds auparavant, ils deviennent ovales; et la matière proprement dite, s'efforçant de sortir des pores ainsi rétrécis, doit en même temps faire effort pour rétablir le corps dans l'état où il était lorsque les pores étaient plus ouverts ou plus ronds, c'est-à-dire avant que l'arc fût bandé. »

Le P. Mallebranche et ses disciples expliquaient l'élasticité par de petits tourbillons, dont tous les corps seraient remplis. D'autres l'attribuaient à l'action de l'air, auquel ils faisaient jouer le même rôle qu'à l'éther des Cartésiens. D'autres encore la cherchaient dans l'attraction. Enfin il serait trop long d'énumérer toutes les opinions émises à ce sujet par les physiciens du XVIIe et du XVIIIe siècle.

C'est avec raison qu'on a abandonné ces vaines théories pour ne s'attacher qu'au côté pratique de la question. On a cherché les lois d'élasticité, de traction, de torsion et de flexion des verges métalliques. Poisson, Cauchy et d'autres analystes ont soumis ces lois au calcul. De nos jours M. Wertheim a déterminé les coefficients

---

[1]. *Réflexion sur la loi de la pesanteur universelle*, dans Laplace, *Exposition du Système du monde*.

d'élasticité pour le plomb, l'or, l'argent, le cuivre, le platine, le fer, l'acier, recuits à diverses températures.

On a cherché les poids qui peuvent rompre un fil dont la longueur est quelconque et dont la section est égale à 1 millimètre : ce sont là les coefficients de rupture, qui mesurent la *ténacité* du métal. On est parvenu à montrer que les changements de volume et de forme, déterminés dans les corps élastiques par les forces extérieures, ne sont pas toujours transitoires, et qu'il y a souvent des déformations permanentes. C'est ainsi que les ressorts se fatiguent à la longue, que les poutres des plafonds fléchissent peu à peu, que les édifices se tassent, etc. Il y a donc une limite à l'élasticité des corps. M. Wertheim et d'autres physiciens ont essayé de déterminer cette limite pour les métaux, en prenant un fil d'une section égale à 1 millimètre, et cherchant le poids qui donne d'abord un allongement de $0^{mm},05$ par mètre. Il fut ainsi reconnu que les divers métaux ont une ténacité très-inégale, depuis le plomb, où cette propriété est très-faible, jusqu'à l'acier où elle est à son maximum.

Compressibilité. —Comme l'élasticité, la *compressibilité* est une propriété commune aux corps. Pour les corps solides et les corps gazeux, elle est incontestable. Mais il y eut longtemps quelque incertitude pour les liquides. Les plus anciens physiciens nièrent hardiment que les liquides fussent compressibles et élastiques, bien que le fait de la transmission du son eût dû leur donner quelque doute à cet égard. Leur opinion régna jusqu'au milieu du XVIIe siècle. Jugeant qu'il vaut mieux chercher des faits qu'adopter des opinions, les physiciens de l'Académie del Cimento de Florence firent, en 1661, un grand nombre d'expériences pour s'assurer si l'eau est compressible. A cet effet, ils se servirent d'abord d'un tube de verre deux fois recourbé en forme de siphon et terminé par deux sphères creuses pleines d'eau ; le tube intermédiaire contenait de l'air et tout était hermétiquement fermé. En chauffant l'une des deux sphères, on produisit de la vapeur qui comprima le liquide contenu dans l'autre ; mais on ne vit aucun abaissement de niveau. Cela s'explique : en se condensant dans la partie froide, la vapeur devait augmenter la quantité du liquide en même temps que la pression en diminuait le volume ; il aurait fallu isoler ces liquides pour constater l'effet seul de la pression. Variant leurs procédés, les académiciens de Florence comprimèrent, avec du mercure, de l'eau placée dans des tubes de verre ; une pression de 80 livres de mercure sur 6 livres

d'eau ne produisit pas de diminution appréciable. Ils remplirent
une boule d'argent mince avec de l'eau à la glace, et, après en
avoir exactement fermé l'ouverture, ils frappèrent la boule avec un
marteau pour en diminuer le volume : l'eau s'échappait à travers
les pores du métal, comme le mercure à travers ceux d'une baudruche. De ces diverses expériences les savants italiens tirèrent la
conclusion, un peu prématurée, que l'eau est *incompressible* [1].

Les expériences de Musschenbroek, de Boerhaave, d'Hamberger
et de Nollet tendant à confirmer l'opinion des académiciens de
Florence, il semblait acquis à la science que *l'eau est incompressible.* C'était cependant une erreur.

Robert Boyle fut le premier à douter de ce qu'on regardait déjà
comme une vérité acquise. Ce doute lui avait été suggéré par
l'expérience suivante : une boule d'étain, remplie d'eau et dont il
avait soudé l'ouverture, fut aplatie avec un maillet ; puis, en perçant
les parois d'étain avec une aiguille, il vit l'eau jaillir de la boule
avec beaucoup de force [2]. Fabri répéta l'expérience de R. Boyle avec
le même succès. Ce résultat, qui paraissait montrer la compressibilité de l'eau, fut attribué par Musschenbroek à l'élasticité de
l'étain. Reprenant l'idée de R. Boyle, Mongez renferma de l'eau
dans une vessie, qu'il comprima jusqu'à ce que l'eau commençât à
traverser les pores de la membrane ; en la laissant tomber, il vit
qu'elle rebondissait comme un corps élastique. Cette élasticité est-
elle due, se demanda l'expérimentateur, à la membrane, ou à l'eau
comprimée?

La question en était là lorsque Canton entreprit, en 1762, de nouvelles expériences sur la compressibilité de l'eau. L'appareil employé
à cet effet se composait, comme un thermomètre, d'un réservoir
sphérique surmonté d'un tube capillaire. Il le remplissait d'eau, et
après l'avoir chauffé pour en chasser tout l'air, il fermait la pointe
à la lampe. Par le refroidissement il se faisait un vide, et le niveau
du liquide baissait jusqu'à un point qui restait fixe à une température invariable. En cassant alors la pointe du tube, Canton déterminait, par l'entrée de l'air, une pression de l'atmosphère sur le
liquide. Mais il ne tint d'abord aucun compte de la pression que

1. Voy. Musschenbroek, *Tentamina exper. nat. in Acad. del Cim.,*
Leyde, 1731, in-1.

2. Boyle, *Nova exper. physico-mechanica,* Exp. XX, p. 55 (*Op. varia,*
Genève, 1680, in-4).

l'atmosphère devait exercer en même temps sur les parois du vase. Averti de cette cause d'erreur, il cherchait à y remédier en faisant le vide autour du réservoir sphérique. Aux expériences de Canton [1] vinrent bientôt se joindre celles d'Abich, de Zimmermann, de Hubert (sur l'*Élasticité de l'eau*, etc. Vienne, 1779, in-4°) et surtout celles de Perkins; le résultat final fut que l'eau est compressible, comme le sont d'autres liquides, tels que l'alcool, l'huile, le mercure, etc.

Ces expériences furent, au commencement de notre siècle, reprises par Œrsted, qui inventa à cet effet le *piézomètre*, instrument semblable à celui de Canton. Le célèbre physicien danois trouva que le *coefficient moyen* de compressibilité est égal à 46 millionièmes pour l'eau. Mais Œrsted s'était trompé en supposant à son piézomètre un changement de capacité insensible. Colladon et Sturm signalèrent cette erreur et essayèrent de la corriger. De leurs expériences ils crurent devoir conclure que la compression cubique par unité de volume et par atmosphère est le triple de la compression linéaire, c'est-à-dire de 33 millionièmes. Mais cette correction fut montrée inexacte par M. Wertheim. M. Regnault, amené incidemment à s'occuper de la même question, parvint à des résultats sensiblement différents par une méthode nouvelle, après avoir modifié le piézomètre. Enfin il ressort des travaux de ce consciencieux physicien, joints à ceux de Despretz, de Wertheim, de Grassi et d'autres, que le coefficient de compressibilité d'un liquide n'est point un nombre constant; que ce nombre diminue, par exemple, pour l'eau à mesure que la température s'élève, qu'il augmente, au contraire, pour l'alcool, l'éther et le chloroforme, enfin que la compressibilité n'est pas toujours proportionnelle à la pression, et qu'elle est probablement une fonction complexe de la température et de la pression.

Nous avons insisté sur ces détails, pour montrer combien il est difficile d'arriver à une exactitude désirée, malgré le concours de plusieurs générations de physiciens habiles.

L'exposé des recherches sur l'*équilibre* et l'*écoulement des liquides* rentre dans l'histoire de la mécanique proprement dite. Aussi n'en parlerons-nous pas ici. Cependant nous ne saurions nous dispenser de dire un mot de la fontaine d'Héron et du *pèse-liqueur* d'Hypatie, deux inventions fameuses dans leur temps.

Héron, qui vivait à Alexandrie, 250 ans avant notre ère, réalisa

---

1. Canton, *Expériences to prove that water is not incompressible*, dans le t. LII, p. 11 et p. 640, des *Philosophical Transactions*.

par un mécanisme ingénieux, le principe général d'après lequel un gaz, tel que l'air, se trouve emprisonné de manière à exercer sur un liquide une pression qui se transmet à toute sa masse. Cette fontaine se voit figurée dans les différentes éditions des *Spiritalia* d'Héron, ainsi que dans le *Theatrum machinarum* de Leupold. Les dessins qui y accompagnent le texte diffèrent notablement de ceux qu'on voit dans les traités de physique modernes.

Pèse-liqueur (aréomètre) d'Hypatie. — Une femme célèbre, qui enseignait à Alexandrie la philosophie néo-platonicienne et qui mourut, en 415, lapidée par les disciples fanatiques de saint Cyrille, Hypatie écrivit à son élève Synésius, devenu plus tard évêque de Ptolémaïs, une lettre dans laquelle on lit les lignes suivantes : « Je me trouve si mal, que j'ai besoin d'un *hydroscope*. Je vous prie d'en faire faire un en cuivre, et de me l'acheter. C'est un tuyau en forme de cylindre, qui a la forme et la grandeur d'un sifflet ; sur sa longueur il porte une ligne droite qui est coupée en travers par de petites lignes, par lesquelles nous jugeons du poids des eaux. L'un des bouts est couvert d'un cône, disposé de manière que le tuyau et le cône aient une même base. On appelle cet instrument *baryllion*. Si on le met dans l'eau par la pointe, il y demeure debout et l'on peut aisément compter les divisions qui coupent la ligne droite, et par là on connaît la densité de l'eau [1]. »

Aucun des commentateurs des Lettres de Synésius n'ayant pu expliquer la nature de cet instrument, Benoît Castelli (né à Brescia en 1577, mort à Rome en 1644) eut l'idée de consulter le célèbre Fermat.

Voici l'opinion du grand mathématicien français, telle que la rapporte Castelli à la fin de son *Traité de la mesure des eaux courantes* (Rome, 1628), et qu'elle se trouve reproduite en tête des *Opera varia* de Fermat (Toulouse, 1679, in-f°) : « Cet instrument servait à faire connaître la densité des différentes eaux pour l'usage des malades ; les médecins étaient d'accord que les plus légères sont les meilleures : le terme ροπή (poids, descente), dont se sert Synésius, le montre clairement. Ce terme ne signifie pas ici *libramentum*, nivellement, comme l'a cru le P. Petau, mais poids ou densité, ce que les Latins appellent *momentum*. La balance ne pouvant pas donner exactement la différence du poids ou de la densité des eaux, les mathématiciens inventèrent, d'après les principes d'Archimède

---

1. Synesius, *Epist.* XV (Paris, 1605, in-8).

(*De his quæ vehuntur in aqua*), l'instrument dont il est question dans la lettre à Synésius, et dont voici la figure (fig. 1). AF est un cylindre de cuivre; AB est l'extrémité supérieure, toujours ouverte. EF est l'extrémité inférieure, fermée par le cône EIF, qui a la même base que le cylindre. AE, BF sont deux lignes droites, coupées par diverses petites lignes : plus il y en aura, plus exact sera l'instrument. Si l'on met cet instrument par la pointe du cône dans l'eau et qu'on l'ajuste de manière qu'il se tienne debout, il n'y enfoncera que jusqu'à une certaine mesure qui sera marquée par une des lignes transversales; et il y enfoncera diversement, suivant que l'eau sera plus ou moins pesante : plus l'eau sera légère, plus il y enfoncera; et moins, plus elle sera pesante, comme il nous serait aisé de le démontrer. »

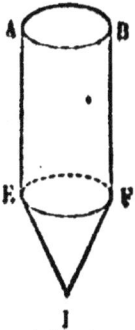

Fig. 1.

Les physiciens du XVIIIe siècle, tels que Fahrenheit, Nicholson, Beaumé, ont dû se servir de ces données pour construire leurs *aréomètres*, bien qu'ils n'en eussent pas indiqué l'origine.

ATMOSPHÈRE TERRESTRE

Ce vaste océan de gaz, perpétuellement agité, dont la surface se confond avec l'immensité de l'espace, et dont le lit est formé par la surface terrestre, l'*atmosphère* en un mot, passa longtemps pour quelque chose d'immatériel. Il y a deux siècles et demi à peine que sa matérialité a été mise hors de doute, et ce n'est que depuis que l'on commence à apprécier toute l'étendue du rôle physique et physiologique de l'atmosphère que l'on cherche à appliquer à la matière ce que saint Paul disait des rapports de l'homme avec Dieu : ἐν αὐτῷ ζῶμεν καὶ κινούμεθα καὶ ἐσμὲν : *nous y vivons, nous nous y mouvons, et nous y sommes.*

La première chose que se demande un astronome physicien, en dirigeant le télescope vers une planète ou un satellite, c'est de savoir si ces globes errants sont entourés d'une atmosphère. Et cela se comprend. Les principaux agents physiques, la chaleur et la lumière, qui ont leur source dans l'astre central de notre monde, se modifient en traversant une enveloppe gazeuse, et composent, sur le globe solide où ils pénètrent, l'ensemble des conditions qui forment pour ainsi dire les *coefficients de la vie*. Or, de toutes les planètes, celle que nous habitons, la Terre, est la seule dont l'étude soit accessible à tous nos moyens d'investigation. Il est donc naturel que notre atmosphère, cette enveloppe modificatrice de tout ce qui occupe la surface terrestre, attire l'attention incessante des observateurs. C'est là que se trouvent, en effet, presque tous les secrets de la science qui a reçu le nom de *physique* [1].

Tant qu'on n'était pas d'accord sur la forme de la Terre, tant que les esprits se montraient réfractaires à cette formidable vérité que la Terre est librement suspendue dans l'espace, que c'est un corps céleste, un astre circulant avec la Lune autour du Soleil, toute saine notion de physique était impossible.

Écoutez Aristote. Il vous parle longuement des brouillards, des nuages, des pluies, des grêles, des neiges, des vents, des exhalaisons subtiles de l'air; mais il n'a aucune idée d'une atmosphère proprement dite [2].

Les anciens savaient que l'air est plus rare au sommet des montagnes que dans les vallées. C'est sur ce fait qu'ils fondèrent sans doute leur théorie de l'*air* et de l'*éther*. Suivant Pythagore [3], l'*air*, ἀήρ, impur, hétérogène, est ce qui se trouve au-dessous de l'air pur, homogène. » Ce dernier était l'*éther*, αἰθήρ, « matière céleste, libre de toute matière sensible. »

Empédocle, cité par Clément d'Alexandrie et par Plutarque, adopta cette division, en y ajoutant la terre et l'eau. L'air, il l'appelait aussi *Titan*, comme le témoignent ces vers attribués à Empédocle :

La Terre, et la Mer ondoyante, l'Air humide,
Titan, et l'Ether, qui enveloppe le grand Cercle [4].

Platon, dans le *Timée* et le *Phédon*, distingue, comme Pythagore, deux espèces d'air : « L'un, grossier et rempli de vapeur, est celui que nous respirons; l'autre, plus subtil, est l'éther, dans lequel les corps célestes sont plongés et y accomplissent leurs révolutions. »

D'autres physiciens philosophes n'ont fait qu'amplifier cette manière de voir. Ce n'est que dans *Sénèque* (mort à Rome en l'an 65 de notre ère) que l'on voit poindre l'idée que nous nous faisons

1. La *Physique*, telle que l'entendait Aristote, n'a rien de commun avec la Physique moderne. La Physique du chef des péripatéticiens formait en quelque sorte le passage des sciences naturelles à la Métaphysique.

2. Aristote, *De Mundo*, c. IV.

3. Diogène de Laerte, *Vie de Pythagore*. Voy. aussi le poëme pythagorique d'Hiéroclès.

4. Clément d'Alex., *Stromat.*, V.

aujourd'hui de l'atmosphère. « L'air, dit-il, fait partie du monde ;
il est le lien commun entre le ciel et la terre... Il est contigu à la
Terre et l'embrasse si étroitement, qu'il vient aussitôt occuper l'espace qu'elle abandonne. Tout ce que la Terre dégage, l'air le reçoit
dans son sein, si bien que l'air doit être regardé comme faisant
corps avec le grand Tout [1]. »

Les physiciens du moyen âge ont ajouté peu de chose aux données générales fournies par les écrivains de l'antiquité grecque et
romaine relativement à la conception de l'atmosphère terrestre.

Essayons maintenant de tracer le tableau des particularités les
plus essentielles ou les mieux connues de cet océan gazeux dont
les animaux à respiration aérienne, y compris l'homme, occupent
le fond solide, raboteux.

Pesanteur de l'air. — Les anciens savaient-ils que l'air est pesant ? Plusieurs passages de leurs écrits nous autorisent à le
croire. Ainsi, Aristote dit positivement que tout a de la pesanteur,
que l'air lui-même pèse, et il n'excepte de cette loi que le feu [2]. A
l'appui de son affirmation, il gonfla d'air une vessie et constata que
la vessie, ainsi gonflée, pèse plus qu'une vessie vide [3].

Déjà avant Aristote, Empédocle avait attribué la cause de la respiration « à la pesanteur de l'air, qui se précipite dans l'intérieur
des poumons » [4]. Asclépiade, cité par Plutarque, avait la même
opinion. « L'air, dit-il, est porté avec force dans la poitrine par sa
pesanteur [5]. »

Ces données, comme beaucoup d'autres, passèrent inaperçues.
Il faut arriver jusqu'au XVIIe siècle de notre ère pour apprendre la cause qui fait monter l'eau dans un corps de pompe. On
connaissait cependant depuis des siècles les pompes aspirantes,
puisque leur invention remonte à 180 ans avant J.-C. Mais les
disciples d'Aristote avaient érigé en axiome que *la nature a horreur
du vide*, et tant qu'on ne songeait pas à substituer à l'autorité
d'une école celle de l'expérience, on devait continuer d'enseigner
l'*horror vacui*, une vaine parole, comme la cause ascensionnelle
de l'eau dans les pompes ordinaires, dont la hauteur ne paraissait
jamais avoir dépassé 32 pieds.

1. Sénèque, *Quæst. nat.*, II, 4 et 6.
2. Aristot., *de Cœlo*, IV, 1 : Πάντα βάρος ἔχει, πλὴν πυρός.
3. Ibid., Ἕλκει πλεῖον ὁ πεφυσημένος ἀσκὸς, τοῦ κενοῦ.
4. Aristote, *de Respiratione*, c. VII.
5. Plutarque, *de Placit. philosoph.*, IV, 22.

Mais voici un petit incident qui fit crouler l'échafaudage d'une erreur qui n'avait duré que trop longtemps. Un jardinier de Florence, ayant construit une pompe plus longue que les pompes ordinaires, remarqua avec surprise que l'eau ne s'y élevait jamais au-dessus de 32 pieds, quelque effort qu'il fit pour la faire monter plus haut. Il communiqua le fait à Galilée pour en savoir la cause. Le grand physicien, dissimulant sa surprise, se contenta de dire au jardinier que *la nature n'avait horreur du vide que jusqu'à trente-deux pieds*. On prétend qu'après avoir lui-même répété cette expérience, il conjectura que l'air était la cause de l'ascension de l'eau dans les pompes; mais il mourut avant d'avoir pu vérifier sa conjecture.

Il importe de faire ici une distinction, qui paraît avoir jusqu'à présent échappé aux historiens de la science. Galilée [1], reprenant sous une autre forme l'expérience d'Aristote, s'était efforcé, dès 1638, d'établir que l'air pèse 400 fois moins que l'eau [2]. Au lieu d'une vessie, il avait employé pour cela une boule creuse. Mais à l'époque où il fit cette expérience, il n'eut pas encore l'occasion de méditer sur l'intervention de l'atmosphère dans le phénomène de la pompe.

Torricelli, disciple de Galilée [3], ne se préoccupait d'abord lui-même que du fait de la persistance de l'eau à ne s'élever qu'à 32 pieds. Pour l'éclaircir, il eut l'heureuse idée de substituer le mercure à l'eau. Il en parla à son condisciple Vincent Viviani; et ce fut ce dernier qui entreprit, en 1643, de soumettre l'idée au contrôle de l'expérience. A cet effet, il se servit d'un tube de verre, hermétiquement fermé à l'un des bouts, tandis que par l'autre, resté ouvert, il introduisit du mercure. Mettant ensuite le doigt sur l'ouverture, il porta le tube renversé dans une cuve pleine de mercure.

---

1. Voy. la biographie de Galilée dans, l'*Histoire de l'Astronomie et des mathématiques* (T. I de notre *Histoire des sciences*).

2. Avant Galilée, un pharmacien français, Jean Rey, avait déjà démontré (en 1630), par une expérience chimique mémorable, que l'air est un fluide pesant. Voy. plus loin, l'*Hist. de la Chimie*.

3. *Torricelli*, né en 1608 à Faenza, mort à Florence en 1647, adoucit, avec Viviani, l'amertume des derniers moments de Galilée devenu aveugle. Nommé mathématicien du grand-duc de Toscane, il construisit des lunettes supérieures à celles dont on faisait alors usage. Il mourut à trente-neuf ans, au milieu d'une vive polémique avec Roberval sur la priorité de la découverte des propriétés de la cycloïde. Ses *Opera geometrica* (Florence, 1644, in-4°) contiennent le *Traité du mouvement*, qui l'avait mis en rapport avec Galilée.

En retirant le doigt, il vit que la colonne de mercure s'abaissa en laissant l'espace au-dessus vide, et qu'elle resta stationnaire à une hauteur de 27 pouces 1/2 : c'était juste le rapport connu de la densité du mercure à celle de l'eau, c'est-à-dire $\frac{31}{14}$ pieds ou 27 1/2 pouces. Torricelli manda, en 1644, le résultat de cette expérience à son ami Angelo Ricci, qui était alors à Rome.

Ricci était en correspondance avec le P. Mersenne, qui fut ainsi le premier instruit de l'expérience de Torricelli. Le P. Mersenne en fit part à Petit, intendant des fortifications; celui-ci la communiqua à Pascal qui habitait alors Rouen, auprès de son père, intendant de justice et des finances. Pascal répéta l'expérience du physicien de Florence, en la variant diversement, et il en tira cette première conclusion « que, s'il était vrai, comme on le prétendait, que *la nature abhorre le vide*, il n'était pas exact de dire *qu'elle ne souffrait pas de vide*; qu'au contraire cette horreur du vide avait des limites; enfin, que la nature ne fuyait pas le vide avec tant d'horreur que plusieurs se l'imaginent [1]. »

Ces dernières paroles étaient à l'adresse des physiciens de l'école d'Aristote; elles furent vivement relevées par le P. Noël. De là naquit une violente polémique sur l'espace vide que laisse un tube de verre de plus de 32 pieds de longueur, rempli d'eau, ou un tube de plus de 28 pouces, rempli de mercure. En opposition avec Pascal, qui admettait que cet espace est « véritablement vide et destitué de toute matière, » le P. Noël soutenait qu'il est occupé « par l'élément lumineux de l'air subtil (la lumière passait alors pour un élément de l'air), qui a traversé les pores du verre pour prendre la place du mercure ou de l'eau [2]. » Dans sa réponse, Pascal reprochait avec raison à son adversaire d'avoir employé un argument sans valeur. « Puisque la nature de la lumière est, lui disait-il, inconnue à vous et à moi, et qu'elle nous demeurera peut-être

---

1. *Expériences nouvelles touchant le vide*, etc. Paris, 1647, br. in-8° (de 32 pages).
2. Première lettre du P. Noël à Pascal. Par les mots *élément lumineux*, ce savant jésuite fait sans doute allusion à ce singulier phénomène de phosphorescence que présente le vide barométrique. Picard passe donc à tort pour l'avoir le premier observé en 1676. La Hire, Jean Bernoulli, Homberg le considéraient comme étant dû à un phosphore particulier. Hawkesbee (*Philos. Transact.*, année 1708) en fit connaître la véritable cause : il montra que la lueur barométrique est un phénomène électrique, déterminé par le frottement du mercure contre les parois du verre.

éternellement inconnue, je vois que cet argument sera longtemps
sans recevoir la force qui lui sera nécessaire pour devenir convain-
cant. »

Cette polémique devint l'occasion de recherches du plus haut
intérêt *sur l'équilibre des liqueurs*. Pascal fit des expériences
avec des siphons, avec des seringues, avec des tuyaux de toute
longueur, de toute grosseur et de toute forme, remplis de différents
liquides, tels que mercure, eau, vin, huile, etc., pour montrer
« que les liquides pèsent suivant leur hauteur, et qu'un petit filet
d'eau tient un grand poids en équilibre. » Les résultats de ces
expériences, où se trouve toute la théorie de la machine hydraulique, parurent en 1647. Dans la même année, Pascal fut averti
d'une pensée qu'avait Torricelli, à savoir, que « la pesanteur de
l'air pouvait bien être la cause de tous les effets qu'on avait jusqu'alors attribués à l'horreur du vide. » Il trouva cette pensée,
comme il le dit lui-même, tout à fait belle : mais ce n'était encore
pour lui qu'une simple conjecture [1].

Dès ce moment la question entra dans une phase nouvelle, décisive. L'idée d'attribuer la cause du phénomène, appelé l'*horreur
du vide*, à la pesanteur de l'air, avait été suggérée à Torricelli par
les variations de la hauteur du mercure dans un tube de verre.
Cette idée, d'où date l'origine du baromètre, paraît remonter à
1644. Mais Torricelli mourut (le 25 octobre 1647) avant de lui avoir
donné tous les développements nécessaires.

Dans ses recherches sur l'équilibre des liqueurs, Pascal revient
souvent sur ce que les animaux ne sentent pas le poids du liquide
où ils se trouvent, « non parce que ce n'est que de l'eau qui pèse
dessus, mais parce que c'est de l'eau qui les environne de toute
part. » Cette proposition, il l'appliqua aussi à l'air, dont il sépara, le
premier, bien nettement, l'élément physique de l'élément chimique
par la définition suivante : « J'appelle, dit-il, *air* ce corps simple
ou composé, et dont il ne m'est nécessaire que de savoir qu'il est
pesant. » Puis, revenant à l'idée de Torricelli, il fit le raisonnement
suivant sur les expériences qu'il avait exécutées lui-même : « Si la
pesanteur de l'air est la cause de ces effets, il faudra que ceux-c
soient, proportionnellement, plus grands au pied qu'au sommet des
montagnes. Et si cela était démontré, ne serait-il pas ridicule de
soutenir que la nature abhorre plus le vide sur les montagnes que

---

1. Préface du *Traité de l'équilibre des liqueurs* (Paris, 1698, in-12).

dans les vallons? » L'argument était irrésistible. Aussi ajouta-t-il en triomphant : « Que tous les disciples d'Aristote assemblent tout ce qu'il y a de plus fort dans les écrits de leur maître et de ses commentateurs, pour rendre, s'ils le peuvent, raison de ces choses par l'horreur du vide; sinon qu'ils reconnaissent que les expériences sont les véritables maîtres qu'il faut suivre en physique. »

Partant de là, Pascal fit entreprendre ce qu'il appelait la *grande expérience de l'équilibre des liqueurs*, l'ascension du Puy-de-Dôme. « Et parce qu'il n'y a — nous citons ses paroles — que très-peu de lieux en France propres à cet effet, et que la ville de Clermont en Auvergne est une des plus commodes, je priai M. Périer, conseiller en la cour des aides d'Auvergne, mon beau-frère, de prendre la peine de l'y faire [1]. »

La lettre qu'il adressa à Périer le 15 novembre 1647 (environ un mois avant la mort de Torricelli) contient un passage curieux qui montre combien il lui en coûtait de renoncer à une ancienne théorie. « Je n'ose pas encore, dit-il, me départir de la maxime de l'horreur du vide; car je n'estime pas qu'il nous soit permis de nous départir légèrement des maximes que nous tenons de l'antiquité, si nous n'y sommes obligés par des preuves indubitables et invincibles. Mais, en ce cas, je tiens que ce serait une extrême faiblesse d'en faire le moindre scrupule, et qu'enfin nous devons avoir plus de vénération pour les vérités évidentes que d'obstination pour les opinions reçues [2]. »

Ces paroles peignent d'un trait Pascal, ce génie si cruellement tiraillé en sens contraire par le respect de l'autorité traditionnelle et la voix de la raison. C'est la dernière qui devait ici l'emporter.

Enfin la *grande expérience*, comme Pascal l'appelle, fut faite le 19 septembre 1648. Périer établit sa station inférieure dans le jardin des Pères Minimes à Clermont, un des lieux les plus bas de la ville. Il s'était muni de deux tubes de verre de même grosseur et de même hauteur (4 pieds), fermés hermétiquement par un bout et ouverts par l'autre. Après les avoir remplis de mercure et renversés sur une

---

1. Descartes, dans une lettre à Carcavi (en juin 1649), prétendait avoir conseillé cette expérience à Pascal; il se plaignit que celui-ci ne l'eût pas tenu au courant de ce qui s'était fait, et soupçonna Roberval, son adversaire, d'être la cause de ce silence. Les documents nous manquent pour contrôler l'assertion de Descartes.

2. *Traité de l'équilibre des liqueurs et de la pesanteur de la masse d'air*, p. 46.

cuve contenant le même liquide, il marqua le niveau où s'était arrêtée la colonne de mercure : ce niveau était, dans chaque tube,
à 26 pouces 3 lignes 1/2. L'un des tubes, laissé à demeure dans le
jardin des Minimes, fut confié aux soins du P. Chatin, « qui devait
observer de moment en moment pendant toute la journée s'il arriverait du changement. » L'autre tube fut porté par Périer sur le
Puy-de-Dôme, élevé d'environ 500 toises au-dessus du jardin des
Minimes. Le mercure y descendit à 23 pouces 2 lignes. Il y eut
donc 3 pouces 1 ligne 1/2 de différence. Le niveau de la colonne
de mercure n'avait pas changé dans la station inférieure. Périer
répéta l'expérience dans d'autres lieux plus ou moins élevés, et
trouva que *la hauteur de la colonne était inversement proportionnelle à l'élévation de ces lieux.* Il conçut même le projet de dresser
une table, « dans la continuation de laquelle ceux qui voudraient se
donner la peine de le faire, pourraient peut-être arriver à la parfaite connaissance de la juste grandeur du diamètre de toute la
sphère de l'air. »

Pascal se réjouit vivement, avec raison, de voir ainsi démontrée une proposition d'abord purement hypothétique. Il voulut
cependant lui-même contrôler à Paris les résultats que son beau-
frère lui avait envoyés de Clermont. « Je fis, dit-il, l'expérience
ordinaire du vide au haut et au bas de la Tour de Saint-Jacques de
la Boucherie, haute de 24 à 25 toises; je trouvai plus de 2 lignes de
différence à la hauteur du vif-argent [1]. Et ensuite je la fis dans
une maison particulière, haute de 90 marches, où je trouvai très
sensiblement une demi-ligne de différence. »

C'est ainsi qu'il fut mis hors de doute que non-seulement l'air
est de la matière, mais que tous les effets qu'on avait jusqu'alors,
sur l'autorité des péripatéticiens, attribués à l'horreur de la nature pour le vide, proviennent du poids de l'atmosphère. L'opuscule où se trouve exposée cette importante vérité physique a pour
titre : *Récit de la grande expérience de l'équilibre des liqueurs,
projetée par le sieur B. P.* (Blaise Pascal), *et faite par le sieur
F. P.* (Florin Périer), *en une des plus hautes montagnes d'Auvergne;* Paris (Charles Savreux), 1648, in-4° de 20 pages. Devenu
très-rare, cet opuscule reparut avec des augmentations sous le titre

---

1. C'est en souvenir de cette expérience que la tour de Saint-Jacques-la-
Boucherie, aujourd'hui isolée au milieu d'un square, a été ornée, en 1860,
de la statue de Pascal.

de *Traité de l'Équilibre des liqueurs et de la Pesanteur de la masse de l'air*, etc. ; Paris (Guillaume Desprez), 1698, in-12.

L'expérience du Puy-de-Dôme eut un grand retentissement ; elle fut bientôt après répétée, avec le même succès, dans presque tous les pays de l'Europe.

Baromètre. — Le tube de verre dont se servit Torricelli dans l'expérience citée plus haut (p. 17), le *tube de Torricelli*, qu'employèrent Périer et Pascal pour mesurer la différence du poids de l'air suivant les hauteurs, devint le point de départ d'un *instrument destiné à mesurer le poids de l'atmosphère*, périphrase du mot grec *baromètre* (de βάρος, pesanteur; μέτρον, mesure). Voyez ci-dessous le dessin (fig. 2) de ce qu'on appelait communément le *tube de Torricelli*.

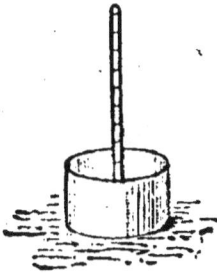

Fig. 2.

Presque tous les physiciens s'ingénièrent à perfectionner cet instrument, qui était, dans l'origine, moins propre à mesurer la pression atmosphérique qu'à en constater les variations : c'était un *baroscope* plutôt qu'un *baromètre*. Ceux qui se croyaient plus habiles que les autres substituèrent l'eau au mercure. Mais ils ne tardèrent pas à s'apercevoir que leur prétendu perfectionnement était fort incommode : il fallut donner aux tubes plus de 32 pieds de longueur et les composer de diverses pièces, ajustées avec des viroles. Enfin l'embarras de monter et de placer de pareils instruments rendit les *baromètres à eau* tout à fait impraticables et on y renonça bientôt. Les constructeurs revinrent donc à l'emploi du vif-argent.

S'il n'y avait pas eu sur notre terre un métal liquide, les hommes seraient-ils jamais parvenus à inventer un instrument commode, propre à s'assurer expérimentalement qu'ils vivent, non pas *sur*, mais *dans* une planète, au fond de cet océan gazeux, matériel, qui l'enveloppe de toutes parts, et qui pèse sur chaque individu, de taille moyenne, d'un poids d'environ 15000 kilogrammes?

Il ne sera peut-être pas sans intérêt de mettre sous les yeux du lecteur quelques-uns de ces baromètres primitifs. On expose dans les arsenaux les engins meurtriers de l'art de s'entre-tuer, et il n'y aurait pas plus de gloire à exhiber les instruments qui, par leurs perfectionnements successifs, ont le plus contribué aux immortelles conquêtes scientifiques de l'humanité!

La hauteur du mercure dans le tube barométrique oscille dans des limites qui n'excèdent pas 12 centimètres à la surface moyenne de la Terre. Comme cette échelle de variations est relativement peu étendue, on s'est ingénié à l'agrandir artificiellement, afin de pouvoir mieux la subdiviser. Ce fut là-dessus que porta, dès l'origine, tout l'esprit des inventeurs.

Un ingénieur anglais [1], Morland, imagina, à cet effet, un baromètre à *tube coudé* (fig. 3). Si, par exemple, le mercure s'élève dans le tube droit, jusqu'à A, il entrera dans le tube coudé, jusqu'à C. Par cet artifice, un faible abaissement pourra devenir deux, trois, quatre fois plus sensible dans le tube coudé que dans le tube droit. Mais à cela il y a un inconvénient bien grave : la surface du mercure dans le tube coudé n'est pas parallèle à l'horizon, elle est convexe, comme le montre la figure 4, représentant l'extrémité grossie de tube recourbé. Or, à quel point, en *g* ou en *f*, doit-on marquer la vraie hauteur barométrique ? — A cet embarras il faut ajouter que plus le tube est incliné, plus l'intérieur de ses parois, toujours raboteuses sous une apparence lisse, opposera de la résistance à la descente comme à l'élévation régulière du mercure. L'invention de Morland dut donc être rejetée.

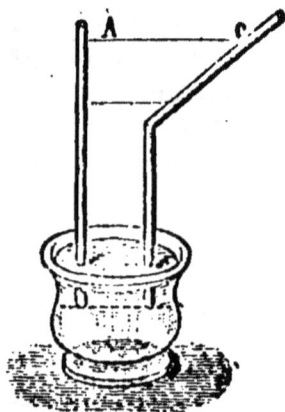

Fig. 3.

A peu près vers la même époque Robert Hooke [2] proposa, en 1665, le *baromètre à roue* (fig. 5). C'est un tube dont le bout inférieur recourbé

Fig. 4.

reçoit par son ouverture un petit poids en fer E en contact avec la surface libre du mercure. Ce petit poids est suspendu à un fil dont l'autre extrémité porte un poids II, très-faiblement plus

1. Samuel *Morland*, né vers 1625, mort en 1695, remplit sous Cromwell diverses missions politiques, et reçut de Charles II le titre de baronnet. Las de servir les puissants du jour, il se livra avec ardeur à l'étude de la mécanique, particulièrement de l'hydrostatique. Il inventa le porte-voix, appelé alors *trompette parlante*, et parla l'un des premiers de la force d'expansion de la vapeur dans ses *Principes de la nouvelle force du feu*. Vers la fin de sa vie, il devint aveugle et tomba dans la misère.

2. Robert *Hooke*, né en 1638 dans l'île de Wight, mort en 1703, perfectionna les horloges, les micromètres et les microscopes.

léger, de manière que le petit système, tournant autour de la poulie S mobile, se trouve *presque* en équilibre. A cette poulie est fixée une aiguille qui · marque les divisions d'un cercle. On conçoit dès lors que si, dans le bout supérieur, soufflé en boule, le mercure s'élève au-dessus du niveau AB, le petit poids E descendra, et que, dans le cas contraire, il montera, faisant ainsi mouvoir l'aiguille, tantôt de droite à gauche, tantôt de gauche à droite. Un changement peu considérable du niveau dans le bout supérieur, élargi en boule, peut en · produire un très-considérable dans le bout inférieur, proportionnellement à la différence de leurs diamètres. Mais tout ce mécanisme, quelque ingénieux qu'il soit, ne servit à résoudre que fort incomplétement le problème proposé.

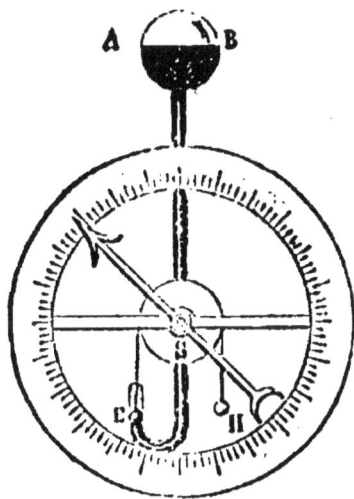

Fig. 5

Ainsi quand, dans le bout inférieur, étroit, la surface du mercure commence à devenir convexe ou concave, c'est-à-dire quand le mercure commence à se mettre en mouvement pour monter ou pour descendre, le petit système de poids EH, presque en équilibre, n'a pas assez de force pour faire tourner la poulie S, qui est toujours sujette à quelque frottement, ce qui empêchera l'aiguille de marquer des variations peu considérables; et lorsque la poulie se meut, les variations marquées seront un peu trop grandes. En présence de ces défauts, Hooke, aussi ingénieux que modeste, fut lui-même l'un des premiers à abandonner le baromètre de son invention.

Au rapport de Chanut, Descartes eut le premier l'idée d'employer le mercure concurremment avec l'eau, dans la construction du baromètre [1]. Huygens [2] essaya, en 1672, de mettre cette idée

1. Lettre de Chanut, ambassadeur de France à Stockholm, adressée le 24 septembre 1650 à Périer, beau-frère de Pascal.

2. Christian *Huygens*, né à la Haye, en 1629, vint en 1655 pour la première fois en France, et fut reçu docteur en droit à la faculté protestante de Saumur. En 1672, il se trouvait à Paris, occupé à publier son *Horologium oscillatorium*. Il mourut à l'âge de 66 ans. On trouvera plus de dé-

en pratique. Mais il constata que l'eau laisse dégager de l'air qui déprime un peu la colonne barométrique. Pour remédier à cet inconvénient, le célèbre physicien hollandais imagina le *baromètre bitubulé* (fig. 6). En O et P s'ajustent deux cylindres dont le diamètre est dix fois plus grand que celui du tube. Si le mercure du cylindre supérieur descend d'une certaine quantité, comme de KK' à RR', il montera de la même quantité dans le cylindre inférieur, et *vice versa*. Ce dernier est surmonté d'un tube étroit et ouvert N, dans lequel on verse un liquide non congelable, comme l'esprit-de-vin rectifié. Ce liquide se déplacera d'une manière très-sensible dans le tube étroit N, au moindre changement de niveau survenu dans les cylindres; on en trouvera aisément la valeur par une formule très-simple. — L'un des principaux inconvénients de ce baromètre vient de l'action de

Fig. 6.

la température qui se fait surtout sentir sur le liquide, plus dilatable et plus vaporisable que le mercure. Mais cet inconvénient eut pour conséquence de faire pour la première fois bien comprendre la nécessité de combiner les indications du baromètre avec celles du thermomètre, pour peu qu'on tienne à faire des observations exactes.

D'autres physiciens, français et anglais, entreprirent de modifier le baromètre d'Huygens, en ajoutant un troisième cylindre au-dessus du cylindre inférieur P, et en versant, au-dessus du mercure, de l'esprit-de-vin teint avec de la cochenille, puis au-dessus de celui-ci une couche d'huile de térébenthine. Mais la superposition de ces liquides, de propriétés physiques et chimiques si différentes, offrait des inconvénients sur lesquels il serait inutile d'insister.

En 1695, Amontons [1] fit connaître son *baromètre de mer*, ainsi appelé parce qu'il avait été inventé pour l'usage des marins. C'est un tuyau conique, fort étroit, dont l'ouverture inférieure, la plus large, n'a qu'une ligne de diamètre; le vide qui se trouve dans la

---

tails sur cet homme célèbre, à la fois physicien, astronome et géomètre, dans notre *Histoire de l'Astronomie et des Mathématiques*.

1. Guillaume *Amontons*, né à Paris en 1663, mort en 1705, avait l'esprit très-inventif, comme l'attestent ses *Remarques et Expériences physiques sur la construction d'une nouvelle clepsydre, sur les baromètres, thermomètres et hygromètres*; Paris, 1695.

partie supérieure suffit pour empêcher le mercure de s'échapper par l'extrémité inférieure ouverte. Mais l'effet de la capillarité nuisit beaucoup à la sensibilité et à l'exactitude de cet instrument dont la simplicité séduisait au premier abord. Le *baromètre polytubulé* du même physicien était plus compliqué; mais il manquait également de précision, à cause des dilatations inégales des différentes matières dont il était composé. Aussi, l'un et l'autre baromètre ne tardèrent-ils pas à être abandonnés.

Voilà comment, au XVIIe siècle, les premiers constructeurs de baromètres s'étaient ingéniés, par des artifices divers, à varier le tube de Torricelli, pour rendre sensibles à l'œil les moindres changements qu'éprouve la colonne du liquide en fonction de la pression variable de l'atmosphère.

Mais à mesure qu'on avançait, les obstacles semblaient se multiplier tellement qu'on renonça un moment à l'espoir de faire concorder les changements marqués par l'instrument d'invention humaine, avec les fluctuations de cet océan aérien qui, depuis la création du monde, pèse sur tous les êtres.

Les baromètres, inventés au XVIIIe siècle, de simples devinrent de plus en plus compliqués, par suite du besoin que les physiciens sentaient d'une exactitude plus grande.

Un célèbre mathématicien, Jean Bernoulli, présenta, en 1710, à l'Académie des sciences de Paris, un baromètre, dont Dominique Cassini avait déjà indiqué le plan. Ce baromètre, dit *rectangulaire*, se composait de deux tubes de verre, d'inégale grosseur, emboîtés l'un dans l'autre : le diamètre du tube vertical, plus gros, A, est un multiple, déterminé d'avance, du diamètre horizontal (fig. 7). Il est évident que si le mercure descend dans le premier, de D en G, il se déplacera proportionnellement dans le second tube, de I en E. Musschenbroek, physicien hollandais, faisait grand cas de ce baromètre, à cause de sa simplicité

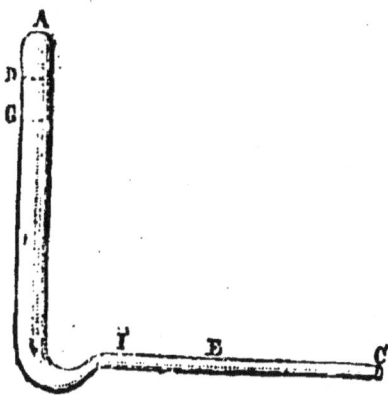

Fig. 7.

et de son extrême sensibilité. Cependant il lui trouvait un grand défaut : c'était de laisser l'air s'introduire facilement par le petit tube. Pour y remédier, il conseillait de ne lui donner qu'une ligne ou moins de diamètre, et de se servir de mercure bien purgé d'air par l'ébullition. C'est ici que vient se placer un fait important dans l'histoire du baromètre.

En 1705, Pontchartrain, chancelier de France, avait un baromètre qui marquait toujours de 18 à 19 lignes au-dessous du niveau des autres baromètres, bien que ceux-ci fussent composés du même verre, remplis du même mercure et suspendus dans le même lieu. Pontchartrain voulut en savoir la raison. Tous les physiciens de l'Académie se mirent en campagne pour satisfaire la curiosité du chancelier. A quoi fallait-il attribuer la différence signalée? A un défaut de construction. C'était là du moins l'opinion des membres de l'Observatoire royal. Mais Amontons ne partagea pas cette opinion; et pour mieux se rendre compte des éléments du problème, il commanda au fabricant du baromètre de Pontchartrain quatre instruments pareils, de deux sortes de verre. Puis il les plaça dans un même lieu, ainsi que deux autres baromètres dont il se servait habituellement. Cela fait, il constata que les six baromètres offraient entre eux un maximum de différence de 10 lignes. Mais ce qui lui parut surtout étrange, c'était de voir que la différence variait dans une même journée; ainsi, le matin elle était de 18 lignes, l'après-midi de 19, et le soir de 9 lignes. L'habile physicien crut en avoir trouvé la cause dans la porosité du verre, qui laisserait entrer de l'air dans l'*espace de Torricelli*, comme on appelait la partie vide du tube barométrique [1].

Sur ces entrefaites, Amontons vint à mourir. La question fut reprise en 1706; l'Académie chargea Maraldi de répondre au chancelier. Le savant académicien s'assura le concours de Homberg, qui lui apprit que les tubes, avant de recevoir le mercure, avaient été lavés à l'esprit-de-vin. Ce renseignement fit porter l'attention de Maraldi sur l'alcool, dont les vapeurs auraient pu, par leur élasticité, déprimer la colonne de mercure, et il conclut, d'une série d'essais, qu'il faut, dans la construction des baromètres, éviter avec soin le contact de l'humidité. Enfin, ce ne fut que cinquante ans plus tard que de Luc trouva que, pour fabriquer des baromètres bien concordants, il faut donner aux tubes d'un verre pur la même capacité dans toute leur étendue, et faire bouillir préalablement le mercure pour en chasser tout l'air et toute l'humidité. La dernière opération offrit des difficultés qui paraissaient d'abord insurmontables; on n'est parvenu à les vaincre qu'après de longs tâtonne-

---

1. *Mém. de l'Acad. des sciences*, année 1705.

ments. Il importait surtout de débarrasser le mercure d'un oxyde noir, qui le ternit, en modifie la densité et le fait adhérer au verre. Le mercure ainsi purifié présente l'éclat vif, métallique, du miroir le plus parfait.

La disposition de l'échelle apporta d'autres difficultés que sentirent déjà les premiers constructeurs. A la division par pouces et lignes fut, dès la fin du xviiie siècle, substituée la division par centimètres et millimètres. Mais, quelle que soit la mesure qu'on adopte, les intervalles des subdivisions doivent être, avant tout, parfaitement égaux entre eux. Puis, comme le mercure ne peut ni s'élever ni s'abaisser dans le tube sans s'abaisser ni s'élever d'une quantité correspondante dans la cuvette du réservoir, il faudra disposer l'échelle de manière que l'on puisse à la fois observer exactement les deux niveaux, puisqu'ils sont tous deux variables. Pour les baromètres à demeure, destinés à des expériences de laboratoire, cette disposition peut être exécutée avec une grande précision et d'une manière très-simple, comme le montre le *baromètre fixe* de M. Regnault, où l'on obtient, par une vis verticale, l'affleurement de la pointe avec une rigueur extrême, en même temps que la lecture des niveaux est faite à l'aide d'une lunette grossissante. Mais cet instrument n'est pas transportable.

Comme le baromètre devait surtout servir à mesurer la hauteur des montagnes, il fallait le rendre portatif. C'est pourquoi Fortin imagina le baromètre qui porte son nom [1]. On en trouve la première description détaillée dans Hachette, *Programme d'un cours de Physique*, p. 221 et suiv. (Paris, 1809, in-8°). Outre sa portabilité, le *baromètre de Fortin* a l'avantage que le niveau extérieur (de la cuvette) y est ramené à une hauteur toujours constante; il n'y a donc qu'une observation à faire et qu'une erreur de lecture à craindre.

On s'aperçut de bonne heure que la *capillarité* dans les tubes très-étroits a pour effet de déprimer le niveau du mercure et de diminuer en conséquence la hauteur barométrique [2]. Cette dépres-

1. Jean *Fortin*, ou plutôt *Fotin*, né à Paris en 1719, mort en 1796, professa l'hydrographie à Brest, et publia, entre autres, un *Mémoire sur le baromètre aérien*.

2. Les *phénomènes de capillarité* paraissent avoir été inconnus aux anciens. Cependant, comme ils connaissaient les vases communiquants, il leur aurait été facile de voir que le niveau de l'eau n'est pas le même dans la branche large que dans la branche étroite d'un de ces vases, et

sion capillaire nécessite une correction, qui est assez compliquée. Si on la négligeait, il en résulterait une erreur, très-sensible dans un tube étroit. Heureusement l'erreur diminue rapidement avec les tubes de plus gros calibre, et elle est tout à fait négligeable dès que le diamètre du tube devient égal à 30 millimètres. Et comme il vaut mieux supprimer une erreur qu'être obligé de la corriger, les baromètres très-larges sont d'avance indiqués pour les usages du laboratoire. Mais ils sont impropres pour les voyages.

Afin d'annuler les effets de la dépression capillaire, qui dépend, pour un même liquide, de l'angle de raccordement aussi bien que du diamètre du tube, Gay-Lussac et Bunten inventèrent les *baromètres à siphon*. Ces baromètres ont le double avantage d'être portatifs et moins lourds que le baromètre de Fortin. On les emploie

que dans la branche étroite l'eau se tient à une hauteur supérieure à celle de l'eau dans la branche plus large. En variant les expériences, ils auraient pu constater que le niveau du liquide dans la branche étroite ou dans un tube capillaire change suivant la nature des liquides employés ; que, par exemple, l'huile de térébenthine s'y élèvera beaucoup moins que l'eau ; que les liquides qui, comme le mercure, ne mouillent pas l'intérieur du tube capillaire supposé être en verre, au lieu de s'y élever, s'abaissent ; que les différents liquides, s'élevant à des hauteurs différentes dans les tubes capillaires dont ils mouillent les parois, s'y abaisseront, au contraire, si l'on enduit les parois d'un corps gras ou d'une matière que ces liquides ne mouillent pas ; enfin que le liquide qui s'élève, dans l'espace capillaire, au-dessus du niveau commun, est terminé par une surface concave ; que cette surface est plane s'il n'y a pas de changement de niveau, et qu'elle est convexe si le liquide s'abaisse au-dessous du niveau ordinaire.

Mais l'observation de ces phénomènes ne remonte pas au delà du XVIIᵉ siècle. Pascal lui-même paraît les avoir ignorés. Borelli parla le premier, en 1638, de l'ascension des liquides dans les tubes capillaires; il l'expliquait par l'effet d'une espèce de réseau de petits leviers flexibles, formé au-dessus de l'eau. Hooke et Jacques Bernoulli attribuèrent cette ascension à la différence de la pression exercée par l'air sur la surface de l'eau dans laquelle le tube est plongé. En 1703, Carrée l'attribua à l'attraction et à la cohésion des liquides pour les solides. Ce fut Clairaut qui soumit le premier les phénomènes de capillarité à une analyse rigoureuse, en les rattachant à l'*attraction* ou *pression moléculaire*. Ce travail fut repris par Laplace et par Poisson, qui ont donné la formule générale :

$$B = K^2 \left(\frac{1}{R} + \frac{1}{R'} \right),$$

dans laquelle B désigne la pression moléculaire, K^2 un coefficient qui change avec les corps en présence, R et R' les rayons de courbure principaux à chaque point de la surface considérée.

cependant moins souvent, parce que, par suite de l'altérabilité du mercure de la cuvette au contact de l'air, l'erreur de capillarité subsiste, sans qu'on puisse la corriger.

La colonne barométrique subit non-seulement l'action variable de la pression de l'atmosphère, mais encore celle de la température. Il restait donc une dernière correction à faire. Amontons signala le premier dans l'emploi des baromètres la *correction de la tempéra-ture* [1]. D'autres physiciens, tels que Dufay et Beighton, contestaient l'action de la température sur le mercure bouilli, jusqu'à ce que de Luc parvint à la démontrer à la fois théoriquement et expéri-mentalement. Un premier point à déterminer, c'était la dilatation du mercure pour 1 degré du thermomètre. Lavoisier et Laplace la trouvèrent $= \frac{1}{5412}$ pour 1 dégré du thermomètre centigr. Dulong et Petit arrivèrent à une détermination plus exacte, en même temps qu'ils proposèrent de ramener toujours la température à 0°, pris pour point fixe. La hauteur du mercure dans le baromètre étant H à 0°, devient H (1 + 0,000 18 t) à t° (t° désignant une température quelconque); et pour ramener à 0° celle qu'on observe à t°, il faut la multiplier par (1 − 0,000 18 t).

Usages du baromètre. — Dès l'origine, on trouva que le baro-mètre pourrait servir tout à la fois à mesurer les altitudes au-dessus du niveau de la mer, et à constater les variations que la pression ou le poids de l'atmosphère éprouve sur différents points de la surface du globe. Un mot sur ce double usage.

1° *Mesures barométriques d'altitudes* (hypsométrie). — Mariotte[2] posa le premier la question de savoir comment décroissent les pres-sions quand on s'élève dans l'atmosphère, et comment on peut dé-duire de deux observations faites à des hauteurs différentes, par exemple au pied et au sommet d'une montagne, la différence des niveaux des deux stations. Il admit, d'après des observations fort défectueuses d'ailleurs, que pour chaque 63 pieds d'élévation dans les couches atmosphériques, le baromètre s'abaisse d'une ligne, et il essaya d'en déduire le coefficient du rapport du poids de l'air à celui du mercure.

1. *Mém. de l'Acad. des sciences de Paris*, année 1704.
2. Edme *Mariotte*, mort en 1684, avait reçu pour prix de ses travaux le prieuré de Saint-Martin-sous-Beaune. Il résidait habituellement à Digne, et faisait partie de l'Académie des sciences dès l'époque de sa fondation. Les *Œuvres* de Mariotte ont été réunies après sa mort en un volume in-4° (divisé en deux parties); La Haye, 1710.

Voici comment Mariotte procédait, en employant d'abord une observation hypsométrique de D. Cassini. « Cassini prit, dit-il, la hauteur d'une montagne de Provence, qui est sur le bord de la mer, et il la trouva de 1070 pieds. Le mercure dont il se servait était à 28 pouces au plus bas lieu, et au sommet de la montagne il se trouva descendu de 26 lignes et un tiers. Or, si l'on suppose 63 pieds pour une ligne, comme on l'a observé deux fois dans l'Observatoire, et que l'air pesât 28 pouces de mercure au temps de son observation au bas de la montagne, et qu'on divise tout l'air en 336 (nombre de lignes donné par 28 pouces) parties d'égale pesanteur, chaque division pèsera une ligne de mercure, et par conséquent la première sera de 63 pieds de hauteur. »

Raisonnant ensuite dans l'hypothèse que les couches atmosphériques sont d'une température constante et qu'elles diminuent de densité, en allant de bas en haut, suivant la loi trouvée par Mariotte [1], ce physicien ajoute : « Pour la facilité du calcul, je prends 60 pieds d'air pour une ligne de mercure, et je divise toute l'atmosphère en 4032 divisions, chacune d'un poids égal ou d'une même quantité de matière, quoique diversement dilatées suivant leurs différentes élévations. Je suppose que dans le lieu où l'on commence l'observation, les baromètres s'élèvent à 28 pouces seulement, qui sont 336 lignes, et multipliant ces 336 lignes par 12, le produit est 4032, qui est le nombre des divisions que je donne à l'air (atmosphère), chacune desquelles sera d'un 12e de ligne, et parce que 60 pieds par supposition font une ligne au plus bas, 5 pieds feront un 12e de ligne; donc la 1re division sera de 5 pieds; et parceque depuis la terre jusqu'à la moitié de l'atmosphère il y a 2016 ou $\frac{4032}{2}$ divisions, l'air y doit être deux fois plus raréfié, à cause qu'il ne soutient que la moitié du poids de l'atmosphère; cette 2016e partie aura 10 pieds d'étendue, et les divisions vont toujours en croissant proportionnellement (suivant une progression géométrique). On pourra savoir l'augmentation de chacune par les règles dont on se sert pour trouver les logarithmes. Mais comme la somme des progressions géométriques ne diffère guère de la somme qu'on trouverait en prenant ces progressions selon la proportion arithmétique, je fais ici le calcul suivant cette dernière proportion, et pour avoir la somme je prends 7 $\frac{1}{2}$, moyen arithmétique entre 5 et 10, que je multiplie par 2016; le produit, 15 120 pieds sera toute l'étendue de

1. Voy. plus loin, p. 45.

l'air depuis le lieu de l'observation jusqu'à la moitié de l'air en pesanteur (atmosphère), c'est-à-dire jusqu'à la 2016e division, et
toute cette étendue pèsera autant de 14 pouces de mercure, ou
168 lignes. Or, 15 120 pieds font un peu plus que les 5 quarts d'une
lieue française. On suppose, pour la facilité du calcul, que chaque
division de 5 pieds a toutes ses parties également étendues, quoique celles du cinquième pied soient un peu plus dilatées que celles
du premier; mais cette différence est comme insensible et changerait peu le calcul.

« La moitié du reste aura 1008 divisions, et comme la première de ces
1008 est de 10 pieds à peu près, et la plus haute de 20, puisqu'elle
est moitié moins chargée, il faut prendre 15 pour le nombre moyen
qui, multiplié par 1008 divisions, donne encore le même nombre de
15 120 pieds ou 5 quarts de lieue. La moitié du reste aura 504 parties,
dont la plus haute aura 40 pieds d'épaisseur, et la plus basse 20 ; et par
les mêmes raisons le produit de 30, étendue moyenne, par 504, qui est
encore 15 120 ou 5 quarts de lieue, sera l'étendue de ces 504 parties;
toujours chacune de ces parties pèsera un 12e de ligne; et en continuant
de même, on trouvera 5 quarts de lieue pour les 252 parties suivantes,
autant pour les 126, et de même pour les 63, 31 $\frac{1}{2}$, 15 $\frac{1}{4}$, 7 $\frac{1}{8}$, 3 $\frac{11}{16}$
et 1 $\frac{21}{32}$, qui auront toutes chacune 5 quarts de lieue; et, donnant
encore à la dernière 5 quarts de lieue, on trouvera en tout 12 fois
5 quarts de lieue, c'est-à-dire 15 lieues, ou 184 320 pieds. Que si
l'on suppose que l'air, étant raréfié 4032 fois, n'a pas encore son
étendue naturelle, qu'on le suppose 8 064 ou 16 128 ou 32 256 fois
davantage qu'ici-bas; cette dernière supposition n'ajoutera que 15
quarts de lieue ou 4 lieues au plus, tellement que selon cette hypothèse toute l'étendue de l'air ne pourrait aller qu'à environ 20
lieues; et quand l'air serait huit millions de fois plus raréfié que
celui qui est proche de la surface de la terre, toute son étendue,
suivant la même progression, n'irait qu'à 30 lieues [1]. »

1. Mariotte, *Œuvres*, p. 175. — Suivant Laplace, la hauteur de l'atmosphère, en tant que celle-ci fait corps avec la terre qu'elle enveloppe, ne
saurait dépasser le niveau où la force centrifuge s'équilibre avec la pesanteur. Ce niveau, au-delà duquel aucun corps ne retomberait sur la
terre, donnerait ainsi pour la hauteur de l'atmosphère environ 6 $\frac{1}{2}$ rayons
terrestres. G. Schmit, supposant les limites de l'atmosphère là où l'élasticité
de l'air est en équilibre avec la pesanteur, trouva pour la hauteur de
l'atmosphère environ 200 kilomètres. D'autres physiciens ont trouvé des
valeurs moins grandes. On voit combien le problème est difficile.

Ce passage de Mariotte, que nous avons cru devoir reproduire *in extenso*, fait très-bien connaître l'esprit de la méthode qui depuis lors a présidé à l'hypsométrie barométrique.

Ce fut à l'occasion de l'observation de Cassini, citée plus haut, que Mariotte fit l'essai de sa méthode. Voici comment devait, à cet égard, se faire le calcul. Après avoir rappelé que la 168e division, au point où l'atmosphère se divise en deux parties d'un égal poids, doit avoir 126 pieds de hauteur, le double de 63, et que « chaque division croît toujours un peu en montant, » le grand physicien ajoute : « Si on prend ces différences en progression arithmétique, et qu'on divise ces 63 pieds par 168, chaque division augmentera de $\frac{63}{168}$. Si on multiplie les 16 divisions, dont chacune pèse une ligne, par 63, le produit sera 1008, à quoi ajoutant le tiers de 63 à cause du tiers de ligne, la somme sera 1029, et y ajoutant 51, produit de $\frac{63}{168}$ par 136, somme de la progression de chaque augmentation jusqu'à 16, le tout sera 1080 pieds, qui sera la hauteur où le baromètre devait diminuer de 16 lignes un tiers, ce qui approche de fort près les 1070 pieds observés par M. Cassini [1]. »

Les physiciens remarquèrent donc de bonne heure que si les hauteurs croissent comme les termes d'une progression arithmétiques, les pressions décroissent en progression géométrique, et ils virent là un de ces problèmes de la nature où les logarithmes trouvent leur application. Si, en effet, on considère, d'une part, deux couches atmosphériques à des distances x et $x + X$, on aura X pour la différence de hauteur; si, d'autre part, on appelle II et h les pressions correspondantes, on arrive, en prenant les logarithmes et remplaçant $\frac{1}{\log e}$ par le module M des tables logarithmiques, à $X = \frac{M}{C} \log \frac{II}{h}$. Cette formule, qui exprime la hauteur d'un lieu en fonction de la hauteur du baromètre, renferme un coefficient C, que l'expérience peut seule indiquer et qui dépend de la nature du liquide barométrique. C'est la densité de l'air relativement au mercure (le rapport de 1 centimètre cube d'air au poids de 13gr,596 d'un égal volume de mercure à 0°), c'est, en un mot, CII, qu'il s'agit de déterminer exactement.

Quand Halley, Horrebow, Bouguer et même Laplace publièrent leurs formules, on ne connaissait pas encore exactement

---

1. Mariotte, *Œuvres*, p. 176 et suiv. (*de la Nature de l'air*).

ni le poids spécifique de l'air ni celui du mercure. Il paraissait
alors plus simple de calculer le coefficient d'après un ensemble
d'observations barométriques faites à des hauteurs connues. C'est
ainsi que Horrebow, partant, d'accord avec la Hire, de la donnée
qu'à la hauteur de 75 pieds le baromètre tombe de 336 lignes à
335, trouva ce coefficient $= 10800 . 2\frac{1}{3} . 2,30258 = 58025$ pieds
(environ 18740 mètres). Des observateurs plus récents trouvèrent
18393 mètres. Ce nombre diffère peu de 18405, qui a été adopté
par les physiciens les plus récents. Ce qui complique la formule,
c'est qu'il faut aussi tenir compte de la différence de température
aux deux stations, du coefficient de dilatation de l'air, de la latitude
du lieu, de la tension de la vapeur aqueuse, enfin de la variation
de l'intensité de la pesanteur à mesure que l'on s'élève dans l'atmosphère. Pour abréger les calculs qu'elle exige, Oltmans et Del-
cros ont publié des tables qui se trouvent insérées dans différents
recueils, particulièrement dans l'*Annuaire du Bureau des longitudes*.

2. *Variations barométriques.* L'usage le plus fréquent du baromètre consiste à lire simplement sur une échelle qui s'y trouve
adaptée, les changements de poids que présente l'atmosphère. Déjà
Pascal, Beal, Wallis, Garcin, etc., avaient observé que quelque temps
avant la pluie le baromètre baisse, tandis qu'il s'élève à l'approche
du beau temps. Ce fait, de Luc essaya le premier de l'expliquer par
l'action de la vapeur d'eau, mêlée à l'atmosphère d'où elle se précipite. L'hypothèse de de Luc, adoptée par Lampadius et Hube, fut
plus tard abandonnée comme inexacte par l'auteur lui-même.

En 1715, l'Académie de Bordeaux mit au concours la question
de déterminer la cause des variations barométriques. Le prix fut
remporté par O. de Mairan, de Béziers. Ce physicien en trouva,
comme Halley, la cause dans les vents qui agitent l'atmosphère. Pour
justifier son opinion, il part de la nécessité de distinguer le poids
absolu d'un corps de son poids relatif. Le poids absolu ne peut
être augmenté ou diminué que par une addition ou une soustraction
de la matière; le poids relatif peut varier à l'infini sans que le poids
absolu change. C'est du poids relatif de l'atmosphère que dépend,
ajoute de Mairan, la principale cause des variations barométriques.
Quand l'atmosphère est au repos, elle presse la terre par son poids
absolu; mais dès qu'elle se meut, elle n'y pèse que par son poids
relatif. C'est ainsi qu'une boule, qui roule sur une table unie, y pèse
moins que lorsqu'elle s'y tient immobile. Le savant physicien cite ici
les chars des héros d'Homère, qui, soulevant la poussière, glissent

rapidement sur le sol où ils laissent à peine leurs empreintes [1].

L'opinion de Mairan, combattue par Hartsoeker, était au fond la même que celle de Hauksbee, qui fut généralement adoptée [2].

Des observations barométriques faites simultanément dans les principales villes de l'Europe ont conduit, dans ces derniers temps , à la découverte d'un grand phénomène météorologique, à savoir, qu'une vaste onde condensée , indiquée par la courbe barométrique de pression *maximum*, traverse, en l'espace de quatre jours, toute l'Europe depuis les côtes de l'Angleterre jusqu'à la mer Noire, ce qui fut constaté pendant la guerre de Crimée. A cette onde succède une onde dilatée, qu'indique la courbe de pression *minimum*; elle s'observe simultanément sur les points que couvrait l'onde comprimée. L'onde dilatée se meut comme la première et la suit dans sa translation, puis arrive une deuxième condensation, à laquelle succède une nouvelle dilatation. Ce sont là de véritables ondes d'une étendue immense, qui parcourent l'océan aérien, comme les ondes qui se montrent à la surface de la mer [3]. Le passage des ondes dilatées amène des tempêtes; on peut en être averti à temps par le télégraphe électrique.

Un fait général, déjà signalé par Halley, c'est que les oscillations barométriques, d'une régularité parfaite sous l'équateur, deviennent de plus en plus irrégulières avec la hauteur du pôle ou la latitude des lieux, et qu'elles sont plus régulières sur mer que sur terre [4]. Leur régularité dans les régions équinoxiales a été particulièrement démontrée par Alex. de Humboldt. Ces oscillations y présentent, dans l'espace de vingt-quatre heures, deux *maxima* et deux *minima*, véritables marées atmosphériques, coïncidant les premiers avec le moment le plus chaud de la journée et les derniers avec le moment le plus froid : les *maxima* ont lieu vers neuf heures du matin et à dix heures et demie du soir; les *minima* vers quatre heures de l'après-midi et à quatre heures du matin. Cette régularité peut, comme une horloge, servir à déterminer l'heure à 15 ou 16 minutes près [5]. L'amplitude des oscillations diverses diminue de 2,98 à 0,41, depuis l'équateur jusqu'au 70° parallèle de latitude boréale, ainsi que

1. *Diss. sur les variations du baromètre*, etc., 1715, in-8°.
2. *Course of mechanical experiments*; Lond., 1709.
3. M. Jamin, *Cours de physique*, t. I, p. 259 (2° édit.).
4. *Philosophical Transactions*, n° 181.
5. Alex. de Humboldt, *Relation historique du voyage aux régions équinoxiales*, t. III, p. 270 et suiv.

l'a observé Bravais. Cette amplitude varie aussi suivant les saisons : elle est plus grande en été qu'en hiver. Enfin, les oscillations horaires, si régulières dans la zone torride, se compliquent, dans les climats tempérés, de variations accidentelles qui en masquent les *maxima* et les *minima*.

Pour mieux saisir l'ensemble de tous ces phénomènes, Kaemtz a proposé d'établir des lignes *isobarométriques*, analogues aux lignes isothermes, en réunissant graphiquement, par des courbes, les lieux où les moyennes différences entre les extrêmes hauteurs mensuelles du baromètre sont égales. En même temps on rattacherait aux longitudes et aux latitudes des diverses localités leur hauteur au-dessus du niveau moyen de la mer, comme la troisième des coordonnées qui servent à fixer la position des lieux sur le globe terrestre.

Le vide. — MACHINE PNEUMATIQUE. — En pénétrant plus avant dans les détails des moyens que l'homme a imaginés pour surprendre les secrets de la nature, on assiste à un spectacle aussi intéressant qu'instructif : on voit comment se sont multipliés les obstacles qu'il a fallu vaincre pour arriver au point actuel de la science, qui évidemment n'est pas le dernier terme du progrès.

L'homme n'avance, d'un pas sûr, que par les instruments qu'il est obligé d'inventer, en s'appuyant sur la méthode expérimentale. Voilà ce qu'il ne faut cesser de se dire pour dissiper un peu l'ennui que pourrait causer l'aridité de leur description. Cependant cette aridité même disparaît pour faire place à des méditations d'un ordre très-élevé lorsqu'on songe que chacun de ces instruments est, pour ainsi dire, l'incarnation d'une pensée, et que cette pensée, transformée en un corps matériel, en un être tangible, doit, en dernière analyse, servir à reculer les limites de nos sens, à élargir la portée des organes de l'intelligence humaine.

Nous avons vu comment on est arrivé, au moyen du baromètre, à rendre sensibles à l'œil les variations de la pression atmosphérique. Nous allons montrer maintenant par quel mécanisme on est parvenu à traiter l'air comme un liquide, à le soustraire en quelque sorte à l'espace fermé qui le contient.

Si l'embarras d'un jardinier devint l'occasion de la découverte du baromètre, c'est des méditations *sur le vide* que sortit l'invention de la machine pneumatique. Depuis des siècles, les philosophes avaient discuté à perte de vue sur le vide et le plein, sans réussir à s'entendre. Les uns admettaient le vide, les autres en repoussaient jusqu'à la possibilité. La première opinion avait pour défenseurs Leucippe, Démocrite, Épicure, Métrodore, etc.; la seconde était partagée par Aristote et les péripatéticiens. Mais les partisans de la même opinion étaient encore divisés entre eux. Ainsi, il y en avait qui entendaient par vide l'âme du monde ou l'esprit intangible de l'univers; tandis que les stoïciens soutenaient que le vide n'existe qu'en dehors du monde, le confondant avec l'espace infini. Ceux qui niaient le vide l'identifiaient avec le néant, et faisaient intervenir Dieu même dans leur argumentation.

En passant en revue ces controverses stériles, Otto de Guericke[1], bourgmestre de Magdebourg, conçut l'idée, aussi simple que lumineuse, d'en appeler à l'expérience. Seulement, au lieu de s'égarer, comme l'avaient fait les philosophes, dans des sphères inabordables, il restreignit la question à notre atmosphère. « Là, disait-il, aucun espace ne reste vide : la place qu'un corps abandonne est aussitôt remplie par l'air. C'est ainsi que l'espace qu'un poisson occupait par son corps, est aussitôt envahi par l'eau, dès que celui-ci vient à le quitter. » Partant de là, il pose le théorème suivant : la nature admet le vide, *vacuum in natura datur*.

Voici les démonstrations qu'en a le premier données le célèbre physicien allemand.

Dans sa première expérience, O. de Guericke se servit d'un tonneau assez solidement fermé pour que l'air du dehors n'y pût entrer; puis il le remplit d'eau et adapta à la partie inférieure une pompe, pensant qu'à mesure qu'il en retirerait ainsi l'eau par en bas, il se produirait en haut un espace vide. Trois hommes robustes étaient employés à manœuvrer la pompe; mais pendant ce travail on entendait, sur tous les points du tonneau, des sifflements aigus : c'était l'air qui y pénétrait avec force pour remplir l'espace vide. Le but était donc manqué.

Guericke ne se laissa pas décourager : il refit l'expérience, en met-

---

1. Otto de *Guericke* (né à Magdebourg en 1602, mort à Hambourg en 1686) fut, pendant trente-cinq ans, bourgmestre de sa ville natale. Les expériences de Galilée et de Pascal le portèrent à s'occuper de physique et surtout à trouver un moyen propre à faire le vide. Les résultats de ses travaux ont été publiés sous le titre de *Experimenta nova Magdeburgica de vacuo spatio*, etc. Amsterd., 1672, in-fol. Cet ouvrage remarquable est divisé en trois livres : le 1er contient un exposé du système du monde ; le 2e traite de l'espace vide ; le 3e expose les propres recherches de l'auteur.

tant un baril rempli d'eau dans un autre baril plus grand et également plein d'eau, et il opéra sur le premier vase comme dans l'expérience précédente. Mais cette fois encore il fut déçu dans son attente : le petit baril se remplit d'eau.

L'ingénieux et tenace expérimentateur se fit alors construire un globe en cuivre, susceptible d'être ouvert ou fermé en haut à l'aide d'un robinet; à la partie inférieure il adapta une pompe pour faire sortir l'air du globe, comme il avait fait pour le baril rempli d'eau; ce fut donc là une pompe à air : au lieu d'aspirer l'eau, l'instrument servait à pomper l'air. Deux hommes vigoureux étaient occupés à faire jouer le piston, lorsque tout à coup, au moment où tout l'air paraissait avoir été retiré, le globe de métal se contracta avec fracas, à la grande terreur de tous les assistants; on aurait dit un linge chiffonné avec la main (*cum maximo strepitu omniumque terrore ita comprimebatur instar lintei quoa manu conteritur*). Guericke attribua la cause de cet accident à ce que le vase n'était pas un globe parfait, conséquemment incapable, à raison de l'inégalité de ses rayons, de supporter le poids de l'air, qui devait exercer tout autour une pression égale. Il eut donc soin de faire construire un globe exactement arrondi, portant, en haut, comme le premier, un robinet, et en bas une pompe ou seringue. Après un certain nombre de coups de piston, il s'assurait de la réussite de l'opération en ouvrant le robinet : aussitôt l'air se précipitait avec violence dans l'intérieur du globe. Puis il y fit de nouveau le vide, et laissa le globe dans cet état pendant deux jours. Au bout de ce temps il le trouva derechef rempli d'air, et il jugea que ce fluide ne pouvait s'y être introduit que par les points, incomplètement fermés, où le robinet de la pompe était adapté au globe de métal.

Instruit, mais non découragé, par tous ces insuccès, le patient et sagace physicien perfectionna son appareil et parvint ainsi, vers l'année 1650, à réaliser un mécanisme qui reçut le nom d'*Antlia pneumatica*, et qui porte aujourd'hui celui de *machine pneumatique*. En voici le dessin, copié d'après celui que l'inventeur a donné lui-même dans son immortel ouvrage (*Experimenta nova Mageburgica*, 1672, p. 76).

Pour rendre la machine portative et plus facile à manier, l'auteur l'avait munie d'un trépied en fer. Le corps de pompe *gh* est en laiton, assujetti verticalement, par son extrémité supérieure amincie en tuyau *n*, avec la partie inférieure du vase arrondi L, en verre, où doit se faire le vide. Le piston *s*, fixé à une tige recourbée *t*, est mis en mouvement par le levier *wu*. Le fluide soutiré est rejeté en dehors par l'ouverture *zo* pratiquée en haut et sur le côté du corps de pompe. Le vase *xx*, où plonge le bec du globe-récipient L, est rempli d'eau, pour assurer la fermeture exacte du robinet *qr*

Cet appareil primitif présentait encore bien des imperfections. Son inventeur s'ingénia de son mieux à les faire disparaître par des modifications nombreuses, dont les détails peuvent être ici passés sous silence. Mais nous ne saurions nous dispenser d'exposer sommairement le résultat de ses expériences.

Otto de Guericke se fit dès le principe une idée exacte du genre de vide obtenu par la machine pneumatique. « La division de l'air ne se fait pas, disait-il, comme celle d'une matière solide. Celle-ci peut se réduire en parcelles excessivement petites, ainsi que l'espace qu'elle occupe ; tandis que la moindre parcelle d'air, qui reste dans le récipient, remplit celui-ci tout entier : il n'y a de diminué que son élasticité. » — L'inventeur lui-même ne devait donc pas, comme on voit, croire à la possibilité d'obtenir un vide absolu.

Sous le récipient, où il faisait le vide, — vide relatif, — il vit des liquides, tels que l'eau, la bière, etc., d'abord former des bulles,

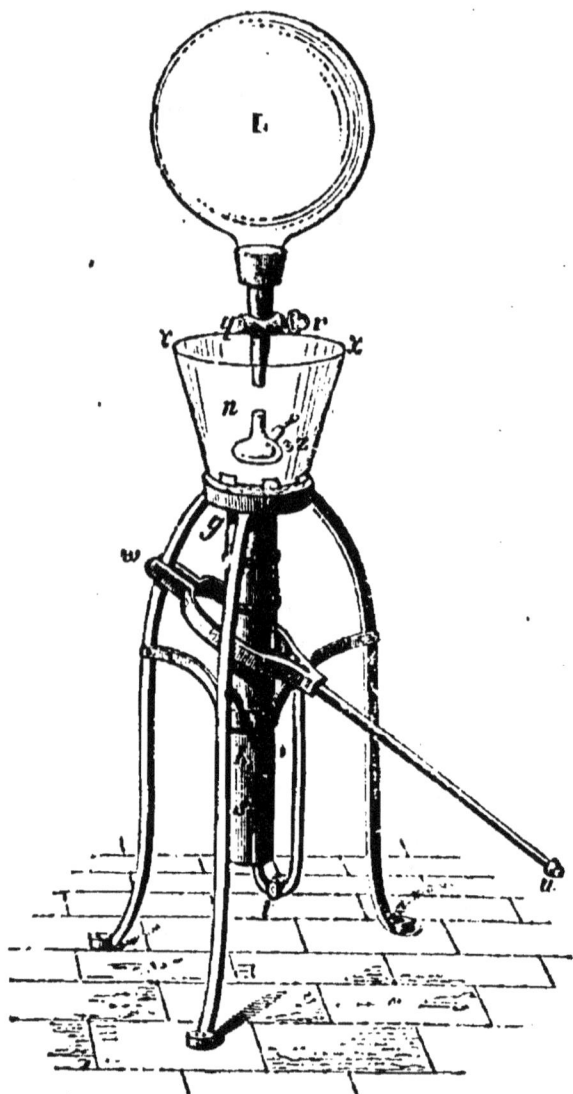

Fig. 8.

puis entrer en ébullition et se réduire en vapeur : c'est ce qu'il appelait la *régénération de l'air*. Il expliquait la formation des nuages et des vents par la différence d'élasticité qui existe entre des couches voisines d'air, et, fort de ses expériences, il considérait les couches supérieures comme moins élastiques que les couches inférieures, si bien que l'atmosphère devait se terminer en un vide comparable au vide le plus parfait obtenu à l'aide de la machine pneumatique. De là il vint à distinguer l'atmosphère en deux parties ; à la partie qu'il appelait *air* ou *atmosphère sensible*, il donna une hauteur d'environ 35 lieues : c'est cette partie qui devait être plus particulièrement le siége des phénomènes de réfraction et des lueurs crépusculaires. Quant à la seconde partie, beaucoup plus ténue, il lui donnait une étendue de plus de 300 lieues. L'atmosphère, à laquelle il attribuait une odeur particulière, spécifique, n'avait donc pas, suivant lui, une surface terminatrice proprement dite. « Nous ne percevons pas, ajoutait-il, l'odeur de l'air, parce que nous y sommes constamment plongés depuis notre naissance ; mais si quelqu'un venait de la Lune ou d'une autre planète pour visiter la Terre, il sentirait l'odeur de notre atmosphère, comme un navigateur est averti du voisinage de la côte par les émanations qui s'en échappent. »

Une expérience qui, depuis Otto de Guericke, est répétée dans tous les laboratoires de physique pour démontrer l'élasticité de l'air, c'est celle d'une vessie fermée et aplatie, qui, placée sous le récipient, se gonfle à mesure qu'on fait le vide, et finit par y éclater.

D'autres expériences, bien connues, sur la combustion et la respiration, sur le son dans le vide, ainsi que sur la force de cohésion due à la pression de l'air, datent de la même époque. Guericke en a le premier décrit tous les détails.

Ainsi, il vit la flamme d'une bougie diminuer à mesure que le vide se faisait et finir par s'éteindre. Il en conclut « que le feu reçoit de l'air un aliment, qu'il le consomme, et qu'il ne peut plus vivre lorsque cet aliment vient à manquer (*ignem ex aere aliquid alimenti accipere, ac proinde aerem consumere et sic propter defectum ulterius vivere non posse*). » C'était clairement entrevoir l'existence de l'oxygène, qui reçut d'abord le nom d'aliment du feu et de la vie, *pabulum ignis et vitæ*. Il remarqua en même temps la forme de la flamme, qui de pyramidale devenait arrondie, ce qu'il attribuait à la pesanteur de l'air. « Si l'air, disait-il, n'était pas pesant, aucune flamme ne serait pyramidale ; les flammes seraient toutes rondes ou orbiculaires comme le soleil [1]. »

Le premier animal qui servit à l'expérience de la respiration dans le vide fut un moineau. Cet oiseau commença par respirer avec le bec à demi ouvert; puis, l'ouvrant plus largement, il se tint immobile jusqu'à ce qu'il tomba raide mort. La même expérience fut répétée sur des poissons, tels que brochets, perches et barbeaux : ils périrent par suite d'une distension de la vessie natatoire, qui faisait gonfler leur corps démesurément.

Le même expérimentateur constata que des grappes de raisin peuvent se conserver longtemps dans le vide, qu'elles n'y changent pas de couleur, mais qu'elles perdent toute leur saveur. — Enfin, des expériences faites avec des clochettes et divers instruments de musique le mirent à même d'établir que là où il n'y a pas d'air, il ne se produit pas de son.

L'élasticité est de toutes les qualités de l'air celle qui exerça le plus l'esprit investigateur de Guericke. Il y revint souvent, et varia fort ingénieusement ses expériences pour montrer, entre autres, *comment une bulle d'air peut, par sa seule élasticité, faire équilibre à tout le poids de l'atmosphère.* Deux hémisphères en cuivre, d'environ un tiers d'aune de diamètre, parfaitement adaptés l'un à l'autre, et dans lesquels il avait fait le vide, ne furent disjoints que par la force de seize chevaux et avec un bruit semblable à celui d'un mousqueton. Cette expérience, connue sous le nom d'*hémisphères de Magdebourg*, a été souvent répétée depuis.

Les merveilles réalisées par Otto de Guericke eurent un grand retentissement. Le P. *Schott* les avait fait le premier connaître sous le nom de *Mirabilia Magdeburgica*[2]. On parlait avec admiration des *expériences de Magdebourg*, comme on parlait avec épouvante de la prise et du sac de Magdebourg pendant la guerre de Trente Ans. Le célèbre bourgmestre de la ville qui venait de renaître de ses cendres reçut, en 1654, l'invitation de faire fonctionner la machine pneumatique devant l'empereur Ferdinand III et les princes

---

1. *Experim. nova*, lib. III, c. xii, p. 90.

2. Gaspard *Schott* (né en 1608 à Kœnigshofen, mort en 1666 à Würzbourg) entra à dix-neuf ans dans l'ordre des Jésuites, et contribua beaucoup par ses travaux aux progrès de la physique. C'est dans ses *Mechanica hydraulico-pneumatica*, in-4°, parus en 1657, quinze ans avant la publication de l'ouvrage de Guericke, qu'il fit le premier connaître l'invention et les expériences du physicien bourgmestre de Magdebourg.

allemands réunis à la diète de Ratisbonne. Que l'humanité serait grande, si l'on n'eût jamais ambitionné d'autres conquêtes que celles de la science !

Robert *Boyle*, qui entretenait un commerce épistolaire avec le P. Schott, fut un des premiers instruit de l'invention et des expériences d'Otto de Guericke. Après avoir constaté les défauts de l'appareil qu'on lui fit connaître, il entreprit, avec le concours de R. Hooke, de le perfectionner et il donna, en 1659, la description de son appareil perfectionné. C'est pourquoi R. Boyle passe généralement, en Angleterre, pour l'inventeur de la machine pneumatique, quoiqu'il se fût lui-même empressé de proclamer loyalement le droit de priorité du physicien allemand, dans la Préface de ses *Nova Experimenta physico-mechanica de vi aeris elastica* [1]. Les perfectionnements qu'il y apporta consistent surtout dans la disposition des soupapes et dans la facilité à mouvoir le piston : une seule personne pouvait, avec une faible dépense de force, faire le vide, qu'on appelait à tort le vide de Boyle, *vacuum Boylianum*.

Boyle ne se borna pas seulement à répéter les expériences magdebourgeoises, il en imagina de nouvelles. Pour faire bien comprendre l'élasticité de l'air, il comparait ce fluide à une éponge qui, après avoir été réduite, par l'effet d'une compression, à un très-petit espace, vient, dès que la compression a cessé, reprendre l'espace plus grand qu'elle occupait d'abord. Le nom même d'*élasticité* signifie *force de ressort*, si on le fait venir, avec Boyle, du grec *elater* (ἐλάτηρ), ressort ou moteur.

Le physicien anglais fit particulièrement mettre en lumière l'importance du fait, fort étrange, qui montre qu'une petite portion d'air, emprisonnée dans un vase, peut faire équilibre à une colonne de 28 pouces de mercure. Il l'explique très-bien en disant que cette petite portion d'air avait, au moment où on l'emprisonnait, la même den-

---

1. Robert *Boyle* (né à Lismore, en Irlande, en 1626, mort à Londres en 1691), favorisé par la fortune et par la naissance (il était fils du comte de Cork et d'Orrery), consacra sa vie tout entière au soulagement des malheureux, ainsi qu'à l'avancement de ses sciences favorites, qui étaient la physique et la chimie. C'est lui qui fonda, avec le concours de quelques savants, la Société royale de Londres. Ses ouvrages parurent d'abord sous le titre d'*Opera varia*, Genève, 1680, in-4°. Shaw et Birel en donnèrent des éditions très-complètes, le premier en 1733 (3 vol. in-4), le second en 1744 (5 vol. in-fol.).

sité et la même élasticité que l'air extérieur, libre, et que c'est par
son élasticité, équipollente à la pression extérieure de l'atmosphère,
qu'elle fait équilibre à la colonne de mercure [1]. Cette explication
fut repoussée par presque tous les physiciens d'alors : présenter l'é-
lasticité comme égale à la pression leur parut une innovation into-
lérable, bien qu'elle fût sanctionnée par l'expérience. Parmi ses adversaires, Boyle cite particulièrement François Linus, professeur de
physique à Liége. Le vif de la querelle portait sur le fait que voici.
Un tube de verre de 40 pouces de longueur, ouvert aux deux bouts,
peut être complétement rempli de mercure par le bout supérieur,
tandis qu'on ferme le bout inférieur avec le doigt. Mais si ensuite
on tient le bout supérieur fermé avec le doigt, tandis qu'on retire
le doigt du bout inférieur, on verra la plus grande partie du mercure sortir du tube, pendant que le reste du métal liquide s'y maintient à 28 pouces; en même temps on sentira le doigt qui bouche
l'extrémité supérieure, vivement tiré ou pressé en dedans du tube.
Linus expliqua ce phénomène par l'action d'une espèce de cordonnet
mystérieux, *funiculus*, et il prétendait que ni par sa pression ni par
son élasticité l'air ne pourrait produire un pareil effet.

Pour réfuter la théorie imaginaire de Linus, Boyle fit une série
d'expériences intéressantes sur la diminution du volume de l'air à
mesure que son élasticité augmente par la compression. Ces expériences le conduisirent à la découverte d'une loi, que Mariotte
trouva presque en même temps.

Loi de Mariotte. — C'est dans son traité *de la Nature de l'air*,
publié à Paris en 1676, que Mariotte exposa les recherches relatives
à la découverte de la loi que les Anglais nomment *loi de Boyle*.
Après quelques notions préalables, qui s'accordaient entièrement
avec les idées de Boyle sur l'élasticité de l'air, Mariotte était arrivé
à poser nettement le problème.

« La première question qu'on peut, dit-il, faire là-dessus, est de
savoir si l'air *se condense précisément selon la proportion des poids
dont il est chargé*, ou si cette condensation suit d'autres lois et
d'autres proportions. Voici les raisonnements que j'ai faits pour
savoir si la condensation de l'air se fait à proportion des poids dont
il est pressé. Étant supposé, comme l'expérience le fait voir, que
l'air se condense davantage lorsqu'il est chargé d'un plus grand

---

1. Boyle, *Nova Experimenta physico-mechanica de vi aeris elastica et
ejus effectibus*; experim. XVII.

poids, il s'ensuit nécessairement que si l'air, qui est depuis la surface de la terre jusqu'à la plus grande hauteur où il se termine, devenait plus léger, sa partie la plus basse se dilaterait plus qu'elle
n'est, et que s'il devenait plus pesant, cette même partie se conden-
serait davantage. Il faut donc conclure que la condensation qu'il a
proche de la terre se fait selon une certaine proportion du poids
de l'air supérieur dont il est pressé, et qu'en cet état il fait équilibre par son ressort précisément à tout le poids de l'air qu'il soutient. De là il s'ensuit que si l'on enferme dans un baromètre du
mercure *avec de l'air*, et qu'on fasse l'expérience du vide [1], le
mercure ne demeure pas dans le tuyau à la hauteur qu'il avait; car
l'air qui y était enfermé avant l'expérience *fait équilibre par son
ressort au poids de toute l'atmosphère*, c'est-à-dire de la colonne
d'air de même largeur, qui s'étend depuis la surface du vaisseau
jusqu'au haut de l'atmosphère, et par conséquent le mercure qui
est dans le tuyau ne trouvant rien qui lui fasse équilibre, descendra; mais il ne descendra pas entièrement : car, lorsqu'il descend, l'air enfermé dans le tuyau se dilate, et par conséquent son
ressort n'est plus suffisant pour faire équilibre avec tout le poids de
l'air supérieur. Il faut donc qu'une partie du mercure demeure dans
le tuyau à une hauteur telle, que l'air qui y est enfermé étant dans
une condensation qui lui donne une force de ressort capable de soutenir
seulement une partie du poids de l'atmosphère, le mercure qui demeure dans le tuyau, fasse équilibre avec le reste; et alors il se fera
équilibre entre le poids de toute la colonne d'air et le poids de ce
mercure resté (dans le tube), joint avec la force du ressort de l'air
enfermé. Or, si l'air doit se condenser à proportion des poids dont
il est chargé, il faut nécessairement qu'ayant fait une expérience
en laquelle le mercure demeure dans le tuyau à la hauteur de
14 pouces, l'air qui est enfermé dans le reste du tuyau soit alors
dilaté *deux fois plus* qu'il n'était avant l'expérience, pourvu que
dans le même temps les baromètres sans air élèvent leur mercure
à 28 pouces précisément. »

Pour s'assurer de l'exactitude de son raisonnement, Mariotte fit,
avec le concours d'Hubin, habile constructeur de baromètres, l'ex-

---

1. Faire l'*expérience du vide*, c'était, comme l'avait montré Torricelli,
emplir un tube de mercure de plus de 28 pouces de long, fermer avec le
doigt le bout ouvert, et plonger ce bout, après avoir retiré le doigt, dans
un vaisseau plein de mercure : le liquide sort, en partie, du tube pour se
maintenir à la hauteur d'environ 28 pouces, la partie supérieure restant vide.

périence suivante. « Nous nous servîmes, dit-il, d'un tuyau de
40 pouces, que je fis remplir de mercure jusqu'à 27 pouces et demi,
afin qu'il y eût 12 pouces et demi d'air, et que, étant plongé de
1 pouce dans le mercure du vaisseau, il y eût 39 pouces de reste,
pour contenir 14 pouces de mercure et 25 pouces d'air dilaté au
double. Je ne fus point trompé dans mon attente; car le bout du
tuyau renversé étant plongé dans le mercure du vaisseau, celui du
tuyau descendit, et, après quelques balancements, il s'arrêta à
14 pouces de hauteur, et par conséquent l'air enfermé, qui occupait alors 25 pouces, était dilaté du double de celui qu'on y avait
enfermé, qui n'occupait que 12 pouces et demi [1]. »

Mariotte varia singulièrement ses expériences pour montrer que
*la condensation de l'air se fait selon la proportion des poids dont il
est chargé.* En voici une qu'il présente lui-même comme très-facile :
il l'accompagne de la figure que nous avons reproduite. « Prenez,
dit-il, un tuyau de verre recourbé ABC, fermé au bout C, et ouvert
à l'autre A; versez-y un peu de mer-
cure jusqu'à la hauteur horizontale DE,
afin que l'air enfermé CE ne soit ni moins
ni plus dilaté que celui qui est dans l'autre
branche; car si le vif-argent était un peu
plus haut dans une des branches que dans
l'autre, l'air y serait moins pressé. Il faut
que la hauteur EC soit médiocre, comme
de 12 pouces, telle qu'on l'a supposée en
cette figure; et l'autre DA, tant grande
qu'on pourra. Le mercure étant donc de
part et d'autre à la même hauteur vers D
et E, et n'y ayant plus de communication
de l'air EC avec celui de DA, versez par
le bout A, avec un petit entonnoir de
verre, du mercure nouveau, prenant garde
de ne point faire entrer d'air dans l'espace

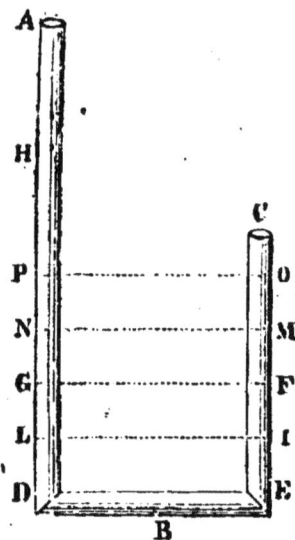

Fig. 9.

CE : vous remarquerez que le mercure montera peu à peu vers C,
et condensera l'air qui était en CE, et que si EF est de 6 pouces,
FG étant une ligne horizontale, le mercure sera monté dans l'autre
branche jusqu'en H, si ce point est distant de 28 pouces du point

---

1. *De la Nature de l'air*, p. 151 et suiv. des *Œuvres* de Mariotte
(La Haye, 1740, in-4°).

G, et que les baromètres soient alors à la hauteur de 28 pouces dans le lieu de l'observation; car s'ils n'étaient qu'à 27 et demi, aussi GH ne serait que de 27 pouces et demi. Or, en cet état l'air en FC est pressé par le poids de l'atmosphère qu'on suppose égal à celui de 28 pouces de mercure, et encore des 28 pouces qui sont en l'espace GH, et par conséquent il est chargé d'un poids double (de deux atmosphères) de celui dont est chargé l'air qui est dans le lieu où se fait l'expérience, et qui est semblable à celui qui était en EC avant qu'il fût condensé par le poids du mercure GH. On voit donc manifestement dans cette expérience que *l'air EC a suivi en sa condensation la proportion des poids.* On trouvera la même proportion dans les autres expériences en faisant le calcul en cette sorte : Il faut prendre pour premier terme la somme du poids de l'atmosphère et du mercure qui sera monté plus haut que le bas de l'air dans la branche EC; pour second terme, le poids de l'atmosphère, 28 pouces de mercure; pour troisième, la distance EC, et le quatrième proportionnel sera l'espace ou hauteur où se réduira l'air enfermé dans le tuyau EC : si l'air était seulement réduit à l'espace IC de 8 pouces, on trouverait que le mercure serait dans l'autre tuyau seulement 14 pouces plus haut que la ligne horizontale IL. Or, ces 14 pouces avec les 28 de l'atmosphère font 42. Il faut donc dire suivant cette règle : 42 pouces est à 28 pouces comme l'étendue de l'air EC est à l'étendue IC. Si on voulait réduire ce même air à l'espace MC de 3 pouces, qui est le quart de EC, il faudrait mettre 84 pouces de mercure dans la branche DA, au-dessus de la ligne horizontale MN, et on trouverait cette proportion par le calcul suivant : MC, 3 pouces, est à ME, 9 pouces, comme 28 pouces, poids de l'atmosphère, est à 84; car, en changeant, 84 sera à 28 comme 9 à 3; et, en composant, 84 plus 28, c'est-à-dire 112, sera à 28 comme 9 plus 3, c'est-à-dire EC, 12 à 3. Et si l'on voulait savoir quelle hauteur de tuyau il faudrait pour réduire cet air en l'espace OC de 1 pouce, on dira : OC, 1 pouce, est à OE, 11 pouces, comme 28 pouces de mercure à 308, poids de l'atmosphère : 308 sera la hauteur verticale qu'il faudra donner au mercure au-dessus du point O ou P; par où l'on connaîtra que, pour faire cette expérience, il faut que la branche DA soit plus haute que 308 pouces, c'est-à-dire qu'elle soit d'environ 320 pouces, afin qu'il reste un espace au-dessus du mercure pour empêcher qu'il ne verse [1]. »

---

[1]. *Traitement du mouvement des eaux et des autres corps fluides,* 2ᵉ partie, 11ᵉ discours (Paris, 1690), p. 381 des *Œuvres* de Mariotte.

Telle est la fameuse expérience de Mariotte, décrite par Mariotte lui-même. Le fait général qu'elle devait servir à démontrer, « la condensation de l'air proportionnellement au poids qu'il supporte, » c'est ce qu'il appelle tout simplement une *règle de la nature*. Non-seulement il se garde bien de lui donner le nom de *loi*, mais il est loin de lui supposer l'extension qu'on lui a prêtée depuis. Mariotte n'appliquait cette *règle de la nature* qu'à l'air; il ne parle pas même de l'action de la température, bien qu'il sût parfaitement que la chaleur dilate les corps, et il s'est contenté de faire varier les pressions dans des limites peu étendues.

Les expériences de Mariotte et de Boyle furent répétées avec le même succès par Amontons, 'S Gravesande, Shuckburg, Fontana, Roy et d'autres [1] : ils trouvèrent tous qu'un volume d'air, soumis à des pressions égales à 2, 3, 4, 5... atmosphères, se réduit à $\frac{1}{2}, \frac{1}{3}, \frac{1}{4}, \frac{1}{5}$... de son volume.

Parent, Maraldi, Cassini le jeune refusèrent d'admettre « que l'air se condense à proportion des poids dont il est chargé. » Parent alla jusqu'à nier l'élasticité de l'air. « Cette élasticité, disait-il, n'est qu'apparente : elle ne dépend que des particules d'éther, qui se trouvent dans les interstices des particules de l'air [2]. » — Vaine affirmation, qui prouve que les résultats les mieux établis ont toujours rencontré des contradicteurs. L'histoire des sciences est remplie de faits du même genre.

Avec le progrès de la physique, le fait général que Mariotte avait présenté, d'une façon assez restreinte, comme une *règle de la nature*, est devenue la *loi de Mariotte*, sous cette forme beaucoup trop générale : *La température restant la même, le volume d'une masse donnée d'un gaz quelconque est en raison inverse de la pression qu'elle supporte.*

Van Marum reconnut l'un des premiers que l'on s'était trop empressé d'étendre aux autres gaz ce que Mariotte n'avait appliqué qu'à l'air. Ainsi, il vit, sous les mêmes pressions, le gaz ammoniac diminuer de volume beaucoup plus vite que l'air, et devenir liquide quand l'air fut à peine réduit au tiers de son volume. Cette question fut plus tard reprise et développée par d'autres physiciens.

Œrstedt et Swendsen firent voir, en 1826 [3], que le gaz acide

1. *Mém.* de l'Acad. royale des sc. de Paris, année 1705. — 'S Gravesande, *Phys. élém.*, II, 579. — *Philos. Transact.*, n° 73.
2. *Histoire de l'Acad. roy. des Sciences*, année 1708.
3. *Edinburgh Journal of science*, t. VIII, p. 221.

sulfureux, facile à liquéfier, se comprime très-sensiblement plus que ne l'indique la loi de Mariotte, surtout quand il approche du moment de son passage à l'état liquide. En répétant, en 1842, les expériences de Rudberg sur la dilatation des gaz par la chaleur, Magnus, physicien de Berlin[1], remarqua des différences qu'il n'était guère possible de faire passer pour de simples erreurs d'observation, et il en conclut que tous les gaz ne suivent pas exactement la loi de Mariotte. Cette conclusion fut parfaitement justifiée par les expériences de Despretz[2]. Ce physicien[3] montra que les gaz sont inégalement compressibles, et que chaque gaz est d'autant plus compressible qu'il est plus comprimé. Ce dernier fait contredit l'opinion de Boyle et de Musschenbroek, d'après laquelle la compressibilité (de l'air) diminue, au contraire, avec la pression. Despretz constata, en outre, que l'acide carbonique, l'hydrogène sulfuré, l'ammoniaque et le cyanogène se compriment plus que l'air, que l'hydrogène éprouve un effet opposé, qu'il se comporte comme l'air jusqu'à 15 atmosphères, mais qu'à des pressions plus élevées il se comprime moins.

Les expériences de Pouillet, où la pression fut poussée jusqu'à 100 atmosphères, confirmèrent ces résultats.

Mais la loi de Mariotte est-elle au moins exacte pour l'air atmosphérique? Dès le commencement du xviiie siècle on en avait douté. La Hire soutenait que, la hauteur de l'atmosphère devant avoir une limite, la densité de la dernière couche de l'air ne pourrait être proportionnelle à une pression nulle. Jacques Bernouilli fit une objection en sens inverse. Supposant un *maximum* de densité, où toutes les molécules de l'air devaient se trouver en contact immédiat, il n'admettait pas la possibilité d'une condensation au delà de ce *maximum.* Il importe de noter que la théorie atomistique, dont Bernouilli était parti, fit plus tard envisager la question sous un point de vue plus élevé : on se demandait si la loi de Mariotte n'était qu'une vérité approximative, ou si elle exprimait une relation absolument exacte, en d'autres termes, si « dans un gaz quelconque la force répulsive, qui s'exerce entre deux tranches consécutives contenant le même

1. Henri-Gustave *Magnus*, né à Berlin en 1802, devint en 1831 professeur de physique à l'université de sa ville natale, et mourut en 1870.

2. César-Mansuète *Despretz*, né en 1792 à Lessines (province de Hainaut), mourut en 1863 à Paris, où il était, depuis 1837, professeur de physique à la Sorbonne.

. *Annales de Chimie et de Physique*, t. XXXIV, p. 335 et suiv.

nombre de molécules, est en raison inverse de leur distance. » — Au nombre des savants qui essayèrent de ramener à la loi de Newton la constitution moléculaire, élastique, des gaz, nous citerons Fries, Robison, Kant, Laplace.

A l'occasion de leurs recherches sur la force élastique de la vapeur d'eau [1], Dulong et Arago furent, au commencement de notre siècle, amenés à examiner la loi de Mariotte. A cet effet ils firent établir dans la tour du lycée Napoléon des appareils qui dépassaient en étendue et en précision ceux que les physiciens avaient construits jusqu'alors. Dans leurs expériences, où la pression fut portée jusqu'à 27 atmosphères, la condensation observée de l'air diffère très-peu de la condensation calculée d'après la loi de Mariotte, si toutefois elle en diffère. Mais à cette époque les physiciens étaient dominés par la croyance que tous les phénomènes de la nature obéissent à des règles générales, faciles à rendre par des expressions mathématiques simples.

En jetant un coup d'œil sur les résultats obtenus par Dulong et Arago, on remarqua que les nombres observés étaient plus petits que les nombres calculés par la loi, ou que la compressibilité vraie paraissait plus grande que la compressibilité théorique. Les différences trouvées pouvaient tenir tout à la fois aux erreurs de mesure et à l'inexactitude possible de la formule de Mariotte. La loi n'était donc pas démontrée.

Ce fut alors que M. Regnault reprit la question non-seulement pour l'air, mais pour les autres gaz. Ses expériences furent faites au Collége de France, dans une tour carrée, haute de 12 mètres et demi, et avec des appareils d'une précision modèle [2]. Il en résulta que l'air, l'azote, l'acide carbonique, l'oxygène, le gaz acide sulfureux, le gaz ammoniac et le cyanogène s'écartent de la loi de Mariotte, pour former une classe de fluides *caractérisés par une compressibilité excessive et qui suit une loi de progression croissant avec la pression;* que l'hydrogène s'éloigne aussi de la même loi, mais qu'il a une compressibilité moindre, et que celle-ci décroît à mesure qu'on le comprime davantage. Pour résumer les résultats des expériences de M. Regnault, « on peut, dit M. Jamin [3], se représenter un gaz fictif offrant une compressibilité normale exactement

---

1. *Mémoires* de l'Institut, t. X.
2. *Mémoires* de l'Acad. des Sc., t. XXI et t. XVI
3. M. Jamin, *Cours de Physique*, t. I, p. 286 (2ᵉ édit.).

conforme à la loi de Mariotte, et ce cas hypothétique étant admis comme *limite*, on trouve une première classe de gaz comprenant l'air, l'azote, l'oxygène, l'acide carbonique, etc., avec des compressibilités supérieures et croissantes; puis on trouve l'hydrogène formant à lui seul une classe spéciale, caractérisée par une compressibilité moindre et décroissante. La loi de Mariotte est donc une *loi limite*, un cas particulier qui ne se réalise pas, et dont les divers corps gazeux s'approchent ou s'éloignent, soit en plus, soit en moins, suivant leur nature, suivant les pressions initiales qu'ils possèdent, et probablement aussi suivant les autres circonstances dans lesquelles on les considère, et notamment leur température [1]. »

LIQUÉFACTION ET SOLIDIFICATION DES GAZ

Une de ces idées auxquelles l'esprit humain s'est montré le plus réfractaire, c'était de croire qu'un corps invisible, intangible, impalpable, fût de la matière. Le nom de *matière* avait été, pendant des milliers d'années, exclusivement affecté aux corps qui offrent de la résistance au toucher, qui tombent sous les sens, comme les solides et les liquides. Les corps aériformes, les gaz, formaient une catégorie d'êtres *à part*, sous le nom d'*esprits*. Les téméraires, qui menaçaient de renverser cet échafaudage, étaient traités de novateurs dangereux. Et à la fin du XVIIIe siècle, Lavoisier se plaignait encore d'avoir réussi fort incomplétement à faire comprendre aux physiciens et aux chimistes de son temps que les gaz ne sont qu'un état particulier de la matière, au même titre que l'état liquide et l'état solide.

Cette résistance de l'esprit à toute innovation, — véritable inertie morale, — cette impossibilité putative de traiter les corps aériformes, les fluides, sur le même pied que les liquides, retarda de beaucoup la découverte des gaz. L'histoire de Moitrel d'Élément en fournit la preuve.

Ce physicien faisait, vers l'année 1719, à Paris des cours publics sur la *Manière de rendre l'air visible et assez sensible pour le mesurer par pintes, ou par telle autre mesure que l'on voudra ; pour faire des jets d'air aussi visibles que des jets d'eau.* Malgré la nou-

---

1. Dans ses recherches sur la densité des gaz, M. Regnault observa l'acide carbonique à la température de 100°, et à celle de zéro. Il établit que, dans ce dernier cas, le gaz acide carbonique ne suit pas la loi de Mariotte, et il reconnut qu'il s'y conforme à la température de 100°.

veauté du sujet, le cours de Moitrel n'eut aucun succès, et, chose triste à constater, les maîtres de la science, les académiciens auxquels il avait soumis son programme, le traitèrent de visionnaire et de fou. Il résolut alors de rédiger ses idées et de vendre son manuscrit à un libraire. Il dédia son opuscule *aux Dames*, pour se venger peut-être du dédain que lui avaient témoigné les physiciens. La brochure de Moitrel, imprimée en 1719 à un petit nombre d'exemplaires, fut réimprimée en 1777, à la suite de la nouvelle édition du Traité de Jean Rey par Gobet. Nous en avons donné une analyse détaillée dans notre *Histoire de la Chimie*, tome II, p. 333 et suiv. Moitrel vivait misérablement du produit de ses leçons. Une personne charitable ayant eu pitié du pauvre physicien, déjà âgé, l'emmena avec elle en Amérique, où il est mort.

Au commencement du XVIII° siècle, les mots *air* et *gaz* étaient encore synonymes. Ce ne fut que vers la fin de ce siècle, quand on eut découvert que l'air est un mélange de différents gaz, que l'on se mit à donner à ceux-ci des noms particuliers. Mais on continua d'employer le mot *air* comme terme générique, en appelant les gaz, qu'on venait de découvrir, *air* vital (oxygène), *air* irrespirable (azote), *air* acide ou acide aérien (acide carbonique), *air* inflammable (hydrogène), *air* phlogistiqué, *air* déphlogistiqué, etc. A mesure que le nombre des gaz augmenta, cette nomenclature disparut pour faire place à celle qu'on suit maintenant.

Bien que Moitrel d'Élément eût fait connaître le moyen de recueillir les gaz, il se passa encore du temps avant qu'on songeât sérieusement à les traiter comme les autres corps.

Réduire les gaz à l'état liquide, comme on le faisait pour les vapeurs, ce ne parut pas d'abord une entreprise très-difficile. Mais les premières tentatives qu'on fit à cet égard montrèrent combien les physiciens s'étaient trompés. Ainsi, ceux qui prétendaient avoir liquéfié le gaz ammoniac ignoraient que cet état pouvait n'être dû qu'à la présence de l'eau dont ce gaz est avide. Perkins se vantait d'être parvenu, au moyen d'une pression de 1200 atmosphères, à convertir l'air en un liquide parfaitement incolore. C'était une pure illusion.

La liquéfaction des gaz peut s'obtenir, soit par une augmentation de la pression, soit par un abaissement de la température, soit enfin par ces deux actions réunies. En 1823 [1], Faraday commença, à l'aide de ces moyens, une série d'expériences qui enrichirent la science d'un

1. *Philos. Transact.*, année 1823, p. 160.

ensemble de résultats très-remarquable [1]. Voici les noms des gaz qu'il parvint à réduire à l'état liquide, seulement par *l'augmentation de la pression.*

	TEMPÉRATURE AMBIANTE.	PRESSION
Gaz acide sulfureux à	7°,2 du therm. cent.	de 3 atmosphères
Gaz hydrogène sulfuré	10°	17
Gaz acide carbonique	10°	36
Protoxyde d'azote	7°,2	50
Cyanogène	7°,2	3,7
Gaz ammoniac	10°	6,5
Gaz acide chlorhydrique	10°	50
Chlore	15°,5	4

Le procédé de l'habile expérimentateur consistait à emprisonner dans des tubes de verre, de faible capacité, des matières solides ou liquides capables de fournir un grand volume de gaz. Le gaz, resserré dans un espace étroit, se comprimait lui-même à mesure qu'il se produisait, et finissait par se liquéfier. Il fallut une grande dextérité pour éviter des explosions dangereuses.

Faraday compléta ces recherches en perfectionnant son procédé par l'association du refroidissement avec la pression.

Il n'y a pas encore cent ans que les physiciens croyaient au froid absolu; et ils avaient établi en principe que si les corps pouvaient être refroidis jusqu'à 267° au-dessous de la glace fondante, ceux-ci ne perdraient plus de chaleur. Cependant avec les moyens dont ils disposaient, ils ne devaient pas espérer obtenir un refroidissement de plus de 50° au-dessous de zéro. On en était encore là naguère, lorsqu'un heureux enchaînement de découvertes vint tout à coup élargir le champ de l'expérimentation.

Faraday avait obtenu, comme nous venons de voir, la liquéfaction du gaz carbonique par une pression de 36 atmosphères. En reprenant son état primitif, ce corps se dilate énormément, mais pour cela il lui faut une grande quantité de chaleur. Partant de là, il était permis de croire que, si l'acide carbonique liquide était, au moment où il redevient gaz, forcé de prendre de la chaleur à la partie liquide

---

1. Michel *Faraday* (né le 22 septembre 1791, à Newington-Butts, près de Londres, mort le 25 août 1867) débuta par être préparateur de H. Davy. Par ses travaux sur la liquéfaction des gaz, sur l'électro-magnétisme, etc., qui n'ont pas encore été réunis en un corps d'ouvrage, il a puissamment contribué au progrès de la chimie et de la physique.

restante, celle-ci passerait à l'état solide. C'est, en effet, ce qui fut pour la première fois réalisé, en 1834, par M. Thilorier. L'appareil qu'il imagina dans ce but se composait d'un cylindre en fonte à parois très-épaisses (la fonte a été remplacée depuis par du cuivre). Par une ouverture du couvercle supérieur, fermée par un bouchon à vis, on introduit dans l'intérieur du cylindre les substances (bicarbonate de soude et acide sulfurique) propres à produire le gaz. A cause de l'élévation de température qui accompagne la réaction, on estime que le gaz acide carbonique produit supporte une pression d'environ 80 atmosphères dans l'enceinte où il se dégage ; il se liquéfie alors et la différence de température qui existe entre le générateur et le condensateur suffit pour le faire distiller. Après qu'une certaine quantité d'acide carbonique liquide a ainsi passé dans le condensateur en se purifiant, M. Thilorier lui donne issue au dehors au moyen d'un tube à robinet : pendant qu'une portion de ce liquide s'évapore, une autre se congèle sous forme de flocons blancs qui se projettent dans l'air et qu'on peut réunir dans une boîte sphérique en métal convenablement appropriée. Ainsi solidifié, le gaz acide carbonique est blanc, très-léger, a tout à fait l'apparence de la neige, et détermine sur la peau la sensation d'une brûlure. Mis dans des vases ouverts, il marque 78° au-dessous du zéro et tend à se réchauffer ; mais les vapeurs qu'il émet le refroidissent, et comme ce réchauffement et cette évaporation s'effectuent avec assez de lenteur, on peut le conserver longtemps à — 78°, sans qu'il diminue beaucoup de volume. Mêlé avec de l'éther, il forme une pâte semblable à de la neige demifondue. Ce mélange a la température de — 79° ; c'est un des réfrigérants les plus énergiques : il congèle instantanément le mercure.

Ce fut là le réfrigérant dont s'empara Faraday pour continuer ses expériences. Afin d'en augmenter l'énergie, il le mettait sous la cloche d'une machine pneumatique. A mesure qu'on diminue la pression, l'évaporation s'active et la température s'abaisse en conséquence. C'est ainsi qu'il obtenait des abaissements qui allèrent jusqu'à — 110°, correspondant à 30mm de pression. C'est le plus grand froid que jamais homme ait produit. Faraday le combina avec une augmentation de pression. Pour obtenir cette augmentation, il comprimait le gaz au moyen d'un système de deux pompes foulantes : la première le puisait dans une cloche à la pression ordinaire, et le conduisait jusqu'à 10 atmosphères environ ; la deuxième, plus petite, recevait le gaz de la première, le portait à 50 atmosphères et le faisait passer, à l'aide d'un tube, dans un réservoir en verre, où devait s'effectuer la liquéfaction [1]. Ce réservoir était plongé dans le mélange réfrigérant que contenait un vase placé sous la cloche de la machine pneumatique.

Armé de ce double moyen, Faraday parvint à liquéfier tous les gaz connus, à l'exception de six, qui sont : l'hydrogène, l'oxygène, l'azote, l'hydrogène protocarboné (gaz des marais), le bioxyde d'azote et l'oxyde de carbone. Ces six gaz, que tous les procédés actuellement en usage sont impuissants à faire changer d'état, sont les moins solubles dans l'eau; ils entrent, en outre, directement ou indirectement, dans la trame des tissus organisés, « comme si le procédé de la vie, cherchant l'obstacle, aimait à s'exercer sur des produits particulièrement rebelles à l'assimilation [2]. »

Les gaz liquéfiés constituent des liquides d'une fluidité extraordinaire, à côté desquels l'alcool et l'éther paraissent des liqueurs visqueuses. Chauffés dans des espaces fermés, ils se changent en gaz aussi denses que les liquides d'où ils proviennent. Un métal froid qu'on y plonge produit un bruit semblable à celui du fer incandescent qu'on trempe dans l'eau. Une affusion d'eau froide les ramène, avec une vive explosion, à l'état de gaz, pendant que l'eau se congèle immédiatement.

Une particularité qui mérite d'être signalée, c'est que ces gaz, après leur liquéfaction, loin d'avoir, comme on pourrait le supposer, leurs affinités chimiques exaltées, les ont, au contraire, affaiblies. Ainsi, le protoxyde d'azote liquide ne présente aucun indice de combustion au contact des substances les plus inflammables, telles que le sodium ou le potassium. Le chlore, qui, à l'état de gaz, s'unit à l'antimoine avec production de chaleur et de lumière, reste, après sa liquéfaction, inerte au contact de ce même métal.

INSTRUMENTS DIVERS

Manomètre.—La conception d'un instrument propre à mesurer, non plus le poids de l'atmosphère auquel fait équilibre le liquide du baromètre, mais la densité de l'air contenu dans un espace fermé, cette conception d'un instrument, qui porte le nom de *manomètre* (de μανός, rare, distinct, et μέτρον, mesure), remonte à Otto de Gue-

---

1. Le système de pompe foulante, réalisé dans l'appareil de Pouillet, permet d'atteindre 100 atmosphères ; c'est la plus forte pression qu'on ait obtenue.

2. M. Dumas, *Éloge de Faraday*, p. 12.

ricke. Ce physicien en parla d'abord dans une lettre adressée en 1661 au P. Schott, qui la cite dans ses *Technica curiosa* (Würzb., 1661 ; I, 21); puis il y revint, à diverses reprises, dans ses *Experimenta nova* particulièrement au livre III, chapitre 21. Il distingue si bien la détermination barométrique de la détermination manométrique, qu'il appelle la première *aeris ponderatio universalis*, et la seconde *aeris ponderatio particularis*. « Puisque l'air, disait-il (en parlant de la *pondération particulière de l'air*), est naturellement pesant, il s'ensuit que l'air contenu dans le récipient de la machine pneumatique doit, après en avoir diminué l'élasticité, peser moins que l'air libre. » Le raisonnement inverse devait être tout aussi vrai, à savoir, que l'air comprimé dans un vase doit peser plus après qu'avant sa condensation. Mais comment peser l'un ou l'autre air ?

Le manomètre de Guericke consistait en une boule de cuivre de trente centimètres environ de diamètre, autant que possible vide d'air; cette boule, attachée au levier d'une balance sensible, était parfaitement équilibrée par un contre-poids massif. L'espace qu'occupait le volume du contre-poids, était extrêmement petit; le poids de l'air que celui-ci déplaçait, était donc négligeable. Il n'en était pas de même de la boule : occupant un espace beaucoup plus grand, elle perdait de son poids une quantité égale à celle du poids de l'air qu'elle déplaçait; cette perte devait être plus grande dans un air dense que dans un air raréfié. Ce système de balance, mis en équilibre à la pression ordinaire de 28 pouces ou de 760mm, devenait par conséquent sensible dès que l'air qui l'entourait venait à augmenter ou à diminuer de densité. Le petit poids qu'il fallait ajouter, pour rétablir l'équilibre, servait à mesurer le degré de densité de l'air ou du milieu environnant.

Cet instrument, très-imparfait, ne fut jamais d'un grand usage. R. Boyle, qui passe en Angleterre pour l'avoir inventé, l'a décrit sous le nom de *baromètre statique* ou de *baroscope* [1]. Fouchi, Varignon, Gerstner, y apportèrent des modifications notables. Le premier donna au sien le nom de *dasymètre* [2]. Mais tous ces instruments ne servaient qu'à indiquer les variations survenues dans la densité de l'air ambiant.

Benedict de Saussure fit le premier connaître un manomèt·,

1. *Philos. Transact.*, n° 14, année 1665.
2. *Mémoires* de l'Acad. des Sciences de Paris, année 1780, p. 73. — *Journal de Physique*, t. XXV, p. 315.

propre à la détermination des changements qui étaient arrivés dans l'élasticité de l'air emprisonné dans un vase. Voici en quoi consiste cet instrument : Un ballon de verre, fermé hermétiquement, supporte un baromètre dont la cuvette est contenue dans le ballon. La plaque qui le ferme est disposée de manière à pouvoir, par une ouverture, introduire dans le ballon les substances susceptibles d'affecter l'élasticité de l'air, et cela, en établissant momentanément la communication entre l'air intérieur et l'air extérieur. Pendant que la communication avec l'air extérieur est suspendue, le baromètre est insensible aux variations de l'atmosphère, et il n'éprouve de changement que par l'augmentation ou la diminution de l'élasticité [1]. Berthollet modifia le manomètre de Saussure pour le rendre propre à l'observation des phénomènes de la vie végétale et animale [2].

Les manomètres employés aujourd'hui pour mesurer les pressions dans une enceinte quelconque sont à air comprimé. Pour les construire on est parti de ce principe, « que la loi de Mariotte est rigoureusement vraie dans tous les calculs et dans toutes les applications que l'on peut en faire, si les gaz sont très-éloignés de leur point de liquéfaction. »

Fusil à vent. — Le fusil à vent, *sclopetum pneumaticum*, est la plus ancienne application de l'air comprimé comme force de ressort. Suivant la Chronique de Nuremberg, il fut inventé vers l'an 1560, par Jean Lobsinger. D'autres en attribuent l'invention à un ingénieur français, Marin de Lisieux, qui vivait du temps de Henri IV. Ce fusil se charge par la crosse à l'aide d'une pompe foulante : l'air s'y accumule et se comprime. Cet air remplace le gaz qui se produit par la combustion de la poudre à canon. Comme il ne s'échappe qu'une portion de l'air comprimé chaque fois qu'on lâche la détente pour lancer un projectile, on peut aussitôt recommencer à placer un nouveau projectile dans le tuyau et continuer jusqu'à ce que tout l'air comprimé soit sorti. L'usage des fusils à vent fut interdit par le gouvernement de Napoléon Ier, parce que, à cause du peu de bruit qu'ils produisent, ils étaient jugés plus dangereux que les fusils dans lesquels on emploie la poudre à canon.

Machines à raréfier et à comprimer l'air. — La machine pneumatique n'est propre qu'à raréfier l'air, ainsi que l'avait déjà remarqué son inventeur, Otto de Guericke. Depuis lors beaucoup de

---

1. *Journal de Physique*, 1790.
2. *Mémoires de la Société d'Arcueil*, t. I, p. 261.

physiciens ont cherché à la perfectionner. Nous nous bornerons à mentionner Christophe Sturm, Denis Papin, W. Senguerd, Nollet, Hauksbee, Smeaton, Cuthbertson, Schrader, Macvicar, Buchanan, Babinet, etc. Bien des points s'opposaient à son perfectionnement; tels étaient : les contacts entre les pistons et les cylindres, le système de soupapes, la tige fermant la base du cylindre, les soudures, les robinets, le métal percé de pores imperceptibles, etc.

Le fusil à vent fut la première machine à comprimer l'air. Elle fit imaginer d'autres machines plus ou moins propres à condenser ce fluide. Celles de Hauksbee et de Nollet consistent en un ballon en verre, auquel s'adapte, par le moyen d'un tube transversal, une pompe foulante en laiton. Elles ont été perfectionnées par Hurter, Billiaux, Cuthbertson, etc. Pour transformer la machine pneumatique en machine de compression, il suffit de changer le sens de toutes les soupapes.

Aérostats. — En voyant jusqu'à quel point les gaz partagent les propriétés des liquides, on pourrait croire que l'*aéronautique* doit être presque aussi ancienne que la navigation. Ce serait cependant une erreur. Les tentatives attribuées dans l'antiquité à Dédale et à Icare appartiennent au domaine de la fable. Nous n'avons aucun renseignement précis sur la colombe d'Archytas, qui volait, dit-on, poussée par un air contenu en elle, *aura spiritus inclusa* [1]. Et, au moyen âge, personne n'avait songé à réaliser la conception du célèbre moine Roger Bacon, d'après lequel « il ne serait pas difficile de construire une machine à l'aide de laquelle un homme pourrait se mouvoir dans l'air aussi facilement qu'un oiseau [2]. » Il faut se rapprocher des temps modernes pour rencontrer des indications plus précises.

En 1670, le P. Lana, jésuite de Brescia, émit le projet de construction d'un navire à voiles et à rames qui devait voyager dans l'air. Ce navire aérien se composait de quatre sphères creuses, de 20 pieds de diamètre, et qui devaient être complètement vides d'air. Mais la manière d'y produire le vide était des plus défectueuses; car l'auteur exigeait pour cela de remplir les sphères ou ballons d'eau et de les fermer immédiatement par un robinet après l'écoulement de l'eau. Ces ballons étaient, en outre, d'une exécution à peu près impossible : ils devaient être en cuivre et n'avoir environ qu'un

1. Aulu-Gelle, *Noctes Atticæ*, X, 32.
2. R. Bacon, *De mirabili Potestate artis et naturæ*.

dixième de millimètre d'épaisseur [1]. Leibniz, Hooke et Borelli, en critiquant le système de navigation aérienne du P. Lana, insistaient particulièrement sur la ténuité excessive des parois des ballons et sur l'impossibilité d'y faire le vide par le procédé indiqué.

Du reste, les idées de ce genre commençaient à se faire jour dès le milieu du xviie siècle. C'est ce qui résulte d'un passage de Borelli, où ce médecin et physicien de Naples (né en 1608, mort en 1679) dit que « diverses personnes se sont récemment imaginé qu'en imitant la manière dont les poissons se soutiennent dans l'eau, on pourrait mettre le corps humain en équilibre avec l'air en employant une grande vessie vide ou remplie d'un air très-rare et en la faisant d'une telle ampleur, qu'elle peut maintenir un homme suspendu dans le fluide aérien. » Mais Borelli, loin d'adopter ces idées qui assimilaient l'air à l'eau, s'attachait, au contraire, à les réfuter. « Une pareille vessie-ballon ne peut être, disait-il, ni fabriquée, ni vidée [2]. »

Ces critiques n'arrêtèrent pas l'élan donné. C'était le cas de dire que l'*idée était dans l'air*, et qu'elle avait déjà acquis une certaine force d'expansion.

Joseph Galien, qui unissait la connaissance de la théologie à celle de la physique, publia, en 1755, à Avignon, un opuscule in-12 intitulé : *L'art de naviguer dans les airs, amusement physique et géométrique*, etc., réimprimé à Avignon en 1757. Voici quelques passages de ce curieux opuscule, qui fut, lors de son apparition, considéré comme l'œuvre d'un fou. « Notre vaisseau pour naviguer dans les airs, nous le construisons de bonne et forte toile doublée, bien cirée ou goudronnée, couverte de peau et fortifiée de distance en distance de bonnes cordes, ou même de câbles dans les endroits qui en auront besoin, soit au dedans, soit au dehors, en telle sorte qu'à évaluer la pesanteur de tout le corps de ce vaisseau, indépendamment de sa charge, ce soit environ deux quintaux par toise carrée. »

Après s'être étendu sur la grandeur de son vaisseau, le P. Galien continue ainsi : « Nous voilà donc embarqués dans l'air avec un vaisseau d'une terrible pesanteur. Comment pourra-t-il s'y soutenir et transporter tout un attirail de guerre jusqu'au pays le plus

---

1. F. Lana, *Prodromo della arte maestra*; Bressia (Rizzardi), 1670, in-fol. (Opuscule très-rare).

2. Borelli, *De motu animalium*; Rome, 1680 et 1681, in-4°.

éloigné? C'est ce que nous allons examiner. La pesanteur de l'air de la région sur laquelle nous établissons notre navigation, étant supposée à celle de l'eau comme 1 à 1000, et la toise cube d'eau pesant 15120 livres, il s'ensuit qu'une toise cube de cet air pèsera environ 15 livres et 2 onces; et celui de la région supérieure étant la moitié plus léger, la toise cube ne pèsera qu'environ 7 livres 9 onces : ce sera cet air qui remplira la capacité du vaisseau. C'est pourquoi nous l'appellerons l'*air intérieur*, qui réellement pèsera sur le fond du vaisseau, à raison de 7 livres 9 onces par toise cube. Mais l'air de la région inférieure lui résistera avec une force double, de sorte que celui-ci ne consumera que la moitié de la force pour le contre-balancer, et il lui en restera encore la moitié pour contre-balancer et soutenir le vaisseau avec toute sa cargaison... Quant à la forme qu'il faudrait donner à ces vaisseaux, elle serait sans doute bien différente de celle dont nous venons de parler. Il y aurait beaucoup de choses à ajouter ou à réformer pour les rendre commodes, et bien des précautions à prendre pour obvier aux inconvénients; mais ce sont des choses que nous laissons aux sages réflexions de nos habiles machinistes.

« Cette navigation, ajoute l'auteur, ne serait pas si dangereuse que l'on pourrait se l'imaginer; peut-être le serait-elle moins que celle sur mer. Dans celle-ci tout est perdu lorsque le vaisseau vient à couler à fond ; au lieu que le cas arrivant dans celle-là, on se trouverait doucement mis à terre au grand contentement de ceux qui seraient ennuyés de voguer entre le ciel et la terre. Le vaisseau, en descendant ici-bas, irait avec une lenteur à ne rien faire craindre de funeste pour les gens de dedans, la vaste étendue de la colonne d'air de dessous s'opposant à la vitesse de sa chute. D'ailleurs ce vaisseau, après même s'être submergé et rempli d'air grossier, ne pèserait jamais un tiers de plus qu'un pareil volume de cet air. Il viendrait donc à terre beaucoup plus lentement que ne peut faire la plume la plus légère, puisque cette plume, malgré sa légèreté, pèse grand nombre de fois plus que l'air en pareil volume, et par conséquent beaucoup plus à proportion des masses que ne serait notre vaisseau submergé. »

Le P. Gallien, de l'ordre des Dominicains, mourut en 1782, à Avignon à l'âge de quatre-vingt-trois ans, avec la réputation d'un aéronaute visionnaire.

L'année suivante (le 5 juin 1783) les frères Montgolfier firent leur mémorable expérience aérostatique en présence des États du

Vivarais, alors assemblés [1]. Au milieu de la place d'Annonay, un gros ballon de 110 pieds de circonférence était posé sur un châssis de 16 pieds. Ce ballon était en toile couverte de papier, il avait 35 pieds de hauteur et présentait l'aspect d'un grand sac avec des plis de tous côtés. Il pesait 430 livres et fut chargé de plus de 400 livres de lest. « Messieurs des Etats, s'écria l'un des inventeurs, nous allons remplir ce grand sac avec une vapeur que nous savons faire, et vous allez le voir s'enlever jusqu'aux nues. » On alluma aussitôt, sous l'ouverture du ballon, de la paille mêlée avec de la laine cardée : la chaleur produite avait pour effet d'y raréfier l'air [2]. Peu à peu le ballon se gonfle, prend une forme sphéroïdale; huit hommes suffisent à peine pour le retenir. Il est lâché; puis on constate qu'en dix minutes le ballon s'est élevé à une hauteur d'environ mille toises; enfin il descend majestueusement pour tomber dans une vigne, à quatre kilomètres du lieu d'où il était parti.

Le succès de l'expérience d'Annonay produisit une grande sensation. Les frères Montgolfier furent invités par l'Académie des sciences à se rendre à Paris. Etienne Mongolfier y arriva quelques jours après l'expérience tentée au Champ-de-Mars par le physicien Charles avec un ballon rempli de gaz hydrogène. Le 19 septembre 1783, Etienne fit partir du parc de Versailles, en présence de Louis XVI et de toute sa cour, un ballon, auquel on avait fixé un panier d'osier portant un mouton, un coq et un canard. Le 21 novembre suivant, il en fit partir un autre du parc du château de la Muette; Pilâtre de Rozier y monta hardiment : ce fut le premier homme qui eût voyagé dans les airs.

Depuis lors les expériences se multiplièrent rapidement. On essaya de se servir des aérostats pour des reconnaissances militaires; on s'en servit, en effet, à la bataille de Fleurus, et on organisa un corps d'aérostiers. Enfin, pendant le dernier siège de Paris, on utilisa l'aéronautique pour faire correspondre la capitale avec la province.

1. Joseph-Michel et Jacques-Etienne Montgolfier naquirent, le premier en 1740, le second en 1745, à Vidalon-lès-Annonay, où leur père, Joseph, dirigeait une importante papeterie, qui subsiste encore. L'invention des aérostats leur fit une immense renommée, une souscription nationale leur remit une médaille d'or, les deux frères entrèrent à l'Académie des sciences, et leur père reçut du roi des lettres de noblesse. Le plus jeune des frères mourut à Ferrière en 1799, et l'aîné aux eaux de Balaruc en 1810.

2. C'est par cet artifice qu'on obtenait l'air raréfié que le P. Galien voulait chercher dans les régions élevées de l'atmosphère.

Nous passerons sous silence les innombrables modifications qui furent apportées à l'invention des frères Montgolfier. Qu'il nous suffise de constater que le problème est encore loin d'être résolu.

Les voyages aérostatiques promettaient une riche mine d'observations. Malheureusement ceux qui ont été faits jusqu'ici avec quelque profit pour la science sont en très-petit nombre. Les premiers voyages aériens ayant un but vraiment scientifique furent exécutés au commencement de notre siècle, par Biot et Gay-Lussac. Il importe de nous y arrêter un moment.

La question de savoir si la force magnétique, faisant mouvoir l'aiguille aimantée à la surface terrestre, s'affaiblit à mesure qu'on s'élève dans l'atmosphère, comme B. de Saussure avait cru le reconnaître dans son voyage au Col-du-Géant, porta, en 1804, l'Institut de France à charger Gay-Lussac et Biot d'une ascension en ballon. Munis de tous les moyens d'observation nécessaires, ces deux physiciens partirent, le 24 août, à dix heures du matin, du jardin du Conservatoire des arts et métiers. A 1223 mètres environ de hauteur, ils traversèrent la couche des nuages, qui offrit bientôt au-dessous de leur nacelle l'aspect d'une mer d'écume. A 2724 mètres, ils lâchèrent une abeille qui s'enfuit en bourdonnant; leur pouls était accéléré, mais cet état fébrile ne causait aucun malaise. A 3400 mètres, ils donnèrent la volée à un verdier : l'oiseau part, s'arrête un instant sur les cordages de la nacelle, puis se précipite en zigzags et presque verticalement vers la terre, comme s'il eût subi la loi de l'attraction. Parvenus à 4000 mètres, les deux physiciens essayèrent, à l'aide des oscillations d'une aiguille aimantée horizontale, de résoudre le problème qui avait été le but principal de leur voyage. Mais le mouvement de rotation du ballon présenta des obstacles imprévus et sérieux. Ils parvinrent toutefois à les surmonter en partie, et observèrent dans ces régions aériennes la durée de cinq oscillations de l'aiguille aimantée. On sait que cette durée doit augmenter là où la force magnétique, qui ramène l'aiguille à sa position naturelle, a diminué, et que cette durée doit être plus courte si la même force directrice a augmenté. C'est donc un cas tout à fait analogue à celui du pendule oscillant, quoique les mouvements de l'aiguille s'exécutent dans le sens horizontal [1].

Les résultats obtenus n'ayant pas paru concluants, une seconde ascension fut jugée nécessaire. Il fut convenu en même temps que

[1]. Arago, *Éloge de Gay-Lussac.*

Gay-Lussac l'entreprendrait seul, et que Biot, au besoin, répéterait les observations. Cette seconde ascension s'effectua le 16 septembre 1804, à 9 h. 40 m. du matin. Gay-Lussac partit seul du jardin du Conservatoire des arts et métiers. Il s'éleva rapidement à 6977 mètres au-dessus de Paris ou à 7016 mètres au-dessus du niveau de la mer. « Parvenu, raconte l'intrépide savant, au point le plus haut de l'ascension, ma respiration était sensiblement gênée ; mais j'étais encore loin d'éprouver un malaise assez désagréable pour m'engager à descendre. Mon pouls et ma respiration étaient très-accélérés : respirant dans un air d'une extrême sécheresse, je ne devais pas être surpris d'avoir eu le gosier si sec, qu'il m'était pénible d'avaler du pain. » Au moment où son thermomètre, à 7016 mètres au-dessous du niveau de la mer, marquait 9°,5 au-dessous de 0°, celui de l'Observatoire de Paris, à l'ombre et au nord, indiquait 27°,75 au-dessus de 0° : c'était donc à une différence thermométrique de 37 degrés à laquelle Gay-Lussac s'était trouvé exposé dans l'intervalle de 10 h. du matin à 3 h. après midi. Après avoir tranquillement terminé toutes ses observations, il se mit à descendre, et prit terre, à 3 h. 45 m., entre Rouen et Dieppe, à quarante lieues de Paris, près de Saint-Gourgeon ; les habitants de ce hameau aidèrent le voyageur aérien à exécuter toutes les manœuvres nécessaires pour prévenir les secousses qui auraient pu briser ses instruments [1].

Voici les résultats scientifiques de ce second voyage aérien. La température, à un changement de hauteur donné, varie moins près de terre que dans les régions moyennes de l'atmosphère, en supposant que les observations thermométriques (sur lesquelles Gay-Lussac éleva lui-même quelque doute, à cause de la rapidité du mouve-

---

[1]. A cette occasion, Arago rapporte une anecdote qu'il tenait de Gay-Lussac lui-même. « Parvenu à la hauteur de 7000 mètres, il voulut, dit-il, essayer de monter plus haut, et se débarrassa de tous les objets dont il pouvait rigoureusement se passer. Au nombre de ces objets figurait une chaise en bois blanc, que le hasard fit tomber sur un buisson, tout près d'une jeune fille qui gardait les moutons. Quel ne fut pas l'étonnement de la bergère ! — comme eût dit Florian. — Le ciel était pur, le ballon invisible. — Que penser de la chaise, si ce n'est qu'elle provenait du paradis ? — On ne pouvait objecter à cette conjecture que la grossièreté du travail : les ouvriers, disaient les incrédules, ne pouvaient là-haut être si inhabiles. La dispute en était là, lorsque les journaux, en publiant toutes les particularités du voyage de Gay-Lussac, y mirent fin, en rangeant parmi les effets naturels ce qui jusqu'alors avait paru un miracle. » (Élog. de Gay-Lussac.)

ment ascensionnel du ballon) soient exactes. Malgré la marche ir-
régulière de l'hygromètre de Saussure, il fut établi que l'humidité
de l'air diminue rapidement avec la hauteur. Quant à l'air lui-même,
que Gay-Lussac avait recueilli à 6366 mètres de hauteur, il donna
à l'analyse eudiométrique la même composition en oxygène et
azote que celui qu'on aurait pris à la surface du sol. De plus, il
ne contenait pas un atome d'hydrogène, ce qui renversait la
théorie de Berthollet, qui prétendait expliquer les phénomènes de
l'éclair et du tonnerre par la combinaison de l'hydrogène avec
l'oxygène dans les régions élevées de l'atmosphère. Enfin, dans ce
second voyage, Gay-Lussac compta, pour un temps déterminé, deux
fois plus d'oscillations de l'aiguille aimantée que dans le premier, ce
qui tendrait à démontrer (ce qui était l'objet principal de l'ascension)
que la force magnétique diminue avec la hauteur de l'air [1].

Mentionnons encore, comme ayant eu quelque utilité pour
la science, les deux voyages aéronautiques exécutés, en 1850, par
MM. Barral et Bixio. Dans leur seconde ascension ces deux
observateurs se trouvèrent au milieu de petits glaçons qui réflé-
chissaient la lumière du soleil de manière à former une image
placée au-dessous du ballon; ils purent ainsi vérifier l'exactitude
de l'hypothèse de Mariotte sur la cause des halos et parasélènes,
que ce physicien avait le premier attribuée à des glaçons suspendus
dans les hautes régions de l'atmosphère. Ils parvinrent à une hauteur
de plus de 7000 mètres et ils endurèrent le froid excessif de — 40°,
précisément à la même hauteur où, en 1804, Gay-Lussac n'avait
observé que — 9°,5. Il fut ainsi démontré que la température des
différentes couches atmosphériques subit des variations analogues
aux variations de la température de la surface terrestre.

Les plus grandes hauteurs de notre océan aérien auxquelles on
ait pu jusqu'à présent s'élever *par voie de terre* (ascension de montagnes), n'atteignent pas 7000 mètres. Les frères Schlagintweit firent, le 20 août 1856, l'ascension de l'Abi-Gumin, l'un des sommets
les plus élevés de l'Himalaya, à 6120 mètres au-dessus du niveau
de la mer; aucun homme n'était encore parvenu pédestrement
à une pareille hauteur. Le baromètre y descendit un peu au-
dessous de 36 centimètres; les deux voyageurs eurent donc moins

[1]. Gay-Lussac avait constaté qu'une aiguille qui, à la surface du sol, employait 42" 2''' pour faire dix oscillations, ne mettait, pour faire ce même
nombre d'oscillations, que 41" 7''' à la hauteur de 6884 mètres.

que la moitié du poids de l'atmosphère à supporter. « Le mal de
tête, la difficulté de respirer, l'irritation des poumons, le crache-
ment de sang qu'on éprouve, racontent-ils, dans ces régions
élevées, disparaissent aussitôt qu'on commence à regagner les zones
plus basses. C'était moins le froid que le vent qui augmentait nos
souffrances... En général, nous nous sentions mieux le matin que
le soir, ce qui paraît être également en rapport avec l'état de l'atmosphère. La raréfaction de l'air exerce une influence extrêmement
marquée sur l'action musculaire; l'action même de parler devient
une fatigue. Au même moment survient une lassitude telle, qu'on
s'endormirait au milieu des neiges pour ne plus se réveiller, si l'on
n'était pas dominé par une force morale supérieure à cette lassitude physique[1]. »

HYGROMÉTRIE

L'océan aérien, qui a pour lit la surface solide et liquide de la
Terre, doit charrier des parcelles plus ou moins impalpables de
cette surface, particulièrement des vapeurs d'eau. C'est la précipitation de ces vapeurs, invisibles ou visibles (sous forme de nuages),
qui forme les météores aqueux, tels que la pluie, les brouillards, la
neige, etc. Mesurer l'humidité, l'eau à l'état de vapeur, contenue
dans une couche d'air donnée, voilà le but de l'hygrométrie.

On savait depuis longtemps que les métaux, les marbres, les
pierres polies, etc., se couvrent de rosée, que les tambours et les chas-
sis de papier se relâchent sous l'influence de certaines variations
atmosphériques. Mais ce n'est que depuis environ deux siècles et
demi que les physiciens se sont mis en quête d'un instrument
propre à indiquer les degrés d'humidité ou de sécheresse de l'air,
ou, plus exactement, à mesurer les changements que l'air éprouve
dans son poids et son élasticité par la présence de quantités variables
de vapeurs aqueuses. Cardan (mort en 1576 à l'âge de 75 ans)
s'est, l'un des premiers, servi de boyaux ou de membranes amincies,
pour apprécier, par leur état de contraction, le degré de sécheresse
ou d'humidité de l'air [2].

1. Hermann, Adolphe et Robert de Schlagintweit, *De l'influence des
altitudes sur l'homme*, extrait du t. II de leur *Mission scientifique dans
l'Inde et la haute Asie*.
2. M. Libri, dans son *Histoire des mathématiques en Italie*, dit (t. III,
p. 53, note 2) que le célèbre peintre Léonard de Vinci (né en 1452, mort en
1519) s'est beaucoup occupé de météorologie et qu'il a inventé l'hygromètre.

Le premier hygromètre connu, dans l'ordre chronologique, est celui du Père Mersenne (né en 1588, mort à Paris en 1648). Son *hygromètre* ou *notiomètre* — c'est le nom donné à ces instruments (de ὑγρός ou νότιος humide, et μέτρον mesure) — consistait en une simple corde de boyau ou corde de violon, susceptible de s'allonger ou de se raccourcir, conséquemment de donner un *son plus* ou *moins grave*, suivant l'humidité plus ou moins grande de l'air [1]. A ce titre, tous les instruments de musique à cordes pourraient servir d'hygromètres, si l'on parvenait à les rendre comparables.

Molineux, Gould, Lambert, construisirent des hygromètres à cordes qui, non plus par le son, mais par le *mouvement*, devaient indiquer le degré d'humidité ou de 'sécheresse de l'air : par son allongement et son rétrécissement alternatifs, la corde faisait tourner une aiguille qui marquait les degrés sur un cadran ou sur une échelle graduée. Lambert fit en même temps des observations précieuses sur le nombre de tours et de détours que les cordes font suivant leur grosseur, leur largeur et leur degré de torsion [2].

Presque toutes les substances réputées *hygroscopiques*, c'est-à-dire sensibles aux variations de la sécheresse ou de l'humidité atmosphérique, ont servi à construire des hygromètres; et il y a de ces substances dans tous les règnes de la nature. Ainsi, Casbois employait, à cet effet, des boyaux de vers à soie; Retzius, des tuyaux de plume, coupés en lanières minces; Huth, des fragments de peau de grenouille; Wilson, des vessies de rat; Mayer, de Vérone, la membrane interne des coquilles d'œuf; Cazalet, des fils de soie; De Luc, des cylindres d'ivoire; Leupold et Wolf, des fils de chanvre; Hautefeuille, des planchettes minces de bois de sapin, enchâssées dans un cadre de bois de chêne; Dalencé, des bandelettes de papier mince; Franklin, des fibres de bois d'acajou; le P. Maignan, des arêtes de graminées, comme celles de la folle avoine (*avena fatua*, L.); le comte de la Guérande, des algues marines; Bjerkander, des fibres desséchées de chardon (*carlina acaulis*, L.); Borbosa, les becs aristés de diverses espèces de géranium; d'autres enfin se servaient d'éponges ou d'amiante, imprégnés de sels alcalins, propres à absorber l'humidité de l'air [3].

1. *Encyclopédie méthodique*, t. III (*Physique*, p. 521, article *Hygrométrie*).
2. *Mémoires* de l'Acad. des Sciences de Berlin, année 1769, n° 72.
3. Voy. Gehler, *Physikal. Wœrterbuch*, t. V, p. 594 et suiv. (article *Hygrometrie*).

Mais de tous ces hygromètres celui de Saussure mérite seul une mention particulière, parce que son usage a longtemps prévalu. Ce fut en 1775 que ce physicien, célèbre par ses voyages dans les Alpes, eut l'idée d'employer les cheveux à la construction de son instrument. Il s'en occupa pendant tout l'hiver de 1776 ; il se croyait assuré du succès, lorsqu'il découvrit que les cheveux, tels qu'il les employait, éprouvaient, au bout de quelques mois, une altération qui les rendait absolument impropres à cet usage ; et ce défaut lui parut sans remède[1]. Depuis lors jusqu'à la fin de l'année 1780, il avait entièrement perdu de vue l'hygrométrie. Mais l'interruption forcée, par une maladie, de ses travaux sur les montagnes, le conduisit à revenir aux hygromètres à cheveux, et à tenter de les perfectionner. « J'y travaillai, dit-il, tout l'hiver et le printemps de l'année 1781 ; j'eus le bonheur de découvrir la cause du défaut qui me les avait fait abandonner, de trouver un remède à ce défaut, et de déterminer avec beaucoup de précision les termes d'humidité et de sécheresse extrêmes que j'avais entrevus en 1776. Enfin je donnai à ces instruments une forme commode et portative. »

De Saussure recommande de choisir des cheveux fins, doux, non crépus, coupés sur une tête vivante et saine. « Il est, dit-il, inutile qu'ils aient plus de 1 pied de longueur. Pour les dépouiller de la matière huileuse dont ils sont imprégnés, il faut les coudre dans un sac de toile et les faire bouillir pendant trente minutes dans une lessive de carbonate de soude ; après les avoir laissés refroidir, il faut les sécher à l'air. Cette opération les rend propres à l'usage auquel on les destine[2]. » — Pour marquer le terme de l'humidité extrême, l'inventeur place son hygromètre sous une cloche sur une assiette pleine d'eau : l'air qui s'y trouve emprisonné se sature, le cheveu s'allonge, et l'aiguille vient s'arrêter à un point fixe, qui s'inscrit sur le limbe. Pour déterminer le terme de la sécheresse extrême, il couvre l'instrument avec une cloche pleine d'air qu'il dessèche en y introduisant une plaque de tôle revêtue d'un vernis fondu de carbonate de potasse ; le cheveu se raccourcit, et l'aiguille s'arrête à un point invariable, qui s'inscrit également sur le limbe. L'intervalle entre ces deux points extrêmes, dont le premier correspond à

1. Voy. la lettre de B. de Saussure, dans le *Journal de Physique*, année 1778, t. I, p. 135.

2. B. de Saussure, *Essais sur l'hygrométrie*, Préface, p. VII (Neuchâtel, 1783, in-8°).

100 et le dernier à 0, est divisé en 100 parties égales, nommés degrés [1].

Abandonné à lui-même, cet instrument indique des degrés d'humidité variables de l'atmosphère. Mais remplit-il bien le but proposé ? Des doutes sérieux se présentèrent ici à l'esprit de Saussure ? Il se demanda d'abord « si la vapeur aqueuse est la seule qui allonge le cheveu. » Une série d'expériences faites avec des vapeurs d'alcool, d'éther, d'huiles, etc., l'amena à établir que « les dimensions du cheveu, ou du moins sa longueur, ne sont sensiblement affectées par aucune vapeur, si ce n'est par la vapeur aqueuse. »

Mais de toutes les questions la plus importante c'était de savoir si les variations hygrométriques étaient proportionnelles à celles de l'air, en d'autres termes, si, toutes choses étant égales d'ailleurs, *un nombre double, triple, etc., de degrés indiquait constamment une quantité double, triple, etc., de vapeurs aqueuses contenues dans l'air.* Un fait bien simple avait éveillé à cet égard l'attention de l'habile expérimentateur. Quelques physiciens avaient pensé que la transpiration insensible devait faire marcher à l'humide un hygromètre placé dans le voisinage de la peau. « Mais j'ai toujours, ajoute de Saussure, observé le contraire : l'approche du visage, des mains, le fait marcher très-promptement au sec, sans doute parce que la chaleur du corps augmente la force dissolvante de l'air plus que la transpiration ne le rassasie [2]. »

Pour bien faire comprendre l'importance de la question, le célèbre physicien de Genève rappelle un autre fait, aussi général que fréquent. Au moment où une forte rosée matinale couvre la surface de la terre, l'hygromètre indique 100° (l'extrême humidité). A mesure que le soleil s'élève au-dessus de l'horizon, la rosée disparaît, l'air se réchauffe, et l'aiguille hygrométrique se dirige vers 0°, terme de l'extrême sécheresse. A juger par cette indication, il n'existe dans l'atmosphère aucun vestige d'humidité. « Qu'on dise à un homme qui n'est pas physicien, qu'alors au milieu du jour, quand un soleil ardent dessèche et brûle les campagnes, l'air contient réellement plus d'eau qu'il n'en contenait dans le moment où il distillait cette rosée bienfaisante, cet homme croira qu'on veut se jouer

1. Cet instrument, qui porte le nom d'*Hygromètre de Saussure*, se trouve figuré dans presque tous les traités de physique. Mais ces figures diffèrent sensiblement de celle qu'en a donnée l'inventeur lui-même.

2. *Essais sur l'hygrométrie*, p. 91.

de sa crédulité; il faudra bien des notions préliminaires pour le mettre en état de comprendre que cet air animé par la chaleur est devenu capable de se charger d'une plus grande quantité d'eau; que l'eau de la rosée n'a pas été anéantie par la chaleur, mais qu'elle a été repompée par l'air, qui contient par conséquent une quantité de vapeurs d'autant plus grande. »

Supposons maintenant que cet homme reconnût la justesse de ces principes; à son tour il embarrasserait singulièrement le physicien, s'il lui disait « qu'il a régné dans la matinée un petit vent de nord, qui peut-être était assez sec par lui-même pour balayer et entraîner toute cette rosée et laisser ainsi un air moins aqueux, moins chargé d'eau que celui du matin. » Comment le physicien résoudrait-il ce doute ? L'inspection simultanée de l'hygromètre et du thermomètre pourrait immédiatement donner une réponse satisfaisante, mais à une condition, c'est que *la manière dont l'hygromètre est modifié par la chaleur lui fût d'abord parfaitement connue.*

De Saussure revint souvent, et avec juste raison, sur la nécessité d'élucider ce point important. « C'est surtout, dit-il, en montant et en descendant de hautes montagnes que j'ai désiré la solution de ce problème. Je voyais souvent, à mesure que je montais, l'hygromètre aller à l'humide et le thermomètre au froid, et je me demandais sans cesse à moi-même : Cette humidité croissante est-elle uniquement l'effet du refroidissement de l'air, ou l'air est-il réellement plus chargé d'eau sur ces hauteurs qu'il ne l'est dans les plaines? Ou bien ne serait-il pas encore possible que, malgré cette humidité apparente, il contînt moins d'eau que l'air des vallées? Il est évident que si l'on savait combien, dans tel ou tel état de l'hygromètre, tel ou tel degré de chaleur doit, indépendamment de toute autre cause, faire aller cet hygromètre au sec, il suffirait de voir si, dans une circonstance donnée, il a fait vers la sécheresse plus ou moins de chemin qu'il ne devait faire par la seule action de la chaleur; le résultat de cet examen indiquerait sur-le-champ si c'est la chaleur seule ou bien un changement réel dans la quantité des vapeurs qui a fait varier l'instrument [1]. »

Saussure commença dès lors une série d'expériences pour chercher quel est l'état hygrométrique qui correspond à chaque degré de l'échelle. Ces recherches furent reprises par Dulong, Gay-Lussac et Melloni. Mais ce n'est que depuis les travaux récents de M. Re-

---

1. *Essais sur l'hygrométrie*, p. 116 et suiv.

gnault que l'on connaît exactement toutes les circonstances qui concourent aux variations de l'hygromètre. Cet habile physicien dressa les tables des forces élastiques de la vapeur d'eau entre les températures de 5° et 35°[1]. Les expériences comparatives qu'il fit avec des hygromètres à cheveux très-différents par leur origine, l'amenèrent à reconnaître l'impossibilité de construire une table de graduation unique, applicable à tous ces instruments, comme l'avaient essayé Dulong, Gay-Lussac et Melloni.

Avant ces physiciens, B. de Saussure croyait lui-même que son hygromètre n'était, en réalité, qu'un *hygroscope*, qu'il n'en recevait que des indications empiriques, et qu'il manquait de données exactes pour savoir si la graduation de l'instrument peut s'appliquer à toutes les températures. Mais comme les corrections qu'il aurait fallu y apporter exigeaient des expériences longues et délicates, on aima mieux recourir à d'autres méthodes.

Un physicien suisse, Brunner, qui s'était déjà fait connaître par un appareil particulier pour l'analyse de l'air, eut l'idée de déterminer directement, par une véritable analyse chimique, le *poids d'eau contenu dans un volume donné d'air.* A cet effet il construisit un appareil où l'air est conduit à se dépouiller de toute son eau en traversant des tubes remplis de pierre ponce imprégnée d'acide sulfurique, d'un poids connu. L'augmentation de poids, après l'expérience, indique la quantité de vapeur absorbée à un volume d'air facile à déterminer. Cette méthode ne présente rien d'incertain. Mais, comme son emploi est fort incommode, elle a été généralement abandonnée.

On crut un moment avoir trouvé dans le *psychromètre*[2], proposé par Leslie, étudié par Gay-Lussac et perfectionné par le docteur August, de Berlin, la certitude de la méthode chimique unie à la commodité de l'hygromètre à cheveu. Mais il y a dans l'usage du psychromètre des incertitudes et des causes d'erreur que M. Regnault fit ressortir par des observations multipliées.

---

1. *Annales de Chimie et de Physique,* 3e série, t. XV, p. 170.
2. Le *psychromètre* (de ψυχρός, froid, et μέτρον, mesure) consiste en deux thermomètres bien concordants et très-sensibles, fixés sur une même planchette. L'un de ces instruments reste sec, tandis que l'autre a son réservoir mouillé par une étoffe de gaze toujours humectée d'eau. La température du dernier s'abaisse et il se couvre de rosée. Par la différence de température et avec des tables dressées d'avance, on trouve la force élastique de la vapeur contenue dans l'air.

Hygrometre condenseur. — Leroy[1] s'était, l'un des premiers, attaché à montrer que « la parfaite transparence d'un air saturé de vapeurs, tel qu'on le voit après une pluie, que la disparition des vapeurs aqueuses par la chaleur, que leur apparition subite par le froid, enfin que leur union intime avec l'air malgré la différence de leur densité, sont des indices certains d'une véritable dissolution [2]. » Pour connaître la température à laquelle l'air abandonne l'eau qu'il contient, ce même physicien mettait, dans un vase de verre très-sec, de l'eau à la température du lieu où il se trouvait ; puis il plaçait dans ce vase un petit thermomètre et il jetait dans l'eau de petits morceaux de glace jusqu'à ce que la paroi extérieure du vase se couvrît de gouttelettes de rosée. Il observait alors la température à laquelle cette rosée commençait à se déposer, et qui devait indiquer le degré de saturation de l'air. Tel est en principe l'hygromètre condenseur de Daniell (voy. fig. 10). Sur un support

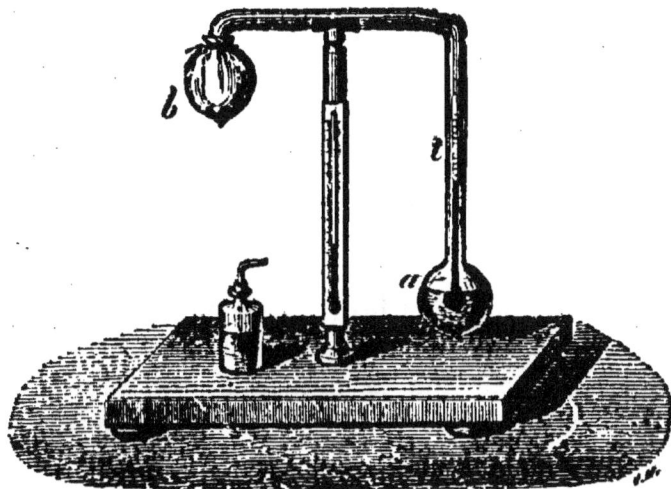

Fig. 10.

où se trouve un thermomètre, destiné à indiquer la température de l'air ambiant, est placé un siphon de verre renflé, aux deux extrémités, en boules fermées. L'une de ces boules, *a*, contient de l'éther, et porte à l'intérieur, un thermomètre très-sensible ; l'autre, *b*, est enveloppée d'une gaze, sur laquelle on verse quelques gouttes d'éther, quand on veut faire une observation : l'éther, en s'évaporant, refroidit la boule ; il s'effectue alors une distillation du liquide de *a* vers *b*, une absorption de chaleur latente, suivie d'un refroidissement du thermomètre, et de la

---

1. Charles Leroy (né à Paris en 1726, mort en 1779) fut professeur de physique médicale à Montpellier. Il était fils de Jean-Baptiste Leroy, mort en 1800, qui s'était particulièrement occupé des phénomènes électriques.
2. *Mémoires* de l'Acad. des sc. de Paris, année 1751.

formation d'une couche de rosée sur la boule *a*. Le moment où cette rosée est produite se reconnaît à une sorte de voile qui diminue brusquement l'intensité de la lumière réfléchie par le verre. La température est alors au minimum; mais elle se relève quand la rosée a disparu. L'observateur note ces deux températures; leur différence montre jusqu'à quel degré il faudrait abaisser la température ambiante pour précipiter de l'air les vapeurs qui s'y trouvent.

Mais cet hygromètre, que Daniell a fait connaître en 1820 [1], est loin d'être parfait : indépendamment de plusieurs causes d'erreur qu'il laisse subsister, il n'est pas d'une manipulation commode. Dans ces derniers temps, il a été remplacé avantageusement par l'appareil condenseur de M. Regnault.

ACOUSTIQUE

Les anciens savaient déjà que sans l'air, qui de toute part nous enveloppe, nous serions tous plongés dans un silence éternel. « Qu'est-ce que le son de la voix, s'écrie Sénèque, sinon que l'ébranlement de l'air par le choc de la langue?... Descendons dans les détails. Quel chant pourrait se faire entendre sans l'élasticité du fluide aérien (*sine intensione spiritus*)? Le bruit des cors, des trompettes, des orgues hydrauliques, ne s'explique-t-il pas par la même force élastique de l'air [2]? »

Ainsi, dans le vide, pas de son ni de bruit quelconque. Voilà ce qui paraissait certain il y a plus de dix-huit cents ans. Cependant ce n'est qu'au dix-septième siècle que la proposition de Sénèque fut démontrée; et elle le fut, comme nous avons vu, par O. de Guéricke, l'inventeur de la machine pneumatique.

La découverte que tout son est le résultat d'un mouvement très-rapide de va et de vient, d'un mouvement vibratoire, se perd dans la nuit des temps. Un simple fil de chanvre, tendu par les deux bouts et pincé au milieu, a pu conduire à cette découverte. Ce fut là du moins l'origine du *monocorde*, le point de départ de la science acoustique.

Monocorde. — On attribue à Pythagore l'invention de cet instrument, qui se compose, ainsi que l'indique son nom, d'une

1. *Quarterly Journ. of Science*, janv. 1820. Fred. Daniell, *Meteorological Essays*, Lond., 1823, in-8°.

2. Sénèque, Q æst. nat. II, 6. — Sur les *orgues hydrauliques* dont a parlé déjà Vitruve, voy. G. Schneider, *Eclogæ physicæ*, t. II, p. 121 et suiv.

seule corde. On le connaissait déjà bien avant Pythagore ; au moins est-il certain que ce philosophe s'en servait déjà pour tracer son *canon musical*, principale base des doctrines pythagoriciennes.

Le monocorde de Pythagore se composait d'une tablette de résonnance (ἠχεῖον), au-dessus de laquelle était tendue une corde attachée à deux chevalets fixes. Cette corde vibrante donnait le ton-règle, le *canon* (κανών), ou l'*unisson*. Un chevalet mobile (ὑπαγώγιον) permettait de la subdiviser en différentes longueurs. En plaçant ce chevalet exactement au-dessous du milieu de la corde-canon, de manière à la partager en deux parties égales, l'observateur pouvait constater que chaque moitié donne le même son, qui est celui de l'octave au-dessus, et qu'en continuant la division par moitié on obtient pour le $\frac{1}{4}$ de la longueur primitive la 2e octave au-dessus, pour le $\frac{1}{8}$ la 3e octave, pour le $\frac{1}{16}$ la 4e octave, et ainsi de suite, jusqu'à ce qu'on finisse par ne plus entendre de son, malgré la vibration de la corde, divisée par progression géométrique de l'unité. Ce résultat dut, à plusieurs égards, éveiller l'attention de Pythagore. D'abord, les sons, ainsi engendrés, ne changent en rien la mélodie d'un air, qu'on les fasse entendre, soit simultanément, soit successivement : c'était sans doute pour cette raison que Pythagore appelait les octaves διὰ πασῶν, comme qui dirait des *passe-partout* [1]. Il dut se demander ensuite pourquoi les intervalles des sons fondamentaux (octaves) de l'harmonie sont exactement comme 1 : 2, rapport représenté par les deux nombres qui commencent la suite naturelle, et qui de tous les termes successifs de cette suite sont les seuls qui soient en progression géométrique. Partant de là, il aura pu se poser la question suivante : Les intervalles qui sont comme 1 : 2 m'ayant donné les octaves, quels sons me donneront les intervalles qui sont, par rapport à l'unisson, comme 2 : 3 ? L'expérience lui donna les *quintes*. Les quintes forment avec les octaves deux sons qui plaisent à toutes les oreilles : c'est la base de ce qu'on est convenu d'appeler l'*accord parfait*.

1. Le nom de *dia-pason* (διὰ πασῶν) a été conservé jusqu'à nos jours ; seulement, au lieu de l'appliquer à la division géométrique des monocordes donnant les octaves, on l'applique à un son conventionnel, sur lequel on règle l'accord des instruments de musique. Ce son est le *la* (la 2e corde du violon, en commençant à compter par la chanterelle), rendu par une fourchette d'acier qui, d'après une convention récente, doit exécuter 435 vibrations par seconde (*Moniteur universel du 25 février 1859*).

Ainsi encouragé, l'observateur ne s'arrêta pas certainement à demi-chemin : il devait être curieux de connaître les sons dont les intervalles (longueurs de corde) sont, suivant la série naturelle des nombres, comme 3 : 4, comme 4 : 5, etc., relativement à l'unisson (longueur primitive de la corde). La continuation de l'expérience donna la *quarte* pour le rapport de 3 : 4, la *tierce majeure* pour celui de 4 : 5, et la *tierce mineure* pour celui de 5 : 6. La sensation la plus harmonieuse était produite par l'octave, la quinte et la tierce majeure, frappées simultanément ou successivement : c'est l'*accord parfait majeur*. En substituant à la tierce majeure la tierce mineure, on a l'*accord parfait mineur*, dont la sensation est mêlée d'une certaine langueur ou tristesse. C'est l'accord qui domine dans les chants des sauvages. L'intervalle qui sépare la quarte de la tierce majeure est d'un demi-ton, comme celui qui sépare la tierce majeure de la tierce mineure : c'est l'intervalle le plus court de notre notation musicale. La tierce majeure et la tierce mineure, entendues simultanément, produisent, de même que la quarte et la tierce majeure, la dissonance la plus désagréable à nos oreilles.

L'oreille des Grecs était-elle, comme on l'a soutenu, assez fine pour discerner des différences de tiers et de quarts de tons? Quel était leur système de notation? Ces questions sortent de notre domaine. Le rapport des nombres ayant été érigé par Pythagore en un principe philosophique ou astronomique, il est probable que la première notation musicale des Grecs consistait à marquer par des nombres les intervalles des sons. Ce système est parfaitement applicable aux *sons harmoniques*, dont les intervalles sont comme les nombres 1, 2, 3, 4; et ce sont précisément ces nombres-là qui composent, chose remarquable, tout à la fois la résonnance naturelle des cordes et la fameuse *tétrade* (quaternaire) de Pythagore. Mais ce philosophe dut bientôt reconnaître lui-même que la Canonique, ou la doctrine des intervalles musicaux, est loin d'être aussi simple que pourrait le faire croire la marche initiale des accords parfaits. En effet, les sons intermédiaires, outre les sons harmoniques, conduisent à des rapports d'intervalles très-complexes, fractionnaires, et c'est là ce qui constitue le caractère des dissonances si désagréables à l'oreille. Aussi le système mathématique de la notation des intervalles fut-il bientôt combattu par le système, qu'on pourrait nommer *physiologique*, de la notation des harmonies des sons tels que l'oreille les perçoit. Ce dernier système eut pour auteur Aristoxène, qui vivait 351 ans avant l'ère chrétienne [1]. La Grèce était alors divisée en deux sectes musicales : celle des Pythagoriciens, appelés les *Canoniques*, et celle des Aristoxéniens, appelés les *Harmoniques*. Malheureusement l'histoire, qui préfère le récit de guerres stériles aux arts féconds de la paix, ne nous a laissé aucun détail sur les rivalités de ces deux sectes. Ce qu'il y a de certain, c'est que le système aristoxénien a prévalu.

On ignore à quelle époque remonte l'invention de la *gamme*, c'est-à-dire la succession des sons qui remplissent les intervalles compris entre les sons constitutifs de l'accord parfait. Au sixième siècle de notre ère, sous le pontificat de Grégoire le Grand, et probablement déjà avant cette époque, on désignait les sept sons de la gamme par A, B, C, D, E, F, G. A ces lettres de l'alphabet romain furent, vers l'an 1020, substitués les noms, encore aujourd'hui en usage, de Ut, Re, Mi, Fa, Sol, La. Guy d'Arezzo passe pour l'auteur de cette innovation. Les noms adoptés ne sont, rapporte-t-on, que les syllabes initiales de l'hymne de saint Jean-Baptiste, que ce moine bénédictin faisait chanter à ses écoliers :

Ut queant laxis *Re*sonare fibris
*Mi*ra gestorum *Fa*muli tuorum,
*Sol*ve polluti *La*bii reatum,
*S*ancte Johannes.

Mais cette échelle diatonique ne se compose que de six sons : celui qui devait correspondre à la lettre G manque. Ce défaut fit naître une méthode de solmisation digne de la barbarie du moyen âge. Ce ne fut, dit-on, que vers 1684, qu'un nommé Lemaire ajouta le *Si* aux noms de Guy d'Arezzo.

On employa primitivement des points pour marquer, par la variété de leur nombre, les sons graves et les sons aigus. Ce système prévalut jusqu'en 1330, année où un Parisien, nommé de Mœurs, inventa les *notes* ou caractères musicaux, qui furent depuis lors universellement adoptés.

Musique mathématique ou pythagoricienne. — Un aussi grand génie que Pythagore devait avoir saisi dès le principe la

1. Aristoxène, natif de Tarente, écrivit, suivant Suidas, plus de quatre cents ouvrages sur la musique et la philosophie. Tous ces ouvrages sont perdus, excepté les *Éléments harmoniques* (Ἁρμονικὰ στοιχεῖα), le plus ancien traité que nous ayons sur la musique des Grecs et qui a été reproduit dans la collection de Melbome, intitulée *Antiquæ musicæ auctores;* Amsterd., 1652, 2 vol. in-4°.

valeur des vibrations, soit pour en considérer la forme et le nombre, soit pour distinguer les vibrations sonores de celles qui, trop lentes ou trop rapides, n'ont plus aucune sonorité. C'est ce champ de spéculations élevées que ce philosophe mathématicien semble avoir voulu léguer aux méditations de la postérité en priant ses disciples d'inscrire sur son tombeau le monocorde.

Depuis lors il faut traverser toute l'antiquité grecque et romaine, tout le moyen âge, et arriver au dix-septième siècle pour voir reprendre et développer les idées pythagoriciennes sur l'harmonie.

Le P. Mersenne fit le premier des recherches sérieuses sur les vibrations des cordes à l'aide d'un monocorde divisé en 120 parties. Il trouva, entre autres, qu'une corde d'or d'un demi-pied de longueur et tendue par un poids de trois livres donne 100 $\frac{1}{2}$ vibrations ; qu'une corde d'argent, de même longueur et de même tension, donne 76 $\frac{1}{2}$ vibrations ; qu'une corde de cuivre en donne 69 $\frac{1}{2}$, de laiton 69 $\frac{1}{3}$, et de fer 66 [1].

Galilée, dans ses *Dialogues sur la mécanique*, rendit le premier, par une expérience fort simple, sensibles à la vue les ondes sonores. Ayant glissé le doigt tout autour du rebord d'un verre dans lequel il y avait de l'eau, il vit se produire des ondes dans l'eau pendant que le verre résonnait. En pressant le verre assez fortement pour élever la résonnance d'une octave plus haut, il vit paraître sur l'eau des ondes plus petites et qui coupaient exactement par le milieu chacune des ondes précédentes.

Un physicien français, Sauveur, trouva qu'un tuyau d'orgues ouvert, long de cinq pieds, rendait le même son qu'une corde qui faisait cent vibrations en une seconde.

Newton, les frères Bernoulli, Euler, Riccati et d'autres firent voir que les ondes qui engendrent le son ne diffèrent pas essentiellement des ondes aériennes qui le propagent en le transmettant de proche en proche jusqu'au tympan (membrane de l'oreille moyenne) et de là jusqu'à l'oreille interne (labyrinthe). On ne manquait pas de rappeler ici ce qui se passe à la surface calme d'un étang quand on jette une pierre au milieu de l'eau : des cercles concentriques s'y dessinent, les uns surélevés, les autres affaissés s'étendant de plus en plus pour aller frapper les bords de l'étang.

Ce n'est que depuis le commencement de notre siècle, depuis les travaux de Chladni, Cagniard de Latour, Savart, etc., que l'acous-

---

1. *Harmonicorum lib. XII*, Paris, 1635, in-fol.

tique est devenue une des branches les plus importantes de la physique. Mais nous allons d'abord passer en revue ce qui avait de tout temps fixé l'attention des physiciens.

Echo. — Cette répétition inattendue du son ou de la voix, qu'on entend dans les lieux solitaires, dans les bois de haute futaie, au milieu des rochers, etc., ne frappa d'abord que l'imagination. L'écho figurait dans la mythologie comme une divinité particulière, bien longtemps avant que la raison s'en emparât pour en faire un simple phénomène physique, un effet de répercussion des ondes aériennes sonores. On se borna primitivement à raconter les échos les plus merveilleux. C'est ainsi qu'il y avait, au tombeau de Metella, femme de Crassus, un écho qui répétait, dit-on, huit fois le premier vers de l'Enéide : *Arma virumque cano Trojæ qui primus ab oris.* Les anciens parlent aussi d'une tour de Cyzique dont l'écho se répétait sept fois. Il est beaucoup moins merveilleux que d'autres échos observés par les modernes. Il existe aux environs de Milan un écho qui se répète plus de quinze fois [1]. A Muyden, près d'Amsterdam, Chladni dit avoir entendu un écho, formé par un mur elliptique, et dont le son, très-renforcé, paraissait sortir de dessous terre. Le P. Kircher a mentionné un écho qui s'observe au château de Simonetta, près de Milan, dans les deux ailes parallèles situées en avant de l'édifice ; les sons que l'on produisait à une fenêtre de l'une de ces ailes étaient répétés jusqu'à quarante fois. Monge, qui alla visiter ce château, y observa l'écho tel que l'avait décrit le P. Kircher.

Barth a fait connaître, dans une note de la Thébaïde de Stace (XI, v. 30), l'écho qu'on entend aux rives de la Naha près des bords du Rhin, entre Bingen et Coblenz. Ce qu'il a de remarquable, c'est que l'écho, avec ses dix-sept répétitions, semble tantôt s'approcher, tantôt s'éloigner; quelquefois on entend la voix distinctement, et d'autres fois on ne l'entend presque plus; l'un n'entend qu'une seule voix et l'autre plusieurs; celui-ci entend l'écho à droite, et celui-là à gauche. Un écho semblable fut observé par dom Quesnel à Genelay, à six cents pas de l'abbaye de Saint-Georges, près de Rouen. Selon les différents endroits où étaient placés ceux qui écoutaient et ceux qui chantaient, l'écho se percevait d'une manière différente [2].

1. *Hist.* de l'Acad. des sciences, année 1710.
2. *Mémoires* de l'Acad. des sc. année 1692.

Brisson, Nollet et d'autres physiciens ont voulu expliquer l'écho par l'hypothèse que le son est réfléchi en ligne droite, comme la lumière, de tous les points du *centre phonocamptique;* c'est ainsi qu'ils nomment le lieu où le son est répété par l'écho, pour le distinguer du *centre phonique,* qui est le lieu où le son est produit. Mais Lagrange a montré qu'une vraie *catacoustique,* semblable à la catoptrique, n'existe pas [1], ainsi que l'avait déjà remarqué d'A-lembert dans l'*Encyclopédie,* et après lui Euler [2].

Poisson n'adopta pas l'opinion de ces géomètres. Dans son *Mémoire sur la théorie du son* [3], il entreprit de démontrer que, lorsqu'un écho se produit par la réaction de l'air qui rencontre un obstacle, la condensation rétrograde des ondes sonores suit la loi de la réflexion; d'où il conclut que l'explication de l'écho par les lois de la catoptrique est parfaitement admissible. Le savant analyste part ici de la supposition qu'il existe un obstacle qui s'oppose à la continuation des ondes sonores, que cet obstacle a une forme telle, qu'en y appliquant la loi de la réflexion, on peut déterminer la position de l'écho. Mais les faits ne confirment pas cette manière de voir; car les plus beaux échos se rencontrent, au contraire, là où il n'existe aucune surface régulière; tels sont les endroits montagneux, les forêts, etc.

Chladni [4] donna le premier, dans son *Traité d'Acoustique,* une explication rationnelle des échos. Elle repose sur ce fait que le son réfléchi met toujours plus de temps pour parcourir le même chemin que n'en met le son direct, et que, par conséquent, le premier est toujours en retard sur le second. Quand l'obstacle qui réfléchit le son est peu distant, ce retard n'est guère sensible, et dans ce cas le son réfléchi se confond avec le son direct. Mais si la distance est assez grande, les deux sons cessent de se confondre, et il y a répétition ou écho. Une seule paroi réfléchissante donne un écho

---

1. *Miscellan. Taurin.,* t. I, sect. I, esp. 2.

2. *Nova Comment. Acad. Petropolit.,* t. XVI.

3. *Journal de l'École Polytechnique,* t. IX, p. 202.

4. Frédéric *Cladni* (né à Wittemberg en 1756, mort à Breslau en 1827) se voua par un goût décidé à l'étude de la physique et particulièrement de l'acoustique. Ses découvertes sur la théorie des sons datent de 1787. Ses principaux ouvrages sont : *Traité d'Acoustique* (en allemand), Leipz., 1802, in-4°, dont il a donné lui-même la traduction française ; — *Nouveaux essais sur l'Acoustique;* Leipz., 1817 ; — *Essais sur l'Acoustique pratique et la Construction des instruments* ibid., 1822.

simple; si le nombre des parois réfléchissantes augmente, l'écho devient multiple. Les échos multiples qu'on entend dans des galeries longues et voûtées , ouvertes aux deux extrémités , Chladni les explique par les vibrations qui se produisent dans des tuyaux ouverts aux deux bouts. Un fait observé par Biot vient à l'appui de cette explication. Ce physicien remarqua qu'en parlant dans un tuyau de 951 mètres de longueur, on entend sa propre voix répétée par plusieurs échos, se succédant à des intervalles de temps parfaitement égaux [1].

Porte-voix. — Le son s'affaiblit avec la distance. Ce fait vulgaire est connu de tout le monde. Et comme il peut être souvent utile de se faire entendre au loin, on songea de bonne heure à remédier à un défaut en quelque sorte originel. Le porte-voix fut inventé. C'est un simple tube conique de carton ou de métal. On applique les lèvres au sommet du cône comme sur l'embouchure d'une trompette, et en y parlant on dirige l'instrument vers le point où l'on veut se faire entendre. Le chevalier Morland fit exécuter, en 1671, un porte-voix à cône élargi en pavillon. Cassegrain donna au porte-voix la forme hyperboloïdale, que Sturm avait le premier indiquée.

Au reste, ce genre d'instruments paraît fort ancien. On raconte qu'Alexandre le Grand avait un porte-voix au moyen duquel il rassemblait ses troupes, quelque dispersées qu'elles fussent.

Hassenfratz attribuait l'action du porte-voix à la réflexion des ondes sonores en même temps qu'à la vibration de la matière des instruments [2].

Cornet acoustique. — Les anciens ouvrages de physique et les iconographies médico-chirurgicales contiennent la représentation de divers instruments destinés à remédier à l'affaiblissement d l'ouïe. Ces instruments, appelés *cornets acoustiques*, sont modelés, par leur extrémité élargie, sur l'oreille externe de manière à en figurer les éminences et les anfractuosités; à l'autre extrémité, ils se terminent par un petit tuyau, qui s'introduit dans le méat auditif. De forme d'ailleurs variable, ils sont façonnés, les uns, comme le cornet de Decker, en limaçon, les autres en trompette militaire, en cor de chasse, ou en trompe. Ces derniers sont, en général, composés de douilles de métal, qui vont en

1. *Mémoires* de la Société d'Arcueil, t. II, p. 122.
2. *Dissertation sur les porte-voix*; Paris, 1710.

diminuant du pavillon à l'embouchure ; on les fabrique en or, en argent, en laiton, en fer-blanc ; les plus préférés sont en caoutchouc.

Chladni considéra le premier le cornet acoustique comme un porte-voix renversé, disposé de manière que l'action du son vînt, par la restriction de sa surface, se concentrer dans le conduit auditif. Lambert recommanda la forme parabolique comme la plus avantageuse, mais à la condition que la parabole soit tronquée jusqu'au foyer, et que là soit adapté un petit tuyau pour transmettre le son au nerf acoustique. Suivant Chladni, le même effet pourrait s'obtenir en donnant au cornet la forme d'un cône tronqué. Huth donna la préférence au cornet elliptique. Quelle que soit la forme qu'on adopte, tous les physiciens s'accordent sur la nécessité de donner à l'instrument une large ouverture, afin de recevoir une plus grande masse d'air en vibration, et que cette vibration, en se propageant jusqu'à l'ouverture du petit tuyau, atteigne sa plus grande force au moment de frapper le tympan.

Propagation et vitesse du son. — « Le son se répand, dit Musschenbroek, circulairement de toutes parts, en sorte que le corps sonore se trouve dans le centre du son [1]. » A l'appui de cette proposition, le physicien hollandais cite les faits d'une cloche qui, suspendue et mise en branle dans un lieu spacieux, s'entend en haut, en bas, latéralement, en un mot dans les directions d'une infinité de rayons dont se compose une sphère. Le son se propage donc par ondulation sphérique. Quand l'ondulation rencontre un obstacle, le segment arrêté par cet obstacle revient sur lui et l'ondulation se continue en sens inverse. Si le corps qui forme obstacle est lui-même susceptible de vibrer, il produit aussi un son semblable à celui du centre phonique. Ces données étaient déjà connues des physiciens dès la fin du seizième siècle.

Des faits vulgaires, tel que le bruit d'un marteau, toujours en retard sur la perception du mouvement exécuté, ont dû de bonne heure faire comprendre que, si la transmission de la lumière qui éclaire les objets paraît instantanée, la transmission du son, qui est une vibration de l'air, met un certain temps à parvenir à l'oreille.

Gassendi paraît s'être le premier occupé de la question de la vitesse du son, sans préciser les résultats auxquels il était parvenu. Le P. Mersenne fit à ce sujet plusieurs expériences : dans l'une,

1. *Essais de physique*, t. II, p. 715 (Leyde, 1739, in-4°).

il trouva que le son parcourt 1473 pieds par seconde, et, dans une autre, il ne trouva que 1380 pieds pour le même intervalle de temps [1]. Les physiciens de l'Académie *del Cimento*, de Florence, observèrent, en 1660, que le son du canon ne met qu'une seconde pour parcourir une distance de 1183 pieds [2]. En répétant ces expériences, R. Boyle trouva 1200 pieds. Les données obtenues par Walker [3] oscillaient entre 1150 et 1526 pieds, dont la moyenne est de 1338. Ce dernier résultat ne s'éloigne pas beaucoup de celui de Bianconi, qui remarqua en même temps que la vitesse augmente avec la température, et que le son emploie en hiver 4 secondes de plus qu'en été pour parcourir la même distance de 10 milles italiens. En Angleterre, Flamsteed, Halley et Derham [4] trouvèrent 1020 pieds par seconde, résultat qui s'accordait avec la détermination théorique de Newton. Ce grand géomètre avait essayé le premier de déterminer par la théorie la vitesse (longitudinale) du son. Depuis lors plusieurs géomètres suivirent la même voie et ils parvinrent à établir théoriquement que cette vitesse est égale à $\dfrac{\sqrt{gh}}{D}$,

en exprimant par D la densité de l'air, et par *gh* son élasticité, où *g* désigne la gravité et *h* la hauteur de la colonne barométrique. D'après cette formule, le calcul donnait de 880 à 915 pieds par seconde. Ce résultat s'éloignait trop de celui de l'observation pour ne pas sauter aux yeux de tout le monde. Mais les géomètres, plutôt que de renoncer à une théorie qu'ils estimaient parfaitement conforme aux lois de la mécanique, aimaient mieux recourir à des suppositions purement gratuites. Ainsi, ils supposaient, entre autres, « que l'élasticité peut n'être pas toujours proportionnelle à la densité, à cause de quelques altérations possibles dans différents degrés de compression, et que ces différences proviennent d'une qualité chimique inconnue [5]. »

En France, Cassini, Huyghens, Picard et Roemer trouvèrent pour la vitesse du son 1097 pieds par seconde [6].

En somme, les résultats obtenus présentaient des discordances

---

1. *Harmon. universal*, prop. V, art. 4 (Paris 1635, in fol.).
2. Musschenbroeck, *Phys. experim.*, t. II, p. 112.
3. *Philos. Transact.*, n° 256, t. XX, p. 431.
4. *Philos. Transact.*, années 1708 et 1709.
5. *Encyclopédie méthodique* (Physique, t. IV, p. 600).
6. *Hist.* de l'Acad., t. II, sect. 3.

considérables, dont la plupart étaient supérieures aux incertitudes que comportent les erreurs d'observation.

La question en était là, lorsque les membres de l'Académie des sciences de Paris essayèrent, en 1738, de la résoudre définitivement. A cet effet ils choisirent pour stations l'Observatoire, Montmartre, Fontenay-aux-Roses et Montlhéry. Le signal des expériences, qui se faisaient la nuit, fut donné par une fusée lancée de l'Observatoire : on tirait toutes les dix minutes un coup de canon à l'une des stations dont les distances avaient été exactement déterminées d'avance; on mesurait, aux autres stations, le temps qui s'était écoulé entre la perception de la lumière et l'arrivée du bruit, et l'on calculait la vitesse du son en divisant les distances par les temps observés. De ces expériences, qui furent continuées pendant plusieurs jours dans des conditions atmosphériques très-différentes, on crut devoir conclure : 1° que la vitesse du son est indépendante de la pression et de l'état hygrométique de l'air; 2° qu'elle est constante à toute distance, c'est-à-dire que le son se transmet uniformément; 3° qu'elle augmente avec la température; 4° qu'elle s'ajoute à la vitesse du vent ou s'en retranche, suivant que le bruit et le vent marchent dans le même sens ou en sens opposé; 5° qu'elle est égale à 333 mètres (1038 pieds) à la température de zéro [1].

Ces expériences furent répétées en Allemagne, et donnèrent des résultats peu concordants.

Les discordances signalées dépendaient surtout de l'influence du vent, dont les premiers expérimentateurs ne s'étaient pas doutés, et de l'état thermométrique de l'atmosphère pendant les expériences. Ces considérations décidèrent, en 1822, le Bureau des Longitudes à charger une commission, composée de Prony, Bouvard, Arago, Gay-Lussac et A. de Humboldt, de répéter les expériences de 1738. Ils choisirent pour stations Montlhéry et Villejuif. Les pièces d'artillerie qui devaient produire le son étaient servies par des officiers d'artillerie, et pour compter l'intervalle écoulé entre l'apparition de la lumière (les expériences étaient faites la nuit) et l'arrivée du son, les membres de la commission avaient à leur disposition les excellents chronomètres de Bréguet. Pour se mettre à l'abri de la cause d'erreur due à la vitesse du vent, ils eurent soin de produire deux sons pareils au même instant dans les deux stations (Montlhéry et Villejuif) et d'observer dans chacune d'elles le temps que le son de la station opposée

1. *Mémoires* de l'Acad., année 1738, p. 121, et année 1739, p. 128.

met à y arriver; le vent produisant des effets contraires sur les deux vitesses, la moyenne des résultats devait être aussi exacte que si l'air avait été parfaitement tranquille. Ils savaient que les corrections de température étaient, pour chaque degré du thermomètre centigrade, de 0^m,626; et ils avaient déterminé avec la plus grande précision la distance du canon de Villejuif au canon de Montlhéry (18614^m,51982). Tout ayant été ainsi disposé, la moyenne des expériences faites le 21 juin 1822 donna 340^m,885 pour l'espace parcouru par le son dans une seconde de temps. Mais comme il pouvait y avoir quelque doute sur la simultanéité des observations, et qu'il était difficile d'évaluer le temps ainsi que la distance avec une rigueur absolue, les académiciens nommés déduisirent de l'ensemble de leurs observations que la vitesse du son est telle, qu'à la température de 10° il doit parcourir 337 mètres et un cinquième dans une seconde de temps.

En racontant les expériences auxquelles il avait concouru, Arago signale un fait singulier : les bruits du canon qui se propageaient du nord au sud n'avaient pas la même intensité que ceux qui se propageaient, en sens inverse, du sud au nord. « Les coups tirés à Montlhéry y étaient, dit-il, accompagnés d'un roulement semblable à celui du tonnerre et qui durait de 20 à 25 secondes. Rien de pareil n'avait lieu à Villejuif : il nous est seulement arrivé quelquefois d'entendre, à moins d'une seconde d'intervalle, deux coups distincts de Montlhéry ; dans deux autres circonstances, le bruit du canon a été accompagné d'un roulement prolongé. Ces phénomènes n'ont jamais eu lieu qu'au moment de l'apparition de quelques nuages; par un ciel complétement serein, le bruit était unique et instantané. Ne serait-il pas permis de conclure de là qu'à Villejuif les coups multipliés du canon de Montlhéry résultaient d'échos formés dans les nuages, et de tirer de ce fait un argument favorable à l'explication qu'ont donnée quelques physiciens du roulement du tonnerre [1] ? »

Cependant les observateurs continuèrent leur œuvre en multipliant les expériences. L'exemple donné par les Académiciens français fut suivi en Hollande par les professeurs G. Moll et van Beck. Les stations choisies étaient deux collines, Kooltjesberg et Zevenboompjes, aux environs d'Utrecht. Résultat obtenu : 332^m,049 par seconde, (réduction de la température à 0°).

---

1. Arago, *Mémoires scientifiques*, t. II, p. 12.

Francklin, Parry et Forster firent des observations dans les régions arctiques, particulièrement à l'île de Melville et au fort Bowen (à 73° 13 lat. boréale et 88° 54 longit. occidentale de Greenwich) [1]. On avait d'abord pensé que la vitesse du son devait être plus grande dans ces régions glacées que dans les climats tempérés. Mais la moyenne de toutes les observations faites par Francklin, Parry et d'autres dans les contrées polaires s'éloigne d'une quantité insignifiante du résultat général des expériences faites en France, en Hollande et en Angleterre, comme l'a démontré Moll [2]. Ce résultat a été évalué par Muncke à 332^m,15 par seconde sexagésimale (à 0° du therm. centigrade, et état moyen du baromètre et de l'hygromètre) [3].

D'autres observateurs firent voir que si la vitesse du son ne change pas sensiblement avec la latitude, elle est à peu près insensible suivant l'altitude des lieux. Ainsi, par exemple, entre le sommet et la base du Faulhorn, dans les Alpes Bernoises, la vitesse du son est la même, peu importe que le son se propage de bas en haut ou de haut en bas, comme le constatèrent, en 1844, MM. Bravais et Martins.

L'idée de mesurer la vitesse du son dans des gaz autres que l'air conduisit Daniel Bernoulli et Chladni à se servir de tuyaux d'orgue pour trouver cette vitesse. Leur procédé consistait à faire vibrer longitudinalement une verge métallique, à déterminer le son qu'elle produit, et à chercher ensuite quelle longueur doit avoir le tuyau d'orgue qui produit le même son. La vitesse du son, dans chacun de ces corps, était en raison inverse de leur longueur.

Mais les vibrations dans les tuyaux d'orgue présentaient des causes d'erreur (les nœuds et les ventres de ces vibrations ne se forment pas aux endroits précis que la théorie leur assigne), que Dulong parvint à éliminer par un artifice très-simple. Le fond de cet artifice consistait à employer un tuyau cylindrique très-étroit, et à introduire dans le bout opposé à l'embouchure un piston à tige divisée que l'on pouvait enfoncer à volonté et dont on mesurait la course par la division qu'il portait. Pour opérer dans des gaz, Dulong plaçait le tuyau horizontalement dans une caisse en bois dou-

---

1. Voy. capit. Parry, *Journal of a third voyage for the discovery of a North-Western Passage;* Lond., 1820, in-4°.

2. Moll, *Philos. Transact.*, année 1828, p. 97.

3. Gehler *Physikal. Wœrterbuch*, t. VIII, p. 403.

blée de plomb. La course du piston, passant dans une botte à étoupes, se mesurait comme pour l'air; l'embouchure communiquait avec un réservoir contenant le gaz qui devait produire le son.

Les principaux résultats, obtenus par une série d'expériences, sont que, la vitesse du son étant, dans l'air, de 333^m,00 par seconde, elle est dans l'hydrogène, le plus léger des gaz, de 1269^m,50, tandis que dans l'acide carbonique, l'un des gaz les plus lourds, elle n'est que de 261^m,60. Dans les autres gaz (oxygène, oxyde de carbone, protoxyde d'azote, gaz oléfiant), elle est intermédiaire entre ces deux extrêmes [1]. Voyant que le son se propage dans l'hydrogène quatre fois plus vite que dans l'air, on s'est demandé s'il n'y aurait pas là un moyen facile de trancher la question de la réfraction du son. M. Sondhaus démontra en effet, à l'aide d'un appareil fort simple (une lentille biconvexe en baudruche remplie d'hydrogène, et où le son se concentre en un foyer), que le son se réfracte et se rapproche de la normale quand il passe de l'air dans l'hydrogène.

De ce que les animaux aquatiques sont pourvus d'un appareil auditif, on avait depuis longtemps conclu que le son se propage dans l'eau. Klein, Baker, Hawkesbee, Musschenbroek et surtout Nollet dans ses _Leçons de Physique_ (t. III, p. 417), s'occupèrent de cette question, mais sans la résoudre complétement. Ce n'est qu'en 1827 que la vitesse du son dans l'eau fut exactement mesurée par Colladon et Sturm. Voici le dispositif de leurs expériences. Deux bateaux avaient été amarrés à une distance connue sur le lac de Genève; au premier étaient fixées une cloche plongée dans l'eau et un levier coudé. Ce levier portait à son extrémité inférieure et en face de la cloche un marteau; à son extrémité supérieure, hors de l'eau, une mèche allumée enflammait un tas de poudre à l'instant même où le marteau frappait la cloche. Au second bateau était attaché un cornet acoustique dont le pavillon plongeait dans l'eau et le sommet dans l'oreille de l'observateur, qui n'avait qu'à mesurer l'intervalle de temps écoulé entre l'apparition du signal dans l'air et l'arrivée du son dans l'eau. La vitesse trouvée fut de 1435 mètres, à la température de 8°,1. Ce résultat ne s'éloigne pas beaucoup de celui que donne la théorie et qui est, d'après la formule adoptée, égal à 1429 mètres [2].

1. _Annales de Physique et de Chimie_, t. XLI, p. 113.
2. _Annales de Physique et de Chimie_, t. XXV, p. 113.

Voilà comment il fut constaté, par l'observation d'accord avec le calcul, que le son se transmet environ quatre fois et demie plus vite dans l'eau que dans l'air. Cette transmission est encore plus rapide à travers les *milieux solides*.

François Bacon niait encore à la fin du seizième siècle la propagation du son dans les corps solides; il ne croyait à la possibilité de cette propagation que par l'intermédiaire d'un fluide fictif. Hooke montra le premier, au moyen d'un long fil de fer, que les métaux conduisent mieux le son que l'air [1].

Pérolle continua ces expériences, et il parvint à établir que le bois conduit le son mieux que le métal, et celui-ci mieux que ne le font les fils de soie, de chanvre, de lin, les cheveux, les cordes de boyau. Il trouva même que les différentes espèces de bois (coupés longitudinalement) conduisent le son inégalement, mais toujours mieux que les fils métalliques; et il établit à cet égard les échelles suivantes : pour les bois d'après leur ordre de conductibilité : sapin, campêche, buis, chêne, cerisier, châtaignier; pour les métaux : fer, cuivre, argent, or, étain, plomb [2].

Hassenfratz, Wünsch, Benzenberg, Chladni, Biot, etc., firent des expériences nombreuses pour démontrer que le son se propage plus vite dans les solides que dans l'air. Biot, pour ne citer que le dernier de ces physiciens, opéra sur un assemblage de 376 tuyaux de fonte, formant une longueur totale de $951^m,25$. De ces expériences, qui se trouvent décrites dans le tome II des *Mémoires* de la Société d'Arcueil, il résulte que dans les tuyaux en fonte de fer le son se transmet dix fois et demie plus vite que dans l'air. Mais la théorie est ici difficile à accorder avec l'observation. Cela tient à ce que la contraction éprouvée par les solides se fait suivant des lois différentes quand la pression s'exerce dans un seul sens, ou dans toutes les directions à la fois; de là il est facile à concevoir que la vitesse du son ne sera pas la même dans un fil rectiligne que dans un milieu indéfini.

La transmission du son par les solides a reçu des applications diverses, parmi lesquelles nous citerons en première ligne le *stéthoscope* de Laënnec [3]. Wheatstone indiqua comme un amusement de faire jouer une harpe ou une guitare comme par des

---

1. *Micrographia restaur.*, Præfat.; Lond., 1665.
2. *Mém. de l'Acad. de Turin*, année 1791 (t. V, p. 195).
3. *De l'Auscultation immédiate*; Paris, 1819.

mains invisibles. A cet effet, il faisait communiquer ces instruments, gardés dans l'étage supérieur d'une maison, à l'aide d'une tige métallique, avec la caisse de résonnance d'un piano qu'on jouait dans l'étage inférieur : les sons transmis font répéter par la guitare ou la harpe les airs joués par le piano.

En présence des observations nombreuses et perfectionnées, la théorie dut se modifier. Laplace trouva la vitesse du son longitudinal d'un corps quelconque, égale à $\sqrt{\dfrac{g}{\epsilon}}$, où g désigne l'accélération due à la pesanteur, et ϵ l'allongement ou la contraction qu'éprouve une colonne de 1 mètre d'une substance gazeuse, liquide ou solide, sous l'influence d'une traction ou d'une pression égale au poids de cette colonne.

Plus d'un physicien a pu se demander si par le mouvement de translation le son n'éprouvait pas une déviation apparente, analogue à l'aberration de la lumière, s'il conserve le même rapport à l'unisson, ou si ce rapport, exprimant un nombre de vibrations déterminé, varie avec la distance du corps sonore à l'oreille. Cette question, posée théoriquement par Ch. Doppler, a été résolue expérimentalement par le sifflet des locomotives. Supposons une locomotive qui marche avec une vitesse de 14 mètres par seconde ou de 50 kilomètres à l'heure, et qui en sifflant donne un *sol* : un observateur, placé sur la voie, croira entendre un *sol* bémol quand la locomotive s'éloigne, et un *sol* dièze quand elle s'approche, c'est-à-dire que la note du sifflet descend, en apparence, d'un demi-ton quand la distance augmente, et monte d'un demi-ton quand la distance diminue. C'est là ce qu'on pourrait appeler l'*aberration du son*.

Comme on l'a fait pour la lumière, on dut songer à trouver le moyen de mesurer la vitesse du son à des distances relativement petites. Le procédé récemment imaginé par M. Kœnig remplit ce but. Il se compose de deux compteurs élastiques, formés chacun d'un petit marteau qui frappe sur un bouton incrusté dans une boîte à résonnance; ces petits marteaux battent simultanément les dixièmes de seconde par l'action d'un ressort vibrant qui détermine, dans un courant électrique, exactement dix interruptions par seconde. Quand les deux compteurs sont placés l'un à côté de l'autre, l'oreille ne perçoit qu'un coup simple. Mais dès qu'on déplace l'un des deux appareils, l'observateur demeurant près de l'autre, les coups cessent de coïncider : c'est que les sons venant du compteur éloigné sont en retard sur les sons qui arrivent du compteur resté en place, et le bruit des deux compteurs se confond toutes les fois que leurs distances à l'observateur diffèrent d'un multiple de 33 mètres. Ce même procédé, trop simple pour s'être présenté à l'esprit des premiers expérimentateurs, est applicable à la mesure de la vitesse du son dans les différents gaz et liquides [1].

Vibrations. — Une chose qui frappe quiconque a des yeux pour voir, ce sont les vibrations d'une corde ou d'une lame métallique produisant des sons. Mais il faut déjà une certaine application de l'esprit pour songer à compter ces vibrations. On ignore le nom de l'observateur qui eut le premier cette idée. Il n'y arriva sans doute qu'après avoir remarqué que des vibrations trop lentes ou trop rapides sont également impropres à provoquer une sensation sonore. De là à concevoir l'appareil auditif comme un clavier d'une étendue déterminée, il n'y avait qu'un pas. Suivant cette conception, chaque son devait correspondre à un nombre déterminé de vibrations, compris entre les limites extrêmes du son le plus grave et du son le plus aigu. Pythagore passe pour avoir le premier interrogé à cet égard l'expérience. C'était lui qui avait, dit-on, trouvé que pour des cordes de même substance, de longueur et d'épaisseur égales, le ton augmente d'acuité proportionnellement aux poids par lesquels elles sont tendues, et que des enclumes de grandeur différente pouvaient donner l'accord parfait quand on les frappait avec le même marteau [2].

Mais, pour avoir des données moins vagues que celles des anciens sur les nombres de vibrations correspondants à différents sons, il faut venir jusqu'à notre époque. Un physicien français, Sauveur, (né à la Flèche en 1653, mort à Paris en 1716), observa, en 1700, qu'en entendant à la fois vibrer l'air de deux tuyaux d'orgue donnant chacun un son différent, on perçoit, à des intervalles réguliers, des renforcements de son. Ces renforcements ou *battements*, c'est le nom qu'on leur a donné, ont lieu toutes les fois que les vibrations de l'air, qui produisent le son dans les deux tuyaux, coïncident ou se réunissent. Si dans les deux tuyaux, que l'auteur suppose l'un de quarante-huit et l'autre de cinquante pouces de

1. Jamin, *Cours de Physique*, t. II, p. 570 (2ᵉ édit.).
2. Voy. Nicomaque, *Enchiridium harmonices*, p. 10, édit. Maibom. Jamblique, *Vie de Pythagore*, chap. 20. Forkel, *Geschichte der Musik*, t. I p. 32.

long, l'air est mis en vibration au même instant, au bout de 25 vibrations du premier et de 24 du second, les vibrations se rencontreront et produiront un battement. Mesurant avec un pendule la durée des battements, on aura nécessairement celle des vibrations, puisque dans le premier tuyau elle serait vingt-cinq fois et dans le second vingt-quatre fois moins longue. De cette observation Sauveur essaya de déduire le moyen de déterminer un son type, et il crut devoir regarder comme tel le son que produisaient 100 vibrations par seconde dans un tuyau ouvert, de cinq pieds. Il compara cette longueur avec celle des tuyaux qui ne rendaient plus de son perceptible. Il remarqua ainsi qu'un tuyau de 40 pieds de long, dont les vibrations ne devaient être que douze et demi par seconde, produisait un son trop grave pour être entendu, et que de même, lorsque le tuyau n'avait que $\frac{15}{16}$ de pouce, le son, ayant 6 400 vibrations par seconde, était trop aigu pour être sensible à l'oreille. De là il concluait que l'on ne pouvait entendre que les sons dont le nombre de vibrations varie entre 12 et 6 400 [1].

L'observation de Sauveur fut reprise par Sarti, par Euler, et plus particulièrement par Chladni. Ce célèbre acousticien trouva que le son le plus grave est produit par un tuyau d'orgue de 32 pieds de long, donnant 32 vibrations par seconde. Une chose digne de remarque, c'est que la longueur de 32 pieds, multipliée par le nombre des vibrations du même tuyau, donne 1024 pieds, produit qui représente sensiblement l'espace que le son parcourt par seconde en se propageant dans l'air. La limite des sons aigus est, suivant Chladni, de 16 384 vibrations par seconde. Pour faire ces expériences, il avait imaginé un *sonomètre* particulier, composé principalement d'une tige métallique donnant un nombre connu de vibrations par seconde. Mais plus récemment il a été démontré que les limites du son varient tout à la fois suivant l'organisation de l'ouïe chez différentes personnes, et suivant l'amplitude des vibrations. Ainsi, avec des roues dentées d'un grand diamètre, Savart produisait un son aigu qui ne cessait d'être perceptible qu'à 24 000 vibrations par seconde. Despretz porta cette limite jusqu'à 36 000 vibrations, en étudiant des diapasons qui se succédaient par intervalles d'octaves. Ce même physicien contesta le résultat de Savart qui prétendait avoir obtenu, pour la limite inférieure,

1. *Hist. de l'Acad. des Sciences de Paris*, année 1700. — *Encyclopédie méthodique* (Physique), art. SAUVEUR.

un son grave, correspondant à 7 ou 8 vibrations par seconde. Quoi qu'il en soit, les tuyaux d'orgue les plus longs ne sauraient dépasser 32 pieds, et le son le plus grave, sensible à l'oreille, paraît correspondre à 16 vibrations. Mais M. Helmholtz a montré expérimentalement que les sons que l'on croit entendre sont des harmoniques supérieurs, formés par une série de chocs, et que les vrais sons graves ne commencent à devenir sensibles que vers 30 vibrations par seconde.

Nous devons mentionner ici un instrument connu sous le nom de *sirène* et dont l'invention est due à Cagniard de Latour [1]. Cette invention, qui date de 1809, eut pour origine le raisonnement suivant. « Si, se disait l'auteur, le son est dû, comme l'admettent les physiciens, à la suite régulière des chocs multipliés qu'ils donnent à l'air atmosphérique par leurs vibrations, il est naturel de penser qu'on pourrait produire des sons au moyen d'un mécanisme qui se combinerait de manière à frapper l'air avec la même vitesse et la même régularité. » Cette idée, il la réalisa par un instrument, la sirène, dont le principal mécanisme consiste à faire sortir le vent d'un soufflet par un petit orifice, en face duquel on présente un plateau circulaire mobile sur son centre, et dont le mouvement de rotation s'effectue par l'action d'un courant ou par tout autre moyen mécanique. Ce plateau ouvre et ferme alternativement 8 fois les orifices pendant un tour, et il y a 8 impulsions imprimées à l'air extérieur, séparées par 8 intervalles de repos; il y a conséquemment 8 vibrations complètes [2].

La sirène a été diversement modifiée, entre autres par Seebeck, qui jugea plus avantageux de faire mouvoir directement par une courroie le plateau percé de trous et de diriger vers ceux-ci l'air sorti d'un tube. Savart essaya de remplacer cet instrument par une roue dentée qui est mise en mouvement par une courroie enroulée sur un grand volant à manivelle; une carte appuyée sur le contour de la roue produit autant de vibrations par tour qu'il y a de dents, et le nombre de tours est mesuré par un compteur pareil à celui de la sirène.

On ignore le nom de celui qui eut le premier l'idée de faire vi-

---

1. Cagniard de Latour, né à Paris en 1777, mort vers 1860, contribua beaucoup par ses travaux variés au progrès de la science.

2. *Annales de Physique et de Chimie*, t. XII, p. 167, et t. XVIII, p. 438.

brer une lame métallique, solidement attachée à un poteau ou à un mur. Dans tous les cas, cette expérience doit être fort ancienne, et celui qui la fit remarqua sans doute que 1° ces vibrations, faciles à produire en attirant la lame élastique vers soi pour la lâcher brusquement, ressemblent tout à fait aux mouvements du pendule; 2° tant qu'on peut suivre ces mouvements avec l'œil et les compter ainsi, on n'entend pas de son; 3° dès que l'on cesse de distinguer les intervalles réguliers des va-et-vient de la lame vibrante, l'oreille commence à fonctionner en percevant un son. Le même observateur inconnu aura pu encore constater qu'une corde ou tige élastique tendue par deux bouts, et sur laquelle on fait passer un archet de violon, produit également des vibrations, mais que ces mouvements de va-et-vient se propagent comme si le pendule se déplaçait suivant toute la largeur de la corde ou tige vibrante. Mais comment démontrer l'existence et la forme de ces vibrations?

Pour répondre à cette question, Sauveur, dont les travaux sur l'acoustique se trouvent consignés dans les Recueils de l'Académie des sciences, années 1700-1707, proposa de faire l'expérience suivante. Que l'on place sous une corde tendue un obstacle léger, tel qu'un petit chevalet, de manière à la diviser en deux parties inégales, et que l'on fasse ensuite vibrer cette corde : celle-ci se divisera en parties qui sont le commun diviseur de chacune d'elles. Que le chevalet soit par exemple tellement placé que l'une des deux'divisions contienne quatre parties et l'autre trois : la corde en vibrant se divisera en sept parties. Mais comment peut-on s'en assurer? En plaçant de minces morceaux de papier sur les points des divisions, et d'autres sur le milieu des intervalles qui les séparent. Si, tout étant ainsi disposé, on fait ensuite vibrer cette corde avec un archet, on verra les premiers morceaux de papier tomber, tandis que les seconds resteront en place. Les parties vibrantes qui repoussent les papiers sont les *ventres*, et les points où les papiers restent immobiles sont les *nœuds* de l'ondulation ou de la vibration. Cette simple expérience de Sauveur, jointe à celle de Galilée qui paraît avoir le premier vu les grains de sable se tasser sur une plaque vibrante [1], devint le point de départ de nombreuses recherches d'acoustique.

Au début de sa carrière, Chladni eut un jour l'idée d'appliquer un archet sur les bords d'une plaque jaune de laiton qu'il tenait par

1. *Dialogues sur la Mécanique*, t. III, p. 50 des Œuvres de Galilée (Padoue, 1761).

le milieu, Il tira des sons qui étaient entre eux comme les carrés des nombres 2, 3, 4, 5, etc. Il resta longtemps sans donner suite à cette expérience; il ne la reprit qu'après avoir été instruit des expériences électriques de Lichtenberg, qui obtenait des figures en saupoudrant de sable une plaque électrisée. Chladni, pensant que les mouvements vibratoires des plaques devaient en donner également, reprit ses expériences sur les plaques de laiton, et il eut, après avoir saupoudré celles-ci de sable, la satisfaction de voir naître des figures qui toutes dépendaient de la nature des sons obtenus. Plus tard, il substitua aux plaques métalliques de simples disques de verre, et il acquit dans ce genre d'expériences une telle habileté que Napoléon Ier voulut un jour en être témoin [1].

Chladni établit le premier à cet égard un ensemble de règles élémentaires, dont voici la substance : Les plaques employées peuvent être non-seulement en métal et en verre, mais en bois et même en pierres schisteuses, à condition qu'elles soient bien homogènes et égales d'épaisseur. L'archet de violon bien colophanisé, avec lequel on fait vibrer la plaque en la frottant sur le bord, doit être tenu verticalement et assez ferme pour ne vaciller ni à droite ni à gauche des points frottés. Le sable fin qui couvre la surface de la plaque, et qui est préférable à la limaille de fer et à la sciure de bois, se transporte de lui-même dans des positions déterminées pour produire des figures particulières, qui servent à distinguer les parties mobiles ou vibrantes de celles qui sont fixes ou immobiles. Ces dernières indiquent les nœuds de vibration, et les lignes tracées par le sable sont les lignes nodales. Lorsqu'on a mêlé de la poussière fine au sable, celle-ci s'accumule aux points où les parties vibrantes font leur plus grande excursion pendulaire; ces points de poussière ainsi accumulée indiquant les centres de vibration. Le point de la surface par lequel on tient la plaque est toujours un point nodal, souvent l'intersection de deux ou plusieurs lignes nodales, et il est peu distant de l'archet, qui se place toujours au milieu d'une partie vibrante. On peut donner aux plaques différentes formes; leurs périmètres peuvent être rectilignes (plaques triangulaires, rectan-

---

1. Wheatstone trouva qu'un disque de verre, enduit d'une mince couche d'eau et mis en vibration par un archet, donne des ondes parfaitement visibles qui, les unes plus grandes, les autres plus petites, se croisent dans différentes directions, et présentent ainsi un spectacle fort curieux. Mais ces figures aqueuses sont moins propres que les figures de sable à faire reconnaître les lignes nodales.

gulaires, hexagonales, etc.), curvilignes (plaques circulaires, ellipti‑
ques), ou composés de lignes mixtes (plaques demi-circulaires,
demi-elliptiques).

Chladni a le premier divisé les vibrations sonores en *transver*
sales, longitudinales et *tournantes*. Les vibrations transversales,
déterminées par des solides élastiques, sont les plus fréquentes.
Ce sont les excursions transversales que donnent les instruments
à cordes, ainsi que toutes les tiges ou lamelles élastiques, mises
en mouvement dans une direction transversale ou rectangulaire à la
longueur (axe) du corps vibrant. Les vibrations de l'air, que don‑
nent les instruments à vent, sont longitudinales. Pour faire vibrer
des tiges longitudinalement, on les frotte dans le sens de leur lon‑
gueur. En frottant ces tiges circulairement autour de leur axe, on
obtient ce que Chladni a nommé les vibrations *tournantes;* ce sont
des espèces de torsions.

Cette partie de l'acoustique reçut de grands développements par
Savart. On les trouve consignés dans une série de mémoires publiés
dans les *Annales de physique* [1].

Lagrange a donné l'équation générale des plaques vibrantes,
et Lissajous a discuté géométriquement les différentes courbes
tracées par les vibrations de cylindres. Ce dernier est parvenu, à
l'aide d'un appareil ingénieux, à les rendre sensibles à l'œil. En
1827, Wheatstone avait déjà inventé son *caléidophone* pour rendre
visibles les vibrations données par des verges terminées par de
petites boules de verre étamé et qu'on fait vibrer par des chocs
appliqués obliquement. Le *stroboscope*, imaginé par M. Plateau,
dont la principale disposition consiste à interposer entre l'œil et
un corps vibrant un disque percé d'ouvertures équidistantes, et
qui tourne avec une certaine vitesse, paraît un moyen plus com‑
mode d'étudier la forme des vibrations des différents corps. On
doit à M. Duhamel une méthode graphique plus générale, qui
consiste à faire tracer par le corps sonore lui-même les vibrations
que celui-ci exécute. C'est ainsi qu'on obtient, au moyen du *phonau*‑

1. *Sur la communication des mouvements vibratoires dans les corps soli‑*
des (année 1820). — *Recherches sur les vibrations de l'air* (an. 1823).
— *Sur les vibrations des corps solides, considérées en général* (an. 1823).
— *Nouvelles recherches sur les vibrations de l'air* (an. 1825). — Félix
Savart (né à Mézières en 1791, mort à Paris en 1841) renonça à la car‑
rière médicale qu'il avait d'abord suivie, pour se livrer à l'étude de la phy‑
sique, et succéda, en 1838, à Ampère au Collége de France.

tographe de M. Scott, le tracé graphique d'un son ou d'un mélange de sons, transmis à travers l'air. Enfin M. Kœnig a imaginé de se servir de la flamme du gaz d'éclairage pour vérifier la position des ventres et des nœuds dans les tuyaux sonores. Toutes ces inventions ont, comme on voit, pour but de faire discerner à l'*œil* les mouvements que l'*oreille* ne saisit que comme sons.

L'acoustique, quelque intéressante qu'elle soit au point de vue des recherches physico-mathématiques, n'est cependant d'une utilité immédiate que dans ses rapports avec la musique. C'est ce qu'avait déjà compris Pythagore, comme nous l'avons montré plus haut. Malheureusement, malgré les travaux récents de M. Helmholtz, il reste encore beaucoup à faire pour l'application de l'acoustique à la musique. C'est ce que montrent les recherches récentes de MM. Cornu et et Mercadier. Il résulte de ces recherches que les intervalles musicaux n'appartiennent pas à un système unique, tel qu'on l'entend ordinairement sous le nom de *gamme*, et que l'oreille exige pour la simultanéité des sons formant les accords, base de l'*harmonie*, un système d'intervalles autre que celui que l'oreille exige pour la *succession* des sons, formant ce que les musiciens nomment la *mélodie*.

Les intervalles des sons *successifs* appartiennent, suivant MM. Cornu et Mercadier, à une série de quintes composant la *gamme de Pythagore*, où les valeurs numériques des intervalles (rapports de longueurs de corde ou de vibrations) sont, il importe de le rappeler, représentées par des fractions dont les deux termes ne contiennent que des puissances des nombres 2 et 3. Les intervalles des sons *simultanés* appartiennent à une série toute différente, à celle de la loi dite des *nombres simples;* en voici la valeur :

unisson	octave	quinte	quarte	tierce majeure	tierce mineure	sixte	septième
1	2	$\frac{3}{2}$	$\frac{4}{3}$	$\frac{5}{4}$	$\frac{6}{5}$	$\frac{5}{3}$	$\frac{15}{8}$

Ce second système, à l'exclusion du premier, a été adopté par M. Helmholtz dans sa *Théorie physiologique de la musique*. Trois intervalles, l'octave, la quinte, la quarte, sont identiques dans les deux systèmes; les autres sont différents. Mais toutes les divergences peuvent se ramener à celle qui porte sur la tierce majeure, qui est de $\frac{3^4}{2^6}$ dans le système phythagorique, et de $\frac{5}{4}$ dans le système moderne; car il existe précisément une différence d'une tierce majeure entre la tierce mineure et la quinte, entre la septième et la quinte, la sixte et la quarte.

Dans ces deux systèmes en présence, les intervalles litigieux ne diffèrent entre eux que d'un *comma*, c'est-à-dire d'un intervalle représenté par $\frac{81}{80}$. Aussi croit-on généralement que cette différence est absolument négligeable, et que la gamme accordée avec *tempérament* égal répond à toutes les exigences de l'oreille[1]. Mais MM. Cornu et Mercadier ont prouvé que l'oreille est beaucoup plus sensible qu'on ne pense, et que, dans des circonstances favorables, l'organe auditif apprécie parfaitement la différence de 1 vibration sur 1000, ce qui constitue un intervalle environ 10 fois plus petit que le comma $\frac{81}{80}$. Enfin, MM. Cornu et Mercadier nous semblent avoir fait faire un grand pas à l'acoustique, en montrant la non-identité des deux systèmes d'intervalles, *mélodiques* et *harmoniques*, ainsi que la nécessité de rejeter l'idée d'une gamme unique, c'est-à-dire d'un système d'intervalles *fixes*, satisfaisant à la double condition d'être agréables à l'oreille, soit par leur succession, soit par leur simultanéité[2].

1. Lorsque les instruments ne se composaient que d'un très-petit nombre de cordes, le *tempérament* était inutile : on pouvait les accorder sans altérer les intervalles des sons. Mais depuis que, par suite du perfectionnement des instruments, les sons successifs devaient comprendre plusieurs octaves, il devint difficile de les accorder sans admettre un *tempérament*, c'est-à-dire une modification ayant pour but de faire disparaître les *battements* (dissonances) désagréables à l'oreille. C'est ainsi que les musiciens, pour accorder leurs instruments, ont adopté une méthode qui consiste à altérer les quintes en montant jusqu'à ce qu'on arrive à un *mi* qui fasse juste la tierce majeure de l'*ut*; à altérer les quintes en descendant jusqu'à ce que le *re* bémol fasse quinte avec le *sol* dièse, etc. Chaque note ayant son dièse et son bémol, l'octave se compose rigoureusement de 21 tons. Or, pour éviter une complication inutile, l'octave ne se compose réellement que de 12 demi-tons, formant la gamme chromatique. La gamme ainsi modifiée se nomme la *gamme tempérée*. Elle n'est plus absolument juste, puisque, à l'exception des octaves, tous les intervalles ont subi une altération. Voilà comment partout l'*idéal* et le *réel* s'entrechoquent.

2. Voy. *Comptes-rendus de l'Acad. des sciences* 8 et 22 février 1869.

LIVRE DEUXIÈME

MOUVEMENT

La *pesanteur*, la *chaleur*, la *lumière*, l'*électricité* et le *magné-tisme*, rendus sensibles par l'intermédiaire de la matière, mettent tous les phénomènes terrestres directement en rapport avec les phé-nomènes célestes. Nous allons passer en revue l'histoire de chacune de ces causes de mouvement, qui relient si étroitement la terre au ciel.

CHAPITRE I

LA PESANTEUR

Il a fallu bien des siècles avant qu'on arrivât à reconnaître que la force qui détermine, sur la terre, la chute des corps est iden-tique avec celle qui fait circuler les astres, que la terre qui nous porte, étant entraînée elle-même dans l'espace, le repos n'existe nulle part autour de nous, enfin que les seuls mouvements qui soient à la portée de l'homme ne sont que des mouvements relatifs.

La plupart des philosophes de l'antiquité n'ont fait pour ainsi dire que niaiser sur le mouvement et le repos. Nous n'en parlerons point. Quelques-uns cependant avaient là-dessus des idées fort re-marquables; ils méritent seuls une mention spéciale.

Je me meus, donc je suis : tel fut le principe fondamental d'Héra-clite, formulé plus de deux mille ans avant le fameux *Je pense, donc je suis*, de Descartes. Frappé du défaut de concordance de toutes les opinions, Héraclite s'était attaché à trouver un point sur lequel tous les hommes fussent d'accord. Ce point était, selon lui, le *mouvement*. Lors même, se disait-il, que l'on douterait de tout, personne ne saurait nier que chacun porte en soi la force qui fait mouvoir la tête, la langue, les bras, les jambes, etc. De là le principe sus-énoncé. Partant de là, Héraclite prit le *feu* (chaleur et lumière) pour la cause de tous les mouvements. N'est-ce pas la chaleur qui nous anime? Du feu de la vie, dont l'homme est la plus saisissante expression, le célèbre philosophe d'Ephèse pouvait ensuite passer facilement au feu qui est la cause des décompositions, recompositions et purifications diverses, phénomènes qui tous ne sont en réalité que des mouvements. Comparant le cours de la nature à l'écoulement des eaux d'une rivière, il parvint à établir que « rien n'est fixe, que tout est dans un perpétuel *devenir* (γίνεσθαι). » De là à formuler ce qui est aujourd'hui scientifiquement démontré, à savoir, « que la matière change et que la forme reste, » il n'y avait qu'un pas. Héraclite l'a-t-il franchi? Nous l'ignorons. Ce qu'il y a de certain, c'est que l'*écoulement* (ροή) n'était pour lui qu'une image, et que le véritable mouvement était pour lui l'oscillation obéissant à deux forces contraires. Ces deux forces, il les appelait *union* (ὁμολογία) et *discorde* (ἔρις), la paix et la guerre. Elles devaient maintenir les rouages du monde et pénétrer jusqu'aux dernières parcelles de la matière. N'est-ce pas là ce qu'on nomme depuis Newton les forces d'*attraction* et de *répulsion?*

Aristote et ses disciples avaient attentivement observé la descente des corps dans leur chute, et ils étaient parvenus à établir « qu'un corps acquiert d'autant plus de mouvement qu'il s'éloigne davantage du lieu où il avait commencé à tomber [1]. » Mais leur connaissance se bornait là. Ce qui les empêchait de faire la découverte qui était réservée à Galilée, c'était l'empire de deux théories, également fausses. L'une, d'accord avec toutes les apparences, mettait en opposition les corps pesants avec les corps légers, en supposant aux premiers la tendance de se diriger en bas, et aux seconds celle de se diriger en haut. L'autre théorie enseignait que les différents corps tombent dans le même milieu aérien avec une *vitesse proportionnelle à leurs masses* [2], c'est-à-dire qu'un corps, qui serait une, deux, trois, etc., fois plus lourd qu'un autre, tomberait une, deux, trois, etc., fois plus vite.

Cependant tous les philosophes n'admettaient pas cette dernière manière de voir. Lucrèce, qui reproduit, dans son poème *de Rerum Natura*, les principales doctrines de Démocrite et d'Epicure, dit pr

1. Aristote, *de Cœlo*, I, 8
2. *Ibid.* II, 6, III, 3.

sitivement « que si les corps tombent moins vite les uns que les autres, cela tient à la résistance que leur oppose le milieu, tel que l'air ou l'eau, et que dans un espace vide (*per inane quietum*) ils tomberaient tous avec la même vitesse, les plus lourds comme les plus légers [1]. » A juger par ces paroles, le poète entrevoyait ce qui ne fut démontré qu'au XVIIe siècle par Galilée et Newton.

Mais si le chef des péripatéticiens n'avait pas apprécié la résistance des milieux, s'il s'était trompé en croyant que les corps tombent dans le même milieu avec une vitesse proportionnelle à leur masse, il fut le premier à considérer la pesanteur comme un *mouvement uniformément accéléré*, car il dit positivement qu'un corps qui tombe va en s'accélérant à chaque instant de sa chute [2]. C'est ce que Virgile (*Énéide*, IV, v. 175) a rendu par ce vers bien connu :

Mobilitate viget, viresque acquirit eundo.

Cette idée péripatéticienne fut universellement adoptée au moyen âge, et elle trouva au XIIIe siècle un habile défenseur dans le célèbre philosophe Duns Scot.

Galilée n'avait que vingt-cinq ans quand il soutenait publiquement à Pise, contre l'école péripatéticienne, la thèse suivant laquelle tous les corps, de quelque forme et grandeur qu'ils soient, arrivent en même temps au sol quand ils tombent de la même hauteur. Sa thèse s'appuyait sur les expériences qu'il avait faites en faisant tomber du sommet de la coupole de la cathédrale de Pise des corps inégalement pesants. Ces expériences novatrices lui attirèrent l'inimitié de tous les savants, attachés aux doctrines anciennes, et il dut quitter Pise. Appelé à une chaire de physique à l'université de Padoue, il persista dans ses idées en les appuyant de nouvelles expériences. Ce fut à cette occasion qu'il montra que deux pendules de même longueur oscillent avec la même vitesse, bien qu'ils soient garnis chacun d'un poids différent.

S'étant ainsi assuré que les corps emploient le même temps à tomber de la même hauteur, Galilée voulut savoir suivant quelle loi ce mouvement de descente s'effectuait. Et ici il rencontra une première pierre d'achoppement. Les néo-péripatéticiens, dont les doc-

---

1. Lucrèce, II, v. 225 et suiv.

> Omnia quapropter debent per inane quietum
> Atque ponderibus non æquis concita ferri.

2. Aristote, *Quæst. mechan.*

trines dominaient alors dans les écoles, enseignaient que *la vitesse
des corps qui tombent librement est proportionnelle à l'espace parcouru*, c'est-à-dire qu'un corps, qui à la fin de sa chute se trouve
avoir parcouru, par exemple, un espace de 10 pieds, a acquis une
vitesse 10 fois plus grande que celle qu'il avait après sa chute
d'un pied. Une simple ligne suffisait pour représenter géométriquement cette prétendue loi naturelle. Galilée paraît avoir longtemps
hésité à l'attaquer. Elle trouva surtout en Baliani un défenseur
d'une certaine autorité, et on ne la désigna depuis lors que sous le
nom de *loi de Baliani*.

Galilée ne tarda pas cependant à s'apercevoir que cette prétendue
loi implique une impossibilité. Si, en effet, la vitesse d'un corps tombant était proportionnelle à l'espace parcouru, le corps qui, au moment de s'abandonner à sa chute, n'a parcouru aucun espace, ne
pourrait ni avoir ni acquérir de vitesse, et resterait par conséquent
immobile à la même place. Les partisans de Baliani ne s'avouèrent
pas battus par ce raisonnement de Galilée; P. Cazræus crut
y voir un paralogisme, et il s'en expliqua dans trois lettres adres-
sées à Gassendi. Celui-ci consacra le même nombre de lettres à réfuter P. Cazræus.

Mais il ne s'agissait pas seulement de renverser une loi, en en
démontrant la fausseté, il fallait la remplacer. Ce fut alors que
Galilée eût l'idée que la vitesse de la chute, mesurée par l'espace
parcouru, pourrait bien être *proportionnelle au temps*. Il essaya
d'abord de confirmer cette hypothèse par des considérations mathématiques. Ainsi en donnant à *a* successivement la valeur de 0,
1, 2, 3, 4....., et désignant par 1 l'unité du temps, on aura par
$2a + 1$ un mouvement uniformément accéléré, représenté par la
progression arithmétique des nombres impairs, et la sommation
des termes de cette progression donnera la suite des nombres carrés,
1, 4, 9, 16..... Pour arriver ensuite à convertir son hypothèse en
loi naturelle, Galilée imagina de faire rouler une boule sur le plan
incliné ou oblique *ac* (voy. fig. 11), formé par la réunion du plan horizontal *ab* et du plan vertical *cb*. Puis il raisonnait comme si la boule
qui aurait roulé suivant le plan incliné, devait avoir au point *a* de
l'horizon la même vitesse qu'elle aurait acquise si elle était librement
tombée par la hauteur verticale *cb*. Il appuyait ce raisonnement sur
l'expérience suivante. Qu'on attache au point *a* (voy. fig. 12) un fil
mince, chargé à son extrémité inférieure d'une balle de plomb *c*;
qu'on transporte ensuite ce fil de sa position verticale *ab* dans la

position oblique *ac*, et qu'on trace par *c* une ligne horizontale *cd*; si on lâche la balle, elle tombera suivant l'arc *cb*; elle ne restera pas immobile en *b*, mais elle décrira au delà un arc *bd*, à peu près égal à l'arc *cb*, de manière à atteindre la ligne horizontale sensiblement au point *d*. Si l'on attache le fil en *f*, qu'on en prenne seulement la longueur *bf* = *fe*, et qu'on élève la balle jusqu'au point *e* de la même ligne horizontale, elle passera, étant abandonnée à elle-même, également par le point *b* et remontera, du côté opposé, à peu près jusqu'au point *g* de la ligne horizontale.

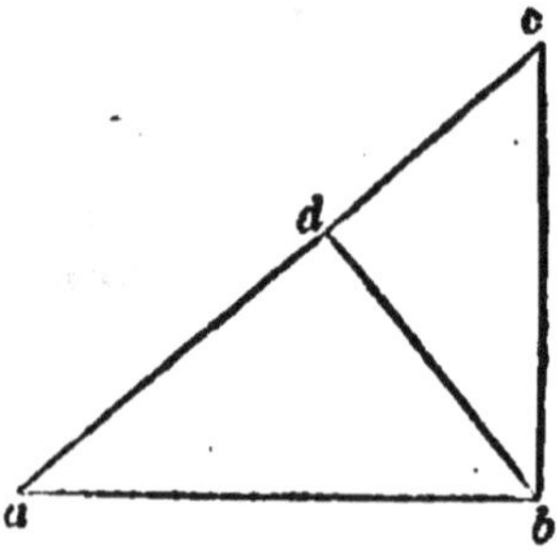

L'idée première de ces expériences du pendule appartient à Galilée. Elle lui avait été inspirée par un fait en apparence fort insignifiant. Un jour de l'année 1583, Galilée, qui n'avait alors que dix-neuf ans, eut, dans la cathédrale de Pise, son attention portée sur une lampe suspendue que le hasard semblait avoir mise tout exprès en mouvement. Le jeune observateur remarqua que, quelque inégale que fût la longueur des arcs décrits par la lampe, elle les décrivait dans le même espace de temps. Il découvrit ainsi une loi physique très-importante, connue sous le nom d'*isochronisme des oscillations* du pendule. Quelque temps après, Huygens trouva que les oscillations d'une certaine ampleur ne sont parfaitement isochrones qu'à la condition que le pendule décrive des arcs de cycloïde, mais que la loi est exacte quand le pendule décrit de petits arcs de cercle; on peut alors prendre ces petits arcs de cercle pour des arcs de cycloïde, parce qu'ils n'en diffèrent pas sensiblement. L'observation de Galilée, que des pendules de longueurs différentes ne donnent plus les mêmes mouvements, amena la découverte d'une autre loi également très-importante, d'après laquelle le temps ou *la durée des oscillations est en raison directe de la racine carrée des longueurs*; en d'autres termes, si l'on prend, par exemple, quatre balles, et qu'on les suspende à

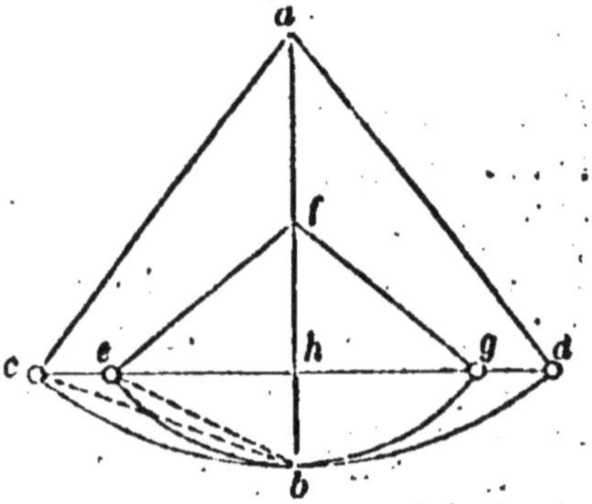

Fig. 11.

Fig. 12.

un même support par des fils dont les longueurs sont comme les nombres carrés 1, 4, 9, 16, on aura pour durée de leurs oscillations les nombres 1, 2, 3, 4, ou les racines carrées.

Galilée témoigna d'une sagacité rare en faisant concourir ses expériences du pendule à la démonstration de ses idées sur la chute des corps. Ainsi, de ce qu'à partir du point *b* (voy. fig. 12) une balle se relève à peu près de la même quantité dont elle était descendue pour arriver au même point, il concluait qu'elle aurait acquis la même vitesse en *b*, si elle était tombée librement. Ne devra-t-il pas en être de même, se demandait-il, lorsque la balle roule suivant les plans inclinés *bc*, *be* ? Il est donc probable, ajoutait-il, que la balle qui roule suivant les plans *bc*, *be*, ou d'autres semblables, pour s'arrêter sur le même plan horizontal (*bh* de la fig. 12), aura acquis une vitesse égale à celle qu'elle aurait acquise par sa chute verticale (*he* de la même fig.). S'expliquant ensuite sur ce qu'il faut entendre par *vitesse*, il dit que deux ou plusieurs corps ont la même vitesse lorsque les espaces parcourus sont comme les temps employés à les parcourir. En conséquence de cette définition, le temps employé par une balle pour tomber sur le plan incliné *ca*, (voy. fig. 11) est au temps employé par la chute verticale *cb*, comme *ca : cb*. Or, d'après la proportion établie par Galilée, les vitesses acquises par un corps qui tombe librement, sont proportionnelles aux temps. Donc les vitesses acquises dans le même temps par un corps, soit qu'il roule sur le plan incliné *ca*, soit qu'il tombe par la verticale *cb*, sont comme les espaces parcourus. Voulez-vous déterminer géométriquement l'espace parcouru par un corps sur le plan incliné *ca*, et par la verticale *cb*, dans un même temps, vous n'avez qu'à tirer du sommet de l'angle droit *b* la verticale *bd* (voy. fig. 11) ; *cb* sera le chemin qu'un corps aura parcouru sur le plan incliné, dans un temps égal à celui qu'il aurait employé à tomber par la hauteur verticale *cb* ; car le triangle *cdb* est semblable au triangle *cba* ; par conséquent *cd : cb :: cb : ca*, c'est-à-dire que l'espace parcouru sur le plan incliné est à l'espace parcouru en même temps par la verticale, comme la hauteur du plan incliné *cb* est à sa longueur *ca* ; et puisque les vitesses acquises dans un même temps par la chute oblique (sur le plan incliné) et par la chute verticale (par la pesanteur) sont comme *dc : cb*, ces vitesses doivent être entre elles dans le même rapport que la hauteur du plan incliné à la longueur de ce plan.

Telles étaient les considérations géométriques qui fournirent à Ga-

lilée le moyen de comparer les espaces parcourus sur un plan incliné, avec les espaces qu'un corps devait parcourir en même temps
par la verticale de la pesanteur, et de déterminer plus exactement
par des expériences les lois de la chute du corps. Mais avant de
procéder à ces expériences, il recourut encore une fois à la géométrie. Si l'on représente par les divisions égales *ad, de, ef, fg,
gb* (voy. fig. 13) de la droite *ab*, les temps égaux *d, e, f, g, b*, les
extrémités des droites parallèles *dh, ei, fk, gl, bc* se trouveront
toutes sur la droite *ac*, en partant de l'hy-
pothèse que les vitesses sont proportionnelles
aux temps, c'est-à-dire que *ad: ab :: dh : bc*,
etc. Mais le corps, qui tombe librement,
avant qu'il soit arrivé à la fin de la division
ad, aura nécessairement passé par l'infinité
des points de temps intermédiaires entre *a* et
d; il se sera donc accru de toutes ces infi-
nitésimales, avant d'avoir atteint la vitesse
dh. Le nombre des divisions du temps compris
entre *a* et *d* étant infini, celui des degrés de
vitesse, représentés par l'infinité de lignes
passant par *ad* et parallèles à *dh*, doit l'être

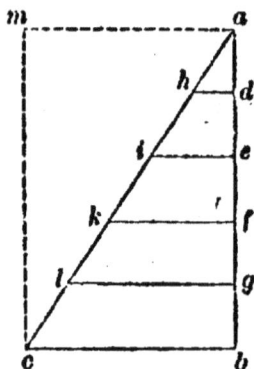

Fig. 13.

aussi. Cette infinité de lignes parallèles exprimant la surface du triangle
adh, la vitesse d'un corps qui obéit à la pesanteur s'accroît ainsi à
chaque instant, comme l'exige tout mouvement uniformément accéléré. L'espace parcouru par tout le temps *ab* est donc exprimé par
le triangle entier *abc*. Or, les triangles *had* et *cab* sont comme
$ad^2 : ab^2$, c'est-à-dire comme les carrés des temps. C'est ainsi que
Galilée trouva d'abord par le raisonnement appuyé sur la géométrie
la loi, d'après laquelle *les espaces parcourus dans la chute naturelle des corps sont entre eux comme les carrés des temps employés
à les parcourir.*

Il ne s'agissait plus dès lors que de donner à cette loi la sanction
expérimentale. A cet effet, Galilée fit creuser une rainure à la face
supérieure d'un soliveau de douze coudées de long, d'une demi-
coudée · et trois pouces de haut; pour y faciliter le glissement
d'une balle, il tapissa la rainure avec du parchemin bien lisse.
En soulevant le soliveau par l'une de ses extrémités, il pouvait l'incliner d'une ou de plusieurs coudées au-dessus de l'horizon, et
marquer le temps que mettait une balle de laiton bien lisse à parcourir une partie ou la totalité de la rainure. Le temps était mesuré par

le poids de l'eau qui s'écoulait par le robinet étroit d'un vase très-large. Galilée assura avoir répété cette expérience plus de cent fois et que ses observations lui donnèrent toujours le même résultat, à savoir, que *l'espace parcouru est comme le carré du temps*, c'est-à-dire que dans un temps double du premier l'espace parcouru est quatre fois plus grand; dans un temps triple, il l'est neuf fois, etc.

De cette loi ainsi démontrée, Galilée déduisit une autre, à savoir, que *les espaces successivement parcourus dans des temps égaux sont comme les nombres impairs* 1, 3, 5, 7, etc., c'est-à-dire que l'espace parcouru dans la 2e seconde de temps est le triple, dans la 3e seconde le quintuple, etc., de l'espace parcouru dans la 1re seconde. Enfin, si l'on trace le parallélogramme *amcb* (voy. fig. 13) et qu'on tire par tous les points de la droite *ab* des lignes parallèles avec *bc*, ce parallélogramme entier représentera la somme d'autant de vitesses, dont chacune est égale à *bc*, c'est-à-dire à la vitesse maximum représentée dans le triangle *abc*, vitesse acquise pendant le temps *ab*. Or, ce parallélogramme est le double du triangle *abc*. *La vitesse acquise au bout de l'unité de temps est donc doublée en raison* (DUPLICATA RATIONE) *de l'espace parcouru* [1].

La découverte de la loi de la chute des corps remonte à l'année 1602. A cette époque Galilée avait trente-huit ans, et était professeur de mathématiques à l'université de Padoue. Les considérations et les expériences qui s'y rapportent ont été consignées dans ses *Discorsi e dimostrazione matematiche intorno a due nuove scienze attenenti alla mecanica ed i muovimenti locali;* Leid. 1638, in-4°. Les résultats, si nets, obtenus par Galilée, furent cependant loin d'être universellement acceptés. En opposition avec les doctrines des néo-péripatéliciens et des cartésiens, ils suscitèrent de vives controverses, qu'il serait trop long d'exposer ici.

Huygens confirma et continua les travaux de Galilée concernant

---

1. Si l'on représente par g (coefficient de l'accélération) la vitesse acquise après 1 seconde, nous aurons pour l'espace parcouru, e, dans l'unité de temps (1 seconde), la formule $e = \frac{g}{2} t^2$. D'après cette formule, le carré du temps qu'un mobile met à descendre toute la longueur d'un plan incliné est égal à cette longueur divisée par la demi-accélération. La valeur de g (gravité) n'est pas constante : plus faible à l'équateur qu'aux pôles, elle varie suivant les latitudes. Sous la latitude de Paris, l'espace parcouru au bout de la première seconde, c'est-à-dire $\frac{g}{2} t^2$, est égal à $4^m,9$.

le pendule et la chute des corps. Hoocke et Newton montrèrent
que la pesanteur ou la chute des corps n'est qu'un cas particulier de
la pesanteur ou gravitation universelle, et que les planètes, considérées comme masses et distances, sont au centre du soleil ce que les
corps qui tombent à la surface terrestre sont au centre de la terre [1].

Bien des appareils ont été depuis lors imaginés pour faire comprendre démonstrativement la loi de la chute des corps. L'un de ces
appareils, jadis les plus usités dans les cours de physique, porte le
nom de *machine d'Atwood* [2].

Réduite à sa plus simple expression, cette machine consiste en
une poulie parfaitement mobile, sur laquelle passe un fil très-fin,
auquel est suspendu, de chaque côté, le même poids *m*. Si l'on
ajoute d'un côté une petite masse, représentée par *n*, l'équilibre
sera troublé : la masse *n* entraînera le poids *m* sur lequel elle
repose, et forcera l'autre poids *m* à monter. De cette disposition il
ressort évidemment que la masse *n* tombe moins vite que si elle
tombait seule, abandonnée à elle-même. Or, la vitesse (x) avec laquelle *n* tombe peut être une aussi petite fraction que l'on voudra
de la vitesse *g*, due à la pesanteur après une seconde de temps. On
aura donc : $x = g\dfrac{n}{2m + n}$: formule qui exprime, dans la machine d'Atwood, la vitesse du corps qui tombe. Les expériences faites
avec cette machine confirment celles du plan incliné, et viennent
à l'appui des mêmes lois exprimées par les formules : $v = gt$;
$e = \dfrac{gt^2}{2}$ (*v* désignant la vitesse, *g* la pesanteur, *t* le temps, *e* l'espace parcouru).

De nos jours, M. Morin a imaginé un appareil, fort ingénieux,
disposé de manière à représenter, par une courbe continue, tracée
par un mobile, la loi continue du mouvement et à l'exprimer mathématiquement.

1. Voy. notre *Histoire de l'astronomie et des mathématiques.*
2. *Georges* ATWOOD (né en 1746, mort en 1807) fut professeur de physique à l'université de Cambridge. La machine qu'il inventa pour démontrer la loi de la chute des corps, se trouve pour la première fois décrite dans
son *Treatise of the rectilinear motion of bodies*, Cambridge, 1784, in-4°.

CHAPITRE II

CHALEUR

La chaleur nous met en rapport direct avec le soleil, ce foyer du monde. Mais le soleil n'est pas la seule source de chaleur; il y en a beaucoup d'autres, dont la plupart se trouvent pour ainsi dire sous notre main. Par cela même qu'elle est universellement répandue, la chaleur est un des phénomènes les plus intéressants à étudier.

Les anciens physiciens, qui se donnaient tous le titre de philosophes, aimaient mieux disserter sur l'*essence* de la chaleur qu'interroger la nature. C'était leur coutume d'aborder les problèmes du monde par le côté le plus difficile.

Suivant Héraclite, la chaleur ou le *feu* (τὸ πῦρ) était la cause de tous les changements, de toutes les transformations dont le monde physique est le théâtre. Ainsi considérée, la chaleur était une force.

Héraclite vivait, il importe de le rappeler, environ 500 ans avant l'ère chrétienne.

Démocrite, Leucippe et leurs disciples considéraient la chaleur comme un élément formé d'atomes ronds, très-mobiles, et émanant des substances ignées par un écoulement continuel.

Aristote et les péripatéticiens parlaient de la chaleur comme d'une qualité occulte qui réunit les choses homogènes et désunit les choses hétérogènes. Cette doctrine fut vivement critiquée par leurs adversaires, prétendant que la chaleur ne pouvait avoir en même temps la faculté de dissocier les éléments et de les combiner. Les expériences récentes de M. H. Sainte-Claire Deville ont donné sur ce dernier point raison aux aristotéliciens : à une très-haute température les composés se décomposent et leurs éléments ne se combinent plus.

Au moyen âge on se bornait à commenter les opinions émises par les philosophes de l'antiquité. A l'exemple des épicuriens et des péripatéticiens, les scolastiques continuaient à considérer la chaleur comme une qualité originairement inhérente à un corps particulier qui pour les uns était le feu lui-même, pour les autres la partie invisible et volatile du feu. Ainsi considérée, la chaleur était quelque chose de matériel, qu'aucune puissance humaine ne pourrait ni créer ni anéantir.

Au XVIIe siècle, les physiciens, à la fois philosophes et mathématiciens, tels que Bacon, Descartes, Boyle, Newton, commencèrent à envisager la chaleur sous un point de vue tout différent. Abandonnant l'ancienne manière de voir, ils conçoivent la chaleur comme *quelque chose qu'on peut produire mécaniquement dans un corps.* Le chancelier Bacon (né en 1560, mort en 1626) définit positivement la chaleur un *mouvement d'expansion et d'ondulation dans les particules d'un corps.* « Si vous pouvez, ajoute-t-il, exciter dans quelque corps naturel un mouvement qui l'oblige de se dilater, vous y produirez de la chaleur [1]. » — Descartes et ses disciples adoptèrent cette doctrine, à quelques modifications près.

R. Boyle s'étend beaucoup sur la chaleur considérée comme mouvement. « Quand un forgeron bat, dit-il, vivement un morceau de fer, le métal devient très-chaud, bien que le marteau et l'enclume soient froids. Il n'est donc pas nécessaire qu'un corps, pour donner de la chaleur, soit chaud lui-même. » Il conclut de là que dans le cas en question la chaleur vient du mouvement des particules du fer, mouvement produit par la force de bras du forgeron. Afin de mieux se faire comprendre, Boyle cite un autre exemple. « Pour enfoncer, dit-il, avec un marteau un clou dans une planche de bois, on donne d'abord plusieurs coups sur la tête du clou, qui s'enfonce sans s'échauffer sensiblement. Mais dès que le clou est enfoncé jusqu'à la tête et qu'il ne peut plus avancer, un petit nombre de coups suffiront pour lui donner une chaleur très-sensible. » Le célèbre physicien explique ce fait par la raison que le clou, une fois enfoncé dans le bois, ne pouvant plus visiblement transmettre le mouvement qu'il continue à recevoir, le communique aux molécules du fer, et que c'est dans la vibration intérieure de ces molécules que consiste la nature de la chaleur. Boyle s'attacha enfin à montrer comment la chaleur peut être produite mécaniquement et chimiquement [2].

Newton adopta la doctrine de Boyle. Mais il émit d'abord des idées très-confuses sur le feu et la flamme [3]. Sensible au reproche

1. *De interpretatione naturæ*, p. 318 et suiv. (Francf., 1665, in-fol.).
2. *De mechanica caloris origine seu productione*, dans *Experimenta et observat.*, etc., sect. II, p. 12 (Genève, 1694, in-8°). Dominé par la théorie du phlogistique, Boyle distinguait le feu de la chaleur, et le considérait comme quelque chose de pondérable.
3. Voy. Newton, *Traité d'Optique*, liv. III, quest. 9-12.

que lui fit Leibniz de revenir aux qualités occultes de la scolas-
tique, Newton se rapprocha de l'opinion qui faisait consister la
chaleur dans le mouvement vibratoire d'un milieu éthéré. Il s'appuyait à cet égard sur l'expérience suivante. Si, après avoir librement suspendu deux petits thermomètres dans deux vaisseaux de
verre cylindrique, l'un rempli d'air, l'autre absolument vide, on les
transporte d'un lieu froid dans un lieu chaud, on verra le thermomètre du vaisseau vide marquer le même degré de température
que le thermomètre du vaisseau plein d'air; de même qu'on les
verra descendre tous deux également, si on les transporte d'un lieu
chaud dans un lieu froid. La chaleur du lieu chaud n'est-elle pas,
demande ici Newton, communiquée à travers le vide par les vibrations d'un milieu beaucoup plus subtil que l'air, milieu qui reste
dans le vaisseau après qu'on en a pompé l'air? Et ce milieu n'est-il
pas le même que celui dans lequel se meut la lumière? Les corps
chauds ne communiquent-ils pas leur chaleur aux corps froids contigus par les vibrations de ce milieu infiniment plus rare et plus
subtil que l'air [1] ?

L'opinion de Newton fut loin d'être partagée par tous les physiciens. Nollet fit contre elle l'objection que voici : tout mouvement
devient d'autant plus faible et imperceptible que la masse où il se
répartit est plus grande; les plus violents incendies peuvent être
déterminés par une parcelle de charbon incandescent conservée
sous les cendres [2]. Euler trouva cette objection tellement forte, qu'il
crut nécessaire d'admettre un principe particulier du feu, analogue
au phlogistique de Stahl [3].

Les idées de Homberg, de 'S Gravesande, de Lemery, de Boe-
haave, de Musschenbroek et de beaucoup d'autres physiciens de
la seconde moitié du xviiie siècle, identifiant le feu avec la chaleur,
tendaient à établir la réalité d'un principe calorifique pondérable.

De longues discussions, auxquelles les chimistes phlogisticiens
prirent une part très-active, s'élevèrent sur la pondérabilité du
calorique : c'est le nom que les physiciens de la seconde moitié
du xviiie siècle donnèrent au fluide qu'ils supposaient remplir
les interstices des atomes des corps chauds.

Une expérience faite par quelques membres de l'Académie del

1. Newton, *Optique,* liv. III, quest. 18.
2. Nollet, *Leçons de Physique expérim.,* leçon XIII.
3. Euler, *Dissert. de igne,* dans le *Recueil des pièces qui ont remporté
le prix à l'Acad. royale des sciences,* an. 1738.

Cimento avait laissé quelque doute sur la pondérabilité du calorique, lorsque la question fut reprise par le docteur Fordyce d'A-
berdeen (né en 1736, mort en 1802). Ce physicien-médecin procéda de la manière suivante : Il prit un globe de verre de 76 millimètres de diamètre, à col très-court, pesant 29^{gr},198 ; il y introduisit 110^{gr},053 d'eau de rivière, et la scella hermétiquement, de
manière que le tout pesait 139^{gr},251 à la température zéro. Il
laissa séjourner le globe pendant 20 minutes dans un mélange
frigorifique de neige et de sel, jusqu'à ce qu'il y eût de l'eau gelée ;
puis, après l'avoir essuyé avec un linge bien sec, il le pesa : le
globe se trouva de 1,08 millièmes plus lourd qu'auparavant. Cette
expérience fut répétée cinq fois, et chaque fois il y eut une augmentation qui, à raison de la quantité d'eau gelée, s'éleva jusqu'à
12,14 milligr. On crut devoir en conclure que le calorique avait
une pesanteur *négative* [1].

Pour vérifier cette conclusion en même temps que les conjectures
de Bergman sur le poids de la matière du feu, Morveau, Gouve-
nain et Chaussier répétèrent, en 1785, à Dijon, l'expérience de
Fordyce, mais ils ne trouvèrent pas l'eau plus pesante après avoir
été gelée dans des ballons hermétiquement fermés. Lavoisier, Rumford, Fontana et d'autres physiciens arrivèrent, chacun de son
côté, au même résultat négatif. Il n'y eut donc aucun fait bien
établi qui permît de croire à la pondérabilité du calorique.

On commença dès lors à abandonner l'hypothèse de la *chaleur-
matière* pour revenir à la doctrine héraclitienne de la *chaleur-mouvement*. En 1798, à l'occasion de la chaleur qui se produit par le
forage des canons, Rumford remarquait combien il était difficile,
sinon tout à fait impossible, d'expliquer ce phénomène, à moins
d'avoir recours au mouvement. S'appuyant sur l'expérience de la
fusion de la glace par le frottement, Davy écrivait en 1812 : « La
cause immédiate des phénomènes de la chaleur est dans le mouvement, et les lois de sa communication sont précisément les mêmes
que les lois de la communication du mouvement. » Nourri des
idées des frères Montgolfier, qui considéraient la chaleur comme
du mouvement, M. Seguin aîné disait en 1839 : « La force mécanique qui apparaît pendant l'abaissement de température d'un gaz,
comme de tout autre corps qui se dilate, est la mesure et la représentation de cette diminution de chaleur [2]. »

1. *Journal de Physique*, année 1785, t. II, p. 268.
2. *De l'Influence des chemins de fer*, p. 383 (Paris, 1839, in-8°).

Ces données diverses montrent qu'une grande idée, dont le germe remonte à plus de deux mille ans, était à la veille d'éclore. Mais, comme pour d'autres idées ou découvertes, il fallut le souffle du génie pour réunir en un corps de doctrine les matériaux épars.

Théorie dynamique de la chaleur. — Un médecin allemand, le docteur R. Mayer, de Heilbronn, fit paraître, en 1842, un mémoire *Sur les forces de la nature inorganique* [1]. C'est là qu'on trouve pour la première fois le mot d'*équivalent*, appliqué à la chaleur développée par la compression d'un fluide élastique. « La *chaleur = effet mécanique* est, dit Mayer, indépendante de la nature du fluide élastique, qui n'est que l'instrument à l'aide duquel une force est convertie en l'autre. » Soit x la quantité de chaleur nécessaire pour élever à t^o la température d'un gaz maintenu sous un volume constant, et soit $x + y$ la chaleur nécessaire pour élever à t^o le même gaz, sous une pression constante : le poids soulevé par le gaz en se dilatant dans le dernier cas étant P, et la hauteur à laquelle il est élevé étant h, on aura, suivant Mayer, $y = Pxh$, c'est-à-dire que l'excès de chaleur communiqué dans le dernier cas est équivalent au travail mécanique exécuté.

En 1843, un ingénieur anglais, M. Joule, de Manchester, publia son premier mémoire *Sur la valeur mécanique de la chaleur*, et appliqua la théorie dynamique aux phénomènes vitaux [2]. En s'occupant de ce travail, il ne paraît pas avoir eu connaissance de celui de Mayer, publié antérieurement.

Dans une série de leçons, faites en 1842 et 1843 à l'Institution royale de Londres, M. Grove entreprit d'établir que « la chaleur, la lumière, l'électricité, le magnétisme, l'affinité chimique et le mouvement sont corrélatifs ou dans une mutuelle dépendance; qu'aucun d'eux, dans un sens absolu, ne peut être dit la cause essentielle des autres; mais que chacun d'eux peut produire tous les autres ou se convertir en eux; ainsi la chaleur peut, médiatement ou immédiatement, produire l'électricité; l'électricité peut produire la chaleur, et ainsi des autres, chacun disparaissant à mesure que la force qu'il produit se développe. » Les vues exposées dans ces leçons furent publiées par leur auteur sous le titre de *Corrélation des forces physiques*, Londres, 1843, in-8° (ouvrage traduit en français par l'abbé Moigno; Paris, 1850).

---

1. *Annales de chimie et de physique*, de Liebig, t. XLII, p. 231.
2. *Philosophical Magazine*, vol. XXIII, p. 442.

R. Mayer reprit et développa ses idées dans trois brochures successives, dont la première parut, en 1845, à Heilbronn, sous le titre de *Die organische Bewegung mit dem Stoffwechsel* (du Mouvement organique en rapport avec la transformation de la matière), la seconde, en 1848, *ibid.*, sous le titre de *Beitræge zur Dynamik des Himmels* (Document pour servir à la dynamique du ciel), et la troisième, en 1851, *ibid.*, sous le titre de *Bemerckungen über das mechanische Æquivalent der Wærme* (Remarques sur l'équivalent mécanique de la chaleur).

Ces trois brochures, que nous avons sous les yeux, sont devenues rares. Elles renfermaient des vues extrêmement remarquables, non-seulement sur la *théorie dynamique de la chaleur*, mais sur l'*unité des forces* en général.

Beaucoup de points nouveaux s'y trouvent parfaitement mis en lumière. « C'est une loi physique générale qui, dit l'auteur, ne souffre pas d'exception, à savoir que toute *production de chaleur* exige une certaine dépense de force ou *quantité de travail*, soit chimique, soit mécanique. La quantité d'effet produit est en rapport avec la quantité de travail dépensée, indépendamment des conditions où le changement s'opère. On mesure la quantité de chaleur produite en déterminant le nombre de kilogrammes d'eau que la force dépensée pourrait faire monter d'un degré le thermomètre centigrade, et on a pris pour unité de chaleur, appelée *calorie*, la quantité de chaleur qui élève d'un degré centigrade 1 kilogr. d'eau. On a trouvé par de nombreuses expériences que, par exemple, 1 kilog. de charbon de bois sec donne, par sa combustion et sa combinaison complète avec l'oxygène, 7200 calories. C'est ainsi qu'on dit tout simplement : le charbon de bois sec donne 7200 degrés de chaleur, le soufre en donne 2700, le gaz hydrogène 34600, etc. Or tout travail mécanique peut être quantitativement évalué par un poids que ce travail élève à une certaine hauteur. Il n'y a qu'à multiplier ensuite le nombre des unités de poids soulevées avec le nombre des unités de hauteur pour avoir la mesure ou la quantité de ce mouvement mécanique ou dynamique, qui est ce qu'on appelait autrefois *la force vive du mouvement*, égale au produit de la masse (poids élevé à une certaine hauteur) par le carré de la vitesse. Si l'on prend pour unité de poids le kilogramme, et pour unité de hauteur le mètre, on aura par le produit de l'un par l'autre l'*unité de travail mécanique*, nommée *kilogrammètre*, désignée par Km. Le travail nécessaire (calorie) pour chauffer 1 kilog d'eau d'un degré cen-

tigrade a été trouvé expérimentalement égal à 367 kilogram-
mètres; par conséquent 1 Km est = 0,00273 calorie. En tombant d'une hauteur de 367 mètres, une masse acquiert, en une
seconde de temps, une vitesse finale de 84m,8; une masse, qui se
meut avec cette vitesse, développerait 1° de chaleur si elle venait
à perdre son mouvement par un choc, par un frottement, etc. Si sa
vitesse était double, triple, etc., elle donnerait 4, 9, etc., degrés
de chaleur. Enfin, on peut établir, d'une manière générale, que si
la vitesse est de c mètres, la chaleur que donnera la masse, sera
= 0°,000139 $\times c^2$ [1]. »

Partant de ces données, qu'il avait déjà indiquées dans un autre
ouvrage (*Die organische Bewegung*, p. 9 et suiv.), R. Mayer aborda
les problèmes les plus ardus. Par exemple, en présence de l'énorme
quantité de chaleur que le soleil distribue perpétuellement aux planètes, il se demandait comment l'astre central de notre monde
pourrait réparer ses pertes. Il cherchait alors à évaluer la quantité de
chaleur que les comètes et d'innombrables astéroïdes pourraient
produire en tombant sur le soleil, et il voyait là une des principale
sources réparatrices du grand foyer calorifique. Il comparait le soleil
à un océan qui rend au monde autant qu'il en reçoit, ce qui s'accorde
parfaitement avec l'hypothèse de la somme constante des forces
vives de l'univers. Posant ensuite la question de savoir si la vitesse
de rotation de la terre (durée du mouvement diurne) est variable,
il cherchait à la résoudre par l'action combinée des marées et du
refroidissement graduel du globe.

Les physiciens qui ont suivi et élargi la voie ouverte par R. Mayer
et Joule, sont Clausius, William Thomson, Holzman, Kirchhoff,
Rnakine, Regnault, Hirn, Tyndall, etc. Ce dernier a résumé en un
volume, intitulé *la Chaleur considérée comme un mode de mouvement* (trad. en français par l'abbé Moigno; Paris, 1864, in-18), les
observations et les expériences les plus intéressantes sur ce sujet,
en y ajoutant les siennes propres.

APERÇU HISTORIQUE DES PRINCIPAUX EFFETS DE LA CHALEUR

Thermoscope et thermomètre. Dilatation. — Les anciens n'a-
vaient guère étudié la chaleur qu'autant qu'elle affecte le sens général du toucher : ils s'étaient renfermés dans le domaine des sensations causées par le contact des corps, qui furent ainsi divisés en

---

[1]. *Beitræge sur Dynamik des Himmels*, p. 4 et suiv.

chauds et en *froids*. Ce n'est que beaucoup plus tard qu'on eut recours au sens de la vue pour observer les effets de la chaleur. Cependant la simple inspection de la main qui se gonfle sous l'influence de la chaleur et dont la peau se raccornit sensiblement sous l'action du froid aurait dû de bonne heure exciter la curiosité en même temps que le désir de voir si les autres corps, animés ou inanimés, subissent sous l'action de la même cause les mêmes effets de *dilatation* et de *rétrécissement*.

On ignore le nom du physicien qui le premier résolut d'interroger à cet égard la nature. L'époque à laquelle vivait cet observateur inconnu coïncide probablement avec l'origine de la recherche du *mouvement perpétuel*. Le mouvement de va et de vient, déterminé par le plus et le moins de chaleur, devait faire naître l'idée de trouver un mécanisme propre à durer perpétuellement, sans qu'on eût besoin d'y toucher. Ce qui paraît certain, c'est que la recherche du mouvement perpétuel, qui a été, comme celle de la quadrature du cercle, exclue du programme de la science moderne, a conduit à la découverte d'un instrument des plus utiles; nous voulons parler du *thermomètre*.

Un certain Heer ayant reproché à Van Helmont de poursuivre la chimère du mouvement perpétuel, le célèbre savant répondit qu'il avait imaginé de construire un instrument, non pas précisément pour démontrer le mouvement perpétuel, mais pour constater que « l'eau, renfermée dans une boule terminée par une tige creuse en verre, monte ou descend, suivant la température du milieu ambiant (*juxta temperamentum ambientis*) [1]. » Cette idée de Van Helmont, dont l'origine remonte au commencement du xviie siècle, fut reprise par Drebbel et par Sanctorius, auxquels on attribue généralement l'invention du thermomètre.

Le thermomètre du physicien hollanda's Corneille *van Drebbel* (né à Alcmar en 1572, mort en 1632) a été décrit par le chancelier Bacon sous le nom de *calendare vitrum*. En voici le dessin et l'explication (fig. 14). Le flacon B contient de l'eau qu'on a additionnée d'acide nitrique (eau-forte) pour l'empêcher de se congeler. Avant d'y introduire le tube soufflé en boule A, on le chauffe pour en chasser une partie de l'air. A mesure que la boule se refroidit, l'eau acidulée s'élève dans le tube, et s'arrête en H, qui est censé marquer la température moyenne. Une échelle collée sur la paroi exté-

1. Van Helmont, *Ortus medicinæ*, p. 39 (Lugd., 1656, in-fol.).

rieure du tube devait indiquer les différents degrés au-dessus et au-dessous de cette température.

A l'époque où cet instrument fut inventé, on ne savait pas encore que le poids de l'atmosphère, pressant à la surface de l'eau du flacon (réservoir), fait monter le liquide dans un tube d'où l'on a en partie chassé l'air, et que cet effet s'ajoute ainsi à celui de dilatation produit par la température ambiante. L'instrument de Drebbel, dont Bacon vantait la sensibilité, n'était donc qu'une mauvais *barothermoscope*.

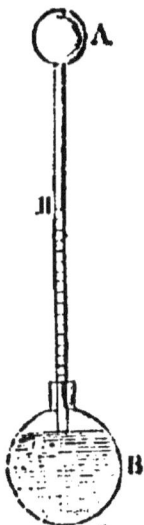

Viviani et Libri (*Hist. des sciences math. en Italie*, t. IV, p. 189) ont présenté Galilée comme l'inventeur du thermomètre. Mais on n'en trouve aucun indice dans ses œuvres; et rien ne saurait suppléer à un défaut de document imprimé. On peut en dire autant des assertions de Fulgenzio, qui revendiquait cette invention en faveur du célèbre théologien de Venise, connu sous le nom de *fra Paolo*.

Fig. 14.

Robert Fludd a figuré et décrit dans sa *Philosophia Mosayca* (lib. I, c. 2) un thermoscope comme en ayant pris la connaissance dans un manuscrit, vieux d'au moins cinq cents ans. Comme personne n'a jamais parlé depuis de ce manuscrit, on a lieu de douter de la véracité de Fludd. Notons que ce savant vivait à Oxford à l'époque où Drebbel fut appelé en Angleterre par le roi Jacques Ier.

Le médecin italien *Sanctorius* (né en 1561, mort à Venise en 1636) imagina un *caloris mensor* ou mesureur de chaleur (nom dont *thermomètre* n'est que la traduction grecque), qui était dans l'origine destiné à indiquer la chaleur des fébricitants [1]. C'était l'instrument de Drebbel.

Ce même instrument fut modifié par Otto de Guericke, qui lui donna le nom de *perpetuum mobile* : le bras tendu d'une petite figure indiquait sur l'échelle la température de la gelée blanche. Wolf proposa de modifier la forme du vase dans lequel plongeait le tube; et Becher eut l'heureuse idée de substituer à l'eau le mercure.

La première modification importante apportée au thermomètre de Drebbel est due aux membres de l'Académie *del Cimento*. En le réduisant à la forme (voy. fig. 15) qu'il a encore aujour-

---

1. *Commentaria in Primam fen Avicen.* (Venise, 1646, in-4°).

d'hui, ils supprimèrent l'action de la pression atmosphérique.
L'appareil, composé d'une seule pièce (un tube de verre soufflé en
boule), était d'abord rempli, jusqu'au quart environ du tube,
d'esprit-de-vin coloré ; puis on chauffait la boule de manière à faire
monter la liqueur presque en haut du tube, qu'on fermait ensuite
à la lampe. En portant le petit appareil dans une cave
profonde, on marquait le point *a*, où la colonne de liquide demeurait stationnaire : c'était le *zéro* du thermomètre. Au-dessus et au-dessous de ce point se trouvaient
arbitrairement marqués les degrés de chaleur et les degrés de froid. Les académiciens de Florence firent un
grand nombre d'expériences avec ce thermomètre [1].

On commençait dès lors à sentir la nécessité d'avoir
des thermomètres *comparables*, c'est-à-dire des instruments où les degrés de température fussent rapportés à
des points fixes, invariables. Mais le plus grand arbitraire
continuait à régner dans la confection des échelles, de
telle manière que les degrés du thermomètre des uns ne
concordaient nullement avec les degrés du thermomètre
des autres. C'était la confusion des langues à propos du thermomètre. Il y eut un moment où chaque physicien se faisait un thermomètre à son usage. Cela ressort clairement de ces paroles de
Jean Rey, écrivant au P. Mersenne le 1er janvier 1630 : « Il y a
diversité de *thermoscopes* ou de *thermomètres*, à ce que je voys :
ce que vous dites ne peut convenir au mien, qui n'est plus rien
qu'une petite phiole ronde, ayant le col fort long et deslié. Pour
m'en servir, je la mets au soleil, et parfois à la main d'un fébrici-
tant, l'ayant toute remplie d'eau, fors le col ; la chaleur dilatant
l'eau qu'elle fait monter, le plus ou le moins m'indique la chaleur
grande ou petite [2]. »

Robert Boyle se plaignait encore de son temps (vers le milieu du
dix-septième siècle) que les thermomètres ne fussent pas comparables.
En conséquence, il proposa le premier comme point fixe le degré
de congélation de l'eau. Mais les physiciens comprirent bientôt
qu'un seul point fixe ne suffit pas, et que, pour faire cesser tout

Fig. 15.

1. *Tentamina experimentorum nat.*, etc., édit. Musschenbroek (Lugd.
1731, in-4°).
2. Jean Rey, *Essais sur la recherche de la cause*, etc., p. 136 (Bazas,
1630, in-8°).

arbitraire dans la division des échelles, il faut au moins deux points fixes. Le second point fixe qui fut alors adopté par les physiciens était celui de la *fusion du beurre*. Voici la méthode décrite par Delancé dans un opuscule paru, en 1688, à Amsterdam, sous le titre de *Traitez des thermomètres*, etc. « On pourrait, dit l'auteur (p. 73), faire que tous les thermomètres se rapporteraient, si l'on voulait, en les divisant, observer la méthode suivante... Il faut soigneusement observer en hiver quand l'eau commence à geler et marquer alors sur la planche (échelle) l'endroit auquel répond la superficie de la liqueur rouge (esprit-de-vin coloré par l'orcanette). Mettez un peu de beurre sur la boule de ce même thermomètre, et observez quand ce beurre fondra; vous ferez alors une seconde marque sur votre planche à l'endroit où s'arrêtera le liquide; divisez en deux parties égales l'espace qui est entre ces deux points, et l'endroit de la division sera la marque du *tempéré* (température ordinaire), qui ne sera ni chaud ni froid. Divisez chacun de ces espaces en dix degrés égaux. Marquez encore cinq de ces degrés au-dessus du point où le beurre fond, et cinq autres au-dessous de celui où l'eau gèle; vous aurez ainsi quinze divisions pour le froid et quinze pour le chaud. »

En 1701, Newton construisit un thermomètre en substituant à l'alcool l'huile de lin, comme pouvant supporter une température plus élevée que l'alcool sans bouillir. Il avait pris pour points de repère ou degrés comparables : 1º la glace fondante; 2º la chaleur du sang humain; 3º la fusion de la cire; 4º l'ébullition de l'eau; 5º la fusion de différents alliages de plomb, d'étain et de bismuth; 6º la fusion du plomb [1].

Amontons construisit, en 1702, son thermomètre avec un tube recourbé, à l'extrémité duquel il souda une boule de verre; il mit du mercure dans le tube et dans la boule, de manière qu'il restât dans celle-ci une portion d'air comprimé. Il plongea ensuite cet instrument dans l'eau bouillante, et le point où s'arrêtait le mercure en montant par sa dilatation ainsi que par celle du volume de l'air, lui servait de point comparable. Ce thermomètre avait, comme celui de Drebbel, le défaut d'être influencé par la pression atmosphérique [2].

Nous passons sous silence beaucoup d'autres thermomètres, in-

---

1. *Philosoph. Transact.*, année 1701, nº 270.
2. *Mémoires de l'Acad. royale des sciences de Paris*, année 1702.

ventés à cette époque, pour arriver tout de suite à ceux de Fahrenheit et de Réaumur.

Daniel Gabriel *Fahrenheit* (né à Dantzig en 1690, mort en 1740) avait abandonné la carrière du commerce pour se livrer en Hollande à la confection des thermomètres. Ses premiers thermomètres étaient à l'esprit-de-vin; les boules y étaient remplacées par des réservoirs cylindriques. En 1714, il en donna deux, d'inégale longueur, au philosophe physicien Wolff, qui s'étonnait beaucoup qu'ils marquassent l'un et l'autre exactement le même degré, et il chercha la cause de cette concordance dans la qualité de l'esprit-de-vin employé [1]. Ce ne fut que dix ans plus tard que Fahrenheit exposa son procédé, qui consistait à plonger le thermomètre à esprit-de-vin dans un mélange réfrigérant de glace, d'eau et de sel marin (les proportions n'ont pas été indiquées), et à désigner par 0° le point où l'alcool demeurait stationnaire : c'était le *degré du froid extrême*. Il plongeait ensuite son instrument dans un mélange d'eau et de glace : le point où s'arrêtait l'alcool était le *degré de la glace fondante*. L'espace compris entre ces deux points étant divisé en 32 degrés à partir de 0°, Fahrenheit avait adopté un troisième point fixe, la température du corps d'un homme sain qui tenait la boule du thermomètre, soit dans la bouche, soit sous l'aisselle. Ce point marquait 96° à partir de 32° (degré de la glace fondante). Mais la lecture d'un mémoire d'Amontons [2] lui fit bientôt adopter le point de l'eau bouillante, de même que le thermomètre du physicien français lui fit donner la préférence au mercure sur l'esprit-de-vin. Dans le thermomètre de Fahrenheit ainsi perfectionné, et qui est encore aujourd'hui d'un usage fréquent en Angleterre, l'espace compris entre la glace fondante (32° de l'échelle) et l'eau bouillante est divisé en 212° [3].

En 1730, *Réaumur* construisit le premier le thermomètre qui porte encore aujourd'hui le nom de ce physicien. Il employa pour cela l'alcool contenant une proportion d'eau telle, que le volume du liquide augmente de $\frac{80}{1000}$ en passant de la température de la glace fondante à celle de l'eau bouillante. C'était indiquer d'avance la division de l'échelle : l'espace compris entre ces deux

1. Wolff, *Relatio de novo thermometrorum concordantium*, etc., dans *Act. erudit. Lips.*, 1714, p. 380.

2. *Mém. de l'Acad. des Sciences*, année 1703.

3. *Philosoph. Transact.*, année 1724, n°s 381 et 382.

points extrêmes fut divisé en 80 parties ou degrés, depuis 0° (température de la glace fondante) jusqu'à 80° (température de l'eau bouillante). Depuis lors ces deux points ont été presque toujours pris pour termes de comparaison. Le thermomètre de Réaumur, qui fut accueilli avec beaucoup de faveur en France et en Italie, devint le signal de vives controverses parmi les physiciens. Les uns donnaient la préférence au mercure, les autres à l'alcool pour la confection des thermomètres. Les Anglais Martine [1] et Desaguliers [2], ainsi que le Hollandais Musschenbroek, préféraient le mercure à l'alcool, parce que, disaient-ils, l'alcool perd de sa fluidité avec le temps et se dilate moins à mesure qu'il vieillit. De Luc, physicien de Genève, regardait le thermomètre de Réaumur comme impropre à donner des observations exactes. Nollet en fit, au contraire, de grands éloges dans ses *Leçons de physique expérimentale.*

L'esprit de nationalité, qui se montre un peu partout, se fit même sentir dans ces querelles de physiciens. Chaque nation voulut bientôt avoir son thermomètre. Les Anglais se servirent pendant longtemps d'un thermomètre où les degrés étaient comptés de haut en bas, à l'inverse des autres; 0° correspondait à *très-chaud*, 25° à *chaud*, 45° à *tempéré* et 65° à *gelée* : c'est ce qu'on appelait le *thermomètre normal* de la Société royale de Londres. Les Allemands eurent les thermomètres de Lambert et de Sulzer; les Russes firent pendant quelque temps usage du thermomètre que Delisle avait communiqué en 1736 à l'Académie de Saint-Pétersbourg. Tous ces thermomètres avaient été construits avec la préoccupation du poids et du volume des liquides employés, ainsi que de leur dilatation inégale : c'était s'engager dans d'inextricables difficultés.

Le Suédois Celsius, professeur de physique à Upsal, insista le premier sur la nécessité de tenir surtout compte des deux points fixes de l'échelle, représentés par les températures de la glace fondante et de l'eau bouillante, et de diviser l'échelle en 100 parties exactement égales, depuis 0° (glace fondante) jusqu'à 100° (eau bouillante) [3]. Le thermomètre de Celsius, dont les Suédois se servent depuis 1742, est au fond identique avec le *thermomètre centigrade*, aujourd'hui universellement adopté.

---

1. *Essay medical and philosophical*, Lond., 1740, in-8°, p. 200 et suiv.
2. *Course of experim. philosoph.*, 1714, in-4°, Lond., vol. IV, p. 292.
3. Celsius, *Von zween beständigen Graden*, dans les *Act. de la Soc. roy. de Suède*, année 1742.

Le voyage de Maupertuis en Laponie remit sur le tapis la question de savoir s'il faut donner la préférence au mercure ou à l'alcool. Ce physicien avait emporté avec lui deux thermomètres de Réaumur, l'un rempli d'alcool, l'autre de mercure, et il remarquait toujours une différence notable entre ces deux instruments. Ainsi, par exemple, le 6 janvier 1737, le thermomètre à mercure était à 37° au-dessous de zéro, tandis que le thermomètre à alcool n'indiquait dans la même localité et au même instant que 29° au-dessous de zéro. Le thermomètre à mercure eut bientôt la préférence, particulièrement lorsqu'il s'agissait d'observer des températures très-basses ou très-élevées.

L'invention et les perfectionnements du thermomètre devinrent le point de départ ou l'occasion de recherches multipliées sur la chaleur. C'est autour de cet instrument que sont venus successivement se grouper les principaux *faits thermologiques*.

François Bacon tira de ses observations thermométriques la conclusion que l'air est plus sensible à la chaleur et au froid que la peau de notre corps. Il remarqua aussi que les métaux incandescents ne perdent rien de leur poids, ni de leur substance, en échauffant les corps environnants, et que par l'action de la chaleur l'air se dilate plus que les liquides, et que ceux-ci se dilatent plus que les corps solides. Il revient souvent sur ce fait général, qu'il semble revendiquer comme sa découverte ; mais il n'eut point l'idée d'appliquer le même degré de chaleur à des corps différents pris sous un même volume. Il ignorait donc la chaleur spécifique ainsi que la chaleur latente, et il se trompait avec la plupart des physiciens de son temps en prenant la vapeur aqueuse pour une transformation de l'eau en l'air.

Les académiciens de Florence montrèrent les premiers par des expériences faites avec des tiges creuses que le verre et les métaux se dilatent par l'action de la chaleur ; mais ils ne cherchèrent point à s'assurer de combien chacune de ces substances se dilate. Voici, entre autres, une expérience qui mit ces mêmes académiciens dans un grand embarras : le thermomètre, plongé dans de l'eau contenant des fragments de glace, marquait toujours le même degré, quelle que fût la quantité d'eau bouillante ajoutée à l'eau glacée. Cette expérience, souvent répétée, donna constamment le même résultat : le thermomètre ne bougeait pas tant qu'il restait une parcelle de glace à fondre. Il leur fut impossible d'expliquer ce phénomène d'une manière satisfaisante, et ils durent renoncer à se servir de la fameuse *antipéristase* des physiciens, théorie d'après laquelle le chaud et le froid, se combattant réciproquement, seraient des qualités contraires, inhérentes à la matière. C'était à l'époque où régnaient dans les écoles les *qualités occultes.*

On savait depuis longtemps que beaucoup de corps solides fondent par la chaleur et que par le refroidissement ils reprennent leur premier état. Boyle généralisa ce fait, en soutenant que la congélation des liquides et la solidification des corps fondus étaient le même phénomène, seulement à des degrés de chaleur différents. Il n'alla pas jusqu'à généraliser de même le fait particulier de la glace fondante, à savoir, que pendant la fusion d'un corps quelconque la température demeure constante.

La vaporisation des corps, particulièrement des liquides, sous l'influence de la chaleur, était un fait connu de temps immémorial. Mais les physiciens essayèrent en vain de l'expliquer. L'explication donnée par Descartes est purement imaginaire. Ce grand philosophe fait intervenir une « matière subtile, qui est, dit-il, dans les pores, estant plus fort agitée une fois que l'autre, soit par la présence du soleil, soit par telle autre cause.... Ainsi que la poussière d'une campaigne se soulève, quand elle est seulement agitée par les pieds de quelque passant ; car encore que les grains de cette poussière soient beaucoup plus gros et plus pesants que les particules du corps vaporisé, ils ne laissent pas pour cela de prendre leur cours vers le ciel, ce qui doit empêcher qu'on s'étonne de ce que l'action du soleil élève assez haut les particules de la matière, dont se composent les vapeurs et les exhalaisons [1]. »

Dechales réfuta cette opinion de l'auteur du *Discours de la méthode* et montra qu'on pourrait très-bien expliquer le phénomène en question en admettant qu'à l'état de vapeur un corps occupe un bien plus grand espace qu'à l'état liquide. « Prenez, dit-il, par exemple, une parcelle d'eau ayant le millième du poids d'une livre ; si elle est atténuée par l'action de la chaleur au point d'occuper un espace plus grand qu'une masse d'air du même poids, elle s'élèvera dans l'atmosphère suivant les lois hydrostatiques. »

Le même auteur donne ensuite une autre explication, à l'usage de ceux qui voudraient nier qu'un même corps puisse être forcé à occuper plus d'espace. En prenant le même exemple, on pourrait,

---

[1]. Descartes, *les Météores*, discours II.

dit-il, supposer entre les parcelles infiniment petites (atomes) de l'eau l'existence d'une matière très-subtile, élastique, impondérable (éther), et que c'est cette matière qui viendrait remplir l'espace que les petites parcelles pesantes auraient laissé par leur écartement [1].

Les physiciens partisans des qualités occultes de la matière prétendaient expliquer la force ascensionnelle de l'eau à l'état de vapeur en imaginant une *légèreté positive* qui, en se combinant avec les atomes, aurait pour effet de rendre les corps spécifiquement plus légers que l'air. Cette hypothèse fut réfutée par Borelli et Boyle.

Vers la même époque (entre 1650 et 1660), on découvrit un fait important, celui de l'action que *la pression atmosphérique exerce sur le point d'ébullition des liquides*. On trouve les premières traces de cette découverte dans les *Nova Experimenta physico-mechanica de vi aeris elastica; exper.* XLIII, de Boyle. Ce grand physicien avait fait bouillir de l'eau pour en chasser l'air. Voulant soumettre ensuite cette eau refroidie à l'expérience du vide, il en plaça une partie dans une petite fiole sous le récipient de la machine pneumatique. Après quelques coups de piston de la machine, l'eau se mit à bouillir avec force, à la grande surprise des assistants. L'ébullition ayant cessé, quelques nouveaux coups de piston la firent recommencer de bouillir. Enfin il fut constaté qu'au dehors de la machine pneumatique on ne pouvait faire bouillir l'eau que par l'application de la chaleur. « Ces expériences démontrent, conclut Boyle, que l'air peut, par sa pression plus ou moins forte, modifier beaucoup d'opérations, de telle manière que si nous chauffions des corps dans les régions supérieures de l'atmosphère, nous obtiendrions des résultats tout différents de ceux obtenus dans les régions inférieures. » La voie était ouverte; les physiciens n'avaient qu'à la suivre.

Quelques années plus tard, Huygens et Papin répétèrent, avec le même succès, les expériences de Boyle [2]. En 1724, Fahrenheit fit un pas de plus, et voici dans quelles circonstances. Nous avons vu comment les membres de l'Académie *del Cimento* avaient trouvé que la colonne thermométrique se maintient invariablement au même

1. Dechales, *Tractatus de meteoris*, in *Mundo mathemat.*, t. IV, p. 609 (Lyon, 1690, in-fol.).
2. *Pneumatical experiments* by M. Papin, *directed by* M. Huygens, dans les *Phil. Transact.*, n° 122, p. 544.

point dans l'eau où il reste encore une parcelle de glace à fondre, fait précieux pour la détermination de l'un des points fixes de l'échelle thermométrique. L'observation des académiciens de Florence fut complétée par Halley. Ce physicien astronome fit, en 1693, des expériences nombreuses sur la dilatabilité des liquides dans le but de perfectionner le thermomètre. Il remarqua que l'eau se dilate beaucoup plus près de son point d'ébullition qu'à une certaine distance de ce point, et qu'une fois entrée en ébullition, sa température ne s'élève plus, et qu'elle demeure fixe, tant qu'il reste une goutte d'eau à réduire en vapeur [1]. Le même fait fut constaté, en 1702, par Amontons [2], sans que le physicien français ait eu connaissance du travail antérieur du physicien anglais. Amontons fit particulièrement ressortir l'importance de ce fait pour la détermination du second point fixe de l'échelle thermométrique.

C'est là que la question fut reprise par Fahrenheit. Averti par les expériences de Boyle, il pensa qu'il ne suffisait pas de se borner à la simple fixation du point d'ébullition, mais qu'il fallait encore tenir compte de la pression atmosphérique, indiquée par le baromètre. Après avoir constaté que sous une pression plus forte que celle qui correspond à 28 pouces de la colonne barométrique, l'eau exige une température plus élevée que sous une pression plus faible, Fahrenheit proposa de ramener toujours à la pression de 28 pouces (un peu moins que 76 centimètres) la détermination du second point fixe du thermomètre. Tout cela prouve, une fois de plus, que si la continuité est l'essence même de la nature, les phénomènes ne se présentent à nos moyens d'observation qu'isolément ou d'une manière discontinue.

De Luc (né à Genève en 1727, mort à Windsor en 1817), dans ses *Recherches sur les modifications de l'atmosphère*, fit une étude particulière du point d'ébullition de différentes eaux, à des hauteurs différentes. Il trouva que les eaux de pluie, de rivière et de source ont, à hauteur égale, le même point d'ébullition, et il proposa de se servir de l'eau de pluie pour marquer, sur le thermomètre, le second point fixe, en recommandant d'introduire dans l'eau bouillante tout à la fois la boule et le tube de l'instrument. Il remarqua aussi que l'eau saturée de sel marin exige jusqu'à 7 degrés de Réaumur de plus pour entrer en ébullition.

---

1. *Philosoph. Transact.*, année 1693, n° 197, p. 650.
2. *Mém de l'Acad des Sciences de Paris*, année 1702.

Le Monnier observa, le 6 octobre 1739, que son thermomètre de Réaumur, qui avait été construit à Perpignan, le baromètre étant à 28 ¼ pouces, marquait 9 degrés au-dessous du point d'ébullition, lorsqu'il le plongeait dans l'eau bouillante au sommet du Canigou. De Luc continua ce genre d'observations. En 1762, allant de Genève à Gênes, il nota la température de l'eau bouillante dans dix localités différentes, et, pendant son voyage de retour, dans seize localités; il se servait pour cela du même thermomètre, et mesurait avec un fil l'intervalle compris entre le degré de la glace fondante et celui de l'eau bouillante. En comparant ces observations entre elles, il trouva que les différences du point d'ébullition ne sont pas proportionnelles aux différences de la hauteur barométrique. Il n'osa donc pas formuler une loi générale; il se borna à établir que l'abaissement d'une ligne de la colonne barométrique fait descendre, en général, le point d'ébullition de $\frac{96}{133\frac{1}{4}}$ r ou de 0,72 de l'échelle thermométrique (de De Luc), divisée en 816,8 parties. Mais chaque fois qu'il reprenait ses observations pour contrôler ce qu'il avait essayé d'établir, il obtenait des résultats sensiblement différents; c'est ce qui lui arriva notamment, en 1765, pendant une excursion dans les montagnes du Faucigny. La commission de la Société royale de Londres ne parvint pas davantage à des résultats concordants.

La cause de ces variations ne fut découverte qu'une cinquantaine d'années plus tard par Gay-Lussac. Ce physicien-chimiste constata que la substance du vase dans lequel on fait bouillir l'eau exerce une certaine influence sur la température de l'ébullition. Dans des vases de verre, il trouva que la température de l'eau bouillante s'était élevée à 101°,232 du thermomètre centigrade. En mettant du verre pilé très-fin dans le même vase, il vit la température descendre à 100°,329 [1].

L'étude de ces oscillations a été reprise de nos jours par M. Marcet, qui montra qu'elles atteignent une intensité spéciale pour chaque substance où l'eau est mise en ébullition, par M. Donny de Gand et par M. L. Dufour, prouvant expérimentalement que les bulles de vapeur qui déterminent l'ébullition ne se produisent qu'à une température très-élevée au contact d'un verre bien décapé. On a montré aussi qu'en dégageant subitement des gaz au sein de l'eau

1. Annales de Chimie et de Physique, t. VII, p. 307.

par un courant électrique entre deux pointes de platine, on détermine tout à coup l'ébullition du liquide.

Par l'ensemble de ces expériences, dont les plus anciennes remontent à environ deux siècles, on est parvenu à établir comme un fait général (qu'on appellerait à tort une *loi*) que l'ébullition a lieu au moment où la vapeur atteint une tension maximum égale à la pression qui est exercée sur l'eau, et qu'en dernière analyse « l'ébullition n'est qu'une évaporation intérieure commençant en un point de la paroi chauffée, où l'adhérence est la plus faible, et se continuant dans l'intérieur de la bulle une fois que celle-ci est née; le mouvement ascensionnel des bulles qui courent à la surface n'est que l'accessoire [1]. »

Les observations thermométriques remirent sur le tapis la question du *froid* et du *chaud*, qui défrayait jadis les discussions des physiciens. Les sensations variables que chacun éprouve non-seulement dans les différentes saisons de l'année, mais encore dans les différents moments de la journée, auraient dû déjà les convaincre que le froid n'a en lui-même aucune valeur réelle, qu'il n'est qu'une chaleur relative. Ce qui les faisait hésiter, c'est l'action *frigorifique* attribuée à certains sels, tels que le nitre et le sel ammoniac. Mariotte assigna au problème ses véritables limites. Il montra que ce n'est point par la sensation du froid que nous devons juger si une chose est sans chaleur, mais par des raisonnements fondés sur les effets physiques de la chaleur. « Pour mieux raisonner sur cette matière, il faut, dit-il, remarquer que la plupart des qualités qui nous semblent contraires, ne sont rien en réalité, mais seulement une privation ou manquement de ces qualités... Il est aisé de juger que la qualité qui est contraire à la chaleur doit suivre la même règle, et que le froid parfait n'est autre chose qu'une privation de chaleur, d'autant que le mouvement est le seul principe, ou du moins un des principes de la chaleur, comme on le reconnaît par l'expérience des roues de carrosse qui s'allument en roulant violemment, et que les effets doivent être proportionnés à leurs causes. Si le mouvement a pour son contraire le repos, qui est une privation, le contraire de chaleur, qui est le froid, sera aussi une privation, et si les corps ne sont chauds que par un mouvement violent de leurs particules (atomes), il s'ensuit nécessairement que lorsque leur mouvement cesse, ils demeurent froids et sans chaleur. Mais, comme l'aiguille d'une montre nous paraît sans mouvement, parce qu'elle tourne très-lentement, ainsi un corps, qui a fort peu de chaleur nous doit paraître comme s'il n'en avait point du tout. »

Abordant ensuite le vif de la question, Mariotte ajoute « que si on insiste et qu'on objecte que le froid agit, puisqu'il engourdit et fait mourir les animaux, qu'il durcit les eaux et fait fendre les arbres, et que par conséquent ce n'est pas une privation, on pourra répondre que ce que nous souffrons par le froid procède de ce que notre chaleur naturelle se dissipe par l'attouchement des choses beaucoup moins chaudes que nous; car les qualités se communiquent et passent d'un sujet en un autre, comme une boule qui roule, rencontrant une pierre immobile, lui communique une partie de son mouvement qu'elle perd. »

Mariotte cite comme un exemple de l'erreur du jugement, fondé uniquement sur les sens et non corrigé par le raisonnement, la croyance commune que les caves sont plus froides l'été et plus chaudes l'hiver; il attribue très-bien ce fait à ce que la température varie beaucoup moins à une certaine profondeur qu'à la surface du sol. « Pendant les premières chaleurs de l'été, quand même, dit-il, elles seraient très-grandes, les caves très-profondes doivent être moins échauffées qu'au commencement de septembre, parce que la chaleur s'insinue peu à peu dans la terre, et qu'il faut beaucoup de temps avant qu'elle ait pénétré jusqu'à 30 ou 40 pieds de profondeur; car même lorsque le soleil luit tout le jour, la surface de la terre est plus échauffée à trois heures après midi qu'à dix ou onze heures du matin, et il fait ordinairement moins chaud au solstice d'été qu'un mois ou six semaines après, et par la même raison la plus grande chaleur des caves profondes doit être vers la fin de l'été, et le plus grand froid vers la fin de l'hiver. » A l'appui de cela, l'auteur expose une série d'observations thermométriques qu'il avait faites pendant trois années consécutives (de 1670 à 1673) dans les caveaux de l'observatoire de Paris [1].

L'abbé Teinturier, de Verdun, contemporain de l'abbé Mariotte, avait fait une expérience dont l'explication embarrassait singulièrement les physiciens. Cette expérience consistait à entourer le thermomètre, au moyen d'un soufflet, de forts courants d'air. Pendant que ces courants déterminaient sur la peau une sensation de

---

1. Essai du chaud et du froid, p. 186 et suiv., dans les Œuvres de Mariotte (La Haye, 1710, in-4°).

froid, ils avaient, contrairement à ce qu'on en devait attendre, pour effet de faire monter très-sensiblement la colonne du liquide thermométrique. Cassini répéta l'expérience de l'abbé Teinturier, et obtint constamment le même résultat. Ce physicien-astronome y vit la confirmation de l'hypothèse de la chaleur-mouvement : l'air agité par le soufflet produit, se disait-il, en réalité, de la chaleur, bien que la peau n'en reçoive qu'une sensation de froid, due à ce que l'air ambiant, toujours d'une température inférieure à celle de notre corps, se renouvelle rapidement, et que chaque couche ainsi renouvelée nous enlève une certaine quantité de chaleur [1].

Cependant les expériences de la Hire, père et fils, ne s'accordaient pas tout à fait avec celles de l'abbé Teinturier et de Cassini : par l'effet du soufflet, ils voyaient le liquide thermométrique tantôt s'élever, tantôt s'abaisser, tantôt rester stationnaire. Ces résultats, en apparence contradictoires, pouvaient s'expliquer par l'action de l'humidité (vapeur aqueuse) déposée sur les thermomètres de différentes sortes dont s'étaient servis les de la Hire.

Chaleur latente. — On a lieu de s'étonner qu'aucun des nombreux physiciens qui se sont occupés de la détermination des deux points fixes du thermomètre, n'ait essayé d'expliquer pourquoi la température reste invariable, quelle que soit la quantité de chaleur qu'on applique à la glace fondante ou à l'eau bouillante. Ce n'est qu'en 1762 qu'un physicien chimiste, Black, essaya le premier de se rendre compte de ce singulier phénomène. Black demanda d'abord, en interrogeant la nature, pourquoi la glace fond si lentement par l'action de la chaleur. Une première expérience lui apprit que, pendant que l'eau à 0° s'élève à la température de 7° (du thermomètre Fahrenh.), la même quantité de glace également à 0° exige, quoique soumise à la même chaleur que l'eau, un temps 21 fois plus long pour arriver à la même température de 7°, soit 7° $\times$ 21 = 147°, et qu'il y a par conséquent 140 degrés de chaleur absorbés, que le thermomètre n'indique pas [2]. Pour mieux s'assurer de l'absorption ou du

---

1. *Mém. de l'Acad. des sciences de Paris*, année 1710.
2. L'échelle des anciens thermomètres de Fahrenheit ayant subi des changements fréquents, il n'est guère possible de convertir exactement les degrés du thermomètre de Black en degrés du thermomètre centigrade. C'est aujourd'hui un fait acquis à la science que la glace exige, pour se fondre, autant de chaleur qu'il en faudrait pour élever son poids d'eau de 0° à 79° (du th. centigr.), ou pour élever de 1° C. la température de 79 fois le même poids d'eau.

recel de la chaleur (*concealment of heat*), Black mêla ensemble quantités égales d'eau chaude et d'eau froide : la température du mélange se trouva être exactement la moyenne entre les températures de l'eau chaude et de l'eau froide. Il fit ensuite d'autres expériences pour montrer que, quand on fait fondre de la glace dans une égale quantité d'eau à 176° (Fahrenh.), le mélange qui en résulte est à peu près à la température de la glace fondante. Cette quantité considérable de chaleur qui disparaît ainsi et que le thermomètre n'indique point, reçut de Black le nom de *chaleur latente* (*latent heat*) [1].

Black fit le même genre d'expériences pour l'eau bouillante : il démontra que pendant la vaporisation il y a une grande quantité de chaleur d'absorbée, laquelle n'est point accusée par le thermomètre, et qu'il arrive ici ce qui se passe pendant la liquéfaction des corps solides. « De même que la glace, combinée avec une certaine quantité de chaleur, constitue, dit-il, l'eau, ainsi l'eau combinée avec une certaine quantité de chaleur constitue la vapeur. » On voit que, pour Black, la chaleur latente est de la *chaleur de combinaison*.

Bien des hypothèses ont été émises depuis Black sur la chaleur latente. Crawford (né en 1749, mort en 1795), auteur des *Expériences sur la chaleur animale*, suppose que les corps acquièrent plus de capacité pour contenir le calorique au moment où ils passent d'un état à l'autre. Lavoisier regardait cette hypothèse comme inadmissible; « car si elle suffit, dit-il, pour expliquer assez bien les phénomènes qui ont lieu lorsque les corps passent de l'état liquide à l'état aériforme, elle ne fournit pas des explications aussi heureuses lorsqu'il est question du passage des corps solides à l'état liquide. En effet, lorsqu'un corps passe à l'état aériforme, il acquiert un volume beaucoup plus grand que celui qu'il occupait auparavant; on peut donc concevoir qu'il se loge entre ses molécules une beaucoup plus grande quantité de calorique... Mais il n'en est pas de même à l'égard des solides qui deviennent liquides : non-seulement ils n'augmentent pas tous de volume, mais un grand nombre, au contraire, paraît en diminuer : le calorique ne produit à leur égard ni l'effet d'en élever la température, ni l'effet de les dilater [2]. »

Quelle était l'opinion de Lavoisier? Voici sa réponse : « Je conti-

1. Black, *Lectures on the elements of chemistry*, vol. I, p. 101 (édit. 1, Robison, Edimb., 1804, in-4°).

2. Recueil des mém. de Lavoisier, t. I, p. 287, dans le t. II, p. 703, des *Œuvres de Lavoisier* (Paris, 1862, in-4°).

nuerai, dit-il, à regarder la liquéfaction et la vaporisation des corps comme une *dissolution par le calorique*, dissolution analogue, à beaucoup d'égards, à celle des sels par l'eau... Cette dissolution des corps par le calorique commence au moment où le corps devient liquide ; c'est alors que les molécules attractives des corps solides, se trouvant combinées à une quantité suffisante de molécules répulsives de calorique, tendent à s'écarter les unes des autres, c'est-à-dire à se transformer en un fluide aériforme;... et s'il était possible qu'il n'existât pas d'atmosphère, il n'existerait pas de liquides proprement dits. »

D'après la manière de voir qui règne aujourd'hui, les changements d'état d'un corps sont le résultat d'un travail intérieur, moléculaire. C'était là déjà l'idée de Laplace; car voici ce qu'il dit au sujet du passage de la glace à l'eau. « Les molécules de l'eau ont entre elles, dans l'état de glace, une position différente que dans l'état de fluidité; or, si l'on imagine une masse d'eau à une température au-dessous de zéro et que, par une agitation quelconque, on dérange la position de ses molécules, on conçoit que dans cette variété de mouvements quelques-unes d'entre elles doivent tendre à se rencontrer dans la position nécessaire pour former de 'a glace, et puisque cette position est une de celles où la chaleur est en équilibre, elles pourront la prendre, si la chaleur qui les écarte se répand assez promptement sur les molécules voisines, en sorte que l'état de fluidité de l'eau sera d'autant moins *ferme* que sa température sera plus abaissée au-dessous de zéro. » Puis, généralisant cette manière de voir, Laplace ajoute : « Dans un système de corps animés par des forces quelconques, il y a souvent plusieurs états d'équilibre; ainsi un parallélipipède rectangle, soumis à l'action de la pesanteur, sera en équilibre sur chacune de ses faces; on peut l'y concevoir encore en le posant sur un de ses angles, pourvu que la verticale qui passe par son centre de gravité rencontre le sommet de cet angle; mais cet état d'équilibre diffère des précédents en ce qu'il n'est point ferme, la plus légère secousse suffisant pour le détruire. Cela posé, imaginons en contact deux corps de température différente; il est visible que la chaleur ne peut se mettre en équilibre que d'une seule manière, savoir, en se répandant dans les deux corps, de sorte que leur température soit la même; mais si, par une augmentation ou par une diminution de chaleur, les corps peuvent changer d'état, il existe alors plusieurs états d'équilibre ou de chaleur. »

Enfin, le grand physicien-géomètre essaya l'un des premiers à rattacher cette physique moléculaire aux lois générales du mouvement. Voici ses expressions ; elles méritent d'être reproduites : « Dans tous les mouvements dans lesquels il n'y a point de changement brusque, il existe une loi générale que les géomètres ont désignée sous le nom de *principe de la conservation des forces vives ;* cette loi consiste en ce que, dans un système de corps qui agissent les uns sur les autres d'une manière quelconque, la force vive, c'est-à-dire la somme des produits de chaque masse par le carré de la vitesse, est constante. Si les corps sont animés par des forces accélératrices, la force vive est égale à ce qu'elle était à l'origine du mouvement, plus à la somme des masses multipliées par les carrés des vitesses dues à l'action des forces accélératrices. La chaleur est la force vive qui résulte des mouvements insensibles des molécules d'un corps; elle est la somme des produits de la masse de chaque molécule par le carré de sa vitesse. » Laplace fait observer que ce n'est là sans doute qu'une hypothèse, au même titre que celle qui assimile le calorique à un fluide, mais qu'il sera facile de faire rentrer la seconde hypothèse dans la première en changeant les mots de *chaleur libre, chaleur combinée* et *chaleur dégagée,* par ceux de *force vive, perte* (absorption) *de force vive* et *augmentation* (réapparition) *de force vive* [1].

Chaleur spécifique. — L'historique de la découverte de la chaleur spécifique est un des exemples les plus curieux à l'appui d'un principe sur lequel nous ne saurions trop insister, à savoir, que pour faire avancer la science il ne suffit pas de *bien voir,* qu'il faut surtout *bien concevoir.*

Les physiciens qui ne s'entendaient pas sur la *chaleur latente,* devaient finir par s'accorder sur ce qu'ils sont convenus d'appeler *chaleur spécifique.* C'était pourtant au fond la même question, envisagée seulement de deux manières différentes.

Boerhaave paraît avoir le premier entrepris une série d'expériences sur la température des mélanges faits avec plusieurs corps à des températures différentes [2]. Mais les conclusions qu'il en tira

---

1. *Mémoire sur la chaleur* dans les mém. de l'Acad. des sciences, année 1780, p. 355 et suiv. Bien que Laplace eût pour collaborateur Lavoisier, il n'en est pas moins avéré que cette théorie dynamique de la chaleur fut l'œuvre de Laplace : Lavoisier avait là-dessus, comme nous venons de le montrer, une tout autre manière de voir.

2. *Elementa Chemiæ,* cap. de Igne.

étaient inexactes. Boerhaave soutenait « que la température du mélange est la moitié de la différence des températures des deux corps mêlés. »

Richmann (né à Pernow en Livonie en 1711, mort à Saint-Pétersbourg en 1753) contestant la généralité de cet énoncé, trouva que si l'on mêle ensemble deux corps homogènes de températures différentes, la « chaleur totale se répand également dans tout le mélange, et la répartition de l'excédant du calorique libre est proportionnelle aux volumes ou aux masses des deux corps mélangés [1]. » Si donc on désigne par T et t les températures différentes des deux corps à mélanger, et par M et m leurs masses ou leurs volumes, on aura pour la température du mélange $x = \dfrac{T.M + t.m}{M + m}$; si $M = m$,

on aura $x = \dfrac{T + t}{2}$. Qu'on mêle, par exemple, 1 livre de sable à 50° avec 1 livre de sable à 10°, la température du mélange sera $\dfrac{50 + 10}{2} = 30$; en d'autres termes, la différence des températures $50° - 10° = 40°$ se répartira, dans les mélanges, de manière que le sable plus chaud perd de $\dfrac{40°}{2} = 20°$, pendant que le sable moins chaud gagne $\dfrac{40°}{2} = 20°$. Si, pour prendre un autre exemple, on mêle 10 livres d'eau à 50° avec 5 livres d'eau à 10°, la température du mélange sera $\dfrac{50°. 10 + 10°. 5}{10 + 5} = 36° \frac{2}{3}$.

Mais il n'était là question que des corps homogènes ou de même nature. Quel serait le résultat donné par des corps différents ou hétérogènes? Voilà ce que se demanda Black. Or il trouva que, si l'on mêle ensemble deux masses égales ou deux volumes égaux de deux liquides différents, la température résultante du mélange est au-dessus ou au-dessous de la température moyenne, selon la nature du corps qui avait la température la plus élevée. Ainsi, tandis qu'une livre d'eau à 60° et une livre d'eau à 0° donnent, après le mélange, la température moyenne de 30 degrés, une livre d'huile de baleine à 60°, mêlée à une livre d'eau à 0°, donne 20 degrés. Dans la

---

1. Richmann, *De quantitate caloris quæ post miscelam fluidorum certo gradu calidorum oriri debet, cogitationes,* dans les *Nova Comment.* de Saint-Pétersbourg, t. I, p. 152 et suiv. Comp. Fischer, *Geschichte der Physick,* t. V., p. 18 (Gœttingue, 1804).

première expérience, l'eau à 60° a perdu 30 degrés et l'eau à 0° en a acquis 30 : l'une a gagné autant que l'autre a perdu. Dans la seconde expérience, l'huile de baleine a perdu 40 degrés de chaleur, l'eau n'en a acquis que 20; l'eau n'a donc acquis que la moitié de la température perdue par l'huile. De cette expérience la conclusion est facile à tirer : c'est que l'huile de baleine n'exige que la moitié de la chaleur qui est nécessaire à l'eau pour s'élever d'un même nombre de degrés.

Voilà le sujet que développa Black à Glasgow, vers 1763, dans ses leçons de chimie. C'est lui qui fit le premier ressortir la propriété qu'ont les corps d'absorber des quantités de chaleur différentes pour augmenter leur température d'un même nombre de degrés. C'est cette propriété qui reçut de Wilcke le nom de *chaleur spécifique*.

Ce physicien suédois avait été amené à étudier plus complétement la même question dès 1772; et voici à quelle occasion. L'hiver de cette année-là avait été très-rude. Pour faire disparaître la neige épaisse qui couvrait un petit parterre, Wilcke essaya de la faire fondre par de l'eau chaude. Mais la neige disparut, si lentement qu'il y vit l'effet d'une cause particulière. Il crut d'abord que la neige se comporterait, suivant la loi de Richmann, comme l'eau à 0° : d'après cette loi, l'eau à 0°, mêlée à la même quantité d'eau à 68°, devait lui donner 34° pour la température du mélange. Mais l'expérience lui fournit un tout autre résultat. La même quantité pesée de neige prit à l'eau chaude (de 68°) toute sa chaleur, sans seulement fondre en totalité. Cette expérience conduisit d'abord Wilcke aux observations de Black sur la chaleur latente, qu'il paraissait avoir ignorées. Puis, généralisant sa méthode, il parvint à établir que *toute substance a le pouvoir d'absorber, de garder et de rendre une quantité déterminée de chaleur*.

Crawford, qui donna à ce pouvoir le nom de *capacité pour la chaleur*, parvint au même résultat par la même méthode expérimentale, consistant à mêler ensemble des poids ou des volumes égaux de substances hétérogènes, dont les températures sont différentes, et à noter la température du mélange. Les chaleurs spécifiques ou les capacités pour la chaleur, ainsi obtenues, étaient en raison inverse des changements de température. Kirwan dressa le premier une table des chaleurs spécifiques de différents corps; il la communiqua à son ami Magellan, qui la reproduisit dans son *Essay sur la nouvelle théorie du feu élémentaire et de la chaleur des corps*, Lond., 1780, in-4°.

Cependant la question fut de nouveau reprise par Wilcke. Dans son Mémoire *sur la chaleur*, imprimé dans les *Actes* de la Société royale de Stockholm, année 1781, il émit le premier l'idée d'employer la fonte de la neige par les corps pour mesurer leur chaleur. Mais la difficulté de recueillir l'eau provenant de la fonte de la neige employée, le temps assez long que les corps mettent à perdre ainsi leur chaleur, temps qui dépasse souvent douze heures, la chaleur que la neige reçoit, dans cet intervalle, de l'atmosphère et des autres corps qui l'environnent : toutes ces raisons le forcèrent à abandonner ce moyen et à recourir à la méthode des mélanges.

Lavoisier et Laplace reprirent l'idée de Wilcke, en remédiant aux inconvénients qui l'avaient fait abandonner. A cet effet, ils environnèrent la neige, que les corps devaient fondre, d'une couche extérieure de neige ou de glace, pour la garantir de la chaleur de l'atmosphère. C'est dans cette enveloppe extérieure que consiste le principal avantage du *calorimètre*, appareil construit par Lavoisier et Laplace dans le but de mesurer des quantités de chaleur qui, jusqu'à présent, n'avaient pu l'être, telles que la chaleur qui se dégage dans la combustion et la respiration.

Cet appareil se compose de trois cylindres concentriques, donnant trois capacités différentes. La capacité intérieure est formée par un grillage de fer, soutenu par des montants du même métal, et fermé par un couvercle : c'est là qu'on met le corps soumis à l'expérience. La capacité moyenne contient la glace qui entoure la capacité intérieure ; à mesure que cette glace fond, l'eau s'échappe à travers la grille et le tamis, sur lesquels repose la glace, et va se rassembler dans un vase placé au-dessous. La capacité extérieure renferme la glace qui doit empêcher la chaleur extérieure de pénétrer dans l'intérieur de l'appareil. Après avoir rempli de glace pilée ces différents compartiments, et laissé bien égoutter la glace intérieure, on ouvre le couvercle de la capacité intérieure pour y introduire le corps à expérimenter; on attend que celui-ci soit descendu à 0°, température ordinaire de la capacité intérieure, et on pèse la quantité d'eau produite : son poids mesure exactement la chaleur dégagée du corps, puisque la fonte de la glace n'est que l'effet de cette chaleur.

« Nous avons trouvé, rapportent les expérimentateurs, que la chaleur nécessaire pour fondre une livre de glace pouvait élever de 60 degrés la température d'une livre d'eau; en sorte que, si l'on mêle ensemble une livre de glace à zéro et une livre d'eau à 60 degrés, on aura deux livres d'eau à zéro pour le résultat du mélange; il suit de là que la glace absorbe 60 degrés de chaleur en devenant fluide, ce que l'on peut énoncer de cette manière, indépendamment des divisions arbitraires des poids et du thermomètre [1] : *la chaleur nécessaire pour fondre la glace est égale aux trois quarts de celle qui peut élever le même poids d'eau de la température de la glace fondante à celle de l'eau bouillante.* »

Ils ajoutent que « cette propriété d'absorber la chaleur en devenant liquide n'est pas particulière à la glace, et que dans le passage de tous les corps à l'état de fluide il y a absorption de chaleur... Le cas dans lequel il n'y aurait, dans le passage à l'état fluide, ni développement ni absorption de chaleur, quoique mathématiquement possible, est infiniment peu probable; on doit le considérer comme la limite des quantités de chaleur absorbées dans ces passages. De là nous pouvons nous élever à un principe beaucoup plus général, et qui s'étend à tous les phénomènes produits par la chaleur : *dans les changements causés par la chaleur à l'état d'un système, il y a toujours absorption de chaleur, en sorte que l'état qui succède immédiatement à un autre, par une addition suffisante de chaleur, absorbe cette chaleur sans que le degré de température du système augmente [2].* »

Les expériences faites postérieurement par Lavoisier et Laplace ne donnent pas les rapports des quantités absolues de chaleur des corps; elles ne font connaître que les rapports des quantités de chaleur nécessaire pour élever d'un même nombre de degrés leur température; « en sorte que, ajoutent-ils, la chaleur spécifique que nous avons déterminée n'est, à proprement parler, que le rapport des différentielles des quantités absolues de chaleur; pour qu'elle exprimât le rapport de ces quantités elles-mêmes, il faudrait les supposer proportionnelles à leurs différences; or, cette hypothèse est au moins très-prématurée... Tous les corps de la terre, et cette planète elle-même, sont pénétrés d'une grande quantité de chaleur dont il nous est impossible de les priver entièrement, à quelque degré que nous abaissions leur température. Le zéro du thermomètre indique consé-

---

1. Lavoisier et Laplace se servaient d'un thermomètre à mercure portant l'échelle de Réaumur (de 80 degrés entre la glace fondante et l'eau bouillante). Le résultat obtenu par ces savants diffère de celui qui passe aujourd'hui pour acquis à la science.

2. Lavoisier et Laplace, *Mémoire sur la chaleur*, dans les Mém. de l'Acad. des sciences, année 1780, p. 355.

quemment une chaleur considérable, et il est intéressant de connaître, aux degrés du thermomètre, cette chaleur commune au
système entier des corps terrestres. Ce problème se réduit à déterminer le rapport de la quantité absolue de chaleur enfermée
dans un corps dont la température est zéro, à l'accroissement de
chaleur qui élève d'un degré sa température. Le simple mélange
des substances ne peut nous faire découvrir ce rapport, parce que
les corps , ne s'échauffant mutuellement qu'en vertu de leur excès
de température, celle qui leur est commune doit rester inconnue,
de même que le mouvement général qui nous transporte dans l'espace est insensible dans les mouvements que les corps se communiquent à la surface de la terre. »

Ces considérations élevées laissaient entrevoir toutes les difficultés
de la question.

Le calorimètre, auquel le comte de Rumford apporta de notables
modifications, ne fut pas accueilli avec une égale faveur par tous
les physiciens : les uns, comme Gren et Wedgwood, trouvaient bien
des inconvénients à son emploi; les autres, comme Lichtenberg,
le regardaient comme un instrument parfait.

Meyer et Leslie proposèrent une troisième méthode, fondée sur
la marche du refroidissement de volumes égaux de différents
corps. Ils ont publié séparément les résultats de leurs expériences
sur la chaleur spécifique, qu'ils considéraient comme étant réciproquement le produit du pouvoir conducteur multiplié par le
poids spécifique des corps. Meyer observa particulièrement la durée
du refroidissement des bois, de volumes semblables et égaux, pour
passer de 45° à 40°, de 40° à 35°, de 35° à 30°; et il en détermina
la chaleur spécifique au moyen de cette formule : $x = \frac{1}{LM}$ où M
désigne le poids spécifique et L le pouvoir conducteur de la chaleur,
comme devant être en raison inverse des temps de refroidissement.
Le pouvoir conducteur et le poids spécifique étaient rapportés à ceux
de l'eau prise pour unité [1].

Leslie avait pris les gaz pour objet de ses études. Les expériences
qu'il fit sur l'hydrogène et l'air atmosphérique, le conduisirent à
admettre que deux volumes égaux de l'un et de l'autre gaz ont la
même chaleur spécifique.

Gay-Lussac, répétant les opérations de Leslie, alla bien plus loin.

---

1. *Annales de Chimie*, t. XXX, p. 46 et suiv.

Ce physicien chimiste crut pouvoir établir que l'air, l'hydrogène, l'oxygène, l'acide carbonique et probablement tous les fluides élastiques, ont, sous le même volume et sous des pressions égales, la même capacité pour le calorique; mais des expériences ultérieures modifièrent cette opinion [1].

En partant de considérations purement théoriques, fondées sur cette hypothèse que les quantités de chaleur appartenant aux atomes de tous les fluides élastiques doivent être les mêmes sous la même pression et à la même température, on arriva à des résultats qui s'éloignent sensiblement de ceux obtenus par les autres physiciens.

Pour faire cesser cet état d'incertitude, l'Institut de France proposa, dans sa séance du 7 janvier 1811, pour sujet du prix de physique, de *déterminer la chaleur spécifique des différents gaz.* Le mémoire de Laroche et E. Bérard, couronné en 1813, contient tout ce qu'on a continué d'enseigner jusqu'en 1830 sur la chaleur spécifique des gaz. Pour faire leurs expériences, ces physiciens s'étaient attachés à obtenir un courant de gaz à vitesse constante qu'on puisse mesurer, à échauffer le gaz dans un bain et à le refroidir dans un calorimètre; ils crurent pouvoir en déduire que la chaleur spécifique des gaz varie avec leur pression. Mais de nos jours M. Regnault, ayant répété les expériences de Laroche et Bérard, démontra, au contraire, que « la chaleur absorbée par un poids donné de gaz pour s'élever d'un même nombre de degrés, est absolument indépendante de sa pression. »

Il serait trop long de passer en revue tous les travaux qui ont été publiés, dans ces derniers temps, sur la chaleur spécifique des corps. Nous devons nous borner à signaler les faits généraux suivants, comme acquis à la science. La chaleur spécifique varie pour les solides avec leur état moléculaire; sensiblement constante aux températures éloignées du point de fusion, elle devient croissante quand les solides approchent de ce point; — pour les liquides, elle est sensiblement croissante avec la température dans toute l'étendue de l'échelle thermométrique; — pour les gaz, elle reste constante si, pendant l'augmentation de leur température, ils suivent la loi de Mariotte; elle est variable, s'ils s'écartent de cette loi. En général, à l'état liquide les corps ont une capacité calorifique plus grande qu'à l'état solide et qu'à l'état de gaz.

Dulong (né à Rouen en 1785, mort à Paris en 1838) et Petit (né

---

1. *Annales de Chimie*, t. LXXXIII, p. 106, et t. LXXXV p. 72.

à Vesoul en 1791, mort à Paris en 1820) eurent l'heureuse audace de comparer la capacité calorifique, variable suivant l'état physique des corps, avec la capacité atomique (composition chimique) invariable. Il devait *a priori* paraître oiseux de chercher un rapport entre la chaleur spécifique et le poids atomique. Cependant ce rapport existe, pourvu que l'on considère les corps dans l'état où ils possèdent les chaleurs spécifiques les moins variables, c'est-à-dire aux points les plus éloignés de leur terme de fusion ou de liquéfaction, aux températures les plus basses pour les solides et aux températures les plus élevées pour les gaz ou vapeurs. Ce fut avec cette restriction que Dulong et Petit parvinrent à découvrir la loi qui porte leur nom et qu'ils énoncèrent ainsi : *Le produit AC de la chaleur spécifique C par l'équivalent chimique A d'un corps simple quelconque est un nombre constant.* L'équivalent d'un corps simple représente le poids d'un nombre égal d'atomes de ce corps, comme le produit de cet équivalent par la chaleur spécifique exprime la *chaleur spécifique atomique* ou la chaleur requise pour échauffer de 1 degré le même nombre d'atomes de tous les corps simples; en d'autres termes, *il faut une même quantité de chaleur pour échauffer également un atome de tous les corps simples* [1]. Cet autre énoncé fait comprendre toute l'importance de la loi, que Dulong et Petit démontrèrent par des expériences trop peu nombreuses [2].

En multipliant ses expériences, M. Regnault a montré que *la loi de Dulong et Petit* s'applique à tous les corps simples, et que les produits de la chaleur spécifique par l'équivalent de ces corps sont tous compris entre 37 et 42, et bien qu'ils n'expriment pas absolument le même nombre, ils sont cependant assez rapprochés les uns des autres pour qu'on puisse regarder la loi comme exacte. Il fit voir aussi que, pour satisfaire à la loi énoncée, il faut, pour certains corps, prendre un multiple ou un sous-multiple des équivalents adoptés par les chimistes, qu'il faut, par exemple, doubler l'équiva-

1. Il importe de rappeler ici que la chaleur spécifique (capacité calorifique) d'un corps est la quantité de chaleur exprimée en calories, qui est nécessaire pour élever de 0° à 1° 1 kilogr. de ce corps. La chaleur spécifique C d'un corps quelconque peut donc s'exprimer par $Q = C t$; en désignant par Q la quantité de chaleur absorbée par l'unité de poids d'une substance chauffée de 0° à t°.

2. *Recherches sur la mesure des températures et sur les lois de la communication de la chaleur*, dans les *Annales de Physique et de Chimie*, année 1818.

lent du carbone, prendre la moitié des équivalents du chlore, de l'iode, du brome, etc.

M. Regnault confirma et généralisa de même *la loi de Neumann*, d'après laquelle *la chaleur spécifique atomique* (le produit de l'équivalent d'un corps par sa chaleur spécifique) *est constante pour les sulfates* (SO^3RO) *et les carbonates* (CO^2RO), *mais qu'elle a des valeurs différentes pour les sels formés par des acides différents.* Il examina un très-grand nombre de substances classées chimiquement par groupes, et il en déduisit que, *pour tous les composés de même formule et de constitution chimique semblable, le produit de l'équivalent total par la chaleur spécifique est le même.*

Enfin, pour établir une relation entre la chaleur atomique d'un composé et celle de ses éléments, M. Wœstyn a supposé que « les corps simples exigent la même quantité de chaleur pour s'échauffer également, soit quand ils sont libres, soit quand ils sont engagés dans une combinaison quelconque. » Cette hypothèse a été confirmée par les expériences de M. Regnault.

Le pyromètre. Mesure de la dilatation des corps. — L'idée mère de l'invention du pyromètre remonte à 1671. C'est l'année où Richer fut chargé par l'Académie des sciences d'observer sous l'équateur la longueur du pendule à secondes. Il constata que l'horloge à pendule qu'il avait apportée avec lui de Paris, retardait à Cayenne (à 5° lat. sept.) de deux minutes par jour, et qu'il était obligé de raccourcir le pendule de $1\frac{1}{4}$ de ligne, pour lui faire accomplir 3600 oscillations par heure. Il en conclut avec raison que la pesanteur est plus faible aux environs de l'équateur que dans d'autres régions[1]. Mais les physiciens, partisans des doctrines de Descartes, se refusèrent à admettre une diminution de la pesanteur dans la zone équatoriale, et ils attribuèrent à l'action de la chaleur l'allongement du pendule à secondes, et par suite la nécessité de le raccourcir. Cette opinion prévalut pendant plus d'un demi-siècle, bien que Newton eût démontré que l'action de la température équinoxiale était beaucoup trop faible pour expliquer les observations de Richer, et qu'il eût conclu de la diminution de la pesanteur dans la région équatoriale à un aplatissement de la terre aux pôles. La manière de voir de Newton resta comme non avenue. Ce ne fut qu'après 1730 que l'obstination des Cartésiens fut vaincue par l'évidence : le sys-

1. Richer, *Observations astronomiques et physiques faites à Cayenne;* Paris, 1079, in-fol.

tème de Newton ayant trouvé quelques partisans, on commença à comprendre la nécessité de soumettre la question du pendule à un examen rigoureux.

Musschenbroek fut le premier qui employât, sous le nom de *pyromètre* (de πῦρ, feu, et μίτρον, mesure), un instrument destiné à mesurer la dilatation des métaux sous l'influence de la chaleur [1]. « Tous les corps solides sur lesquels j'ai fait, dit-il, des expériences, se raréfient en tous sens par le moyen du feu qui les pénètre ; c'est ce que nous faisons voir à l'œil d'une manière évidente à l'aide de notre pyromètre qui indique de très-petites raréfactions des corps, et même jusqu'à la $\frac{1}{12800}$ partie d'un pouce rhénan; je donne à chacune de ces parties le nom de degré..... Les métaux, les demi-métaux, etc., mis entre le pyromètre, lorsqu'ils sont froids et rendus ensuite chauds par le moyen d'une flamme d'alcool, s'allongent, se dilatent et s'étendent dans tous les sens. Cela se constate à l'aide d'un cône de cuivre qui, quand il est froid, s'ajuste exactement dans le trou rond d'une plaque de métal, par lequel on le fait passer, tandis qu'après avoir été chauffé, on ne peut plus du tout l'y faire passer. Si l'on chauffe la plaque où est ce trou, et qu'on ait soin de tenir le cône froid, celui-ci y passera facilement [2]. »

Ellicot proposa, en 1736, un pyromètre qui était trop compliqué pour avoir été généralement adopté [3].

Bouguer se servit, pendant son voyage à l'équateur, d'un instrument de son invention pour faire ses expériences sur la dilatation des métaux [4].

Les pyromètres de Smeaton, de Nollet, de Guyton de Morveau étaient construits sur le même principe que celui de Musschenbroek.

Ferdinand Berthoud (né en 1725, dans le canton de Neufchâtel, mort à Groslay, près de Montmorency, en 1807) fut amené, par la construction de ses pendules compensateurs, à imaginer une méthode particulière pour connaître les rapports de dilatation de différents métaux. Cette méthode consistait à placer dans une étuve, sur une plaque de marbre verticale, les barres métalliques dont on vou-

---

1. *Tentamina experim. in Acad. del Cimento;* t. II, p 12 (Leyde, 1731, in-4°).
2. *Essais de Physique,* t. I, p. 452 (Leyde, 1739).
3. *Philosoph. Transact.,* n° 443, p. 207.
4. *Expériences faites à Quito sur la dilatation et la contraction que souffrent les métaux par le chaud et le froid,* dans les *Mém. de l'Acad.,* année 1745.

lait observer la dilatation ; elles reposaient, par leur extrémité inférieure, sur un point fixe, tandis que leur extrémité supérieure était
pressée par la petite branche d'un levier. L'allongement de la verge
faisait osciller la branche du levier, et les angles d'oscillations
étaient mesurés sur la grande branche, lorsqu'ils étaient assez considérables, ou ils étaient amplifiés par la communication de la
grande branche du levier avec d'autres leviers inégaux. Des thermomètres, placés sur le marbre, indiquaient toutes les variations de
température, éprouvées par les verges et le marbre. Cette méthode,
très-ingénieuse, ne donnait pas l'allongement absolu des verges ;
elle indiquait seulement la différence entre leur allongement et
celui du marbre.

Pour mesurer la dilatation linéaire des solides, Lavoisier et
Laplace employèrent des règles d'environ 2 mètres de longueur.
Ces règles étaient placées dans une cuve de plomb isolée, fixée sur
de gros dés en pierre de taille ; une des extrémités de la règle s'appuyait sur un point fixe, tandis que l'autre communiquait avec l'extrémité verticale d'un levier coudé dont l'axe, placé sur des piliers
isolés, était à une distance fixe du point d'appui de la règle, distance qui ne pouvait éprouver aucune variation, quelles que fussent
les températures auxquelles les règles étaient exposées. Un ressort
faisait toucher le levier coudé contre la règle, et la règle contre le
point d'appui ; sur l'extrémité horizontale du levier coudé était fixée
une alidade à lunette qui était dirigée sur une grande règle verticale, tantôt à cent, tantôt à deux cents toises des lames de la
lunette. Cette règle étant divisée en pouces, un allongement d'une
ligne, dans le corps soumis à l'action de la chaleur, faisait parcourir à la lunette, lorsque la règle de cuivre était à cent toises de
distance, 62 pouces ou 744 lignes, ce qui donnait la facilité de
diviser la ligne en 744 parties. Après avoir mis dans la cuve un
mélange de glace et d'eau, afin d'obtenir la température constante
de 0°, on dirigeait la lunette sur la règle de cuivre ; échauffant
graduellement le solide jusqu'à l'ébullition de l'eau, on voyait sur
le cuivre l'espace que parcourait la lunette, d'où l'on concluait
l'allongement du corps [1].

En 1782, Wedgwood (né en 1730, mort en 1795) inventa le
pyromètre qui porte son nom. Cet instrument est fondé sur la pro-

---

1. *Annales de Physique et de Chimie*, t. I, *Encyclopédie méthodique*,
Physique, t. II, p. 742 (Paris, 1816).

priété qu'a l'argile séchée d'éprouver, pendant sa cuisson, un retrait d'autant plus marqué que la température à laquelle on la porte est plus élevée [1]. Il se compose de deux parties : l'une, appelée *jauge*, est une plaque de terre cuite, sur laquelle sont appliquées deux règles de même matière; l'autre est formée de petites pièces cylindriques d'argile. Pour se servir de l'instrument, on met ces petits cylindres dans un creuset réfractaire que l'on place sur le corps ou dans le milieu dont on veut mesurer la température. Dès qu'ils ont pris la température du milieu, on les pétrit, on les laisse refroidir et on les met dans la jauge. On juge de la température par leur diminution de volume, c'est-à-dire par le point de la jauge où ils parviennent. Wedgwood fit une suite d'expériences pour comparer la graduation de son instrument avec celles des trois thermomètres les plus usités, ceux de Fahrenheit [2], de Réaumur et de Celsius (therm. centigrade); il trouva que chaque degré de son pyromètre correspondait à 130° Fahr., à 57°,778 R. et à 27°,23 C. Il marqua 580° pour son point zéro.

Le pyromètre de Wedgwood ainsi que les pyromètres fondés sur les dilatations du platine, de l'argent et d'autres métaux ont été abandonnés, comme étant non raccordables avec l'échelle thermométrique. Ils ont été avantageusement remplacés par le thermomètre à air. Prinsep détermina, en 1827, avec un thermomètre à air ayant le réservoir en or, entre autres, la chaleur rouge à 650°, et celle de la fusion de l'argent à environ 1000°. En 1836, Pouillet se servait d'un thermomètre semblable, à réservoir de platine, pour fixer les températures suivantes :

Rouge naissant...........	525°	Orangé foncé............	1100°
Rouge sombre	700°	Blanc..................	1300°
Rouge cerise	900°	Blanc éblouissant........	1500°

Les réservoirs de platine, dans le thermomètre à air, ont été abandonnés et remplacés par des réservoirs de porcelaine depuis que MM. Henri Sainte-Claire Deville et Troost ont montré qu'à une très-haute température le platine devient perméable aux gaz.

Parmi les thermomètres métalliques qui étaient en même temps

---

1. *Philosoph. Transact.*, t. LXXII.

2. L'échelle de Fahrenheit (où la glace fondante est marquée 32° et l'eau bouillante 212°) est à celle de Celsius dans le rapport de $\frac{212-32}{100} = \frac{9}{5}$; l'échelle de Celsius est à celle de Réaumur dans le rapport de $\frac{100}{80} = \frac{5}{4}$.

employés comme pyromètres, nous signalerons ceux de Mortimer et de Bréguet. Le thermomètre que Mortimer fit connaître en 1747 se composait d'un cylindre de fer de trois lignes de diamètre et de trois pieds de long, qui, par son allongement et son raccourcissement, indiquait sur un cadran les variations de température qu'il éprouvait [1]. Le thermomètre de Bréguet, plus sensible que celui de Mortimer, se compose d'une lame en spirale formée avec trois métaux soudés : le platine, l'or et l'argent, superposés par ordre croissant de dilatabilité. Comme la spirale a très-peu de masse, elle accuse immédiatement toutes les variations de température.

Au milieu des interminables discussions soulevées par les anciens sur la nature de chaleur, on a lieu de s'étonner qu'on soit resté si longtemps sans se demander si et comment les changements de température *sentis* correspondent à des changements physiques, *visibles* et *observables*. Mais avant de faire cette importante question il fallait être convaincu que, pour mieux voir et comprendre, il incombait au physicien le devoir de remédier aux défauts du sens de la vision par des instruments de son invention. C'est ce que nous venons de montrer. Sans l'invention des thermomètres et des pyromètres, le phénomène de la dilatation des corps serait resté inaperçu.

Les premières observations qui aient été faites sur la *dilatation des solides* ne remontent guère au delà de cent quarante ans. Musschenbroek, Ellicott, Bouguer, Dom Juan, Condamine, Smeaton, Herbert, ont donné des tables de la *dilatation linéaire* (allongement que des règles éprouvent dans le sens de la longueur) du verre, de l'or, du plomb, de l'étain, de l'argent, du laiton, du cuivre, de l'acier et du fer. Ces tables montrent combien les résultats obtenus s'accordaient peu entre eux [2]. Par exemple, en supposant la longueur des règles ou barres de ces substances égale à 100000, à la température de la glace fondante, et en les portant ensuite à la température de l'eau bouillante,

Dom Juan a trouvé pour la dilatation linéaire du *verre*	60 $\frac{1}{100000}$.
Bouguer..	78
Smeaton..	83
Herbert..	80
Ellicott.. de l'or.	73

1. *Philosoph. Transact.*, t. XLIV, n° 484.
2. Fischer, *Geschichte der Physik*, t. V, p. 43.

Bouguer .... de l'or,   04
Bouguer.. du *plomb*.   109
Musschenbrock   142
Ellicott   155
Herbert...   202
Smeaton   236
Musschenbrock,..................... du *cuivre*.   80
Ellicott,   .   89
Herbert...   156
Dom Juan   167
Smeaton...   170
Condamine   174
Bouguer........................... du *fer*.   55
Ellicott   60
Musschenbrock   73
Dom Juan   92
Condamine..   106
Herbert...   107
Smeaton...   125

Depuis les publications de ces recherches primitives, on s'est aperçu que la précision seule des appareils ne suffit pas, mais qu'il faut aussi tenir compte de l'état moléculaire des solides soumis à l'expérience. Ainsi on a constaté que les verres de différentes origines sont loin de se dilater également; Lavoisier et Laplace, qui avaient construit un appareil particulier sur un massif de maçonnerie, trouvèrent 0,00000 8116 et 0,00000 8908 pour les *coefficients* de dilatation du flint-glass anglais et du verre de Saint-Gobain [1]. Des différences bien plus grandes ont été remarquées pour les métaux, suivant que, par exemple, l'or est plus ou moins pur, recuit ou non recuit, suivant que le cuivre est rouge battu ou jaune fondu, etc.

Depuis que Dé Luc et Ramsden eurent l'ingénieuse idée d'appliquer la lunette et le micromètre à la mesure des dilatations, on ne tarda pas à reconnaître que le coefficient d'une substance donnée est loin d'être constant pour tous les degrés de la température à laquelle cette substance pourrait être soumise, et que les formules qui donnent k comme constant ne sont que des approximations et doivent être complétées. On commença dès lors aussi à considérer la *dilatation superficielle* comme en raison *double* de la dilatation

---

1. Il a été convenu qu'on appellerait *coefficient de dilatation* linéaire la quantité dont une règle ou barre s'allonge en passant de la température de 0° à 1°. L'allongement l k est proportionnel à la longueur primitive de la

linéaire, et la dilatation *cubique*, comme en raison *triple*[1]. Mais, en somme, toute la question se réduisit à la connaissance des dilatations linéaires.

La connaissance exacte du coefficient de dilatation de certains solides, tels que le verre et les métaux, fut principalement jugée nécessaire pour la construction de certains instruments de précision, surtout du thermomètre.

Dans la seconde moitié du XVIIIe siècle, De Luc, le Roy, Schmidt et Lavoisier se sont les premiers mis à étudier la dilatation cubique des *liquides* par la chaleur. De Luc remarqua que cette dilatation croît avec l'élévation de la température des liquides; que quelques-uns, comme l'eau, se contractent à partir de leur point de congélation jusqu'à un certain degré, maximum de contraction; que d'autres, comme le mercure, se dilatent graduellement à partir de leur point de congélation. La méthode d'après laquelle ces expériences étaient faites consistait à mesurer le volume que le liquide occupait dans le vase chauffé. Mais c'était là mesurer un effet complexe, dépendant à la fois de la dilatation absolue du volume des liquides et de celle des vases : il était facile de voir que la capacité de ces vases augmentait quand la température s'élevait.

Lavoisier, qui s'était particulièrement occupé de la dilatabilité de l'eau, imagina une méthode différente, qu'il fit lui-même connaître. « Tout le monde sait, dit-il, que la pesanteur spécifique des corps est, comme la pesanteur absolue, divisée par le volume. Ainsi, nommant la pesanteur spécifique PS, la pesanteur absolue P, le volume V, on a $PS = \dfrac{P}{V}$; par la même raison on a, pour l'expression du volume, $V = \dfrac{P}{PS}$. Il y a donc deux manières de connaître les variations qu'éprouve le volume d'un corps par l'effet du calorique, ou en mesurant directement ces changements de volume, ou en déterminant les changements de pesanteur spécifique et en

---

règle l et à un coefficient k, qui est très-petit, et variable pour chaque substance. Si l'on suppose ce coefficient constant, c'est-à-dire que, pour chaque augmentation de température égale à 1 degré, la barre éprouve un même allongement, on aura, en portant la barre de 0° à t°, pour l'augmentation totale de sa longueur $l k t$°, et cette nouvelle longueur l est $l + l k t$° $= l (1 + k t°)$.

1. Dans les traités latins les noms de *duplex* ou *duplicata ratio* et de *triplex ratio* signifient *carré* et *cube*.

en concluant ceux du volume... C'est à cette dernière méthode que je me suis arrêté. » Lavoisier se servit d'une espèce de pèse-liqueur (cylindre en cuivre jaune) pour déterminer le poids du pied cube d'eau distillée à tous les degrés du thermomètre. Le résultat de ses expériences fut : 1° que le volume de l'eau ne varie pas depuis 0° jusqu'à 4° du thermomètre; 2° qu'au-dessus et au-dessous de ce terme, l'eau se dilate suivant une loi encore indéterminée; 3° que, toutes corrections faites, le poids d'un pied cube d'eau distillée au degré de congélation, et supposé pesé dans le vide, est de 70 livres 11 onces 11 gros 60 grains [1].

Hallstroem, Despretz et plus récemment M. Regnault ont depuis étudié la dilatation de l'eau par des méthodes perfectionnées. Cette étude a fait particulièrement comprendre que toute loi physique est une *relation mathématique entre des variables*. C'est pourquoi Despretz eut l'heureuse idée de représenter, dans ses expériences, la marche des thermomètres par des courbes dont les abcisses étaient les temps et les ordonnées les températures. Ces courbes présentaient un premier changement brusque et devenaient sensiblement horizontales; elles se coupaient ensuite et offraient un deuxième changement brusqué au-dessous de 4°. La moyenne des températures à ce point de rencontre et de changements brusques détermina le maximum de densité de l'eau. La connaissance de cette moyenne, qui a été fixée à un peu moins de 4° (3°,98) au-dessus de 0°, était nécessaire pour l'établissement exact du *gramme* (poids d'un centimètre cube d'eau à son maximum de densité sous la latitude de 45°).

De Luc chercha le premier à connaître la dilatation du mercure, dans le but de déterminer la correction à faire au baromètre, soumis à différents degrés de température. A cet effet, il avait deux baromètres en expériences : l'un, dans un cabinet où la température ne changeait pas; l'autre, dans une pièce qu'il échauffait, et dans laquelle il faisait monter le thermomètre au plus haut degré de l'échelle. De ces expériences il conclut qu'une colonne de 28 pouces de mercure se dilatait de 6 lignes (13 mm,535) depuis la glace fondante jusqu'à l'eau bouillante. Dom Cosbois, reprenant les recherches de De Luc, ne trouva qu'environ 5 lignes.

1. *Œuvres de Lavoisier*, t. II p. 776.

Lavoisier et Laplace, étudiant la même question, introduisaient leur baromètre dans un vase de verre blanc, qu'ils remplissaient successivement de glace pilée et d'eau bouillante; la hauteur du mercure était marquée, aux deux extrêmes de l'échelle, par des curseurs mobiles. Ils avaient ensuite soin de faire les corrections, addition et soustraction, nécessitées par la dilatabilité du verre du tube et par l'effet de l'action simultanée de la chaleur sur le réservoir et la colonne de mercure. Ils parvinrent ainsi à fixer à 5 lignes un quart la différence de hauteur du mercure depuis la glace fondante jusqu'à l'eau bouillante, ce qui donne pour la dilatabilité du mercure de $\frac{1}{63}$ à $\frac{1}{64}$, ou en fractions décimales 0,0158, depuis 0° jusqu'à 100° C. [1]. Ce résultat diffère d'environ 3 millimètres de celui de 0,018153, obtenu par M. Regnault, à l'aide de la méthode Dulong et Petit, modifiée.

Ce fut à l'occasion de leurs expériences sur la dilatabilité du mercure que Dulong et Petit inventèrent un instrument particulier pour mesurer la différence de niveau de deux colonnes liquides en équilibre. Cet instrument, dont Pouillet signala l'utilité générale, reçut le nom de *cathétomètre*. C'est une règle divisée, verticale, sur laquelle glisse une lunette horizontale; on vise les deux sommets de niveaux que l'on veut comparer, et la course de la lunette entre les deux stations mesure la différence de leurs hauteurs. Tous les physiciens reconnaissent qu'il n'y a pas d'instrument plus commode quand il est bien gouverné, et qu'il n'y en a pas de plus trompeur, quand il est mal conduit.

Dilatation des gaz. — Priestley, Roy, B. de Saussure, A. Prieur furent les premiers à faire des expériences sur la dilatation de l'air commun, du gaz acide muriatique, de l'azote, de l'hydrogène, de l'acide carbonique, de l'oxygène, de l'acide sulfureux, du gaz ammoniac. De ces expériences A. Prieur avait conclu que les gaz augmentent de volume en suivant une loi particulière pour chaque espèce de gaz. Cette conclusion fut attaquée par Laplace; guidé par le simple raisonnement, il osa affirmer que la prétendue loi de Prieur sur l'expansion des gaz devait être inexacte. Gay-Lussac fut chargé, sous la direction de Berthollet et de Laplace, de vérifier les résultats des physiciens nommés. Il exécuta un premier travail, en opérant, comme l'avaient fait ses devanciers,

1. *Œuvres de Lavoisier*, t. II, p. 780.

sur des gaz non desséchés; il trouva les dilatations suivantes, entre 0° et 100°, pour

L'air,	0,375	
L'oxygène,	0,3748	de leur volume [1].
L'azote,	0,3749	
L'hydrogène,	0,3752	

Craignant avec raison que l'humidité que ces gaz contenaient n'eût altéré leur dilatation, Gay-Lussac imagina un procédé très-simple pour étudier spécialement l'air sec. Après avoir fait les corrections nécessaires de la dilatation du verre et des variations de pression, il retrouva pour la dilatation de l'air sec le nombre 0,375 ou $\frac{1}{267}$ par degré centigrade, qu'il avait antérieurement obtenu pour l'air humide. Il en inféra que l'influence de la vapeur d'eau était nulle, et que ses premières expériences étaient exactes aussi bien pour les autres gaz que pour l'air.

Quelque temps avant Gay-Lussac, Davy avait fait des expériences sur la compression et la raréfaction de l'air, d'où il avait déduit que la dilatation reste constante entre les mêmes limites de température, quelle que soit la pression du gaz. Pour résumer ces expériences et les siennes propres, Gay-Lussac établit, en 1807, les trois propositions suivantes, connues depuis sous le nom de *lois de Gay-Lussac*, à savoir : 1° que la dilatation de tous les gaz est pour chaque degré la 267° partie ou les 0,00375 du volume à 0° ; 2° que tous les gaz se dilatent uniformément comme l'air, et que, pour tous, le coefficient de dilatation reste le même; 3° que leur dilatation est indépendante de la pression.

Un peu avant 1807, Dalton, en Angleterre, était arrivé à peu près aux mêmes résultats : il avait trouvé que l'air se dilate, pour tout l'intervalle compris entre 0° et 100° C., de 0,392, ou, pour chaque degré, de 0,00392.

Depuis Dalton et Gay-Lussac, plusieurs physiciens se livrèrent à la même étude. Dulong et Petit se servaient du nombre 0,375, qu'ils admettaient comme exact, dans leurs recherches comparatives sur les thermomètres à air et à mercure, à de hautes températures. De son côté, Pouillet ayant imaginé un appareil particulier

---

1. *Mémoire sur la dilatation des gaz et des vapeurs*, lu à l'Institut national le 31 janvier 1802; reproduit dans les *Annales de Chimie*, t. XLII, p. 137.

(pyromètre à air), propre à mesurer la dilatation de l'air, fit des expériences qui lui donnaient un coefficient moindre que 0,375. Mais il ne s'arrêta pas à cette différence, qui lui paraissait insignifiante.

Les lois de Gay-Lussac furent dès lors regardées comme irrévocablement établies, et, admettant en même temps l'exactitude parfaite de la loi de Mariotte, on fut conduit à croire que tous les gaz ont des propriétés physiques identiques, du moins en ce qui concerne leur dilatabilité. Cette croyance, trop absolue, servait de base à toutes les conceptions théoriques sur la constitution des gaz, lorsque Rudberg vint tout à coup élever des doutes sur l'exactitude du coefficient de dilatation universellement adopté. La principale cause d'erreur, il disait l'avoir trouvée dans la manière dont Gay-Lussac avait desséché les gaz. Rudberg apporta donc le plus grand soin à la dessiccation de son appareil thermométrique. A cet effet, il le mettait en rapport avec une machine pneumatique, le chauffait à 100 degrés, le vidait, y laissait entrer de l'air sec et recommençait cette manœuvre une soixantaine de fois avant d'admettre que le gaz fût complétement desséché. Il en mesura ensuite la dilatation, et il la trouva égale à 0,3646. Cette différence entre ses mesures et celles de Gay-Lussac était trop grande pour ne pas attirer l'attention du physicien suédois. Il étudia l'air sans le dessécher, et il en trouva, dans une première expérience, la dilatation égale à 0,384, et dans une seconde épreuve, à 0,390. Ces résultats mirent en évidence une cause d'erreur qui avait échappé aux physiciens précédents : il fut reconnu que l'intérieur du vase dans lequel ils avaient opéré était recouvert à 0° d'une couche d'humidité qui passait à l'état de vapeur quand on chauffait à 100°, et que la dilatation du gaz s'augmentait de l'expansion de cette vapeur.

Depuis lors, M. Magnus à Berlin et M. Regnault à Paris continuèrent le travail de révision commencé par Rudberg. Après les expériences les plus soignées et en modifiant les appareils, notamment la capacité du tube à air, afin de changer le sens et l'étendue d'erreurs possibles, M. Regnault trouva, pour coefficient, dans une première série d'expériences, le nombre 0,36623, et dans une deuxième série, celui de 0,36633. Ces nombres étaient plus forts que celui de Rudberg. M. Regnault en expliqua la différence par une observation très-fine, qui avait échappé à Rudberg. Au moment où l'opérateur casse, sous le mercure, la pointe effilée du tube, une certaine quantité d'air provenant de la couche qui enve loppe, comme une gaîne gazeuse, l'extérieur de ce tube, pénètre, par un effet de succion, dans l'intérieur de celui-ci, et y divise souvent la colonne de mercure en portions discontinues. Voilà pourquoi le volume du gaz à 0° devenait trop considérable, et sa dilatation calculée se trouvait trop faible. Pour éviter cette erreur, M. Regnault couvrait la surface du tube d'une couche d'acide sulfurique, ou il l'entourait d'un anneau de laiton amalgamé qui était mouillé par le mercure. Enfin, dans une troisième série d'expériences, exécutées d'après la méthode dite des approximations successives, M. Regnault obtint le nombre 0,36645. En rapprochant les nombres 0,36623, 0,36633, 0,36645, fournis dans les trois séries d'expériences du physicien français, on voit qu'ils ne diffèrent pas sensiblement entre eux, et que le nombre moyen 0,3663 doit être substitué au coefficient de 0,375. Voilà comment on fut conduit à abandonner la première des lois de Gay-Lussac.

La seconde loi était fondée sur la loi de Mariotte que l'on supposait exacte. Or, les expériences de M. Regnault, répétées par d'autres physiciens, établirent qu'il faut distinguer deux coefficients de dilatation, l'un à volume constant, l'autre à pression constante ; que, pour tous les gaz très-compressibles, le premier est plus petit que le second, et que l'inverse se présente pour l'hydrogène, qui se comprime moins que la loi de Mariotte ne l'indique. Voici le tableau des divers gaz, parfaitement purifiés, dont la dilatation, mesurée, était comprise entre 0° et 100° :

	Sous volume constant.	Sous la pression constante d'une atmosphère.
Hydrogène	0,3667	0,3661
Air	0,3665	0,3670
Oxyde de carbone	0,3667	0,3669
Acide carbonique	0,3688	0,3710
Protoxyde d'azote	0,3676	0,3719
Acide sulfureux............	0,3845	0,3903
Cyanogène.................	0,3829	0,3877

Ce tableau mit encore en évidence un fait important, à savoir, que la dilatation des gaz est inégale et d'autant plus considérable que leur compressibilité est plus grande. Il fallut donc abandonner aussi la seconde loi de Gay-Lussac.

Il ne restait plus qu'à s'assurer de l'exactitude de la troisième loi que Gay-Lussac avait déduite des expériences de Davy ; il

fallait chercher si les dilatations des gaz sont indépendantes de leur
pression. On entrevoyait déjà que cela n'était pas probable, lorsque
M. Regnault vint à le démontrer. On peut inférer des expériences
de cet éminent physicien « que si tous les gaz suivaient la loi de
Mariotte, ils auraient probablement une dilatation commune, egale
à peu près à celle de l'hydrogène et indépendante de leur pression;
mais comme leur compressibilité est, en général, plus rapide,
variable avec leur nature et décroissante quand la température
augmente, ils possèdent une dilatation inégale, d'autant plus
grande qu'ils sont plus compressibles, qui croît sous la pression,
et l'on est obligé de distinguer deux coefficients, l'un à volume
constant, l'autre à pression constante [1]. » Il a donc fallu également
rejeter la troisième et dernière loi de Gay-Lussac.

Formation, densité, force élastique des vapeurs. — On sait
de tout temps que les substances solides ou liquides se réduisent en
vapeur, quand on les chauffe; on sait aussi que certains corps
solides, tels que le camphre, passent immédiatement à l'état de
vapeur, sans passer par l'état liquide intermédiaire, ou du moins
la durée de cet état est extrêmement courte. Mais les premiers
physiciens n'ont jamais pu s'entendre sur la formation des vapeurs
et sur leur mélange avec l'air. Nous passerons sous silence les
théories de Musschenbroek, Desaguliers, Bouillet, Wallerius, Hamberger, qui furent toutes successivement abandonnées [2]. La théorie
de Leroy eut une certaine autorité. Le physicien de Montpellier
regardait l'air comme le dissolvant des liquides, et il cherchait à
prouver que l'air a la faculté de dissoudre l'eau et de la convertir
en fluide élastique, comme l'eau dissout les sels et les fait passer
de l'état solide à l'état liquide. A l'appui de cette théorie, il avait
essayé de démontrer par ses expériences : 1° que l'air, en absor-
bant l'eau, conserve sa transparence, ce qui n'aurait pas lieu, si
l'eau y était simplement suspendue; 2° que la faculté dissolvante
de l'air, diminuant à mesure que la quantité d'eau absorbée
augmente, ce fluide élastique peut arriver à une véritable saturation; 3° que le point de saturation est variable, suivant la température, en sorte que l'air saturé d'eau, par une température
élevée, contient plus d'eau que quand il est saturé par une tem-

---

1. M. Jamin, *Cours de Physique*, t. II, p. 72.
2. Ces théories se trouvent exposées dans Fischer, *Geschichte der Physik*,
t. V, p. 61-71.

pérature basse; 4° que si l'air saturé d'eau éprouve un refroidissement, il devient sursaturé, et il n'abandonne toute l'eau dont il était
chargé qu'à la faveur de l'excès de température qu'elle a perdue [1].

La théorie de Leroy régnait parmi les physiciens jusqu'à l'époque
où Dalton montra, par une série d'expériences très-ingénieuses, que
les vapeurs ne sont pas une dissolution des liquides dans l'air; que
les molécules de ceux-ci, dégagées par la vaporisation, se distribuent dans l'espace occupé par l'air ou par tout autre gaz, absolument de la même manière qu'elles se distribuent dans le vide, et
que, dans cette circonstance, elles exercent les unes à l'égard des
autres la même action dans les gaz que dans le vide.

La théorie que Laplace a donnée des fluides élastiques consiste à
regarder chacune de leurs molécules comme un petit corps en équilibre dans l'espace, en vertu de toutes les forces qui le sollicitent.
« Ces forces sont : 1° l'action répulsive de la chaleur des molécules
environnant une molécule A, sur la chaleur propre que cette molécule retient par son attraction; 2° l'attraction de cette dernière
chaleur par les mêmes molécules; 3° l'attraction qu'elles exercent
sur la molécule A. » L'auteur suppose que ces forces répulsives et
attractives ne sont sensibles qu'à des distances imperceptibles, et
qu'à raison de la rareté du fluide, la troisième de ces forces est insensible [2].

Après avoir compris l'inutilité de la discussion des théories émises
par De Luc, Lambert, B. de Saussure, Pictet, Girtaner, Parrot, etc.,
les physiciens se mirent à en appeler sérieusement à l'expérience
pour connaître les propriétés des vapeurs, principalement sur leur
emploi comme force motrice. Voici d'abord un ensemble de faits curieux qui auraient dû plus tôt attirer l'attention sur cet objet d'étude.

Héron d'Alexandrie avait imaginé un instrument, l'*éolipyle*, pour
montrer comment « l'impulsion de la chaleur exprime la force du
vent [3]. » C'était une boule creuse faite d'airain, n'ayant qu'une petite ouverture, par laquelle on introduisait de l'eau. « Avant d'être
échauffés, les éolipyles, ajoute Vitruve, ne laissent échapper aucun
air; mais ils n'ont pas plus tôt éprouvé l'action de la chaleur, qu'ils

---

1. *Mém. sur l'élévation et la suspension de l'eau dans l'air*, dans les
Mém. de l'Acad. des sciences de Paris, année 1751.
2. *Annales de Chimie et de Physique*, t. XVIII, p. 273. — *Encyclopédie méthodique* (Physique), t. IV, p. 767 (Paris, 1822).
3. Vitruve, I, 6 : *impetus fervoris exprimit vim spirantis*.

produisent un vent proportionnel à la violence du feu (*efficiunt ad ignem vehementem flatum*).» — Les physiciens postérieurs à Vitruve varièrent la forme de l'éolipyle; souvent ils lui donnaient la forme d'une poire. On attribua d'abord le souffle de l'éolipyle à l'air qu'on y supposait enfermé. Descartes expliquait encore par là la cause des vents. Ce ne fut que plus tard que l'opinion d'après laquelle le souffle des éolipyles était produit par la vapeur d'eau, commença à se faire jour.

Une idole des anciens Germains, le *Busterich*, était un dieu en métal. Sa tête creuse était une amphore pleine d'eau; des tampons de bois fermaient la bouche et un orifice situé au vertex. Des charbons ardents, adroitement masqués, chauffaient l'eau. Bientôt la vapeur produite faisait sauter les tampons avec

Fig. 10.

fracas; elle s'échappait avec violence en deux jets, et formait d'épais nuages entre le dieu tonnant et ses adorateurs terrifiés.

Au dixième siècle, Gerbert, qui devint pape sous le nom de Sylvestre II, employa, dit-on, la vapeur d'eau pour faire résonner des tuyaux d'orgue.

En 1605, Florence Rivault, gentilhomme de la chambre de Henri IV, et précepteur du Dauphin (Louis XIII), découvrit qu'une bombe contenant de l'eau finit par sauter en éclats quand on la place sur le feu après l'avoir bouchée, c'est-à-dire quand on empêche la vapeur d'eau de se répandre dans l'air à mesure qu'elle se produit.

Salomon de Caus, qui porte la qualification d'ingénieur et architecte du roi (Louis XIII), au frontispice d'un ouvrage intitulé *les Raisons des forces mouvantes* (Francfort, 1615, in-fol.; 2ᵉ édit.; Paris, 1624), érigea le premier en théorème *l'expansion et la condensation de la vapeur*. En voici l'énoncé textuel (dans le 1ᵉʳ livre des *forces mouvantes*) : « Les parties des éléments (le feu et l'eau) se mêlent ensemble, puis chacun retourne en son lieu; la vapeur venant à monter avec la chaleur jusqu'à la moyenne région, ils se quittent l'un l'autre, puis chacun retourne en son lieu. » Développant cette idée, l'auteur arrive à proposer un *moyen pour faire monter l'eau à l'aide du feu*. Ce moyen consistait en un ballon métallique B, qu'on remplissait d'eau avec l'entonnoir *a*, muni d'un robinet ; en chauffant ce ballon, la vapeur qui se formait pressait l'eau de manière à la faire sortir par le tube *d* (la figure 16 ci-dessus représente une section verticale de cet appareil).

Salomon de Caus, qui mourut vers 1635, ne fut pas, comme on l'a dit, enfermé à Bicêtre comme fou. Ce conte d'un journaliste a même été reproduit en peinture.

Quelque temps après la publication de l'ouvrage de Salomon de Caus, un architecte italien, Branca, parla dans un livre intitulé : *Machine diverse* (Rome, 1620, in-fol., p. xxv), d'un mouvement de rotation qu'on devait engendrer en dirigeant la vapeur d'un éolipyle sur les ailes d'une roue.

En Angleterre, on a voulu faire remonter au marquis de Worcester, de la maison des Sommerset, la découverte de la force motrice de la vapeur. Ce marquis, pendant qu'il était enfermé à la Tour de Londres par suite d'une conspiration des dernières années des Stuarts, vit un jour, raconte-t-on, le couvercle de la marmite où il faisait cuire son repas se soulever brusquement et se projeter au loin. Ce fait lui aurait suggéré la pensée d'utiliser la force qui avait soulevé le couvercle comme un moteur ; et, après avoir recouvré la liberté, il aurait exposé, en 1663, les moyens de réaliser sa conception. Il existe, en effet, à Londres, au British Museum, dans le manuscrit n° 2428 intitulé : *A century of inventions*, une pièce de 20 pages in-4°, ayant pour souscription : *An exact and true definition of the most stupendous Water commanding Engine, invented by the Right Honorable Edwart Sommerset, Lord marquis of Worchester, and by his Lordship himself presented to his most excellent Majesty Charles the second, our most gracious sovereign.* Mais, ni dans cette pièce, ni dans une autre qui porte la date de 1663, et qui a été imprimée pour la première fois (souvent réimprimée depuis) sous le titre de *Marquis of Worchester's A Century of the names and scantlings of such inventions*, etc., on ne trouve rien qui puisse donner l'idée d'une machine à vapeur.

Le projet que Samuel Moreland soumit, en 1682, à Louis XIV pour élever l'eau au moyen de la vapeur, contient des indices plus sérieux. Il résulte d'un manuscrit (n° 5771) du Musée britannique que Moreland avait fait des expériences sur l'expansibilité et la force élastique de la vapeur d'eau. Il y est dit que, à l'état de vapeur, l'eau occupe un espace 2000 fois plus grand qu'à l'état liquide, et que son élasticité augmente avec la température, jusqu'à ce qu'elle brise tous les liens de la cohésion [1]. Mais l'auteur n'a point indiqué comment on pourrait utiliser cette force.

Denis Papin (né à Blois en 1647, mort à Marbourg en 1713) a été souvent cité dans l'histoire de la vapeur employée comme force motrice. Ce physicien célèbre, que la révocation de l'édit de Nantes avait chassé de sa patrie, fit dès 1674 des expériences remarquables sur l'eau chauffée à l'air libre et surchauffée en vases clos. Il observe que, dans ce dernier cas, la température de la vapeur s'élève rapidement et peut alors produire des effets extraordinaires. R. Boyle avait déjà entrevu un certain rapport entre l'ébullition de l'eau et le poids de l'atmosphère; mais ce fut Papin qui démontra le premier que les liquides, par exemple l'eau et l'alcool, entrent en ébullition dans le vide à une très-faible chaleur [2].

Ces idées le conduisirent à construire, sous le nom de *digesteur*, un appareil destiné à extraire, par la vapeur à une haute pression, la partie gélatineuse des os. Il en donna la description dans la *Manière d'amollir les os et de faire cuire toutes sortes de viandes en fort peu de temps et à peu de frais;* Paris, 1682, in-12 [3]. Le *digesteur* ou *marmite de Papin* était un vase en cuivre étamé, hermétiquement fermé par un couvercle en fer vissé; c'était une véritable chaudière. Une ouverture, facile à fermer, permettait de donner à volonté issue à la vapeur; c'était une soupape de sûreté.

Le mouvement alternatif de va-et-vient d'une tige ou d'un piston est le moyen le plus simple de la transmission d'une force. Si, après avoir soulevé un piston, on parvenait à anéantir, dans le corps d'une pompe, l'air qu'une soupape y laisse entrer par en bas, le piston sous lequel on aurait fait le vide descendrait par la seule pression de l'atmosphère, et pourrait entraîner dans sa course un poids égal à celui d'un cylindre d'eau de 32 pieds de hauteur. Telle est l'idée qui paraît avoir préoccupé Papin depuis 1687. Il s'en explique, en effet, très-clairement dans les *Acta Eruditorum* de Leipzig, année 1688, ainsi que dans une lettre adressée au comte Guillaume Maurice de Hesse, et imprimée dans le *Recueil de diverses pièces touchant quelques nouvelles machines* (Cassel, 1695,

1. Voy. Partington, *Historical and descriptive account of steam engine;* Lond., 1822, in-8°, p. 8. — R. Stuart, *A descriptive History of the steam engine;* Lond., 1824, in-8°, p. 22.

2. *Nouvelles expériences du vide;* Paris, 1674, in-4°.

3. Cet ouvrage avait d'abord paru en anglais sous le titre : *A New Digestor, or engine for softening bones,* etc., Lond., 1681, in-4°.

p. 38 et suiv.). Pour faire le vide sous le piston, l'habile physicien employa d'abord la poudre; mais il ne tarda pas à en reconnaître les inconvénients. « Nonobstant, dit-il, toutes les précautions qu'on y a observées, il est toujours demeuré dans le tuyau environ le cinquième de la partie de l'air qu'il contient d'ordinaire, ce qui cause deux inconvénients : l'un est que l'on perd environ la moitié de la force qu'on devrait avoir, en sorte que l'on ne pourrait élever que 150 livres à un pied de haut, au lieu de 300 livres qu'on aurait dû élever si le tuyau avait été parfaitement vide; l'autre inconvénient est qu'à mesure que le piston descend, la force qui le pousse en bas diminue de plus en plus [1]. »

Papin entreprit alors de faire le vide au moyen d'une roue hydraulique qui faisait mouvoir les pistons d'une pompe aspirante ordinaire. Ce fut dans cet état qu'il présenta sa machine, en 1687, à la Société royale de Londres. Mais ne fonctionnant pas comme il le désirait, il y apporta d'importantes modifications. « Comme l'eau, dit-il, a la propriété, étant par le feu changée en vapeurs, de faire ressort comme l'air, et ensuite de se condenser si bien par le froid qu'il ne lui reste plus aucune apparence de cette force de ressort, j'ai cru qu'il ne serait pas difficile de faire des machines dans lesquelles, par le moyen d'une chaleur médiocre et à peu de frais, l'eau ferait ce vide parfait qu'on a inutilement cherché par le moyen de la poudre à canon [2]. » Ce passage important est accompagné de la description d'un petit appareil employé par Papin pour essayer son invention. Un corps de pompe, du poids de moins d'une demi-livre et d'environ 6 centimètres de diamètre, élevait 60 livres à une hauteur égale à celle qui mesurait l'étendue de la course descendante du piston. « La vapeur, ajoute-t-il, disparaissait si complétement quand on ôtait le feu, que le piston redescendait presque tout au fond, en sorte qu'on ne saurait soupçonner qu'il n'y eût aucun air pour le presser au-dessous et résister à sa descente. » L'eau qui fournissait la vapeur était déposée sur la plaque métallique qui formait le fond du corps de pompe. C'était de cette plaque que Papin approchait et éloignait le feu pour obtenir le mouvement alternatif d'ascension et de descente du piston. On a lieu d'être surpris qu'il n'ait pas songé à utiliser son digesteur, véritable chaudière, pour obtenir la vapeur sans ce déplacement incommode du

1. *Recueil de diverses pièces*, p. 52 et suiv.
2. *Acta Erudit. Lips.*, août de l'année 1690.

feu. Dans les expériences de 1690 il lui fallait une minute pour faire parvenir ainsi le piston jusqu'au haut du corps de pompe. Dans des essais postérieurs, un quart de minute lui suffisait pour cela. Enfin, il annonça qu'à l'aide du principe de la condensation de la vapeur par le froid, on peut atteindre aisément son but par différentes constructions faciles à imaginer. Papin n'avait présenté sa machine que comme un moyen d'élever de l'eau : c'était *la première machine à vapeur à piston*. Mais il avait aussi entrevu comment le mouvement de va-et-vient du piston dans le corps de pompe pourrait devenir un moteur universel, en transformant ce mouvement alternatif en un mouvement de rotation [1].

A dater de Papin l'histoire de la vapeur se divise en deux parties distinctes : l'une, mécanique, comprend les constructions diverses pour varier et utiliser l'emploi de la vapeur comme force motrice; l'autre, physique, a pour objet l'estimation de la densité et de l'élasticité de la vapeur à différents degrés de température et sous des pressions différentes. Nous nous arrêterons un peu plus sur cette dernière partie, après avoir dit quelques mots de la première.

En 1698, le capitaine anglais Savery construisit une machine qui diffère de celle de Papin par quelques modifications essentielles, surtout par celle de produire la vapeur dans un vase particulier. Il expose ses idées dans un ouvrage intitulé : *The Miner's friend* (l'Ami du mineur), Lond., 1702. Les machines de Savery, perfectionnées par Dasaguliers, ne servaient qu'à distribuer l'eau dans les diverses parties des palais, des villes, des parcs et jardins. En 1699, Amontons présenta à l'Académie des sciences de Paris une machine douée d'un mouvement de rotation, dont le principe a été perfectionné depuis. Mais cette machine ne reçut alors aucune application [2]. En 1705, Newcomen et Cowley, l'un quincaillier, l'autre vitrier à Dartmouth, en Devonshire, construisirent des machines munies de chaudière où s'engendrait la vapeur; elles étaient destinées à opérer des épuisements.

Avec James Watt commence une nouvelle période de l'histoire de la vapeur. Ce célèbre inventeur (né en 1736 à Greenock, en Ecosse, mort en 1819 près de Birmingham) eut le mérite d'avoir trouvé le moyen d'opérer la condensation de la vapeur dans un vase séparé, totalement distinct du corps de pompe et ne communiquant avec

1. Voy. notre article *Papin*, dans la *Biographie générale*, t. XXXIX.
2. Mém. de l'Acad., année 1699, p. 112.

lui qu'à l'aide d'un tube étroit. Ce vase séparé dans lequel la vapeur vient par intervalles se précipiter, c'est le *condensateur* de la *machine à double effet*, où l'atmosphère n'a plus d'action. Dans la machine de Newcomen, dite *machine atmosphérique*, la vapeur venait se condenser dans le corps de pompe même par l'injection d'eau froide, de manière à former un vide au-dessous du piston, qui s'abaissait dès lors par la seule force de pression atmosphérique. Dans la machine de Watt, le corps de pompe est fermé dans le haut par un couvercle métallique, percé seulement à son centre d'une ouverture garnie d'étoupe grasse et bien serrée, à travers laquelle la tige cylindrique du piston se meut librement, sans pourtant donner passage à l'air ou à la vapeur. Le piston partage ainsi le corps de pompe en deux capacités fermées et distinctes : quand il doit descendre, la vapeur de la chaudière arrive librement dans la capacité supérieure par un tube disposé à cet effet, et pousse le piston de haut en bas, comme le fait l'atmosphère dans la machine de Newcomen. Ce mouvement n'éprouve aucun obstacle, attendu que, pendant qu'il s'effectue, le dessous du corps de pompe est en communication avec le condensateur. Dès que le piston est entièrement descendu, les choses se trouvent complétement renversées par le jeu de deux robinets : la vapeur, fournie par la chaudière, ne peut se rendre qu'au-dessous du piston qu'elle soulève ; et la vapeur supérieure qui, l'instant d'avant, déterminait le mouvement descendant, va se résoudre en eau dans le condensateur, avec lequel elle se trouve à son tour en libre communication. Le jeu contraire des mêmes robinets replace toutes les pièces dans l'état primitif, dès que le piston est arrivé au haut de sa course. La machine marche ainsi indéfiniment avec une puissance à peu près égale, — les anciens l'auraient nommée le *mouvement perpétuel*, — soit que le piston monte, soit qu'il descende ; mais la dépense de vapeur est exactement le double de celle qu'une machine atmosphérique ou *à simple effet* aurait occasionnée. Si la chaudière est en libre communication avec le corps de pompe pendant tout le temps du mouvement alternatif du piston, il se produira une vitesse nuisible aux limites des excursions du piston. Pour obvier à cet inconvénient, Watt imagina de fermer le robinet par lequel arrive la vapeur quand le piston est aux deux tiers de sa course, et de lui faire parcourir le tiers restant par la vitesse acquise. Les effets d'une vitesse nuisible sont ainsi prévenus ou affaiblis, et en même temps il y a économie de combustible. L'invention capitale de Watt, qui eut pour point de départ la possibilité de condenser la vapeur dans un vase entièrement séparé du cylindre où s'exerce l'action mécanique, date de 1765 [1].

Les machines de Watt furent employées à Soho, dans la manufacture de Boulton, où se fabriquaient des ouvrages d'acier, de plaqué, d'argenterie, d'or moulu, etc. De là elles se répandirent bientôt dans les principaux établissements industriels de l'Angleterre. L'emploi de la vapeur comme moteur ne tarda pas à être suivi de l'invention des pyroscaphes. Le premier bateau à vapeur fut construit, en 1775, par Perrier : on en fit l'essai sur la Seine; mais la force obtenue était si faible que, pour faire marcher le bateau en amont, il fallait le concours d'un cheval [2]. L'abbé Darnel, le marquis de Jouffroy, Fitch et d'autres s'occupèrent depuis lors de la même invention; mais ce fut Fulton qui, par une patience à toute épreuve, parvint à la mettre au jour. Pendant son séjour à Paris (de 1796 à 1802), ce mécanicien américain inventa d'abord plusieurs engins maritimes. Puis il construisit un bateau à vapeur qui fut essayé (en août 1803) avec succès sur la Seine. Non encouragé par le gouvernement français, il revint en Amérique, où son application de la vapeur à la navigation reçut, en 1807, la sanction définitive de l'expérience.

L'application de la vapeur aux transports sur terre (*chemins de fer*) paraît remonter à 1755. Mais les premiers essais de Gautier en France et d'Evans en Amérique ne furent ni encourageants ni encouragés. Ce n'est qu'en 1802 que Vivian et Trevithick parvinrent à appliquer avec succès la vapeur au mouvement des roues, à la traction des véhicules servant au transport de la houille en Angleterre. Quelques années plus tard (la date précise est inconnue) on songea à faire rouler les véhicules sur des barres de fer (*rails*) et à les employer au transport non-seulement des marchandises, mais des voyageurs.

La question mécanique marcha concurremment avec l'étude physique de l'*élasticité de la vapeur*. B. de Saussure fut le premier à examiner les effets de la vapeur qui se dégage de l'eau, dans le vide, à des degrés de chaleur inférieurs à celui de l'eau bouillante. Mais ce n'est que depuis le travail de Bétancourt (*Mémoire sur la force expansive de la vapeur d'eau*) que l'on a commencé à étudier la pro-

1. Voy. Arago, *Notice sur Watt*, et notre article *Watt*, dans la *Biographie générale*.
2. Marestier, *Mémoire sur les bateaux à vapeur*, Paris, 1824, in-4°.

gression de la force expansive de la vapeur en rapport avec la
température. Dans son mémoire présenté à l'Académie de sciences,
en 1790, Bétancourt a exposé les résultats de ses expériences en
quatre colonnes, dont chacune est relative à un certain volume
d'eau introduit dans une chaudière. « On voit, dit le Rapport
académique, que les accroissements de la force expansive sont
d'abord très-lents, qu'ils augmentent ensuite graduellement, et
qu'ils finissent par devenir très-rapides. Par exemple, la force de
la vapeur à 80 degrés est, comme on sait, de 23 pouces, et pour
une augmentation de 30 degrés seulement de température, elle
devient de 98 pouces, c'est-à-dire trois fois et demie plus grande.
Pour exprimer analytiquement la relation qui existe entre les
degrés de température de la vapeur et sa force expansive, l'auteur emploie un procédé de M. de Prony. Ce procédé consiste à
regarder les hauteurs des colonnes soulevées comme les ordonnées
d'une courbe, dont les degrés de température sont les abscisses, et
à faire les ordonnées égales à la somme de plusieurs logarithmiques, qui contiennent deux indéterminées et en déterminent ensuite
ces quantités, de manière que la courbe satisfasse à un nombre suffisant d'observations prises dans toute l'étendue des expériences.....
Les anomalies très-petites que l'on y observe sont infailliblement
l'effet des erreurs inévitables dans les observations et dans les gra-
duations des échelles de l'appareil, en sorte que l'on peut regarder
les phénomènes comme très-bien représentés par la formule [1]. »

Avant Bétancourt, un physicien de Bâle, nommé Zeidler, avait
essayé de déterminer la force variable de la vapeur suivant les degrés
du thermomètre et du baromètre. Il s'était servi pour cela de la
marmite de Papin. Mais la méthode employée par lui, différente de
celle de Bétancourt, donna des résultats peu certains. Schmidt, Bi-
ker et Rouppe continuèrent l'œuvre de Bétancourt. Ce fut Dalton
qui y contribua plus puissamment qu'aucun de ses prédécesseurs. Il
remarqua le premier que, pour trouver la loi de progression que
suivent les tensions de la vapeur, il faut les étudier, non-seulement
aux tempér ' res élevées, mais aux températures basses [2]. Il trouva
que pour la vapeur d'eau la force d'expansion suit une progression

1. Rapport fait au Louvre le 4 sept. 1790, et signé de Borda, Brisson,
Monge.
2. *Mémoires of the literary and philosoph. Society of Manchester;*
vol. II, P. II, p. 550.

géométrique dont l'exposant, au lieu de demeurer constant, diminue insensiblement. En multipliant et généralisant ses expériences,
il découvrit que tout fluide élastique, soluble ou non dans l'eau, se
dilate d'une quantité égale pendant qu'il monte de la température
de la glace à celle de l'eau bouillante, et que son volume primitif
s'augmente d'un peu plus d'un tiers; en d'autres termes, les gaz
permanents se dilatent de 0° à 100° dans le rapport de 100 à 137,5.

La mesure des tensions de la vapeur d'eau à des températures supérieures à 100° acquit bientôt un intérêt pratique de premier ordre.
En 1828, le gouvernement français nomma une commission spéciale, dont Arago et Dulong faisaient partie, pour étudier cette
question. Ces deux physiciens firent trente observations, également
espacées entre 100° et 224°, et qui correspondaient à des pressions
comprises entre 1 et 24 atmosphères [1]. Il resta quelque doute sur
l'exactitude des dernières mesures; car la chaudière, assez mal construite, fuyait tellement aux pressions élevées, qu'elle conservait peu
d'eau dans l'intérieur. En 1830, le gouvernement des États-Unis fit
reprendre le travail de la commission française. Les physiciens
américains, sans se mettre en frais d'invention, copièrent servile-
ment les appareils des physiciens français ou y apportèrent des
modifications insignifiantes; ils suivirent en tous points la même
méthode. Cependant les résultats ainsi obtenus étaient loin d'être
concordants avec les premiers : ils en différaient de plus en plus
avec l'élévation de la température, et à 16 atmosphères ou à 175°
environ, la différence était devenue égale à 0,65 atmosphère. Ce désaccord nécessita de nouvelles recherches. Elles furent faites en 1843
presque simultanément par M. Magnus à Berlin et par M. Regnault à
Paris. Ces deux physiciens arrivèrent, chacun de son côté, à des
résultats presque identiques. M. Regnault se servit de la méthode
indiquée par Bétancourt et perfectionnée par Dulong. Cette méthode
repose sur ce fait général qu'à la température de l'ébullition d'un
liquide la force élastique de sa vapeur est égale à la pression qu'il
supporte, et que, par conséquent, si l'on fait bouillir l'eau dans une
enceinte fermée sous des pressions progressivement croissantes, le
liquide atteindra des températures d'ébullition qui croîtront en
même temps. A ces températures qu'on n'a ensuite qu'à mesurer,
la force élastique de la vapeur est égale à la pression exercée. La
marche des expériences est représentée par une courbe, comme

1. *Annales de Physique et de Chimie*, t. X.

l'avait déjà fait Bétancourt sur les indications de Prony. M. Regnault s'est arrêté à 230° sous une pression approximativement égale à 30 atmosphères. La description détaillée de ces expériences, avec les tableaux qui en ont été déduits, forme le tome XXI des Mémoires de l'Académie des sciences, sous le titre de : *Relation des expériences entreprises par ordre de M. le ministre des travaux publics et sur la proposition de la Commission centrale des machines à vapeur pour déterminer les principales lois et les données numériques qui entrent dans le calcul des machines à vapeur.*

M. Regnault a aussi fondé sur la loi de l'ébullition la construction d'un *thermomètre hypsométrique*. Cet instrument remplace avantageusement le baromètre pour toutes les mesures d'altitude qui n'exigent pas une trop grande précision. La différence de niveau entre deux stations où l'on a observé les températures d'ébullition, t, t', peut se calculer par la formule (déduite de la formule barométrique) $h = 300^m (t - t')$.

En traitant de l'ébullition, nous ne saurions nous dispenser de parler d'un phénomène qui a été particulièrement étudié par M. Boutigny. On savait depuis longtemps qu'un peu d'eau projetée sur une plaque ou capsule métallique chauffée au rouge blanc, loin de bouillir et de s'évaporer, y formait des globules, doués de mouvements plus ou moins saccadés, globules qui, par leur forme, rappellent ceux du mercure dans les vases que celui-ci ne mouille pas. Mais il a fallu venir jusqu'à nos jours pour bien analyser ce phénomène et découvrir ce qui s'y passe. On reconnut d'abord que tous les liquides se comportent comme l'eau, que l'acide sulfureux et l'acide carbonique liquides même se maintiennent à l'*état sphéroïdal*, sans bouillir, dans des capsules portées à une température très-élevée. Mais s'il n'y a pas d'ébullition, il y a toujours une certaine évaporation, qui explique les mouvements vibratoires des globules. Si la température devient trop basse, si elle est descendue, pour l'eau à 140°, pour l'alcool à 134°, pour l'éther à 61°, les liquides abandonnent l'état globuleux et entrent immédiatement en ébullition. Cela prouve, comme le montra M. Boutigny, que la température de l'intérieur des globules est inférieure à celle du point d'ébullition. Partant de ces données, il fit une des plus curieuses expériences de physique en produisant de la glace dans un creuset de platine rougi au feu. Il employa à cet effet l'acide sulfureux liquide, qui bout à 10° au-dessous de 0° ; l'eau qu'on y introduit se congèle à l'instant. L'état globulaire, maintenu par une évaporation très-rapide et un absorption de chaleur latente qui abaisse la température de la goutte au-dessous de celle de son point d'ébullition, explique comment on peut, sans aucun danger, subir l'épreuve du feu en trempant la main dans de la fonte de fer liquide ou dans un bain d'argent en fusion. On s'explique aussi par là l'explosion des chaudières incrustées de sels calcaires. Cette incrustation fait que les parois de la chaudière doivent être chauffées presque jusqu'au rouge pour que la vapeur puisse se former ; et quand la couche pierreuse vient à se briser, l'eau se trouve en contact avec une paroi métallique suréchauffée ; il suffit alors que la chaudière se refroidisse jusqu'à 140°, pour qu'il y ait une ébullition instantanée et par suite un danger imminent d'explosion.

Propagation de la chaleur. — On savait depuis Archimède et probablement avant ce physicien-géomètre que les rayons du soleil, reçus sur un miroir métallique concave, se réfléchissent pour former par leur réunion un double foyer de lumière et de chaleur. On appliqua dès lors le nom de *rayon* à la chaleur aussi bien qu'à la lumière, et l'on soupçonna que ces deux agents pourraient bien suivre les mêmes lois.

En 1682, Mariotte fit plusieurs expériences sur la chaleur. Il fit voir, entre autres, que la chaleur du feu est sensible au foyer d'un miroir ardent qui la réfléchit, et que si l'on place un verre entre le miroir et son foyer, la chaleur n'est plus sensible. Cette expérience mit hors de doute la réflexion de la chaleur ; en même temps elle signala un fait qui devait être plus tard mieux élucidé.

Scheele, dans son traité *de Aere et Igne*, se servit le premier de l'expression de *chaleur rayonnante*, depuis lors universellement adoptée. Il montra que les rayons de chaleur se réfléchissent suivant les lois de la catoptrique, à savoir, que l'angle d'incidence est égal à l'angle de réflexion, et que le plan d'incidence se confond avec le plan de réflexion.

Lambert, dans sa *Pyrométrie* (Berlin, 1779), et Pictet, dans la *Bibliothèque britannique*, ont les premiers distingué la chaleur rayonnante en *lumineuse* et en *obscure*. Pictet imagina une expérience qui a été souvent répétée depuis. Il se servait de deux miroirs concaves, mis à vingt-quatre pieds l'un de l'autre ; par la chaleur d'un charbon incandescent, placé au foyer de l'un de ces miroirs, il enflammait un corps combustible, placé au foyer de l'autre. Les physiciens crurent que dans cette expérience, comme dans celle de la lumière solaire, c'était la chaleur lumineuse qui déterminait la combustion. Lambert ne partagea pas cette opinion, et il attribua l'effet obtenu à l'action de la chaleur obscure; car en réunissant au foyer d'une lentille la lumière d'un feu très-ardent, allumé au foyer d'une cheminée, il avait remarqué qu'on obtenait à peine une chaleur sensible.

L'idée de Lambert fut reprise par B. de Saussure. « J'ai pensé, dit-il, que si, au lieu de charbon embrasé, on plaçait au foyer de l'un des miroirs un boulet de fer très-chaud, mais non pas rouge, et que ce boulet excitât une chaleur sensible au foyer de l'autre miroir, ce serait une preuve certaine que la chaleur obscure peut, comme la lumière, se réfléchir et se condenser en un foyer. Comme je ne possédais pas cet appareil, j'ai fait cette expérience avec celui de M. Pictet et conjointement avec lui. Ses miroirs sont d'étain, d'un pied de diamètre et de 4 pouces ½ de foyer. Nous avons pris un boulet de fer de 2 pouces de diamètre; nous l'avons fait rougir fortement pour qu'il se pénétrât de chaleur jusqu'à son centre; puis nous l'avons laissé refroidir au point de n'être plus lumineux, même dans l'obscurité. Alors les deux miroirs étant en face l'un de l'autre, et à 12 pieds 2 pouces de distance, nous avons fixé le boulet au foyer de l'un d'eux, tandis que nous tenions un thermomètre au foyer de l'autre. L'expérience se faisait dans une chambre où il n'y avait ni feu ni poêle, et dont les portes, les fenêtres et les volets même étaient fermés, pour écarter autant qu'il était possible tout ce qui aurait pu causer des variations accidentelles dans la température de l'air. Le thermomètre au foyer du miroir était, avant l'expérience, à 4°; dès que le boulet a été placé dans l'autre foyer, il a commencé à monter et il est venu en 6 minutes à 14 ¼ degrés, tandis qu'un autre thermomètre, suspendu hors du foyer, mais à la même distance et du boulet et du corps de l'observateur, n'est monté qu'à 6 ½ degrés. Il y a donc eu dans cette expérience huit degrés de température, produits par la réflexion de la chaleur obscure [1]. » B. de Saussure et Pictet répétèrent plusieurs fois la même expérience à des jours différents, et les résultats furent toujours les mêmes.

Pictet eut l'idée de remplacer, dans l'un des foyers, la boule chaude par un mélange frigorifique de glace et d'acide nitrique, et il vit, à son grand étonnement, le thermomètre placé dans l'autre foyer descendre à plusieurs degrés au-dessous de zéro. Partant de

_____

1. B. de Saussure, *Voyage dans les Alpes*, § 629.

ce fait, il crut devoir admettre l'existence de rayons frigorifiques, indépendamment des rayons calorifiques. Mais Prevost y vit un simple phénomène d'échange, effectué en présence de corps doués de températures différentes [1]. De là une vive polémique, à laquelle prirent part d'autres physiciens, sans parvenir à s'entendre.

Les expériences sur la réflexion de la chaleur conduisirent William Herschel à faire des observations sur la chaleur des rayons du spectre solaire. Il reconnut ainsi le premier que la chaleur se réfracte comme la lumière, qu'il y a des chaleurs obscures interposées dans les rayons colorés, et il découvrit le *spectre calorifique* invisible, au-delà du rayon rouge de la lumière décomposée par un prisme. Mais comme il employait un prisme de verre qui absorbe la plus grande partie des rayons de chaleur, il ignora l'étendue du spectre obscur [2].

Leslie contesta ces résultats, après avoir vainement essayé de constater, soit en dedans du spectre coloré, soit en dehors, au-delà des rayons rouge et violet, une élévation sensible de la température. Il allait s'ensuivre une violente discussion, lorsque Engelfield vint à confirmer, en partie, par ses propres expériences celles de W. Herschel [3].

La chaleur traverse-t-elle le vide? On devait le croire, puisque, en venant du soleil, elle traverse, avant d'atteindre notre atmosphère, un espace au moins aussi vide que celui du récipient de la machine pneumatique. Mais Rumford le démontra directement par le moyen du vide barométrique, et fit ainsi connaître une analogie de plus de la chaleur avec la lumière.

La question de la chaleur rayonnante réfrangible a été reprise de nos jours, et traitée à fond par Melloni. Cet éminent physicien (né à Parme en 1801, mort à Naples en 1853) y fut amené par les travaux de son ami Nobili, occupé de sa pile thermométrique. Avec cette pile, combinée avec un galvanomètre, on est parvenu à construire un appareil thermométrique d'une sensibilité telle, que la chaleur de la main, tenue à 30 centimètres de la pile, suffit pour imprimer à l'aiguille du galvanomètre une déviation de 20 à 25 degrés. C'était donc un instrument précieux pour déceler les plus légères différences de température.

1. Prevost, *Du calorique rayonnant*; Genève, 1809.
2. *Recherches sur la nature des rayons solaires*, 1801.
3. *Journal of the Royal Institution*; année 1802, p. 202.

Avant Melloni, Prevost de Genève, de la Roche et quelques autres physiciens avaient déjà observé que la chaleur rayonnante peut traverser certains corps transparents, tels que le verre, instantanément et sans les échauffer, exactement comme le fait la lumière. Ils avaient, en outre, constaté que dans cette transmission une portion de la chaleur est arrêtée, et que cette portion est d'autant plus faible que la source calorifique est plus intense, si bien que si cette source est le soleil, la plus intense de toutes les sources calorifiques, la presque totalité de la chaleur est transmise.

Melloni ne se contentait plus de faire des expériences avec le verre, il opéra sur trente-six substances solides différentes, réduites en lames d'égale épaisseur, d'un peu plus de deux millimètres et demi, et sur vingt-huit liquides d'une épaisseur de couche plus forte. Il plaça chacune de ces substances sur la route des rayons calorifiques émanés de quatre sources de chaleur différentes, à savoir, un vase rempli d'eau bouillante, une lame de cuivre chauffée à 400°, du platine incandescent et une lampe à l'huile, dite de Locatelli. Chacune de ces sources était disposée à des distances telles de l'appareil thermométrique, qu'elles y produisaient toutes le même effet sans écran, c'est-à-dire que la plus intense était la plus éloignée, la plus faible la plus rapprochée, tandis que les deux autres se trouvaient à des distances intermédiaires. Cette disposition permettait de considérer les *quantités* de chaleur, qui arrivaient à l'appareil thermométrique, comme *égales*, mais comme de *qualités différentes*, puisqu'elles ne provenaient pas d'une seule et même source. Or, aucune des substances interposées comme écrans ne se trouve, sauf une seule, transmettre la même proportion de chaleur rayonnante. Ainsi, pendant que le carbure de soufre (liqueur volatile de Thomson) en transmettait 63 pour 100, l'eau n'en laissait passer que 11 pour 100. Le sel gemme eut seul la propriété de transmettre toujours la même proportion (environ 92 pour 100) de tous les rayons de chaleur, de quelque source qu'ils émanassent. De là la conclusion que les rayons de chaleur se comportent comme les rayons de lumière, qui passent plus facilement les uns que les autres à travers des écrans diversement colorés. Le sel gemme est pour les rayons calorifiques ce qu'un milieu incolore, tel qu'une lame de verre, est pour les rayons lumineux.

« Si notre tact, ajoutait l'habile observateur, était aussi sensible que notre œil, il est probable que, de même que les rayons de lumière différents que nous désignons par le nom de couleurs, de même les rayons de chaleur différents nous procureraient aussi des impressions différentes. Nous sommes pour la chaleur ce que seraient pour la lumière ceux qui ne discerneraient pas les couleurs et ne seraient affectés que par le plus ou le moins d'intensité des rayons lumineux. » Les physiciens se sont accordés depuis sur la cause qui nous empêche de voir les radiations obscures; il faudrait les chercher dans les humeurs de l'œil où ces radiations viennent, disent-ils, s'éteindre.

Poursuivant ses expériences, Melloni trouva que les substances qui laissent le mieux passer la lumière ne sont pas celles qui transmettent le mieux la chaleur. Ainsi l'eau, les cristaux d'alun et de sulfate calcaire, quoique bien transparents, ne laissent passer qu'une très-petite quantité de chaleur, tandis que le mica noir, complétement opaque, peut, en lames très-minces, transmettre de 40 à 60 pour 100 des rayons calorifiques émanés d'une source d'alcool. Pour exprimer des choses nouvelles, il faut des noms nouveaux. Melloni appela *diathermanes* les corps qui laissent passer la chaleur et qui correspondent aux corps diaphanes qui laissent passer la lumière ; et il nomma *athermanes* les corps qui ne livrent pas passage à la chaleur, analogues aux corps opaques qui arrêtent la lumière. Une autre analogie le préoccupa ensuite. Les yeux nous font distinguer les diverses espèces de rayons lumineux par leurs différences de coloration. Mais comment distinguer entre elles les chaleurs d'espèce différente? A l'aide de nos sens c'est impossible. Intellectuellement, rien ne nous arrête pour les distinguer et les définir parfaitement par leur réfrangibilité. Pour rentrer dans l'analogie, il fut convenu de nommer *thermochroses*, c'est-à-dire chaleurs colorées, les chaleurs inégalement réfrangibles du spectre calorifique, décomposé par un prisme. Pour montrer que la lumière est accompagnée, dans sa réfraction, par une chaleur correspondante, Melloni disposa son appareil de manière à l'amener successivement dans la direction de chacune des couleurs de la lumière décomposée : dans le violet, il n'y eut aucune chaleur sensible; mais en passant du violet au bleu, au vert, etc., l'action calorifique se fit sentir; très-marquée dans le vert, elle continua à croître jusqu'au rouge extrême. Les chaleurs qui accompagnent ainsi le spectre coloré, voilà les *thermochroses* de Melloni. Mais il fut constaté en même temps que l'action calorifique ne s'arrête pas au rouge, où cesse l'effet lumineux; qu'elle va au-delà, en s'accroissant, de manière qu'après avoir passé par un maximum elle diminue et finit par s'éteindre. Ce sont là le chaleurs obscures, qu'on devrait nommer *thermoscotoses*, moins ré-frangibles que les thermochroses.

Enfin celui que M. A. de la Rive a surnommé le Newton de la chaleur, Melloni, est parvenu à déterminer la *diathermanie* propre à un grand nombre de substances, en mettant simultanément deux ou plusieurs écrans sur la route des mêmes rayons calorifiques; et, de même qu'un verre bleu mis sur le parcours des rayons lumineux sortis d'un verre rouge n'en transmet aucun, parce que les rayons transmissibles par chacun des deux verres ne sont pas les mêmes, de même aussi les rayons calorifiques sortis d'une lame d'alun ne traversent pas une lame de sulfate calcaire, tandis qu'ils passent facilement à travers une autre substance. En opposant ainsi les écrans de différentes substances les uns aux autres, Melloni réussit à déterminer leur diathermanie relative, et il montra que, comme pour la lumière, on peut avoir, pour la chaleur, des lentilles et des prismes, avec cette différence qu'il faut, pour les fabriquer, employer le sel gemme au lieu de verre [1].

Les découvertes de Melloni ont été exposées et développées récemment par Masson, M. Jamin, M. Tyndall, MM. de la Provostaye et Desains. On avait d'abord regardé le sel gemme comme la seule substance parfaitement diathermane. Mais MM. de la Provostaye et Desains firent voir que le sel gemme arrêtait partiellement les flux calorifiques provenant de sources à température très-basse, et que dès lors cette substance agissait comme toutes les autres, c'est-à-dire qu'elle éloignait les radiations les moins réfrangibles. M. Tyndall imagina, en 1860, une méthode très-sensible pour mesurer les absorptions de la chaleur par différents gaz, et il conclut de ses recherches que cette faculté d'absorption n'existe pas dans les gaz simples ni dans leurs mélanges, tels que l'air; qu'elle est, au contraire, très-énergique dans l'oxyde d'azote, contenant les mêmes éléments que l'air et presque dans les mêmes proportions; enfin qu'elle dépend de la constitution moléculaire. Il remarqua aussi que les liquides les moins diathermanes, c'est-à-dire qui absorbent le plus de chaleur, donnent les vapeurs les plus absorbantes, que par conséquent l'eau étant le liquide le moins diathermane, la vapeur aqueuse doit être la plus absorbante des vapeurs. L'importance de ce fait en météorologie ne lui échappa point : il montra qu'il suffit de la présence d'un demi-centième de vapeur

---

1. Melloni, *Traité de la thermochrose;* Paris, 1810.

d'eau dans une épaisseur de 4 à 5 mètres d'atmosphère pour que tous les rayons obscurs venus du sol y soient arrêtés. « En considérant, dit-il, la terre comme une source de chaleur, on pourra admettre comme certain que 10 au moins pour 100 de la chaleur qu'elle tend à rayonner dans l'espace, sont interceptés par les 10 premiers pieds d'air humide qui entourent sa surface. Si l'on enlevait à l'air en contact avec la terre la vapeur d'eau qu'il contient, il se ferait à la surface du sol une déperdition de chaleur semblable à celle qui a lieu à de grandes hauteurs; car l'air lui-même se comporte comme le vide, relativement à la transmission de la chaleur rayonnante[1]. »

Pouvoir émissif. Thermomètre de Leslie. — Pour savoir le temps que plusieurs corps, élevés à la même température, mettent à descendre le même nombre de degrés, dans un lieu clos, Leslie fit une série d'expériences pour lesquelles il avait inventé le thermomètre différentiel qui porte son nom. Cet instrument se compose d'un tube de verre, recourbé en forme de U, et dont les deux branches sont terminées par deux boules d'égale capacité et pleines d'air. Une colonne d'acide sulfurique coloré occupe la partie inférieure de l'appareil et prend le même niveau dans les deux branches ascendantes quand la température des deux boules est la même. La boule exposée à la variation de la température d'un foyer quelconque s'appelle *boule focale*, qu'il faut séparer de l'autre boule par un écran, afin d'éviter l'influence du rayonnement. Un degré de ce thermomètre, fondé sur la dilatation de l'air, environ vingt fois plus considérable que celle de mercure, correspond à un dixième de degré du thermomètre centigrade. Pour faire ses expériences, Leslie se servait d'une boîte cubique, remplie d'eau bouillante, dont les quatre faces verticales étaient couvertes, la première de noir de fumée et les autres de diverses substances dont il voulait étudier le pouvoir émissif. Au foyer d'un miroir concave était placée la boule du thermomètre différentiel, recouverte de noir de fumée; le degré auquel s'élevait le thermomètre était marqué 100 : c'était le pouvoir émissif du noir de fumée. En variant les substances, Leslie obtint pour leur pouvoir émissif les nombres suivants :

Noir de fumée	100	Cire à cacheter	95
Papier blanc	98	Verre	90

1. Tyndall, *La chaleur considérée comme un mode de mouvement*, p. 377 et suiv. (trad. par l'abbé Moigno, Paris, 1864).

Encre de Chine.........	88	Fer poli...............	15
Plombagine............	75	Étain, argent, cuivre, or..	12
Mercure,..............	20		

Melloni répéta les expériences de Leslie et les confirma en grande partie. MM. de la Provostaye et Desains montrèrent plus tard que les nombres assignés par ces deux physiciens aux pouvoirs émissifs des métaux étaient trop considérables, et qu'il fallait attribuer ces inexactitudes au mode d'expérimentation employé. Mais, quoi qu'on ait tenté pour établir une théorie générale du rayonnement, on a dû s'en tenir aux solutions empiriques fournies par les expériences de Leslie et de ses successeurs.

Conductibilité. Refroidissement. — On connaissait de temps immémorial la propriété qu'ont les corps de conduire la chaleur, de s'échauffer et de se refroidir plus ou moins vite. Mais ce n'est que depuis le dix-septième siècle de notre ère que l'on se mit à bien étudier ces phénomènes. Newton imagina d'échauffer des corps de même forme et de même dimension, et de mesurer le temps qu'ils employaient pour passer d'une température donnée à une autre température. Il trouva que la loi de conduction doit être exprimée, non par une ligne droite, mais par une courbe logarithmique. La méthode proposée par Franklin consistait à chauffer, par un bout, des prismes de même dimension, et à observer à quelle distance de l'origine ils ont une même température, ou quelle longueur de chaque prisme est contenue entre deux températures données.

Un fait connu depuis longtemps, c'est que plus un corps est conducteur de la chaleur, plus facilement il s'échauffe, mais aussi plus facilement il se refroidit, lorsqu'il est dans un milieu plus froid que lui. Il était donc naturel de songer à employer le temps du refroidissement comme un moyen de mesurer le pouvoir conducteur de chaque corps. Mais, en suivant cette voie, on rencontra bientôt des difficultés en apparence insurmontables. C'est ce que mirent en évidence les recherches de Dulong et Petit, dont le mémoire *Sur les lois du refroidissement* fut couronné en 1818 par l'Académie des sciences. Une première difficulté qui se présente, c'est que, aussitôt le refroidissement commencé, les parties extérieures deviennent moins chaudes que les couches profondes, et la surface perd d'autant plus de chaleur par le rayonnement qu'elle en reçoit davantage de l'intérieur par la conductibilité. Cette difficulté, sensiblement nulle dans les liquides, complique le phénomène dans les solides.

Mais un corps se refroidit encore par le gaz au milieu duquel il se trouve plongé : ce gaz s'échauffe au contact de la surface et il enlève une quan   é de chaleur variable avec sa nature, avec sa pression, avec s   érature, etc. Pour compléter la liste de ces éléments de complication, il faut ajouter que le refroidissement est une fonction de la grandeur de l'enceinte, de la nature de ses parois et de toutes les circonstances qui font changer la chaleur que l'enceinte absorbe, qu'elle prend au gaz et qu'elle renvoie vers le thermomètre. Pour plus de simplicité, Dulong et Petit ne s'attachèrent qu'à rechercher la formule qui exprime la vitesse du refroidissement en fonction des excès de température. Ils sont ainsi parvenus, à l'aide d'une méthode détournée, à établir, entre autres, que « les vitesses du refroidissement croissent en progression géométrique, quand les températures de l'enceinte croissent en progression arithmétique. » Du reste, les résultats généraux obtenus où l'on ne tenait aucun compte de la qualité des chaleurs émises, bien qu'elle doive influer sur le refroidissement, n'expriment pas, comme on l'avait d'abord pensé, des lois naturelles, mais de simples relations empiriques. C'est ce que firent voir MM. de la Provostaye et Desains en refaisant le travail de Dulong et Petit.

Les expériences anciennes de Franklin, d'Ingenhousz, de Rumford, etc., ont établi que les métaux sont les meilleurs conducteurs de la chaleur, qu'après les métaux viennent les pierres, l'argile, le sable, le verre, etc., et qu'après les pierres vient le bois. Mayer a fait des observations multipliées sur la capacité conductrice du bois ; en prenant l'eau pour unité, il a trouvé pour le bois de pommier 2,740, pour le bois de prunier 3,25, pour le bois de poirier 3,82, pour le bouleau 3,41, pour le chêne 3,63, pour le pin 3,86, le sapin, 3,89 le tilleul 3,90. Ces résultats s'éloignent sensiblement de ceux qu'ont obtenus plus récemment, par des méthodes et des expériences beaucoup plus exactes, Biot, Despretz, Péclet, Langeberg, Wiedmann et Franz.

En voyant ce qui se passe dans l'échauffement graduel de la masse d'un liquide contenu dans un vase, on rangea d'abord les liquides parmi les corps conducteurs de la chaleur. C'était une erreur. Rumford démontra, par des expériences concluantes, que les liquides sont, au contraire, non conducteurs de la chaleur, et il expliqua l'échauffement graduel par la facilité extrême avec laquelle les molécules d'un liquide, tel que l'eau, peuvent se déplacer en tout sens. D'autres physiciens, comme Thompson, Pictet, Murray,

Nicholson [1], ont combattu la conclusion de Rumford comme trop absolue ; ils ont essayé de faire admettre que tous les liquides ne sont
pas absolument non conducteurs. De nos jours, M. Gripon a montré
que le mercure, entre autres, possède une conductibilité comparable à
celles des autres métaux ; elle serait égale aux 0,41 de celle du
plomb

La conductibilité des gaz est une question tellement difficile,
qu'on a pendant longtemps désespéré de la résoudre, à cause de
l'extrême mobilité des fluides élastiques. Ce n'est que de nos jours
que M. Magnus parvint (en 1860) à démontrer la conductibilité de
l'hydrogène. Mais en général les gaz sont de très-mauvais conducteur de la chaleur.

La science n'est pas encore assez avancée pour qu'on puisse poser
le problème du mouvement exécuté par les molécules de la matière, quand elles subissent l'influence de la chaleur ; si l'on connaissait la nature de ce mouvement, on pourrait probablement
calculer les lois de la propagation de la chaleur, comme on a cal-
culé celles de la transmission de la lumière et du son. Fournier a
tourné la difficulté en admettant comme un fait qu'une molécule
s'échauffe quand elle a absorbé une radiation, et qu'elle devient
alors capable de rayonner autour d'elle, à travers les espaces in-
termoléculaires, comme le font dans le vide ou dans les gaz les
masses de corps qui se trouvent en présence les unes des autres.
C'est ainsi qu'il a constitué ce qu'on a nommé inexactement la
théorie de la conductibilité : ce n'est qu'une manière de concevoir la
propagation des températures, en partant de la loi de Newton,
donnée empirique, et de l'hypothèse du rayonnement moléculaire.[1]

CHAPITRE III

LUMIÈRE

La lumière, qui met l'homme en rapport avec l'infiniment grand
et l'infiniment petit, ce quelque chose d'indéfinissable, qu'on le
considère comme mouvement ou comme matière, a été de la part

des anciens philosophes un objet d'études contemplatives plutôt qu'expérimentales.

Suivant la doctrine des Pythagoriciens, l'œil projette hors de lui une infinité de rayons qui, comme autant de bras invisibles, vont tâter et saisir les objets perçus; de là l'image visuelle de ces objets. Démocrite et les Epicuréens établirent une théorie tout opposée, qui a fini par l'emporter. D'après cette théorie, les images qui se forment dans l'œil, sont, au contraire, une émanation des objets. Platon essaya de concilier les deux théories, en expliquant la vision par la rencontre des rayons partant de l'œil avec les rayons émanant de l'objet [1]. C'est à l'école de Platon qu'on semble devoir la découverte d'une des lois fondamentales de l'optique, à savoir que *la lumière se propage en ligne droite, en faisant l'angle d'incidence égal à l'angle de réflexion.* Cette découverte suppose que les Platoniciens ne dédaignaient pas trop d'interroger l'expérience : une chambre, rendue obscure en fermant toutes ses ouvertures, et dans laquelle on faisait arriver, par un petit orifice, un rayon lumineux sur un miroir, pouvait y conduire.

Aristote et ses disciples expliquaient la lumière au moyen de l'hypothèse des corps transparents par eux-mêmes, tels que l'air, l'eau, la glace, etc., c'est-à-dire des corps qui ont la propriété de laisser voir ceux qui sont placés derrière eux. Dans la nuit, ces corps, ajoutaient-ils, ne laissent rien voir à travers, ne sont transparents que potentiellement, *in potentia,* tandis que pendant le jour ils le sont réellement, *in actu,* et c'est la lumière qui met cette puissance en acte. Et dire que cette théorie, purement imaginaire, a eu d'innombrables partisans ! Il est vrai qu'ils étaient loin de s'entendre entre eux. C'est ainsi que la plupart des péripatéticiens considéraient la lumière et les couleurs comme de vraies qualités des corps lumineux et colorés, et de même nature que les sensations qu'elles produisent en nous, selon ce principe : *Nihil dat quod in se non habet.*

Ce que l'antiquité avait dit de plus rationnel sur la lumière se trouve résumé dans Euclide, Héliodore de Larisse et Ptolémée.

Il nous reste d'Euclide, qui est le même que le grand géomètre, une *Optique* et une *Catoptrique,* publiées par la première fois en grec et en latin par J. Pena, Paris, 1557, in-4. Euclide trouva la démonstration de la direction rectiligne des rayons de lu-

---

1. Plutarque, *Placit. philosoph.,* IV, 13 et 14.

mière particulièrement dans la direction droite des ombres, et dans la manière dont s'effectue la vision, qui ne permet pas d'embrasser à la fois tous les points d'un objet, perçu à une certaine distance. Il part de là pour établir une série de théorèmes ou de faits généraux, tels que : de plusieurs objets de même grandeur les plus rapprochés de nous se voient plus distinctement que les plus éloignés ; — tout objet dépassant une certaine distance ne se voit plus ; — des objets de même grandeur et de distances inégales paraîtront de grandeurs différentes : le plus éloigné paraîtra le plus petit, et le plus rapproché le plus grand ; — un corps rectangulaire paraît arrondi à distance ; — une sphère vue à une certaine distance paraît un cercle ou plan circulaire ; — des objets se mouvant sur une même ligne droite, aboutissant à l'œil demeuré immobile, le dernier (le plus éloigné) finira par paraître précéder les autres : il paraîtra au contraire suivre les autres, si l'œil change de place.

L'*Optique* d'Euclide n'était, comme on voit, qu'une réunion de théorèmes de perspective. Suivant Kepler, l'auteur de ce traité, en sa qualité de pythagoricien, cherchait à démontrer, par la perspective des corps célestes, le vrai système du monde tel que l'avait enseigné Pythagore avant Kopernik.

Dans sa *Catoptrique*, Euclide enseigne que le rayon visuel est brisé, réfracté, par l'eau et par l'air. Il cite ici l'expérience bien connue d'un anneau qui est invisible quand il occupe le fond d'un vase vide, et qui devient visible quand on remplit le vase d'eau. Il distingue la *réfraction* (διάκλασις) de la *réflexion* (ἀνάκλασις) en ce que dans la première les angles des rayons réfractés ou émergents ne sont pas égaux (excepté pour le rayon perpendiculaire) aux angles des rayons incidents. Il explique par la réfraction, que les rayons éprouvent dans l'air, le grossissement du soleil et de la lune à l'horizon. Mais il ne dit pas positivement que par l'effet de la réfraction les astres n'occupent pas exactement (excepté au zénith) la place où nous les voyons.

Héliodore de Larisse suivit les traces d'Euclide. C'est dans l'*Optique* d'Héliodore qu'on trouve pour la première fois clairement exposé que les rayons lumineux qui déterminent la vision forment un cône dont le sommet s'appuie à la pupille de l'œil, tandis que la base embrasse la surface de l'objet perçu. On y trouve aussi une définition exacte de l'angle visuel, variable de grandeur suivant que nous voyons les objets plus grands ou plus petits. Héliodore croit, avec les pythagoriciens, que l'œil est capable d'émettre de la lumière; il cite comme un exemple l'empereur Tibère qui, dit-il, voyait clair la nuit, comme certains oiseaux de proie dont les yeux brillent dans les ténèbres [1].

Ptolémée, l'auteur de l'*Almageste*, passe pour l'auteur d'un *Traité d'optique*, dont on ne possède qu'une traduction latine faite sur une version arabe, traduction conservée en manuscrit (n° 7310 de l'ancien fonds) à la Bibliothèque nationale de Paris. C'est dans ce traité qu'on trouve pour la première fois une exposition assez détaillée des principaux faits de la réfraction, à savoir que les corps transparents, de densité différente, réfractent inégalement la lumière, que l'angle de réfraction, rapporté à la perpendiculaire, est plus grand que l'angle d'incidence lorsque la lumière passe d'un fluide dense dans un fluide moins dense, et que inversement cet angle est plus petit lorsque la lumière passe, par exemple, de l'air dans l'eau. On y trouve même un tableau comparatif où l'on constate « que si, dans l'eau, l'angle de réfraction est 20, il sera 18 $\frac{1}{2}$ dans le verre; que s'il est 30 dans l'eau, il sera 27 dans le verre, de manière qu'on aura :

Dans l'eau.	Dans le verre.
40	35
50	42 $\frac{1}{8}$
60	49 $\frac{1}{8}$
70	56
80	62 »

En jetant un coup d'œil sur ce tableau, que nous avons textuellement emprunté au manuscrit indiqué, on remarque que les angles de réfraction sont dans un rapport *à peu près constant* pour chaque corps translucide. Il n'y avait donc plus qu'un pas à faire pour arriver à la découverte de la loi des sinus de réfraction. Mais il a fallu bien du temps pour faire ce pas décisif.

Le chancelier Bacon, qui vivait environ quatorze siècles après Ptolémée, n'était guère plus avancé que les anciens relativement à la connaissance exacte de l'angle de réfraction. « Il est hors de doute, disait-il, que les corps qui sont dans l'eau paraissent grossis, mais j'ignore si les corps qui sont dans l'air paraissent grossis ou diminués à l'œil qui se tiendrait dans l'eau en les voyant [2]. »

1. Héliodore, *Optica*, dans Gale, *Opuscula mythologica, ethica et physica*; Cambridge, 1670, in-12°

2. *Sylva sylvarum*, p. 911 (Francf., 1665, in-fol.).

Kepler est le premier qui, au commencement du xviie siècle, fit des observations exactes sur la réfraction de la lumière dans l'eau et dans le verre. Il trouva que l'angle de réfraction est une partie proportionnelle de l'angle d'incidence; et il calcula, d'après cela, une table de réfraction [1]. Le grand astronome physicien cherchait en même temps la cause du phénomène dans la densité du milieu transparent. Cette opinion n'était pas partagée par Thomas Harriot, qui regardait la réfraction comme une réflexion de la lumière dans l'intérieur d'un milieu résistant [2].

On sentait, comme d'instinct, qu'il devait y avoir une loi générale. Mais Kepler, et, avant lui, Ptolémée, s'étaient efforcés en vain de la découvrir. Descartes apparut. Dès la première application de sa *Méthode*, dans le second chapitre de la *Dioptrique*, il indiqua ce qu'on cherchait depuis si longtemps. Il suppose d'abord qu'une balle, poussée obliquement, rencontre une toile, si faible et si déliée, qu'elle passe tout au travers, en perdant une partie de sa vitesse, et qu'en continuant son chemin elle s'éloigne de la perpendiculaire ou normale prolongée. Notons en passant que cet exemple était très-mal choisi, car on ne saurait comparer à une toile un liquide qui se rompt non-seulement à la surface, mais dans tout l'intérieur de sa masse. « Afin de savoir, continue Descartes, quel chemin la balle doit suivre, considérons derechef que son mouvement diffère entièrement de sa détermination à se mouvoir plutôt vers un côté que vers un autre, d'où il suit que leur quantité doit être examinée séparément. Et considérons aussi que des deux parties dont on peut imaginer que cette détermination est composée, il n'y a que celle qui faisait tendre la balle de haut en bas, qui puisse être changée en quelque façon par la rencontre de la toile, et que pour celle qui la faisait tendre vers la droite, elle doit toujours demeurer la même qu'elle a été, à cause que cette toile ne lui est aucunement opposée en ce sens-là. » — Hobbes et surtout Fermat firent ressortir ce que cette proposition avait d'inadmissible [3]. Le philosophe anglais accusait Descartes d'avoir commis un paralogisme en disant que « le mouvement de la balle diffère entièrement de sa détermination à se mouvoir. » Fermat était plus incisif : il reprochait à Descartes « de n'avoir pris de toutes les divisions de la

1. *Ad Vitellionem Paralipomena;* Francf., 1601, cap. iv.
2. *Epistol. ad Keplerum,* CCXXXIII.
3. *Lettres de Descartes,* t. III, litt. 29 à 55 (Paris, 1667, in-1°).

déterminatlon au mouvement, qui sont infinies, que celle qui lui peut servir pour sa conclusion. » — « Et certes, il semble, ajoute-t-il, qu'une division imaginaire, qu'on peut diversifier en une infinité de façons, ne peut jamais être la cause d'un effet réel. » Ce fut le point de départ d'une vive et intéressante polémique. Mais revenons à notre sujet.

Assimilant le mouvement de la balle à l'action de la lumière, et la toile faible et résistante à un milieu tel que l'eau ou le verre, Descartes continue en ces termes : « Lorsque les rayons passent obliquement d'un corps transparent dans un autre, qui les reçoit plus ou moins facilement que le premier, ils s'y détournent, en telle sorte qu'ils se trouvent toujours moins inclinés, sur la superficie de ces corps, du côté où est celui qui les reçoit le plus aisément, que du côté où est l'autre, et ce justement à proportion de ce qu'il les reçoit plus aisément que ne fait l'autre. Seulement faut-il prendre garde que cette inclination se doit mesurer par la quantité des lignes droites, comme *cb* ou *ah*, et *eb* ou *ig*, et semblables, comparées les unes aux autres, et non par celle des angles, tels que sont *alh* ou *gbi*, ni beaucoup moins par celle des semblables à *dbi*, qu'on nomme les angles de réfraction (fig. 17). Car la raison ou proportion, qui est entre ces angles, varie à toutes les diverses inclinations des rayons, au lieu que celle qui est entre les lignes *ah* et *ig*, ou semblables (sinus des angles), demeure la même avec toutes les réfractions qui sont causées par les mêmes corps. »

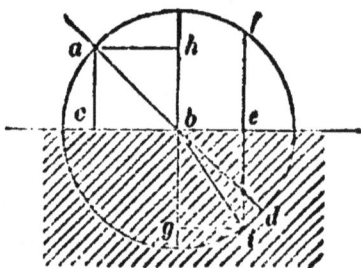

Fig. 17.

. Telle est la loi de Descartes, à savoir que *le rapport des sinus d'incidence et de réfraction est constant.* Cette découverte fit naître bien des discussions dont il importe de dire un mot. On reprocha d'abord à Descartes de ne pas avoir interrogé l'expérience; et, en effet, il avait supposé, contrairement à la vérité expérimentale, que le passage de la lumière est plus aisé dans les milieux denses que dans les milieux rares, en d'autres termes, que le rayon de lumière s'écarte de la normale en passant d'un milieu rare dans un milieu plus dense. C'était l'erreur que signala Fermat, après la mort de Descartes, dans ses lettres à Clerselier, zélé cartésien. Mais il tomba néanmoins d'accord avec Descartes sur l'exactitude de la loi. Ses paroles méritent d'être reproduites : « M. Descartes, très-savant

géomètre, a proposé une raison des réfractions, laquelle, à ce que l'on dit, est conforme à l'expérience; mais pour en faire la démonstration, il a demandé qu'on lui accordât, et on a été obligé de le faire, que le mouvement de la lumière se faisait plus facilement et plus vite par un milieu dense que par un rare, ce qui toutefois semble contraire à la lumière naturelle. Or, cela nous ayant porté à tâcher de déduire la vraie raison des réfractions d'un axiome tout contraire, savoir, que le mouvement de la lumière se fait plus facilement et plus vite par un milieu rare que par un dense, il est arrivé néanmoins que je suis tombé dans la même proportion que M. Descartes. Cependant je laisse aux plus subtils et sévères géomètres à voir si l'on peut par une voie tout opposée rencontrer la même vérité sans tomber dans le paralogisme; car, pour moi, j'aime beaucoup mieux connaître certainement la vérité que de m'arrêter plus longtemps à des débats de contentions superflues et inutiles. »
C'est dans cette même lettre[1] que Fermat a énoncé, comme un principe que *la nature agit toujours par les voies les plus courtes*, principe qui fut, un siècle plus tard, repris sous une autre forme par Maupertuis.

Un fait certain, c'est que Descartes trouva la loi de la constance du rapport des sinus d'incidence et de réfraction, sans aucune observation expérimentable, par les seuls efforts de son esprit géométrique. C'était un tort : il se mettait en opposition avec sa *Méthode,* où il portait si haut l'observation, et il prêtait le flanc aux attaques de ses adversaires. On alla même jusqu'à lui contester le mérite de sa découverte. Ainsi, Huygens affirme à la 2e page de sa *Dioptrique* que Willebrod Snellius (né à Leyde en 1591, mort en 1626) découvrit la loi de la réfraction avant Descartes, et que celui-ci, pendant son séjour en Hollande, eut entre ses mains les manuscrits de Snellius. De plus, Huygens certifia qu'il avait lui-même lu, dans ces manuscrits, la proposition suivante. Soient ab (fig. 18) la surface d'un milieu transparent, tel que l'eau, cg la normale à ce milieu, hd le rayon incident, et df le rayon réfracté : le point f paraîtra en e à un œil placé en h, c'est-à-dire dans la direction de la droite he; et Snellius suppose le point f comme réellement situé en e. Il admet ensuite que les lignes df ou de ont un rapport constant, qui serait pour l'eau comme 4 est à 3. En effet, dans le

1. Lettre de Fermat à Clerselier, LI, dans la collection des lettres de Descartes, t. III (Paris, 1657, in-4°).

triangle *def*, le côté *df* est à *de* comme le sinus *def* est au sinus *efd*, ou *df* : *de* :: sin. *acd* : sin. *fdg* ou *df* : *de* :: sin. *bdh* : sin. *fdg*. Mais Snellius exprimait, dit Huygens, la loi par les sécantes des angles d'incidence et de réfraction. Si l'on prend, par exemple, *ad* pour sinus total, les lignes *df* et *de* représenteront les cosécantes des angles *dfa* et *dea*, dont le premier est égal à l'angle de réfraction *fdg*, et le second à l'angle d'incidence *cdh*. D'où la proposition générale : *Les cosécantes des angles d'incidence et de réfraction sont dans un rapport constant pour le même milieu réfringent.* Au lieu du rapport des cosécantes, Descartes aurait pris tout simplement, chose facile pour un géomètre, le rapport inverse, beaucoup plus commode, des sinus.

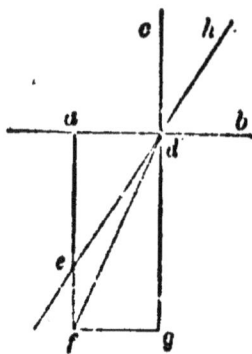

Mais la *Dioptrique* de Descartes a été imprimée en 1637, tandis que le travail de Snellius n'a jamais vu le jour. C'est le cas d'appliquer la maxime que devraient suivre tous les historiens, à savoir, que les questions de priorité litigieuses ne sauraient être résolues que sur des documents imprimés, ayant une date certaine.

Fig. 13.

Nous passerons sous silence les explications théoriques que Scheiner, Kircher, Dechales, Barrow, Rizetti, Magnan, et tous les cartésiens ont essayé de donner du phénomène de la réfraction. La plupart de ces explications montrent jusqu'à quel degré l'esprit de système peut aveugler les meilleurs observateurs, phénomène psychologique, digne des méditations d'un philosophe. Un mot seulement de la théorie de Newton. Ce grand physicien astronome essaya d'expliquer la réflexion et la réfraction par l'intervention de forces attractives et répulsives. C'est ainsi que le rayon lumineux acquerrait, par l'effet de l'attraction, une vitesse plus grande dans le verre que dans l'air. Mais, d'après cette hypothèse, il faudrait admettre la matérialité de la lumière. Et si l'on supposait, avec Newton, qu'à raison de l'attraction des masses la lumière traverse un milieu dense plus vite qu'un milieu rare, il s'ensuivrait qu'elle se réfracterait davantage dans le premier que dans le second cas, ce qui est évidemment contraire à l'expérience; car la grandeur de la réfraction ne se règle point sur la densité du milieu réfringent. En combattant la théorie newtonienne, Leibniz fit, à l'exemple de Fermat, intervenir sans avantage les causes finales de la nature qui choisirait, entre deux points donnés, la voie la plus courte ou la plus aisée. Il confirma, du reste, la loi de Descartes par le calcul infinitésimal.

La méthode proposée par Newton pour mesurer les indices de réfractions, $\frac{\sin i}{\sin r} = n$, consistait à enfermer le milieu transparent dans une boîte prismatique de bois et à laisser, sur les faces opposées, des ouvertures pour le passage des rayons incidents et des rayons réfractés. Euler, père et fils, perfectionnèrent cette méthode, et donnèrent des tables de réfraction assez exactes, où n (indice de réfraction) est 1, 33 pour l'eau distillée,

1, 37 — l'alcool rectifié,

1, 48 — l'essence de térébenthine[1], etc.

Dans cette table, comme dans celles qui ont été publiées pour des milieux plus denses que l'air, l'indice de réfraction a une valeur supérieure à l'unité, la lumière se rapprochant de la normale en passant de l'air dans ces diverses substances [2].

Le duc de Chaulnes appliqua le premier le microscope et le micromètre à la détermination de l'indice de réfraction de différentes sortes de verre. Il employait, à cet effet, des lames de verre, à faces parallèles, où il posait de petits objets; il notait ensuite les distances auxquelles ces objets se voyaient le plus distinctement, et les comparait avec l'épaisseur de ces lames [3]. Blair, voulant perfectionner les lunettes achromatiques, eut l'idée d'emprisonner divers liquides dans des lentilles biconvexes. Fabroni se servit de ce moyen comme d'une méthode pour déterminer l'indice de réfraction d'un grand nombre de milieux translucides, dont on trouve le tableau dans le *Journal de Physique* de La Metherie, t, V, p. 315.

On a dit et imprimé que c'est sur la réfraction de la lumière dans des verres de forme lenticulaire que repose l'invention des *microscopes* et des *télescopes*. C'est là une erreur historique. L'invention de ces instruments, qui augmentent si merveilleusement la puissance de la vue, est due au hasard (un mot !) plutôt qu'à un travail

---

1. *Mém. de l'Acad. de Berlin*, année 1762.

2. On voit que dans la formule $\frac{\sin i}{\sin r} = n$, n étant plus grand que l'unité, l'angle r (angle de réfraction) est plus petit que i (angle d'incidence) ; qu'il est nul quand $i = 0$, qu'il croît avec i, et que pour l'incidence rasante, r atteint un maximum R (angle droit), donné par la formule $\sin R = \frac{r}{n}$.

3. *Mém. de l'Acad. de Berlin* année 1767.

réfléchi. Mais ce qu'il y a de certain, c'est que cette double invention devint le point de départ d'une étude plus approfondie des
phénomènes de la réflexion et de la réfraction, et que cette étude
a amené un perfectionnement rapide des instruments, puissants
auxiliaires des progrès de l'astronomie et de l'histoire naturelle [1].

Miroirs et lentilles. — Une surface d'eau tranquille, dans laquelle
pouvaient se mirer les passants, voilà le miroir primitif : c'est encore
celui des sauvages. L'emploi d'un métal ou d'un alliage poli, luisant,
en guise de miroir, suppose déjà un certain degré de civilisation.
Diverses substances minérales, telles que le quartz, l'obsidienne, le
mica, la pierre spéculaire (sulfate de chaux cristallisé), l'émeraude,
le rubis, etc., pouvaient servir au même usage. La plus ancienne
mention qui ait été faite des miroirs se trouve dans le 2ᵉ livre de
Moïse (l'Exode), chap. xxxviii, verset 8 : le mot hébreu *mareah*,
qui signifie littéralement *vision* ou *mirage*, y est appliqué à des surfaces d'airain où se miraient les femmes juives.

Les miroirs de verre sont d'une origine plus récente. Mais, étant
translucides, ils donnaient une image très-imparfaite ; c'est ce qui
leur fit longtemps préférer les miroirs d'argent, d'acier, de cuivre
et d'airain. Les miroirs d'argent devinrent tellement à la mode sous
les premiers empereurs romains qu'on en trouvait, selon Pline, jusque
dans les toilettes des servantes. Au commencement du moyen âge, on
apporta un premier perfectionnement aux miroirs en verre, en noir-
cissant l'une des faces. Plus tard, on substituait à la couleur noire
un enduit de plomb ; c'est ce que nous apprend Vincent de Beauvais, qui vivait vers 1240. Enfin ce fut au xivᵉ siècle que l'on paraît
avoir employé pour la première fois un amalgame d'étain (étamage),
rendant opaque l'une des faces du miroir de verre [2].

Les miroirs plans (glaces), qui réfléchissent les rayons lumineux
parallèlement à eux-mêmes, furent de bonne heure distingués des
miroirs courbes, où les rayons réfléchis finissent par se croiser.
Les miroirs ardents en métal, connus des anciens, appartiennent à
cette catégorie : leur surface réfléchissante était concave ou composée de petits miroirs plans, mobiles, inclinés de manière à réunir
en un foyer tous les rayons réfléchis du soleil. C'est la disposition

---

1. Voy., pour plus de détails, l'*Histoire de la Zoologie* (microscope),
et l'*Histoire de l'Astronomie* (télescope).
2. Voy. Beckmann, *Beytrœge zur Geschichte der Erfindungen*, t. III,
p. 268 et suiv.

qu'avait, s'il faut en croire Tzezès (écrivain byzantin du douzième siècle), le miroir avec lequel Archimède incendia les vaisseaux de Marcellus. Ce fait, admis par tous les historiens, fut traité de fable par Descartes et ses disciples. Kircher et Schott jugèrent la question digne d'être reprise, d'autant plus que Zonaras (écrivain byzantin, mort vers 1130) avait parlé d'un fait tout à fait analogue, la combustion de la flotte de Vitalinus, effectuée en 514 de notre ère, devant Constantinople, par Proclus. En disposant cinq miroirs plans de manière à faire concourir les rayons réfléchis du soleil en un seul foyer, le P. Kircher réussit à mettre le feu à des matières combustibles à plus de 100 pieds de distance[1]. La question fut résolue par Buffon : avec 168 petits miroirs plans, arrangés comme l'avait fait Archimède, il produisit une chaleur assez considérable pour allumer du bois à 200 pieds de distance, et fondre le plomb à 120 et l'argent à 50 pieds.

Descartes avait trouvé que les lentilles de verre, figurant des portions de sphère, ne réunissent pas exactement en un point les rayons parallèles à l'axe. Il proposa par conséquent d'employer des lentilles qui seraient des portions d'ellipse ou d'hyperbole. Il montra que si le rapport qui existe entre le grand axe d'une ellipse et la distance du foyer était rendu égal à l'indice de réfraction de la lumière passant de l'air dans le verre, les rayons parallèles à l'axe se réuniraient tous au même foyer. Il montra la même propriété pour des lentilles qui seraient des sections d'hyperbole. Quelques artistes réussirent, dit-on, à fabriquer des verres qui remplissaient ces conditions; mais le succès ne répondit pas à l'attente. Alors même que ces verres auraient eu exactement les formes désignées, il restait une difficulté que Descartes ignorait, l'inégale réfrangibilité des rayons lumineux dans un même milieu transparent. Mais tous les opticiens reconnurent avec Descartes ce qu'on a depuis nommé l'*aberration de sphéricité*, à savoir, que les rayons de lumière qui passent par des surfaces réfringentes dont la courbure est sphérique, comme les verres lenticulaires des lunettes, ne se réunissent pas en un point, mais dans un petit espace circulaire qui a d'autant plus d'étendue que la surface sphérique, qui reçoit les rayons incidents, est plus grande; enfin que les rayons traversant une même circonférence concentrique à l'axe sont seuls à concourir à un point de l'axe, et que ceux qui passent par une circonférence plus grande se

1. *Ars magna lucis et umbræ*, p. 771 (Amsterdam, 1671, in-fol.).

réunissent aussi à un même point de l'axe ; mais ce second point, plus rapproché de la surface réfringente, diffère de celui auquel s'étaient réunis les rayons admis par la première circonférence. C'est cette différence de points de concours à l'axe (aberration de sphéricité), qui fut parfaitement mis en lumière par notre grand philosophe physicien.

Après Descartes, Newton se livra aux mêmes recherches, et il trouva également que la courbure parabolique ou hyperbolique était plus propre que la courbure sphérique à faire concourir les rayons dans un petit espace ; mais la difficulté de donner aux verres des formes paraboliques ou hyperboliques ne permit pas aux artistes d'exécuter ce que la théorie enseignait. Newton découvrit bientôt l'obstacle que Descartes avait ignoré : c'était une autre espèce d'aberration, *l'aberration de réfrangibilité*, bien plus opposée que la première à la perfection des lunettes. C'est ce qui porta Newton à renoncer aux télescopes dioptriques ou à réfraction (lunettes proprement dites) pour s'occuper des télescopes catoptriques ou à réflexion. D'autres opticiens étaient arrivés à la même résolution, mais par une voie différente.

Rappelons-nous d'abord que les télescopes de Galilée, les premiers dont on ait fait usage, étaient en verre, et que Galilée nous apprend lui-même dans son *Nuncius sidereus*, qu'il était parvenu à cette invention par des recherches sur le phénomène de la réfraction. Mais ce fut Kepler qui le premier expliqua ce qui se passe dans la vision au moyen des lunettes dont se servait Galilée. Soit d'abord *da* un rayon lumineux (fig. 19), tombant en *a* sur la face convexe *afg* d'un verre, section d'une sphère, ayant pour rayons *ac* et *cf*. Soit ensuite *ba* le rayon perpendiculaire à la tangente de la courbe, et qui directement, sans se réfracter, irait au

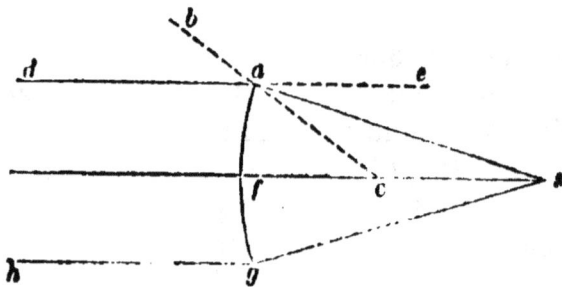

Fig. 19.

centre *c* de la sphère dont la lentille est une portion. Au lieu de continuer à suivre la droite *ae*, le rayon *da* se brisera en traversant la lentille, et suivre la direction *as*. Tous les autres rayons incidents, parallèles avec le rayon *cf*, et à égale distance de celui-ci,

comme le rayon *hg*, convergeront, après leur réfraction, vers le
même point *s*. Or, lorsque la lumière passe de l'air à travers le
verre, la distance *fs* (distance focale) est le triple de la longueur de
cf. Voilà ce qu'avait trouvé Kepler.

Mais les explications que les physiciens du XVIIe et du XVIIIe siècle
ont données de l'action des lentilles dont se composent les lunettes d'approche et les microscopes sont, pour la plupart, tellement
obscures ou embrouillées, qu'on peut se
demander si les auteurs se sont réellement compris eux-mêmes. Pour bien
fixer à cet égard les idées, il faut, comme
l'a fait Arago, suivre la marche des
rayons lumineux à travers un prisme de
verre et considérer une lentille comme
la réalisation d'un assemblage de petits
prismes, en nombre infini, disposés autour
du rayon central RI de manière à regarder ce rayon par leur base (fig. 20).

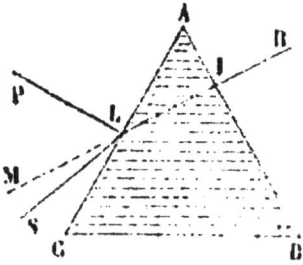

Fig. 20.

Le rayon incident et le rayon émergent sont parallèles quand les
deux faces, par lesquelles le premier entre et le second sort, sont
exactement parallèles; les deux rayons seraient presque sur le prolongement l'un de l'autre, si les deux faces parallèles étaient extrêmement rapprochées, c'est-à-dire si la lame de verre était d'une
épaisseur minime. Les choses se passent autrement lorsque le rayon
lumineux traverse une masse vitreuse ayant les faces non parallèles,
tel qu'un prisme. Ainsi le rayon RI, tombant perpendiculairement
sur la face AB du prisme, traverse la masse vitreuse sans se réfracter; mais à la sortie de cette masse, et à sa rentrée dans l'air, le
rayon, au lieu de suivre le prolongement ponctué LM, s'écartera de
la perpendiculaire LP, en se dirigeant par la ligne LS vers la
base BC du prisme. Si le rayon incident est oblique, il se déviera
vers la même base BC; seulement cette déviation finale est alors le
résultat de deux réfractions successivement produites, l'une à la face
d'entrée BA, l'autre à la face de sortie AC. L'observation et le calcul s'accordent ici pour montrer graphiquement que le rayon émergent est d'autant plus dévié vers la base du prisme, que l'angle A
de celui-ci est plus ouvert. Il va sans dire que si, par la transposi-
tion des faces, le rayon émergent devenait rayon incident, tout
se passerait inversement, comme nous venons de le montrer; en
d'autres termes, le rayon de lumière, en revenant sur ses pas, suivrait

exactement la route qu'il avait parcourue dans son premier trajet. Il n'y a, en effet, aucune raison pour qu'il en soit autrement. C'est là un des cas d'application de ce que Leibniz avait appelé le principe de la *raison suffisante*.

Revenons maintenant à l'assemblage des petits prismes (fig. 21). Soit st, uv, $s't'$, $u'v'$, un faisceau de rayons parallèles également éloignés, à gauche et à droite, du rayon central Ri. Si l'on place, sur le trajet des rayons st et $s't'$, des prismes ayant leur base tournée vers l'axe de cet appareil idéal, ces rayons seront déviés de manière à rencontrer quelque part, au point f par exemple, l'axe ou rayon

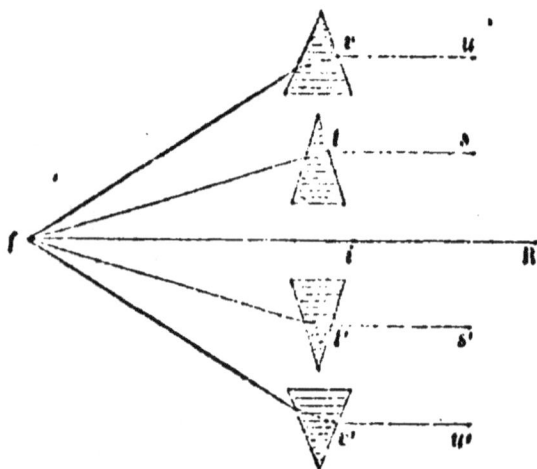

Fig. 21.

central Ri. Les rayons uv et $u'v'$ pourront être amenés à se réunir au même point f si l'on établit, sur le trajet de ces rayons, d'autres prismes, disposés comme les premiers, mais d'un angle plus ouvert, puisque la déviation doit être plus forte. En multipliant suffisamment le nombre de ces prismes, on rencontrerait par voie de réfraction, au point f, une infinité de rayons qui, sans cette interposition, se seraient propagés dans l'espace en restant parallèles. Les dimensions de ces prismes pourraient être réduites à de très-petites facettes vitreuses marquant les points d'incidence et d'émergence des rayons lumineux; il faudrait seulement conserver à ces facettes les angles qu'elles avaient lorsqu'elles faisaient partie des prismes développés. Or, une lentille est la réunion d'une infinité de facettes semblables; le point où des rayons parallèles se rencontrent après leur réfraction aux deux surfaces d'une lentille, c'est le *foyer*. C'est le point d'où doivent partir des rayons, pour que, après leur réfraction, ils sortent parallèles entre eux. Le foyer se détermine expérimentalement en couvrant une lentille d'un papier noir, percé de plusieurs trous, dont l'un corresponde à l'axe central. Si les rayons émanent d'un point plus éloigné que le foyer, ils sortiront de la lentille en convergeant; s'ils partent d'un point situé entre le foyer et la surface de la lentille, ils sortiront en divergeant. Pour la sensation visuelle l'image remplace l'objet. Or, dans une lunette, la lentille tourné vers l'objet (*objectif*) a pour effort de transporter l'image dans l'intérieur du tube à une certaine distance de l'objectif (distance focale) et de la rapprocher ainsi de nous. C'est là que l'œil saisit l'image avec une lentille grossissante (*oculaire*), et il la regarde comme s'il regardait un objet à l'aide d'une loupe. La lunette doit être mise *au point* pour bien voir, c'est-à-dire qu'il faut, selon la vue de chacun et la distance de l'objet, rapprocher plus ou moins l'oculaire de l'œil.

Tels sont les points généraux, qu'il faut avoir présents à l'esprit pour s'orienter au milieu des théories, souvent inextricables, que les physiciens du xviie et du xviiie siècle ont données des lentilles et des lunettes.

On reconnut dès le principe que plus la lentille objective est grande, plus l'image a d'intensité, à cause de la multitude des rayons qui concourent à sa formation. On remarqua aussi que la grandeur de l'image focale est, pour un objet donné, proportionnelle à la longueur de la distance focale ou de l'intervalle compris entre le point de convergence des rayons de lumière et la surface d'une lentille, en passant par son centre de courbure. Il fut dès lors naturel de songer à donner aux lunettes une grande ouverture et une extrême longueur.

En 1665, un physicien français, Auzout, communiqua à la Société royale de Londres une notice où il cherchait à établir que les diamètres des ouvertures que peuvent recevoir les objectifs sont comme les racines carrées des distances focales ; partant de là, il donna une table où les ouvertures des lunettes étaient calculées pour toutes les distances focales depuis 4 pouces jusqu'à 400 pieds [1]. A l'occasion de cette communication, R. Hooke fit observer que pour une même sorte de verre il faut donner à l'objectif des grandeurs différentes suivant que l'objet visé envoie plus ou moins de lumière ; que, par exemple, le Soleil, Vénus et Jupiter exigent moins d'ouverture que Saturne et Mars. Huygens montra, de son côté, que le rapport indiqué par Auzout doit s'appliquer également à la distance focale de l'oculaire pour que l'image soit parfaitement nette, et que l'on pourrait établir en principe que la longueur des lunettes astronomiques augmente comme les nombres carrés de leur grossissement ; que, par exemple,

---

[1] *Philosoph. Transact.*, no 4, p. 55 et suiv.

une lunette qui grossit les objets 2 fois plus qu'une autre, doit être 4 fois plus longue; celle qui grossit 3 fois doit être 9 fois plus longue, etc. Cela explique la longueur extraordinaire des lunettes construites vers le milieu du XVII° siècle, et qu'on ne montre plus aujourd'hui que comme des objets de curiosité dans les principaux observatoires de l'Europe.

Outre une longueur incommode, il fallait encore donner aux lunettes des objectifs d'une très-grande distance focale. Les artistes rivalisaient à cet égard de zèle. Eustache de Divinis à Rome et Campani à Bologne se distinguèrent les premiers par la fabrication des lentilles objectives de grandes dimensions. Par ordre de Louis XIV, Campani fabriqua des objectifs de 86, de 100 et de 136 pieds de distance focale; ce fut avec les lunettes contenant ces objectifs que Dominique Cassini découvrit deux satellites de Saturne. L'artiste avait tenu son procédé secret. En Angleterre, Paul Neille, Reive et Cexe construisaient des lunettes de 36 à 60 pieds de longueur. En France, Pierre Borel et Auzout s'acquirent, dans la taille des objectifs, une certaine renommée. Cependant l'objectif d'Auzout, qui avait 600 pieds de distance focale, ne fut d'aucune utilité pratique.

La grandeur des objectifs et la longueur des lunettes, jointes à l'aberration de sphéricité et surtout à l'*aberration de réfrangibilité*, firent un moment abandonner les lunettes à réfraction. « Je m'aperçus, dit Newton, que ce qui avait empêché de perfectionner les télescopes n'était pas, comme on l'avait cru, le défaut de la figure du verre, mais plutôt le mélange hétérogène de rayons, différemment réfrangibles. » C'est ici le lieu de parler d'un phénomène dont nous devons la connaissance exacte à Newton.

Décomposition de la lumière. Couleurs. Spectre solaire. — Bien des générations devaient passer avant qu'on parvînt à expliquer un météore qui frappe tout le monde, *l'arc-en-ciel*. Gilbert fut le premier à l'expliquer par la réfraction de la lumière, parce qu'on le voyait toujours se produire à l'opposite du soleil; mais ce qui l'embarrassait, c'était la disposition régulière et constante des couleurs de l'arc-en-ciel [1]. Maurolycus compta sept couleurs dans l'arc-en-ciel, qui lui paraissait provenir d'un mélange de lumière et d'eau. Jean-Baptiste Porta y faisait également intervenir la lumière et la vapeur aqueuse, mais sans s'expliquer nettement. Ce qui empêchait alors les physiciens d'avoir sur ce sujet des idées bien

[1] Gilbert, *de Magnete*; Lond., 1600, in-fol., p. 273.

claires, c'était leur théorie des couleurs. Quelques-uns croyaient, comme les anciens, que la lumière était en elle-même incolore, mais qu'elle pouvait être colorée par des causes externes, telles que l'air et d'autres matières ténues et transparentes. Descartes consi-dérait les couleurs comme une modification de la lumière, dépen-dant du mouvement rotatoire de ses molécules. Grimaldi les regar-dait comme provenant de différents degrés de raréfaction et de condensation de la lumière. Ce physicien (né à Bologne en 1618, mort en 1665) était cependant bien près d'en trouver la vraie cause; car ce fut lui qui découvrit la propriété qu'ont les rayons lumineux de s'infléchir lorsqu'ils rasent un corps opaque. Avant le P. Grimaldi, les physiciens ne reconnaissaient à la lumière que trois propriétés, celles de se mouvoir en ligne droite, de se réfléchir à la surface des corps et de se réfracter en passant d'un milieu dans un autre. Ce savant y ajouta une quatrième propriété, qu'il nomma *diffraction*. En examinant de plus près cette inflexion particulière que la lumière éprouve en rasant des corps opaques, il constata : 1° que l'ombre de ces corps est plus grande qu'elle ne le serait naturellement si la lumière se mouvait en ligne droite; 2° que cette ombre est accompagnée de franges colorées, parallèles entre elles [1].

Isaac Vossius soutint le premier dans son traité *De lucis natura et proprietate* (Amsterd., 1662) que les couleurs sont inhérentes à la nature même de la lumière; « car si, dit-il, on fait passer la lumière blanche ou incolore à travers un prisme de verre, on la voit revê-tir des couleurs diverses. »

Les recherches optiques de Newton paraissent remonter à l'an-née 1666. Mais ce ne fut que dans le courant de 1668 qu'il fit l'ex-périence capitale du spectre solaire. Après s'être procuré un prisme de verre, il pratiqua une ouverture H dans le volet fermé d'une chambre obscure, et y fit passer un rayon de soleil qui, après s'être réfracté aux deux surfaces AC, BC du prisme ABC, présentait sur le mur opposé MN ce qu'on appelle le *spectre solaire* ou *prismatique* (fig. 22) : c'était une image allongée du soleil, environ cinq fois plus longue que large, et composée des sept couleurs de l'arc-en-ciel : le rouge, l'orange, le jaune, le vert, le bleu, l'indigo et le violet, disposés par des dégradations continues et dans le même ordre que

1. *Physico-mathesis de lumine, coloribus et iride*, etc., Bologne, 1665, p. 2 et suiv.

l'arc-en-ciel. « C'était pour moi, dit Newton, un grand plaisir de voir se produire de cette façon des couleurs aussi vives qu'intenses. » Mais ce plaisir fut aussitôt troublé : Newton s'aperçut avec surprise que ce phénomène de coloration ne se conciliait point avec les lois établies de la réfraction. La disproportion excessive entre la longueur du spectre et sa largeur excita au plus haut point sa curiosité. Il ne pouvait guère se persuader que l'épaisseur variable du verre ou la limite d'ombre eût déterminé un pareil effet. Il varia dès lors ses expériences en employant des verres de différente épaisseur, en faisant passer la lumière par des ouvertures plus ou moins grandes, en plaçant le prisme en avant de l'ouverture, au lieu de le tenir derrière, etc. ; mais le résultat fut toujours le même. Croyant alors que cette dispersion des couleurs était produite par quelque inégalité ou autre accident de la masse vitreuse,

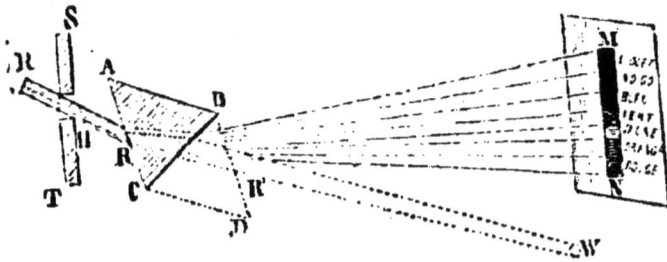

Fig. 22.

Il prit un second prisme BCD, et le plaça de manière que la lumière, déviant de la même quantité en sens contraire, dût suivre la route RR' : il pensait que l'effet normal du prisme ABC serait ainsi neutralisé par le second prisme BCD, et que toute irrégularité serait augmentée par la multiplicité des réfractions. Le résultat fut que la lumière, que le premier prisme avait dispersée en la forme oblongue MN, était réduite, par le second prisme, à la forme circulaire W, d'une régularité parfaite. La longueur de l'image MN ne provenait donc pas de quelque défaut du prisme.

Pour examiner de plus près le phénomène, le grand expérimentateur porta son attention sur l'effet que pourrait produire la différence des angles d'incidence sous lesquels des rayons, partis du disque solaire, tombent sur la face AC du prisme. Il se mit dès lors à mesurer les lignes et les angles appartenant au spectre MN; il obtint les résultats suivants :

Distance de MN depuis l'ouverture H............... 22 pieds
Longueur de MN.................................... 13 $\frac{1}{4}$ pouces.
Largeur de MN..................................... 5 $\frac{1}{2}$ —
Diamètre de l'ouverture H......................... 0 $\frac{1}{4}$ —
Angle de WR' avec le milieu de MN............. 44° 56'.
Angle ABC du prisme.............................. 63° 12'.
Réfraction en R et R'............................. 54° 4'.

« Maintenant, si l'on soustrait, ajoute Newton, le diamètre de
l'ouverture à la longueur et à la largeur de l'image, il restera
13 pouces de longueur et 2 $\frac{3}{4}$ pouces de largeur, compris par les
rayons qui passent par le centre de l'ouverture ; conséquemment
l'angle de l'ouverture sous-tendu par cette largeur était de 31', correspondant au diamètre du soleil, tandis que l'angle sous-tendu par
la longueur était de plus de 5 de ces diamètres, à savoir, 2° 49 $\frac{1}{4}$. »

Le pouvoir réfringent du prisme, qu'il avait trouvé égal à 1,55,
lui donna, pour la réfraction de deux rayons, partant du côté opposé du disque solaire, un angle de 31 ou 32 minutes. Bien qu'il
n'eût aucune raison de douter de l'exactitude de la loi des sinus,
sur laquelle il avait fondé ses calculs, il crut devoir s'assurer si un
mouvement du prisme, de 4 ou 5 degrés, autour de són axe, ne
changerait pas sensiblement la position du spectre MN sur le mur.
Or, cette expérience ne produisit aucun changement sensible. Il
restait donc toujours à chercher la cause qui faisait sous-tendre au
spectre un angle de 2° 49'.

Newton eut alors l'idée « que les rayons, après avoir traversé le
prisme, pourraient suivre des lignes courbes et, suivant leur incur-
vation plus ou moins grande, frapper des points différents du mur. »
Mais l'expérience n'ayant pas sanctionné cette hypothèse, il y renonça pour faire ce qu'il appelle lui-même son *experimentum crucis*,
relativement à la cause de l'élongation du spectre coloré. Il plaça
derrière la face BC du prisme une planchette percée d'un petit orifice, de manière à laisser passer isolément chacun des rayons colorés en MN. Quand le petit orifice était, par exemple, près de l'arête
C, il n'y eut d'autre rayon que le rouge qui pût tomber sur N. Il
mit alors derrière l'espace rouge, en avant du mur, une autre planchette, également percée d'un petit orifice, et derrière cette planchette il plaça un second prisme de manière à recevoir la lumière

-----
1. *Traité d'Optique*, liv. I, part. I.

rouge qui passait par l'orifice de la seconde planchette. Ces dispositions prises, il tourna le premier prisme ABC de telle façon que tous les rayons colorés traversassent successivement les deux orifices, et il marqua les places de ces rayons sur le mur. La différence de ces places lui permit de constater que les rayons rouges étaient moins réfractés par le second prisme que les rayons orange, que les rayons orange l'étaient moins que les jaunes, et ainsi de suite, jusqu'aux rayons violets, qui étaient les plus réfractés de tous. Cette expérience capitale, qui devait être si féconde en résultats, amena Newton à établir en principe que *la lumière n'est pas homogène, mais qu'elle se compose de rayons de réfrangibilité différente.*

Si jamais quelqu'un entreprenait, disait Platon, de décomposer la lumière, il montrerait par là qu'il ignore entièrement la différence qui existe entre le

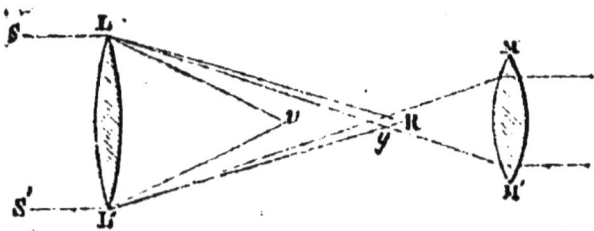

Fig. 23.

pouvoir de l'homme et le pouvoir de Dieu. Eh bien, ce qui paraissait impossible à Platon, Newton le fit.

Dans l'importante vérité qu'il venait de découvrir, Newton trouva immédiatement la principale cause de l'imperfection des télescopes à réfraction. Soit, par exemple, LL' une lentille biconvexe, recevant les faisceaux lumineux parallèles SL, S'L' (fig. 23) : le rayon violet, contenu dans le faisceau de lumière blanche ordinaire, viendra, par l'effet de son maximum de réfraction, se peindre en v, suivant la ligne Lv; le rayon jaune ira se peindre en y, et le rouge en R. De là en v une image violette du soleil ou de tout autre objet envoyant de la lumière blanche; en y, une image jaune, et en R une image rouge, indépendamment des images colorées, intermédiaires entre v et R. L'image de l'objet, reçue sur une feuille de papier blanc, s'y dessinera d'une manière confuse et peinte de différentes couleurs. Newton trouva que l'espace vR, qui reçut le nom d'*aberration chromatique*, était, dans le verre, la cinquième partie du diamètre LL' de la lentille. Ainsi, dans les lentilles d'environ 6 pouces de diamètre, employées par Campani, Divinis et Huygens pour la construction de leurs lunettes de 150 pieds de long, l'espace vR était d'à peu près un 17e de pouce. L'image de l'objet, que l'oculaire M' grossit, se montra donc à l'observateur confusément peinte entre *v* et R.

Depuis sa découverte de la composition de la lumière, Newton abandonna les lunettes pour se livrer à la construction des télescopes où l'image focale était formée par réflexion au moyen de miroirs concaves métalliques. Mais ce nouveau genre d'occupation ne l'empêcha pas de poursuivre ses recherches d'optique. Ce fut ainsi qu'il trouva que chacune des couleurs du spectre solaire a sa réfrangibilité propre, et que ni la réfraction ni la réflexion n'y apportent de changement. Pour recomposer avec les rayons colorés du spectre la lumière blanche, il employait plusieurs méthodes, dont la principale consistait à recevoir sur un second prisme BCD (fig. 22) les rayons réfractés du prisme ABC; la lumière, décomposée par ce prisme, sortait recomposée du premier pour former en W, comme nous venons de le voir, une place ronde aussi blanche que la lumière incidente RR'. « La blancheur est donc, ajoute-t-il, la couleur ordinaire de la lumière, assemblage de rayons, revêtus de toutes les teintes de couleurs, qui partent mélangées de tous les points lumineux des corps. » Il expliqua ensuite parfaitement le phénomène de l'arc-en-ciel, en le considérant comme un spectre prismatique, produit par la réfraction des gouttelettes d'eau suspendues dans l'air.

Newton ne s'en tint pas seulement à l'analyse et à la synthèse de la lumière, il voulait connaître le rapport des sinus de réfraction des différents rayons colorés entre eux. En désignant par 50 le sinus d'incidence, il trouva **77** pour le sinus de réfraction des rayons rouges (les moins réfrangibles) et **78** pour celui des rayons violets (les plus réfrangibles); les sinus de réfraction des rayons intermédiaires, orangés, jaunes, verts, bleus, indigo, étaient

$$77 \tfrac{1}{8}, \ 77 \tfrac{1}{5}, \ 77 \tfrac{1}{3}, \ 77 \tfrac{1}{2}, \ 77 \tfrac{2}{5}, \ 77 \tfrac{1}{9}.$$

Ce rapport de réfrangibilités différentes, quelque soin que Newton eût mis à le déterminer, ne pouvait être qu'une approximation.

Les couleurs naturelles des objets, sur lesquelles on avait jusqu'alors discuté à perte de vue, Newton les expliquait par la propriété qu'ont les corps de réfléchir certaines espèces de rayons en plus grande quantité que d'autres. « Le *minium* réfléchit, dit-il, en plus grande abondance les rayons les moins réfrangibles; c'est pourquoi il paraît rouge. La violette réfléchit en plus grande abondance les rayons les plus réfrangibles : et c'est de là que vient sa couleur. Il en est de même des autres corps ; car corps réfléchit les rayons de sa propre couleur en plus grande quantité qu'aucune autre espèce, et lire sa couleur de l'excès et de la prédominance de ces rayons dans la lumière réfléchie [1]. »

Newton a trouvé une règle assez singulière pour prévoir la nuance qui résulte du mélange de deux couleurs simples dans des proportions données : c'est un cercle (*cercle chromatique*), de rayon égal à l'unité et ayant sa circonférence divisée en 7 parties proportionnelles aux nombres $\frac{1}{9}$, $\frac{1}{16}$, $\frac{1}{16}$, $\frac{1}{9}$, $\frac{1}{16}$, $\frac{1}{16}$, $\frac{1}{9}$. Le cercle chromatique de Newton est jusqu'à présent le seul moyen qu'on ait pour trouver la teinte d'un mélange à proportions connues. Biot, Fresnel et M. Jamin en ont fait usage. Mais M. Helmholtz a montré qu'il peut conduire à des inexactitudes.

De ce que Newton avait distingué sept couleurs dans le spectre du prisme, on avait induit qu'il regardait la lumière comme composée seulement de ces sept couleurs; c'était une erreur. Le grand physicien a toujours considéré la lumière blanche comme étant composée d'un infinité de couleurs, parmi lesquelles on remarque principalement le rouge, l'orangé, le jaune ; toutes les nuances intermédiaires étaient, suivant lui, des couleurs tout aussi simples que les premières. Pour le démontrer, il prenait deux couleurs semblables, par exemple, la couleur verte, composée des rayons jaunes et bleus (le mélange de jaune et de bleu donne du vert), l'autre composée du vert pur du spectre. Ces deux lumières vertes étant dirigées sur un prisme, il voyait la première se partager aussitôt, par la différence de réfrangibilité du jaune et du bleu, en deux spectres distincts, l'un jaune et l'autre bleu, tandis que la seconde lumière verte (le vert pur du spectre) n'éprouvait aucun changement. Toutes les couleurs simples, soit qu'elles proviennent de la décomposition de la lumière par le prisme, soient qu'elles aient été obtenues en faisant passer la lumière à travers des milieux colorés transparents (qui absorbent toutes les couleurs et ne laissent passer qu'un rayon de couleur simple), ne produisent qu'un spectre circulaire lorsqu'on les fait passer à travers un prisme, et ce spectre a toujours un diamètre égal à celui qu'aurait le spectre du rayon de lumière obtenu directement à la même distance. Partant de là, Newton essaya d'obtenir des spectres colorés extrêmement étroits et dont la longueur fût un grand nombre de fois la largeur, afin de s'assurer s'il aurait moyen de séparer les rayons colorés les uns des autres, dans le cas où ces mêmes rayons colorés seraient en

---

1. *Traité d'Optique*, liv. 1. part. II, propos. X, Probl. 5.

nombre infini; car chaque rayon coloré simple produisant un spectre circulaire, les rayons simples se sépareraient les uns des autres dès que la longueur du spectre serait plus que trois fois sa largeur, si la lumière n'était composée que de trois couleurs; si elle était composée de cinq ou de sept couleurs simples, celles-ci se sépareraient lorsque la longueur du spectre serait plus de cinq ou sept fois sa largeur; enfin si la lumière était composée d'un nombre *n* de rayons colorés, les couleurs simples se sépareraient du spectre lorsque sa longueur serait plus de *n* fois sa largeur. Afin d'obtenir un spectre coloré très-étroit et fort long, Newton plaçait, à l'ouverture de la chambre obscure, une lentille d'un très-long foyer : en traversant la lentille, les rayons lumineux allaient en convergeant pour former une image d'un très-petit diamètre. Faisant arriver cette image sur un prisme de verre et recevant la lumière décomposée à la distance focale de la lentille, il obtenait un spectre très-long et très-étroit, qui avait une longueur égale à 72 fois sa largeur. Or, dans aucune de ces expériences les couleurs n'étaient séparées les unes des autres : preuve évidente que le nombre des couleurs simples contenues dans la lumière est de plus de 72. Des spectres, dont le rapport de la longueur à la largeur était beaucoup plus grand, n'ayant pas laissé voir de séparation, il était permis de conclure que le nombre de couleurs simples dont se compose la lumière, nous est encore inconnu.

Les découvertes de l'illustre savant anglais, publiées primitivement dans les *Philosophical Transactions* de Londres (années 1672 et suiv.), provoquèrent de vifs débats parmi les physiciens. Le P. Pardies, professeur de mathématiques au collége de Clermont, à Paris, prétendait que l'élongation du spectre solaire résultait de l'inégale incidence des rayons différents sur la première face du prisme, que le mélange de poudres diversement colorées n'était pas blanc, mais gris, etc. Newton répondit à toutes ces objections; et son adversaire s'avoua convaincu. François Linus, médecin de Liége, se montra moins conciliant. Il soutenait que le spectre solaire n'avait la longueur et la largeur indiquées par Newton que lorsque l'air était pur et le ciel sans nuages près du soleil. Newton ne lui répondit que sur les instances d'Oldenbourg, sécrétaire de la Société royale de Londres. Après la mort de Linus, Gascoigne, son pupille, continua la discussion; et comme il n'avait pas le temps de faire lui-même les expériences nécessaires, il se fit assister par Antoine Lucas. Ce savant ingénieur, qui avait succédé à Linus dans la chaire de mathématiques à Liége, confirma les résultats principaux de Newton, concernant le spectre prismatique. Mais il fit certaines expériences dont les résultats ne semblaient pas favorables aux idées de son adversaire. Ainsi, avec un prisme ayant un angle de 60° et un pouvoir réfringent de 1,500 il forma le spectre solaire à une distance de dix-huit pieds de l'ouverture du volet. Cette ouverture était tantôt le cinquième, tantôt le dixième d'un pouce de diamètre,   sa distance au prisme d'environ deux pouces; et la chambre était d'une obscurité complète avant l'introduction de la lumière. Dans ces circonstances, l'expérimentateur ne put jamais trouver à la longueur du spectre plus de trois fois ou trois fois et demie le diamètre de sa largeur, tandis que Newton avait trouvé cette longueur égale à cinq fois le diamètre de la largeur avec un prisme ayant pour angle de réfraction 63° 12′. Une différence de de 3′ 12′ dans les deux prismes employés ne devait pas, Newton le reconnut lui-même, donner des résultats aussi différents. A quoi attribuer l'inégalité de ces résultats? Brewster pensa que le physicien belge, à moins que sa vue ne fût incapable de discerner les espaces occupés par les rayons indigo et violets, s'était servi d'un prisme en verre d'un pouvoir dispersif moindre. « Les prismes de Newton étaient, ajoute-t-il, probablement en flint-glass, tandis que ceux de Lucas étaient en crown-glass. Si Newton avait été moins obstiné dans son opinion, à savoir que tous les prismes, quel que soit le genre de verre qui les compose, doivent donner des spectres de même longueur, il aurait avancé de plus de cinquante ans l'invention des lunettes astronomiques [1]. »

Bien qu'il eût proclamé l'expérience comme un guide infaillible, Newton persista de plus en plus dans l'idée que la division et l'étendue des espaces colorés du spectre sont invariablement les mêmes dans tout rayon de lumière, quelle qu'en soit la provenance. Il imagina un instrument en forme de peigne, pour montrer que chaque sensation de couleur exige, pour être bien distincte, un certain intervalle de temps. En faisant passer lentement toutes les dents sur le spectre coloré, il voyait les couleurs se succéder distinctement; mais il ne distinguait qu'une couleur d'un blanc uniforme, dès qu'il imprimait aux dents de l'instrument un mouvement rapide. « La rapidité des successions fait, dit-il, que les impressions

---

1. Brewster, *Memoirs of the life, writings*, etc., *of sir Isaac Newton*, t. I, p. 76 (Edimb. 1860, in-12°).

des différentes couleurs sont confondues dans le *sensorium*, et cette confusion produit une sensation mixte. Si un charbon allumé est rapidement agité en rond par des tournoiements continuellement répétés, on voit un cercle entier qui paraît tout en feu ; et la raison de cela est que la sensation qu'excite le charbon incandescent dans les différents points de ce cercle, reste imprimée sur le sensorium jusqu'à ce que le charbon revienne au même point. Ainsi lorsque les couleurs se succèdent avec une extrême rapidité, l'impression de chaque couleur reste dans le sensorium jusqu'au retour de cette même couleur, de sorte que les impressions de toutes les couleurs successives se trouvent à la fois comme réunies dans le sensorium et concourent à y produire une sensation commune simultanée, celle de la blancheur. »

Par *rayons colorés* Newton n'entendait pas que ces rayons fussent colorés par eux-mêmes, il entendait seulement par là « une certaine puissance ou disposition à exciter une sensation de telle ou telle couleur. » Et il compare ici la lumière au mouvement vibratoire de l'air qui, propagé jusqu'au nerf auditif, produit la sensation du son. « Pareillement, les couleurs dans les objets ne sont, ajoute-t-il, autre chose que la disposition qu'ils ont à réfléchir en plus grande abondance telle espèce de rayons que telle autre, et dans les rayons, qu'une disposition à propager tel ou tel mouvement jusqu'au sensorium, où ces mouvements produisent les sensations de couleurs [1]. »

Newton alla plus loin dans cette comparaison du son avec la lumière. Sur l'image colorée du spectre, il marqua les limites des sept couleurs principales, en menant les diamètres des deux cercles extrêmes AG, FM, dont l'un donnait le violet, et l'autre le rouge (fig. 24); puis, après avoir divisé l'espace intermédiaire en sept parties par des lignes ab, cd, ef, gh, ik, lm, parallèles à ces diamètres, et prolongé l'un des côtés rectilignes de l'image au delà du rouge, en CD, jusqu'à ce que ce prolongement fût égal à la distance entre les diamètres des deux cercles extérieurs, il mesura la distance entre chaque ligne transversale et l'extrémité du prolongement, en commençant par le diamètre du cercle violet et allant successivement du

Fig. 21.

1. *Traité d'Optique*, liv. I, part. II, 5e proposition.

violet au rouge, ce qui faisait en tout huit distances ou intervalles. Newton trouva que ces intervalles étaient entre eux dans le rapport des nombres $1 \frac{8}{9}, \frac{5}{6}, \frac{3}{4}, \frac{2}{3}, \frac{3}{5}, \frac{9}{16}, \frac{1}{2}$. Or, cette série des nombres est, par une coïncidence singulière, semblable à celle que représentent les intervalles des sons *ut, ré, mi bémol, fa, sol, la, si, ut,* dont est formée l'octave de la gamme mineure ; en d'autres termes, la division de la ligne sur laquelle Newton avait marqué les limites des sept couleurs principales était celle d'un monocorde dont les différentes longueurs rendraient les sept sons de la gamme du mode mineur. Cette conformité de rapport fit croire qu'il y avait une analogie réelle entre les couleurs et le son. N'était-ce là qu'une analogie de rencontre ? Il y a, disait Haüy, de fortes raisons qui s'opposent à la prétention de *faire chanter les couleurs* [1].

Newton se faisait, comme tant d'autres, illusion sur la puissance de son propre génie. C'est pourquoi il ne souffrait pas la contradiction, et s'imaginait qu'il pourrait suffire seul à épuiser les questions qu'il avait entamées. S'il avait fait passer la lumière réfractée du prisme par une ouverture très-étroite, il aurait devancé Wollaston et Fraunhofer dans la découverte des lignes noires du spectre. Il aurait fait bien d'autres découvertes s'il avait examiné, au moyen de certains procédés d'analyse, les espaces situés au delà du rouge et au delà du violet.

Anneaux colorés. Théories de la lumière. Diffraction. — Qui n'a admiré la variété des couleurs réfléchies par les bulles qui s'élèvent à la surface de l'eau de savon? Sénèque y faisait sans doute allusion en citant ces vers des *Métamorphoses* d'Ovide (liv. VI, v. 65 et suiv.) :

Sed nunc diversi niteant quum mille colores,
Transitus ipse tamen spectantia lumina fallit ;
Usque adeo quod tangit idem est, tamen ultima distant.

C'est ce genre de phénomènes que Hooke étudia, avant Newton, dans son *Traité de Micrographie*, publié en 1664. Les anneaux colorés qui entourent certaines taches blanches des lamelles de mica fixèrent d'abord son attention : à partir du milieu de ces taches les couleurs y étaient rangées dans l'ordre suivant : le bleu, le pourpre, l'écarlate, le jaune et le vert; la même série de teintes se répétait neuf ou dix fois. En pressant, avec le pouce et l'index, deux lames

---

1. *Encyclopédie méthodique* (Physique), t. II, p. 605.

de verre l'une contre l'autre, Hooke produisait les mêmes séries d'anneaux colorés que dans le mica; l'interposition d'une mince couche d'air entre les deux lames faisait changer les couleurs. Les mêmes changements se produisaient en substituant à l'air divers fluides : ils étaient d'autant plus vifs que le pouvoir réfringent de ces fluides différait davantage de celui des lames de verre. Quand la couche de fluide interposé était beaucoup plus épaisse au milieu que vers les bords, de manière à figurer une lentille convexe, les couleurs se manifestaient dans l'ordre suivant : rouge, jaune, vert, bleu, etc. Lorsque la couche interposée était, au contraire, beaucoup plus mince au milieu qu'aux bords, de manière à figurer une lentille concave, l'ordre des couleurs était renversé. Ces phénomènes cessaient dès que les lames de verre ou les couches de fluides interposées avaient une certaine épaisseur. Hooke observa encore, observation facile à répéter, qu'en clivant avec une aiguille une lame de mica, on arrive à une lamelle d'une couleur uniforme; que chacune des lamelles d'une épaisseur inférieure à celle-ci présente une couleur différente; que la superposition de plusieurs de ces lamelles donne les teintes les plus inattendues; que, par exemple, une lamelle jaune ajoutée à une lamelle bleue donne du pourpre foncé. Enfin il constata que les mêmes phénomènes de coloration se manifestent : 1° dans des globes de matières translucides, tels que verre, résine, colophane, térébenthine, solutions de gomme, eau de savon, etc. ; 2° sur l'acier graduellement trempé, sur le laiton, le cuivre, l'or, l'argent, l'étain et principalement sur le plomb; 3° sur des substances organiques, telle que coquilles, perles, tendons etc. ; 4° par l'action de toute matière glutineuse, étendue à la surface d'un verre ou d'un métal poli.

L'étude de ces phénomènes conduisit Hooke à imaginer la théorie des *ondulations de la lumière*. D'après cette théorie, dont le fond est emprunté à Descartes, la lumière est produite par de petits mouvements vibratoires, « d'un milieu subtil, homogène (éther), mouvements transmis dans tous les sens comme les rayons partant du centre d'une sphère. » L'auteur suppose ensuite que les phénomènes de réflexion et de réfraction ont lieu aux confins des milieux matériels transparents, dans lesquels « la substance ondulatoire, l'éther, » aurait des densités différentes. Appliquant cette théorie à la production des couleurs dans des lames minces, il admet que la réflexion des deux faces opposées (supérieure et inférieure) est la principale cause de ces couleurs. « Supposez, dit-il,

qu'un faisceau lumineux tombe obliquement sur une lame mince :
une partie se réfléchira sur la première face, et comme la lame est
transparente, une autre partie sera réfractée; celle-ci se réfléchira
à la seconde surface pour être de nouveau réfractée à la première
surface, de telle sorte qu'après deux réfractions et une réflexion, le
faisceau lumineux s'affaiblit et son impulsion vient se placer en arrière de celle qu'avait déterminée le rayon qui s'était d'abord réfléchi, et comme les deux surfaces de la lame sont tellement rapprochées que l'œil n'y distingue aucune séparation, la confusion de
ces deux impulsions, dont la plus forte précède la plus faible, produit sur la rétine la sensation de la couleur jaune. Si les deux surfaces sont écartées davantage l'une de l'autre, l'impulsion la plus
faible sera tellement distancée qu'elle pourra coïncider avec la
seconde, la troisième, la quatrième, la cinquième, etc., à mesure
que la lame devient plus épaisse; c'est ainsi que se produiront le
jaune, le rouge, le pourpre, le bleu, le vert. »

Cette ingénieuse théorie contient en germe la doctrine des interférences. En 1675, Newton étudia, à son tour, le phénomène de coloration des lames, mais sans citer d'abord le travail de son rival, ce qui
amena, entre ces deux hommes de génie, une vive polémique qui
devait finir par la reconnaissance de leurs droits réciproques.
Newton commença ses expériences par des plaques ou lames épaisses.
Ayant réuni étroitement deux prismes, dont l'un avait par hasard
sa face un peu convexe, et se plaçant très-obliquement à la surface de contact pour mieux observer la lumière réfléchie, il aperçut
que l'endroit où les prismes se touchaient formait une tache noire,
parce qu'il n'y avait que peu ou point de lumière réfléchie : le
point de contact formait une espèce de trou par où il était facile de
distinguer les objets placés au-delà; en pressant les prismes l'un
contre l'autre, cette tache augmentait considérablement. En tournant les prismes autour de leur axe commun, quelques rayons
de lumière commençaient à être réfléchis et à passer à travers le
verre; il voyait en même temps se produire des arcs déliés de dif-
rentes couleurs, qui paraissaient d'abord en forme conchoïde. En
continuant la rotation des prismes pour diminuer l'inclinaison des
rayons, il voyait ces arcs grandir et se courber autour de la tache
au point de former des cercles ou anneaux. Les couleurs qui
apparaissaient les premières étaient violettes et bleues; puis venaient le rouge et le jaune. Les cercles colorés étaient alors rangés, depuis la tache noire centrale, dans l'ordre suivant : le

blanc, le bleu, le violet, le noir, le rouge, l'orangé, le jaune. Le jaune et le rouge étaient beaucoup moins intenses que le bleu et le violet. Le mouvement des prismes étant continué, les anneaux colorés se rétrécissaient en approchant du blanc, jusqu'à ce qu'il n'y eût plus que des anneaux noirs et blancs. Quand, arrivé à ce point, le mouvement des prismes était continué, les couleurs ressortaient de nouveau et se manifestaient dans un ordre inverse.

Newton mesurait le diamètre des anneaux successifs, en même temps qu'il variait l'épaisseur des lames. Il trouva que dans les lames dont l'épaisseur augmente suivant la prog...ssion des nombres naturels 1, 2, 3, 4, 5, 6, 7, etc., si les premières ou les plus minces réfléchissent un rayon de lumière homogène, la seconde le transmettra, la troisième le réfléchira de nouveau, et ainsi de suite; en sorte que les lames des rangs impairs, 1, 3, 5, 7, etc., réfléchiront les mêmes rayons que ceux de leurs correspondantes en nombres pairs, 2, 4, 6, 8, etc., laisseront passer. Une couleur homogène donnée par une lame est dite du premier ordre, si la lame réfléchit tous les rayons de cette couleur; dans une lame 3 fois plus épaisse, la couleur est de 2e ordre; dans une autre 5 fois plus épaisse, la couleur est de 3e ordre, etc. La vivacité des couleurs diminue avec leur ordre à partir de la couleur du premier ordre, qui est la plus vive de toutes.

Ces observations portèrent Newton à imaginer une théorie particulière, différente de celle de Hooke. Suivant cette théorie, chaque particule de lumière, depuis l'instant où elle émane d'un corps rayonnant, éprouve périodiquement, et à des intervalles égaux, une continuelle alternative de disposition à se réfléchir ou à se transmettre à travers les surfaces des milieux transparents qu'elle rencontre; de façon que si, par exemple, une telle surface se présente à la particule lumineuse pendant une des alternatives où la tendance à la réflexion a lieu, cette tendance, que Newton appelle *accès de facile réflexion*, la fera céder plus aisément au pouvoir réflecteur de la surface, tandis qu'elle cède plus difficilement à ce pouvoir lorsqu'elle se trouve dans la phase contraire, que Newton nomme *accès de facile transmission* [1].

Les théories de Hooke et de Newton, le système des ondes et le système de l'émission, divisèrent depuis lors les physiciens. « On ne trouvera pas, dit Biot, dans l'histoire des sciences physiques, un

---

1. Newton, *Traité d'Optique*, liv. II, part. I.

exemple plus hardi de la hauteur d'abstraction ou la discussion des expériences peut conduire. Car, bien que, dans le système newtonien, les *accès*, en tant qu'ils sont une propriété physique, ne puissent s'appliquer qu'à des particules matérielles, et supposent ainsi tacitement que la lumière est de la matière, ce dont on peut douter, mais ce que Newton n'a jamais mis en doute, néanmoins leurs caractères sont si rigidement définis et moulés sur les lois expérimentales avec tant d'exactitude, qu'ils subsisteraient encore sans aucun changement si l'on venait à découvrir que la lumière fût constituée d'une autre manière, par exemple qu'elle consistât dans des ondulations propagées. » — Biot, évidemment favorable à la théorie newtonienne, rappelle ici que Fresnel attribuait aux ondulations de chaque rayon lumineux simple une longueur exactement quadruple de celle que Newton avait donnée, d'après l'expérience, aux intervalles des accès de ce même rayon lumineux. C'est ce que ne fit pas Young, qui attribuait aux longueurs d'ondulations des valeurs toutes différentes, établies d'après une hypothèse préconçue. Aussi ses nombres ne satisfont-ils point au détail des phénomènes, tandis que ceux de Fresnel, moulés sur les longueurs des accès newtoniens, y satisfont admirablement [1].

Voici comment sont appréciés le travail et le système de Newton par un physicien qui a fait lui-même d'importantes découvertes en optique. « Le travail sur les lames minces (dans le 2ᵉ livre du *Traité d'Optique* de Newton) est, dit Arago, généralement considéré comme un modèle dans l'art de faire des expériences et dans celui de les interpréter. Cette appréciation est bien méritée. Cependant le chapitre en question peut donner lieu à des critiques fondées. On est fâché, par exemple, au point de vue historique, de voir que Newton ne cite pas Hooke comme ayant le premier fait naître des anneaux entre deux lentilles superposées. Il eût été également désirable que l'illustre auteur remarquât que la théorie donnée par Hooke de la formation des anneaux colorés conduisait nécessairement aux lois expérimentales obtenues par lui sur la succession des épaisseurs de la lame d'air qui engendre les mêmes couleurs... Quant à la fameuse théorie des accès de facile réflexion et de facile transmission, elle ne m'a jamais paru que la traduction de phénomènes en langue vulgaire; elle n'explique rien dans le vrai sens de

1. Biot, *Mélanges scientifiques et littéraires*, t. I, p. 151 (Paris, 1858, in-8°).

ce mot. Mais voici, en point de fait, ce qui èst plus grave. Newton prétend que les couleurs d'une lame mince ne dépendent pas de la nature des milieux entre lesquels elle est renfermée. Des expériences ultérieures ont prouvé que les couleurs de cette lame dépendent si manifestement des réfringences particulières des milieux entre lesquels elle se trouve contenue, que, noire dans un certain cas, la lame devient blanche dans un autre, sans avoir nullement changé d'épaisseur; que le rouge y remplace le vert dans les mêmes circonstances, et ainsi de suite. Quant à l'application que Newton a faite de ses belles expériences à l'explication des couleurs naturelles des corps, on a démontré depuis longtemps qu'elle est de tous points inadmissible. »

Newton a consacré le troisième et dernier livre de son *Optique* aux phénomènes que présente la lumière quand elle rase les bords d'obstacles interposés dans son trajet. Ces phénomènes avaient été, comme nous l'avons montré, décrits pour la première fois par Grimaldi, sous le nom de *diffraction*, qui leur est resté. Newton nie qu'il se forme des franges colorées dans l'intérieur de l'ombre des corps. Cependant cette formation a été observée non-seulement par Grimaldi, Maraldi et Delisle, mais par des physiciens plus récents, par Fresnel, Thomas Young et Arago. Quant aux franges extérieures, elles sont décrites et mesurées par lui avec le plus grand soin. Mais lorsque, pour expliquer leur formation, Newton va jusqu'à supposer que les rayons qui passent près des corps éprouvent un mouvement d'anguille, il ne remarque pas, comme l'a fait observer Arago, que cette supposition elle-même ne rendrait nullement compte de la position des franges à diverses distances du corps opaque, telles qu'elles résultent de ses propres expériences.

Les Newtoniens ont attribué les effets de diffraction à deux actions, l'une attractive, l'autre répulsive, que les bords exerceraient sur les particules lumineuses : l'attraction serait exercée depuis le contact jusqu'à une certaine distance, où commencerait la répulsion, qui s'étendrait jusqu'à une autre distance. Biot et Pouillet essayèrent d'expliquer la diffraction par l'action répulsive seule. Un fait remarquable, qui fut observé, en 1803, par Th. Young, c'est que si l'on approche un écran opaque de l'un des bords du corps rasé par la lumière, on fait aussitôt disparaître la totalité des franges qui se forment dans l'intérieur de l'ombre [1]. Arago, en

---

[1] *Philosoph. Transact.;* année 1803.

répétant l'expérience d'Young, trouva que l'on peut faire également disparaître la totalité des franges intérieures en substituant un verre diaphane à faces parallèles à l'écran opaque [1]. Fresnel remarqua que les franges lumineuses ne se projetaient pas en ligne droite, comme l'avait dit Biot, mais qu'elles étaient concaves vers les bords de l'ombre du corps opaque. En mesurant l'intervalle du bord de l'ombre géométrique au point le plus sombre d'une même frange et à différentes substances du corps opaque, il trouva les ordonnées d'une hyperbole dont les distances seraient les abscisses.

La disposition des franges de l'intérieur de l'ombre par l'interposition de l'écran conduisit Fresnel à cette réflexion : « Puisque, en interceptant la lumière d'un côté du fil, on fait, dit-il, disparaître les franges intérieures, le concours des rayons qui arrivent des deux côtés est nécessaire à leur production. Ces franges ne peuvent pas provenir du simple mélange des rayons, puisque chaque côté du fil ne jette dans l'ombre qu'une lumière blanche continue ; c'est donc la rencontre, le croisement même de ces rayons qui produit les franges. Cette conséquence, qui n'est pour ainsi dire que la traduction du phénomène, me semble tout à fait opposée à l'hypothèse de l'émission, et confirme le système qui fait consister la lumière dans les vibrations d'un fluide particulier [2]. »

L'étude, si difficile, de la diffraction, sur laquelle on est loin d'avoir dit le dernier mot, est très-importante, entre autres dans l'usage du micromètre pour les observations astronomiques.

Interférences. — Les expériences d'Young et de Fresnel sur la diffraction conduisirent ces deux physiciens à la découverte des interférences, qu'avaient déjà entrevues Grimaldi, Boyle, Hooke et Huygens. Cette découverte fut suggérée à Young [3] par ces bulles d'eau savonneuse, si vivement colorées, qui, s'échappant du chalumeau de l'écolier, deviennent le jouet des plus imperceptibles courants d'air. « Je supposerais, dit Arago, qu'un physicien eût choisi pour sujet de ses expériences l'eau distillée, c'est-à-dire un liquide qui, dans son état de pureté, ne se revêt de quelques légères nuances de bleu et de vert, à peine sensibles, qu'à travers de grandes épaisseurs. Je demanderais ensuite ce qu'on penserait de

1. *Annales de Physique et de Chimie,* t. I, p. 200.
2. *Annales de Physique et de Chimie,* t. I, p. 215 et suiv.
3. Thomas *Young,* né en 1773, mort en 1829 à Londres, s'était appliqué à presque toutes les sciences, mais plus particulièrement à l'histoire naturelle, à la physique et à l'archéologie égyptienne.

sa véracité s'il venait, sans autre explication, annoncer que cette eau si limpide, il peut à volonté lui communiquer les couleurs les plus resplendissantes; qu'il sait la rendre violette, bleue, verte; qu'il sait la rendre jaune comme l'écorce du citron, rouge comme l'écarlate, sans pour cela altérer sa pureté, sans la mêler à aucune substance étrangère, sans changer les proportions de ses éléments constitutifs. Le public ne regarderait-il pas notre physicien comme indigne de toute croyance, lorsqu'il ajouterait que, pour engendrer la couleur dans l'une, il suffit de l'amener à l'état d'une véritable pellicule, — pellicule d'une bulle de savon; — que *mince* est pour ainsi dire synonyme de *coloré;* que le passage de chaque teinte à la teinte la plus différente est la suite nécessaire d'une simple variation d'épaisseur de la lame liquide; que cette variation, dans le passage du rouge au vert, par exemple, n'est pas la millième partie de l'épaisseur d'un cheveu! » — Hooke avait montré que, pour chaque espèce de couleur simple, il existe dans les lames minces de toute nature une série d'épaisseurs croissantes où aucune lumière ne se réfléchit. Ce fait devait donner la clef de tous ces phénomènes. Young fit un pas décisif en assimilant les lames minces à des miroirs épais de même substance. Si dans certains points (taches obscures) aucune lumière ne se voit, il n'en conclut pas que la réflexion y ait cessé : il suppose que dans les directions spéciales de ces points les rayons réfléchis par la seconde face, allant à la rencontre des rayons réfléchis par la première, les *anéantissent complétement*. C'est à ce conflit de rayons que Young donna le nom d'*interférence.*

La théorie de Th. Young fut d'abord accueillie avec une dédaigneuse incrédulité. Comment s'imaginer, en effet, que de la lumière ajoutée à de la lumière engendrerait des ténèbres !

Cependant l'auteur avait pour lui une expérience facile à répéter. Cette expérience consistait à amener deux rayons d'une même source à se croiser, par des routes légèrement inégales, en un certain point de l'espace (d'une chambre obscure), et à placer dans ce point une feuille de papier blanc. Chaque rayon, pris isolément, y produit le plus vif éclat. Mais quand les rayons se réunissent de manière à arriver simultanément sur la feuille, on voit aussitôt à la clarté succéder l'obscurité la plus complète. Un phénomène du même genre s'observe quand on regarde la flamme d'une bougie par deux fentes très-minces, faites très-près l'une de l'autre dans du papier carton.

Young constata, en outre, que deux rayons ne s'anéantissent pas toujours complétement dans leur point d'intersection; qu'on n'y observe quelquefois qu'un anéantissement partiel, et que quelquefois les rayons s'ajoutent en doublant l'effet lumineux : tout dépend de la longueur des routes parcourues, et cela suivant des lois très-simples. Les différences de route qui amènent les rayons de lumière à s'anéantir par leur entre-croisement, n'ont pas la même valeur pour les rayons diversement colorés. Ainsi, quand deux rayons blancs se croisent, l'un de leurs éléments constitutifs, le rouge par exemple, peut se trouver seul dans des conditions d'anéantissement. Or, le blanc moins le rouge, c'est du vert. Les interférences se manifestent donc sans l'aide d'aucun prisme. Quel champ de recherches ouvert à l'esprit d'investigation, quand on songe que, dans l'immensité de l'espace, il n'existe pas un seul point où d'innombrables rayons de même origine n'aillent se croiser après des réflexions plus ou moins obliques [1] !

Les physiciens flottaient dans un grand état d'incertitude au sujet de ces phénomènes, quand Fresnel [2] vint s'emparer des faits généraux établis par Young. L'habile physicien français fit une série d'observations délicates, d'où il était permis de conclure que deux rayons lumineux ne peuvent jamais se détruire s'ils n'ont pas une origine commune, c'est-à-dire s'ils n'émanent pas l'un et l'autre de la même particule d'un corps incandescent; que parmi les innombrables rayons de nuances et de réfrangibilités différentes dont la lumière blanche se compose, ceux-là seuls sont susceptibles de se détruire qui possèdent des couleurs et des réfrangibilités identiques, et qu'ainsi, par exemple, un rayon rouge ne détruira jamais un rayon vert.

Fresnel remarqua qu'il suffit de connaître la plus petite différence de chemin parcouru pour laquelle deux rayons se superposent sans s'influencer, pour obtenir ensuite toutes les différences de route qui donnent le même résultat : on n'a qu'à prendre le double, le triple, le quadruple, etc., du premier nombre; que si l'on a noté de même la plus petite différence de route qui amène l'anéantissement de deux rayons, tout multiple impair de ce premier nombre sera l'indice d'un semblable anéantissement; enfin que les différences ou

1. Arago, *Notice sur Thomas Young.*
2. Jean-Augustin *Fresnel*, né en 1788, mort à Ville-d'Avray, près de Paris, en 1827, commença dès 1814 ses études sur la lumière, et entra quatre ans avant sa mort à l'Académie des sciences.

inégalités de route, qui ne sont numériquement comprises, ni dans l'une ni dans l'autre de ces deux séries, correspondent à des destructions partielles de lumière, à de simples affaiblissements. Il résulte encore de l'expérience que les plus petits nombres correspondent aux rayons violets, indigo, bleus ; les plus grands aux rouges, orangés, jaunes et verts. Ces nombres sont des fractions de millimètre, insaisissables à l'œil armé du microscope. Pour le rouge, par exemple, la différence de longueur de route, faisant que deux rayons s'ajoutent ou se détruisent, est de trois dix-millièmes de millimètre.

Les interférences et les diffractions ont été la pierre de touche des deux principales théories de la lumière. Ces phénomènes sont inexplicables d'après la théorie de l'émission, qui n'admet aucune dépendance entre les mouvements des diverses molécules lumineuses, assimilées à des projectiles isolés. Rien de plus naturel, au contraire, que l'explication des interférences suivant la théorie des ondes, théorie qui aboutit à l'identification de la lumière avec le mouvement. « Pour s'en convaincre, dit Arago, il suffit de remarquer qu'une onde, en se propageant à travers un fluide élastique, communique aux molécules dont il se compose un mouvement oscillatoire en vertu duquel elles se déplacent successivément dans deux sens contraires. Cela posé, il est évident qu'une série d'ondes détruira complétement l'effet d'une série différente, si, en chaque point du fluide, le mouvement dans un sens, que la première onde produisait isolément, coïncide avec le mouvement en sens opposé qui résulterait de la seule action de la deuxième onde. Les molécules, sollicitées simultanément par des forces égales et diamétralement opposées, restent alors en repos, tandis que, sous l'action d'une onde unique, elles eussent librement oscillé. Le mouvement a détruit le mouvement; or le mouvement, c'est de la lumière [1]. »

Les objections des Newtoniens se réduisent à une seule. Si la lumière, disent-ils, est une vibration, elle devra, comme le son, se transmettre dans toutes les directions : de même qu'on entend le tintement d'une cloche éloignée quand on est séparé par un écran qui la cache aux yeux, de même on devra apercevoir la lumière solaire derrière toute espèce de corps opaque. Cette objection contre le système des ondes paraissait sans réplique aux partisans du système de l'émission.

1. Arago, *Notice biographique sur Fresnel.*

Mais en parlant ainsi de l'impossibilité du passage de la lumière dans l'ombre géométrique d'un corps comme d'une difficulté insurmontable, les Newtoniens ne soupçonnaient pas la réponse qu'elle leur attirerait. « Vous soutenez, s'écrie le collaborateur de Fresnel, que les vibrations doivent pénétrer dans l'ombre ; eh bien ! elles y pénètrent. Vous dites que dans le système des ondes l'ombre d'un corps opaque ne serait jamais complétement obscure ; eh bien ! elle ne l'est jamais : elle renferme des rayons nombreux dont vous pourriez avoir connaissance, car Grimaldi les avait déjà aperçus avant 1633. Fresnel, et c'est là incontestablement une de ses plus grandes découvertes, a montré comment et dans quelles circonstances cet éparpillement de lumière s'opère : il a d'abord fait voir que, dans une onde complète qui se propage librement, les rayons sont seulement sensibles dans les directions qui, prolongées, aboutissent au point lumineux, quoique dans chacune de ses positions successives les diverses parties de l'onde primitive soient réellement elles-mêmes des centres d'ébranlement d'où s'élancent de nouvelles ondes dans toutes les directions possibles ; mais ces ondes obliques, ces ondes secondaires, interfèrent les unes avec les autres, elles se détruisent entièrement ; il ne reste donc que les ondes normales. Ainsi se trouve expliquée dans le système des vibrations la propagation rectiligne de la lumière. Quand l'onde primitive n'est pas entière, quand elle se trouve brisée ou interceptée par la présence d'un corps opaque, le résultat des interférences n'est pas aussi simple. Les rayons, partant obliquement de toutes les parties de l'onde non interceptées, ne s'anéantissent plus nécessairement : là ils conspirent avec le rayon normal, et donnent lieu à un vif éclat ; ailleurs, ces mêmes rayons se détruisent mutuellement, et toute lumière a disparu. Dès qu'une onde est brisée, sa propagation s'effectue donc suivant des lois spéciales : la lumière qu'elle répand sur un écran quelconque n'est plus uniforme, elle doit se composer de stries lumineuses et obscures régulièrement placées. Si le corps opaque intercepteur n'est pas très-large (diffraction), les ondes obliques qui viennent se croiser dans son ombre donnent lieu aussi par leurs actions réciproques à des stries analogues, mais différemment distribuées [1]. »

La diffraction et les interférences forment la branche d'optique où le calcul différentiel et intégral a trouvé le plus à s'exercer.

1. Arago, *Notice biographique sur Fresnel.*

Double réfraction. — On croyait avoir tout dit sur la loi de la réfraction, lorsque Erasme Bartholin, professeur de géométrie et de médecine à Copenhague, se mit à examiner l'un de ces beaux cristaux que les voyageurs rapportaient de l'Islande. Ces cristaux, remarquables par leur diaphanéité, lui paraissaient très propres à des expériences de réfraction. Il constata d'abord qu'ils se divisent par le clivage en parallélipipèdes à faces rhomboïdales, dont les angles obtus mesuraient 101 degrés et les aigus 79. Mais quel ne fut pas son étonnement lorsqu'il aperçut que la lumière s'y partageait en deux faisceaux distincts, d'intensités inégales, lorsqu'il eut reconnu qu'à travers les cristaux d'Islande, qui ne sont que du carbonate de chaux, tous les objets se voient doubles! Dans certaines positions de l'œil, il voyait l'image de l'objet simple, comme à travers la plupart des milieux transparents ; les deux images lui paraissaient les plus distinctes l'une de l'autre, quand l'objet était situé sur la diagonale qui passe par les angles aigus de la base du cristal. En imprimant au cristal un mouvement de rotation, il voyait l'une des deux images rester immobile pendant que l'autre tournait autour de l'image immobile. En variant le mouvement imprimé au cristal, il pouvait à volonté rendre mobile l'image immobile ou faire mouvoir les deux images à la fois. La théorie de la réfraction, si profondément remaniée par les physiciens, principalement par Newton, était donc incomplète, puisqu'elle ne parlait que d'un rayon, et qu'on en voyait deux [1].

Huygens essaya de mieux préciser le phénomène de la double réfraction. Commençant par mesurer de nouveau le cristal d'Islande, il trouva aux angles obtus 101 degrés 52 minutes, et aux angles aigus 78 degrés 8 minutes. Ce qui le frappa, c'est que, pendant qu'un faisceau lumineux incident, perpendiculaire, traverse les autres milieux sans se réfracter, ce même rayon se réfracte dans le cristal d'Islande, il s'y bifurque : une moitié de la lumière incidente continue sa route en ligne droite, conformément aux lois ordinaires de la réfraction, c'est le faisceau ou rayon *ordinaire ;* l'autre moitié se meut suivant une direction oblique à la surface du cristal, c'est le faisceau ou rayon *extraordinaire.* Le plan qui passe par ces deux rayons et qui est perpendiculaire à la face du cristal, reçut d'Huygens le nom de *section principale.* Quant aux rayons incidents obliques, ils se bifurquent

---

1. E. Bartholin, *Experimenta cristalli Islandici, quibus mira et insolita refractio detegitur ;* Copenh. 1669, in-4°.

comme les rayons d'incidence perpendiculaire; l'un des rayons suit
la loi ordinaire : le sinus de l'angle d'incidence de l'air dans le cristal
d'Islande (spath calcaire) est au sinus de l'angle de réfraction
comme 5 à 3 ; l'autre se réfracte suivant une loi particulière. Voilà
ce qu'avait déjà trouvé Bartholin. Huygens observa, en outre, que
lorsqu'un faisceau incident a été divisé en deux rayons et que ceux-
ci sont arrivés à la surface d'où ils vont sortir du cristal, celui des
deux qui à son entrée a éprouvé la réfraction ordinaire éprouvera
aussi, à sa sortie, la réfraction ordinaire, et celui qui, en entrant, a
éprouvé la réfraction extraordinaire, éprouvera de même, en sortant,
la réfraction extraordinaire ; et ces rayons ainsi réfractés sont tels
qu'ils sont tous les deux, en sortant, parallèles au faisceau incident [1].

Newton se mit, de son côté, à examiner ces phénomènes, et il
trouva, de plus, que si l'on réunit ensemble deux morceaux de spath
d'Islande, en les plaçant de manière que les surfaces de l'un soient
exactement parallèles aux surfaces de l'autre, les rayons réfractés
selon la loi ordinaire, en arrivant à la première surface de l'un,
sont réfractés suivant la même loi à toutes les autres surfaces.
Il constata que les rayons extraordinaires se comportent de même,
et qu'il n'y a rien de changé, quelle que soit l'inclinaison des surfaces, pourvu que leurs plans, considérés relativement à la réflexion
perpendiculaire, soient exactement parallèles.

On croyait que le phénomène de la double réfraction n'était
propre qu'au spath d'Islande, lorsque Huygens et Newton découvrirent la même propriété dans le cristal de roche. L'un et l'autre
s'accordèrent à dire que la double réfraction est moins sensible dans
le cristal de roche que dans le spath d'Islande.

Bien des hypothèses furent émises pour expliquer le phénomène
de la double réfraction. Suivant Bartholin, l'une des réfractions se
rapprochait de la normale à la surface par laquelle pénétrait le
faisceau lumineux, et l'autre de la direction des arêtes des prismes.
Mais la mesure de l'écartement des deux rayons, ordinaire et
extraordinaire, fit bientôt rejeter cette hypothèse.

Partisan de la théorie des ondulations, Huygens, pour expliquer la
double réfraction, supposait que la lumière, en pénétrant dans le
spath d'Islande, y détermine dans l'éther, où elle se propage, deux
espèces d'ondes, les unes sphériques, produisant la réfraction ordinaire, les autres ellipsoïdiques. C'est aux dernières qu'il attribuait

---

1. Huygens, *Traité de la Lumière*; Leyde, 1690, in-4°.

la réfraction extraordinaire. On peut ainsi par une construction géométrique, aussi élégante que simple, trouver dans toutes les directions et sous toutes les incidences la position du rayon extraordinaire, relativement au rayon ordinaire.

Dans l'hypothèse de Newton, les molécules lumineuses ont deux pôles, et suivant qu'elles présentent l'un ou l'autre pôle à l'axe principal du cristal rhomboïde du spath calcaire, elles sont attirées ou repoussées. C'est par cette double action qu'elles produiraient les deux réfractions, ordinaire et extraordinaire. Mais les règles que Newton voulut établir conformément à son hypothèse n'ont pas été trouvées conformes à l'observation. Cependant elles furent alors accueillies comme l'expression de la vérité; Laplace et Malus eux-mêmes adoptèrent l'hypothèse newtonienne, et l'optique demeura stationnaire pendant plus d'un siècle.

Lahire avait rapporté la double réfraction à deux droites, l'une perpendiculaire à la surface, l'autre formant avec cette même surface un angle de 74 degrés. Mais l'angle formé par les deux rayons réfractés ordinairement et extraordinairement ne s'accorde pas avec cette manière de voir. — Buffon regardait les rhomboïdes de chaux comme formés de couches croisées de deux densités différentes. Mais cette hypothèse ne s'accorde pas davantage avec la variation dans les angles des deux rayons, ordinaire et extraordinaire. — D'après l'hypothèse de Monge, le spath calcaire est composé 1° de petits rhomboïdes de carbonate de chaux; 2° d'eau interposée entre ces cristaux; la lumière incidente s'y diviserait en deux parties : l'une, réfractée par les facettes du carbonate de chaux, produirait la réfraction ordinaire, tandis que l'autre, réfractée par l'eau interposée, produirait la réfraction extraordinaire. Mais il fut bientôt reconnu que beaucoup d'autres substances, auxquelles l'hypothèse de Monge n'est nullement applicable, présentent le phénomène de la double réfraction.

Wollaston fit, au commencement de notre siècle, ressortir tout ce que la théorie de Huygens, rejetée par les Newtoniens, avait d'ingénieux et de vrai [1]. Il se servit à cet égard d'une méthode particulière qui lui faisait trouver l'indice de réfraction par l'observation de la réflexion totale. Cette méthode reposait sur la connaissance de l'angle sous lequel les objets, appliqués immédiatement sur l'une des faces d'un prisme de verre, à travers lequel on les

1. Voy. *Philosophical Transact.*, année 1800 et 1802.

regarde, commencent à ne plus être visibles. Mais comme, d'après la théorie de la réflexion, exposée dans le 10e livre du grand ouvrage de Laplace (*la Mécanique céleste*) et fondée sur l'hypothèse newtonienne, les formules ne devaient pas être les mêmes pour les corps opaques et pour les corps diaphanes, les physiciens soutinrent que Wollaston s'était trompé en ce point. Malus [1] se proposa, dans son *Mémoire sur le pouvoir réfringent des corps opaques*, présenté à l'Académie le 16 novembre 1807, de soumettre le fait à une expérience décisive : il ne s'agissait de rien moins que de prendre un parti définitif entre les deux théories rivales de l'émission et des ondulations. La cire d'abeille, dont la réfringence peut être mesurée à l'état diaphane et à l'état opaque, par la méthode de Wollaston, lui parut le corps le plus approprié à cette expérience. En appliquant les formules de Laplace aux angles de disparition correspondants à ces deux états et assez différents l'un de l'autre, Malus trouva des pouvoirs réfringents parfaitement identiques. Cette identité des pouvoirs réfringents de la cire opaque et de la cire diaphane, parut à tous les physiciens et géomètres la preuve mathématique de la vérité de la théorie newtonienne. Mais Arago s'étonnait avec raison que des savants tels que Laplace, Haüy et Gay-Lussac, nommés juges du travail de Malus, fussent arrivés à une telle décision dans leur rapport. Quelle preuve avait-on que les pouvoirs réfringents des corps diaphanes et des corps opaques dussent être identiques? Le passage de l'état solide d'un corps à l'état fluide serait-il sans influence sur sa réfraction? Ne pourrait-on pas citer des cas où la chaleur modifie le pouvoir réfringent des corps indépendamment de leur densité? La température de la cire et sa densité au moment de l'expérience, telle que Malus avait été obligé de la faire, étaient-elles bien connues? Qu'y aurait-il d'étrange à supposer que, dans les limites où s'opère l'action des corps sur la lumière, il n'y a pas de substances vraiment opaques? Telles étaient

---

1. Etienne-Louis *Malus*, né à Paris en 1775, mort en 1812, fit, comme officier du génie, la campagne d'Egypte, et devint en 1810 membre de l'Académie des sciences. Le 20 avril 1807, il avait présenté à cette savante compagnie un *Traité d'optique analytique*, dans lequel il considérait la lumière sous trois dimensions. Après avoir généralisé la théorie des caustiques planes, anciennement ébauchée par Tschirnhausen, il formula entre autres le résultat suivant : « La réflexion et la réfraction fournissent quelquefois des images qui sont droites pour une de leurs dimensions et renversées pour l'autre. »

les questions qu'Arago souleva à l'occasion du rapport académique sur le mémoire de Malus. Ce rapport, signé par les plus célèbres physiciens du commencement de notre siècle, montra une fois de plus l'influence aveuglante de l'esprit de système.

Polarisation. L'Académie des sciences avait proposé, le 4 janvier 1808, pour sujet du prix de physique à décerner en 1810, la question suivante : « Donner de la double réfraction que subit la lumière en traversant diverses substances cristallisées, une théorie mathématique vérifiée par l'expérience. » — Malus se mit sur les rangs. De crainte sans doute d'être devancé par un de ses concurrents dans les découvertes qu'il avait faites, il communiqua dès le 12 décembre 1808 les parties les plus essentielles de son travail à l'Académie.

Une opinion qui régna pendant plus d'un siècle parmi les physiciens, était que la lumière naturelle se compose de parties susceptibles, les unes d'éprouver la réfraction ordinaire, les autres, en nombre égal, la réfraction extraordinaire. Cependant Huygens avait déjà renversé cette opinion par une expérience très-simple, qui consistait à recevoir les deux rayons, ordinaire et extraordinaire, obtenu par un premier cristal, sur un second tout pareil. En faisant faire au second cristal un quart de révolution sur lui-même, sans qu'il cessât de rester parallèle au premier, chacun pouvait s'assurer que le rayon ordinaire y devenait extraordinaire, tandis que le rayon extraordinaire n'éprouvait plus que la réfraction ordinaire. Il fut donc reconnu que le rayon extraordinaire a les propriétés du rayon ordinaire, alors seulement qu'on le fait tourner de 90° sur lui-même ou autour de sa ligne de propagation. Ce remarquable résultat qui devait faire distinguer, dans les rayons lumineux, des côtés doués de propriétés différentes, fixa particulièrement l'attention de Malus, d'autant plus que l'on croyait encore qu'il ne pouvait être fourni que par le spath d'Islande.

C'est en cherchant à approfondir ces phénomènes, que Malus parvint à découvrir la polarisation de la lumière. Voici comment Arago, ami et collaborateur de Malus, raconte les circonstances de cette importante découverte : « Malus, qui habitait à Paris une maison de la rue d'Enfer, se prit un jour à examiner avec un cristal doué de la double réfraction les rayons du soleil réfléchis par les carreaux de vitre des fenêtres du Luxembourg. Au lieu de deux images intenses qu'il s'attendait à voir, il n'en aperçut qu'une seule, l'image ordinaire ou l'image extraordinaire, suivant la position qu'occupait le cristal

devant son œil. Ce phénomène étrange frappa beaucoup notre ami ;
il tenta de l'expliquer en supposant des modifications particulières
que la lumière solaire aurait pu recevoir en traversant l'atmosphère.
Mais la nuit étant venue, il fit tomber la lumière d'une bougie sur la
surface de l'eau sous un angle de 36°, et il constata, en se servant
d'un cristal doué de la double réfraction, que la lumière réfléchie
était *polarisée*, comme si elle provenait d'un cristal d'Islande. Une
expérience faite avec un miroir de verre sous un angle de 35° lui
donna le même résultat. Dès ce moment il fut prouvé que la double
réfraction n'était pas le seul moyen de polariser la lumière ou de
lui faire perdre la propriété de se partager constamment en deux
faisceaux en traversant le cristal d'Islande. La réflexion de la lumière sur les corps diaphanes, phénomène de tous les instants et
aussi ancien que le monde, avait la même propriété, sans qu'aucun
homme l'eût jamais soupçonnée. Malus ne s'arrêta pas là : il fit
tomber simultanément un rayon ordinaire et un rayon extraordinaire, provenant d'un cristal bi-réfringent, sur la surface de l'eau,
et remarqua que si l'inclinaison était de 36°, ces deux rayons se
comportaient très-diversement. Quand le rayon ordinaire éprouvait
une réflexion partielle, le rayon extraordinaire ne se réfléchissait
pas du tout, c'est-à-dire qu'il traversait le liquide en totalité. Si la
position du cristal était telle, relativement au plan dans lequel la
réflexion s'opérait, que le rayon extraordinaire se réfléchît partiellement, c'était le rayon ordinaire qui passait en totalité. Les phénomènes de réflexion devenaient ainsi un moyen de distinguer les uns
des autres les rayons polarisés en divers sens. Dans cette nuit (de
la fin de l'année 1808) qui succéda à l'observation fortuite de la
lumière solaire, réfléchie par les fenêtres du Luxembourg, Malus
créa une des branches les plus importantes de l'optique moderne [1]. »

En signalant les singuliers phénomènes que présentent les
rayons ordinaires et extraordinaires quand ils rencontrent des miroirs diaphanes sous certaines inclinaisons, Malus attira le premier
l'attention des physiciens sur ce qu'on est convenu d'appeler la *polarisation*. Pourquoi ce nom? On dit d'un aimant qu'il a des
pôles, entendant par là seulement que certains points de son contour sont doués de propriétés particulières que n'ont pas les autres
points du même contour. Partant de là, on peut avec autant de raison
dire que les rayons ordinaires et extraordinaires, provenant du

---

1. Arago, *Notice sur la vie et les travaux de Malus.*

dédoublement de la lumière naturelle dans le cristal de carbonate de chaux, ont des *pôles*, qu'ils sont *polarisés*. Seulement,
pour ne pas outrer l'analogie, il ne faudra pas oublier que, sur
chaque élément d'un rayon de lumière polarisé, les côtés ou les
pôles diamétralement opposés (par exemple, les pôles nord et sud
du rayon ordinaire provenant du cristal rhomboïde placé horizontalement et coïncidant, par sa section principale, verticale, avec le
plan du méridien) paraissent avoir l'un et l'autre, contrairement à
ce qui a lieu pour les pôles de l'aimant, exactement les mêmes
propriétés; que le rayon ordinaire de ce cristal, soumis à l'action
d'un second rhomboïde, semblablement placé (c'est-à-dire dont la
section principale soit aussi verticale et située dans le plan du méridien), traverse celui-ci sans se réfracter, mais qu'il acquerra des
propriétés différentes si l'on imprime au second cristal un quart de
révolution (90°), ou si on le dirige de l'est à l'ouest, le premier
cristal étant maintenu dans le plan du méridien (direction du
nord au sud).

Les expériences de Malus, décrites dans le *Mémoire sur la
théorie de la double réfraction* (Paris, 1810), firent ressortir l'importance des rayons *partiellement polarisés*, intermédiaires entre
les propriétés de la lumière ordinaire et celles de la lumière complètement polarisée. Ces rayons se distinguent de la lumière complètement polarisée en ce qu'ils donnent toujours deux faisceaux dans
leur passage au travers d'un cristal bi-réfringent; ils se distinguent
de la lumière ordinaire en ce que ces deux faisceaux n'ont pas toujours l'un et l'autre la même intensité dans toutes les positions de
la section principale de ce même cristal. Suivant l'hypothèse d'A-
rago, un rayon partiellement polarisé se compose de deux portions
de lumière distinctes, l'une B naturelle, l'autre A totalement polarisée. La portion A est nulle dans tout faisceau réfléchi perpendiculairement sur un miroir diaphane; elle acquiert des valeurs de
plus en plus considérables à mesure que l'angle compris entre le
rayon incident et la normale s'agrandit. Sous l'inclinaison de la polarisation complète, B est égal à zéro, A composant la totalité du
faisceau réfléchi. Si l'inclinaison devient plus forte, on retrouvera,
dans ce faisceau, de la lumière naturelle B et de la lumière polarisée
A. Enfin si les rayons incidents et réfléchis rasent la surface du miroir, A sera de nouveau très-faible relativement à B. Arago trouva
que les miroirs métalliques polarisent incomplétement les rayons
qu'ils réfléchissent, et il appela *angle de polarisation* d'un métal

celui dans lequel le quotient $\frac{A}{B}$ devient un maximum. Il trouva encore que le rapport $\frac{A}{B}$ acquiert dans des corps diaphanes, tels que le diamant et le soufre, des valeurs beaucoup plus grandes que pour les métaux. « On n'a pas encore découvert, ajoute Arago, de loi mathématique qui lie l'intensité de A à l'angle d'incidence et à la force réfringente du miroir. On sait seulement qu'à égales distances angulaires au-dessus et au-dessous de l'angle de la polarisation complète, le rapport de A à A+B est presque le même, quoique les valeurs absolues de A et de B puissent avoir beaucoup changé [1]. »

En jetant un coup d'œil sur les tables que les physiciens ont données des angles où la polarisation du rayon réfléchi est complète pour divers corps, on voit que ces angles, comptés à partir de la verticale, approchent d'autant plus de l'angle droit que le pouvoir réfringent de ces corps est plus fort. Mais quel est le rapport de ces deux éléments entre eux ? C'est ce que découvrit Brewster en 1815 [2]. La loi du physicien anglais, dite *loi de la tangente*, qui lie l'angle de polarisation complète au pouvoir réfringent des corps, a été énoncée ainsi : *Sous l'angle de la polarisation complète, le rayon réfléchi est perpendiculaire au rayon réfracté; en d'autres termes, les rayons incidents ou réfléchis sont inclinés relativement à la surface du milieu comme le rayon réfracté l'est par rapport à la normale* [3]. Mais, six ans avant Brewster, Malus avait déjà indiqué une règle pour calculer l'angle de polarisation à la seconde surface des milieux diaphanes d'après l'angle de polarisation complète à la première [4]. La même relation devait être étendue aux angles de la première et de la seconde surface, sous lesquelles la lumière se polarise en proportions égales. La règle de Malus n'était donc qu'un cas particulier

1. *Œuvres d'Arago*, t. IV des *Notices scientifiques*, p. 312. La notice sur la polarisation avait été publiée en 1824, dans l'*Encyclopédie britannique.*

2. *Philosoph. Transact.*, année 1815.

3. Dans notre atmosphère, la lumière incomplétement polarisée forme la teinte azurée du ciel. Près du soleil cette polarisation est à peine sensible; elle augmente graduellement à mesure qu'on s'éloigne de l'astre, et atteint son maximum à la distance angulaire de 90°. Or, quand un rayon réfléchi forme un angle de 90° avec le rayon direct, ce dernier a dû rencontrer le miroir réfléchissant sous un angle demi-droit : 45° est donc, pour l'atmosphère, l'inclinaison qui correspond à la polarisation maximum. (Arago, *Notices scientifiques*, t. IV, p. 394.)

4. *Mémoires d'Arcueil*, t. II, année 1809.

d'un théorème général, déduit en 1815, par Arago, d'une longue suite d'expériences, et qui a été énoncé d'une manière très-simple : *La première et la seconde surface d'un corps polarisent également la lumière dans les angles sous lesquels ces mêmes surfaces la réfléchissent également* [1].

C'est Malus qui découvrit, en 1811, que le faisceau de lumière transmis par un miroir diaphane est partiellement polarisé dans un plan formant un angle droit avec le plan de polarisation du faisceau réfléchi [2]. L'année suivante, Arago fit une suite d'expériences, publiées en 1814 par Biot, d'où il déduisit que « la quantité de lumière polarisée contenue dans le faisceau que transmet un corps diaphane est exactement égale à la quantité de lumière polarisée à angle droit, qui se trouve dans le faisceau réfléchi par le même plan. »

Malus ne manqua pas non plus de remarquer que la polarisation du rayon naturel qui a traversé une pile de lames de verre, était inverse de celle dont avait été, dans les mêmes circonstances, affecté le rayon réfléchi, en sorte que si ce dernier pouvait être identifié avec le rayon ordinaire provenant d'un cristal placé dans une certaine position, le rayon transmis par la pile de lames ressemblerait au rayon extraordinaire de ce même cristal. L'habile physicien déduisit de ses expériences des conséquences très-curieuses, qui ont suggéré à Arago la remarque suivante : « Si jamais on trouve une substance qui seule, sous l'angle de polarisation complète par voie de réflexion, réfléchisse la moitié de la lumière incidente, le rayon transmis au travers d'une seule lame sera aussi complétement polarisé au lieu de l'être partiellement. On n'aura plus besoin, pour obtenir cette polarisation complète par réfraction, de recourir à une pile de plaques de verre comme dans les expériences de Malus : une seule plaque suffira. »

Brewster trouva que certaines substances minérales, telles que la tourmaline et l'agate, agissent sur la lumière comme des piles de lames transparentes. Ainsi, une lame taillée parallèlement à l'axe d'une aiguille de tourmaline transmet les rayons qui sont polarisés dans un plan perpendiculaire à cet axe, et arrête, au contraire, tous les rayons dont le plan primitif de polarisation est parallèle au même axe [3].

1. Arago, *Notice sur la polarisation de la lumière* (t. IV, p. 320 de ses *Œuvres*).

2. *Moniteur* du 11 mars 1811.

3. Brewster, *Treatise on new philosophical instruments*; Lond., 1813

Le plan de polarisation ne demeure pas constant; il dévie, et cette déviation, produite par la réflexion d'un rayon lumineux à la première surface d'un miroir diaphane, dépend à la fois de l'angle d'incidence et de la direction du plan de réflexion relativement aux pôles du rayon. Pour une incidence donnée, la déviation est d'autant plus considérable, que le plan de réflexion fait, avec le plan de polarisation primitive, un angle plus voisin de 45°. Les observations que Malus avait faites à ce sujet furent, en 1817 et 1818, complétées par Fresnel. Ce dernier en donna, en 1821, les lois mathématiques [1].

Fresnel et Arago furent les premiers à examiner la polarisation de plus près et à montrer comment elle modifie les phénomènes d'interférence. Une série d'expériences les conduisit, en 1819, aux conclusions suivantes : 1° deux faisceaux que l'on fait passer directement de l'état de lumière naturelle à celui de lumière polarisée dans le même sens, conservent, après avoir reçu cette dernière modification, la propriété d'interférer ; 2° deux faisceaux que l'on fait passer directement de l'état de lumière naturelle à celui de lumière polarisée dans des sens rectangulaires, ne sont plus susceptibles d'interférer ; 3° des faisceaux polarisés en sens contraire n'interfèrent pas, quelles que soient les modifications qu'ils aient éprouvées avant d'arriver à cet état en partant de celui de lumière naturelle ; ramenés ensuite à des polarisations semblables, ils deviennent susceptibles d'interférer, pourvu que, dans le passage de l'état normal à l'état polarisé, les premiers plans de polarisation des deux faisceaux aient été parallèles [2].

Ces expériences seraient très-difficiles à exécuter avec des piles de lames d'une grande épaisseur. Mais Arago avait découvert, dès 1811, que des lames très-minces de mica peuvent remplacer ces piles.

En parcourant le *Traité de la lumière* de Huygens, le savant collaborateur de Malus avait été frappé d'un passage où il est dit que les deux rayons en lesquels un faisceau se partage dans l'acte de la double réfraction jouissaient de propriétés toutes particulières que n'avait pas la lumière incidente. « Il semble, dit Huygens, qu'on soit obligé d'admettre que les ondes de lumière, pour avoir traversé le premier cristal de spath d'Islande, acquièrent certaine

---

1. *Annales de Chimie et de Physique*, t. XVIII.
2. *Annales de Chimie et de Phys*, t. X.

forme ou disposition, par laquelle en rencontrant le tissu d'un second cristal, dans certaine position, elles puissent émouvoir les deux différentes matières qui servent aux deux espèces de réfraction, et, en rencontrant ce second cristal dans une autre position, elles ne puissent émouvoir que l'une de ces matières. » Arago conclut de ce passage que Huygens entrevit le premier le phénomène de la polarisation, que devait, cent huit ans plus tard, mettre au jour Malus.

Polarisation chromatique ou colorée. — C'est à Arago que 'on doit la découverte de la polarisation colorée. Il l'exposa dans un mémoire lu le 11 août 1811 à l'Académie des sciences.

Laissons-le raconter lui-même dans quelles circonstances il fit cette importante découverte : « En examinant, par un temps serein, une lame assez mince de mica, à l'aide d'un prisme de spath d'Islande, je vis que les deux images qui se projetaient sur l'atmosphère n'étaient pas teintes des mêmes couleurs : l'une d'elles était jaune verdâtre, la seconde rouge pourpre, tandis que la partie où les deux images se confondaient était de la couleur naturelle du mica vu à l'œil nu. Je reconnus en même temps qu'un léger changement dans l'inclinaison de la lame par rapport aux rayons qui la traversent, faisait varier la couleur des deux images, et que si, en laissant cette inclinaison constante et le prisme dans la même position, on se contentait de faire tourner la lame de mica dans son propre plan, on trouvait quatre positions à angle droit où les deux images prismatiques sont du même éclat et parfaitement blanches. En laissant la lame immobile et faisant tourner le prisme, on voyait de même chaque image acquérir successivement diverses couleurs et passer par le blanc après chaque quart de révolution. Au reste, pour toutes ces positions du prisme et de la lame, quelle que fût la couleur d'un des faisceaux, le second présentait toujours la couleur complémentaire, — j'appelle *couleurs complémentaires* celles qui, réunies, forment du blanc, — en sorte que, dans ces points, où les deux images n'étaient pas séparées par la double réfraction du cristal, le mélange de ces deux couleurs formait du blanc. Il est bon cependant de remarquer que cette dernière condition n'est rigoureusement satisfaite que lorsque la lame est partout de même épaisseur. C'est alors seulement, en effet, que chaque image est d'une teinte uniforme dans toute son étendue ; car, dans les autres cas, elles présentent l'une et l'autre dans des points, mêmes contigus, des couleurs très-différentes et disposées d'autant plus irrégulièrement que le mica qu'on emploie a des inégalités plus sensibles. Quoi qu'il en soit, les parties des images qui se correspondent sont toujours teintes de couleurs complémentaires [1]. »

Pour écarter toute idée de l'influence qu'aurait pu avoir, sur l'apparition des couleurs, la dispersion de la lumière dans les images prismatiques, Arago employait tantôt un rhomboïde de spath calcaire, tantôt un prisme de cette substance, auquel il avait adossé un prisme de verre ordinaire, afin de le rendre achromatique; les résultats furent toujours les mêmes. Il se demanda ensuite si ses expériences n'étaient pas analogues à celles que Newton expose dans le 2e livre de son *Optique :* deux lentilles de verre ordinaire ayant été superposées l'une sur l'autre (24e expérience du 2e livre), l'illustre auteur ne voyait que cinq ou six anneaux colorés à l'œil nu, tandis qu'à l'aide d'un prisme il lui arrivait souvent d'en compter plus de quarante. Mais Arago ne tarda pas à reconnaître qu'il, n'y a ici aucune identité de phénomènes. Les anneaux colorés de Newton existaient déjà dans la lame d'air comprise entre les deux verres, seulement ils y étaient trop enserrés pour qu'on pût les distinguer tous à l'œil nu : le prisme employé n'avait donc pour effet que de séparer les orbites des divers anneaux, en déviant inégalement les rayons différemment colorés. Rien de pareil n'a lieu dans l'expérience mémorable d'Arago. Si les couleurs n'eussent été invisibles dans le mica, à l'œil nu, qu'à cause de leur mélange, on ne les aurait pas aperçues davantage en examinant le mica au travers des faces parallèles d'un rhomboïde de carbonate de chaux ou avec un prisme achromatisé ; car, dans ces deux circonstances, les rayons de diverses couleurs ayant été également réfractés, les teintes auraient été aussi mélangées dans les deux images de rhomboïde que dans la plaque de mica elle-même, vue à l'œil nu.

Après avoir sommairement rappelé les travaux faits par Bartholin, Huygens et Malus sur la double réfraction, Arago résume en ces termes son beau mémoire sur la polarisation colorée : « On peut donc encore donner aux rayons de lumière une telle modification, qu'ils ne ressemblent plus ni à la lumière directe ni aux rayons polarisés ordinaires : ces nouveaux rayons se distingueront, d'abord de la lumière polarisée en ce qu'ils fournissent constamment deux images en traversant un rhomboïde, et puis de la lumière ordinaire, par la

1. Arago, *Mémoire sur la polarisation colorée,* dans le t. I de ses *Mémoires scientifiques,* p. 37 et suiv.

propriété qu'ils ont de donner toujours deux faisceaux complémentaires, mais dont les couleurs varient avec la position de la section principale du cristal à travers lequel on les fait passer. Un rayon de lumière directe, en tombant sur un corps diaphane, abandonne à la réflexion partielle une partie de ses molécules. Un rayon polarisé est transmis en totalité, abstraction faite de l'absorption, lorsque le corps diaphane est situé d'une certaine manière par rapport aux côtés des rayons. Les diverses molécules colorées dont se compose un rayon blanc, lorsqu'il a éprouvé la modification particulière dont il s'agit ici, ne se réfléchissent que successivement et les unes après les autres, dans l'ordre de leurs couleurs, pendant que le corps diaphane tourne autour du rayon en faisant toujours le même angle avec lui. Par conséquent, si l'on fait tourner un miroir de verre autour d'un faisceau de lumière directe, et si l'on n'altère pas leur inclinaison naturelle, la quantité de rayons transmis ou celle de rayons réfléchis sera la même dans toutes les positions; mais si le faisceau est déjà polarisé, et si, de plus, l'angle d'incidence est de 35°, on trouvera deux positions diamétralement opposées, dans lesquelles le miroir ne réfléchira pas une seule molécule de lumière. Si nous supposons enfin que, toutes les autres circonstances restant les mêmes, le miroir soit éclairé par un faisceau de lumière blanche déjà modifiée par une plaque de cristal de roche, il sera successivement teint, à chaque demi-révolution, de toute la série des couleurs prismatiques, tant par réflexion que par réfraction, avec cette particularité qu'au même instant ces deux classes de couleurs sont toujours complémentaires. »

Arago a recommandé la *lunette de Rochon* comme un instrument très-propre a expérimenter la polarisation chromatique. Cet instrument se compose tout simplement d'une lunette ordinaire dans l'intérieur de laquelle est placé un prisme de cristal de roche ou de carbonate de chaux. Ce prisme est achromatique et mobile le long de l'axe, ce qui donne le moyen de séparer plus ou moins complétement les deux images de l'objet auquel on vise. En disposant l'axe optique de la lunette de manière à faire un angle de 35° environ avec la surface d'un miroir non étamé, on voit chaque image disparaître deux fois pendant une révolution complète de l'instrument. La lunette étant dans l'une de ces positions où l'on ne voit qu'une seule image, si l'on interpose une plaque de mica, on en verra aussitôt deux dont les couleurs complémentaires dépendront de l'inclinaison de la lame interposée et de son épaisseur.

Brewster publia en 1813, dans son *Treatise on new philosophical instruments*, des observations analogues à celles qu'Arago avait faites en 1811.

Polarisation circulaire ou rotatoire. — Découverte en 1817 par Fresnel et Arago, la polarisation rotatoire provient d'un genre particulier de double réfraction, comme la polarisation ordinaire est donnée par la double réfraction du spath d'Islande. La double réfraction spéciale, qui produit la polarisation rotatoire, résulte, non pas de la nature du cristal, mais de certaines coupées et d'inclinaisons que Fresnel signala le premier. Qu'on prenne un faisceau de lumière polarisé A, qu'on lui fasse subir, sous un angle de 54°, une double réflexion totale sur un parallélipipède de verre (fig. 25), et que les nouveaux plans de réflexion soient inclinés de 45° au plan de polarisation primitive ; le faisceau émergent B aura acquis des propriétés toutes particulières. En analysant ce faisceau émergent, on le voit se décomposer constamment en deux rayons de même intensité, quelle que soit la direction de la section principale : ce qui pourrait faire croire qu'il est redevenu de la lumière naturelle. Mais si on le fait passer au travers d'une lame cristallisée avant de le soumettre à l'action du rhomboïde, on découvre bientôt qu'il n'en est pas ainsi. En effet, la lumière donnerait, dans ce cas, deux images blanches et de même intensité ; tandis que la lumière émergeant du parallélipipède se décompose en deux faisceaux

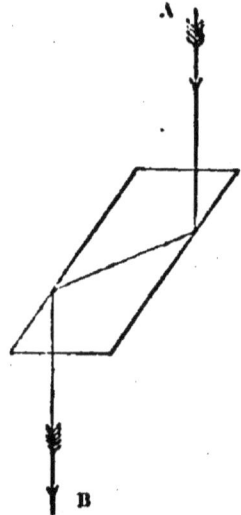

Fig. 25.

fortement colorés l'un et l'autre. Or, la couleur de chacune de ces deux images est, sur le cercle chromatique de Newton, à un quart de circonférence de la place qu'y occupe la couleur que la même image aurait présentée, si l'on avait employé de la lumière polarisée ordinaire. Enfin la lumière polarisée ordinaire ne donne lieu à aucun des phénomènes de coloration après qu'on lui a fait traverser des lames de cristal de roche perpendiculaires à l'axe.

Voilà comment Fresnel et Arago découvrirent qu'un rayon polarisé, modifié par deux réflexions complètes, possède des propriétés spéciales, qui le distinguent d'un rayon direct et d'un rayon polarisé ordinaire, et ils donnèrent à cette modification le nom de *pola-*

risation circulaire[1]. Ce nom n'indique point un nouveau mode de vibration qu'aurait pris la lumière ; il n'exprime que le fait du déplacement éprouvé par le plan primitif de polarisation.

Dès 1818 Biot entreprit sur le même sujet une série de recherches qui l'amenèrent à reconnaître que d'autres substances, telles que l'essence de térébenthine, les dissolutions de l'acide tartrique, des tartrates, du sucre, des gommes et du sucre de fécule (dextrine), présentent le phénomène de la polarisation rotatoire. En continuant cette étude Biot parvint à constater qu'il y a des corps pour lesquels le plan primitif Oy se déplace vers Oa, en *tournant à droite* dans le sens indiqué par la flèche (fig. 26). C'est pourquoi les corps sont nommés *dextrogyres*. Il y en a d'autres qui font tourner le plan de polarisation à gauche, vers Ob, dans le sens de la flèche. Ces corps sont dits *lévogyres*. On cite particulièrement des variétés de quartz, l'une dextrogyre, l'autre lévogyre, qui, à épaisseur égale, donnent des rotations égales, et qui ne diffèrent que par leur signe.

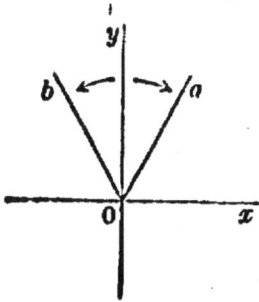

Fig. 26.

Pour faire ce genre d'expériences, Biot mit en avant un procédé fort simple, quoique assez difficile à mettre en pratique. Ce procédé consistait à préparer un spectre très-pur avec de la lumière polarisée, à recevoir successivement chacune des couleurs sur le quartz (cristal de roche), et à mesurer la rotation de son plan de polarisation. L'auteur trouva que *la rotation augmente avec la réfrangibilité, et qu'elle est sensiblement en raison inverse du carré de la longueur d'onde.* Mais cette loi de Biot ne doit être considérée que comme approximative.

M. Descloizeaux reconnut la polarisation rotatoire dans le cinabre ; M. Bouchardat, dans les alcalis organiques ; M. Marbach, de Breslau, dans les cristaux cubiques de bromate et de chlorate de soude. Enfin on se trouve en présence de toute une classe de corps, cristallisés ou amorphes, solides, liquides et même gazeux, qui réalisent une des propriétés les plus remarquables de la lumière.

1. *Mém. lu à l'Acad. des sciences,* en novembre 1817 ; Supplément à ce Mém. présenté en janvier 1818 ; *Bulletin de la Société philomathique,* déc. 1822 et févr. 1823.

VITESSE DE LA LUMIÈRE

Les physiciens regardaient, depuis Aristote, la vitesse de la lumière comme infinie, lorque l'Arabe Alhazen vint soulever des doutes à cet égard. Mais il ne se fonda que sur des subtilités, que J. B. Porta n'eut pas de peine à réfuter. Galilée résolut le premier de traiter cette grande question par voie expérimentale. Deux observateurs, chacun tenant une lumière, furent placés à près d'un mille de distance (environ 1650 mètres). L'un d'eux, à un instant quelconque, éteignait la lumière; le second devait aussitôt couvrir la sienne. Comme le premier observateur voyait disparaître la seconde lumière au même moment où il éteignait la sienne, Galilée en conclut que la lumière se transmet dans un instant indivisible à une distance double de celle qui séparait les deux observateurs [1]. Les membres de l'Académie *del Cimento* furent conduits, par des expériences semblables, à un résultat identique. D'autre part, Descartes croyait, comme les anciens, que la lumière se transmet instantanément à toute distance. La question ne fut résolue qu'à la fin du XVIIe siècle, par l'observation des éclipses des satellites de Jupiter [2]. Les astronomes se mirent dès lors à l'œuvre pour mesurer la vitesse de la lumière dans les circonstances que le ciel leur offrait toutes faites. Les physiciens imaginèrent à leur tour des expériences analogues à celles que les astronomes trouvaient réalisées dans la nature. L'idée des *miroirs tournants* se présenta d'abord à l'esprit, d'autant plus que Wheatstone venait de s'en servir avec succès pour mesurer la vitesse de l'électricité. Par la rotation uniforme d'un disque taillé en dents parfaitement égales et séparées par des intervalles égaux à leur largeur, M. Fizeau trouva que la lumière parcourt, en une seconde de temps, 315364 kilomètres (78841 lieues). Ce résultat, obtenu par des expériences faites en 1849, sur le belvédère d'une maison de Suresnes, près de Paris, diffère peu de celui qu'avait obtenu (77000 lieues, ou 308000 kilomètres), cent cinquante ans auparavant, Rœmer, à l'Observatoire de Paris. En modifiant ingénieusement son appareil de rotation, M. Foucault trouva un nombre sensiblement inférieur : 298187 kilomètres. D'après ces dernières expériences, la vitesse de la lumière

1. *Delle Scienze nuove,* 1er Dialog.
2. Voy. *Hist. de l'Astronomie.*

doit être réduite de $\frac{1}{34}$. Et comme les anciens nombres avaient servi à déterminer la distance de la terre au soleil (parallaxe), il faut réduire dans la même proportion cette parallaxe, étalon de toutes les évaluations astronomiques.

SPECTRES INVISIBLES DE LA LUMIÈRE

Nous avons déjà vu, à l'article *Chaleur*, comment W. Herschel fut amené à découvrir le *spectre calorifique*. Melloni refit ces expériences en se servant, pour obtenir le spectre solaire, d'un prisme de verre et d'une lentille de sel gemme, qui laisse passer toute la chaleur. Il reconnut, comme Herschel, que l'action calorifique augmente dans l'intérieur du spectre coloré, depuis le violet où elle est faible jusqu'au rouge, et que, au dehors du spectre coloré, elle continue de croître, en deçà du rouge, jusqu'à atteindre un maximum, au delà duquel elle disparaît progressivement à une très-grande distance du rouge limite. Il était permis de conclure de là « que presque toutes les chaleurs solaires sont des chaleurs obscures, beaucoup moins réfrangibles que les lumières qui le sont le moins. »

En voyant qu'en deçà du rouge il existe des rayons qui n'impressionnent pas l'œil, on devait se demander s'il n'existe pas, au delà du violet, des rayons également invisibles.

Spectre chimique. Photographie. Photochimie. — Scheele découvrit en 1781 que le chlorure d'argent a la propriété de noircir à la lumière, et qu'il noircit plus dans le rayon violet que dans aucun autre rayon du spectre. Gay-Lussac et Thenard observèrent qu'un mélange de volumes égaux de gaz chlore et d'hydrogène reste invariable dans l'obscurité, qu'à la lumière diffuse il y a combinaison et production d'acide chlorhydrique, et qu'à la lumière directe du soleil cette combinaison est instantanée et accompagnée d'une vive explosion. Les observations de ce genre se multiplièrent. Grellhuss vit l'iodure bleu d'amidon se décolorer sous l'influence de la lumière, en donnant naissance à de l'acide iodhydrique. Enfin beaucoup de phénomènes de végétation et surtout de coloration organique attirèrent l'attention des physiciens sur l'action chimique de la lumière.

Wollaston, Ritter, Bérard et Seebeck, reprenant l'observation de Scheele, constatèrent que le chlorure d'argent conserve la propriété de noircir bien au delà du rayon violet du spectre solaire, jusqu'à une distance au moins égale à celle qui sépare le violet du rouge. Depuis lors on admit l'existence d'un *spectre chimique*, composé de radiations ultra-violettes, invisibles ; le fait fut complètement démontré, en 1842, par M. Edmond Becquerel, qui réussit à isoler les radiations chimiques au moyen d'une plaque d'iodure d'argent, impressionnable à la lumière.

Nous devons dire ici un mot d'une découverte qui a fait parler d'elle plus qu'aucune autre. *Daguerre* (né à Cormeille en 1789, mort à Petit-Bry-sur-Marne en 1851), directeur du Diorama, s'associa, en 1829, à *N. Niepce* pour trouver le moyen de fixer les images de la chambre obscure par l'action de la lumière, ce qu'avait déjà essayé H. Davy. Au bitume de Judée dissous dans l'huile de lavande, dont se servait d'abord Niepce (mort en 1833) pour enduire, comme d'un vernis, des plaques métalliques], Daguerre substitua en 1839, après divers tâtonnements, le chlorure et l'iodure d'argent, et parvint à créer, sous le mon de *daguerréotypie* ou de *photographie*, tout un art industriel qui a reçu depuis lors de très-nombreux perfectionnements. Ed. Becquerel et Herschel essayèrent de reproduire les images avec les couleurs du spectre solaire (*héliochronomie*). M. Niepce de Saint-Victor, neveu de l'associé de Daguerre, entreprit une série de recherches originales sur les flammes colorées, et donna le premier des essais de gravure héliographique, propres à faire concevoir l'espérance de fixer les images des objets avec leurs couleurs naturelles.

MM. Bunsen et Roscoe ont publié, en 1863, dans les *Annales de physique et de chimie* de Poggendorff, une série de recherches sur l'action chimique de la lumière, appliquée aux phénomènes du monde, tant minéral qu'organique. En évaluant le pouvoir chimique du soleil au moyen d'un appareil, où le mélange explosif de chlore et d'hydrogène joue le principal rôle, ils trouvèrent que « si les rayons solaires arrivaient à la terre sans rencontrer d'atmosphère, et que ces rayons fussent intégralement absorbés par le mélange à volumes égaux d'hydrogène et de chlore, ils détermineraient pendant chaque minute la formation d'une couche uniforme d'acide chlohydrique, qui aurait une épaisseur égale à $35^m,3$; cette couche serait de 15 mètres pour les rayons qui traverseraient l'atmosphère dans la direction du zénith, de 11 mètres lorsque le soleil serait incliné à 45°, etc. »

Toutes les parties du disque solaire ne possèdent pas, suivant

Roscoe, au même degré le pouvoir photochimique. Ainsi, ce pouvoir paraît être cinq fois plus grand au centre que sur les bords du soleil, conséquemment plus marqué que le pouvoir calorifique. Le P. Secchi, directeur de l'Observatoire de Rome, avait trouvé que le centre du soleil émet à peine deux fois plus de chaleur que le bord de cet astre. M. Roscoe explique la différence d'intensité entre les rayons chimiques et les rayons thermiques par la supposition que les premiers, plus réfrangibles que les seconds, sont aussi plus fortement absorbés par l'atmosphère solaire. De l'ensemble de ses observations il conclut que « l'action chimique de la zone polaire australe du soleil est beaucoup plus intense que celle de la zone polaire boréale, et que celle de l'équateur tient le milieu entre les deux. »

Les recherches de MM. Bunsen et Roscoe, extrêmement délicates, exigeaient des moyens d'expérimentation nouveaux, qu'il serait trop long de décrire ici. Qu'il nous suffise de signaler, parmi les résultats obtenus, que l'action chimique de la lumière varie suivant la constitution géologique et l'état agronomique du sol, suivant l'obliquité diurne et annuelle des rayons du soleil, suivant les latitudes et les saisons.

En comparant la lumière du soleil avec celle de sources terrestres, MM. Bunsen et Roscoe ont trouvé que la lumière émise par un fil de magnésium brûlant à l'air libre possède un pouvoir photochimique très-intense : elle produirait autant d'effet chimique que le soleil élevé d'environ 10°, supposé, bien entendu, que les deux sources offrissent la même surface apparente, ce qui aurait lieu si, par exemple, un disque de magnésium de 0m,1 de diamètre était placé à 10m,7 de distance.

Raies noires du spectre. Analyse spectrale. — Wollaston eut, un jour de l'année 1802, l'idée de décomposer la lumière diffuse des nuages, en la faisant passer par une fente verticale très-mince. Plaçant l'œil à la distance de la vision distincte, il regarda cette fente à travers un prisme également vertical ; il vit se former un spectre virtuel offrant les mêmes successions de couleurs que celui de Newton. Mais il y reconnut, en même temps, un petit nombre de raies noires qui semblaient séparer les couleurs par des traits verticaux. Ces raies étaient irrégulièrement distribuées depuis le rouge jusqu'au violet, et constituaient des groupes distincts. Wollaston ne songea pas à se servir d'une lunette pour mieux les observer : il ne comprit pas l'importance de la découverte qu'il venait de faire, parce qu'il était dominé par l'idée newtonienne que la lumière blanche n'est autre chose que la superposition des lumières simples, diversement colorées et diversement réfrangibles du spectre.

En 1817, un opticien de Munich, Fraunhofer (né en 1787, mort en 1826), retrouva, dans le spectre solaire, les raies qu'avait aperçues Wollaston et qu'on semblait avoir oubliées. L'appareil dont il se servit était un cercle divisé, semblable à celui qu'on emploie pour la démonstration de la loi des sinus : le prisme était tourné au minimum de la déviation, et la lunette avait été préalablement pointée sur la fente à travers le collimateur. Fraunhofer distingua ainsi un nombre considérable de lignes noires très-déliées, parallèles aux arêtes; il en compta près de six cents, dont les plus grandes sous-tendaient un angle de 5″ à 10″. Brewster vit cet angle augmenter à mesure que le soleil se rapprochait de l'horizon, et il compta plus de deux mille de ces lignes noires, d'inégale grosseur, placées à des distances irrégulières, se rapprochant les unes des autres dans certains endroits, pour s'écarter dans d'autres. Fraunhofer constata que ces lignes sont disposées par groupes principaux, qu'elles se succèdent toujours dans le même ordre, occupent les mêmes places dans la série des couleurs, et qu'on les retrouve dans toutes les lumières, directes ou diffuses, du soleil; mais qu'il n'en est plus de même pour des rayons provenant de sources différentes de celle de l'astre radieux.

Ces résultats inattendus firent aussitôt comprendre que les raies ou lignes noires en question pourraient servir d'excellents points de repère pour caractériser les diverses parties du spectre solaire. Fraunhofer employa les lettres de l'alphabet pour désigner les groupes visibles à l'œil nu : les trois premiers, A, B, C, sont dans le rouge ; D occupe la partie la plus brillante du spectre, entre l'orangé et le jaune : c'est une des raies les plus nettes et la plus précieuse à cause de sa position moyenne ; E indique la dernière des trois raies, très-vives, qui se trouvent dans le jaune ; F, la moyenne des trois raies, presque équidistantes, contenues dans le vert; G est situé entre le bleu et l'indigo ; H, très-large, termine le violet.

En 1822, Herschel eut, l'un des premiers, l'idée de décomposer par un prisme la lumière des gaz incandescents. Ses expériences lui donnaient des spectres très-peu apparents, sur le fond desquels il voyait se détacher un petit nombre de lignes fort brillantes, aussi étroites et aussi irrégulièrement disposées que les raies noires du spectre solaire, et dont la place était également constante. Herschel n'hésita pas à déclarer que ces lignes brillantes pourraient servir à analyser les matières qui, par leur combustion, fournissent les gaz incandescents.

Fraunhofer avait déjà observé, dans la flamme des lampes ordinaires, une lumière jaune, composée d'une double raie. M. Cooke vit cette même lumière, obtenue avec une lampe à alcool salé, se résoudre en plus de soixante traits très-brillants à l'aide de neuf prismes creux, remplis de sulfure de carbone. Et comme M. Sevan l'avait vu, en 1856, se reproduire dans toutes les combustions faites en présence d'un sel de soude, et que, dans toutes ses recherches, il lui était difficile de l'empêcher de prendre naissance, M. Cooke en induisit que le sodium est un des corps les plus universellement répandus. Müller étudia particulièrement les flammes vertes, rouges, etc., données par différents sels métalliques mêlés à l'alcool, et M. Morren fit le premier connaître le spectre si remarquable fourni par la combustion des hydrogènes carbonés : on y voit 6 raies brillantes et équidistantes dans l'orangé, 7 dans le jaune verdâtre, 3 dans le vert, 5 dans le bleu indigo, enfin un grand nombre de lignes entièrement noires et équidistantes dans le violet. Or, comme ce spectre se produit toutes les fois qu'une flamme contient du charbon qui s'y brûle complétement, on en a conclu qu'il est dû à la présence du carbone.

Les raies de la lumière électrique, qui entraîne si facilement de la matière volatilisée, furent étudiées avec soin par Wheatstone, Masson, Plucker, Foucault.

Tous ces faits étaient connus ; mais le lien qui devait les réunir avait échappé à tout le monde, quand MM. Bunsen et Kirchhoff publièrent en 1859 le travail qui, par l'*analyse spectrale*, ouvrit un champ nouveau aux progrès de la chimie (Voy. l'*Histoire de la Chimie*).

Théorie la plus récente de la lumière. — Il résulte des études comparatives, faites sur les propriétés lumineuse, calorifique et chimique du spectre par MM. Ed. Becquerel, Jamin, etc., que ces trois propriétés sont absolument inséparables dans la partie du spectre où elles se trouvent superposées. Comme on ne pouvait les séparer ni par la réfraction prismatique, puisqu'elles ont le même indice et qu'elles suivent la loi des sinus, ni par les milieux absorbants, puisque ces milieux agissent proportionnellement sur chacune de ces propriétés, on chercha à les séparer en les polarisant ou en les faisant interférer. Mais MM. de la Provostaye et Desains montrèrent que,

dans tous les cas, *chaque propriété d'une lumière simple se retrouve avec la même intensité et le même sens dans les deux autres
propriétés qui l'accompagnent dans le spectre.*

Voici l'interprétation philosophique, donnée par M. Jamin, de
cette loi générale : « On a supposé autrefois que trois agents distincts émanaient du soleil : la chaleur, la lumière et les rayons
chimiques, et que chacun d'eux donnait lieu à un spectre partiellement superposé aux deux autres, mais distinct dans sa nature
autant que dans ses propriétés. On a imaginé depuis une théorie
nouvelle : on admet que le soleil envoie des vibrations qui sont
toutes de même nature, qui ne se distinguent que par leur longueur d'onde, et qui se séparent en traversant un prisme, parce
que leur réfrangibilité est différente, de telle sorte qu'en un lieu
donné du spectre il n'y en a qu'une seule et qu'elle est réellement
simple ; tombe-t-elle sur un thermomètre, il l'absorbe et s'é-
chauffe ; rencontre-t-elle certains composés chimiques, elles les
modifie ; pénètre-t-elle dans l'œil, elle y développe l'effet lumineux. C'est entre ces deux théories qu'il faut choisir. Si la triple
propriété résultait de trois rayonnements distincts superposés, ils
auraient certainement des propriétés distinctes qui permettraient de
les isoler, tandis que l'identité des trois actions, que l'expérience
constate, est nécessaire si l'on regarde la chaleur, la lumière et
l'action chimique comme des manifestations d'une même radiation
simple. Dans cette alternative, la logique nous conduit à admettre
une cause unique qui explique l'ensemble des effets, plutôt que trois
causes différentes auxquelles il serait impossible d'assigner des
caractères distincts. A l'avenir nous admettons donc que le soleil
envoie une série de vibrations superposées différant entre elles,
non par leur vitesse de propagation, non par la direction de leurs
mouvements, mais seulement par la *rapidité de leurs oscillations*;
elles diffèrent entre elles comme les notes envoyées à la fois par les
divers instruments d'un orchestre ; elles se séparent par la réfraction. Les vibrations peu réfrangibles sont les plus lentes, et les
plus déviées les plus rapides, de sorte que les chaleurs obscures
sont analogues aux sons graves, les rayons chimiques extrêmes aux
notes les plus aiguës, et les rayons (colorés) du spectre visible aux notes moyennes. Il est extrêmement probable que nous ne connaissons
pas, dans toute son étendue, la gamme des radiations solaires, car
tous les milieux connus absorbent à la fois les moins et les plus
réfrangibles d'entre elles, et vraisemblablement le spectre pourra

nn jour être prolongé au delà des limites que nous lui connaissons aujourd'hui [1]. »

Enfin, d'après une idée généralement admise par les physiciens de la génération actuelle, l'ensemble des radiations qui composent la lumière commune représente une somme de mouvements ou de force vive, qui se conserve ou se dépense en un travail équivalent. Il suit de là que toute radiation absorbée doit pouvoir se mesurer par un effet déterminé ou déterminable. Le plus souvent elle se traduit par un effet complexe, désigné sous la dénomination vague de *diffusion* et qui s'observe dans presque tous les corps transparents ou incolores. Ainsi, l'eau partage la lumière en deux parts : l'une, qu'elle transmet, est jaune et passe au rouge ; l'autre, qu'elle diffusionne intérieurement, est complémentaire ; c'est celle-là qui nous fait voir vertes ou bleues les eaux profondes des lacs ou de la mer. Ce double effet explique une expérience fort curieuse de Hassenfratz. Ce physicien (né à Paris en 1755, mort en 1827) vit la lumière paraître successivement jaune, orangée et rouge, en faisant passer les rayons solaires à travers un tube plein d'eau, dont il augmentait progressivement la longueur ; les longues colonnes d'eau, éclairées par le soleil, semblaient devenir lumineuses ; elles diffusionnaient la partie des rayons qu'elles ne transmettaient pas directement. Or, ce qui ne se manifeste qu'avec de très-longues colonnes d'eau a lieu pour les corps opaques sous une épaisseur très-petite. L'air est dans le même cas que l'eau : bleu par diffusion, il colore en rouge le soleil à son coucher et à son lever ; aux limites supérieures de l'atmosphère, il paraîtrait noir comme la nuit.

Phosphorescence et fluorescence. — On sait depuis longtemps que les diamants, après avoir été exposés au soleil, luisent quelque temps dans l'obscurité. En 1604, Vincent Calciarolo, de Bologne, découvrit la même propriété dans les coquilles d'huîtres calcinées. On reconnut depuis lors que ces cas ne sont pas rares, que la phosphorescence peut se manifester par des efforts mécaniques, en broyant, par exemple, du sucre, de la craie, du chlorure de calcium, etc.; qu'elle se produit en clivant du mica, pendant la cristallisation de l'acide arsénieux et du sulfate de soude, par la combustion lente des bois morts, etc.; enfin on l'observe dans les eaux de la mer, chez certains insectes, chez des poissons, etc. Primitive-

1. M. Jamin, *Cours de Physique*, t. III, p. 444 et suiv.

ment on rapprochait ces phénomènes de la nature du phosphore ; de là le nom de *phosphorescence*. Les physiciens et chimistes des XVIIe et XVIIIe siècles ont beaucoup écrit sur cette matière [1], qui est encore aujourd'hui loin d'être épuisée.

On a distingué de la phosphorescence le phénomène que présentent certains cristaux de fluorine transparente. Ces cristaux, étant éclairés par des rayons solaires dans une chambre obscure semblent comme enveloppés d'une couche lactescente qui diffusionne en tout sens une lumière variant du violet au bleu verdâtre. C'est cette diffusion de lumière qui constitue la *fluorescence*. Brewster et John Herschel en ont fait les premiers un objet d'étude spécial.

L'od de M. de Reichenbach a quelque analogie avec ce genre de phénomènes.

HISTOIRE DE DIVERS INSTRUMENTS D'OPTIQUE

Lunettes achromatiques. — Nous avons vu plus haut que les images colorées, produites par les lentilles de verre, avaient porté Newton à substituer aux lunettes les télescopes à miroirs métalliques. Mais les opticiens n'avaient jamais renoncé à l'espoir d'obtenir des lunettes *achromatiques*, c'est-à-dire sans les images colorées que produit l'aberration de réfrangibilité. Newton eut l'idée de remédier à l'aberration de sphéricité, dont nous avons parlé plus haut, par des objectifs composés de deux verres dont l'espace intermédiaire serait rempli d'eau. Euler reprit cette idée pour l'appliquer à l'aberration de réfrangibilité. « Il me paraît, dit-il, probable qu'une combinaison de corps transparents pourrait remédier à cet inconvénient (aberration de réfrangibilité), et je suis persuadé que, dans nos yeux, les différentes humeurs s'y trouvent arrangées en sorte qu'il n'en résulte aucune différence de foyer [2]. » Fort du principe qu'il faut imiter la nature, il proposa de former des objectifs de verre et d'eau, qui se rapprocheraient le plus des combinaisons de l'œil. Un opticien anglais, Dollond père (né en 1706, mort en 1761) voulut tirer parti des indications d'Euler; mais il fut aussitôt arrêté par cette considération que ses expériences devaient contredire cette proposition fondamentale de l'Optique de Newton : « Toutes les fois que

1. Voy. Fischer, *Geschichte der Physik*, t. III, p. 183 et suiv., et t. IV, p. 769 et suiv.
2. Dans le recueil des *Mém. de l'Acad. de Berlin*, année 1747.

les rayons de lumière traversent deux milieux de densité différente, de manière que la réfraction de l'un détruise celle de l'autre et que, par conséquent, les rayons émergents sortent parallèles aux incidents, la lumière sort toujours blanche. »

Un physicien suédois, Klingenstierna (né en 1689, mort en 1767), fit, en 1755, ressortir, dans un écrit envoyé à Dollond, l'erreur de la proposition ou loi que Newton n'avait fondée que sur une seule expérience. Il y montra que la prétendue loi n'est vraie que pour le prisme employé dans cette expérience, qu'elle ne se vérifie pas avec un prisme de substance différente, que chaque angle exigerait une loi particulière, enfin que l'énoncé de Newton (loi newtonienne de la *dispersion*), pris dans sa généralité, est contraire à l'expérience. Il montra, en même temps que la loi de la *dispersion*, déduite de l'analyse par Euler, n'était pas plus exacte que celle de Newton. Ce travail du physicien suédois, qui fut, en 1761, communiqué à Clairaut, inspira à Dollond quelque doute sur l'exactitude de la loi de son illustre compatriote. Il se mit à comparer le *pouvoir dispersif* au pouvoir réfringent dans l'eau, dans le verre ordinaire (*crown-glass*) et dans le verre qui contient de l'oxyde de plomb (*flint-glass*), et il trouva une grande différence dans leur rapport. Ainsi, tandis que, dans l'eau, la réfraction des rayons rouges aux rayons violets était comme 133 à 134 = 77 à 77,6, elle était, dans le crown-glass, comme 154 : 156 = 77 à 78, et dans le flint-glass comme 196 à 200 = 77 à 78,5. Ces expériences furent continuées par E. Zeiher, et surtout par le docteur Blair, qui essaya d'établir « que non-seulement le pouvoir dispersif des corps suit une autre loi que le pouvoir réfringent, mais encore que le rapport dans le pouvoir dispersif des différentes couleurs est variable pour chaque corps. »

Les différences, offertes par le verre commun et le verre plombifère, furent pour Dollond un trait de lumière. Il en conçut l'espérance que, par la combinaison de ces deux verres, les objectifs des télescopes réfracteurs pourraient être faits de telle manière que les images formées par eux ne fussent pas affectées par la réfrangibilité des rayons de lumière. Il résolut donc d'employer le crown-glass et le flint-glass (verre de cristal), après avoir mesuré leurs quantités de réfraction, ce qu'il fit par un procédé analogue à celui qu'il avait employé pour le verre et l'eau. Il trouva que leurs pouvoirs dispersifs étaient comme 3 à 2, en sorte que le spectre coloré, qui avait deux pouces de longueur dans un prisme de verre commun, avait trois pouces de longueur dans un prisme de verre de cristal [1].

Les premières lunettes qui furent construites sur ces données par Dollond reçurent du docteur Blair le nom d'*achromatiques*. Cette invention parut si étonnante, que le premier mouvement des savants et d'Euler lui-même fut de la révoquer en doute. Plus tard on essaya d'en disputer l'honneur à Dollond; mais ces efforts échouèrent; c'est bien à l'opticien anglais, d'origine française [2], que revient la gloire de la correction de l'aberration de réfrangibilité, une des inventions les plus utiles au progrès de la science.

Loupe. Microscope. — Le cristallin d'un œil de poisson, une goutte de rosée, d'une huile essentielle, etc., ont pu fournir l'idée du verre grossissant le plus simple, connu sous le nom de *loupe*, en latin *luba* ou *lupia*. Layard a trouvé, dans les ruines de Ninive, des lentilles de cristal de roche, qui ne devaient avoir que l'usage de nos loupes. Divers passages d'Aristophane [3], de Pline [4], de Sénèque [5], montrent que les anciens connaissaient la propriété qu'ont les globes de verre, les pierres transparentes taillées en prisme de lentille, de grossir les objets. Mais ces indications sont trop vagues pour décider si les anciens connaissaient le microscope simple et la lunette d'approche.

Le microscope fut inventé au commencement du XVIIe siècle, peu de temps après le télescope. Les uns en attribuent l'invention à Zacharie Jansen, de Middelbourg, les autres à Corn. Drebbel, d'autres encore au Napolitain Fr. Fontana. Quoi qu'il en soit, on se servait primitivement de simples globules de verre légèrement aplatis, à foyer très-court, qu'il fallait par conséquent approcher de très-près des petits objets pour les voir grossis. L'homme aurait pu se passer de cet intermédiaire, si son œil était organisé de manière à pouvoir être mis presque en contact avec l'objet à distinguer. Mais comme la vision distincte ne s'exerce qu'à une certaine distance de l'objet, l'artifice en question, qui rapproche de l'œil, non pas l'objet lui-même, mais, ce qui revient au même, son image, a pu, par un bonheur inouï, remédier au défaut de notre organisa-

1. Voy. *Mém. de l'Acad. des sciences*, année 1756.
2. Dollond descendait d'une famille protestante, originaire de Normandie, qui, après la révocation de l'édit de Nantes, s'était réfugiée en Angleterre.
3. *Nubes*, act. II, sc. 1.
4. *Hist nat.*, XXXVII, 2, 5, 7, 8.
5. *Quæst. Hist. nat.*, I, 3, 7.

tion. Soit KL un petit objet, perceptible à l'œil nu à la distance $cd = 20$ centimètres. Si l'on met cet objet au foyer de la lentille *ab*, l'œil placé derrière celle-ci, en *o*, saisira les rayons lumineux qui, après leur réfraction, sortent de la lentille considérablement écartés,

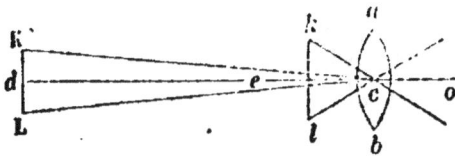

Fig. 27.

et il verra l'objet, d'où ces rayons étaient partis, sous l'angle agrandi *kc k* fig. 27), exactement comme si l'objet lui-même eût été, au lieu de son image, rapproché de l'œil jusqu'en *kl*. Voilà l'artifice réalisé par ce qu'on appelle le *microscope simple*.

On en trouvera le pouvoir amplifiant si l'on divise 20 centimètres (distance de la vision distincte à l'œil nu) par la distance focale de la lentille. Si cette distance est de 2 millimètres (un cinquième de centimètre), le microscope grossira 100 fois; si elle n'est que de 1 millimètre, il grossira 200 fois, etc. Mais il y a des limites au pouvoir amplifiant des lentilles.

Le *microscope à eau*, imaginé par Gray, est tout ce qu'il y a de plus simple. Ce physicien anglais, qui vivait dans la première moitié du XVIII° siècle, prescrivait, pour faire son microscope, de prendre une lame de métal (de plomb ou de cuivre) d'un tiers de ligne d'épaisseur, d'y faire un orifice rond, bien net, avec une grosse épingle, et de mettre dans cet orifice, avec la pointe d'une plume, une petite goutte d'eau. La gouttelette d'eau s'arrondissant en convexité sphérique remplaçait la lentille de verre. L'instrument de Gray, c'est la goutte de rosée convertie en microscope.

Les naturalistes s'intéressèrent vivement au perfectionnement d'un instrument qui devait tant contribuer aux progrès de la zoologie et de la botanique. Ils eurent bientôt l'idée de saisir l'image d'une lentille, non plus par l'œil nu, mais à l'aide d'une seconde lentille; la première devenait alors l'objectif, et la seconde l'oculaire. Ce fut la première idée du *microscope composé*, auquel Hartsoeker, Musschenbroek, Adams et beaucoup d'autres attachèrent leur nom. Avec le progrès de la science, l'attention des opticiens se fixa principalement sur la fabrication des objectifs composés, pour la plupart, de deux ou trois lentilles achromatiques très-petites, superposées et séparées par des distances réglées expérimentalement. Nous passons sous silence les innombrables formes données aux microscopes par leurs supports, leur mode d'éclairage, leur ajustage de tubes, etc. : ce ne sont là que des accessoires. Les lentilles, voilà le principal, bien qu'elles frappent beaucoup moins le regard du vulgaire que ne le font les accessoires.

Dans un microscope, la distance entre l'oculaire et l'objectif reste invariable ; le foyer de l'objectif est seul, au moyen d'une vis, rapproché ou éloigné de l'objet à examiner par transparence. C'est ce qui différencie le microscope du télescope, où l'oculaire est, suivant les distances, rapproché ou éloigné de l'objectif, dont le foyer reste invariable [1].

Les premières observations scientifiques faites avec le microscope ne paraissent pas être antérieures à 1625. Notons que les importantes découvertes que l'on doit à Borelli, Hodierna, R. Hooke, Grew, Malpighi, Leuwenhoek, Bonnani, Baker, Trembley, Needham, ont été faites avec le microscope simple. Tous reconnurent la nécessité d'avoir un moyen d'apprécier ou de mesurer les dimensions des objets, artificiellement grossis. Partant de ce principe signalé plus haut, que la quantité de grossissement pour le microscope simple dépend de la distance à laquelle on voit l'objet au foyer de la lentille (distance focale), comparée à la distance de l'objet distingué à la vue simple, Henri Baker (mort à Londres en 1774) publia une table où la distance focale est calculée sur l'échelle d'un pouce, divisé en 100 parties, la vue distincte des objets à l'œil nu étant évaluée à la distance de 8 pouces. Si l'on suppose une lentille dont la distance focale soit d'un 10e de pouce, l'objet paraîtra quatre-vingts fois plus près qu'à la vue simple ; car un dixième de pouce est contenu 80 fois dans 8 pouces. On verra donc l'objet 80 fois plus long et autant de fois plus large : c'est ce qu'on nomme le *grossissement linéaire*, ou grossissement ordinaire. Pour avoir le grossissement de la surface, on n'a qu'à multiplier 80 par 80, ce qui donne 6400 ; ce nombre, multiplié par 80 = 512000, donnera le cube ou le volume de l'objet. Ces évaluations de grossissement ne sont plus usitées.

Mais il ne suffit pas de connaître la force des lentilles, il faut encore savoir quelle est la grandeur réelle des objets que l'on examine, lorsque ces objets sont excessivement petits ; car la connaissance de leur grossissement ne conduit qu'à un calcul imparfait de leur véritable grandeur. Hooke, Leuwenhoek, Jurine, etc., ont

---

1. Voy. Harting, *Das Mikroskop, Theorie, Gebrauch und Geschichte*, p. 573 et suiv. (Brunswick, 1859.)

inventé à cet égard des méthodes qu'il serait trop long de détailler ici.

Chambre obscure. — Jean-Baptiste Porta (né à Naples en 1540, mort en 1615) paraît avoir eu le premier l'idée de disposer une chambre complétement obscure, de manière à servir à des expériences d'optique. Dans le 17e chapitre de sa *Magia naturalis*, ce célèbre physicien raconte comment, sans autre préparation qu'une ouverture pratiquée à la fenêtre d'une chambre obscure, *camera obscura*, on voit se peindre au dedans les objets extérieurs avec leurs couleurs naturelles; puis il ajoute : « Mais je vais dévoiler un secret dont j'ai toujours fait un mystère avec raison. Si vous adaptez une lentille de verre à l'ouverture, vous verrez les objets beaucoup plus distinctement, et au point de pouvoir reconnaître les traits de ceux qui se promènent au dehors, comme si vous les voyiez de près. » L'auteur aurait pu ajouter que les objets qu'on voit ainsi paraissent renversés et que l'ouverture doit être très-petite pour avoir des images bien nettes.

Les physiciens songèrent bientôt à réduire la chambre obscure à un petit espace, à en faire des instruments portatifs de formes et de dimensions variables. La *chambre noire* de 'S Gravesande a la forme d'une chaise à porteur; le dessus est arrondi en arrière, courbé en avant, et saillant vers le milieu. Mais son volume et sa lourdeur la rendaient incommode. L'abbé Nollet imagina une chambre noire beaucoup plus légère; elle a la forme d'une boîte, de peu de volume et facile à transporter. C'est sur ce modèle qu'ont été faites depuis toutes les chambres noires, qui peuvent servir à copier des paysages, des portraits et même des dessins. Les images, faciles à redresser avec deux ou trois verres lenticulaires, peuvent être obtenues plus ou moins grossies. Un phénomène qui frappa les premiers observateurs, c'est que les images des personnes qui marchent, outre leur mouvement progressif, présentent un mouvement ondulatoire comme celui de chaises roulantes, ce qui tient au mouvement alternatif d'élévation et d'abaissement du corps sur les jambes.

Chambre claire. — Wollaston inventa, en 1809, la chambre claire, *camera lucida*, dont l'idée première paraît appartenir à Hooke[1]. La construction de cet instrument, plus avantageux aux dessinateurs que la chambre noire, repose sur le fait suivant : Si l'on re-

---

1. *Philosoph. Transact.*, n° 38, p. 741.

garde, à travers une lame de verre inclinée de 45° au-dessus de l'horizon, une feuille de papier placée sur une table, on pourra tracer avec la pointe d'un crayon l'image d'un paysage qui vient s'y peindre. Lüdke en 1812, et Amici en 1816, apportèrent diverses modifications à la chambre claire de Wollaston, et en firent un instrument propre à être adapté aux microscopes et aux téléscopes. Sœmmering s'en servait avec avantage dans ses dissections [1].

Lanterne magique. — Le P. Kircher (né près de Fulda en 1602, mort à Rome en 1680) parle, dans la 1re édition de son *Ars magna lucis et umbræ* (Rome, 1646, in-fol.), du moyen de faire apparaître sur le mur d'une chambre noire des images de tout genre, en éclairant par une vive lumière ces images peintes sur un miroir concave. Il comptait beaucoup sur l'efficacité de ce procédé, qu'il ne décrit pas autrement, pour convertir les méchants en leur montrant le diable à temps. Ce n'est que dans la seconde édition de ce même ouvrage (Amsterdam, 1671, in-fol., p. 768 et 769) qu'il a donné une description détaillée et le dessin de sa lanterne magique, *lanterna thaumaturga*. Cet instrument se compose de deux lentilles de verre *cd* et *ef* (fig. 28), qu'on établit ainsi que la lumière *ab* dans une lanterne fermée. Entre ces deux lentilles est placée l'image *gh* peinte sur du verre. La lentille *cd* a pour effet d'éclairer vivement l'image, pendant

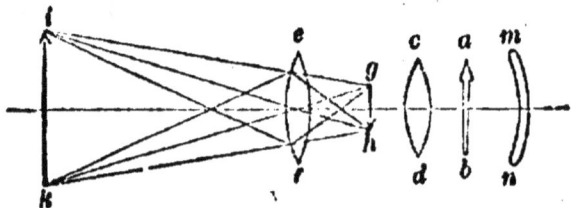

Fig 28.

que la lentille *ef* reproduit, par la réfraction de la lumière, l'image renversée, avec toutes ses teintes, en *ik* sur le mur opposé. La lentille *ef* était enchâssée dans un tube pour donner aux images les distances voulues; et pour augmenter l'intensité de l'éclairage, on disposait un réflecteur concave, *mn*, derrière la lumière *a*.

La lanterne magique conduisit, en 1748, le docteur Lieberkuhn (né en 1711 à Berlin, mort en 1756) à l'invention du *microscope solaire*. Cet instrument ne diffère, en effet, de la lanterne magique qu'en ce qu'il est éclairé par les rayons solaires, introduits dans une chambre obscure, au moyen d'un miroir plan, et qui se trouvent ainsi réfléchis horizontalement. Les rayons passent à travers

---

1. *Dissertatio de oculorum hominis animaliumque sectione horisontali* Guttling, 1818.

une lentille adaptée au trou de la fenêtre de la chambre obscure, comme la lumière artificielle de la lanterne magique traverse une grande lentille avant d'arriver sur le porte-objet.

L'invention de Lieberkuhn fut perfectionnée par Æpinus, Cuff, Adams et Euler. Le microscope solaire est très-propre à répandre le goût de l'histoire naturelle par la facilité avec laquelle plusieurs personnes à la fois peuvent voir de très-petits objets prodigieusement grossis.

Photométrie et photomètres. — Vers la même époque où les physiciens songaient au moyen de mesurer la chaleur (*thermométrie*), ils devaient concevoir l'idée de mesurer aussi la lumière (*photométrie*). Huygens s'est le premier occupé de la mesure des intensités lumineuses dans sa comparaison de la lumière du soleil à celle de Sirius. Le P. François-Marie, capucin de Paris, fit paraître, en 1700, un petit traité *Sur la mesure de la lumière*, où il recommandait l'emploi d'un certain nombre de verres pour réduire la lumière à un degré déterminé.

Celsius employait comme un moyen de photométrie la distance à laquelle un objet éclairé pouvait cesser d'être aperçu.

Bouguer s'occupa de la même question depuis 1729 jusqu'en 1758, année de sa mort. La principale méthode indiquée par ce physicien consiste à faire entrer dans une chambre, à travers une lentille, un faisceau de lumière, à recevoir ce faisceau à une certaine distance et à en comparer l'intensité avec la lumière d'une chandelle, placée à une distance telle, que les deux lumières soient d'égale intensité. Les résultats de ces recherches furent publiés, en 1760, par Lacaille dans un ouvrage posthume de Bouguer *Sur la dégradation de la lumière.* Dans la même année, Lambert essaya de jeter les fondements de la photométrie dans un ouvrage intitulé : *Photometria, sive de mensura et gradibus luminis, colorum et umbræ* (Augsb., 1760, in-8°). L'auteur y commence par établir une distinction entre l'intensité de la lumière qui éclaire un objet, et l'intensité de l'objet éclairé, puis entre l'intensité de la lumière perçue par l'œil (*claritas visa*), et l'intensité de la lumière qui éclaire les objets. Cette dernière, qu'il désigne par le mot *illumination*, est comme le carré de la distance de la lumière, mais la même loi n'est pas, ajoute-t-il, applicable à la *claritas visa*. Il déploie ensuite tous les artifices de l'analyse pour discuter les observations. Mais les procédés suivis par Lambert étaient aussi imparfaits que ceux de Bouguer. Ils soumettaient, en effet, l'un et l'autre, les faisceaux lumineux à des réflexions et à des réfractions multiples, sans s'apercevoir qu'après une première réflexion, comme après une première réfraction, les rayons ont acquis de nouvelles propriétés, les propriétés singulières, non encore découvertes, qui distinguent la lumière polarisée de la lumière ordinaire, et qui se manifestent surtout dans les phénomènes d'intensité.

De tous les physiciens de notre époque, Arago est celui qui s'est le plus occupé de la photométrie. La méthode qu'il a suivie diffère des méthodes de ses prédécesseurs en ce qu'il n'eut jamais recours à des lumières artificielles. « Tous ceux qui ont, dit-il, employé de telles lumières, chandelles, bougies ou lampes à double courant d'air, se sont lamentés sur les incertitudes que les variations d'éclat apportaient aux résultats définitifs, sur les difficultés nombreuses qu'elles opposaient aux observations. » Arago employait, pour ses déterminations photométriques, deux genres de procédé : le premier consistait dans l'emploi de la double réfraction pour réduire les images observées à la moitié, au quart, etc., de leur intensité primitive [1] ; le second, à emprunter, dans toutes les expériences, la lumière à un écran de papier vu par transmission et éclairé par une très-grande portion du ciel et autant que possible d'un ciel couvert.

Mais malgré les travaux de Bouguer, de Lambert, de Rumford, d'Arago, d'Herschel, de Biot, etc., la photométrie laisse encore beaucoup à désirer, faute d'un instrument approprié. « Il n'existe pas, dit Arago dans une lettre adressée à Al. de Humboldt en mai 1850, il n'existe pas de photomètre proprement dit, c'est-à-dire d'instrument donnant l'intensité d'une lumière isolée. Le *photomètre* (thermomètre différentiel) à l'aide duquel Leslie avait eu l'audace de vouloir comparer la lumière de la lune à la lumière du soleil par des actions calorifiques, est complétement défectueux. J'ai prouvé, en effet, que ce prétendu photomètre monte quand on l'expose à la lumière du soleil, qu'il descend sous l'action de la lumière du feu ordinaire et qu'il reste complétement stationnaire lorsqu'il reçoit la la lumière d'une lampe d'Argand. Tout ce qu'on a pu faire jusqu'ici, c'est de comparer entre elles deux lumières en présence, et cette comparaison n'est même à l'abri de toute objection que lorsqu'on

---

1. Voy. *Mémoire sur la loi du carré du cosinus*, qui donne l'intensité du rayon ordinaire fourni par un cristal biréfringent (t. I des *Mémoires scientifiques*, p. 151 et suiv., dans les *Œuvres* d'Arago).

ramène ces deux lumières à l'égalité par un affaiblissement graduel de la lumière la plus forte. C'est comme critérium de cette égalité que j'ai employé les anneaux colorés. Si l'on place l'une sur l'autre deux lentilles d'un long foyer, il se forme, autour de leur point de contact, des anneaux transmis : ces deux sortes d'anneaux se neutralisent mutuellement quand les deux lumières qui les forment et qui arrivent simultanément sur les deux lentilles sont égales entre elles. Dans le cas contraire, on voit des traces ou d'anneaux réfléchis ou d'anneaux transmis, suivant que la lumière qui forme les premiers est plus forte ou plus faible que la lumière à laquelle on doit les seconds. C'est dans ce sens seulement que les anneaux colorés jouent un rôle dans les mesures de la lumière auxquelles je me suis livré [1]. »

Nous avons tous en nous-mêmes, dans notre œil, le photomètre le plus sensible qu'on puisse imaginer : c'est l'anneau ciliaire, qui dilate ou rétrécit l'ouverture de la pupille suivant les variations des plus faibles intensités lumineuses. C'est ce photomètre naturel qu'il faudrait pouvoir, en partie du moins, réaliser par nos artifices.

Polariscope. — Cet instrument fut inventé, en 1811, par Arago pour distinguer la lumière polarisée de la lumière naturelle. Il se compose d'un tube de cuivre, noirci à l'intérieur, d'un diamètre de 25 millimètres et d'une longueur de 25 centimètres, d'un objectif et d'un oculaire : c'est une véritable lunette. L'objectif est formé d'une plaque de cristal de roche, d'environ 12 millimètres d'épaisseur, à faces planes et taillées perpendiculairement aux arêtes du prisme hexaédrique qui constitue la forme du cristal. L'oculaire est un cristal de spath calcaire d'environ 15 millimètres d'épaisseur. Les deux images données dans ces conditions par le pouvoir biréfringent de l'oculaire sont séparées l'une de l'autre d'environ 1 millimètre. « Si vous regardez directement le soleil avec une de ces lunettes, vous verrez, ajoute son inventeur, deux images de même intensité et de même nuance, deux images blanches. Supposons maintenant que les rayons du soleil aient été préalablement polarisés et qu'on vise, non pas directement à cet astre, mais à son image réfléchie, par exemple, sur de l'eau ou sur un miroir de verre : la lunette ne donne plus alors deux images semblables et blanches ; elles sont, au contraire, teintes des plus vives couleurs sans que la forme apparente de l'astre ait reçu aucune altération. Si l'une des images est rouge, l'autre sera verte ; si la première est jaune, la seconde offrira

1. Arago, *Mém. scientifiques*, t. I, p. 483.

la teinte violette, et ainsi de suite, les deux teintes étant toujours complémentaires ou susceptibles par leur mélange de former du blanc. Quel que soit le procédé à l'aide duquel on ait polarisé la lumière directe, les couleurs se montrent exactement de même dans les deux images fournies par la lunette polariscope [1].

Le polariscope est assez sensible pour accuser, dans un faisceau, un quatre-vingtième de lumière polarisée. Arago a reconnu, à l'aide de cet instrument, que les couleurs des images qui se projetaient sur l'azur du ciel varient d'intensité tout à la fois avec l'heure du jour et avec la position, par rapport au soleil, de la partie de l'atmosphère qui envoie des rayons sur la lame de mica. Par un temps entièrement couvert, les deux images ne présentaient pas la moindre trace de polarisation.

Cyanomètre (de κυκνός, bleu, et μέτρον, mesure). — Cet instrument, inventé en 1815 par Arago, n'est qu'une extension du polariscope. Sa construction a pour base le fait suivant. En recevant à travers un tube terminé, d'un côté, par une plaque de cristal de roche perpendiculaire à l'axe, et, de l'autre, par un prisme achromatisé biréfringent, un rayon polarisé par réflexion sur un verre noir, on voit se produire des couleurs variées, parmi lesquelles se trouve aussi le bleu de ciel. Cette couleur bleue est fort affaiblie, c'est-à-dire très-mélangée de blanc, lorsque la lumière est presque neutre; mais elle augmente progressivement d'intensité à mesure que les rayons qui pénètrent dans le *cyanomètre* renferment une plus grande proportion de rayons polarisés [2].

Hélioscope. — Le P. Scheiner (né en 1575, mort en 1650) proposa dans sa *Rosa Ursina*, publiée en 1630, un moyen d'observer le soleil sans se blesser les yeux. Ce moyen, auquel il donna le nom d'*hélioscope*, était simplement une plaque de verre dépoli ou une feuille de papier huilée, sur laquelle on recevait dans une chambre obscure l'image du soleil, grossie par une lunette. On s'est servi depuis, en guise d'hélioscope, de verres colorés placés, dans une lunette, soit devant l'objectif, soit devant l'oculaire, soit enfin devant ces deux lentilles à la fois.

Héliostat. — Les physiciens devaient songer de bonne heure au moyen de conserver au rayon de soleil, qui pénètre dans une

---

1. Arago, *Astronomie populaire*, t. II, p. 101, et t. I des *Mémoires scientif.*, p. 163 et 217.

2. Arago, *Mém. scientif.*, t. I, p. 277 et suiv.

chambre obscure, une direction constante. Ce moyen parut longtemps difficile à trouver, car il s'agissait en quelque sorte d'im-
mobiliser le soleil (d'où le nom d'*héliostat*) dans sa course journa-
lière apparente. En changeant d'une manière continue la situation
du miroir sur lequel la lumière se réfléchit, on pouvait maintenir
dans une direction constante le faisceau qui pénètre dans la chambre
obscure ; mais ce mouvement continuel du miroir exigeait soit le bras
de l'homme, soit l'emploi d'une machine. Pour donner un pareil
mouvement au miroir réflecteur, 'S Gravesande (né à Bois-le-Duc
en 1688, mort à Leyde en 1742) y adapta le mécanisme d'une horloge, et parvint ainsi le premier à construire un héliostat [1]. Cette
invention a donc été à tort attribuée à Fahrenheit. Dans ces dernier temps, Foucault et Silbermann ont apporté des modifications
importantes à l'héliostat.

Kaléidoscope. — Cet instrument fut inventé, en 1817, par Brewster. Il se compose de deux miroirs plans, taillés en parallélogram-
mes et inclinés l'un sur l'autre sous un angle qui soit le sixième, ou
le huitième, ou le dixième, etc., de quatre angles droits. Ces miroirs
sont fixés à l'intérieur d'un tube de carton ou de cuivre dont l'une
des extrémités est fermée par un fond percé d'un petit orifice contre
lequel s'applique l'œil, tandis que l'autre extrémité est fermée par
deux verres parallèles, perpendiculaires à l'axe du tube. Entre ces
deux verres se trouvent emprisonnés des objets transparents ou de
couleurs variées, que l'on peut faire changer de position en inclinant
le tube. Le verre extérieur est légèrement dépoli pour empêcher
l'œil d'être troublé par des objets situés au dehors ; le verre intérieur est parfaitement diaphane. En regardant par l'extrémité percée
d'un orifice, on voit les objets emprisonnés se multiplier par
l'action des miroirs inclinés, et, par les mouvements imprimés au
tube, présenter les formes et les couleurs les plus inattendues ; de
là le nom de *kaléidoscope* (de καλός, beau, εἶδος, forme, et σκοπέω,
je vois). Cet instrument peut servir aux dessinateurs, aux brodeurs,
à tous ceux enfin qui sont obligés de varier à l'infini la composition
de leurs dessins.

Phares. — Dès la plus haute antiquité on comprit la nécessité
de guider les navigateurs de manière à les faire arriver à bon port.
La tour élevée par Sosistrate de Cnide, trois siècles avant notre ère,

---

1. 'S Gravesande, *Physices alimenta mathematica*, t. II, liv. 5, c. 2 (La
Haye, 1720, in-4°).

à l'entrée du port d'Alexandrie, avait ce but. Les Romains multiplièrent les édifices du même genre pour leurs principaux ports de mer. Mais ces phares laissaient beaucoup à désirer sous les rapports optiques : les rayons qui partaient des feux allumés au sommet de ces tours n'étaient jamais assez forts pour traverser les vapeurs ou les brouillards qui, sous tous les climats, troublent la transparence de l'atmosphère. Cependant ce ne fut que vers la fin du XVIII° siècle que l'on songea sérieusement à perfectionner les phares : la première amélioration qu'ils aient reçue date de l'emploi de la lampe d'Argant, à double courant d'air. Bientôt on combina ces lampes avec des miroirs réflecteurs paraboliques ; c'était un nouveau perfectionnement. On a fait mieux encore. Par un mouvement de rotation uniforme, imprimé par un mécanisme d'horlogerie au miroir réflecteur, un faisceau lumineux peut être successivement dirigé vers tous les points de l'horizon ; les navires aperçoivent un instant et voient ensuite disparaître la lumière du phare. En variant l'intervalle qui s'écoule entre deux apparitions ou deux éclipses successives de la lumière, on peut pour ainsi dire individualiser les signaux ; le navigateur sait dès lors quelle position de la côte se trouve en vue et il n'est plus exposé à prendre pour un phare une étoile ou un feu de pêcheurs, méprises fatales qui ont été la cause de bien des naufrages.

En 1820, Fresnel apporta un dernier perfectionnement aux phares par l'emploi des *lentilles à échelons*, grandes lentilles d'une forme particulière que Buffon avait imaginées pour un tout autre objet. Vers la même époque, Arago inventa, en commun avec son ami Fresnel, la lampe à plusieurs mèches concentriques, dont l'éclat égalait 25 fois celui des meilleures lampes d'Argant. « Dans les phares à lentilles de verre (lentilles à échelons), chaque lentille, dit Arago, envoie successivement vers tous les points de l'horizon une lumière équivalente à celle de 3,000 à 4,000 lampes à double courant d'air réunies ; c'est l'éclat qu'on obtiendrait en rassemblant le tiers de la quantité totale des becs de gaz qui tous les soirs éclairent les rues de Paris. Un tel résultat ne paraîtra pas sans importance, si l'on veut bien remarquer que c'est avec une seule lampe qu'on l'obtient [1]. » Le premier phare auquel fut, en 1823, appliqué le système de Fresnel et d'Arago, est la tour de Cordouan, à l'embouchure de la Gironde.

1. Arago, dans *la Vie de Fresnel*.

CHAPITRE IV

ÉLECTRICITÉ ET MAGNÉTISME

L'électricité et le magnétisme ont une origine commune et se confondent dans leur développement : l'histoire l'atteste.

Le succin, ἤλεκτρον des Grecs, *electrum* des Romains [1], a donné son nom (grec) à l'*électricité*, comme l'aimant, μαγνῆτις, *magnes*, a donné le sien au *magnétisme*. C'est que le succin, espèce de résine fossile, après avoir été frotté, a la singulière propriété d'attirer les corps légers, de même que l'aimant a la propriété non moins étrange d'attirer la limaille de fer. Ces faits, que les anciens n'ignoraient pas, expliquent les noms d'*électricité* et de *magnétisme*.

Les Grecs attribuaient au succin ou ambre jaune, qui leur était apporté des côtes de la Baltique par les Phéniciens, une origine mythologique : il aurait été formé par les larmes des Héliades, filles du Soleil. N'est-il pas curieux de voir ici intervenir le soleil, que Kepler devait plus tard considérer comme un immense aimant, régulateur de notre monde ?

Le fait de l'attraction présenté par le succin et par l'aimant exerça tous les esprits spéculatifs. Thalès y voyait le mouvement d'une âme particulière. Démocrite essayait de l'expliquer par l'*attraction des semblables*. Platon, dans son *Timée*, assimile les attractions du succin et de l'aimant aux mouvements de la respiration. Galien, Strabon, Anatolius [2] admettaient, pour expliquer ces phénomènes, une *qualité occulte*, une sorte de sympathie. Mais aucun de ces auteurs n'a parlé du frottement préalable comme d'une condition nécessaire à fa réussite de l'expérience avec le succin. Pline fut l'un des premiers à insister sur la nécessité de cette condition ; et comme le frottement a pour effet d'échauffer les corps, Pline ajoute que le succin frotté exhale de la chaleur. Alexandre d'Aphrodisie (*Quæst. physic.*

---

1. Le même nom d'ἤλεκτρον s'applique aussi à un alliage d'or et d'argent, qui a la même couleur que le succin. Mais comment a-t-on pu discuter pour savoir si le produit naturel (succin) est plus anciennement connu que le produit artificiel (alliage d'or et d'argent)?

2. Fabricius, *Biblioth. græca*, t. IV, p. 300.

et moral.) part de là pour établir toute une théorie, plus subtile que vraie : « le succin attire, dit-il, les corps légers, de même que la ventouse attire les humeurs, parce qu'en vertu de l'impossibilité du vide il faut bien que quelque chose vienne remplacer la chaleur qui sort de la ventouse et l'espèce de feu qui sort du succin [1]. » Suivant Plutarque (*Quæst. Platon.*), le frottement est nécessaire d'abord pour déboucher les pores du succin, puis pour y entretenir une sorte de courant et de contre-courant d'air subtil.

Les anciens furent plus attentifs aux phénomènes qu'offrait l'aimant. Leur *pierre d'Héraclée*, ιχθος ήραχλει, ou *pierre de Lydie*, λιθος λυδια, était bien notre aimant, car ils donnaient indifféremment à l'une ou à l'autre le nom de *pierre de fer*, λιθος σιδηριτις. Mais ils l'appelaient plus souvent *pierre magnésienne*, λιθος μαγνήτις, soit parce qu'on la faisait venir communément du pays des Magnésiens, soit que cette substance naturelle eût été, comme le raconte Pline, découverte par un berger, nommé *Magnes* : ce berger aurait été ainsi fixé au sol par les clous de ses chaussures et son bâton ferré [2]. Mais les auteurs qui inclinent pour la dernière version, ne s'accordent pas sur le lieu où cet accident serait arrivé au berger Magnes : les uns nomment la Troade, les autres l'Inde. Au rapport de Photius, ce furent les porteurs de pierre magnésienne qui découvrirent la propriété attractive de l'aimant; « des parcelles de cette pierre adhéraient probablement, dit Photius, à leurs chaussures, et, en marchant lentement sur une terre qui contenait du minerai de fer, ils sentaient une certaine résistance, parce que des parcelles d'aimant s'attachaient au minerai [3]. »

Le minéralogiste grec Sotacus, cité par Pline, distinguait cinq espèces d'aimant, les uns mâles, les autres femelles. Il parle aussi d'un aimant blanchâtre (minerai de cobalt ou de nickel?), comme ayant moins de force attractive que l'aimant noir. Les *bétyles*, les pierres qui rendaient des oracles ou faisaient d'autres prodiges, étaient des aérolithes, et on sait que les aérolithes sont presque tous magnétiques.

Les anciens étaient émerveillés de la puissance et des effets de l'aimant. Ils savaient qu'on peut l'employer à soulever des masses

---

1. Th. H. Martin, *la Foudre, l'Électricité et le Magnétisme chez les anciens*, p. 119 (Paris, 1866, in-12).
2. Pline, *Hist. nat.*, XXXVI, 25.
3. *Etymologicum magnum*, au mot μαγνήτις.

de fer. Ptolémée raconte, dans le livre VII de sa *Géographie*, que des navires qui se rendaient aux îles Manéoles [1] ne manqueraient pas d'être retenus par une force mystérieuse, si les constructeurs n'avaient pas eu soin de remplacer les clous de fer par des chevilles de bois. L'auteur se demande ici si ce phénomène n'était pas dû à l'action de grandes mines d'aimant, situées dans ces îles. D'autres écrivains ont rapporté des faits analogues, plus merveilleux encore. Ainsi, Pline raconte qu'il y a près de l'Indus deux montagnes, dont l'une attire le fer et l'autre le repousse, et que, si un voyageur porte des souliers garnis de clous de fer, il lui sera impossible de poser les pieds à terre sur l'une des montagnes, tandis que sur l'autre ses pieds restent fixés au sol. Pline raconte encore que Dinocharès, architecte de Ptolémée Philadelphe, avait tracé pour la reine Arsinoé le plan d'un temple dont la voûte devait être en aimant, afin que la statue en fer de cette reine divinisée y restât suspendue. Des récits semblables ont été appliqués à la statue de Sérapis, suspendue dans le temple d'Alexandrie, à une statue babylonienne du Soleil, aux veaux sacrés de Jéroboam, et plus tard au tombeau de Mahomet. Dans un petit poème, intitulé *Magnes*, Claudien décrit deux statuettes d'un petit temple d'or, l'une de Mars, en fer, l'autre de Vénus, en aimant, statuettes qui devaient figurer les amours de ces deux divinités. Dans une lettre écrite à Boèce, Cassiodore parle d'un Cupidon de fer suspendu, sans aucun lien apparent, dans un temple de Diane. L'auteur du petit traité *de la Déesse syrienne*, attribué à Lucien, dit avoir vu dans le temple de Junon, à Hiéropolis de Syrie, une statue d'Apollon se promener librement dans l'espace et dirigeant elle-même les prêtres qui la tenaient. Saint Augustin (*de Civit. Dei*, XXI, 4), qui regardait la puissance de l'aimant comme une des plus grandes merveilles du monde, s'indigna contre les prêtres païens d'avoir trompé les peuples par l'apparence de miracles perpétuels ; il leur reproche, entre autres, d'avoir placé, dans le pavé et dans la voûte d'un temple, des aimants dont la force était calculée de manière qu'une statue de fer restât en équilibre au milieu de l'air, sans pouvoir ni descendre ni monter, par l'effet de deux attractions égales et contraires. Est-ce que, en fait de miracles apparents, les prêtres chrétiens pourraient se dire sans reproche ?

---

1. Les îles Manéoles étaient situées dans l'Océan Indien, à quelque distance de Taprobane (île de Ceylan).

Les effets de l'aimant étaient plus propres encore que ceux du succin à stimuler l'esprit spéculatif des anciens. La plupart, comme Thalès, Diogène d'Apollonie et Platon, voyaient dans tout mouvement la manifestation de forces vitales et même intelligentes; quelques-uns seulement n'y voyaient que des effets de forces physiques. Empédocle essaya le premier d'expliquer mécaniquement l'action de l'aimant par la structure des pores du fer. Démocrite, qui avait composé un traité spécial sur l'aimant, enseignait que les atomes de cette substance pénètrent au milieu des atomes moins sensibles du fer, pour les agiter, que les atomes du fer se répandent au dehors et sont absorbés par ceux de l'aimant, à cause de leur ressemblance et des vides interstitiels. C'est à peu près dans le même sens qu'abondaient les doctrines d'Épicure, dont Lucrèce, dans son poème *De rerum natura* (VI, 1001 et suiv.), s'est rendu l'interprète. Suivant ce disciple d'Épicure, une sorte de tourbillon d'effluves ou semences sort de la pierre d'aimant, et chasse l'air de l'espace qui sépare l'aimant du fer; de là un vide que le fer vient aussitôt occuper, comme un navire à voiles déployées, ayant vent en poupe. Aristote, sans entrer dans des considérations théoriques, a cité l'un des premiers l'aimantation passagère du fer doux par le contact de l'aimant, pour montrer que la faculté de mouvoir peut se transmettre à un corps sans la participation d'aucun mouvement. Plutarque (*Quæst. Platon.*, VII, 7) formule une théorie qui a beaucoup d'analogie avec celle d'Épicure : «La pierre d'aimant émet, dit-il, des effluves qui forment un tourbillon autour d'elle; de là lui vient la force avec laquelle cette pierre attire le fer. » Ce passage ne rappelle-t-il pas les tourbillons de Descartes?

Arrêtons-nous dans l'exposé de ces faits et doctrines de l'antiquité, auxquels le moyen âge a fort peu ajouté, si l'on excepte l'invention de la boussole, dont nous allons dire un mot. Ce n'est à proprement parler que du XVIᵉ siècle que datent nos connaissances scientifiques concernant l'électricité et le magnétisme.

Boussole (aiguille aimantée). — Un fait que l'érudition moderne a mis hors de doute, c'est que les peuples de l'extrême Orient, les Japonais et les Chinois, ont connu la *boussole* (action directrice nord-sud d'une lamelle ou aiguille de fer aimantée) avant les peuples de l'Occident du vieux monde [1]. Les jonques chinoises naviguaient

---

1. Voy. Klaproth, Lettre à M. le baron Alex. de Humboldt, *Sur l'invention de la boussole*; Paris, 1834, in-8º.

sur l'océan Indien, d'après l'indication magnétique du sud, déjà au
IIIe siècle de notre ère, c'est-à-dire plus de sept cents ans avant
l'introduction de la boussole dans les mers européennes. En rappelant que les peuples occidentaux, les Grecs et les Romains, savaient
communiquer au fer des propriétés magnétiques[1], Alexandre de
Humboldt fait cette judicieuse remarque : « On avait donc pu découvrir aussi, dans l'Occident, la force directrice du globe, si l'on
s'était avisé de suspendre à un fil ou de faire flotter sur l'eau, à
l'aide d'un support en bois, un long fragment d'aimant ou un barreau de fer aimanté, et d'observer ensuite leurs mouvements dans
l'état de liberté[2]. »

L'usage des aiguilles aimantées, flottant sur l'eau, pour se diriger
du sud au nord ou du nord au sud, paraît remonter, chez les Chinois, à une époque très-reculée, peut-être plus ancienne que l'é-
migration des Doriens et le retour des Héraclides dans le Pélopo-
nèse (plus de mille ans avant notre ère). Les Chinois se servaient de
ces balances magnétiques flottantes, dont un des bras portait une
figure humaine, indiquant constamment le sud (ce qui leur valut
le nom de *sse-nan*, indicateur du sud), pour se diriger dans les
immenses steppes de la Tartarie. Ils s'en servaient aussi, dans la
construction des couvents bouddistes, pour orienter les faces de
l'édifice principal. Le panégyriste chinois de l'aiguille aimantée,
Kuopho, du IVe siècle de notre ère, compare l'action de l'aimant à
un souffle qui se communique mystérieusement et avec la rapidité
de l'éclair[3]. »

Les Italiens disputent aux autres nations de l'Europe l'honneur
d'avoir les premiers fait connaître la boussole, et ils se fondent principalement sur ce que *boussole* viendrait de l'italien *bossolo*, dérivé
de *bosso*, buis, boîte. Mais Klaproth fait, avec plus de raison, venir
ce mot de l'arabe *mouassula*, qui signifie à la fois dard ou aiguille
et boussole[4].

Le premier auteur européen chez lequel on trouve une mention
explicite de l'aiguille aimantée est Guyot de Provins, dans une pièce
satirique intitulée *la Bible*, et qui date, suivant M. Paulin Paris,
environ de 1190. Après avoir dit du pape qu'il devrait être pour les

---

1. Pline, *Hist. nat.*, XXXIV, 14 : *sola hæc materia ferri vires a magnete lapide accipit retinetque longo tempore.*
2. Voy. Alex. de Humboldt, *Cosmos*, t. I, p. 507 (édit. franç.).
3. *Cosmos*, t. IV, p. 50 (de l'édit. allemande).
4. Klaproth, *Sur l'invention de la boussole*, p. 27.

fidèles ce qu'est pour les marins la *trémontaigne* (étoile polaire),
et que ceux-ci ont un art infaillible, il ajoute :

> Un art font qui mentir ne peut
> Par la vertu de l'*amanière* (aimant),
> Une pierre laide et brunière,
> Où li fer volontiers se joint,
> Ont; si esgardent le droit point,
> Puis qu'une aguille l'ait touchée
> Et en un festu (fétu) l'ont fichée,
> En l'aigue la mettent sans plus,
> Et li festu la tient dessus;
> Puis se torne la pointe toute
> Contre l'estoile, si sans doute
> Que jà por rien ne faussera
> Et mariniers nul doutera.

Les auteurs qui ont parlé de la boussole au XIIIᵉ siècle sont
Jacques de Vitry, qui assista, vers 1204, à la quatrième croisade ;
Gauthier d'Espinois, chansonnier contemporain de Thiébaud VI,
comte de Champagne ; *Albert le Grand*, dans son *Livre des pierres*,
attribué à Aristote; *Vincent de Beauvais*, dans son *Speculum naturale*, et *Brunetto Latini*. Ce dernier, qui composa en 1260 son
Trésor, écrit en langue française, emploie, dans sa description de
la boussole, presque les mêmes termes que Guyot de Provins. « Les
gens, dit-il, qui sont en Europe, nagent-ils à tramontane de vers
septentrion, et les autres nagent-ils à celle du midi, et que ce soit
la vérité, prenez une aiguille d'ayamant, ce est calamite, vous trouverez qu'elle a deux faces, l'une gist vers une tramontane, et l'autre
gist vers l'autre, etc. » Et dans un fragment de lettre, Brunetto
raconte que le moine anglais Bacon lui montra à Oxford l'aiguille
aimantée : « Il (Roger Bacon) me montra la magnete, pierre laide
et noire obe (où) le fer volontiers se joint, l'on touche ob une ai-
guillet, et en festue l'on fiche ; puis l'on met en l'aigue et se tient
dessus, et la pointe se tourne contre l'estoile, quand la nuit fut tem-
brous (ténébreuse), et on ne voie ne estoile ne lune, poet (peut) li
marinier tenir droite voie [1]. »

En résumé, il paraît certain que la *boussole aquatique*, ou l'aiguille aimantée, soutenue par un petit roseau (fétu) et nageant
dans un vase plein d'eau, était déjà en usage dès le commencement

---

1. *Monthly Magazine*, juin 1802.

du xiiie siècle chez les Arabes aussi bien que chez les Européens. Vasco de Gama, qui doubla, en 1498, le cap de Bonne-Espérance, trouva que les pilotes de l'Arabie et de l'Inde se servaient très-habilement des cartes marines et de la boussole. Mais leurs connaissances, ainsi que celles des Européens, ne s'étendaient pas encore au delà de l'action directrice de l'aiguille aimantée.

L'ÉLECTRICITÉ ET LE MAGNÉTISME DEPUIS LE XVIe SIÈCLE JUSQU'A NOS JOURS

Electricité. — Depuis une longue série de siècles on admettait qu'il n'y avait qu'une seule substance, l'ambre jaune (succin), qui, après avoir été frottée, fût capable d'attirer les corps légers, lorsque Guillaume Gilbert vint tout à coup élargir le champ de l'observation par la publication de son ouvrage qui a pour titre : *De magnete, magneticis corporibus et de magno magnete tellure, physiologia nova, plurimis argumentis demonstrata*; Londres, 1600, in-4. Ce grand physicien (né en 1540 à Colchester, mort en 1603) donna une liste des substances qui ont la même propriété attractive que le succin. Parmi ces substances on voit pour la première fois figurer, d'une part, le verre et toutes les pierres précieuses artificielles qui ont le verre pour base; de l'autre, les résines, la gomme laque, la colophane, le mastic, le soufre, etc. C'est à ces deux groupes de substances que l'on emprunta, par la suite, la division de l'électricité en *vitrée* et en *résineuse*. Gilbert donna aussi une liste de substances qui n'acquièrent, en aucun cas, la propriété d'attirer les corps légers; ces substances sont les perles, le corail, l'albâtre, le porphyre, la silice, le marbre, l'ivoire, les os, les bois durs, les métaux, etc. De là une nouvelle division, abandonnée depuis, celle des substances électriques et des substances non électriques. En parlant de la nécessité de frotter les corps pour en manifester l'électricité, Gilbert remarqua le premier que l'air sec, par les vents du nord ou de l'est, est extrêmement favorable à la production de l'électricité, et que celle-ci dure plus longtemps au soleil que dans l'ombre, bien que les rayons solaires, condensés par une lentille, n'activent en aucune façon la vertu attractive du succin. Il constata de même que l'humidité affaiblit les effets de l'électricité, et que les corps électriques perdent leur propriété après la combustion ou la torréfaction. Pour mieux observer le phénomène de l'attraction, Gilbert fit des expériences fort curieuses avec des lamelles métalliques de 3 à 4 pouces de long, qu'il tenait horizontalement en équilibre, comme on le fait pour l'aiguille aimantée, sur la pointe d'un support vertical ; puis il approchait de l'extrémité de ces lamelles les corps électrisés par le frottement. Il donnait ainsi la première idée d'un électromètre. En variant ses expériences, il remarqua qu'une goutte d'eau, posée sur une surface sèche, s'allonge en forme de cône du côté du corps électrisé qu'on lui offrait. En présentant ce même corps devant une lampe allumée, il ne vit pas le moindre mouvement à la flamme, d'où il crut devoir conclure que l'électricité n'exerce aucun effet sur l'air.

Les phénomènes électriques et magnétiques avaient été jusqu'alors généralement confondus. Gilbert distingua le premier les uns des autres en montrant que : 1° l'humidité dissipe l'électricité, tandis qu'elle n'a aucune action sur l'aimant qui, pour manifester sa force, n'a pas besoin d'être frotté et dont la vertu attractive n'est pas même arrêtée par l'interposition de corps solides ; 2° l'aimant n'a de l'action que sur des corps magnétiques, homogènes avec lui, tandis que l'électricité fait sentir son effet sur un grand nombre de corps, nullement homogènes entre eux ; 3° l'aimant peut attirer des masses considérables, tandis que l'électricité n'attire que des corps légers ; 4° dans l'action électrique, le corps électrisé seul agit en attirant vers lui, en ligne droite, le corps non électrisé, tandis que dans le magnétisme l'action des corps est réciproque.

Suivant la théorie de Gilbert, l'électricité consiste dans des effluves qui prennent naissance par le frottement de certains corps, effluves qui auraient pour effet l'attraction d'autres corps. Cette action serait comparable à celle de deux gouttes d'eau qui, en se rapprochant, finissent par se confondre. Si les métaux ne sont pas, disait Gilbert, électrisables, cela tient à ce que les effluves qu'ils émettent sont d'une nature trop grossière, terrestre.

Otto de Guericke interrogea, comme Gilbert, l'expérience pour s'éclairer sur la nature de l'électricité. Son principal appareil était un globe de soufre, qu'il avait obtenu en faisant fondre du soufre dans un globe de verre, qu'il brisait après le refroidissement de la masse ; traversé par un axe ou tige de fer, ce globe de soufre était porté sur une planche de bois, tourné avec une manivelle, et frotté par la main qu'il touchait pour être électrisé. C'était la *machine électrique* en germe [1].

1. *Nova Experim. Magdeb.*, t. IV, 15.

Ce fut avec ce petit appareil que Guericke découvrit que *les corps légers, après avoir été d'abord attirés par la matière électrisée, sont ensuite repoussés, et qu'ils ne sont attirés de nouveau qu'après avoir subi l'approche ou le contact d'un autre corps.* Une plume d'édredon, attirée d'abord, puis repoussée, se maintenait ainsi en l'air autour du globe de soufre, jusqu'à ce que l'approche d'un fil de lin la fit attirer de nouveau. L'habile physicien remarqua que la plume d'édredon, repoussée, avait, comme la lune à l'égard de la terre, constamment la même face tournée vers le globe, et que des fils, suspendus librement à une petite distance du globe électrisé, étaient repoussés dès qu'il en approchait le doigt. Il en tira cette conclusion importante que *les corps reçoivent une électricité contraire à celle du milieu dans lequel ils sont plongés.*

Otto de Guericke fut aussi le premier à constater le bruit et la lumière que produit l'électricité obtenue par frottement. Le bruit était bien faible; car pour l'entendre il était obligé d'approcher l'oreille très-près de la boule électrisée. Quant à la lumière, il ne l'apercevait que dans l'obscurité; il la comparait, chose remarquable, à la lueur que le sucre répand quand on le casse la nuit.

Vers la même époque (milieu du dix-septième siècle), les membres de l'Académie *del Cimento* firent des expériences sur l'électricité; mais ils n'ajoutèrent rien de nouveau aux faits observés par O. de Guericke [1].

Robert Boyle s'occupa de la même question. Ce fut lui qui introduisit dans la science le mot nouveau d'*electricitas*, électricité, jusqu'alors fort peu employé [2]. Partant de l'hypothèse que l'électricité est un effluve de nature visqueuse, il trouva que le résidu de la distillation de l'essence de térébenthine et de beaucoup d'autres huiles essentielles est aussi électrique que le succin et plus encore que le verre. Il remarqua qu'une substance électrisée attire indifféremment tous les corps, qu'ils soient électriques ou non. C'est ainsi qu'il vit le succin attirer du succin en poudre. Il indique ce fait pour distinguer l'électricité de la propriété de l'aimant, qui n'attire pas l'aimant en poudre.

On doit à R. Boyle la première idée d'une expérience qui devait conduire à la découverte de l'électro-magnétisme. Cette expérience

---

1. *Tentamina*, etc., édit. Musschenbroek, t. II, p. 81 et suiv.
2. *De mechanica electricitatis productione;* Genève, 1694, in-4°, p. 135 et suiv.

consistait à faire mouvoir une aiguille d'acier (il aurait fallu employer une aiguille aimantée), librement suspendue, au moyen d'une tige électrisée. Il constata que l'électricité persistait plus longtemps que dans les conditions ordinaires, et, comme la tige avait été assez frottée pour l'échauffer et la rendre luisante, il se borna à conclure de son expérience que les corps électriques acquièrent une plus grande puissance quand ils ont été préalablement chauffés et nettoyés.

C'est aussi R. Boyle qui expérimenta le premier l'électricité dans le vide de la machine pneumatique : il constata que les corps s'y attirent comme dans l'air. Il vit l'étincelle électrique sur un diamant, qu'il avait frotté avec une certaine étoffe. Il n'essaya pas d'expliquer pourquoi une plume d'édredon, après avoir été attirée par des corps électrisés, s'attache aux doigts et à d'autres corps dont on l'approche ensuite.

Les théories de Descartes et de Gassendi sur l'électricité n'ont aucune valeur scientifique : elles sont purement imaginaires.

A la fin du dix-septième siècle, nous n'avons à mentionner qu'une expérience que Newton fit, en 1675, devant la Société royale de Londres. Cette expérience consistait à frotter avec une étoffe un disque de verre, de quatre pouces de diamètre et d'un quart de pouce d'épaisseur, qui était enchâssé dans un anneau de laiton, de manière qu'en posant le disque sur une table, le verre se trouvât éloigné du bois de celle-ci d'environ un huitième de pouce. Dans cet espace interstitiel étaient enfermés de petits morceaux de papier. En frottant la surface externe du disque de verre, on voyait ces morceaux de papier d'abord s'attacher à la surface interne, puis s'en détacher brusquement. Ce mouvement alternatif durait même quelque temps après qu'on avait cessé de frotter le verre. Mais ce ne fut là qu'une simple expérience de curiosité : Newton n'en tira aucune conséquence.

Au commencement du dix-huitième siècle, les physiciens se sont beaucoup occupés de la lueur phosphorescente qu'on observe dans le vide barométrique pendant l'agitation de la colonne mercurielle. Jean Bernoulli [1] y voyait un mouvement de l'éther, qui aurait pénétré par les pores du tube de verre dans ce qu'on appelait le vide de Torricelli. C'était d'ailleurs pour lui et pour presque tous les

---

1. *Mém. de l'Acad. des sciences* de Paris, années 1700 et 1701 ; **dissert.** *mercurio lucente in vacuo* ; t. II, n° 112 de ses *Œuvres.*

physiciens d'alors un phosphore particulier, le phosphore mercuriel, *noctiluca mercurialis*. C'est que le phosphore éclipsait l'électricité, c'était la curiosité à la mode : tout le monde parlait de ce corps étrange qui luit dans les ténèbres.

Hartsoeker attaqua vivement la théorie de Bernoulli [1]. Cette polémique fit naître une foule de dissertations sur le prétendu phosphore mercuriel, par Weidler, Liebknecht, Heusinger, Mairan, Dufay, etc. Personne ne songeait à l'électricité.

Les étincelles électriques, aperçues par Guericke et Boyle, devinrent pour D. Wall un objet d'études particulier [2]. Ses expériences sur le phosphore, qu'il prenait pour une huile animale concrétée, le portèrent à penser que le succin, qu'il regardait comme une huile minérale concrétée, pourrait bien être une espèce de phosphore. Pour s'en assurer, il fit une série d'expériences sur le succin. En frottant avec la main un gros morceau de succin, taillé en pointe, il obtenait de vives étincelles. Ces étincelles étaient plus vives encore et accompagnées d'un pétillement caractéristique, quand il frottait rapidement le succin avec une étoffe de laine. Wall observa avec surprise que le doigt qu'on approche du corps ainsi électrisé reçoit un choc sensible, accompagné de cette lumière et de ce bruit caractéristiques qu'il compara le premier à l'éclair et au tonnerre. Il ne se douta guère de l'identité de ces phénomènes [3].

Ce n'est qu'à partir des travaux de Hawksbee que l'électricité devint une des branches les plus importantes de la physique. Ces travaux parurent, en 1709, sous le titre de *Physico-mechanical Experiments on various subjects touching light and electricity producible on the attrition of bodies;* Lond., in-4°.

Le prétendu phosphore mercuriel, qui était alors un objet de vives controverses, fut l'occasion des recherches de Hawksbee. Cet éminent physicien, dont on ignore les dates de naissance et de mort, eut le premier l'idée que la lumière du vide barométrique pourrait bien n'être due qu'au frottement du mercure contre le verre. Pour s'en assurer, il fit une série d'expériences qui mirent hors de doute l'électricité du verre. Pour représenter une pluie de

---

1. *Éclaircissements sur les conjectures physiques;* année 1710, in-8°.
2. *Philosoph. Transact.,* année 1708, vol. XXVI, n° 318.
3. L'opinion, souvent mise en avant, que les anciens connaissait l'identité des phénomènes de l'éclair et du tonnerre avec l'électricité, repose sur des données fort incertaines. Voy. Th. H. Martin, *la Foudre, l'Électricité et le Magnétisme chez les anciens,* p. 153 et suiv. (Paris, 1866).

feu, il avait imaginé un appareil où le mercure, très-divisé, frottait les parois d'une cloche, qu'on plaçait sous le récipient d'une machine pneumatique. Il constata en même temps que le vide n'est pas nécessaire pour produire de la phosphorescence.

Afin de mieux approfondir ces phénomènes, Hawksbee construisit une machine électrique qui a beaucoup de ressemblance avec celle d'O. de Guericke; seulement le globe, au lieu d'être en soufre, était en verre. L'une des expériences qui lui causa le plus de surprise consistait à mettre un globe, vide d'air, dans un second globe électrisé par frottement : il remarqua que la lumière qui se produisait dans le premier globe était faible et passagère, tant que ce globe restait en repos; mais que, si on le mettait en mouvement, la lumière devenait intense et persistait. Pour expliquer ce phénomène, il admettait que le globe vide s'électrisait par *aspiration*. Il varia l'expérience en plaçant un cylindre de verre, vide d'air, dans un second cylindre plein d'air; en frottant celui-ci avec une étoffe de laine, et imprimant à tout l'appareil un mouvement de rotation, Hawksbee obtenait la lumière électrique la plus intense. Mais voici un fait qui le remplit surtout d'étonnement : lorsque, après avoir cessé le mouvement de rotation, il approchait sa main de la surface du cylindre extérieur, il voyait le cylindre intérieur sillonné par des éclairs.

Les phénomènes d'attraction et de répulsion fixèrent particulièrement l'attention d'Hawksbee. Il fit à cet égard plusieurs expériences remarquables. Il attacha, entre autres, des fils autour d'une tige de fer; puis, en approchant celle-ci d'une boule électrisée par frottement, il vit les fils se diriger par leur extrémité libre constamment vers le centre de la boule et conserver cette direction encore pendant quelques minutes après la cessation du mouvement rotatoire de la boule. Il remarqua ensuite que les fils, ayant leur extrémité libre dirigée vers le centre de la boule, étaient d'abord attirés, puis repoussés par le doigt qu'on approchait.

Après avoir suspendu les fils librement à l'intérieur d'un globe non électrisé, il les vit se mouvoir à l'approche d'un corps électrisé. Cette expérience conduisit plus tard à l'invention de l'électromètre. Elle ne réussissait pas quand l'air était humide, ce que Hawksbee expliquait par l'obstacle que l'humidité, déposée à la surface de la boule, devait opposer aux effluves électriques. Une autre fois, il enduisait la moitié de la face interne de la boule de verre d'une couche de cire d'Espagne, et, après y avoir fait le vide, il imprimait à la boule un mouvement de rotation. En se mettant à en approcher la main, il vit celle-ci se dessiner très-nettement à la face interne, concave, comme si cette face n'avait pas été couverte de cire d'Espagne. La même action se produisait quand il substituait à la cire d'Espagne le soufre ou la poix; mais elle n'avait pas lieu avec des fleurs de soufre fondues.

Hawksbee varia la matière de sa boule ou machine électrique : elle était tantôt en verre, tantôt en résine ou en soufre. Ses expériences furent, en partie, répétées par Jean Bernouilli et D. Cassini.

Mais les physiciens, qui étaient en même temps mathématiciens, avaient alors l'attention trop absorbée par les nouveaux calculs de Newton et de Leibniz, pour donner suite aux travaux d'Hawksbee. Il s'écoula donc un intervalle d'environ vingt ans (de 1709 à 1729), complétement stérile pour l'étude de l'électricité.

Etienne Gray reprit le fil interrompu de ces importantes recherches. Ce physicien anglais, dont les dates de naissance et de mort nous sont inconnues, essayait, depuis quelque temps, vainement de communiquer aux métaux la vertu attractive par la chaleur, par le martelage et le frottement, quand il se rappela, en mars 1729, une idée qui lui était venue il y avait quelques années, à savoir que le tube de verre qui, à l'approche d'un corps, rendait des étincelles, devait transmettre de l'électricité à ce même corps. Ce fut le point de départ de la découverte de la *conductibilité électrique*. Les expériences de Gray avaient d'abord pour but de s'assurer si, en fermant les deux extrémités du tube de verre avec des bouchons de liége, on modifiait les résultats obtenus. Il ne remarqua aucun changement sensible. Mais en approchant un duvet du bout supérieur du tube, il le vit brusquement s'attacher au bouchon, puis en être repoussé, comme si l'action avait été produite par le tube même. Cette observation l'étonna beaucoup; il la répéta à différentes reprises avec le même succès, et il en conclut que l'électricité du tube avait été communiquée au bouchon.

Gray continua ses expériences. Il fixa dans le bouchon de liége une tige de bois de sapin, surmontée d'une boule d'ivoire, et il remarqua que le duvet était plus fortement attiré et repoussé par la boule que par le bouchon. En remplaçant la tige de bois par une tige métallique, il vit que l'effet était le même, seulement que le duvet était à peine attiré par la tige, tandis qu'il l'était fortement par la boule. Il varia ses expériences en suspendant la boule à des

fils de lin et de chanvre; le résultat fut toujours le même que dans
le premier cas [1].

En juin 1729, Gray reçut la visite de Wheeler et le mit au courant de ses recherches. Ces deux physiciens firent alors des expériences en commun pour savoir si *l'électricité pouvait se propager
à de grandes distances*. A cet effet, ils imaginèrent, le 2 juillet 1729,
de soutenir horizontalement un cordonnet de chanvre avec un fil de
soie, dans la pensée que ce fil, ne laissant échapper, à raison de son
petit diamètre, que très-peu d'électricité, la plus grande quantité de
cet agent serait transmise par le cordonnet de chanvre. Ce cordonnet, qui avait 80 pieds de longueur, passait sur le fil de soie de
manière que l'une de ses parties, longue seulement de quelques
pieds, descendait verticalement, en portant une boule d'ivoire attachée à son extrémité; l'autre partie s'étendait le long d'une grande
galerie, dans une direction horizontale jusqu'au tube de verre, auquel on l'avait attachée. L'un des physiciens frottait le tube, pendant
que l'autre constatait qu'un duvet, placé sous la boule, était alternativement attiré et repoussé par elle. Le fil de soie s'étant rompu,
Gray, qui n'en avait pas d'autre sous la main, y substitua un fil
métallique, et dès ce moment tout effet disparut. Les deux physiciens comprirent que l'obstacle qu'avait opposé le fil de soie à la
perte de l'électricité, dépendait, non pas de la finesse du fil, mais
de la nature de la matière. De là il n'y avait qu'un pas à faire pour
diviser les corps en *conducteurs* et en *non-conducteurs de l'électricité*. Mais cette division préoccupait l'esprit de ces physiciens beaucoup moins que la démonstration que l'électricité peut se répandre
sur des surfaces aussi étendues que variées de forme, et se propager
à de grandes distances. Ils essayèrent aussi l'action électrique sur
les substances les plus diverses, telles que l'eau, une bulle de savon,
le mercure, la résine, la cire jaune, le soufre, la poix, la gomme,
les cheveux, etc., dans le vide aussi bien que dans l'air. Gray
remarqua le premier qu'un enfant, placé sur un gâteau de résine,
recevait de l'électricité par communication et répandait de la lumière dans l'obscurité. Il découvrit ainsi le moyen d'accumuler, à
l'aide d'un *corps isolant*, une grande quantité d'électricité sur des
points donnés.

Dès que les expériences de Gray furent connues en France, Dufay

---

1. Ces travaux de Gray ont été publiés dans les *Philosophical Transactions*, de 1731 et 1732.

(né à Paris en 1698, mort en 1739) se mit à les répéter avec soin.
« Loin que M. Gray, dit Fontenelle (dans l'*Éloge* de Dufay), trouvât
mauvais qu'on allât sur ses brisées, et prétendît avoir un privilége
exclusif pour l'électricité, il aida de ses lumières M. Dufay, qui,
de son côté, ne fut pas ingrat et lui donna aussi des avis. Ils s'é-
clairèrent, ils s'animèrent continuellement, et arrivèrent ensemble
à des découvertes si surprenantes et si inouïes qu'ils avaient besoin
de s'en attester et de s'en confirmer l'un à l'autre la vérité; il fallait,
par exemple, qu'ils se rendissent réciproquement témoignage d'avoir
vu un enfant devenu lumineux pour être électrisé..... » On voit par
cette citation combien, dans l'esprit des savants d'alors, les phénomènes électriques tenaient du merveilleux. L'habitude a depuis fait
tomber le charme.

Les travaux de Dufay se composent de huit mémoires, publiés
dans le recueil des Mém. de l'Académie des sciences, années 1733,
1734 et 1737. En voici les principaux résultats. L'humidité et une
température élevée sont également nuisibles à la production de
l'électricité. Ce n'est pas la différence de couleur, comme l'avait
prétendu Gray, mais la différence de matière qui fait varier l'intensité de l'électricité. Si l'on suspend à une tige de fer, fixée aux
deux bouts par des cordonnets de soie, des fils de lin, de coton, de
soie et de laine, et qu'on présente devant chacun de ces groupes
de fils un tube de verre électrisé, on constate que les fils de lin
s'écartent le plus, et les fils de laine le moins; d'où Dufay concluait
que le fil de lin a le plus de capacité électrique.

Dufay remarqua comme Gray qu'on peut tirer des étincelles
électriques d'un corps vivant. A cet effet, il se suspendit lui-même
librement à l'aide de cordons de soie; et, pendant qu'il restait ainsi
suspendu, les personnes qui s'approchaient de lui tiraient de son
visage, de ses mains, de ses pieds, de ses vêtements, enfin de toutes
les parties de son corps, des étincelles, accompagnées d'une sensation de piqûre et d'un bruit de pétillement. Il ajouta que la sensation de piqûre que ces personnes disaient éprouver, il l'éprouvait
lui-même, et que le bruit de pétillement se manifeste, dans l'obscurité, sous forme d'étincelles. « Je n'oublierai jamais, dit l'abbé Nollet,
la surprise de M. Dufay, que je partageais moi-même, quand je
vis pour la première fois sortir du corps humain une étincelle
électrique [1]. »

1. Nollet, *Leçons de Physique*, vol. VI, p. 108.

Dufay avait observé que les étincelles étaient surtout intenses lorsqu'on approchait une tige métallique de la personne suspendue par les cordons de soie; d'où Gray conjecturait que si, en renversant l'expérience, on substituait aux corps vivants une barre de métal ou des ustensiles de fer suspendus par des fils de soie, on devrait obtenir les mêmes effets. C'est ce que l'expérience confirma complétement. Ce fut là l'origine des *conducteurs métalliques*, qui devinrent depuis d'un usage si général.

Dufay fit l'un des premiers la remarque qu'en frottant avec la main le dos d'un chat, on en tire des étincelles électriques, surtout si l'on fait asseoir le chat sur un coussin de soie. Il espérait aussi, au moyen des étincelles électriques, allumer des substances inflammables, telles que l'amadou et la poudre à canon; mais ses expériences ne répondirent pas à son attente. Cette découverte était réservée à d'autres.

Les recherches de Dufay ranimèrent le zèle de Gray. Nous devons ici rapporter une expérience qui fit sur l'esprit de Gray une impression si vive, que Mortimer, secrétaire de la Société royale de Londres, auquel Gray en avait communiqué les résultats, ne semblait pas éloigné de croire qu'elle détermina la mort prématurée de l'éminent physicien. Dans tous les cas, ce fut la dernière de ses expériences. « Qu'on prenne, dit Gray, une petite boule de fer, de 1 à 1 pouce ½ de diamètre, qu'on la pose au centre d'un gâteau de résine électrisé, de 7 à 8 pouces de diamètre, et qu'on tienne entre le pouce et l'index, droit au-dessus du centre de la boule, un corps léger, tel qu'un petit fragment de liége, suspendu à un fil mince de 5 à 6 pouces de longueur : on verra le corps léger commencer de lui-même à se mouvoir autour de la boule, et cela de l'occident à l'orient. Si le gâteau de résine est de forme circulaire et que la boule de fer en occupe exactement le centre, le corps léger décrira un cercle autour de la boule; mais si la boule n'occupe pas le centre du gâteau électrisé, il décrira une ellipse dont l'excentricité est proportionnelle à la distance du centre de la boule au centre du gâteau. Si le gâteau est de forme elliptique et que la boule en occupe le centre, l'orbite tracée par le corps léger sera encore une ellipse, de même excentricité que la forme du gâteau. Si la boule est placée à l'un des foyers de l'ellipse, le corps léger se mouvra plus vite au périgée qu'à l'apogée de son orbite. » Ces effets furent si étranges, que Gray, revenu de sa surprise, espérait avoir trouvé la clef de la dynamique du système solaire; il avoue cependant qu'on ne les obtenaît que lorsque le fil auquel le corps tournant était suspendu, était tenu par la main d'un homme ou par un être vivant.' Mortimer répéta l'expérience de Gray avec le même succès. Mais Dufay, qui la répéta également, avoue ne pas avoir tout à fait réussi ; il obtenait, il est vrai, le mouvement circulaire, mais tantôt de droite à gauche, tantôt de gauche à droite [1].

C'est à Dufay que l'on doit l'établissement de deux électricités différentes et opposées. Il y fut conduit par l'observation suivant laquelle un tube de verre électrisé fait flotter un feuillet d'or librement dans l'air, tandis qu'un morceau de résine électrisé l'attire aussitôt et l'y fait adhérer. De là il conclut à l'existence de deux électricités différentes : il appela *électricité vitrée* celle que l'on obtient en frottant du verre avec de la laine, et *électricité résineuse* celle que l'on obtient en frottant de la cire à cacheter avec de la laine. Dufay établit le premier en principe que *les électricités semblables se repoussent et que les électricités différentes s'attirent*. Pour expliquer les phénomènes électriques, il suppose que, par le frottement ou par la communication, il se forme un tourbillon autour du corps électrisé ; qu'un corps à l'état naturel, placé dans le tourbillon, est attiré jusqu'au contact par le corps électrisé, et qu'alors il s'électrise de la même manière ; que deux corps électrisés de la même manière sont environnés de tourbillons, qui se repoussent, tandis que les tourbillons de deux électricités différentes s'attirent. Enfin par ces deux électricités et par les tourbillons qu'elles devaient former autour des corps, Dufay cherchait à expliquer les *mouvements d'attraction*, les *mouvements de répulsion* et les *étincelles électriques*, les seuls phénomènes connus de son temps.

Desaguliers [2] s'était livré à des expériences sur l'électricité presque en même temps que Gray, mais sa modestie lui avait interdit de les mettre au jour. Il n'en publia une partie qu'en juillet 1739, dans les *Transactions philosophiques* de Londres. Il y fit ressortir à la fois l'étrangeté de ces phénomènes et l'impossibilité d'en établir une théorie générale. Ses premières expériences

---

1. *Mém. de l'Acad.*, année 1737.
2. Jean-Théophile Desaguliers (né à la Rochelle en 1683, mort à Londres en 1744), fils d'un pasteur protestant, fut, après la révocation de l'édit de Nantes (1685), emmené en Angleterre, qui devint sa patrie adoptive. Il popularisa en Angleterre et en Hollande les découvertes de Newton par des conférences publiques, et se mit, par ses travaux physiques, en rapport avec les principaux savants de son époque.

furent faites avec un cordon de chanvre tendu sur des cordes de boyau de chat; à l'une des extrémités du cordon étaient attachées des substances diverses, pendant que l'autre était mise en communication avec le corps électrisé. Desaguliers fut ainsi conduit à classer les corps en *électriques* et en *non électriques* ou *conducteurs*. Par *corps électriques* il entendait toutes les substances dans lesquelles l'électricité peut être produite par la chaleur ou par le frottement, tandis que les corps *non électriques* étaient, pour lui, ceux qui ne sont capables que de recevoir et de transmettre l'électricité. Les matières animales sont non électriques, à cause des liquides qu'elles renferment. Dans une note présentée en janvier 1741 à la Société royale de Londres, il annonça, entre autres, que l'électricité ne se manifeste qu'à la surface des corps électrisés, qu'elle occupe des surfaces sphériques, cylindriques, etc., suivant que le corps est une sphère, un cylindre, etc.

Desaguliers observa, l'un des premiers, que l'air sec est électrique, et que si l'air chaud l'est moins, cela tient aux vapeurs aqueuses qu'il contient. Son dernier travail (*Dissertation sur l'électricité des corps*; Bordeaux, 1742) remporta le prix qu'avait proposé l'Académie des arts et sciences de Bordeaux, sur la proposition du duc de la Force.

Machine électrique. — Les premières machines électriques, celles dont se servaient les physiciens dont nous venons de rappeler les expériences, étaient des globes ou des cylindres en corne ou en verre. qu'on frottait avec une main, en les faisant tourner avec l'autre. Hausen, professeur de physique à Leipzig, substitua, en 1742, à la main de l'homme une roue pour tourner le globe ou cylindre [1]. Quelques années plus tard, Winckler de Leipzig et Sigaud de Lafond employèrent les premiers des coussinets pour produire le frottement. Cependant l'abbé Nollet (né en 1700, mort en 1770 à Paris) se déclara contre l'emploi des coussinets, et continua à frotter le globe avec la main. Il avait adapté à sa machine un conducteur (un tube de fer-blanc, proposé par Bose), qui était suspendu au plafond par des fils de soie, et mis en communication avec le globe par une chaîne [2].

Le perfectionnement de la machine électrique fit surgir des faits nouveaux, dont l'étrangeté attira l'attention universelle. On consacra, en Allemagne et en Hollande, des sommes d'argent consi-

1. *Novi prospectus in historia electricitatis*; Lips., 1743, in-4°
2. Nollet, *Essai sur l'électricité des corps*; Paris, 1740 in-8°.

dérables à ce genre d'expériences, et on en parlait dans les feuilles publiques. Au commencement de l'année 1744, Ludolf parvint le premier à enflammer l'éther sulfurique avec un tube de verre électrisé [1]. Il fit cette expérience devant la première réunion générale de l'Académie de Berlin. En mai de la même année, Winckler enflamma de l'alcool par une étincelle électrique tirée d'un de ses doigts, et Bose enflamma par le même moyen la poudre à canon. Ce dernier se donna aussi beaucoup de peine pour s'assurer si l'électricité augmente le poids des corps, et il put se convaincre qu'il n'y a aucune augmentation de poids. Le P. Gordon et Winckler changèrent l'électricité en mouvement, le premier en faisant tourner par ce moyen ce qu'il appelait l'*étoile électrique* (cercle de fer-blanc à trois rayons), le second, une roue. Krüger blanchit, au moyen des étincelles électriques, les couleurs rouges, bleues et jaunes, de différentes fleurs. Watson fit, en 1745, partir des mousquets par des étincelles électriques, et il constata le premier que l'électricité se propage toujours en ligne droite et qu'elle ne se réfracte pas comme la lumière en traversant des verres. Nollet électrisa pendant plusieurs jours une certaine quantité de terreau où l'on avait semé des graines, et il remarqua que ces graines germaient plus vite qu'à l'ordinaire. Il constata aussi que l'électricité accélère l'évaporation naturelle des fluides.

Vers 1766 furent construites les premières machines électriques à *disques de verre*, qu'on faisait tourner à l'aide d'une manivelle. Ce sont, sauf quelques modifications, les machines dont on fait encore aujourd'hui usage. Priestley, dans la 1re édition de son *Histoire de l'Electricité*, nomme Ramsden comme leur inventeur, tandis que dans la seconde édition du même ouvrage il en attribue l'invention au docteur Ingenhousz. Mais Sigaud de Lafond (né en 1730 à Bourges, mort à Paris en 1810) dit, dans son *Précis historique des phénomènes électriques* (Paris, 1781, in-8°), que dès 1756 il s'était servi avec avantage de disques de cristal, qu'il faisait tourner autour d'un axe. Ingenhousz rapporte qu'il avait, en 1764, fait usage de machines électriques à disques de verre, qu'il en avait communiqué un modèle à Franklin, et que ce fut d'après ce modèle que Ramsden et d'autres artistes fabriquèrent des machines électriques.

---

1. Gralath, *Hist. de l'électricité*, p. 284 et suiv. ; Fischer, *Geschichte der Physik*, t. V, p. 481.

Bouteille de Leyde. — L'invention de la bouteille de Leyde a été controversée autant que celle de la machine électrique proprement dite. Les Allemands l'attribuent à de Kleist, doyen du chapitre de Camin, en Poméranie. Ce qu'il y a de certain, c'est que de Kleist en parla dans une lettre qu'il écrivit le 4 novembre 1745 au docteur Lieberkühn, et que Krüger en fit déjà mention dans son *Histoire de la terre*, publiée en 1746 à Halle. Cette invention consistait en une fiole contenant un clou ou un fort fil de laiton. Ce clou ou fil électrisé (accumulant l'électricité dans la fiole) produisit des effets inattendus.

Les Français et les Hollandais donnent Musschenbroek pour l'inventeur du condensateur électrique. Au commencement de l'année 1746, ce physicien écrivit de Leyde à Réaumur qu'il lui était arrivé de faire une expérience, à laquelle il ne voudrait pas, pour tout l'or du monde, s'exposer une seconde fois. Allamand annonça cette nouvelle dans une lettre à Nollet, et en fit le sujet d'une note[1]. Nollet n'en parla depuis lors que sous le nom d'*expérience de Leyde*, et les fioles qui y étaient employées furent appelées *bouteilles de Leyde*, nom qu'elles ont conservé jusqu'à ce jour. Enfin la première idée de cette invention s'est, dit-on, présentée à Cunæus, citoyen de Leyde, et voici à quelle occasion. Musschenbroek et ses amis, au nombre desquels était Cunæus, avaient observé que des corps qui, après leur électrisation, étaient exposés à l'air, surtout à l'air humide, laissaient promptement échapper leur électricité, de manière à n'en conserver qu'une faible partie. Cette observation leur suggéra la pensée que si l'on emprisonnait les corps électrisés dans d'autres corps *électriques par nature*, ou *idio-électriques*, c'est-à-dire non conducteurs de l'électricité, on pourrait arriver à augmenter leur puissance. Ils renfermèrent donc de l'eau dans des bouteilles de verre, et les firent servir à leurs expériences. Mais, les résultats ne répondant pas à leur conception, ils allaient y renoncer, lorsque Cunæus éprouva tout à coup (en 1746) une commotion épouvantable : la bouteille d'eau, qu'il tenait d'une main, communiquait au moyen d'un fil de fer avec le tube électrisé, pendant qu'il essayait d'en détacher ce fil avec l'autre main. Ce fut là l'*expérience de Leyde*, que répétèrent d'abord Allamand et Winckler, puis une foule de physiciens et de curieux. Chacun racontait complaisamment les chocs et les douleurs plus ou moins violentes, ressenties dans les mem-

---

1. *Mém. de l'Acad. des sciences* de Paris, année 1746.

bres et la poitrine. Ce qui intéressait le plus particulièrement les expérimentateurs, c'était, indépendamment des sensations éprouvées, la violence et le bruit du choc, comparé à l'explosion d'une arme à feu, la grosseur des étincelles et la longueur des distances parcourues par l'électricité.

Dans le but d'augmenter ces effets, on rivalisa de zèle pour modifier l'instrument, et l'amener peu à peu au degré de perfection où il se trouve aujourd'hui [1]. L'intérieur de la *bouteille de Leyde* est maintenant rempli, pour éviter l'humidité, avec des feuilles minces de cuivre ou d'or ; à l'extérieur est collée une lame d'étain, et les points du verre qui ne sont point *armés*, c'est-à-dire couverts de la lame métallique, sont vernis à la cire d'Espagne ou à la gomme laque. On conduit l'électricité dans l'intérieur par un gros fil de laiton recourbé, à l'aide duquel on peut accrocher la bouteille à la machine électrique pour la charger. On établit la communication avec le sol par une chaîne métallique que l'on fixe au moyen d'un crochet extérieurement au fond de la bouteille. Ces bouteilles peuvent être des bocaux de dimensions plus ou moins considérables, qui, groupés par 4, 9, 16... dans une caisse carrée, forment les *batteries électriques*.

. **Carreau électrique.** — En 1747, le docteur Bevis trouva, au rapport de Watson [2], qu'un « plateau de verre recouvert d'une mince lame métallique (feuille d'étain) d'un pied carré était un aussi bon *condensateur* qu'une bouteille de Leyde d'une demi-pinte, remplie d'eau. » Il conclut de ses expériences « que la force électrique dépend de la grandeur de la surface recouverte ou armée, et non de la masse de la matière qui recouvre le plateau (carreau). »

Franklin et Æpinus firent de nouvelles et nombreuses expériences avec les carreaux électriques. Mais ils ne purent s'entendre sur la manière dont s'effectue la charge. Franklin croyait qu'elle se faisait par le verre et non par les armatures (enveloppes métalliques).

---

1. Les premières expériences avec la bouteille de Leyde, successivement perfectionnée, ont été faites et décrites par : Winckler, *On the effects of electicity upon himself and his wife;* dans les *Philos. Transact.*, n° 480 ; — Gallabert, *Expériences sur l'électricité,* Genève, 1748, in-8° ; — Watson, dans *Philos. Transact.*, années 1718 et 1719 ; — Nollet, *Expériences faites* en 1752, *en présence de MM. Bouguer, de Montigny, de Courtivron, d'Alembert et Le Roi, commissaires nommés par l'Académie,* à la fin des *Lettres sur l'électricité,* p. 281 (Paris, 1753, in-12).

2. *Philosoph. Transactions,* n° 485.

Æpinus, au contraire, était d'opinion qu'elle s'opérait par les armatures et non par la substance idio-électrique (verre, poix, cire, soufre) qui composait la masse du carreau. A l'appui de son explication, il isola deux grands plateaux métalliques par une mince couche d'air interposé (faisant fonction de substance idio-électrique). Il électrisa le plateau supérieur en même temps qu'il faisait communiquer le plateau inférieur avec le sol (réservoir commun), et après l'électrisation il chassait, au moyen d'un soufflet, l'air interposé, et le remplaçait par de l'air nouveau ; les plateaux, conservés dans leur position, produisirent la commotion électrique comme si la couche d'air n'eût pas été remplacée.

Théories. — D'où vient l'électricité ? Cette grave question fut alors soulevée par des physiciens considérables, notamment par Watson, Nollet et Bevis. Ce dernier avait mis en avant que les tubes et globes de verre ne font que conduire, mais non produire l'électricité. Un phénomène qui frappa surtout Watson, c'était que la personne qui produisait l'électricité par le frottement du verre, était capable d'émettre des étincelles aussi bien que la personne qui touchait au fil conducteur isolé. C'est ce qui lui faisait dire « que l'électricité de l'une des personnes était moins dense qu'à l'état naturel, tandis que l'électricité de l'autre était plus dense, de telle sorte que l'électricité entre ces deux personnes devait être beaucoup plus différente qu'entre l'une d'elles et une autre personne debout sur le sol. » Ce fut ainsi que Watson trouva ce que Franklin observa, vers la même époque, en Amérique, et ce qu'on a désigné par *plus* ou +, et *moins* ou —, d'électricité.

Gallabert (né à Genève en 1712, mort dans sa ville natale en 1768) attribua, l'un des premiers, l'électricité à un *fluide* particulier, à une espèce d'éther, ayant quelque analogie avec le feu. D'après sa théorie, « la densité du *fluide électrique*, n'est pas la même dans tous les corps : plus rare dans les corps denses, il est plus dense dans les corps rares ; les corps frottés ont un *mouvement moléculaire* qui attire et chasse le fluide électrique. Ce fluide, apportant de la résistance à sa condensation, devient plus dense et pour ainsi dire plus élastique à mesure qu'il s'éloigne, par ondulations, du corps frotté, et il se forme, autour de ce corps, une *atmosphère électrique* plus ou moins étendue, dont les couches les plus denses sont vers la circonférence, et diminuent graduellement de densité jusqu'au corps électrisé. Par suite des mouvements moléculaires, l'atmosphère électrique éprouve des condensations et des raréfactions, à l'aide desquelles les corps, placés dans sa sphère d'activité, sont attirés et repoussés. »

Cette théorie du célèbre physicien génevois fut adoptée par un grand nombre de savants. Ce qu'il y a de remarquable, c'est qu'elle tend à assimiler l'électricité au mouvement, en la rapportant aux mouvement moléculaire de la matière.

Wilson soutenait, d'accord avec Watson, que le fluide électrique provient, non pas du globe ou du tube électrisé, mais de tous les ustensiles qui l'entourent et de la terre elle-même. Il indiqua en même temps une méthode pour démontrer cette théorie. Mais ses expériences ne furent pas aussi concluantes qu'il l'avait espéré.

Nollet essaya de se rendre compte de la différence qui semblait exister entre l'électricité excitée directement et l'électricité communiquée *par influence,* ainsi qu'entre l'électricité du verre et celle du soufre. Il observa que l'électricité excitée *par frottement* produit sur la peau une sensation particulière, semblable à celle d'une toile d'araignée, tandis que l'électricité communiquée produisait rarement le même effet. Il prétendait aussi que l'électricité excitée se faisait sentir, à plus d'un pied de distance, par son odeur, et que l'électricité communiquée n'offrait rien de semblable. Tous les corps organisés sont, suivant Nollet, des amas de tuyaux capillaires, remplis d'un certain liquide, qui tendrait souvent à extravaser ; la circulation de la sève et la transpiration insensible, qui ont ces tuyaux pour organes, seraient dues à une action électrique.

Mais, au lieu de suivre les physiciens d'alors dans leurs hypothèses, nous allons faire connaître quelques expériences à l'aide desquelles ils se faisaient volontiers passer pour des magiciens.

Tableaux et illuminations électriques. — Ces effets s'obtiennent en collant, sur du verre, des feuilles d'étain ayant des solutions de continuité dont l'arrangement produit une figure donnée. Faisant ensuite passer une décharge électrique à travers ces feuilles métalliques, on aperçoit une étincelle lumineuse dans chaque solution de continuité ; et comme toutes ces étincelles se manifestent simultanément, il en résulte un dessin lumineux. L'abbé Bertholon a fait connaître comment on peut ainsi représenter des portraits, des animaux, des coquilles, des plantes, des minéraux, des machines, des figures d'astronomie, le soleil, les planètes avec leurs satellites, les étoiles, enfin tout ce que l'imagination peut concevoir [1].

----

1. *Journal de Physique,* année 1776, t. I, p. 488 et suiv.

Tableau magique. — Plaque de verre, formée de deux feuilles métalliques, et sur laquelle se trouve fixé un tableau. D'ordinaire on place sur le tableau une pièce de monnaie, on le charge d'électricité et on invite un des assistants à prendre la pièce. Dès que la personne en approche la main, elle reçoit aussitôt une forte commotion, qui la met en fuite. Mais si la personne est isolée, c'est-à-dire posée sur un tabouret à pieds de verre ou de résine, elle peut impunément prendre la pièce de monnaie. Elle le peut encore si, pour décharger le tableau, elle approche de la surface un conducteur pointu.

Électrophore. — En cherchant à simplifier la machine électrique, Wilke et Volta furent conduits, presque en même temps, à l'invention de l'électrophore. Volta fit le premier connaître, dans sa correspondance particulière, l'instrument auquel il donna le nom d'*électrophore perpétuel* [1]. Cet instrument se fabrique, d'après les indications de son inventeur, en coulant dans un moule métallique un gâteau de résine et de cire, dont la surface doit être parfaitement lisse. Primitivement on électrisait ce gâteau en le frottant avec la main ; plus tard on substitua à la main une peau de chat. L'électricité ainsi produite est négative, et peut se conserver pendant des mois sans se dissiper ; c'est ce qui fit qualifier l'électrophore de *perpétuel*. Pour compléter cet instrument, on place sur le gâteau un plateau de bois, couvert de lames d'étain et surmonté d'un manche isolant (en verre). Les phénomènes qui se produisent alors firent naître des théories et des controverses inextricables [2]. Ce qu'il y a de certain, c'est que le plateau subit l'influence électrique de la résine, prend de l'électricité positive à sa face inférieure et de l'électricité négative à sa face supérieure : en le touchant avec le doigt, on obtient une faible étincelle, et on enlève par là le fluide repoussé. En soulevant ensuite le plateau, on détruit l'influence, et l'électricité positive peut se répandre sur toute la surface ; si alors on approche le doigt, on reçoit une seconde étincelle plus forte que la première. Dans tout cela il n'y a rien que de prévu ; mais le moule qui contient le gâteau de résine a aussi son rôle :

1. Lettre de Volta à Priestley, dans les *Scelte di opuscoli interessanti* de Milan, t. IX, p. 91, et t. X, p. 73. — *Lettre de M. Alex. de Volta sur l'électrophore perpétuel de son invention*, dans Rozier, *Journal de physique*, t. VI, juillet 1776.

2. Fischer, *Gesch. der Physick*, t. VIII, p. 237 et suiv.

pour arriver tout de suite à la limite de charge, il faudra à la fois
toucher le plateau et le moule.

Tous ces effets, ainsi que la conservation de l'électricité par l'é-
lectrophore, ont beaucoup embarrassé l'esprit spéculatif des physiciens.

Lichtenberg, de Gœttingue, trouva que l'électrophore peut servir
aussi à produire des effets singuliers, en posant sur le plateau des
figures métalliques, et en y faisant arriver de l'électricité contraire
à celle du plateau. Ces figures, rayonnantes comme des étoiles, ont
reçu le nom de *figures de Lichtenberg* [1].

Clavecin et carillon électrique. — Cet instrument composé de
deux rangées de timbres métalliques, formant ensemble un clavier
de deux octaves, fut imaginé en 1761 par P. Laborde. Chaque
timbre, pris dans une rangée, répond à un timbre dans l'autre rangée, avec lequel il est à l'unisson. Afin que le son des deux timbres
soit le même, l'une des rangées est susceptible d'être électrisée par de
petits conducteurs, en touchant, sur le clavier, la touche correspondante ; aussitôt le timbre électrisé attire son petit battoir et le repousse contre le timbre homophone, non électrisé, de manière qu'en
posant convenablement les doigts sur les touches, on produit les
sons que l'on désire. — Le *carillon électrique* repose sur un mécanisme analogue.

Cercles électriques colorés. — En fixant une pointe métallique
au-dessus d'une plaque de métal, et en faisant passer, par cette
pointe, de fortes décharges électriques sur la plaque, Priestley obtint des *cercles colorés*, semblables aux anneaux colorés de Newton [2]. Il observa que plus la pointe est rapprochée de la plaque
métallique, moins les cercles sont grands et plus promptement ils
sont formés, et que plus, au contraire, la pointe est écartée de la
plaque métallique, plus les cercles sont grands, mais plus ils sont
longs à se former. Si la décharge électrique est très-forte, le métal
s'échauffe et s'oxyde au contact de l'air. Ne serait-il pas possible, se
demandaient dès lors les physiciens, que la formation de ces *cercles
colorés* fût due à une légère couche d'oxyde produite à la surface
des plaques métalliques ? — Cette question intéressante a été de nos
jours l'objet d'importants travaux de la part de Becquerel.

---

1. *De nova methodo naturam ac motum fluidi electrici investigandi,*
dans *Nov. comment. societ. Gœtting.,* t. VIII, ann. 1777.

2. *Journal de Physique,* année 1771.

Aigrettes électriques. — On a imaginé une jolie expérience avec des fils de verre, aussi fins que des cheveux, liés par un bout de manière à former une aigrette. On place cette aigrette sur le conducteur d'une machine électrique, ou bien une personne isolée tient une de ces aigrettes dans sa main. Dès qu'on vient à l'électriser, tous les fils de l'aigrette divergent entre eux et prouvent ainsi la réalité de la répulsion électrique. Quand une personne, non isolée, en approche, par exemple, le doigt, on voit aussitôt tous les fils de l'aigrette se courber vers lui, et le suivre dans son mouvement.

La béatification de Bose. — Bose, de Wittemberg, annonça (vers 1750) qu'en faisant arriver de l'électricité sur une personne isolée sur un tabouret de résine, il avait vu une flamme sortir de ce tabouret, serpenter autour des pieds de la personne isolée et s'élever de là jusqu'à la tête qu'elle aurait environnée d'une auréole, semblable à la *gloire* des saints. Les physiciens essayèrent en vain de reproduire ce qu'ils appelaient la *béatification de Bose*. Watson, qui s'était donné le plus de peine pour répéter cette expérience, écrivit à Bose pour lui demander plus de détails. Bose lui répondit qu'il s'était servi de toute une cuirasse, garnie d'ornements d'acier, dont les uns étaient pointus, les autres aplatis, d'autres en forme de coins ou de pyramides, et que, quand l'électrisation était très-forte, les bords du casque surmontant la cuirasse projetaient des rayons groupés comme ceux de l'auréole des saints.

Dans beaucoup de ces récits du xviii⁰ siècle, il faut faire la part de la crédulité et de l'exagération.

Identité de l'électricité et de la foudre. — Les recherches auxquelles se livraient les physiciens en Europe étaient poursuivies avec succès dans le Nouveau-Monde par Franklin [1]. Dans un

---

[1]. Benjamin *Franklin* (né à Boston en 1706, mort à Philadelphie en 1790), imprimeur, publiciste, physicien, diplomate, contribua par ses négociations à l'affranchissement de sa patrie et à la fondation de la grande république américaine. Son invention du paratonnerre lui fit adresser par Turgot ce vers latin, resté célèbre :

Eripuit cœlo fulmen sceptrumque tyrannis.

Ses découvertes concernant l'électricité se trouvent consignées dans *Expe-riments and observations of electricity, made at Philadelphia in America;* il les adressa, sous forme de lettres à P. Collinson, membre de la Société Royale de Londres ; la première porte la date du 28 mars 1747, et la dernière celle du 18 avril 1751. Cet important ouvrage fut traduit en français par Dalibard l'année même de son apparition.

voyage qu'il fit de Philadelphie à Boston en 1746, l'année même
où fut inventée la bouteille de Leyde, Franklin assista à des expériences électriques, imparfaitement exécutées par le docteur Spence,
qui arrivait d'Ecosse. Peu après son retour à Philadelphie, la bibliothèque qu'il avait fondée dans cette ville reçut du docteur Collinson,
de Londres, un tube en verre, avec des instructions pour s'en servir.
Franklin renouvela les expériences auxquelles ils avait assisté, il y
en ajouta d'autres, et fabriqua lui-même avec plus de perfection
les instruments qui lui étaient nécessaires. La *charge* ou accumulation de l'électricité se faisait jusqu'alors avec un seul condensateur
(bouteille de Leyde, ou deux plaques métalliques séparées l'une de
l'autre par un plateau non conducteur). Franklin imagina la charge
par plusieurs plateaux ou bouteilles de Leyde, la *charge par casca-
des*, qui devint la première *batterie électrique* dont les effets furent
supérieurs à ceux obtenus jusqu'alors. Il tomba d'accord avec plusieurs physiciens que l'électricité était un fluide répandu dans tous
les corps, mais à l'état latent; qu'elle s'accumulait dans certains
d'entre eux où elle était en *plus*, et abandonnait certains autres où
elle était en *moins;* que la décharge avec étincelle n'était autre
chose que le rétablissement de l'équilibre entre l'électricité en *plus*,
qu'il appela *positive*, et l'électricité en *moins*, qu'il appela *négative*.
Cette théorie, universellement adoptée, fut bientôt suivie d'une des
plus grandes découvertes des temps modernes.

La couleur de l'étincelle électrique, son mouvement en ligne
brisée lorsqu'elle s'élance vers un corps, le bruit de sa décharge,
les effets singuliers de son action, qui faisait fondre une lame de
métal entre deux plaques de verre, changeait les pôles de l'aiguille
aimantée, enlevait toute la dorure d'un morceau de bois sans en
altérer la surface, déterminait une sensation douloureuse qui, pour
les petits animaux, allait jusqu'à la mort, la comparaison de tous
ces effets suggéra à Franklin la pensée hardie que l'étincelle électrique était de même nature que la matière dont l'accumulation
dans les nuages produisait la capricieuse lumière de l'éclair, le formidable bruit du tonnerre, brisait tout ce qu'elle rencontrait sur
son passage lorsqu'elle descendait du ciel pour se remettre en
équilibre sur la terre. Il en conclut l'*identité de l'électricité et de la
foudre* [1]. Mais comment la démontrer?

1. Il importe de rappeler que, déjà avant Franklin, cette identité avait été
entrevue, notamment par Desaguliers (*A Course of experimental philosophy;* Lond., 1734-45, 2 vol. in-4°).

Franklin avait remarqué que les corps à pointe avaient surtout le pouvoir d'attirer le fluide électrique. Il résolut donc d'élever jusque dans les nuages des verges de fer pointues qui devaient en faire sortir des l'éclairs. Mais ce moyen ne lui ayant pas paru praticable, parce qu'il n'avait pas trouvé de lieu assez haut, il en imagina un autre. Il construisit un *cerf-volant*, formé par deux bâtons enveloppés d'un mouchoir de soie. Il arma le bâton longitudinal d'une pointe de fer à l'extrémité qui devait percer les nuages; puis il attacha au cerf-volant une corde de chanvre, terminée par un cordon de soie. Au point de jonction du chanvre, conducteur de l'électricité, et du cordon de soie, non conducteur, il mit une clef, où l'électricité devait s'accumuler et annoncer sa présence par des étincelles. L'appareil ainsi disposé, l'habile expérimentateur se rend dans une prairie un jour d'orage. Il dit à son fils de lancer le cerf-volant dans les airs, tandis que lui-même, placé à quelque distance, l'observe avec anxiété. Pendant quelque temps il n'aperçoit rien, et il craint de s'être trompé. Mais tout à coup les fils de la corde se raidissent, et la clef se charge : c'est l'électricité qui descend. Il court au cerf-volant, présente son doigt à la clef, reçoit une étincelle, et ressent une forte commotion, qui aurait pu le tuer, et qui le transporte de joie. Sa conjecture se change en certitude, et l'identité de l'électricité et de la foudre est démontrée. Cette démonstration éclatante fut faite près de Philadelphie, en juin 1752.

La découverte qui popularisa le nom de Franklin dans le monde entier, n'était pas cependant tout à fait imprévue. Rappelons les faits par leurs dates. Les premières lettres de Franklin, dont la dernière était datée de Boston, 16 mars 1752, furent aussitôt, après leur apparition, publiées en français par les soins de Buffon. C'était dans cette dernière lettre que Franklin avait proposé les verges de fer pointues, pour attirer la foudre ; mais, ayant jugé l'expérience impraticable, il ne l'avait point exécutée. Mais ce que Franklin avait cru impraticable, Dalibard, le traducteur de ses Lettres, l'exécuta à Marly, près de Paris, et il en fit le récit dans un mémoire présenté le 13 mai 1752 à l'Académie des sciences. Après avoir décrit en détail son appareil, qui consistait en une verge de fer pointue, de 40 pieds de hauteur, placé sur un corps isolant, Dalibard continue son récit en ces termes : «Le mercredi 10 mai 1752, entre deux et trois heures après midi, le nommé Coiffier, ancien dragon, que j'avais chargé de faire les observations en mon absence, ayant entendu un coup de tonnerre assez fort, vole aussitôt à la machine, prend la

fiole avec le fil d'archal (bouteille de Leyde), présente le tenon du
fil à la verge de fer, en voit sortir une petite étincelle brillante, et
en entend le pétillement; il tire une seconde étincelle plus forte que
la première et avec plus de bruit. Il appelle ses voisins et envoie
chercher M. le prieur. Celui-ci (il se nommait Raulet) accourt de
toutes ses forces; les paroissiens voyant la précipitation de leur curé,
s'imaginent que le pauvre Coiffier a été tué du tonnerre; l'alarme
se répand dans le village; la grêle qui survient n'empêche point le
troupeau de suivre son pasteur. Cet honnête ecclésiastique arrive
près de la machine, et, voyant qu'il n'y avait point de danger, met
lui-même la main à l'œuvre et tire de fortes étincelles. La nuée
d'orage et de grêle ne fut pas plus d'un quart d'heure à passer au
zénith de notre machine, et l'on n'entendit que ce seul coup de tonnerre. Sitôt que le nuage fut passé, on ne tira plus d'étincelles de
la verge de fer. »

Ce fut là tout un événement dans Paris. Tout le monde s'y entretenait du phénomène de Marly, qui eut son pendant sur la place
de l'Estrapade, dans Paris (expérience de Delor). « L'admiration,
raconte un célèbre physicien de l'époque, l'abbé Nollet, monta
jusqu'à l'enthousiasme. La plupart de ceux qui apprirent la nouvelle
crurent de bonne foi, et sur la parole de ceux qui le leur disaient,
que les foudres du ciel seraient désormais en la puissance des
hommes, et que, pour se garantir du tonnerre, il suffirait dorénavant
de dresser des pointes sur le sommet des édifices. Quelques personnes mêmes assuraient d'un ton fort sérieux qu'un voyageur en
rase campagne pouvait s'en défendre en mettant l'épée à la main
contre la nuée; les gens d'Eglise, qui n'en portent pas, commençaient à se plaindre de n'avoir pas cet avantage; mais on leur montra dans le livre de M. Franklin, qui était comme l'Evangile du
jour, qu'on pouvait suppléer au pouvoir des pointes en laissant bien
mouiller ses habits, ce qui est extrêmement facile en temps d'o-
rage [1]. »

Ces paroles trahissent un certain dépit et un scepticisme mal dé-
guisé. L'abbé Nollet était, en effet, mécontent de voir reporter sur
un étranger tous les honneurs des travaux antérieurement faits en
Europe. «Je ne veux point, ajoute-t-il, dire par là que M. Franklin
soit un plagiaire; il est tout simple qu'un homme du Nouveau-Monde
et relégué dans une colonie, où l'on s'occupe plus du commerce que

---

1. Nollet, *Lettres sur l'électricité*, p. 10 (Paris, 1753).

des sciences, ait ignoré ce qui se passait en Europe par rapport à l'électricité, et que les ouvrages des savants qui s'appliquent à cette matière [1], n'eussent point encore percé jusqu'à lui, lorsqu'il faisait ses expériences; je veux seulement faire comprendre combien le public doit être émerveillé lorsqu'on étale tout à la fois à ses yeux des phénomènes qui n'avaient paru que successivement en différents temps et en différents lieux, et dont il avait à peine entendu parler : il crut que tout ce qu'il voyait arrivait fraîchement de Pensylvanie, et ce fut la nouvelle du temps. »

L'Académie, dont l'abbé Nollet faisait partie depuis 1734, n'accepta cette nouveauté scientifique qu'avec une grande réserve; elle nomma une commission, dont faisaient partie Bouguer, Lemonnier, Cassini de Thury et Nollet, et ne tarda pas à apprendre : « 1° que le fait de Marly-la-Vielle s'était pleinement vérifié en présence d'un grand nombre de témoins; 2° que cet effet aurait lieu, soit que les verges de fer fussent pointues, soit qu'elles ne le fussent pas, et que la position horizontale ou verticale était assez indifférente; 3° que le tonnerre électrisait non-seulement le fer, mais aussi le bois, les corps vivants et généralement tous les corps électrisables; 4° qu'il n'était pas absolument nécessaire de porter ces corps au plus haut des édifices, qu'ils s'électrisaient fort bien à quatre pieds de terre, dans un endroit découvert et un peu écarté des grands édifices; 5° que les corps électrisés produisaient les mêmes phénomènes qu'ils ont coutume de faire voir quand on les électrise avec du verre frotté [2]. »

L'expérience du cerf-volant, dont nous avons parlé plus haut, et qui fut faite en Amérique un mois après celle de Marly, près de Paris, suggéra naturellement à Franklin l'idée de placer sur le sommet des édifices des barres de fer pointues, afin de soutirer des nuages l'électricité qui pourrait foudroyer ces édifices, et de la diriger vers le réservoir commun, le sol, au moyen de conducteurs métalliques. C'est donc à lui qu'on doit réellement l'invention du *paratonnerre*. Les expériences de Franklin, répétées en France par Romas de Nérac, Mazéas, Delor, Lemonnier, le furent, en Angleterre, par Canton, Bevis, Wilson; en Allemagne, par Winckler, Wilke, etc.; en Italie, par Beccaria, de Turin; en Russie, par Richmann. Ce dernier,

1. Nollet avait fait paraître ses *Leçons de physique expérimentale* (en 6 vol. in-12) dès 1745, et son *Essai sur l'électricité des corps* dès 1747.
2. Nollet, *Lettres sur l'électricité*, p. 14.

professeur de physique à l'université de Saint-Pétersbourg, tomba
victime de son zèle, le 6 août 1753, à midi. Voici comment. A une
verge de fer élevée au-dessus de sa maison il avait attaché des fils
métalliques, qui venaient se réunir dans un bocal de verre rempli de
feuilles de laiton. C'était là que le fluide électrique, soutiré de l'air,
devait se condenser. Pour mesurer l'intensité du fluide par l'angle
d'écartement d'un fil, il approcha la tête de l'appareil, et au même
instant il fut frappé au front par la foudre et tomba raide mort [1]. On
remarqua que son corps entra rapidement en putréfaction. La mort
de Richmann fut la démonstration la plus complète de l'identité de
l'électricité avec la foudre : personne n'osa plus en douter.

Les tiges de fer pointues, employées pour la construction des paratonnerres, trouvèrent un adversaire décidé dans Wilson. Il reprochait à ces paratonnerres d'appeler au lieu de détourner le fluide
électrique ; c'est pourquoi il leur donnait le nom d'instruments *offen-
sifs*, tandis qu'ils devraient être des instruments *défensifs*. Il proposa, en conséquence, de remplacer les pointes des tiges par des
boules et d'appliquer ces boules contre les murs depuis le faîte de
l'édifice jusqu'au sol [2]. Beccaria se déclara contre cette manière de
voir : il soutenait qu'aucun métal n'attire plus d'électricité qu'il
n'en pourrait conduire, et proposait de multiplier, au contraire, le
nombre des tiges pointues proportionnellement à la grandeur des
édifices à garantir. Cette polémique était presque oubliée, lorsqu'elle fut tout à coup renouvelée à l'occasion de l'explosion de la
poudrière de Purfleet (en Angleterre), atteinte par la foudre le
15 mai 1777. Cet édifice, situé sur une hauteur, avait été muni d'un
paratonnerre à longue tige pointue. Wilson reprit alors son ancienne théorie, fit des expériences pour en montrer l'exactitude,
et parvint à décider le roi Georges III à remplacer tous les paratonnerres à pointes saillantes du palais de Saint-James par des paratonnerres à boules masquées.

Le triomphe de Wilson ne fut que de courte durée. Un autre
physicien, non moins célèbre, Ed. Nairne, fit des expériences propres à réfuter la théorie de Wilson : elles montraient que si la poudrière de Purfleet avait été détruite par la foudre, c'était parce que

---

1. Georges-Guillaume *Richman*, né à Pernau en 1711, mort à Saint-
Pétersbourg en 1753, a publié de nombreux mémoires sur des questions
de physique dans le recueil des Mém. de l'Acad. de Saint-Pétersbourg.

2. *Philos. Transact.*, t. LIV, p. 149. — *Observations upon lightning*
Lond., 1773, in-4°.

la tige pointue de 10 pieds de haut ne pouvait garantir qu'une surface de 45 pieds à peine, et qu'il fallait multiplier les paratonnerres suivant l'étendue des édifices à garantir. La querelle s'envenima ; elle gagna même le continent. Les physiciens français se divisèrent au sujet des boules et des pointes. Ingenhousz arriva, de son côté, à des résultats conformes à ceux de Nairne ; enfin une commission de la Société royale de Londres, se déclarant en faveur des paratonnerres à tiges pointues, mit fin à cette querelle des physiciens, qui rappelait la guerre entre les gros boutiens et les petits boutiens dans les *Voyages de Gulliver* de Swift.

Électromètre. — Gray paraît avoir eu le premier l'idée de mesurer l'intensité électrique par l'écartement d'un fil suspendu à un corps conducteur. C'est le moyen dont se servait, dès 1733, Dufay. Nollet faisait usage de deux fils, et il mesurait l'angle de leur écartement sur la projection de leur ombre [1]. Waitz ajouta des poids aux extrémités des fils [2] ; Canton y fixa de petites boules de liége [3]. Henley imagina l'électromètre à cadran. Ellicot employait un fléau de balance très-léger pour estimer par des poids les forces attractives et répulsives de l'électricité. Pour mesurer l'intensité électrique, Cavallo fixa deux tubes de verre dans une boule de cuivre, placés sur une colonne de verre ; à l'extrémité de ces tubes il suspendait des fils dont les uns étaient doubles et terminés par des boules de liége, les autres simples et portant à leurs extrémités des plumes. L'électromètre de Cavallo était placé dans une petite bouteille pour le préserver des mouvements de l'air.

L'*électromètre de Barberoux*, décrit par Lichtenberg, se composait d'un tube de verre de douze pouces de long sur seize lignes de large, et bouché à ses deux extrémités par deux plaques de cuivre ; par ces plaques pénétraient dans l'intérieur du tube deux fils métalliques, entre lesquels on faisait passer l'étincelle électrique. L'intensité électrique se mesurait par la distance à laquelle les deux fils devaient se trouver pour que l'étincelle pût passer.

Les *électromètres* de Bennet, de *Cuthberfoxe*, de *Darcy* et *Leroy*, de *Lane*, de *Ludolf*, de *Volta* (électromètre à paille), étaient des instruments trop imparfaits pour mériter une description détaillée. Dans ses recherches sur l'électricité aérienne, B. de Saussure [4]

---

1. *Mém. de l'Acad. des scienc.*, année 1749.
2. *Abhandl. von der Electricität*; Berlin, 1745.
3. *Philos. Transact.*, t. XLVIII, n° 53.
4. *Bénédict de Saussure* (né à Conches, près de Genève, mort à Genève

imagina un électromètre particulier, dont voici le mécanisme. Deux petites boules de sureau sont suspendues à des fils métalliques; le verre qui les recouvre est fixé dans un fond métallique gradué; quatre lames d'étain sont collées contre le verre. Le sommet de l'instrument est occupé par un crochet où passe un anneau tenant un fil, au bout duquel est un ballon de cuivre. Pour observer l'électricité à une petite hauteur (de 1 à 2 mètres), B. de Saussure armait son électromètre d'un triangle aigu d'environ 80 centimètres de longueur; lorsqu'il voulait examiner l'air à une plus grande hauteur, il tenait l'électromètre d'une main, lançait de l'autre le ballon de cuivre, et estimait, par l'écartement des petites boules de sureau, l'électricité à la hauteur où le ballon de cuivre parvenait.

B. de Saussure se demanda si, d'un angle d'écartement donné, il ne serait pas possible de déduire, à l'aide d'une loi fort simple, les forces proportionnelles de tous les autres angles d'écartement. Pour résoudre ce problème, il fit construire deux électromètres A et B, absolument semblables. Après avoir électrisé l'électromètre A et observé l'angle d'écartement de ses balles de sureau, il le mettait en contact avec l'électromètre B. L'électricité s'étant partagée également entre les deux appareils, il observait l'angle d'écartement des balles, retirait l'électricité de l'électromètre B, et mettait celui-ci de nouveau en contact avec l'électromètre A; il observait l'écartement des balles, et continuait ainsi ses observations jusqu'à ce que l'angle d'écartement devînt presque imperceptible. Le savant physicien de Genève indiqua dans une table les résultats de ses expériences, et en déduisit une loi qui ne s'accorde pas avec celle que les géomètres ont déduite de l'analyse, à savoir, que les forces sont entre elles comme les cubes des sinus des angles d'écartement. Du reste, il ne donna cette table que comme un aperçu de rapports approximatifs [1].

Électricité atmosphérique. — Depuis qu'on eût découvert l'identité de l'électricité avec la foudre, les physiciens se mirent en campagne pour s'assurer s'il y a de l'électricité dans l'atmosphère,

en 1799), célèbre par ses *Voyages dans les Alpes* (Neufchâtel, Genève et Paris, 1779-96, 4 vol. in-4°), remplis d'observations géologiques et physiques, était le fils de l'agronome *Nicolas de Saussure* (né en 1709 et mort en 1790) et le père du chimiste *Théodore de Saussure* (né à Genève en 1767, mort en 1845).

1. B. de Saussure, *Voyages dans les Alpes*, § 783 et suiv.

en dehors des temps d'orage. Lemonnier en montra le premier l'existence dans ses observations faites, en 1752, à Saint-Germain-en-Laye [1]. Mazéas fit, en juin, juillet et octobre 1753, au château de Maintenon, des observations tout aussi concluantes avec une tige de fer de 370 pouces de longueur, suspendue par des fils de soie, et élevée de 90 pieds au-dessus du sol [2]. Kinnerley, Henley et Islington, en Angleterre, et surtout Beccaria [3], en Italie, firent des observations semblables. Mais ce fut B. de Saussure qui jeta en quelque sorte les bases de cette branche de la physique. Des observations nombreuses lui ont permis d'établir que l'électricité aérienne est en général plus intense dans les lieux les plus élevés et les plus isolés; qu'elle est nulle sous les arbres, dans les cours d'intérieur, dans les rues et dans les lieux parfaitement clos; qu'elle est sensible cependant dans les villes, au milieu des grandes places, au bord des quais et particulièrement sur les ponts. « Dans un temps d'orage, on voit, dit l'habile observateur, l'électricité s'animer, cesser, renaître, devenir positive pour être l'instant d'après négative, sans qu'il nous soit possible de donner des raisons précises de tous ces changements; j'ai vu quelquefois ces variations se succéder avec une telle rapidité que je n'avais pas le temps de les noter. ... En hiver, et pendant un temps serein, l'électricité est sujette, comme la mer, à un flux et reflux, qui la font croître et décroître dans l'espace de 24 heures. Les moments de sa plus grande force suivent de quelques heures le lever et le coucher du soleil, et ceux de sa plus grande faiblesse sont ceux qui précèdent le lever et le coucher de cet astre... En été, l'électricité de l'air serein est beaucoup moins forte qu'en hiver; sa période diurne est moins régulière et moins marquée; sa quantité fondamentale étant très-petite, les causes accidentelles, comme les vents, la plus ou moins grande quantité de vapeurs humides ou d'exhalaisons sèches qui sont répandues dans l'air, produisent des différences qui masquent la période diurne, et font souvent tomber le *maximum* et le *minimum* sur des points opposés à ceux dans lesquels ils auraient dû naturellement se rencontrer. En général, en été, lorsque la terre est sèche, l'électricité de

1. *Mém. de l'Acad. des scienc.*, année 1752.
2. *Ibid.*, année 1753, p. 233.
3. Jean-Baptiste *Beccaria* (né à Mondovi en 1716, mort en 1781), qu'il ne faut pas confondre avec le célèbre philosophe-économiste marquis de Beccaria (mort en 1791), fit paraître, en 1753, les résultats de ses observations sous le titre *Dell' Elettricismo naturale ed artifisiale*, Turin, in-4°.

l'air va en croissant depuis le lever du soleil, où elle est presque insensible, jusque vers les 3 ou 4 heures de l'après-midi, où elle acquiert sa plus grande force. Elle diminue ensuite graduellement
jusqu'au moment de la chute de la rosée, où elle se ranime pour
diminuer ensuite et s'éteindre presque entièrement dans la nuit [1]...
Quant à la qualité de l'électricité, elle est invariablement positive,
tant en hiver qu'en été, de jour, de nuit, au soleil, à la rosée, toutes
les fois qu'il n'y a point de nuages au ciel [2]. »

Breschet et Becquerel, se servant de l'électromètre de Saussure
perfectionné, reconnurent que la présence de l'électricité dans l'atmosphère est permanente et que, à de très-rares exceptions près,
elle est toujours positive. Pour expliquer ce fait, on admet que le
fluide neutre des nuages est décomposé par la tige isolée de l'électroscope, et que l'électricité est négative à son sommet et positive à
sa base. C'est ce que démontrèrent Gay-Lussac et Biot dans leur
ascension aérostatique : ayant suspendu à la nacelle de leur ballon
une tige métallique isolée, ils trouvèrent son extrémité supérieure
négative ; c'était l'épreuve inverse de celle que donnent les électros-
copes établis au sommet des observatoires.

Résumant toutes les expériences faites à ce sujet, dans son livre
Sur l'électricité de l'atmosphère (Paris, 1841, in-8°), Peltier est
parvenu à établir que la partie supérieure de l'atmosphère agit
comme un corps électrisé positivement, tandis que le sol fonctionne
comme un corps électrisé négativement. Mais l'atmosphère et le
sol ne restent pas en présence avec des électricités contraires, sans
qu'il se fasse un échange continuel. C'est l'effet de cet échange
qu'indique l'électroscope. Cet effet est d'autant plus fort que la
conductibilité des couches atmosphériques devient plus grande, et
d'autant plus faible, que ces couches deviennent plus isolantes. Les
physiciens modernes parvinrent ainsi à expliquer les deux *maxima*
(à 10 h. du matin et à 10 h. du soir) et les deux *minima* (2 h. du
matin et 4 h. après midi) de la période électrique diurne, qui paraissait un phénomène inexplicable aux physiciens du xviii° siècle ;
ils trouvèrent que, la conductibilité des couches atmosphériques
étant proportionnelle à leur degré d'humidité, les maxima et minima
de l'électroscope devaient répondre aux maxima et minima de

---

1. Cette période avait été déjà aperçue par Lemonnier et le P. Beccaria.
2. B. de Saussure, *Voyages dans les Alpes*, § 800-801, ou t. III, p. 316
et suiv. (Neufchâtel, 1803).

l'hygromètre. C'est ce que l'observation a confirmé. — Suivant les recherches de Pouillet, l'évaporation des eaux de mer serait la principale source de l'électricité atmosphérique.

Tourmaline. — Cette pierre, si remarquable par ses phénomènes électriques, paraît avoir été pour la première fois, en 1703, apportée en Europe par les Hollandais ; elle venait de l'île de Ceylan et portait le nom de *Turmalin* ou *Turmale*. C'est du moins ce que dit l'auteur anonyme d'un livre publié sous le titre de *Curiöse Speculationes bey schlaflosen Nächten*; Chemnitz et Leipzig, 1707, in-8°. Cependant cette pierre cristallisée se rencontre presque partout dans les roches primitives, dans les montagnes du Tyrol, de la Suisse, de l'Italie, de l'Espagne,·etc. On en trouve de blanches, de jaunes, de vertes, de bleues. Sa forme ordinaire est le prisme à douze pans, terminés par des sommets à trois faces principales, l'un des sommets ayant toujours plus de face que l'autre. Linné signala le premier, dans la Préface de sa *Flora Zeylanica* (Upsala, 1747), la propriété de la tourmaline de s'électriser par le frottement comme le succin. Mais ce ne fut que dix ans plus tard qu'Æpinus et Wilke découvrirent la propriété si singulière de cette pierre de s'électriser, par l'action de la chaleur, positivement à l'une de ses extrémités et négativement à l'autre. Le phénomène de la *polarité* se présenta ici d'une manière tellement saisissante, que les physiciens n'hésitèrent plus, pour l'électricité, à admettre des pôles, l'un positif et l'autre négatif, comme pour le magnétisme. Æpinus[1] conclut d'une série d'expériences que dans la tourmaline (composée de silice, d'alumine, de fer et de manganèse) l'électricité est à l'état naturel, neutre, lorsque toutes ses parties ont la même température ; mais qu'elle se décompose ou se polarise dès que les deux bouts sont inégalement chauffés. Le duc de Noya Caraffa, Wilson, Canton, Bergmann, Haüy, etc., se sont depuis lors occupés de la tourmaline, et ils ont observé que cette espèce minérale, si on la tient par son milieu avec une pince, ne donne aucun indice d'électricité, à une température de moins de 10 degrés centigrades ; que si on la chauffe ensuite graduellement, elle s'électrise d'abord faiblement et son électricité augmente d'intensité jusqu'à 100°, où elle paraît avoir acquis son maximum ; qu'en

---

1. Ulric-Théodore Æpinus, que nous avons déjà eu l'occasion de mentionner, était d'origine allemande (né à Rostock en 1724). Ses travaux de physique, dont le principal a pour titre : *Tentamen theoriæ electricitatis et magnetismi*, 1759, le firent appeler à Saint-Pétersbourg, où il devint le précepteur du grand-duc Paul, plus tard empereur.

contiauant à la chauffer, on voit son intensité électrique diminuer et devenir enfin nulle, et que si, en dépassant ce degré, on continue encore à chauffer, on voit l'électricité renaître et augmenter d'intensité, mais dans un sens inverse à celui qu'elle avait primitivement : l'extrémité du prisme, au plus grand nombre de faces, qui était d'abord électrisée positivement, s'électrise négativement, et l'autre extrémité, de négative qu'elle était, devient positive.

Poissons électriques. — Les phénomènes électriques, que l'on croyait d'abord appartenir exclusivement au règne minéral, se sont retrouvés dans le règne animal. Trois poissons, dont deux habitent les eaux de l'Ancien-Monde, et le troisième celles du Nouveau-Monde, offrent ces phénomènes à un degré saisissant. Le premier est une espèce de raie, la torpille (*raja torpedo*), déjà connue des anciens : ils savaient que ce poisson engourdit les membres de ceux qui le touchent; mais ils étaient loin d'attribuer cet effet à l'électricité. Ce n'est qu'au commencement du xviii° siècle que l'on en reconnut la cause [1]. En 1773, Walsh découvrit les organes électriques de la torpille, disposés symétriquement [2].

Le second poisson ayant les mêmes propriétés que la torpille est le gymnote (*gymnotus electricus*), commun dans les fleuves de l'Amérique méridionale. Richer, pendant son voyage à Cayenne, en 1671, nota dans son journal l'observation d'un poisson de 3 à 4 pieds de long, qui, quand on le touche avec le doigt ou avec une canne, engourdit le bras et cause des vertiges. Les travaux de Williamson, d'Alex. Garden, de Hunter, de Schilling, de Humboldt, etc., firent depuis très-bien connaître l'anatomie du gymnote, dont la puissance électrique paraît être supérieure à celle de la torpille.

Le troisième poisson est le *silurus electricus*, L., qui ressemble à un barbillon. Il vit dans les eaux du Sénégal, où Adanson le trouva en 1751, et en constata les propriétés électriques. On le rencontre aussi dans les eaux du Nil. Les Arabes le nomment *raad*, tonnerre, pour indiquer, par un rapprochement curieux, que ce poisson frappe comme la foudre.

Théories. Lois des attractions et des répulsions. Balance de Coulomb. — De nombreuses théories ont été émises sur l'électricité. Nous en avons déjà fait connaître quelques-unes. Elles se ramènent toutes à deux hypothèses : 1° celle d'un fluide unique

---

1. *Mém. de l'Acad. des sciences*, année 1714.
2. *Philosoph. Transact.*, vol. LVIII, p. 461.

qui se trouverait naturellement répandu dans tous les corps; 2° celle de deux fluides, dont l'excès de l'un ou de l'autre donnerait l'électricité *positive* ou *vitrée*, et l'électricité *négative* ou *résineuse*. Ces deux hypothèses ont été également défendues et attaquées. « Pour·quoi, disent les partisans de la première, introduire deux matières inconnues, si une seule suffit pour expliquer tous les phénomènes ? *Entia, præter necessitatem, non sunt multiplicanda :* il ne faut pas, selon l'adage des anciens, multiplier les êtres sans nécessité. Dans la décharge d'une bouteille de Leyde, à travers deux pointes placées l'une au-dessus de l'autre des deux côtés d'une carte, on voit toujours l'électricité positive se mouvoir le long de la carte pour la percer vis-à-vis de la pointe électrisée négativement. S'il y avait deux électricités, elles devraient se mouvoir chacune de son côté pour se réunir. Si l'on électrise un corps avec une électricité et qu'on neutralise son action avec l'autre électricité, qu'on lui ajoute de nouvelle électricité de la première espèce, puis de l'électricité opposée, et cela indéfiniment, lorsque les quantités des deux électricités ont atteint des proportions telles qu'elles se neutralisent mutuellement, on n'aperçoit aucun changement dans les propriétés des corps, quelle que soit la quantité des deux électricités qu'on lui a ajoutée. Cependant tous les faits connus jusqu'à présent prouvent que le changement dans les proportions de l'un des composants d'un corps altère au moins quelques-unes de ses propriétés. »

A cela les partisans de la seconde hypothèse répondent « que les phénomènes s'expliquent mieux avec deux électricités qu'avec une seule ; qu'en diminuant la densité de l'air par la décharge d'une bouteille de Leyde entre deux pointes le long d'une carte, on voit le point percé s'éloigner de la pointe négative et se rapprocher de la pointe positive, à mesure que la densité de l'air diminue; qu'en perçant un carton par la décharge d'une bouteille de Leyde, on voit des bavures, des espèces de bourrelets formés sur les deux faces, comme s'il eût existé deux courants différents [1]. »

Indépendamment de ces hypothèses, supposant l'existence d'un ou de deux fluides, on a pensé que les phénomènes électriques pourraient bien être le résultat de mouvements vibratoires, excités dans l'éther, milieu hypothétique, répandu dans tout l'univers.

D'autres physiciens, tels que Wilke, Æpinus, Franklin, Beccaria, de Luc, Poisson, etc., abandonnant le domaine des spéculations sté·

---

[1]. *Encyclopédie méthodique, Physique*, t. III, p. 70.

riles, se sont attachés à chercher les lois qui régissent les effets attractifs ou répu'sifs, et ils ont trouvé que : 1° les attractions ou répulsions à égale distance sont proportionnelles aux quantités d'électricité réparties sur la surface des corps; 2° les attractions et répulsions, toutes choses égales d'ailleurs, sont en raison inverse du carré de la distance. Ainsi, l'effet réparti sur une surface sphérique, qui croît comme le carré du rayon, est quadruple; par conséquent, l'action exercée sur une même étendue doit être quatre fois moindre, etc.

Ce sont là, comme on voit, au fond les mêmes lois que celles de la gravitation universelle. Pour démontrer ces lois expérimentalement, Coulomb [1] imagina un appareil propre à mesurer de très-petites forces avec une très-grande exactitude ; c'est la *balance de torsion*, instrument inventé à la suite d'une série d'expériences sur l'élasticité des fils métalliques. Ces expériences lui avaient montré que les fils métalliques résistaient d'autant plus à la torsion qu'on les tordait davantage, pourvu qu'on n'allât pas jusqu'à altérer leur structure moléculaire. La résistance de ces fils étant très-faible, Coulomb eut l'idée de s'en servir comme d'une balance pour mesurer les plus petites forces de l'électricité et du magnétisme. A cet effet, il suspendait à l'extrémité d'un fil de fer une longue aiguille horizontale. Cette aiguille, étant en repos, si elle s'éloigne tout à coup d'un certain nombre de degrés de sa position naturelle, tordra le fil qui la tient suspendue, et les oscillations que celui-ci lui fait éprouver donneront, par leur durée, le moyen d'évaluer la quantité de la force perturbatrice. Ce fut à l'aide de cet instrument que Coulomb vérifia l'exactitude des lois générales ci-dessus énoncées [2].

Au lieu de discuter inutilement sur l'origine de l'électricité, les physiciens modernes se contentent de nommer *électricité naturelle* celle qui existe naturellement dans les corps, *électricités positive* et *négative* les états opposés dans lesquels se trouvent en quelque sorte artificiellement les corps, sans spécifier s'ils doivent ces états à l'action d'un ou de deux fluides, ou bien à un mouvement vibratoire dans le milieu qui les pénètre. Enfin, pour mieux saisir la généralité des phénomènes, ils ont donné, d'une part, le nom d'*électricité*

---

1. Charles-Auguste de *Coulomb*, né à Angoulême en 1736, mort à Paris en 1806, intendant général des eaux et fontaines de France, se livra à un grand nombre de travaux d'une utilité publique.

2. *Mém. de l'Acad. des scienc.*, année 1784, p. 227 et suiv.

statique à tous les effets dont nous venons de tracer l'histoire, et qui se rapportent à l'état d'équilibre mécanique, où cet agent semble n'occuper que la surface des corps, et, de l'autre, le nom d'*électricité dynamique* aux effets découverts plus récemment, et qui se rapportent à l'état de mouvement où ce même agent, d'origine inconnue, se trouve quand il se propage dans la masse des corps.

ÉLECTRICITÉ DYNAMIQUE

Sulzer, dans un ouvrage publié en 1767 et qui a pour titre *Nouvelle Théorie du plaisir*, avait parlé de la saveur particulière que font ressentir deux lames de métaux différents, placées dans la bouche, en observant certaines précautions qu'il indiquait. Cette indication resta inaperçue.

Dans une lettre datée du 3 octobre 1784, Cotugno, professeur d'anatomie à Naples, raconte qu'en voulant disséquer une souris vivante il reçut une forte commotion dans le bras au moment où il allait ouvrir, avec son scalpel, le ventre de l'animal, et qu'il ne se serait jamais imaginé qu'une souris fût électrique [1].

Quelque temps après, en 1790, Galvani fit la découverte qui immortalisa le nom de ce médecin physicien [2]. Cette découverte a été racontée avec bien des variantes. On rapporte que, dépouillant des grenouilles pour en préparer du bouillon à sa femme, Lucia Galeazzi, qui se mourait de la poitrine, il arriva qu'ayant par hasard touché avec deux métaux différents les nerfs lombaires d'une de ces grenouilles, dont les pattes postérieures avaient été séparées du tronc, ces deux pattes se contractèrent vivement. On dit encore que Galvani, ayant disséqué plusieurs grenouilles pour étudier leur système nerveux, avait suspendu tous les trains de derrière à un balcon en fer, au moyen d'un crochet de cuivre, engagé dans les nerfs lombaires ; et que toutes les fois que, dans le balancement que le hasard leur imprimait, ces mêmes nerfs touchaient le fer, il arriva que le phénomène décrit se reproduisit. Suivant un autre récit, Mme Galvani, en l'absence de son mari, préparait un bouillon de grenouilles ; elle

1. *Gothaïsches Magazin*, t. VIII, p. 121.
2. Aloys *Galvani* (né à Bologne en 1737, mort dans la même ville en 1798), professeur d'anatomie à Bologne, depuis 1762, perdit sa place par suite du refus de prêter serment à la République cisalpine, et mourut dans l'indigence.

posa ces batraciens écorchés sur une table, près du conducteur d'une machine électrique récemment chargée. Les ayant touchés avec un scalpel qui avait sans doute reçu une étincelle de la machine, elle vit avec surprise des mouvements convulsifs agiter les muscles des grenouilles ; elle se hâta d'en avertir Galvani, qui s'assura du fait en répétant l'expérience [1]. De quelque manière que ce phénomène soit venu à sa connaissance, Galvani l'étudia avec une rare sagacité, et découvrit bientôt les conditions nécessaires pour le reproduire à volonté, ce qui était le point important. Il publia les résultats de ses expériences dans un mémoire intitulé *de Viribus electricitatis in motu musculari commentarius;* Bologne, 1791, in-4°.

Si l'on coupe une grenouille en deux au niveau des lombes, et qu'on dépouille les membres inférieurs, on ne tarde pas à découvrir des filets blancs, très-distincts, qui se trouvent à la jonction des deux cuisses et qu'on nomme les *nerfs lombaires;* on saisit ces nerfs, on les enveloppe avec une feuille d'étain, puis on pose les cuisses, dans l'état de flexion, sur une lame de cuivre. Si, les choses étant ainsi disposées, on fait toucher la feuille d'étain à la lame de cuivre, à l'instant les muscles de la cuisse se contracteront, et un léger obstacle, contre lequel on aurait appuyé l'extrémité des pattes, sera renversé avec assez de force. Telle est l'expérience à laquelle Galvani fut conduit par on ne sait quel hasard, et qui causa alors une grande sensation dans le monde savant. On adopta de prime abord les idées théoriques émises par le professeur de Bologne sur ce nouveau phénomène.

Galvani reconnaissait bien entre l'agent du phénomène observé par lui et l'électricité la plus grande analogie, mais il en niait l'identité ; il croyait que c'était là une électricité d'une nature toute particulière, et, pour la différencier avec l'autre, il l'appelait *électricité animale*, plus tard nommée *galvanisme;* enfin il avait la prétention d'avoir mis la main sur le *fluide nerveux.* « Tous les animaux, disait-il, jouissent d'une électricité inhérente à leur économie, qui réside spécialement dans les nerfs, et par lesquels elle est communiquée au corps entier. Elle est sécrétée par le cerveau; la substance intérieure des nerfs est douée d'une vertu conductrice pour cette électricité, et facilite son mouvement et son passage à travers

---

1. Voy. Fischer, *Geschich. der Physik*, t. VIII, 609 et suiv., et Alibert, *Eloge de Galvani*, Paris, 1806.

les nerfs; en même temps l'enduit huileux de ces organes empêche
la dissipation du fluide, et permet son accumulation. » — Galvani
admettait que l'électricité animale avait pour principaux réservoirs
les muscles. Chaque fibre représentait, selon lui, une petite bouteille de Leyde, dont les nerfs seraient les conducteurs. Le mécanisme de tous les mouvements s'établit, ajoutait-il, de la manière
suivante : « Le fluide électrique est puisé dans l'intérieur des
muscles et passe de là dans les nerfs, en sorte qu'à chaque décharge
de cette bouteille électrique ... e répond une contraction. »

Les expériences de Galvani furent répétées en Italie, par Valli,
Moscati, Fontana, Volta, Caldani, Aldini, Fabroni, etc.; en Allemagne, par Ackermann, Schmuck, Gran, Creve, Alex. de Hum-
bol , etc.; en Angleterre, par Alex. Monro, R. Fowler, G. Hunter, etc.
En France, l'Académie royale des sciences nomma une commission
chargée de vérifier la découverte de Galvani; les membres de cette
commission étaient Coulomb, Sabathier, Pelletan, Charles, Fourcroy, Vauquelin, Guyton Morveau et Hallé. Ils étaient tous divisés
d'opinion : les uns, comme Alex. de Humboldt, qui s'était déjà
fait remarquer par son travail sur l'irritabilité musculaire, se décla-
raient pour la théorie d'une électricité particulière, animale; les
autres se prononçaient contre. Il en résulta de vives controverses,
surtout en Italie, entre l'école de Bologne, ayant pour chef Galvani,
et l'école de Pavie, à la tête de laquelle était Volta [1].

Galvani persista dans ses idées contre Volta, qui soutenait que le
galvanisme n'était autre chose que de l'électricité ordinaire. Suivant
Volta, les organes des animaux ne servaient que de conducteurs et
pouvaient même être des générateurs de l'électricité; car Galvani
avait montré lui-même que les nerfs lombaires, directement appliqués, sans intermédiaire, à la surface extérieure des muscles, déterminaient des contractions.

Après la mort du chef de l'école de Pavie, la question fut reprise
avec plus de vigueur que jamais par Volta. L'électricité *par contact*
est-elle différente de l'électricité *par frottement*? Ayant remarqué
que les mouvements convulsifs de la grenouille ne s'obtenaient que
très-rarement avec un seul métal, et seulement lorsque l'irritabilité
était encore très-vive, tandis qu'on les reproduisait constamment

1. Alexandre *Volta* (né à Côme en 1745, mort en 1827) entretenait, à
dix-huit ans, une correspondance avec Nollet, devint en 1779 professeur à
l'université de Pavie, fut comblé d'honneurs par Napoléon Ier, et prit sa
retraite en 1819.

et pendant plus longtemps avec un arc composé de métaux heterogènes, Volta en conclut que le principe de ces mouvements convulsifs résidait, non pas dans l'animal, mais dans les métaux employés; et comme ce principe devait être de nature électrique, puisque sa transmission était arrêtée par toutes les substances isolantes, l'habile expérimentateur en vint à se demander *s'il ne pourrait pas produire de l'électricité par le seul contact des métaux.*

Pour résoudre cette question, Volta se servit de son *condensateur électrique* [1]. Voici les expériences qui l'avaient conduit à imaginer cet instrument. Si l'on prend un plateau de cuivre isolé, qu'on l'électrise et qu'on le pose bien à plat sur un support formé d'un corps peu conducteur de l'électricité, tel que le marbre poli, le bois sec, l'ivoire, le papier, etc., le plateau conservera son électricité fort longtemps. Quoique le support soit en communication avec le sol, on peut toucher le plateau électrisé avec la main ou avec un corps conducteur, sans lui enlever son électricité. Si l'on pose le plateau sur des supports métalliques, après l'avoir recouvert d'une étoffe de soie, d'un morceau de taffetas verni, de toile cirée, ou enduit d'une légère couche de poix, de vernis, de cire d'Espagne, le plateau conservera également son électricité. Mais pour que l'électricité ne soit pas enlevée par l'attouchement de la main ou d'un corps conducteur communiquant au réservoir commun, il est nécessaire que ce support soit placé sur le sol, ou que sa surface inférieure soit en communication avec le réservoir commun. Si le plateau était isolé, le disque ou plateau condensateur ne touchant le plateau-support que par un de ses côtés ou par une très-petite surface, il conserverait peu d'électricité, et il en conserve d'autant plus que le nombre des points de contact est plus considérable; enfin, des surfaces parfaitement polies, posées les unes sur les autres, conservent plus longtemps l'électricité que lorsque les surfaces sont brutes ou couvertes d'aspérités. Conduit par ces observations, Volta imagina de placer un disque métallique isolé sur l'un des plateaux-supports qui favorisaient la conservation de l'électricité; il plaça le disque support sur le sol ou sur un corps communiquant avec le réservoir commun; il mit ce disque en relation avec des corps faiblement électrisés, et il remarqua, en rompant la commu-

---

1. **Volta** avait déjà inventé, à cette époque, l'*électrophore* et l'*eudiomètre* qui porte son nom. Ce dernier instrument, réduit à sa plus simple expression, est un tube de verre gradué et à parois fort épaisses. Il servait autrefois à l'analyse de l'air.

nication et en séparant le disque du support, qu'il obtenait des signes d'électricité, quelquefois très-marqués, mais toujours d'une plus forte électricité que celle du corps préalablement électrisé. Partant de là, il considéra cette réunion de disques comme un moyen de *condenser l'électricité* [1].

Tel fut le moyen qu'employa Volta pour s'assurer si le seul contact des métaux suffirait pour produire de l'électricité. Il multiplia donc le nombre des disques, afin d'augmenter l'intensité électrique. Ses tentatives demeurèrent longtemps infructueuses. Il remarqua même qu'en plaçant un disque de cuivre entre deux disques de zinc, ou un disque de zinc entre deux disques de cuivre, l'électrisation était détruite. C'est ce qui lui suggéra l'idée de *séparer les doubles disques par un corps conducteur*. Il vit, en effet, qu'en plaçant entre deux doubles disques métalliques un papier mouillé, l'intensité électrique était immédiatement doublée. Dès lors rien de plus simple que de songer à augmenter le nombre des disques en séparant chaque paire par une rondelle de drap mouillé, pour s'assurer si l'intensité électrique suit la même progression. Et voilà comment la *pile* fut inventée.

Mais écoutons l'inventeur lui-même rendre compte de son immortelle découverte dans une lettre adressée à un savant français, à La Métherie, et publiée dans le *Journal de Physique*, année 1801, t. II, p. 311.

« Après avoir bien vu, dit Volta, quel degré d'électricité j'obtiens d'une seule de ces couples métalliques, à l'aide du condensateur dont je me sers, je passe à montrer qu'avec deux, trois, quatre, etc., couples bien arrangées, c'est-à-dire tournées toutes dans le même sens et communiquant toutes les unes avec les autres par autant de couches humides (qui sont nécessaires pour qu'il n'y ait pas des actions en sens contraire, comme je l'ai montré), on a justement le double, le triple, le quadruple, etc. ; de sorte que si avec une seule couple on arrivait à électriser le condensateur au point de lui faire donner à l'électromètre, par exemple, trois degrés, avec deux couples, on arriverait à six, avec trois à neuf, avec quatre à douze, etc., sinon exactement, du moins à peu près.... Voilà donc déjà une petite *pile* construite; elle ne donne pourtant pas encore des signes à l'électromètre, sans le secours du condensateur. Pour qu'elle en donne immédiatement, pour qu'elle arrive à un degré entier de

1. *Journal de physique*, année 1783.

tension électrique, qu'on pourra à peine distinguer, étant marqué par une demi-ligne dont s'écarteront les pointes des paillettes, il faut qu'une telle pile soit composée d'environ soixante de ces couples de cuivre et de zinc, à raison d'un soixantième de degré que donne chaque couple. Alors elle donne aussi quelques secousses si on touche les extrémités avec des doigts qui ne soient pas secs, et de beaucoup plus fortes si on les touche avec des métaux qu'on empoigne par de larges surfaces avec les mains bien humides, établissant ainsi une beaucoup meilleure communication. De cette manière on peut déjà avoir des commotions d'un appareil, soit à pile, soit à tasse, de vingt et même de trente couples, pourvu que les métaux soient suffisamment nets et propres, et surtout que les couches humides interposées ne soient pas de l'eau simple et pure, mais des solutions salines assez concentrées [1]. »

Tel était le merveilleux instrument, décrit par son inventeur et qui reçut d'abord le nom d'*électromètre*. Le nom de *pile* a prévalu, parce que les couples de zinc et d'argent étaient d'abord empilés verticalement, de manière que le pôle zinc ou positif fût en bas, et le pôle argent ou négatif en haut. Cruikshank imagina de fixer les couples métalliques à une colonne en bois, verticale. Au zinc et à l'argent on substitua l'or et l'argent, le cuivre et le laiton, le laiton et le fer, le plomb et l'étain, etc. Parrot proposa dès 1801 de donner aux couples métalliques une disposition horizontale, qui fut définitivement adoptée [2]. Mais ce fut Voigt, professeur à Iéna, qui construisit la première pile horizontale. Dans les piles construites jusqu'alors, les éléments se succédaient dans cet ordre : argent, zinc, carton; argent, zinc, carton; etc.; et elles se terminaient par carton et argent d'un côté, et par carton et zinc de l'autre. Voigt et Ritter y substituèrent l'ordre suivant : argent, carton; argent, zinc; carton, zinc, etc. Comme on savait, depuis les expériences de Carlisle et Nicholson, que la pile décompose l'eau de manière à dégager l'oxygène à l'extrémité du fil de fer communiquant avec le pôle zinc, et l'hydrogène à l'extrémité du fil communiquant avec le pôle argent, plusieurs physiciens appelèrent le pôle zinc *fil oxygène*, et le pôle argent *fil hydrogène*.

1. Une notice semblable avait été adressée par Volta à Joseph Banks, président de la Société royale de Londres, datée de Côme le 20 mars 1800, et publiée dans les *Philos. Transact.* de la même année (vol. II, n° 17).
2. Lettre de Parrot, professeur à Dorpat, à Voigt, en date du 25 nov. 1801. Voy. Voigt, *Magazin*, etc., t. IV, fasc. 1, p. 75 et suiv.

En Angleterre, Humphry Davy construisit une pile composée de 110 couples ; les disques de carton y étaient remplacés par des disques de drap imprégnés d'une dissolution de sulfate de fer : ce fut la plus grande pile qu'on eût encore construite [1].

Les expériences qu'il exécuta avec cette pile, qu'il perfectionna depuis, le mirent à même d'entrevoir tout le parti que l'on pourrait tirer de l'électricité pour l'avancement de l'analyse chimique [2].

Robertson eut l'idée de combiner le pôle avec un *galvanomètre*, consistant dans l'indication de la quantité d'hydrogène et d'oxygène fournie, dans un temps donné, par la décomposition de l'eau. Ce galvanomètre fut perfectionné par Graperon, et plus tard par Gay-Lussac et Thenard.

Au nombre des physiciens qui se sont occupés, dans les premières années de notre siècle, du perfectionnement de la pile de Volta et de ses applications, nous citerons Boeckmann, Treviranus, Tromsdorf, Erman, Ritter, Pfaff, Simon, Arnim, Gruner, Désormes, Van Marum, Reinhold, Coulomb, Vasalli, Cuthberson, Kortum, etc.

A la pile primitive succéda bientôt la *pile à auge*, puis, plus tard, la *pile de Wollaston* et la *pile en hélice*. Dans la pile à auge, les couples, soudés rectangulairement, sont disposés de champ et parallèlement dans une caisse de bois, dont les parois intérieures sont enduites d'un vernis non conducteur. L'intervalle compris entre deux couples est rempli d'eau aiguisée d'un acide minéral ; cette lame d'eau remplace la rondelle humide de la pile à colonne. La *pile de Wollaston* et la *pile en hélice* ne sont que des modifications de la pile à auge ; elles sont plus puissantes que celle-ci. — Les *piles sèches* de Zamboni ont été ainsi nommées parce qu'il entre très-peu de liquide dans leur composition. Les disques de cette pile consistent en feuilles de papier : d'un côté on a collé une feuille de zinc laminé, et sur le revers on a étalé à plusieurs reprises, avec un bouchon, du peroxyde de manganèse très-bien porphyrisé. En superposant plusieurs disques semblables, on a fait des piles de 1000 à 2000 couples.

Plus tard, Smee, Young, Münch, Sturgeon et Wheatstone ont imaginé d'autres piles, qui portent les noms de leurs inventeurs. Ces piles sont toutes à un seul liquide ; l'électricité y est toujours produite par une action chimique (décomposition de l'eau et oxydation

1. Nicholson, *Journal of natural philosophy*, vol, IV, p. 275.
2. Voy. notre *Histoire de la chimie*, p. 579.

du zinc). Plus récemment, Becquerel, Daniell, Schœnbein, Grove, De la Rive, multipliant les expériences sur l'électricité voltaïque (dynamique), ont construit des éléments à deux liquides, avec lesquels on obtient des effets très-remarquables.

Mais la pile qui, à raison de sa simplicité et de son bon marché, est devenu d'un usage universel, c'est la *pile de charbon* de M. Bunsen, aujourd'hui professeur à l'université de Heidelberg (né à Goettingue le 30 mars 1811). Son invention remonte à 1843. Dans cette pile *à effet constant*, un cylindre de charbon remplace les lames de platine de la pile de Grove. Chaque couple de cette pile, dont voici le dessin (fig. 29), se compose de quatre pièces solides de forme cylin-

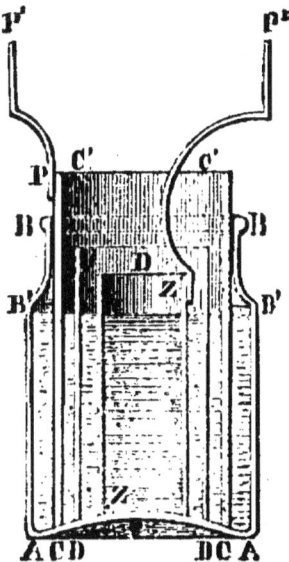

Fig. 29.

drique, qui s'emboîtent les unes dans les autres, sans frottement. Voici l'ordre dans lequel ces pièces sont disposées, en commençant par la pièce extérieure, qui renferme toutes les autres : 1° un bocal en verre AB, rempli d'acide nitrique du commerce jusqu'en B' ; — 2° un cylindre creux de charbon C'C', percé de trous, ouvert aux deux extrémités et qui, la pile étant en action, plonge dans l'acide nitrique jusqu'aux trois quarts de son hauteur en B' ; sur le collet hors du bocal, et qui ne plonge point dans l'acide, s'adapte à frottement un anneau en zinc bien décapé ; au bord supérieur de cet anneau est soudée en P une patte métallique P' recourbée, destinée à établir le contact avec le pôle contraire ; — 3° une cellule ou diaphragme en terre poreuse DD, qui s'introduit dans l'intérieur du cylindre de charbon, de manière à laisser un intervalle d'environ 3 millimètres ; cette cellule reçoit de l'acide sulfurique étendu d'eau ; — 4° un cylindre creux en zinc amalgamé ZZ, qui plonge dans l'acide sulfurique de la cellule précédente, et dont le bord supérieur est surmonté d'une patte de zinc P'', propre à établir le contact avec le pôle contraire. La réunion de ces pièces constitue un couple de la pile. Le cylindre de charbon, muni de son anneau et plongeant dans l'acide nitrique du bocal, joue le rôle d'élément électro-positif ; le cylindre de zinc amalgamé, plongeant dans l'acide sulfurique de la cellule, joue le rôle d'élément électro-négatif.

Pour réunir plusieurs couples en batterie, on fait communiquer le cylindre de zinc avec le cylindre de charbon. Cette communication s'effectue en appliquant l'une contre l'autre les pattes ou lames recourbées qui dépassent le bord supérieur de ces cylindres, et en les maintenant serrées au moyen d'une petite pince de cuivre, munie d'une vis de pression. Il va sans dire que les extrémités ou pôles d'une batterie sont représentées, d'un côté, par la queue d'un anneau de zinc embrassant le collet du charbon (pôle électro-positif), et, de l'autre, par la queue d'un cylindre de zinc amalgamé (pôle électro-négatif). Un seul couple suffit pour fondre un fil de fer mince, et peut servir aux expériences de dorure et d'argenture par voie humide avec deux couples on obtient la décomposition de l'eau. Cette pile a reçu de nombreux perfectionnements.

Applications de l'électricité dynamique. — L'électricité dynamique a reçu des applications nombreuses dans les arts ; elle forme une véritable branche industrielle sous le nom d'*électrolyse*. Ajoutons ici que les pôles, représentés par les extrémités des fils conducteurs, ont été nommés *électrodes*, quand on les tient plongés dans les liquides qu'ils décomposent. On a vu, depuis la découverte de la pile, que le cuivre, enlevé de sa dissolution par l'effet d'un courant électrique, prend exactement la forme des corps sur lesquels il se dépose : il s'y moule comme de la cire. Ce fait donna, en 1836, naissance à la *galvanoplastique* et à la *galvanotypie* ou *électrotypie* [1], dont Spencer en Angleterre et Jacobi en Russie sont regardés comme les inventeurs. Vers la même époque on découvrit les procédés électrolytiques de dorure et argenture, qui furent exploités industriellement d'abord par Elkington et Ruolz, puis par Christofle et Cie.

M. Becquerel père, qui a tant contribué par ses travaux variés au progrès de l'électricité, fut conduit, dès 1842, à donner plus d'extension aux essais de Nobili sur le dépôt des oxydes métalliques par l'électrolyse, et sur la coloration électrolytique des métaux par l'oxyde de plomb. Antérieurement à ces expériences, le même physicien avait déjà mis en pratique l'heureuse idée d'employer l'électricité à l'extraction des métaux de leurs minerais.

---

1. Le nom de *galvanoplastique* s'applique particulièrement aux statues, aux bas-reliefs, médailles, etc., recouverts d'une mince couche de cuivre, tandis que le nom de *galvanotypie* ou d'*électrotypie* se rapporte aux clichés, aux planches gravées et en général à tous les objets destinés à transporter leurs empreintes sur d'autres corps par la pression.

Mais la plus importante de toutes les applications, c'est celle de l'électricité à la *télégraphie*, merveilleuse conquête du génie de l'homme sur l'espace et le temps. Comme pour tous les grands faits de la science, l'honneur de l'invention de la *télégraphie électrique*, qu'on devrait nommer l'*électrographie*, revient, non pas à un seul homme, mais à plusieurs, ayant appartenu à des générations différentes.

On peut distinguer trois époques dans cette belle invention, qui contribuera plus qu'aucune autre à changer les rapports des peuples entre eux. Ces trois époques caractérisent les progrès si rapides de l'électricité. La première est celle où l'on ne connaissait encore que l'électricité statique. En 1746, l'abbé Nollet eut l'idée de transmettre le choc électrique à une distance d'environ 2 kilomètres, à travers une chaîne de personnes qui se tenaient par la main. Toutes ces personnes, au moment de la décharge, sentirent simultanément la même secousse; la transmission était donc instantanée. Lemonnier fit une expérience analogue en doublant la distance : deux fils de fer, de 2 kilomètres chacun, étaient disposés sur des poteaux, tout autour du clos des Chartreux (faisant aujourd'hui partie du jardin du Luxembourg), et se rapprochaient à leurs extrémités. La personne qui tenait à la main un bout des deux fils, placés à 7 mètres l'un de l'autre, pouvait voir l'étincelle qu'on tirait sur les deux autres bouts avec une bouteille de Leyde. Un retard d'un quart de seconde aurait été, ajoute Lemonnier, appréciable, et cependant il n'y eut aucune différence sensible entre l'instant de la commotion éprouvée et celui de l'étincelle aperçue. L'électricité avait donc franchi 4 kilomètres avec une vitesse incalculable, sans s'être même affaiblie. Vers 1756, Francklin, frappé de la rapidité extrême avec laquelle l'électricité parcourt les fils conducteurs (à raison de plus de 70,000 lieues par seconde), songea le premier à l'employer pour la transmission des dépêches. Cette idée fut reprise, en 1774, par Lesage, à Genève, près de vingt ans avant l'invention du télégraphe proprement dit. Dans le but de faire servir le fluide électrique à la transmission de la pensée, il avait construit un appareil composé de vingt-quatre fils conducteurs, séparés les uns des autres et plongés dans une matière isolante. Chaque fil correspondait à un électromètre particulier; et en faisant passer la décharge d'une machine électrique ordinaire à travers tel ou tel de ces fils, on produisait à l'autre extrémité, où était suspendue une balle de sureau, le mouvement représentatif de telle ou telle lettre de l'alphabet. De 1780 à

1800, des essais semblables furent faits par Salva en Espagne, par Béthancourt en France, par Reiser en Allemagne.

La seconde période date de la découverte de l'électricité dynamique. En 1811, un Américain, Coxe, proposa de substituer au télégraphe ordinaire (aérien) un système fondé sur la décomposition des substances chimiques sous l'action du courant électrique de la pile de Volta. — Vers la même époque, Sœmmering imagina un appareil composé de trente-cinq fils isolés qui aboutissaient à trente-cinq pointes d'or placées au fond d'une cuve pleine d'eau. En regard de ces pointes se trouvaient écrits les dix premiers nombres et les lettres de l'alphabet. Au moment où l'on mettait un de ces fils en contact avec le pôle positif et un autre avec le pôle négatif d'une pile voltaïque, deux bulles de gaz, l'une d'oxygène et l'autre d'hydrogène, qui se dégageaient aux deux pointes d'or correspondantes, indiquaient les signaux.

La troisième époque date de la découverte de l'électro-magnétisme.

MAGNÉTISME TERRESTRE. ÉLECTRO-MAGNÉTISME

Nous avons vu qu'à l'origine l'histoire du magnétisme ou de l'aimant se confondait avec celle de l'électricité. Mais à partir de l'invention de la boussole, ces deux branches de la physique commencèrent à se diviser, pour se réunir de nouveau après les découvertes d'Œrstedt et d'Ampère.

Déclinaison. — L'aiguille aimantée est une sorte de girouette qui, par ses mouvements divers, rend sensible à nos organes l'existence d'une force mystérieuse dont les constantes de direction et d'intensité sont aussi difficiles à déterminer que celles des courants de l'océan gazeux qui enveloppe le globe terrestre. La direction horizontale ou de *déclinaison* fut aperçue la première; c'est celle qui fit inventer la boussole, dont nous avons parlé plus haut. Les anciens navigateurs ne désignaient la direction horizontale que sous le nom de *variation*, comme on le fait encore en Angleterre. Christophe Colomb, voulant chercher, comme il le disait lui-même, *el levante por el poniente*, l'orient par l'occident, vit, à son extrême surprise, l'aiguille aimantée, dont la direction était d'abord nord-est, prendre ensuite une direction nord-ouest, après avoir traversé, à deux degrés et demi des îles Açores, une ligne médiane, sans déclinaison. C'était cette ligne qui joignait les deux pôles magnétiques.

La plus ancienne méthode, celle dont s'était aussi servi Christophe Colomb, consistait à tirer une méridienne (ligne perpendiculaire à l'équateur et passant par les deux pôles) et à y placer l'aiguille aimantée de manière à la faire coïncider avec cette ligne : c'était le zéro de déclinaison; la quantité dont elle s'en écartait à droite ou à gauche, c'est-à-dire à l'est ou l'ouest en regardant le pôle nord, donnait les degrés de déclinaison orientale ou occidentale. On crut d'abord que la déclinaison était constante pour un même lieu de la terre. Mais on ne tarda pas à s'apercevoir qu'elle varie. Les plus anciennes observations de ce genre datent d'environ trois siècles : elles furent faites à Paris. On constata qu'en 1580 l'aiguille aimantée y déviait de 11° 30′ à l'est, maximum de déclinaison orientale; que les années suivantes elle se mettait à rétrograder, passait, en 1663-1666, par zéro de déclinaison, et atteignait, en 1814, 22° 34′, maximum de déclinaison occidentale. Depuis ce moment, elle rétrograde de nouveau, non pas uniformément, mais en oscillant. Ainsi, en 1822, elle était à 22° 11′; en 1825, à 22° 22′; en 1827, à 22° 20′, etc. On s'aperçut aussi que ces oscillations *annuelles* sont pour ainsi dire enchâssées dans d'autres plus grandes (oscillations *séculaires*), et qu'elles comprennent elle-mêmes des oscillations périodiques *horaires*, sans parler des perturbations accidentelles ou locales.

La Hire fit le premier connaître en France le *compas de déclinaison*. Pour la construction des boîtes de cet instrument, il rejeta l'emploi du laiton, à cause du fer que cet alliage pourrait contenir, et il donna la préférence au bois et au marbre [1].

En Angleterre, Hellibrand paraît avoir le premier observé avec soin la déclinaison de l'aiguille. A cet effet, il avait tiré, en 1625, une méridienne dans le jardin de Whitehall à Londres, et il notait exactement les quantités dont l'aiguille déviait de cette ligne [2]. Halley donna les résultats de ses observations pour Londres, comme La Hire avait donné les siens pour Paris. Réunissant plus tard toutes les observations qui avaient été faites à son époque (fin du XVIIe et commencement du XVIIIe siècle), le grand physicien-astronome se crut autorisé à établir, comme faits généraux, que dans toute l'Europe la déclinaison de l'aiguille est occidentale; que sur le littoral de l'Amérique du Nord, près de la Virginie, dans la Nouvelle-Angleterre et le Newfoundland, elle est également occidentale; et qu'elle

---

1. Mém. de l'Acad. des sciences, année 1716.
2. *Philosoph. Transact.*, nos 276 et 278.

augmente à mesure qu'on avance vers le nord, si bien que dans la baie d'Hudson elle est de 30°, dans la baie de Baffin de 57°, mais qu'elle diminue à mesure qu'on avance plus à l'est de ces régions. De ces faits Halley conclut qu'il existe quelque part entre l'Europe et les parties septentrionales de l'Amérique une ligne au delà de laquelle la déclinaison de l'aiguille cesse d'être occidentale et où elle devient orientale. Les observations faites sur les côtes du Brésil, au détroit de Magellan, aux îles de Sainte-Hélène, de l'Ascension, de Rotterdam, à la Nouvelle-Guinée, au Pérou, au Chili, etc., le confirmèrent dans cette manière de voir, et il parvint ainsi à élever le premier l'hypothèse que *notre terre est un aimant avec ses pôles et son équateur.* C'est de cette hypothèse que date le *magnétisme terrestre.*

Halley admettait quatre pôles magnétiques, dont le plus marqué devait se trouver par 70° latitude australe et à 120° longit. orientale de Greenwich [1]. Il eut le premier l'idée féconde de réunir par des lignes les points d'égale variation. Ce fut à cette idée de Halley qu'Alex. de Humboldt emprunta la construction des lignes isothermes.

Les déclinaisons périodiques horaires furent pour la première fois signalées par Hellibrand à Londres, en 1634, et par le P. Tachard, en 1682, à Louvo, dans le royaume de Siam. En 1722, Graham les observa soigneusement à Londres. Il fit part de ses observations à Celsius et à Hiœrter qui les continuèrent à Upsala [2]. Les déclinaisons suivant les différentes heures du jour et de la nuit, ainsi que suivant les saisons, et qui dépendent de l'action du soleil, furent déjà remarquées par Halley; mais ce n'est qu'à notre époque qu'elles ont été un objet d'observations assidues, principalement de la part du général Sabine et d'Alex. de Humboldt [3].

Inclinaison. — Pendant longtemps on ne connaissait de l'aiguille aimantée que les déclinaisons; on n'entrevoyait même pas la possibilité de rendre autrement sensible l'effet du magnétisme terrestre. C'est ainsi qu'aujourd'hui encore nos girouettes n'indiquent que la direction horizontale des vents, comme s'il n'y avait pas de courants verticaux dans l'atmosphère. En 1576, Robert Normann imagina le premier une aiguille verticale pour arriver à déterminer

1. *Philos. Transact.*, année 1683, vol. XII, n° 148, p. 216.
2. *Philos. Transact.*, années 1724 et 1725 (vol. XXXIII, p. 96-107).
3. Alex. de Humboldt, *Cosmos*, t. IV, p. 115 et suiv. (de l'édit. allemande).

la longitude sur mer au moyen de la boussole. Trouver la longitude sur mer est un problème qui a toujours occupé les marins. Si les premiers observateurs ne trouvèrent pas alors ce qu'ils cherchaient, ils découvrirent, en revanche, les mouvements de l'aiguille d'inclinaison. Noel, Pound, Cunningham, Feuillée, Whiston et Semler firent les premières observations de ce genre, à l'aide d'appareils particuliers, nommés compas d'inclinaison (*inclinatoria*). Il fut constaté, entre autres, que l'aiguille d'inclinaison marquait, en 1671, à Paris, 75°, tandis qu'en 1838 elle n'y marquait que 67° 24'. L'insuffisance des observations laissa ignorer si la variation verticale (inclinaison) présente des oscillations séculaires et annuelles comme la variation horizontale (déclinaison).

Intensité. — L'élément le plus important du magnétisme terrestre fut connu le dernier. En examinant, en 1723, les oscillations de son compas d'inclinaison, Graham se demanda si ces oscillations obéissaient à une force constante, analogue à la pesanteur dans les oscillations du pendule. Ses observations, qui étaient faites avec une aiguille verticale, embrassaient un arc de 10°; il en conclut que la force magnétique n'était pas, à beaucoup près, aussi constante que la pesanteur, et que les oscillations de son aiguille aimantée variaient avec les temps. Mallet eut, en 1769, le premier l'idée de mesurer l'intensité magnétique, entre deux points distants à la surface du globe, par le nombre des oscillations exécutées dans un espace de temps donné. Il trouva ainsi, à l'aide d'appareils très-imparfaits, que le nombre des oscillations était le même à Saint-Pétersbourg, sous 59° 56' lat. sept., et à Ponoï, sous 67° 4' lat. sept.[1]. Il conclut de là que l'intensité du magnétisme terrestre était la même dans toutes les zones. Cette opinion erronée se propagea jusqu'à Cavendish. Borda ne la partagea pas pour des raisons théoriques. Mais l'imperfection de ses instruments ne lui permit pas de constater des différences d'intensité sensibles, dans une espace de 35 degrés de latitude compris entre Paris, Toulon, Santa-Cruz et la Gorée[2]. Avec des instruments plus parfaits, Lamanon réussit, pendant la même expédition de La Pérouse dont Borda faisait partie, à constater les variations de l'intensité magnétique : il vit le premier, pendant les années 1785 et 1787, varier cette

1. *Novi Comment. Acad. scient. Petropolit.*, t. XIV, année 1709, p. 33. Lemonnier, *Lois du magnétisme comparées aux observations de 1776*, p. 50.
2. *Voyage de La Pérouse*, t. I, p. 162.

intensité avec la latitude magnétique. Les détails de ses observations, il les envoya de Macao à Condorcet, secrétaire perpétuel de l'Académie des sciences; mais ils sont restés, comme tant d'autres documents, ensevelis dans les archives de cette Académie.

Ce n'est que dans la première moitié de notre siècle que ces éléments du magnétisme terrestre ont été mieux élucidés et coordonnés. Les physiciens qui se sont particulièrement distingués dans ce genre de recherches, sont : Alex. de Humboldt, Sabine, Gay-Lussac, Oltmans, Duperrey, Hansteen, Scoresby, Quetelet, Erman, Kupfer, Faradey, Lamont, Airy, etc. Voici les résultats de leurs observations. Pour les déclinaisons de l'aiguille dont les tracés linéaires constituent les méridiens magnétiques ou lignes nommées *isogones*, l'amplitude des oscillations diurnes varie suivant les saisons; elle est plus grande entre l'équinoxe de printemps et l'équinoxe d'automne qu'aux environs du solstice d'hiver, où elle atteint son minimum, et elle varie encore suivant les régions où elle s'observe. Ainsi, dans l'Europe centrale, l'amplitude moyenne des oscillations diurnes est, d'avril en septembre, de 13′ à 16′; elle est de 8′ à 10′ d'octobre en mars. Le maximum est 25′, le minimum 5′. A mesure qu'on s'avance vers le pôle nord, les oscillations diurnes deviennent de plus en plus amples et irrégulières, tandis qu'elles diminuent d'amplitude et se régularisent en approchant de l'équateur; et ce qui a lieu dans l'hémisphère boréal se reproduit, à quelques différences près, dans l'hémisphère austral. La ligne de zéro d'amplitude des oscillations diurnes est située dans la zone équinoxiale : c'est l'*équateur magnétique*. Sa détermination exacte reste encore à faire; on sait seulement qu'en deçà et au delà de cette ligne les oscillations s'effectuent, toutes choses égales d'ailleurs, à peu près aux mêmes heures, mais en sens opposé. Les pôles n'ont pu être non plus déterminés avec une exactitude parfaite. Gauss a fixé le pôle nord à 70° 35′ lat. sept., et à 118°, longit. occident., et le pôle sud à 72° 35′ lat. austr. et à 135° 10′ longit. orient. L'équateur et les pôles magnétiques oscillent-ils autour d'une moyenne dans une période pour laquelle les siècles ne seraient que des jours? — Les tracés linéaires de l'aiguille d'inclinaison, verticale ou à 90° aux pôles magnétiques, et horizontale (zéro d'action verticale) à l'équateur, ont reçu le nom de lignes *isoclines*. Les variations diurnes de l'aiguille d'inclinaison ont leur maximum d'amplitude à 9-10 h. du matin, et le minimum à 9-10 h. du soir; elles sont plus grandes en été qu'en hiver, où elles deviennent presque nulles. — La réunion des points de même intensité magnétique a donné ce qu'on appelle les lignes *isodynames*. En suivant la direction de ces courbes contenues les unes dans les autres, depuis les externes, faibles, jusqu'aux internes, plus intenses, on remarque, pour chaque hémisphère, deux foyers maxima d'inégale intensité, ne coïncidant ni avec les pôles magnétiques ni avec les pôles de rotation de la terre [1]. L'un de ces foyers, le plus intense, est situé dans un ovale qui passe par la partie occidentale du lac Supérieur, entre l'extrémité sud de la baie d'Hudson et celle du lac Winnipeg (à 52° 19' lat. et 94° 20' long. occid.). L'autre foyer, le moins intense, se trouve en Sibérie, à 69° 44' lat. et 115° 31' long. orient. Quant à la position des deux foyers de l'hémisphère austral, elle est encore bien douteuse ; le général Sabine, après avoir discuté les observations du capitaine Ross, place l'un à 64° lat. australe, et à 135° 10' long. orientale, et l'autre à 60° lat. austr. et à 127° 20 long. occid. En divisant le sphéroïde terrestre en deux moitiés (occidentale et orientale) par 100° et 280° long. de Greenwich, on a trouvé que les quatre foyers d'intensité maxima et même les deux pôles magnétiques appartiennent tous à l'hémisphère occidental. Quant à la courbe du minimum d'intensité, elle ne coïncide pas avec l'équateur magnétique ; dans beaucoup de points, elle s'en éloigne, au contraire, par des ondulations variées. Les deux hémisphères, boréal et austral, quant à leurs intensités magnétiques, paraissent être dans le rapport de 1 à 1,0154.

Aux trois éléments indiqués, qui font de la terre un véritable aimant, est venu se joindre un quatrième, celui des *orages* ou *perturbations magnétiques*. Au commencement de notre siècle, Humboldt, Oltmans et d'autres physiciens, furent frappés de certaines oscillations irrégulières, capricieuses, de l'aiguille de déclinaison aussi bien que de l'aiguille d'inclinaison. Ils remarquèrent en même temps la coïncidence de ces perturbations avec l'apparition de certains météores, avec des aurores boréales, des tremblements de terre, des éruptions volcaniques. Ces phénomènes furent considérés comme la cause des perturbations magnétiques. Mais n'en sont-ils pas plutôt des effets concomitants ? — Gauss, guidé par l'intuition mathématique, avait annoncé *a priori* que les orages ou perturbations magnétiques qu'il observait à Goettingue, devaient se manifester au

---

1. Voy. les cartes du capitaine Duperrey et d'A. Erman dans le n° IV de l'*Atlas physique* de Berghaus.

même moment dans d'autres localités. Cette conception fut confirmée expérimentalement depuis que l'Angleterre a fait élever dans ses colonies, disséminées aux quatre coins du globe, des observatoires météorologiques : le général Sabine constata que l'aiguille peut être perturbée au même instant dans les localités les plus distantes les unes des autres, telles que Hobart-Town dans l'île de Van-Diemen, Toronto au Canada, et Makerstoure en Ecosse. C'est donc un phénomène cosmique.

Un fait important découvert par Schwabe, de Dessau, se rattache aux perturbations magnétiques. Ce savant trouva, après quarante ans d'observations, que l'apparition des taches du soleil est soumise à une période d'un peu plus de dix ans. On aperçut bientôt une certaine corrélation entre la périodicité des taches solaires et celle des perturbations magnétiques. Lamont, directeur de l'observatoire de Munich, avait remarqué que le mouvement diurne de l'aiguille de déclinaison oscille autour d'une moyenne, de manière à augmenter pendant cinq ans et diminuer pendant un égal espace de temps. Ainsi, par exemple, en 1843-1844 elle offrait un minimum, et en 1848-1849 un maximum. Or, le retour de ce maximum, arrivé en 1858-1859, coïncida à la fois avec le maximum des perturbations magnétiques observées à Toronto par le général Sabine, et avec le maximum de fréquence des taches solaires, conformément à la période signalée par Schwabe.

Théories et lois. — Les théories ayant toujours eu plus d'attrait que les expériences, parce qu'elles exigent moins de travail, on se livra dès le principe à la recherche des causes du magnétisme. Descartes l'attribuait à l'existence d'une matière subtile, particulière, passant, sous forme de spirales, du pôle nord au pôle sud, en même temps que le tourbillon du globe terrestre imprimerait à l'aimant sa direction. Dalencé développa cette hypothèse en faisant intervenir la rotation de la terre autour de son axe et sa translation autour du soleil ; pendant ce double effet, la matière magnétique se porterait alternativement d'un pôle à l'autre, par des radiations parallèles à l'axe terrestre. Mais il fut impossibe d'expliquer les variations de l'aiguille magnétique [1]. Suivant la théorie d'Hartsoeker, l'aimant est une substance composée d'une infinité de prismes déliés, qui sont rendus parallèles entre eux et à l'axe terrestre par le mouvement

---

1. Dalencé, *Traité de l'aimant;* Amsterd. 1687, in-12°.

diurne de notre planète, et qui laissent perpétuellement échapper, de leur intérieur creux, des effluves magnétiques [1].

Henri Bond, s'appuyant sur ses observations faites en Angleterre, soutenait que les pôles magnétiques tournent autour des pôles terrestres dans une période encore indéterminée. S'emparant de cette idée, La Montre crut trouver la cause des mouvements de l'aiguille dans les déviations du fluide magnétique relativement à l'axe de rotation diurne et à l'axe de rotation annuelle de la terre [2].

Mais laissons là les théories pour arriver à la découverte des lois du magnétisme.

Helsham annonça que la force attractive de l'aimant suit la *raison inverse doublée* des distances. Benjamin Martin (mort en 1782 à Londres), essayant l'action d'un aimant contre un morceau de fer de la forme d'un parallélipipède, trouva que les forces attractives suivaient la *raison inverse sesquipliquée* des distances. Le Sueur et Jacquier, dans leurs commentaires sur les *Principes de Philosophie naturelle* de Newton, assignèrent à l'action magnétique la *raison inverse triplée des distances*. Enfin, suivant Musschenbroeck, qui avait placé un cylindre aimanté à l'extrémité du fléau d'une balance, et le faisait ainsi agir sur un cylindre de fer, l'action magnétique est en *raison inverse des distances*; en faisant agir une sphère de fer sur un cylindre aimanté, l'action était en *raison inverse sesquipliquée* des espaces creux; elle était en *raison inverse sesquidoublée* des distances, quand on faisait agir un aimant sphérique sur un cylindre de fer.

La question en était là, lorsqu'elle fut reprise par Coulomb.

Pour trouver la loi de l'action magnétique, Coulomb suspendit un fil aimanté dans l'étrier de sa balance de torsion. Il tourna le fil de suspension de la balance de manière que, le fil aimanté étant placé dans la direction du méridien magnétique, le fil de suspension n'éprouvât aucune torsion. Il plaça ensuite verticalement, dans ce même méridien, un autre fil aimanté, de même dimension que le premier, en sorte que si les deux fils s'étaient touchés, ils se seraient rencontrés et croisés, à un pouce de leurs extrémités ; mais comme ils étaient opposés par les pôles homologues, le fil horizontal fut repoussé de la direction de son méridien, et il ne s'arrêta que lorsque

1. Hartsoeker, *Principes de physique*; Paris, 1696, in-4°.
2. La Montre, *la Cause physique de la déclinaison et variation de l'aiguille aimantée*, dans le *Journal des savants*, t. XXIV, p. 572 et suiv.

la force de répulsion des pôles opposés fut mise en équilibre par les forces combinées de la torsion et du magnétisme terrestre. En combinant les résultats de ces expériences avec deux faits généraux, d'après lesquels, d'une part, les angles de torsion des fils sont proportionnels aux forces employées à les tordre, et, de l'autre, la force qui tend à ramener l'aiguille aimantée dans la direction du méridien magnétique, est proportionnelle aux angles d'écartement, Coulomb parvint à établir que l'action du dynamisme magnétique est *en raison directe de l'intensité et en raison inverse du carré des distances* [1]. C'est, comme on voit, la loi de la gravitation universelle, que Coulomb avait déjà montrée identique avec la loi de l'action électrique.

Électro-magnétisme. — Après s'être d'abord attachés à différencier le magnétisme de l'électricité, les physiciens s'efforcèrent, par un revirement soudain, à identifier ces deux actions. L'aimant passait pour une « pyrite ferrugineuse saturée de fluide électrique, » opinion que Marat combattit dans ses *Recherches sur l'électricité* (Paris, 1782). Le P. Cotte (né à Laon en 1740, mort à Montmorency en 1815), curé de Montmorency, qui accompagnait Rousseau dans ses herborisations, et découvrit en 1766 la source sulfureuse minérale d'Enghien, s'exprima ainsi sur la question alors vivement controversée : « Les différents traits d'analogie entre les matières électrique et magnétique me font soupçonner que ces deux matières n'en font qu'une, diversement modifiée et susceptible de différents effets dont on commence à apercevoir l'unité de cause et de principe. Ce n'est ici qu'une conjecture, que l'expérience et l'observation convertiront peut-être un jour en certitude [2]. » Cigna, Lacépède et d'autres abondaient dans le même sens, en partant de points de vue différents. Van Swinden s'efforça, au contraire, de montrer le manque complet d'analogie entre le fluide magnétique et le fluide électrique.

Depuis la découverte de l'électricité dynamique, la question était entrée dans une phase nouvelle. La pile, en fixant à ses deux bouts les deux électricités opposées, figurait en quelque sorte les pôles d'un aimant. J. W. Ritter porta l'analogie jusqu'à l'identité, en établissant que la pile est un véritable aimant, que sa polarité est une polarité magnétique, et que les fluides contraires du magné-

---

1. *Encyclopédie méthodique* ; Physique, t. III, p. 785.
2. *Traité de météorologie*, p. 26 (Paris, 1774, in-4°).

tisme et de l'électricité doivent avoir la même notation : $+$ M et $-$ M, $+$ E et $-$ E. Cependant tous les physiciens n'adoptèrent pas cette manière de voir; car dans un programme d'Ampère, imprimé en 1802, on lit ce passage : « Le professeur démontrera que les phénomènes électriques et magnétiques sont dus à deux fluides différents, et qui agissent indépendamment l'un de l'autre. »

Ces dissidences intéressantes n'arrêtèrent pas l'élan donné. Muncke et Gruner à Hanovre essayèrent, quoique en vain, d'obtenir, à l'aide de batteries magnétiques d'une grande puissance, des effets analogues à ceux de la pile voltaïque. Les mêmes expériences étaient tentées à Vienne, et un correspondant du *Monthly Magazine* écrivit, en avril 1802, à ce recueil, qu'on venait de découvrir le moyen de décomposer l'eau par l'action d'un aimant artificiel aussi bien que par la pile.

Vers la même époque parut (3 août 1802) dans un journal italien, le *Ristretto dei foglietti universali* de Trente, l'exposé d'une expérience, que nous allons reproduire textuellement : « M. le conseiller Jean-Dominique Romagnosi, demeurant à Trente, se hâte de communiquer aux physiciens de l'Europe une expérience relative au fluide galvanique appliqué au magnétisme. Après avoir fait une pile de Volta avec des disques de cuivre et de zinc, entre lesquels il y avait des rondelles de flanelle imprégnées d'une solution ammoniacale étendue d'eau, l'auteur attacha à la pile elle-même un fil d'argent brisé en différents endroits comme une chaîne. La dernière articulation de cette chaîne passait par un tube de verre, de l'extrémité extérieure duquel sortait un bouton également d'argent, qui était fixé à ladite chaîne. Ensuite il prit une aiguille aimantée ordinaire, disposée à la manière d'une boussole marine et encastrée dans un axe prismatique de bois ; et, après avoir ôté le couvercle en verre, il plaça l'aiguille sur un isolateur de verre, près de la pile. Il saisit alors la chaînette, et, la prenant par le tube de verre, en appliqua l'extrémité ou le bouton à l'aiguille aimantée. Après un contact de quelques secondes, l'aiguille s'écarta de plusieurs degrés de sa position polaire. Quand on en enlevait la chaîne, l'aiguille conservait la déviation imprimée ; en appliquant de nouveau la chaîne, on voyait l'aiguille dévier encore un peu et conserver toujours la position dans laquelle on la laissait, de telle sorte que sa polarité paraissait entièrement détruite. Pour la rétablir, M. Romagnosi s'y prit de la façon suivante : il pressait des deux mains, entre le pouce et l'index, le bord de la boîte en bois isolée, mais en évitant toute secousse, et la tenait ainsi pendant quelques secondes. On voyait alors l'aiguille se mouvoir lentement et reprendre sa polarité, pas tout d'un coup, mais par pulsations successives, à l'instar d'une aiguille de montre indiquant les secondes. Cette expérience fut faite au mois de mai, et répétée en présence de plusieurs témoins. » — En reproduisant ce document dans la *Corrispondenza scientifica* de Rome (9 avril 1859), en réponse à un article de M. Donna dans le *Mondo letterario* de Turin (n° 8, 1859), M. Zantedeschi essaya de présenter Romagnosi pour l'auteur de la découverte de l'électromagnétisme. Mais pour cela il était obligé de faire dire au texte de la citation plus que celle-ci ne contenait.

Quoi qu'il en soit, il résulte des expériences de Romagnosi, de Mojon, de J. Aldini et d'autres, que l'on connaissait, dès les premières années de notre siècle, l'action d'un courant voltaïque sur l'aimant. On savait aussi que la foudre était, comme l'étincelle électrique, capable d'aimanter l'acier, d'y détruire ou d'y renverser la polarité magnétique. Malheureusement la plupart des physiciens avaient adopté l'opinion de Van Marum qui, fort de ses expériences, regardait ces phénomènes comme produits par le choc et la secousse électrique. Le P. Beccaria avait parlé de circuits électriques constants, capables d'engendrer le magnétisme. Mais les expériences de ce physicien, qui devaient être plus tard reprises et développées par Ampère, ne faisaient alors que ramener la croyance sur l'identité d'origine de l'électricité et du magnétisme, croyance que professait encore Œrstedt [1] dans ses *Recherches sur l'identité des forces chimiques et électriques*, publiées en allemand en 1812 (traduits en français par Marcel de Serres, Paris, 1813, in-8°).

Comment Œrstedt parvint-il à la découverte qui a immortalisé son nom? Dans les expériences de physique que l'illustre professeur faisait devant son auditoire, un jour de l'hiver de 1819 à 1820, un fil de platine, rendu incandescent par la conjonction des pôles d'une puissante pile voltaïque, passait, par hasard, au-dessus d'une aiguille aimantée, qui se trouvait près de la pile. Cette aiguille offrit tout à coup, au grand étonnement des assistants, des

1. Jean-Christian Œrstedt (né en 1777, mort à Copenhague en 1851), dès 1806 professeur de physique à Copenhague, se fit connaître par des découvertes importantes, et publia un grand nombre de travaux divers, dont le dernier a pour titre *Der Geist in der Natur* (l'Esprit dans la Nature); Leipz., 1850.

oscillations étranges, des alternatives d'attraction et de répulsion, qu'on ne pouvait attribuer qu'à l'action du fil conjonctif. Telle fut la véritable origine de la découverte de l'*électro-magnétisme*. Œrstedt essaya de montrer qu'il y avait été conduit par ses idées théoriques, par l'influence prévue que les deux électricités contraires auraient, au moment de leur combinaison, exercée sur l'aiguille magnétique. Mais il est très-probable, observe judicieusement M. Radau[1], qu'Œrstedt n'avait alors songé qu'à une polarité magnétique des pôles d'une pile à courant fermé ; et il semble presque, en y regardant de plus près, que ni le professeur ni ses auditeurs n'ont saisi immédiatement toute la portée du phénomène qui s'était révélé à eux; car autrement il serait difficile de comprendre pourquoi le public n'aurait pas été instruit de cette découverte avant que son auteur l'eût publiée dans le mémoire qui a pour titre : *Experimenta circum effectum conflictus electrici in acum magneticum* (Copenhague, 21 juillet 1820).

L'expérience d'Œrstedt fut répétée, dans la même année 1820, par J. Tobie Mayer devant l'Académie des sciences de Gœttingue, et par M. de la Rive devant l'Académie des sciences de Paris. Mais elle ne franchit pas le cercle restreint des savants, parce qu'on s'était imaginé que, pour réussir, il fallait une pile très-puissante, par conséquent dispendieuse, tandis qu'on devait bientôt apprendre que des disques de zinc et de cuivre, d'un diamètre peu considérable, suffiraient pour produire le même phénomène.

Afin de mieux fixer les idées, il importe de rappeler un fait capital, à savoir, que le fil conjonctif, le fil aboutissant aux deux pôles d'une pile, est traversé dans toute sa longueur par un courant d'électricité qui circule sans cesse le long du circuit fermé, résultant de la réunion de ce fil et de la pile. Or, le fil métallique conjonctif, à travers lequel se meut sans cesse une certaine quantité d'électricité, a-t-il, par suite de ce mouvement, acquis des propriétés nouvelles? C'est à cela que répond l'expérience d'Œrstedt. Un simple fil métallique, placé au-dessus d'une boussole et parallèlement à son aiguille horizontale, ne manifeste aucune action. Mais si l'on fait communiquer les extrémités de ce fil avec les pôles d'une pile, l'aiguille de la boussole changera aussitôt de direction ; si la pile est très-forte, l'aiguille formera un angle de près de 90° avec sa position naturelle, donnée par l'action directrice de la terre. Si le fil

---

1. M. Radau, dans l'article *Œrstedt*, de la *Biographie générale*.

métallique, communiquant avec les pôles de la pile, était placé en dessous de l'aiguille, l'effet serait le même, mais en sens inverse, quant à la déviation; c'est-à-dire que si, dans le premier cas, le fil, placé en dessus, transporte, par exemple, le pôle nord de l'aiguille vers l'ouest, dans le second cas, le fil, placé en dessous, le transportera vers l'est, et *vice versâ*. La conclusion est facile à tirer : c'est que ces mouvements de l'aiguille aimantée viennent non pas du fil, en tant que formé d'un métal, mais du courant électrique qui le traverse.

Mais comment une aiguille horizontale peut-elle être mise en mouvement par une force circulant dans un fil parallèle à cette aiguille? Ne faudrait-il pas que le fil conjonctif des pôles fût dans une direction perpendiculaire à la longueur de l'aiguille? Ces questions, que souleva l'expérience d'Œrstedt, embarrassèrent singulièrement les physiciens. Quelques-uns, pour expliquer les faits, imaginèrent un flux continu d'électricité circulant autour du fil conjonctif et déterminant, par voie d'impulsion, les mouvements de l'aiguille : c'était, sous une autre forme, l'hypothèse des tourbillons de Descartes. Ampère [1], voyant plus clair que les autres, se demanda quel rôle devait jouer, dans la production de ces étranges déviations, cette force mystérieuse qui fait diriger l'aiguille de la boussole vers les régions arctiques du globe. Quels seraient les résultats de l'expérience, si l'on pouvait éliminer l'action directrice du globe? Des écrans pourraient-ils soustraire une aiguille à l'action du magnétisme terrestre? On l'avait cru longtemps. C'était une illusion que la science a détruite. « On n'a pas encore trouvé, dit Arago (dans la *Vie d'Ampère*) de substance, mince ou épaisse, à travers laquelle l'action magnétique, comme celle de la pesanteur, ne s'exerce sans éprouver le moindre affaiblissemennt. Les voiles, goudronnées ou non goudronnées, les manteaux dont certains marins couvrent les canons en fer, les boulets, les ancres, appartiennent aux mille et mille pratiques qu'enregistrent les traités de navigation. Malgré leur complète inutilité, elles se propagent, se perpétuent par la routine, puissance aveugle, qui gouverne cependant le monde. »

Heureusement qu'Ampère n'eut pas besoin d'éliminer ni d'inter-

1. André-Marie *Ampère* (né à Lyon en 1775, mort à Marseille en 1836) témoigna d'abord du goût pour la poésie avant de se livrer aux sciences, aux progrès desquelles il contribua puissamment par ses travaux et ses découvertes. La réunion de ses nombreux mémoires en un corps d'ouvrage reste encore à faire.

cepter l'action du magnétisme terrestre ; il lui suffisait que cette action ne contrariât pas le mouvement de l'aiguille. Ce fut alors qu'il inventa une boussole particulière, la *boussole astatique*, dont le cercle gradué n'est ni horizontal, comme celui de la boussole de déclinaison, ni vertical, comme celui de la boussole d'inclinaison, mais incliné à l'horizon d'une quantité variable pour chaque localité, quantité qui est le complément à 90 degrés de ce qu'on nomme l'*inclinaison magnétique*. A Paris, l'inclinaison de l'aiguille astatique à l'horizon était de 22 degrés. Cette aiguille, mise en présence d'un fil conjonctif, se plaçait, par rapport à ce fil, dans une direction exactement perpendiculaire. Ampère constata en même temps qu'une électricité très-faible produit autant d'effet que l'électricité produite par une pile puissante.

Le courant d'idées dans lequel Ampère se trouvait engagé le conduisit à la découverte d'un fait beaucoup plus général que celui qui résultait de l'expérience d'Œrsted. Cette expérience avait été répétée devant l'Académie des sciences par M. de la Rive, de Genève, dans la séance hebdomadaire du lundi 11 septembre 1820. Huit jours après, Ampère montra comment, abstraction faite de l'aiguille aimantée, deux fils conjonctifs, deux fils métalliques parcourus par des courants électriques, peuvent agir l'un sur l'autre ; et il parvint à établir que *deux fils conjonctifs parallèles s'attirent quand l'électricité les parcourt dans le même sens, et qu'ils se repoussent, au contraire, si les courants électriques s'y meuvent en sens opposés.*

Voilà comment la découverte de l'*électro-magnétisme* par Œrsted fut suivie de près par celle de l'*électro-dynamisme* par Ampère.

Les expériences d'Ampère n'échappèrent pas aux critiques, souvent dictées par la jalousie. « On ne voulut d'abord ne voir, dit Arago, dans les attractions et les répulsions des courants, qu'une modification à peine sensible des attractions et des répulsions électriques ordinaires, connues depuis le temps de Dufay. Sur ce point, la réponse de notre confrère fut prompte et décisive. » Rappelant un fait connu depuis longtemps, à savoir, que deux corps semblablement électrisés s'écartent l'un de l'autre dès le moment qu'ils se sont touchés, Ampère fit remarquer que le contraire avait lieu dans son expérience, où deux fils, traversés par des courants semblables, restaient attachés comme deux aimants, quand on les amenait au contact. Il n'y avait rien à répliquer à cette argumentation démonstrative.

Une autre objection, qui embarrassait plus sérieusement Ampère, était ainsi formulée : « Deux corps qui, séparément, ont la propriété d'agir sur un troisième, ne sauraient manquer d'agir l'un sur l'autre. Les fils conjonctifs de la pile agissent sur l'aiguille aimantée (découverte d'Œrsted); donc deux fils conjonctifs doivent s'influencer réciproquement (découverte d'Ampère); donc les mouvements d'attraction ou de répulsion qu'ils éprouvent quand on les met en présence l'un de l'autre, sont des déductions, des conséquences nécessaires de l'expérience du physicien danois; donc, on aurait tort de ranger les observations d'Ampère parmi les faits primordiaux qui ouvrent aux sciences des voies nouvelles [1]. »

Ampère répondait en défiant à ses adversaires de déduire des expériences d'Œrsted le sens de l'action mutuelle de deux courants électriques, lorsqu'un de ses amis (Arago) leur posa ce dilemme : Voici deux clefs en fer doux : chacune d'elles attire cette boussole. Si vous ne me prouvez pas que, mises en présence l'une de l'autre, ces clefs s'attirent ou se repoussent, le point de départ de toutes vos objections est faux. « Dès ce moment, ajoute Arago, les objections furent abandonnées, et les *actions réciproques des courants électriques* prirent définitivement la place qui leur appartenait parmi les plus belles découvertes de la physique moderne. »

Ces débats terminés, Ampère chercha avec ardeur une théorie simple, mathématique, qui comprît et expliquât tous les faits particuliers dans toute leur variété. « Les phénomènes, dit Arago, qu'Ampère se proposait de débrouiller étaient certainement au nombre des plus complexes. Les attractions, les répulsions observées entre des fils conjonctifs, résultent des attractions de toutes leurs parties. Or, le passage du total à la détermination des éléments nombreux et divers qui le composent, en d'autres termes, la recherche de la manière dont varient les actions mutuelles de deux parties infiniment petites de deux courants, quand on change leurs distances et leurs inclinaisons relatives, offrait des difficultés inusitées. Toutes ces difficultés ont été vaincues. Les quatre états d'équilibre à l'aide desquels l'auteur a débrouillé les phénomènes s'appelleront les *lois d'Ampère...* Les oscillations, dont Coulomb tira un si grand parti dans la mesure des petites forces magnétiques ou électriques, exigent impérieusement que les corps en expérience soient suspendus à un fil unique et sans torsion. Le fil conjonctif

1. Arago, dans la *Vie d'Ampère*.

(dans les expériences d'Ampère) ne peut se trouver dans cet état, puisque, sous peine de perdre toute vertu, il doit être en communication permanente avec les deux pôles de la pile. Les oscillations (dans les expériences de Coulomb) donnent des mesures précises, mais à la condition expresse d'être nombreuses. Les fils conjonctifs d'Ampère ne pourraient manquer d'arriver au repos après un très-petit nombre d'oscillations. Le problème paraissait insoluble, lorsque notre confrère vit qu'il arriverait au but en observant divers états d'équilibre entre des fils conjonctifs de certaines formes placés les uns devant les autres. Le choix de ces formes était la chose capitale; c'est en cela surtout que le génie d'Ampère va se manifester d'une manière éclatante. »

Nous ne saurions mieux faire que de reproduire intégralement le récit d'Arago, qui avait lui-même pris une très-large part aux travaux d'Ampère. Dans une première expérience, « Ampère enveloppe d'abord de soie deux portions égales d'un même fil conjonctif fixe; il plie ce fil de manière que ses deux portions recouvertes viennent se juxtaposer, et soient traversées en sens contraire par le courant d'une certaine pile; il s'assure que ce système de deux courants égaux, mais inverses, n'exerce aucune action sur le fil conjonctif le plus délicatement suspendu; et prouve ainsi que la force attractive d'un courant électrique donné est parfaitement égale à la force de répulsion qu'il exerce, quand le sens de sa marche se trouve mathématiquement renversé. » — C'était là une des plus éclatantes applications du principe que *l'action est égale à la réaction.* — Dans une seconde expérience, « Ampère suspend un fil conjonctif très-mobile, justement au milieu de l'intervalle compris entre deux fils conjonctifs fixes qui, étant traversés dans le même sens par un seul et même courant, doivent tous deux repousser le fil intermédiaire. L'un de ces fils fixes est droit; l'autre est plié, contourné, présente cent petites sinuosités. Établissons les communications nécessaires au jeu des courants, et le fil mobile intermédiaire s'arrêtera au milieu de l'intervalle des fils fixes, et si vous l'en écartez, il y reviendra de lui-même : tout est donc égal de part et d'autre. Un fil conjonctif droit et un fil conjonctif sinueux, quoique leurs longueurs développées puissent être très-différentes, exercent donc des actions exactement égales s'ils ont des extrémités communes. — Dans une troisième expérience, Ampère constate qu'un courant fermé quelconque ne peut faire tourner une portion circulaire de fil conjonctif autour d'un axe perpendiculaire à cet arc et passant

par son centre. — Dans la quatrième et dernière expérience, fondamentale, il offre un cas d'équilibre où figurent trois circuits circulaires suspendus, dont les centres sont en ligne droite, et les rayons
en proportion géométrique continue. »

Les lois ou faits généraux qu'Ampère déduisit de ces quatre expériences, devaient servir à déterminer, de manière à ne rien laisser
à l'arbitraire, la formule analytique exprimant l'action mutuelle de
deux éléments infiniment petits de deux courants électriques. L'accord du calcul avec l'observation des quatre cas d'équilibre montre
« que l'action réciproque des éléments de deux courants s'exerce
suivant la ligne qui unit leurs centres; qu'elle dépend de l'inclinaison mutuelle de ces éléments, et qu'elle varie d'intensité dans le
rapport des carrés des distances. »

Voilà comment la loi de la gravitation universelle, loi que Coulomb avait étendue aux phénomènes d'électricité statique ou de
tension, se trouva vérifiée pour les actions exercées par l'électricité
dynamique ou en mouvement.

La valeur des actions mutuelles des éléments infiniment petits de
courants électriques ayant été ainsi donnée par la formule générale,
il devint facile de déterminer les actions totales de courants finis de
diverses formes.

« Ampère ne pouvait, continue Arago, manquer de poursuivre les
applications de sa découverte. Il chercha d'abord comment un courant rectiligne agit sur un système de courants circulaires fermés,
contenus dans des plans perpendiculaires au courant rectiligne. Le
résultat du calcul, confirmé par l'expérience, fut que les plans des
courants circulaires devaient, en les supposant mobiles, aller se
ranger parallèlement au courant rectiligne. Si une aiguille aimantée
avait, sur toute sa longueur, de semblables courants transversaux,
la direction en croix qui, dans les expériences d'Œrsted, complétées par Ampère, paraissait une inexplicable anomalie, deviendrait
un fait naturel et nécessaire. Voit-on quelle mémorable découverte
ce serait d'établir rigoureusement qu'*aimanter une aiguille c'est exciter, c'est mettre en mouvement autour de chaque molécule de l'a-
cier un petit tourbillon électrique circulaire?* »

Cette assimilation de l'aimant à l'électricité s'était emparée de l'esprit d'Ampère. Aussi s'empressa-t-il de la soumettre à des épreuves
expérimentales et à des vérifications numériques, regardées comme
seules démonstratives. « Il semble, ajoute l'ami de l'illustre physicien, bien difficile de créer un faisceau de courants circulaire

fermés, qui jouisse d'une grande mobilité. Ampère réussit à imiter cette composition et cette forme, en faisant *circuler un seul courant électrique dans un fil enveloppé de soie et plié en hélice à spires très-serrées.* La ressemblance entre les effets de cet appareil et ceux d'un aimant fut surprenante; elle engagea l'habile observateur à se borner au calcul difficile, minutieux, des actions de circuits fermés, parfaitement circulaires. »

Partant de l'hypothèse que de pareils circuits existent autour des particules des corps aimantés, Ampère retrouva, quant aux actions élémentaires, les lois de Coulomb et de Gauss concernant le magnétisme. La même hypothèse, appliquée à la recherche de l'action qu'un fil conjonctif rectiligne exerce sur une aiguille aimantée, conduisit analytiquement à la loi que Biot avait déduite d'expériences extrêmement délicates.

Suivant la théorie des physiciens du siècle dernier, l'acier est composé de molécules solides, dont chacune contient deux fluides de propriétés contraires, fluides combinés et se neutralisant quand le métal n'est pas magnétique, fluides séparés plus ou moins quand l'acier est plus ou moins aimanté. Cette théorie rendait parfaitement compte, jusque dans les moindres particularités numériques, de tous les phénomènes magnétiques connus jusqu'alors. Mais elle restait entièrement muette relativement à l'action d'un aimant sur un fil conjonctif, et surtout relativement à l'action réciproque de deux de ces fils.

D'après la manière de voir d'Ampère, l'action de deux courants électriques est un fait primordial, et les phénomènes dépendent d'un principe ou d'une cause unique.

Dans toutes les expériences magnétiques anciennes, on avait considéré la terre comme se comportant à l'égal d'un gros aimant. On devait donc croire qu'elle agirait aussi à la manière des aimants sur des courants électriques. Mais l'expérience d'Œrsted ne justifiait pas cette croyance. C'était une lacune qu'Ampère vint combler par sa *théorie électro-dynamique.*

« Pendant plusieurs semaines, raconte Arago, les physiciens nationaux et étrangers purent se rendre en foule dans un humble cabinet de la rue des Fossés-Saint-Victor, et y voir avec étonnement un fil conjonctif de platine qui s'orientait par l'action du globe terrestre. Qu'eussent dit Newton, Halley, Dufay, Æpinus, Franklin, Coulomb, si quelqu'un leur eût annoncé qu'un jour viendrait où, à défaut d'aiguille aimantée, des navigateurs pourraient

se diriger en observant des courants électriques, des fils électrisés?
L'action de la terre sur un fil conjonctif est identique, dans toutes
les circonstances qu'elle présente, avec celle qui émanerait d'un
faisceau de courants ayant son siège dans le sein de la terre, au
sud de l'Europe, et dont le mouvement s'opérerait, comme la révolution diurne du globe, de l'ouest à l'est [1]. »

Ainsi, d'après la belle découverte d'Ampère, le globe terrestre
est, non plus un aimant, mais une vaste pile voltaïque, donnant
lieu à des courants dirigés dans le même sens que le mouvement
diurne. Cette découverte, sur laquelle repose toute la théorie de
l'électro-dynamique, conduisit Ampère à la plus originale de ses
inventions, celle de l'*aimant électrique*, réalisé par un fil en forme
d'hélice, que parcourt un courant électrique. Voilà donc une boussole sans aimant. « Comment ne pas supposer, dit M. Quet, que le
magnétisme est de même essence que l'électricité? Tout s'explique
si l'on regarde l'aimant ordinaire comme un assemblage de courants
électriques qui circulent autour de chaque particule dans des plans
à peu près perpendiculaires à la ligne des pôles et qui forment
ainsi un faisceau d'hélices électriques. Grâce à ce coup d'éclat du
génie d'Ampère, le mystère du magnétisme est dévoilé, et un nouveau fait primitif surgit de la science [2]. »

Une autre invention d'Ampère, non moins ingénieuse, est celle
du *galvanomètre*. C'est un instrument formé par la réunion d'un
aimant électrique et d'un aimant ordinaire. L'utilité de cet instrument tient aux propriétés caractéristiques de l'aimant électrique,
qui peut être créé ou détruit, et dont les pôles peuvent être renversés en quelque sorte à volonté, instantanément et à toute distance.
Le galvanomètre d'Ampère a servi à Seebeck pour découvrir les
courants thermo-électriques, à Fourier et à Œrsted pour reconnaître
la loi du rendement des sources électriques, à MM. Pouillet, F. Becquerel et Ed. Becquerel pour étudier la conductibilité. Enfin, en
associant le galvanomètre avec la pile thermo-électrique, Nobili a
fait un instrument de recherches qui, dans les mains de Melloni, de
MM. Laprévostaye et Desains et de M. Tyndall, a singulièrement

1. Les *mémoires* et *notices* où ces travaux d'Ampère se trouvent exposés
ont paru dans les *Annales de physique et de chimie*, t. XVI-XXX, années
1821-1827; dans les *Mém. de l'Acad. des sciences*, t. IV; dans le *Journal
de physique*, t. XCIII et suiv.

2. *Rapport sur l'électricité et le magnétisme*, p. 12 (Paris, 1867, gr.
in-8°).

contribué au développement de la science du calorique rayonnant [1].

Le *magnétisme de rotation* fut découvert vers 1828, par Arago. Voici à quelle occasion. Arago avait demandé à Gambey une boussole dont il surveillait lui-même la construction. « Toutes les précautions avaient été prises, raconte M. Dumas : la monture, en cuivre rouge absolument exempt de fer, était assez massive pour assurer la parfaite stabilité de l'appareil. A peine Arago avait-il reçu cet instrument si désiré, qu'en sortant de sa leçon à l'école Polytechnique, il entrait dans mon laboratoire, voisin de son amphithéâtre. « La chimie, me dit-il brusquement, ne peut donc « pas reconnaître la présence du fer dans un barreau de cuivre « rouge? — Comment! rien n'est plus facile. — Eh bien, l'aiguille « aimantée découvre le fer que la chimie ne voit pas. » Je le suivis à l'Observatoire. Berthier avait analysé le cuivre employé par Gambey; il n'y avait pas trouvé de fer. Cependant son aiguille aimantée, délicatement suspendue et du meilleur travail, étant écartée du repos, au lieu d'y revenir lentement par deux ou trois cents oscillations de moins en moins étendues, se bornait à accomplir, et comme à regret, trois ou quatre oscillations brèves, pour s'arrêter subitement; on eût dit qu'elle trouvait, dans l'air, épaissi sur son chemin, une résistance invincible. Arago me remit quelques échantillons du cuivre qui avait été employé pour la monture, et je constatai facilement, comme l'avait fait Berthier, qu'il était absolument exempt de fer. Pendant quelque temps, Arago mettait volontiers en parallèle cette impuissance de la chimie et cette sensibilité surprenante de l'aiguille aimantée. Il en vint à conclure cependant qu'une masse de cuivre ou de toute autre matière non magnétique, placée auprès d'une aiguille aimantée, ralentit ou arrête son mouvement. L'expérience lui ayant donné raison, il pensa qu'une semblable masse en mouvement pourrait entraîner, à son tour, une aiguille aimantée au repos, placée dans son voisinage, et il nous rendit témoin de cette étonnante action [2]. »

Voilà comment fut découvert le magnétisme de rotation. Complétant sa découverte, Arago constata que tous les corps, magnétiques ou non, conducteurs ou non de l'électricité, placés dans le voisinage d'une aiguille aimantée, avaient la propriété d'en ralentir les oscil-

---

1. *Rapport sur l'électricité*, etc., p. 32.
2. M. Dumas, dans l'*Eloge historique de Faraday*, p. 27 et 28 (Paris, 868, in-4º).

lations. Faraday expliqua ces effets en montrant par sa double découverte de l'*induction* et du *diamagnétisme* que tous les corps de la nature sont impressionnés par les effluves magnétiques.

Avant la découverte du magnétisme de rotation, Arago avait déjà trouvé : 1° que le fil rhéophore qui unit les deux pôles de la pile a la propriété d'attirer la limaille de fer; 2° qu'une aiguille peut s'aimanter au moyen du passage du courant électrique en hélice; 3° que les aurores polaires influencent la marche des variations horaires de l'aiguille de déclinaison dans les localités où ces météores sont invisibles; 4° que le jet de lumière qui, dans un courant électrique formé, réunit les deux bouts du charbon conducteur, est dévié par l'approche d'un aimant : analogie de cette expérience avec les phénomènes de l'aurore boréale.

Les expériences qu'Ampère et Arago firent sur l'aimantation du fer doux, ont donné lieu à une foule d'appareils nouveaux, tels que les télégraphes imprimeurs, les moteurs électro-magnétiques, les régulateurs, les interrupteurs, les horloges électriques. Wheatstone, Foucault, Froment, Breguet, Wilde, Serrin, etc., se sont distingués dans la construction de ces appareils.

Enfin les travaux de Faraday [1] ont singulièrement élargi le domaine de la science. En combinant les découvertes d'Ampère et d'Arago, Faraday conçut l'idée que l'aimant devait, au moyen du mouvement, faire naître, dans la plaque tournante ou dans un fil métallique, une électricité que l'on pourrait faire agir comme toute autre électricité, et qu'il devait être possible avec des barreaux d'acier aimanté de remplacer l'action de la pile de Volta. Cette idée le conduisit à la découverte d'une troisième espèce d'électricité, l'*électricité d'induction*, dans laquelle se trouvent réunies les qualités des électricités statique et dynamique; comme l'électricité de tension, elle lance de longues et foudroyantes étincelles, et, comme l'électricité de mouvement, elle pénètre dans l'intérieur des corps pour les échauffer, les fondre, les décomposer. Un courant direct, qui commence, développe dans le fil influencé un courant de sens inverse; un courant direct, qui finit, y développe un courant secondaire ou *induit* de même sens; quand le premier avance,

1. Michel *Faraday* (né en 1791 près de Londres, mort en 1867), débuta dans la carrière scientifique par être préparateur du célèbre chimiste H. Davy, s'acquit une grande autorité auprès de tous les savants contemporains, et ut vers la fin de sa vie comblé d'honneurs, en récompense de ses travaux et de ses découvertes.

le second recule; quand le premier recule, le second avance. Les mouvements électriques se produisent quand on approche ou qu'on éloigne le pôle d'un aimant d'un fil de cuivre : ils se réfléchissent en quelque sorte dans la matière voisine comme dans une glace; ce qui est à droite dans l'original se trouve porté à gauche dans son image. Faraday est parvenu à rendre extrêmement rapide cette rupture et cette restitution de courants, à ramener dans le même sens des actions qui se produisent en sens opposés; enfin il a montré le moyen de renfermer le courant secondaire ou induit en contournant les deux fils en spirales qui s'enveloppent et en plaçant, dans la spirale intérieure, un cylindre de fer doux ou un faisceau de fils de fer.

Ces phénomènes d'induction offraient la curieuse particularité de forces qui n'ont qu'une durée instantanée, contrairement à tout ce que l'on connaissait dans les autres forces physiques. Ampère avait fait des aimants avec l'électricité, Faraday fit de l'électricité avec des aimants. Considérant la terre comme un aimant, il s'en servit pour exciter des courants d'induction électriques dans des fils de cuivre disposés de manière à les mettre en évidence. Les aimants, e globe terrestre, devinrent ainsi entre ses mains des sources d'électricité.

La découverte de Faraday donna naissance aux puissantes machines d'induction de Clarke, de Pixii, de Ruhmkorff, dont les étincelles sont capables de percer des masses de verre de 10 centimètres d'épaisseur, et à ces appareils formidables dont la puissance a ouvert, en 1862, à l'armée anglo-française la route de Pékin en faisant sauter les estacades du Peïho. C'est l'électricité d'induction qui sert à enflammer ces mines qui brisent des montagnes, ces torpilles sous-marines qui foudroient des navires de guerre. C'est elle qui dans l'air raréfié ou dans des vapeurs de faible tension produit ces lueurs colorées qui imitent l'aurore boréale. Sous le nom de *faradisation*, elle est devenue précieuse dans l'art de guérir par cette gradation qui permet de passer instantanément des attouchements électriques les plus délicats aux secousses les plus énergiques. Faraday a créé l'art de convertir la force mécanique en électricité, puisque la seule dépense d'une machine magnéto-électrique consiste en houille, destinée à produire la vapeur dont la force d'expansion rapproche ou éloigne les spirales de cuivre des pôles des aimants.

Diverses lectures, faites par Faraday au sein de la Société royale de Londres, eurent pour objet de montrer que la chaleur, la lumière, l'électricité, le magnétisme et les actions chimiques sont les effets d'une même cause agissant diversement. On savait depuis longtemps que les combinaisons chimiques sont souvent accompagnées de chaleur et de lumière. Mais il appartenait à Faraday d'élever au rang d'un principe ce fait capital, que toute combustion ou toute action chimique développe de l'électricité.

Mesurer, c'est comparer. Faraday avait choisi pour étalon, dans son voltamètre, la quantité d'électricité capable de décomposer 9 kilogrammes d'eau, en mettant en liberté 1 kilogr. d'hydrogène, qui peut séparer de leurs oxydes respectifs 32 kilogr. de cuivre, 59 kilogr. d'étain, 104 kilogr. de plomb, 108 kilogr. d'argent, etc. Ce rapport, découvert par Faraday, développé par M. Edmond Becquerel et par M. Matteucci, montra que pour des composés de même ordre, comme les oxydes métalliques, une molécule, quel que soit son poids, exige la même quantité d'électricité pour sa formation : 1 kilogr. d'hydrogène consomme la même quantité d'électricité que 108 kilog. d'argent, pour former avec l'oxygène l'eau et l'oxyde d'argent. La réciproque est vraie pour la décomposition.

En cherchant la cause unique de tant d'effets divers, Faraday fut conduit à découvrir une singulière action du magnétisme sur la lumière. Il annonça cette découverte dans une lettre adressée à M. Dumas, en date du 17 janvier 1845. « Si l'on fait, y dit-il, passer un rayon lumineux polarisé à travers une substance transparente, et que celle-ci soit placée dans le champ magnétique, la ligne de force magnétique étant disposée parallèlement au rayon lumineux, celui-ci éprouvera une rotation. Si l'on renverse le sens du courant magnétique, le sens de la rotation du rayon lumineux sera également renversé [1]. »

Les physiciens essayèrent vainement d'en donner l'explication. » Pour concevoir cette singulière action, on peut, dit M. Babinet, admettre que relativement à son plan de polarisation un rayon de lumière est analogue à une flèche armée d'un fer aplati qui, dans le mouvement de la flèche, peut être situé soit de haut en bas, soit de droite à gauche; on peut encore imaginer que dans le mouvement de la flèche sa pointe plate change de situation, et qu'au lieu d'être verticale elle devient horizontale. Or, c'est précisément ce qui arrive au plan qu'on peut reconnaître dans les rayons polarisés.

---

1. M. Dumas, *Eloge de Faraday*, p. 41.

En faisant agir sur eux un courant magnétique, M. Faraday a déplacé la direction du plan de polarisation et l'a fait tourner sur lui-même [1]. »

Faut-il supposer que l'action magnétique s'exerce sur l'éther, et qu'elle modifie les rapports de ce fluide insaisissable et de la matière? Voilà ce qui reste à décider. Un fait certain, c'est que le magnétisme et la lumière agissent l'un sur l'autre par l'intermédiaire de la matière; car dans le vide le plan de polarisation du rayon lumineux, influencé par la force magnétique, ne dévie point.

Une autre découverte, non moins remarquable, est celle du *diamagnétisme* ou du magnétisme universel. Un physicien amateur, Lebaillif, avait observé que le bismuth éprouve de la part de l'aimant une action contraire à celle qu'en reçoit le fer, et qu'au lieu d'être attiré, il est repoussé. Faraday montra que ces deux modes d'action ne sont que des cas particuliers d'une loi générale, suivant laquelle tous les corps, solides, liquides et gazeux, subissent l'action magnétique, les uns à la manière du fer, en prenant une direction polaire (nord-sud), les autres à la manière du bismuth, de l'argent, du plomb, du cuivre et de l'or (corps *diamagnétiques*), en prenant une direction équatoriale (est-ouest). Développant cette donnée, M. Ed. Becquerel fit une étude particulière du magnétisme des gaz; il montra, entre autres, que, pendant que l'hydrogène est doué du magnétisme équatorial, l'oxygène obéit, comme le fer, au magnétisme polaire, et que notre atmosphère, condensée à la surface terrestre, y produirait, par son oxygène, l'effet d'une enveloppe de fer de l'épaisseur d'une feuille de papier. Enfin il résulte des recherches de Faraday que, non-seulement dans la nature inorganique, inerte, mais dans un être vivant, toutes les parties, solides ou liquides, sont sous l'influence d'impulsions magnétiques, se croisant rectangulairement.

En somme, les travaux d'Œrsted, d'Ampère, d'Arago et de Faraday ont contribué à achever l'une des plus grandes conquêtes de l'esprit humain, l'invention du *télégraphe électrique*, dont nous avons plus haut indiqué les origines. Morse [2], en Amérique, reprit, en 1835, la question à peu près telle que l'avait laissée, en 1811, Sœmmering. Après plusieurs tentatives infructueuses, il réussit à construire un télégraphe électrique (*recording electric telegraphy*) qu'il fit fonc-

---

1. M. Babinet, article *Faraday*, dans la *Biographie générale*.
2. Samuel *Morse* est né à Massachusetts, le 27 avril 1791.

tionner dans l'édifice de l'université de New-York. En 1837, Wheat-stone en Angleterre, et Steinheil en Bavière, imaginèrent, chacun de son côté, un appareil entièrement différent de celui de Morse. L'élan était dès lors donné au développement de la télégraphie électrique.

Cependant ce n'est qu'en 1844 (le 27 mai) qu'on vit fonctionner le premier télégraphe électrique aux États-Unis, comme on y avait vu flotter environ quarante ans auparavant le premier bateau à vapeur. Le premier télégramme, transmis de Baltimore à Washington, fut l'annonce de l'élection de James Polk à la présidence. L'année suivante, le gouvernement français, jaloux de concourir à la mise au jour d'une aussi belle invention, demanda aux chambres une allocation de 240,000 fr. Plusieurs points restaient encore à éclaircir. La commission nommée par le ministre de l'intérieur, et dont Arago faisait partie, s'était d'abord posé la question suivante : « Peut-on transmettre le courant électrique avec assez peu d'affaiblissement pour que des communications régulières s'établissent d'un seul trait, sans station intermédiaire, par exemple, entre Paris et le Havre? » Pour répondre à cette question, la commission fit passer le courant électrique par un fil de cuivre, établi le long du chemin de fer de Rouen sur des poteaux de bois placés de 50 mètres en 50 mètres, et fit revenir ce courant par un autre fil semblable, placé immédiatement au-dessous du premier ; son intensité était mesurée par la déviation que le courant imprimait à une aiguille de boussole. On trouva ainsi que le courant produit à Paris et transmis à Mantes, le long du premier fil, revenait par la terre beaucoup mieux que par le second fil. La terre remplissait donc, dans cette expérience, l'office d'un conducteur plus utile que le second fil métallique. On se demanda ensuite : « Comment est-il possible, avec un seul courant, d'effectuer des signes différents? En d'autres termes, comment peut-on produire cette intermittence de mouvement si nécessaire dans toute application d'une force quelconque?» — On savait qu'en faisant circuler un courant électrique le long d'un fil roulé en hélice autour d'une tige de fer doux, on aimante cette tige momentanément, mais non pas d'une manière permanente, comme on le ferait si, au lieu de fer doux, on employait de l'acier. Le fer doux, ainsi employé, peut, tout comme l'aimant permanent, attirer une pièce de fer neutre. Mais avec le fer doux il suffit d'interrompre le courant pour arrêter le mouvement, tandis qu'une telle intermittence ne pourrait s'obtenir avec l'aimant permanent. Là est tout le secret de la télégraphie électrique : c'est en faisant naître et disparaître alternativement la force attractive dans une masse de fer, qu'on peut transmettre à une seconde station tous les signaux partis d'une première. De ce principe si simple découlent les divers systèmes d'électro-télégraphie imaginés depuis lors [1].

Qu'auraient dit les philosophes de l'antiquité si on leur eût annoncé que les expériences si curieuses qu'ils faisaient avec la pierre magnésienne et le succin, donneraient un jour naissance au moyen de transmettre la pensée de l'homme avec la rapidité de l'éclair? — Ils auraient dit qu'on se moquait d'eux, ou qu'ils ne croyaient pas aux miracles, parce qu'une pareille croyance répugne à la raison humaine.

[1]. Voy., pour plus de détails, le *Moniteur* du 29 avril 1845 (discours d'Arago à la Chambre des députés). — Schaffner, *Télegraphe companion* (New-York, 1854) — L'article MORSE, dans la *Biographie générale*.

HISTOIRE

DE LA CHIMIE

HISTOIRE
DE LA CHIMIE

DEPUIS LES TEMPS LES PLUS RECULÉS

JUSQU'A NOS JOURS

LIVRE PREMIER

ANTIQUITÉ

ARTS PRIMITIFS. — ORIGINE DE LA CHIMIE PRATIQUE

CHAPITRE I

PAIN. VIN. VINAIGRE. HUILE.

Le double besoin de vivre et de bien vivre a été notre premier maître. C'est lui qui pousse les peuples primitifs à varier leur nourriture. A la suite des temps, ces peuples finissent par ne plus vouloir partager avec les animaux le couvert toujours mis que procurent la pêche, la chasse et les plantes.

La fabrication du pain et du vin traça la première ligne de démarcation entre les races humaines et les espèces animales proprement dites. Depuis un nombre inconnu de siècles, les hommes mangeaient, sans aucune préparation, les graines de certaines gra-

minées et les baies de la vigne sauvage, lorsqu'il vint, on ne tias ni
d'où ni comment, à l'un ou à plusieurs d'entre eux, l'idée de broyer
les graines et d'exprimer le jus des baies, de faire avec la farine
une pâte, de ne la manger que cuite ou grillée, et de ne boire le
jus desraisins qu'après l'avoir laissé fermenter.

Les inventeurs du pain et du vin, de ces premiers produits de la
première industrie humaine, étant inconnus, on en fit des divinités.
Cérès devint la déesse des céréales, et Bacchus le dieu de la vigne.
Les poètes — grands pontifes de l'âge primitif — chantèrent ces
divinités, et les peuples les adorèrent : cela seyait bien au premier
âge de l'humanité.

La pratique précède la théorie : c'est ce que montre l'antique
usage des premiers produits de la fermentation. La théorie de cet
important phénomène chimique, démonstration évidente, naturelle,
de la métamorphose de la matière, ne date pour ainsi dire que
d'hier; mais il y a plus de trois mille ans qu'on savait mettre la
fermentation à profit pour varier le goût des aliments et des boissons.

Moïse, qui vivait 1500 ans avant J.-C., connaissait déjà l'emploi
du levain dans la panification. Car, en prescrivant aux Israélites la
manière de manger l'agneau pascal, ce législateur leur défend, entre
autres, de manger du *khamets*, c'est-à-dire du pain *fermenté*.
Pourquoi ? Sans doute parce que la fermentation, dont on ne pouvait
pas méconnaître l'analogie avec la putréfaction, était regardée
comme impure. Mais le pain non fermenté ne formait pas la nourriture habituelle du peuple de Moïse, ainsi que cela résulte d'un
passage explicite d'un des livres du Pentateuque, où il est dit « que
les Israélites, lors de leur sortie d'Égypte, mangèrent du pain sans
levain et cuit sous la cendre, parce que les Egyptiens les avaient si
fort pressés de partir, qu'ils ne leur avaient pas même laissé le
temps de mettre le levain dans la pâte [1]. »

L'histoire, qui perpétue la mémoire de tant de héros inutiles, n'a
pas conservé le nom des observateurs qui les premiers découvrirent
qu'un morceau de pâte aigrie, d'un goût détestable, faisait gonfler
la pâte fraîche à laquelle on l'ajoutait, et que celle-ci donnait, par
la cuisson, un pain plus léger, plus savoureux et d'une digestion
plus facile. Pour arriver à ce résultat, il fallut incontestablement
beaucoup de temps et plus d'un observateur.

La découverte du vin devait être incomparablement plus aisée.

---

1. Exode, xii, 39.

Exprimer le suc des raisins, et mettre en réserve celui qu'on ne buvait pas immédiatement, c'était là une idée qui pouvait se présenter à l'esprit du premier venu. Or il suffisait de conserver ce suc dans des vases ouverts pour le faire fermenter et le convertir en vin. Une chose digne de remarque, c'est que le mot hébreu *yine*, qui veut dire *vin*, signifie, d'après son étymologie, *produit de la fermentation*. Ce même mot se retrouve, avec de légères modifications, non-seulement dans toutes les langues sémitiques (phénicienne, syriaque, arabe), mais dans tous les idiomes indo-européens ; car l'*inos* (οἶνος) des Grecs ou le *vinum* des Romains a passé dans toutes les langues néolatines et germaniques, comme l'attestent les mots *vino, wein, wine*, etc. Le vin, en tant que simple produit de la fermentation alcoolique, s'offrit donc en quelque sorte spontanément à ceux qui en firent les premiers usage. Nous laissons ici, bien entendu, de côté les raffinements qu'y apporta plus tard l'industrie. Mais, pour faire adopter le vin comme boisson, il fallut soumettre l'appareil gustatif à une véritable éducation ; car toutes les choses, même celles qui finissent par flatter le palais, répugnent naturellement à l'homme qui n'en a pas l'habitude. Ainsi, l'eau-de-vie ne fut longtemps qu'un médicament ; et pendant plus d'un siècle on ne put s'accoutumer au goût de la pomme de terre.

Le jus de la treille eut bientôt ses succédanés. Le suc du palmier et celui d'autres végétaux furent transformés en liqueurs alcooliques par la fermentation. Les céréales ne servaient pas seulement à donner le pain ; on les faisait fermenter dans l'eau, pour en retirer une boisson enivrante. La bière était une boisson aimée des nations les plus diverses : elle se rencontrait chez les Egyptiens et chez les Gaulois. Et les Germains faisaient, au rapport de Tacite, « un breuvage avec de l'orge, et converti, par la fermentation, en une sorte de vin : *Potus ex hordeo factus et in quamdem similitudinem vini corruptus.* » C'était, en effet, de la véritable bière. Hâtons-nous d'ajouter que, le houblon étant d'un emploi récent, la bière des anciens devait facilement tourner à l'aigre.

La connaissance du vin et de la bière fait supposer celle du *vinaigre*. Car ces liquides, quoique déjà fermentés, peuvent, dans les conditions atmosphériques ordinaires, éprouver une seconde fermentation : dans celle-ci il se produit de l'acide acétique aux dépens de l'alcool, de même que dans la première fermentation l'alcool s'était formé aux dépens du sucre contenu dans le suc fraîchement exprimé. Mais ce qui mérite surtout d'être signalé, c'est que

le mot hébreu *khometz*, qui se retrouve dans toutes les langues
sémitiques, a pour racine *khamets*, qui signifie *ferment*, de même
que *yine*, vin, dérive du verbe *yavane*, faire effervescence, comme
pour indiquer le mouvement (dû au dégagement de l'acide carbonique) qui se produit pendant la transformation du moût en vin.

Nous avons cru devoir insister sur ces particularités linguistiques,
parce qu'elles montrent évidemment que l'origine des noms implique en même temps l'origin des choses : *vin* et *vinaigre* sont à
la fois étymologiquement et chimiquement des *produits de fermentation*.

L'idée d'écraser les fruits pour en retirer, soit la fécule, soit le
suc, devait conduire à la découverte de l'*huile*. Concurremment avec
le pain et le vin, on voit en effet l'huile, particulièrement l'huile
d'olive, entrer dans l'alimentation primitive, aussi bien que dans
les pratiques religieuses des peuples de l'Orient. L'huile avait reçu
encore un autre usage : dès l'époque des Pharaons on employait en
Égypte les lampes à mèche imprégnée d'huile comme moyen d'é-
clairage.

CHAPITRE II

MÉTAUX

Avant la découverte des métaux, les peuples primitifs firent usage
de pierres siliceuses, tranchantes ou pointues, soit à la chasse, soit
à la guerre, comme armes d'attaque ou de défense. On y substitua
plus tard le bronze et le fer. Mais, malgré ces perfectionnements
apportés à la fabrication d'instruments indispensables, on continua
pendant longtemps encore à se servir des silex [1]. C'est pourquoi la
division historique de l'humanité, en âge de pierre, âge de bronze et
âge de fer, quelque séduisante qu'elle soit en théorie, présente des
difficultés insurmontables dans son application.

---

1. Le bronze et le fer étaient déjà connus quand on se servait encore
dans les cérémonies religieuses et pour d'autres usages de couteaux de
pierre, *cultri lapidei* (μαχαιραι πετριναι); voy. Exode, IV, 25 ; Josué, V,
2, 3 ; Psaume LXXXIX, 44.

Quels sont les métaux qui furent les premiers connus? Évidemment ceux qui se rencontrent dans la nature avec leurs propriétés physiques les plus saillantes. L'or natif attire, par sa couleur et son éclat, non-seulement l'attention du sauvage, mais encore le regard de certains animaux, tels que les pies, les corbeaux. Dans les idiomes les plus anciennes, en hébreu, en phénicien, le mot *zahab*, or, a pour racine le verbe *tzanab*, briller [1]. Du temps de Moïse, et sans doute bien antérieurement à cette époque, on faisait des coupes, des encensoires, des candélabres, avec de l'or pur. On sait combien l'or, non durci par un alliage, est facile à travailler au marteau. Le veau d'or qui fut brûlé par Moïse était un fétiche en bois recouvert de lames d'or.

L'*argent* devait être également connu de bonne heure; car on le trouve aussi à l'état natif, moins souvent cependant que l'or. Son nom primitif est emprunté à la couleur du métal : *khesef*, qui signifie *argent* dans les langues sémitiques, dérive du verbe *khasaf*, être pâle, de même que le grec *argyros* vient d'*argos*, blanc, d'où le mot *argentum*, etc.

Les Egyptiens paraissent avoir les premiers employé l'or et l'argent comme moyens d'échange ou signes de richesse. Ces métaux se vendaient primitivement au poids, comme cela se pratique encore aujourd'hui en Chine. Ce ne fut que postérieurement à Abraham, qui avait (en 1900 avant J.-C.) apporté de l'Egypte le pesage de l'or et de l'argent bruts, que s'établit la coutume de fabriquer avec ces métaux des pièces rondes, carrées ou polygones, marquées d'empreintes ou de signes convenus. Les plus anciennes monnaies portent des figures d'animaux, particulièrement de vaches et de taureaux, qui étaient des divinités égyptiennes. Il y avait, en Egypte, des lois très-sévères concernant la fabrication et l'émission de fausse monnaie ; au rapport de Diodore de Sicile, on coupait les mains aux coupables.

Les plus anciennes monnaies d'or et d'argent d'Athènes et de Rome sont en or et en argent, presque chimiquement purs. Après l'établissement de l'empire romain, le titre des monnaies, c'est-à-dire la proportion de leur alliage, était déterminé par des lois spéciales. Mais bientôt ces lois firent place à la volonté des empereurs qui, dans un intérêt personnel, se faisaient faux monnayeurs : ils se flattaient de l'espoir de calmer par des largesses, l'indiscipline de la milice prétorienne qui disposait, en souveraine,

1. Exode, xxv, 29, 31, 36.

du sceptre de l'empire. C'est ainsi qu'au moyen âge les rois recouraient à l'altération des monnaies pour se procurer les trésors nécessaires aux guerres, longues et sanglantes, qu'ils avaient à soutenir contre leurs puissants vassaux. Quoi qu'il en soit, on peut poser en principe que la détérioration des monnaies va de pair avec la décadence des mœurs ; c'est ce qui résulte de l'analyse des monnaies grecques et romaines, frappées à différentes époques [1].

Après l'or et l'argent viennent, dans l'ordre d'ancienneté, le plomb, l'étain, le cuivre, le mercure, et le fer. Ces métaux existent dans la nature le plus ordinairement à l'état de *minerais*, c'est-à-dire combinés avec le soufre, l'oxygène, le phosphore et d'autres éléments minéralisateurs, qui en altèrent complétement l'aspect.

Le *plomb* et l'*étain* formaient une branche importante du commerce des Phéniciens et des Carthaginois avec l'Espagne et les îles Britanniques qui reçurent de la richesse de leurs mines d'étain le nom d'îles *Cassitérides*. Ces deux métaux étaient employés dans l'affinage de l'or et de l'argent. La litharge (oxyde de plomb), résultat de cet affinage (sorte de coupellation), se nommait *chrysitis* lorsqu'elle provenait de l'affinage de l'or, et *argyritis* quand elle provenait de celui de l'argent [2]. Le minium s'obtenait pendant la calcination de la galène, nommée *molybdæna*, principal minerai de plomb. Le plus beau provenait du grillage de la céruse. Il servait, en peinture, comme la litharge, pour la préparation de la couleur rouge; en médecine, pour la préparation des emplâtres.

Le blanc de plomb (*cerusa* des Romains, *psimmythion* des Grecs) se fabriquait en grand à Rhodes, à Corinthe et à Sparte. Voici le procédé des Rhodiens : ils mettaient des sarments dans des tonneaux de vinaigre, étendaient sur ces sarments des lames de plomb et fermaient les tonneaux avec des couvercles. En les ouvrant après un certain laps de temps, ils trouvaient le plomb changé en céruse [3]. Le produit, ainsi obtenu, servait de fard aux dames romaines.

Dioscoride, Pline et Galien connaissaient les propriétés toxiques des préparations de plomb.

L'*étain*, auquel Homère donne l'épithète de *brillant* (Κασσίτερος

---

1. Voy. notre *Histoire de la chimie*, t. I, p. 120 et suiv. (2ᵉ édit. Paris, 1866).

2. Pline, *Hist. nat.*, XXXIV, 18; Dioscoride, V, 102.

3. Vitruve, VII, 12.

φαυνός) servait déjà, d   mps de ce poète, à la fabrication des bou-
cliers et d'autres ustensiles. C'est aux Gaulois que revient l'honneur
de l'utile invention de l'*étamage*. « Les Gaulois se servaient, dit Pline,
de l'étain pour recouvrir les vases de cuivre, qui acquièrent ainsi le
double avantage d'être exempts d'une saveur désagréable et d'être
préservés d'une rouille nuisible [1]. » Les vases étamés des Gaulois,
vasa incoctilia, étaient fort estimés des Romains. Les habitants
d'Alise substituaient, dans l'étamage, l'argent à l'étain; et les Bitu-
riges argentaient jusqu'à leurs litières et leurs chariots.

En faisant fondre les minerais de cuivre avec l'étain on obtenait
directement l'*airain*, χαλκός, *œs*. Ce n'est que sous la forme de cet
alliage que le cuivre fut d'abord connu.

L'*airain* ou *bronze* remplaçait primitivement le fer dans la fabrication des armes, des instruments aratoires, des outils employés
dans les arts, etc. Mais si ce fait est facile à démontrer par l'analyse, il est extrêmement malaisé de déterminer exactement l'époque
à laquelle appartenaient ces instruments. En traitant la limaille de
cet alliage de cuivre par du vinaigre, on obtenait l'*œrugo* des Romains ou l'ἰός des Grecs. Ce même nom se donnait aussi à la matière
qu'on obtenait en chauffant des clous de bronze ou de cuivre saupoudrés de soufre dans un vase de terre, et exposant le produit de
la calcination à l'humidité. Enfin, les anciens appelaient tantôt
œrugo, ἰός, tantôt *chalcanthos* (fleu de cuivre), *chalcitis*, *scolecia*,
misy, *siry*, la matière purvérulente qui s'engendre, sous forme de
taches vertes, à la surface du cuivre ou des alliages de cuivre,
exposés à l'influence d'un air humide.

Mais si le nom était le même, la substance à laquelle il s'appliquait
était loin d'avoir toujours la même composition : l'*œrugo*, préparé à
l'aide du soufre, était le *sulfate de cuivre* (couperose bleue;) l'*œrugo*
obtenu au moyen du vinaigre était l'*acétate de cuivre*, et celui qui
se produit naturellement était le *carbonate de cuivre* (vert-de-gris).
Cette distinction est importante pour l'interprétation exacte du
texte des anciens, d'autant plus que l'*œrugo* a été jusqu'ici uniformément traduit par *verdet* ou *vert-de-gris*.

Sans doute les Grecs et les Romains n'avaient aucun moyen pour distinguer ces différentes substances entre elles. Mais si l'analyse chimique n'était pas encore née, il n'en était pas de même de la falsification qui, comme le mensonge, semble dater de l'origine de l'espèce

1. Pline, *Hist. nat.*, XXXIV, 17.

humaine. « On falsifie, dit Pline, l'*œrugo* de Rhodes avec du marbre pilé. D'autres le sophistiquent avec de la pierreponce ou de la gomme pulvérisée. Mais la fraude qui trompe le plus, c'est celle qui se fait avec l'*atramentum sutorium* [1]. »

Ainsi, il y a deux mille ans, on était aussi habile à frauder qu'aujourd'hui. Demandez à nos épiciers, à nos droguistes, etc., à quoi la poudre de craie ou de plâtre peut leur servir ? — Mais, si le mal est prompt à l'attaque, on songe aussi promptement à se défendre. Après avoir signalé la fraude, Pline indique immédiatement le moyen de la reconnaître. Pour s'assurer si la couperose bleue (*œrugo*) est mêlée avec de la couperose verte (*atramentum sutorium*), il recommande d'appliquer l'*œrugo* sur une feuille de papyrus, préalablement trempé dans du suc de noix de galle. « S'il y a, ajoute-t-il, fraude, le papier noircit aussitôt, *nigrescit statim.*

Tel est le premier papier réactif dont il soit fait mention dans l'histoire. Ce même réactif n'a jamais cessé depuis lors de servir à déceler la présence d'un sel de fer dans un mélange quelconque ; nouvelle preuve que le vrai levier du progrès est bien moins l'amour du bien que le génie du mal, contre lequel on cherche à se défendre.

Le *fer* brute, en masses non travaillées, était probablement connu depuis la plus haute antiquité. L'*arme de fer*, dont il est parlé dans le Pentateuque et dans le livre de Job (xx, 24), pouvait n'être qu'une simple massue. Quant au passage du Lévitique (I, 7) où il est question du partage de la victime offerte à la Divinité, les prêtres avaient la coutume d'employer, à cet effet, des couteaux en silex, *kheref tsourim.* Enfin l'épithète ωνατθ, qui accompagne, dans Homère [2], le mot σίδηρος, fer, signifie à la fois *noir* et *brillant*, ce qui semble indiquer que le fer, mentionné par le poète, était du fer météorique ou de la sidérite.

Un fait certain, c'est que du temps d'Homère, environ mille ans avant notre ère, les outils du forgeron, l'enclume, le marteau et les tenailles, étaient en airain [3]. Avec un pareil outillage il aurait été

---

1. Pline, *Hist. nat.*, XXXIV, 11. — L'*atramentum sutorium*, noir de cordonniers, était le sufate de fer ou coupe-rose verte qui, traitée par une infusion d'écorce de chêne ou de noix de galle, donnait de l'*encre*, appelée *noir des cordonniers.*
2. *Odyssée*, I, 184.
3. *Odyss.* III, 432-434 : — ἦλθε δὲ χαλκεύς,
'Οπλ' ἐν χερσὶν ἔχων χαλκήϊα, πείρατα τέχνης,
Ἄκμονά τε, σφῦράν τ', εὐποίητόν τε πυράγρην.

impossible de travailler le fer. Cependant le même poète paraît avoir connu la trempe du fer; car, à propos du Cyclope Polyphème, auquel Ulysse creva l'œil avec un pieux pointu, il dit : « Et il se fit entendre un sifflement pareil à celui que produit une hache rougie au feu et trempée dans l'eau froide ; *car c'est-là ce qui donne au fer la force et la dureté* (τὸ γὰρ αὖτε σιδήρου γε κράτος ἐστίν). On sait que les Grecs attribuaient aux Cyclopes, aide-forgerons de Vulcain, la découverte du fer, et que les Chalybes — d'où vient sans doute le nom latin de *chalybs*, acier — passaient pour très-habiles à travailler le fer. Sophocle (mort 405 avant J.-C.) comparait dans son *Ajax* (v. 720) un homme dur et entêté à du *fer trempé* (βαρῇ σιδηρος ὥς). Mais longtemps avant le célèbre poète tragique, Moïse avait souvent parlé, au figuré, de la dureté du fer; l'auteur des psaumes avait comparé un cœur insensible à une *chaîne de fer*; et le prophète Isaïe désignait par *domination de fer* une domination dure, tyrannique [1].

Que conclure de là? C'est que plus de mille ans avant l'ère chrétienne, on employait le fer, concurremment avec le bronze ou l'airain; le premier était sans doute encore rare, tandis que le second était fort commun. Quoi qu'il en soit, au commencement de l'empire romain, l'usage du fer était déjà très-répandu. On savait que les aciers ne sont pas tous de même qualité, et qu'ils diffèrent entre eux suivant la trempe et le minerai d'où ils proviennent. Les espèces les plus recherchées s'appelaient *stricturæ*, comme qui dirait *bonnes lames*, de *stringere aciem*, tirer l'épée; elles provenaient principalement des mines de fer de l'île d'Elbe. Côme, dans l'Italie supérieure, ainsi que les villes Bilbilis et Turiasso en Espagne étaient très-renommées pour la trempe de leur fer.

Le fer a le défaut de se rouiller, de s'oxyder, très-promptement au contact de l'air et de l'eau. Les anciens ne l'ignoraient pas, et ils cherchaient comme nous, à y remédier. Le moyen dont ils se servaient le plus souvent était une sorte de vernis, nommé *antipathie*; c'était un mélange de poix liquide, de plâtre et de céruse [2]. La rouille et l'eau ferrée (qu'on préparait en éteignant dans l'eau des clous rougis au feu) étaient employées, bien avant Galien, dans le traitement des pâles couleurs, de l'anémie et de la dyssenterie.

1. Ps. II, 9. — Is., XLVIII, 4.
2. Pline, *Hist. nat.*, XXXIV, 43.

Le *zinc* n'était pendant longtemps connu, sous le nom de *chryso-cal* ou d'*aurikhalque*, qu'allié avec le cuivre, et qu'à l'état d'oxyde, nommé *pompholix*. L'alliage s'obtenait en chauffant la cadmie ou calamine (minerai de zinc) avec un minerai de cuivre. Le produit blanc qui s'attachait à la voûte des fourneaux, et qui, à cause de sa légèreté, reçut des alchimistes le nom de laine des philosophes, *lana philosophica*, était l'oxyde de zinc (pompholix).

Les anciens ne connaissaient l'*antimoine* et l'*arsenic* qu'à l'état de sulfures naturels. Le *stimmi* ou sulfure d'antimoine, qui s'appelait aussi *stibi*, *stibium*, *barbason*, *platyophthalmon* (œil large), *albastrum* (contraction d'*album astrum*), était employé dans le traitement des plaies récentes et pour noircir les cils. — La *sandaraque* de Vitruve, de Pline, de Dioscoride, etc., était un sulfure arsenical, qui portait aussi les noms d'orpiment (*auripigmentum*) et d'*arsenic*. On l'employait dans la pommade épilatoire. Les Mysiens et les Cappadociens en faisaient un commerce spécial.

Corps non métalliques. — Substances diverses. — Le *soufre* naturel, si commun autour du Vésuve et de l'Etna, était connu dès la plus haute antiquité. C'est celui que les Grecs et Romains appelaient θεῖον ἄπυρον, *sulphur vivum*, parce qu'il n'avait pas besoin d'être préalablement traité par le feu comme une autre espèce de soufre, nommé *gleba* (minerai de soufre). L'odeur caractéristique qu'il répand par sa combustion (odeur due à la formation de l'acide sulfureux) et la flamme livide avec laquelle il brûle et qui, comme dit Pline, « communique, dans l'obscurité, aux figures des assistants, la pâleur des morts, » l'avaient fait choisir de bonne heure pour l'accomplissement de certaines cérémonies religieuses. A raison de sa prétendue origine on lui supposait aussi une vertu purificatrice ; car le soufre passait pour « renfermer en lui une grande force de feu, *ignium vim magnam ei inesse*[1]. »

Ce n'était là qu'une vue théorique. Mais elle fut avidement recueillie et singulièrement commentée : le soufre fut pendant longtemps regardé comme une condensation de la matière du feu, dont on fit plus tard une singulière entité sous le nom de *phlogistique*.

Le *borith* et le *neter* étaient employés chez les Hébreux pour le blanchiment des étoffes. Ils préparaient la première de ces substances en filtrant de l'eau à travers des cendres végétales, et

---

1. Pline, *Hist. nat.* XXXV, 15.

évaporant jusqu'à siccité la liqueur filtrée. Le *borith* était donc du carbonate de potasse (sel végétal) impur. Quant au *neter*, c'était, non pas le *nitre*, comme son nom pourrait le faire supposer, mais le *natron* ou carbonate de soude impur, fort commun dans certains lacs d'Afrique. On savait qu'il fait effervescence avec le vinaigre ; de là son nom de *neter*, qui signifie *faire effervescence*. Le borith se distinguait facilement du neter parce qu'il est déliquescent au contact de l'air humide, tandis que le *neter* (carbonate de soude), placé dans les mêmes conditions, est efflorescent.

Le *nitre* (nitrate de potasse) proprement dit, qui ne fait pas, comme le neter, effervescence avec le vinaigre, on le retirait en énormes quantités des cavernes de l'Asie, appelées *éolyces*, qui rappellent les cavernes de l'Amérique méridionale, si riches en nitrate de soude. L'usage du nitre était très-borné dans l'antiquité ; les médecins de Rome l'employaient comme diurétique. Vers le ix⁰ siècle, il entra dans la composition de la poudre à canon ; il acquit dès lors une grande importance, et reçut le nom de *sel de pierre* ou de salpêtre (*sel petræ*).

Le *sel marin* (chlorure de sodium) était le sel par excellence. Le nom de sel, *sal*, vient, d'après Isidore de Séville, de *exsilire*, décrépiter. Le sel marin décrépite, en effet, sur les charbons ardents. Dans les premiers temps de Rome, les rations militaires consistaient en *pain* et en *sel* ; de là le nom de *salaire*, d'abord appliqué à la solde des troupes. Le pain et le sel, composaient la frugale nourriture du peuple qui devait subjuguer toutes les autres nations. On obtenait le sel marin par l'évaporation naturelle des eaux de mer qu'on faisait, au moyen d'écluses, arriver dans des étangs disposés à cet effet. C'était le système des marais salants, tel qu'il se pratique encore aujourd'hui. Il y avait de ces marais, *salinæ*, dans l'île de Crète et sur plusieurs points du littoral de l'Italie et de l'Afrique. En Sicile et en Cappadoce on exploitait des mines de sel gemme (sel fossile), beaucoup plus pur que le sel marin, qui était également employé pour les usages culinaires, ainsi que pour conserver les viandes et es poissons. Certains peuples, tels que les habitants des bords du Rhin, remplaçaient le sel marin et le sel fossile par les cendres des plantes qu'ils brûlaient [1].

De la Cyrénaïque, principalement des environs du temple de Jupiter Ammon, venait le sel, nommé *ammos*, qui signifie en grec

---

[1]. Varron, *de Re rustica*, I, 7.

sable. C'était le sel ammoniac, facile à distinguer du sel marin par sa forme cristalline, fibreuse. « Le sel ammoniac (τὸ ἀμμωνιακόν) est, dit Dioscoride, facile à diviser dans le sens de ses fibres droites [1]. »

Les Grecs et les Romains donnaient le nom d'*alumen* et de *stypteria* non-seulement à l'alun, mais à tous les sels d'un goût astringent, comme le sont les sels de fer. Les aluns les plus estimés venaient des îles de Mélos et de Chypre. On les employait, dans les arts, pour la préparation des laines et des cuirs, et en médecine pour arrêter les hémorragies, pour nettoyer les plaies putrides, toucher les ulcères de la bouche, etc. C'est l'usage qu'on en fait encore aujourd'hui. On en retirait, par la calcination et le lavage, une poudre blanche, légère, happant à la langue, connue sous le nom de *terre de Samos, terre de Chio, terre Cimolienne;* était l'*alumine* (argile pure). On croyait l'alun composé de terre e d'eau (*ex aqua limoque*) [2].

Le nom de *calx,* chaux, s'appliquait primitivement à toutes les pierres calcaires, propres à faire du mortier ou à servir de matériaux de construction. Les Romains paraissent cependant avoir connu la chaux proprement dite, la *chaux caustique,* telle qu'on l'obtient par la calcination du carbonate calcaire; nous en voyons la preuve dans le passage suivant de Pline : « La chaux est d'un grand usage en médecine; fraîchement préparée, et non mouillée, elle brûle et dissipe les ulcères et les empêche de prendre du développement [3]. »

La chaux forme, avec l'*argile* et la *silice,* la plus grande partie de l'écorce terrestre.

Les anciens étaient loin de se douter que l'*argile,* la base de la faïence, de la poterie, des briques et des tuiles, était identique avec la substance blanche (alumine) qui entre dans la composition des aluns. Depuis les temps les plus reculés, on savait façonner l'argile rouge (ferrugineuse) de manière à en faire des assiettes, des coupes, des jattes, des tuiles, etc. Les ruines de Babylone et de Thèbes en Egypte sont là pour l'attester. Les villes de Cumes, d'Adria, de Rhégium, de Tralles, étaient, dans toute l'antiquité, célèbres pour leurs fabriques de poterie. Les amphores de Cos étaient particulièrement recherchées. Les principaux édifices d'Athènes, le temple de Jupiter à Patras, le palais d'Attale à Tralles, le

1. Dioscoride, *Mat. med.,* V, 126.
2. Pline, *Hist. nat.,* XXXV, 52.
3. Pline, *Hist. nat.,* XXXVI, 57.

palais de Sardes, le mausolée à Halicarnasse, tous ces monuments, qui existaient encore à l'époque de Pline, étaient en briques.

Le silex tranchant, la roche siliceuse, le cristal de roche, le sable, étaient primitivement considérés comme des substances de composition différente. Ce n'est qu'après de longs siècles d'efforts qu'on reconnut par l'analyse que ces substances ne sont au fond que de la silice qui, calcinée avec les bases alcalines et métalliques, se comporte comme un véritable acide (acide silicique).

Lorsqu'on commençait à renoncer aux armes de silex, les roches siliceuses étaient converties en moules où l'on faisait fondre des ouvrages d'airain. Le cristal de roche, qu'on appelait *phengite* à cause de sa transparance, était employé en guise de miroir. Le temple de la Fortune de Séïa avait été tout entier reconstruit en cristal de roche par ordre de Néron : les phénomènes de coloration que ce temple présentait dans son intérieur par suite de la réfraction de la lumière, étaient mis au nombre des merveilles du monde.

Mais c'est surtout pour la fabrication des *verres* incolores et colorés que la silice était utilement employée. Les Egyptiens paraissent avoir connu de temps immémorial l'action vitrifiante des sels alcalins, chauffés au contact de la silice. Il résulte, en effet, de l'examen des monuments qui nous restent de l'antique Egypte, qu'on fabriquait du verre à Thèbes et à Memphis, probablement bien avant que les Phéniciens eussent établi des verreries à Sidon.

La fabrication du verre coloré était presque aussi ancienne que celle du verre blanc ou incolore. Cela se comprend. Le vert-de-gris, la rouille de fer ou tout autre oxyde métallique pouvait d'abord colorer accidentellement une pâte vitreuse. Des débris de verre coloré, imitant l'émeraude, le saphir, l'améthyste, ne sont pas rares dans les tombeaux d'Egypte. Les pierres bleues, figurant des scarabées, des perles, etc., paraissent avoir été obtenues par la fusion d'une masse vitreuse avec l'oxyde de cobalt. Ce que Hérodote, Théophraste et Pline nous racontent des statues, des colonnes et même des obélisques en émeraude de l'Egypte et de la Phénicie, ne saurait s'appliquer qu'à des masses vitreuses, colorées par un oxyde métallique.

Les carreaux de vitre, qui nous font jouir du bienfait de la lumière à l'abri de toutes les variations de température, ne paraissent guère avoir été connus antérieurement au premier siècle de notre ère. Avant cette époque, les riches employaient, au lieu de vitres, la corne, la pierre spéculaire, le cristal de roche etc. ; les pauvres restaient exposés à toutes les injures de l'air. On a trouvé dans les ruines de Pompéi des salles de bain garnies do fenêtres en verre, aussi belles que les nôtres.

La matière qui servait à la fabrication des vases murrhins était probablement du cristal opaque. Ces vases, qui présentaient beaucoup d'analogie avec nos porcelaines de la Chine et du Japon, ne furent connues à Rome que vers la fin de la république. Ils étaient fort chers; car une coupe murrhine, de la capacité d'environ un litre, se vendait jusqu'à 70 talents (près de 170 000 francs). Néron en acheta une au prix de 300 talents (environ 720, 000 fr.). A cette occasion Pline se demande, en gémissant, comment un père de la patrie pouvait boire dans une coupe si chère [1]; et il ajoute que Néron ne rougissait pas de recueillir jusqu'aux débris de ces vases, de leur préparer un tombeau et de les y placer, à la honte du siècle, avec le même appareil que s'il se fût agi de rendre les derniers honneurs aux cendres d'Alexandre.

Étoffes. — L'examen attentif de la toile d'araignée ou des ramifications du pétiole dans le limbe des feuilles, voilà ce qui aura probablement donné la première idée de l'art de tisser les fils de chanvre, de lin, de coton. Ce qu'il y a de certain, c'est que l'art de tisser remonte aux temps mythologiques; chez tous les peuples l'invention de cet art est attribuée à une femme, et dans toutes les langues le nom d'araignée (*aranea, arachné*, etc.) est d1 genre féminin.

Le lin était cultivé en Egypte de temps immémorial. Il fournissait l'étoffe employée surtout pour les vêtements des castes inférieures. Le coton était réservé à l'habillement des personnes du plus haut rang. Il portait primitivement le nom de *byssus*, de *boutz* (*xylon* ou *gossipion* des Grecs), et provenait d'une espèce de noix (capsule) qui croissait sur une espèce d'arbuste. « On ouvrait cette noix, pour en tirer la substance, que l'on filait et dont on faisait des vêtements [2]. » Cette différence des étoffes suivant les rangs des personnes se retrouve dans les enveloppes des momies égyptiennes. Par ses fibres aplaties, rubannées, le coton (vu au microscope) est facile à distinguer du lin, qui a les fibres arrondies, droites, garnies d'entre-nœuds comme les bambous.

---

1. Pline, XXXVII, 7.
2. Philostrate, *Vie d'Apollonius*, II, 10; Strabon, XV, p. 1016 (édit. Casaub.).

Les Romains faisaient venir leurs toiles principalement des Gaules et de la Germanie, où le lin et le chanvre paraissent avoir été depuis longtemps cultivés et travaillés sur une grande échelle. A son avènement à la dictature, Jules César fit couvrir de toiles le grand forum de Rome, ainsi que la rue Sacrée, qui allait de son palais au Capitole.

Tissus et enduits incombustibles. — On rencontre çà et là, dans les roches de formation primitive, une substance minérale, blanchâtre, filamenteuse, douce au toucher, qu'on prendrait au premier aspect pour une étoffe végétale ; c'est l'amiante. Son incombustibilité lui fit donner des Grecs le nom d'*asbeste*. Les patriciens de Rome se servaient de nappes d'asbeste, qu'après le repas ils jetaient au feu pour les blanchir. Avant l'établissement de la république on enveloppait avec la même substance les corps des rois morts afin que leurs cendres ne se mêlassent pas avec celles du bûcher. Emerveillés de cette incombustibilité d'une matière d'apparence organique, les alchimistes lui donnèrent le nom de *laine de salamandre*, parce que, d'après leurs croyances, la salamandre était à l'épreuve du feu.

Le problème de rendre les constructions incombustibles a été souvent agité de nos jours. Or, les architectes grecs et romains l'avaient déjà résolu. Pour rendre le bois de construction réfractaire au feu, ils le trempaient dans des liqueurs alcalines et alumineuses. Sylla, assiégant le Pirée, ne put, malgré tous ses efforts, parvenir à brûler une tour construite en bois, et qui défendait l'entrée de ce port d'Athènes. Il se trouva que le bois de cette tour avait été enduit d'alun [1].

Embaumement. — L'origine de l'art d'embaumer les morts paraît remonter à plus de cinq mille ans. Hérodote nous a laissé les détails les plus circonstanciés sur les procédés d'embaumement en usage chez les Egyptiens, et où le vin de palmier, l'huile de cèdre, la saumure de natron et les aromates de différentes espèces jouaient un grand rôle [2].

Dans tous leurs procédés de conservation, les anciens avaient pour but d'empêcher l'accès et l'influence de l'air, comme s'ils eussent entrevu que ce fluide contient un élément très-propre à hâter la décomposition des substances animales et végétales. *Spiramen-*

---

1. Aulu-Gelle, *Noctes atticæ*, XV, 1.
2. Hérodote, II, 86 et 87.

tum omne adimendum, disaient les Romains, comme nous dirions aujourd'hui : *Evitez le contact de l'oxygène*. C'est pourquoi le miel, la cire et la résine passaient pour les meilleurs préservatifs de la fermentation. Pour conserver les grenades et d'autres fruits très-altérables, ils les recouvraient d'une couche de résine ou de cire. Ils conservaient les raisins dans des vases d'argile exactement fermés et enfouis dans du sable à plusieurs pieds de profondeur. Quelquefois ils faisaient bouillir les substances fermentescibles dans l'eau, avant de les enfermer dans des vases. Ce dernier procédé rappelle une méthode (la méthode d'Appert), qu'on avait cru d'invention récente.

Teinture. Couleurs. — Les peuples primitifs, comme les sauvages, aiment les couleurs les plus vives, particulièrement le rouge et l'écarlate. Dans le Pentateuque il est souvent parlé d'étoffes teintes, en rouge, en pourpre et en écarlate. Les héros d'Homère portaient des ornements en pourpre. Les habitants de Tyr et de Sidon s'étaient acquis une grande réputation dans l'art de teindre; leurs étoffes en pourpre étaient fort estimées.

On a beaucoup discuté pour savoir d'où les Phéniciens tiraient leur pourpre. Une chose certaine, c'est qu'il existe plusieurs mollusques de mer, tels que les *murex brandaris, purpura lapillus, janthina prolongata*, qui donnent un liquide pourpre. La dernière espèce paraît avoir été le plus ordinairement employée dans les teintureries anciennes. Elle vit dans la Méditerranée, et se trouve quelquefois jetée sur les côtes de Narbonne, de manière à joncher les grèves. Or, on voyait à Narbonne, du temps des Romains, des ateliers de teinture en pourpre, de création phénicienne ou carthaginoise. Il y avait des pêcheries de pourpre, non-seulement sur les bords de la Méditerranée, mais encore dans plusieurs endroits de la côte Atlantique de l'Europe et de l'Afrique [1].

La pourpre, tirée du règne animal, s'appelait *maritime*, ἀλιπόρφυρος [2], pour la distinguer de la pourpre végétale. Celle-ci se préparait avec la garance (*erythrodanum* de Dioscoride) et avec une autre plante, que Vitruve et Pline nomment *hysginum*, et qui paraît être le bleu de pastel (*isatis tinctoria*). C'est ainsi qu'avec le bleu et le rouge on obtenait le violet pourpre, si estimé des anciens.

Pour fixer les couleurs d'une manière durable sur les étoffes,

---

1. Voy. notre *Phénicie*, dans l'*Univers pittoresque*, p. 96 (Paris, 1852).
2. *Iliade*, VI, 29; *Odyssée*, XV, 421.

il fallait connaître l'usage des *mordants*. Les Egyptiens paraissent avoir été de bonne heure initiés à cette connaissance. Voici les renseignements que Pline nous a donnés à cet égard. « En Egypte, on teint, dit-il, les vêtements par un procédé fort singulier. D'abord on les nettoie, puis on les enduit, non pas de couleurs, mais de plusieurs substances propres à fixer la couleur. Ces substances n'apparaissent pas d'abord sur les étoffes; mais, en plongeant celles-ci dans la chaudière de teinture, on les retire, un instant après, entièrement teintes. Et ce qu'il y a de plus admirable, c'est que, bien que la chaudière ne contienne qu'une seule matière colorante, l'étoffe qu'on y avait trempée se trouve tout à coup teinte de couleurs différentes, suivant la qualité des substances fixatives (mordants) employées. Et ces couleurs, non-seulement ne peuvent plus être enlevées par lavage, mais les tissus ainsi teints sont devenus plus solides [1]. »

Voilà comment les teinturiers égyptiens faisaient de la chimie, sans s'en douter. Ils connaissaient, par la pratique, l'action que les alcalis, les acides et certains sels métalliques peuvent exercer sur les matières colorantes. Lorsqu'une première immersion de l'étoffe dans le bain tinctorial ne suffisait pas pour fixer la couleur, ils l'y plongeaient une seconde fois. C'est ce qui avait lieu particulièrement pour l'écarlate. Les étoffes ainsi préparées s'appelaient *dibaphes*, c'est-à-dire *deux fois trempées*. Il en est souvent parlé dans la Bible, ainsi que chez les auteurs grecs et latins.

Les couleurs employées dans la *peinture à fresque* étaient appliquées humides à la surface d'un stuc formé de marbre pulvérisé et lié par de la chaux. Les stucs des bains de Titus et de Livie, ainsi que de la Noce Aldobrandine, sont d'un très-beau blanc, presque aussi durs que le marbre, et on y distingue facilement la pierre calcaire pulvérisée à différents degrés de finesse. Les couleurs y étaient fixées par une sorte d'encaustique.

Théophraste, Dioscoride, Vitruve, Pline, parlent d'un grand nombre de matières colorantes. Mais comment s'assurer de leur identité avec les couleurs qu'on trouve sur les monuments anciens, dans les peintures et les ornements des bains de Titus, dans les ruines appelées les bains de Livie, dans les débris des autres palais de l'ancienne Rome, et dans les ruines de Pompéi?

Ce qu'aucun chimiste n'avait encore tenté, H. Davy le fit, au com-

---

1. Pline, *Hist. nat.*, XXXV, 11.

mencement de notre siècle ; il soumit à une patiente analyse toutes les couleurs antiques dont il avait pu se procurer des échantillons. Il trouva, en résumé, que le rouge pourpre était un mélange d'ocre rouge et de bleu de cuivre, que le rouge vif était tantôt du minium (oxyde de plomb), tantôt du cinabre (sulfure de mercure); que le rouge pâle était un mélange d'ocres jaune et rouge; qu'il y avait trois sortes de jaunes, dont deux étaient des ocres mêlées avec des quantités variables de carbonate de chaux, et le troisième une ocre jaune, mêlée avec de l'oxyde rouge de plomb; que le fameux bleu d'Alexandrie et de Pouzzoles, dont Vitruve a donné la description[1], était une espèce de fritte, résultant de la fusion de la soude avec l'oxyde de cuivre : elle avait été employée pour l'ornementation de quelques moulures détachées du plafond des chambres des bains de Titus; que les couleurs vertes étaient des carbonates de cuivre, résultant probablement d'une transformation lente des acétates ori- ginairement employés; enfin que les couleurs noires ou brunes étaient principalement composées de poudre de charbon ou de noir de fumée, ainsi que l'avaient indiqué les auteurs classiques. Dans un vase antique, rempli de couleurs mélangées, Davy trouva différentes espèces de brun : l'une d'elles avait la couleur du tabac, une autre était d'un rouge brun, et la troisième d'un brun foncé. Les deux premières furent reconnues pour des ocres mêlées d'une matière organique (noir de fumée) ; la troisième contenait de l'oxyde de manganèse et de l'oxyde de fer.

L'oxyde de manganèse entrait aussi dans la composition des *verres colorés*. Un vase pourpre romain, dont Davy avait analysé deux fragments, avait été coloré par cet oxyde, qui se rencontre dans la nature à l'état d'une poudre noire.

Encres. — Autant on aimait, en teinture, les couleurs éclatan- tes, autant on préférait, pour l'écriture, les couleurs sombres. L'en- cre la plus ancienne avait pour principal ingrédient le noir de fumée : c'était une espèce d'encre de Chine. On faisait encore usage, quoique rarement, de l'encre rouge ou bleue, que l'on ap- pliquait, comme l'encre noire, avec des pinceaux. L'encre propre- ment dite (tannate de fer), préparée avec du vitriol vert (sulfate de fer) et une infusion de noix de galle (solution d'acide tannique), est d'invention plus récente : elle ne remonte guère au delà de trois siècles avant notre ère.

1. Vitruve, VII, 9.

Papier. — Dès le second siècle avant J.-C., la ville d'Alexandrie était renommée pour la fabrication du papier. Ce papier était fait avec la moelle de la tige du papyrus (*cyperus papyrus*), coupée par tranches très-minces, disposées en croix, collées et fortement aplaties.

Poisons. — La science doit, chose triste à confesser, la plupart de ses progrès aux moyens inventés par les fraudeurs, par les faux monnayeurs et par les empoisonneurs. Les anciens mêmes sont extrêmement réservés en ce qui concerne la préparation des poisons, ce qui n'empêchait pas leurs contemporains d'avoir à cet égard des connaissances très-précises. Les seuls qui se soient, au rapport de Galien, étendu sur la matière toxicologique, sont Orphée, surnommé le Théologue, Horus, Mendésius le Jeune, Héliodore d'Athènes, Arate et quelques autres. Tout en avouant qu'il est imprudent de traiter des poisons et d'en faire connaître la composition au vulgaire qui pourrait en profiter pour commettre des crimes, Galien ne se fait aucun scrupule d'indiquer une série de substances réputées vénéneuses, et qui se retrouvent aussi dans Nicandre, Dioscoride, Pline et Paul d'Égine.

Les poisons connus des anciens étaient tirés des trois règnes de la nature. En voici l'énumération :

I. *Poisons tirés du règne animal.* — Les troubles fonctionnels, que les *cantharides* déterminent dans les organes génito-urinaires, n'étaient ignorés d'aucun des médecins de l'antiquité. Les *buprestes* étaient des insectes auxquels on attribuait, avec raison, les mêmes propriétés qu'aux cantharides. La *sangsue*, avalée dans une boisson, était supposée causer la mort par le sang qu'elle suçait dans l'estomac. Le *sang de taureau*, ayant sans doute subi la fermentation putride, était un des poisons les plus usités chez les Athéniens. Le *miel d'Héraclée*, surnommé *maïnomenon*, rendait furieux ceux qui en mangeaient, témoin les soldats de Xénophon [1]. Les *aspics*, les *crapauds*, les *salamandres*, les *lièvres marins* passaient pour fournir des poisons très-énergiques. Les crapauds et les salamandres ne méritaient pas cette réputation. Quant au *lièvre marin*, nous ignorons si les auteurs anciens ont voulu désigner par là une espèce de poisson, de crustacé ou d'araignée de mer.

II. *Poisons végétaux.* — L'action de l'opium (suc concrété des pavots) a été très-bien décrite par Nicandre, qui vivait au second

_____

1. Xénophon, *Anabasis*, IV, 48.

siècle avant notre ère. « Celui qui boit, dit-il, un breuvage dans lequel entre le suc de pavots tombe dans un sommeil profond. Les membres se refroidissent ; les yeux deviennent fixes ; une abondante sueur se déclare sur tout le corps. La face pâlit, les lèvres enflent, les ligaments de la mâchoire inférieure se relâchent ; les ongles deviennent livides, et les yeux excaves présagent la mort. Cependant ne te laisse pas effrayer par cet aspect ; donne vite au malade une boisson tiède, composée de vin et de miel, et remue le corps violemment, afin que le malade vomisse [1]. » Cette description est surtout remarquable en ce qu'elle montre que dans les cas d'empoisonnement les anciens procédaient comme on le fait encore aujourd'hui : ils cherchaient avant tout, par des vomissements, à débarrasser l'estomac de l'agent qui produisait des troubles si effrayants.

La *jusquiame*, qui signifie littéralement *fève de cochon*, de *hyosciamus* (ὑοσκύαμος), passait pour causer des vertiges et une folie momentanée. Les anciens distinguaient comme nous la jusquiame noire (à graines noires) de la jusquiame blanche (à graines blanches). Le lait était l'antidote de ce poison.

La racine d'*aconit* est un des poisons les plus énergiques du règne végétal. Les anciens le savaient déjà, puisqu'ils donnaient à cette plante (*aconitum lycoctonum*) l'épithète de *pardaliankès* (tue-panthère). Un des conjurés de Catilina, Calpurnius Bestia, fit mourir ses femmes avec l'aconit, que la mythologie fait naître de l'écume de Cerbère.

La *ciguë*, qui chez les Athéniens et les habitants de l'ancienne Massilia remplaçait notre guillotine, était le suc condensé des tiges, des feuilles, des fleurs et des graines exprimées de notre *cicuta virosa*, ombellifère très-commune dans les lieux marécageux. Un symptôme particulier de l'empoisonnement par la ciguë, bien connu des anciens, était le froid et la pesanteur des membres inférieurs ; Platon en parle dans la mort de Socrate. Le vin passait pour le contre-poison de la ciguë.

La *racine d'ellébore*, nom sous lequel on confondait probablement le *veratrum album* et l'*elleborus niger*, était jadis très-renommée dans le traitement de la folie. Broyée et délayée dans du lait et de la farine, elle était employée par les Grecs et les Romains pour tuer les rats : c'était leur poudre de rats, leur arsenic. Les Gaulois

---

1. Nicandre, *Alexipharmac.* vers. 433 et suiv.

empoisonnaient leurs flèches en les trempant dans du suc d'ellébore [1].

Les propriétés vénéneuses des baies de l'if (*taxus baccata*)
étaient bien connues des anciens. C'est avec ce poison que se fit
mourir Cativulcus, roi des Éburons (Belges) [2].

Le nom de *mandragore*, qui joue un si grand rôle dans la phar-
macopée des anciens, paraît avoir été appliqué à différentes espèces
de solanées, particulièrement à la stramoine et à la belladone.
On sait que les fruits écrasés de ces plantes vénéneuses, donnés
en breuvage, produisent des visions étranges, des hallucinations
momentanées. C'était probablement avec une de ces solanées, et
non pas avec le colchique (*colchicum autumnale*), que Médée, célèbre
magicienne de la Colchide, préparait des breuvages empoisonnés.

Les sucs de *dorycnium*, de *psyllium*, de *pharicum*, de *carpasus*,
de *thapsia*, d'*elaterium*, d'*herbe sardonique*, regardés comme des
poisons plus ou moins violents, étaient probablement fournis par
diverses espèces d'euphorbiacés, d'apocynées, de cucurbitacées et
de renonculacées.

Les anciens connaissaient un assez grand nombre de *champignons*
vénéneux, que Nicandre nomme très-pittoresquement le *mauvais*
ferment de la terre (ζύμωμα κακὸν χθονός). Le vinaigre, ajouté à une
colature de cendres de sarments, passait pour le meilleur antidote
des champignons vénéneux.

III. *Poisons minéraux*. L'*arsenic*, nom dont Dioscoride s'est le
premier servi, était un sulfure d'arsenic comme la sandaraque. « Pris
en breuvage, ajoute cet auteur, il cause de violentes douleurs dans
les intestins, qui sont vivement corrodés. C'est pourquoi il faut y
apporter en remède tout ce qui peut adoucir le corrosif. » A cet effet il recommande le suc de mauves, la décoction de graines de lin,
de riz, des émulsions et des juleps émollients [3]. — Le *cinabre* (sulfure de mercure) passait aussi pour un poison corrosif. La *litharge*,
la *céruse* et la *chaux vive* étaient également rangées au nombre
des poisons.

Eaux. — Eaux minérales. — La division des eaux en *pures* et en
impures, en limpides et en troubles, est si naturelle qu'elle devait,
dès l'origine, venir à l'esprit de tout le monde. Suivant Rufus, les

1. Aulu-Gelle, XVII, 15. Celse, V, 27.
2. César, *Bell. Gall.*, VI, 31.
3. Dioscoride, de *Venenis*, c. 29.

eaux qui bouillent plus vite sont plus pures que celles qui bouillent lentement [1]. On sait, en effet, que la présence du sel marin
et d'autres matières solubles peut retarder l'ébullition de l'eau de
2 à 3 degrés du thermomètre centigrade.

Les eaux troubles étaient clarifiées au moyen de filtres (*cola*), et
bouillies avec du blanc d'œuf. La clarification des liquides troubles
par le blanc d'œuf est une pratique assez ancienne. Les matières
qui troublent l'eau sont en général non volatiles. Aussi reconnais-
sait-on, au rapport de Vitruve, la pureté des eaux à ce que les
légumes y cuisent bien et que, après avoir été réduites en vapeur,
elles ne laissent aucun dépôt au fond du vase [2]. Ce dépôt salin
dont on connaissait depuis longtemps l'origine, tout en en igno-
rant la composition, fut plus tard regardé comme le résultat de la
transmutation de l'eau en terre. C'est ainsi que l'erreur vient souvent obscurcir les faits les plus simples.

Les anciens avaient des idées très-saines sur l'origine des eaux
minérales. « Chauffées dans le sein de la terre, et pour ainsi dire
cuites dans les minéraux à travers lesquels elles passent, ces eaux,
dit Vitruve, acquièrent une nouvelle force et un tout autre usage que
l'eau commune. » C'est pourquoi ils divisèrent les eaux minérales
en *sulfureuses*, *alumineuses*, *salines*, *bitumineuses* et *salées*, suivant les terrains où elles avaient passé. « Il existe au sein de la
terre, dit Sénèque, des routes dont les unes sont parcourues
par l'eau, et les autres par des souffles (*spiritus*). La terre présente
l'image du corps de l'homme : de même que le cerveau est logé
dans le crâne, la moelle dans les os, qu'il y a de la salive, des larmes, du sang, de même il y a aussi dans la terre des humeurs diverses, dont les unes durcissent et les autres restent liquides [3]. »

Cette idée, reprise par les alchimistes, fut entièrement dénatu-
rée par les théories imaginaires sur la maturation des métaux au
sein de la terre sous l'influence des planètes, sur la grossesse de la
terre, mettant au monde l'or et l'argent après un grand nombre de
lunes, etc.

Air. — Corps aériformes. — L'air contient, suivant Héraclite, un élément subtile qui alimente le feu et la respiration [4].

---

1. Fragments de Rufus dans les Œuvres d'Hippocrate et Galien, édit.
Chartier (Paris, 1679, in-fol.), t. VI, p. 495.
2. Vitruve, VIII, 5.
3. Sénèque, *Quæst. nat.*, III, 15.
4. Voy. notre *Histoire de la Chimie*, t. I, p. 180-181 2ᵉ édit., 1868).

L'énoncé de ce fait important était-il le résultat de l'observation, ou ne s'était-il présenté à l'esprit du philosophe grec que par une sorte d'inspiration? Voilà ce qu'il est impossible de décider. La démonstration n'en fut donnée que plus de vingt-deux siècles après la mort d'Héraclite, et cela par des hommes dont la race était alors aussi peu connue aux Grecs que le sont pour nous aujourd'hui les peuplades sauvages de l'intérieur de l'Australie.

Euripide, disciple d'Anaxagore, dit qu'aucun être ne peut vivre sans air, que la matière ne périt pas, qu'elle subit seulement de transformations, et que tout ce qui est d'air retourne dans l'espace[1]. Voilà encore une de ces propositions, étonnantes par leur justesse, dont la démonstration n'a été faite que de nos jours.

Les mots de *spiritus*, *flatus*, *aura*, *halitus*, etc., qu'on rencontre souvent chez les auteurs classiques, montrent que les anciens avaient quelques notions des corps aériformes que nous appelons *gaz*. Selon Galien, la flamme est un *air incandescent*, et le roseau brûle, non parce qu'il est sec, mais parce qu'il contient beaucoup d'air susceptible de s'enflammer[2]. La flamme est, en effet, un gaz hydrogène bicarboné, hydrogène, etc.) incandescent.

A en juger par un passage de Clément d'Alexandrie, on connaissait *l'air vital*, plus tard appelé *oxygène*, dès les premiers siècles de notre ère. « Les esprits se divisent, y est-il dit, en deux genres : un esprit pour le feu divin, qui est l'âme, et un *esprit corporel*, σωματικόν πνεῦμα, qui est *la nourriture du feu sensible et la base de la combustion* (τοῦ αἰσθητοῦ πυρὸς τροφὴ καὶ ὑπέκκαυμα γίνεται[3]).

De temps immémorial les ouvriers mineurs savaient que dans beaucoup de galeries souterraines leurs lampes s'éteignaient tout à coup, et qu'ils s'exposaient à périr asphyxiés. Ces accidents étaient primitivement attribués, avec raison, à des *airs irrespirables*. Mais l'erreur des siècles subséquents transforma ces airs en démons ou esprits malins. C'est ainsi que l'homme semble se condamner lui-même à méconnaître la vérité lorsqu'elle se présente à lui naturellement et sans effort. Travail et liberté, voilà la loi de la gravitation humaine.

1. Vitruve, *Præf.*, liv. VIII.
2. Gal. *de Simplic. medic. facult.*, I, 14.
3. *Sententiæ Theodoti*, dans Clém. d'Alex.

THÉORIES

Au milieu des nombreux faits dont s'étaient, dès la plus haute antiquité, emparé l'industrie et les arts, nécessaires à la vie matérielle de l'homme, on voit surgir çà et là quelques vues théoriques, doctrinales, dépourvues de tout lien pratique. Les écoles où trônaient les philosophes n'avaient aucun point de contact avec les ateliers où travaillaient les esclaves.

La mythologie des Grecs et des Romains renferme, suivant quelques écrivains modernes, tous les secrets de la chimie, sous une forme mystique et allégorique. Ainsi, le mythe qui représente Jupiter se changeant en une pluie d'or, ferait allusion à la distillation de l'or des alchimistes. Par les yeux d'Argus, convertis en queue de paon, il faudrait entendre le soufre, à cause des différentes couleurs que celui-ci peut prendre par l'action de la chaleur. La fable d'Orphée cacherait la quintessence de l'or potable. Enfin le mythe de Deucalion et de Pyrrha contiendrait tout le mystère de l'alchimie. On est allé jusqu'à prétendre que l'élément que Thalès regardait comme le principe de toutes choses était, non pas l'eau commune, mais l'*eau-argent*, c'est-à-dire le mercure. Aussi y en a-t-il qui traduisent le commencement de la première *Olympique* de Pindare : τὸ ἄριστον μὲν ὕδωρ (la meilleure chose est l'eau), par « la meilleure chose est le mercure. »

S'il n'y avait eu que les alchimistes du moyen âge pour soutenir de pareilles idées, il n'y aurait pas lieu d'en être surpris. Mais ces idées paraissent être beaucoup plus anciennes ; car déjà Plutarque, qui vivait au premier siècle de notre ère, voyait dans la théogonie des Grecs la science de la nature masquée sous une forme symbolique ; ainsi, par Latone on devait entendre l'eau, par Junon la terre, par Apollon l'astre du jour, par Jupiter la chaleur. Ces croyances des Grecs rappelaient celles des Egyptiens, d'après lesquelles Osiris était le soleil, Isis la lune, Jupiter l'esprit universel, répandu dans la nature. Suidas, dans son Lexique, dit expressément (au mot δέρμα) que la fable de la toison d'or est le récit allégorique de l'art de faire de l'or au moyen de la chimie [1].

Tous ces rapprochements allégoriques ne sont évidemment que

---

1. Comp. Pernetty, *les Fables des Egyptiens et des Grecs dévoilées*, 2 vol. in-8. (Paris, 1786).

des exagérations de l'esprit de système. Mais il y en a d'autres qui témoignent, il faut le reconnaître, d'une certaine connexité avec l'art chimique ; tel est, par exemple, le *ciel d'airain*, dont il est si souvent parlé dans la mythologie ancienne, et qui signifie *ciel bleu*. On sait que l'airain, ou plutôt le cuivre, donne, par sa fusion avec le sable et la potasse, un verre (cristal) d'un beau bleu céleste.

Systèmes des philosophies grecs. — Si l'on substitue à l'eau, que Thalès regardait comme le principe de toutes choses, l'*air*, on aura le système d'Anaximène. « Tout vient, dit celui-ci, de l'air, et tout y retourne. » Suivant ce même philosophe, qui vivait cinq siècles et demi avant l'ère chrétienne, et qui était d'environ cinquante ans plus jeune que Thalès, le froid et la chaleur, la condensation et la raréfaction, engendrent toutes les modifications de la matière ; l'âme participe de l'air, et l'espace infini est la divinité même. C'était là du panthéisme pur.

Les idées de l'École ionienne, se rapprochaient de la doctrine de l'Ecole pythagoricienne, suivant laquelle tout l'air est rempli d'âmes ou de démons, sous l'empire desquels sont placés la santé, la maladie, les songes et la magie. Les disciples de Pythagore élargirent cet ordre d'idées, en ajoutant que les âmes, indestructibles comme la force primordiale d'où elles émanent, entrent dans les corps pour y parcourir des cycles indéfinis. C'était là le système de la métempsycose.

Xénophane , contemporain de Pythagore (environ 500 ans avant J.-C.), enseignait que la terre et l'eau sont les éléments du monde matériel, et que l'âme elle-même est un corps aériforme. Il posa le premier, en ces termes, les principes du matérialisme panthéistique : « Rien n'a été créé ; tout ce qui est existe de toute éternité et durera éternellement ; tout est un ; Dieu est l'univers, et l'univers est Dieu. »

'après Héraclite d'Ephèse, c'est le feu qui est le principe de toutes choses. Le monde a commencé par le feu et finira de même. Les corps matériels peuvent se transformer ; le feu est immuable, parce que c'est lui qui change ou modifie tout ce qui est. La terre se change en eau, l'eau en air et l'air en feu. De là le chemin qui monte (*volatilisation*) et le chemin qui descend (*fixation*). Le premier est le symbole de la génération ; le dernier, celui de la décomposition. — Les alchimistes s'approprièrent la plupart de ces idées, en les exagérant.

Empédocle (400 avant J.-C.) établit le premier quatre éléments :

le feu, l'air, l'eau et la terre. Mais ces éléments n'étaient pour lui que des principes complexes ; car chacun était composé d'une multitude de particules très-petites, indivisibles et insécables, véritables *atomes*, ἄτομα, de la matière. Les atomes sont seuls *invariables*, *indestructibles* et *éternels* ; ils produisent, par leurs combinaisons diverses, tous les corps de la nature. L'attraction ou l'*amitié* (φιλία), et la répulsion ou la *haine* (νεῖκος) régissent les phénomènes de composition et de décomposition de la matière. Les particules homogènes s'attirent et se combinent ; les particules hétérogènes se repoussent ou se désagrégent. Tous les corps solides sont poreux, ayant des interstices semblables à de petits tubes capillaires, par lesquels ont lieu les *effluves* (ἀπόῤῥοιαι) de forces particulières. C'est par ces effluves que s'explique l'action de l'aimant.

Rien de plus curieux que de voir ensuite comment Empédocle cherche à établir que le principe de la connaissance repose sur l'identité de la pensée avec ce que celle-ci cherche à s'approprier : l'homme étant composé des mêmes éléments que les objets du monde qu'il observe, il doit y avoir identité de composition entre le sujet observant et l'objet observé.

La théorie des atomes fut développée par Leucippe et Démocrite (480 avant J.-C.) En voici le résumé. Du principe de ce que rien ne se fait de rien *ex nihilo fit nihil*, découle la nécessité d'admettre des atomes. Inégaux de grandeur, de poids et se forme, les atomes sont soumis à un mouvement intérieur, qui est la cause de toute combinaison, comme de toute décomposition. Leur mouvement est facilité par l'existence de pores ou d'intervalles vides. Les atomes sont impénétrables : deux atomes ne pourront jamais occuper le même espace. Chaque atome résiste à l'atome qui tend à le déplacer. De là un *mouvement oscillatoire* (παλμός) qui se propage de proche en proche à tous les atomes d'un même groupe. Il en résulte une véritable *rotation* (δίνη), qui est le type de tous les mouvements du monde.

Repoussant comme imaginaire ou inutile toute intervention d'une divinité quelconque, Leucippe et Démocrite essayèrent d'expliquer par la seule action des forces physiques tous les phénomènes de l'univers. Cette idée a été reproduite depuis par toutes les écoles matérialistes.

La théorie atomistique de Leucippe et de Démocrite déplut singulièrement à tous les partisans des croyances religieuses traditionnelles. C'est pourquoi Anaxagore, qui avait pris cette théorie pour base de son enseignement, fut accusé d'impiété par la majorité des Athéniens; il n'échappa que par la fuite à l'exécution de la sentence de mort, portée contre lui.

L'enseignement d'Anaxagore contient des points de vue d'une justesse surprenante, et qui ont été depuis, en partie confirmés par l'expérience. Rappelons quelques-uns de ces points de vue. Tout est dans tout. Chaque atome est un monde en miniature. La nutrition n'est possible que parce que les aliments sont composés des mêmes particules similaires que les organes de la vie qu'ils entretiennent. Ces particules similaires, éléments indestructibles, atomes insécables, portent, dans le système d'Anaxagore, le nom d'*homéoméries*. Le nombre des homéoméries ne peut être ni augmenté ni diminué. Voilà pourquoi la quantité de matière dont se compose le monde demeure constante, quelles que soient les transformations qu'on y observe. C'est par une erreur de langage que la *combinaison* des éléments (σύγκρισις), et leur *séparation* (διάκρισις) sont appelées *naissance* et *mort*... Les végétaux sont des êtres vivants, doués d'une véritable respiration. Leur génération provient de l'air, ayant pour véhicule l'eau.

Anaxagore a parlé l'un des premiers des aérolithes : il les fait venir du soleil qui ne serait qu'un immense aérolithe enflammé.

Diogène d'Apollonie et Archélaüs (470 avant J.-C.) développèrent le rôle que leurs prédécesseurs faisaient jouer à l'air et à l'eau. En voici les principales doctrines. L'air est la source de la vie et de la pensée elle-même. Toute vie, toute pensée cesse dès que la respiration s'arrête. Les êtres ne vivent que parce qu'ils respirent. C'est de l'air que les poissons respirent dans l'eau, et, s'ils meurent dans l'air, c'est qu'ils en respirent trop à la fois, et qu'il y a mesure à tout. Les métaux absorbent de l'air et s'en assimilent les éléments, comme le corps vivant s'assimile les aliments. Le feu n'est que de l'air raréfié, comme l'eau n'est que de l'air condensé.

Platon (420 avant J.-C.) élargit le cercle d'idées des écoles antérieures à la sienne. Le premier il essaya de grouper les corps par types. C'est ainsi qu'il distribua les sucs végétaux en quatre espèces. « La première contient, dit-il, du feu : à cette espèce appartient le vin; à la seconde espèce appartiennent la résine, la poix, la graisse, l'huile; la troisième est représentée par le miel et par tous les sucs de saveur douce; la quatrième comprend les sucs laiteux du pavot, du figuier, etc. »

Les paroles de Platon furent plus tard avidement recueillies et commentées. En voici un exemple : « Lorsque, par l'action du temps, la partie terrestre vient à se dégager des métaux, il se produit un corps qu'on appelle *rouille*. » — On voit que, suivant Platon, la rouille (oxyde) se produit, non point parce que le métal *absorbe* quelque chose, comme la science moderne le démontre, mais parce qu'il *perd*, au contraire, quelque chose. Ce *quelque chose* était de la terre pour Platon, c'est du feu pour Stahl, auteur de la fameuse théorie du phlogistique. L'un et l'autre se trompèrent, parce que le raisonnement seul ne suffit pas pour interpréter la nature. — C'est principalement dans le *Timée* que se trouvent consignées les idées platoniciennes qui intéressent l'histoire de la science.

Aristote (mort en 322 avant J.-C.) admettait cinq éléments : deux éléments opposés, la terre et le feu; deux intermédiaires, l'eau et l'air; et un cinquième, l'éther. Dans ses *Météorologiques*, il parle de l'eau de mer, rendue potable par l'évaporation. « Le vin et tous les liquides peuvent, dit-il, être soumis au même procédé : après avoir été réduits en vapeurs, ils redeviennent liquides. » Ce passage aurait dû conduire plus tôt à la double découverte de la distillation et de l'esprit de vin.

Dans le même traité (*Météorol.*, II, 2), le chef des péripatéticiens explique parfaitement pourquoi l'eau de mer est salée et amère. « De même que l'eau, dit-il, qu'on filtre à travers des cendres, acquiert un goût désagréable, de même aussi l'eau de mer doit sa saveur aux sels qu'elle contient. L'urine et la sueur doivent également leur saveur à des sels qui restent au fond du vase, après qu'on en a évaporé l'eau. » Pourquoi les eaux de mer peuvent-elles porter de plus grands navires que les eaux douces? C'est parce que, répond Aristote, elles tiennent des sels en dissolution. Et comme preuve à l'appui il cite l'expérience d'après laquelle un œuf plein, mis à la surface d'un vase rempli d'eau douce, y tombe au fond, tandis qu'il y surnage quand l'eau a été auparavant salée.

L'éclair et le tonnerre sont, suivant Aristote, produits par des *esprits subtils* qui s'enflamment avec bruit, à peu près comme le bois qui, en brûlant, fait quelquefois entendre un pétillement. L'éclair est un *esprit incandescent* [1]. C'est ainsi que Barthollet, l'un des fondateurs de la chimie moderne, croyait que l'éclair et le tonnerre étaient l'effet de la combustion des gaz hydrogène et oxygène dans les régions supérieures de l'atmosphère.

1. Aristote, *Météorolog.*, II, 50.

« Les corps, disait Aristote, que l'eau ne dissout pas, le feu les dissout; et cela tient à ce que les pores de ces corps sont plus ouverts au feu qu'à l'eau. » En conséquence, il appliquait le mot *fondre*, τήκεσθαι, tout à la fois à la dissolution aqueuse et à la fusion ignée.

Théophraste, disciple d'Aristote, paraît avoir le premier parlé, sous le nom de *charbon fossile*, de la houille, et il la présente comme pouvant servir aux mêmes usages que le charbon de bois. « On en trouve, dit-il (dans son *Traité des pierres*), mêlée avec du succin, dans la Ligurie et en Elide; les fondeurs et les forgerons en font un grand usage. » D'après ce texte, l'usage de la houille en métallurgie remonterait à plus de deux mille ans. Le petit *Traité du feu*, attribué à Théophraste, renferme un passage du plus haut intérêt pour l'histoire de la chimie. En voici la traduction textuelle : « Il n'est pas irrationnel de croire que *la flamme est entretenue par un corps aériforme.* » Ce fait si clairement énoncé et qui devait jouer un si grand rôle dans la fondation de la science moderne, attendit sa démonstration pendant plus de deux mille ans.

En traitant des essences aromatiques, Théophraste remarqua le premier que l'odeur est due à la volatilité des corps, qu'il n'y a que les corps composés qui affectent l'odorat, et que les corps simples sont inodores.

En jetant un coup d'œil sur les systèmes des philosophes grecs, dont nous venons de reproduire les fragments les plus appropriés à notre sujet, on se demande si ces systèmes ne sont que le réveil de l'imagination en présence des merveilleux phénomènes de la nature, ou s'ils sont réellement le résultat d'une étude laborieuse des faits, plus ou moins sainement interprétés. Une chose digne de remarque, c'est que les systèmes des philosophes modernes, particulièrement celui qu'on nomme la *philosophie de la nature*, ont tous la plus grande analogie avec les théories des philosophes grecs.

Thalès, Démocrite, Pythagore, Platon, etc., avaient été initiés à la science des prêtres d'Egypte. C'est dans les temples d'Héliopolis, de Memphis, de Thèbes qu'était pratiqué un art qu'on pourra considérer comme l'origine de la *chimie théorique*.

LIVRE DEUXIÈME

ART SACRÉ. — ORIGINE DE LA CHIMIE THÉORIQUE.

Qu'était-ce que l'art sacré? La chimie, enveloppée de symboles et de dogmes religieux. On voit apparaître tout à coup l'art sacré vers le IIIᵉ ou IVᵉ siècle de l'ère chrétienne, à l'époque de la grande lutte qui éclata entre le paganisme et la religion chrétienne, c'est-à-dire à l'époque où tous les mystères, si longtemps dérobés à la connaissance du profane, furent mis en discussion et exposés aux regards du vulgaire. Dans cette lutte à mort, où deux religions, l'une vieille, l'autre jeune, fixaient l'attention du monde, il fallait montrer les armes dont chacune allait se servir.

C'est de la précieuse collation des manuscrits grecs de la Bibliothèque nationale de Paris que nous avons pour la première fois tiré à peu près tout ce que l'on sait aujourd'hui sur la *science sacrée* (ἐπιστήμη ἱερὰ) ou l'*art divin et sacré* (τέχνη θεία καὶ ἱερὰ) [1].

Le nom de *chimie* n'a commencé à être employé que vers le IVᵉ siècle après Jésus-Christ. Alexandre d'Aphrodisie, célèbre commentateur d'Aristote, parle le premier d'*instruments chimiques* ou plutôt *chyiques* (χυϊκὰ ὄργανα), en traitant de la fusion et de la calcination. Le *creuset* (τήγανον), où l'on fondait les métaux, était un de ces instruments. Notons que le mot de *chyique*, χυϊκὸν, donne en même temps la véritable clef de l'étymologie de *chimie*. Ce mot vient évidemment de χέω ou χεύω, *couler* ou *fondre* [2]. Quoi qu'il en soit, il s'écoula encore plusieurs siècles avant que le nom de *chimie* fût généralement adopté.

Voici les principaux maîtres de l'art sacré.

Zosime. — Surnommé le *Thébain* ou le *Panopolitain*, Zosime doit être considéré comme le principal maître de l'art sacré. Suivant

---

1. Voy. notre *Histoire de la Chimie*. t. I, p. 251-301 (2ᵉ édit.)
2. Alex. d'Aphrodisie, *Comment. des météorol.* Ms grec, n° 1880, in-4, de la Bibl. nat., fol. 156.

Photius, il avait dédié à sa sœur Théosébie vingt-huit livres sur la chimie. Suidas a aussi fait mention de Zosime, qu'il appelle *philosophe d'Alexandrie*, et il ajoute que ce philosophe avait écrit des *ouvrages de chimie*, χημευτικά.

Les principaux ouvrages de Zosime, écrits en grec et presque tous inédits, ont pour titres :

1° *Sur les fourneaux et les instruments de chimie.* L'auteur affirme qu'il a vu, dans un ancien temple de Memphis, les modèles des appareils qu'il décrit. C'étaient de véritables appareils distillatoires. On y remarque le ballon ou matras qui recevait la matière à distiller; le récipient où se condensait le produit de la distillation, et un ajustage de tubes, qui faisait communiquer le ballon avec le récipient. C'est donc par erreur qu'on a jusqu'ici attribué aux Arabes l'invention de l'art distillatoire. A l'époque où vivait notre Zozime (vers la fin du IIIe siècle ou au commencement du IVe), les Arabes n'avaient pas encore paru dans l'histoire.

2° *Sur la vertu et la composition des eaux.* Ce petit traité serait mieux intitulé *le Songe d'un alchimiste.* Les matières minérales y sont représentées sous forme humaine : il y a le *chrysanthrope* (homme d'or), l'*argyranthrope* (homme d'argent), le *khalkanthrope* (homme d'airain) et l'*anthropoparios* (homme de marbre). Ce dernier apparaît revêtu d'un manteau rouge, royal; il se jette dans le feu où son corps est consumé entièrement. La scène se termine par cette recette : « Prends du sel et arrose le soufre brillant, jaune ; lie-le pour qu'il ait de la force, et fais intervenir la fleur d'airain, et fais de cela un *acide* (ὄξος), liquide, blanc. Prépare la fleur d'airain graduellement. Dans tout cela tu dompteras le cuivre blanc, tu le distilleras, et tu trouveras, après la troisième opération, un produit qui donne de l'or. »

Si la fleur d'airain est, comme tout concourt à le démontrer, le *sulfate de cuivre*, l'acide obtenu par la distillation aura été l'*acide sulfurique.* C'est donc là que nous voyons, pour la première fois, nettement apparaître l'un des principaux dissolvants des métaux, sans lesquels la chimie serait impossible.

3° *Sur l'eau divine.* L'eau divine était tout simplement le mercure, appelé aussi l'*eau-argent*, principe androgyne, principe toujours fugitif, « constant dans ses propriétés, eau divine que tout le monde ignore, et dont la nature est inexplicable : ce n'est ni un métal, ni l'eau toujours en mouvement, ni un corps, c'est le tout dans le tout; il a une vie et un esprit. » Ce fut probablement de ce passage que s'emparèrent les alchimistes pour ériger en axiome, que le *mercure est le principe de toutes choses.*

4° *Sur l'art sacré de faire de l'argent.* Le commencement de ce petit traité mérite d'être signalé. « Prenez, dit Zozime, l'âme de cuivre qui se tient au-dessus de l'eau du mercure, et dégagez un corps aériforme. L'âme du cuivre, d'abord étroitement renfermée dans le vase, se portera en haut ; l'eau restera en bas dans le creuset. »

L'*âme du cuivre*, qui se tient au-dessus de l'eau de mercure et dégage un corps aériforme, ne peut être que l'*oxyde de mercure*. Le cuivre, en effet, rappelle cet oxyde par sa couleur rouge ; et le mot *âme* s'explique parce que l'oxyde rouge de mercure dégage, par l'action prolongée de la chaleur, un esprit, un *corps aériforme*, (σῶμα πνευματικόν), pour employer l'expression même de l'auteur. Naturellement l'esprit *se porte en haut*, ἐκβαίνει ἐπάνω, pendant que l'eau du mercure, c'est-à-dire le mercure redevenu liquide, restera en bas dans le matras. Or, aucun chimiste n'ignore que l'esprit ainsi obtenu est le *gaz oxygène.* Zozime connut-il le moyen de le recueillir ? Cela n'est pas probable. Quoi qu'il en soit, c'était bien l'oxygène qu'il avait obtenu. Mais il se passa encore bien des siècles avant qu'on fût mis à même de l'étudier. Nouvelle preuve que les grandes découvertes ont été plus ou moins clairement entrevues à des époques différentes. Aussi peuvent-elles, à juste titre, être considérées comme le patrimoine du genre humain.

Pélage. — Pélage était probablement contemporain de Zozime. Dans un petit écrit *sur l'art sacré*, il traite particulièrement de la coloration des métaux, soit par l'oxydation ou la sulfuration, soit par les dissolutions. Il cite Démocrite (le Pseudo-Démocrite) et deux Zozime, l'un surnommé l'*Ancien* et l'autre le *Physicien.* « Qu'on se rappelle, dit-il, ce que nous enseignent les anciens : le cuivre ne teint pas ; mais, lorsqu'il est teint, il est propre à teindre. C'est pourquoi les maîtres désignent le cuivre comme le plus convenable à l'œuvre ; car dès qu'il est teint, il peut lui-même teindre ; dans le cas contraire, il ne le pourra point. »

Pour amalgamer l'or et le mercure, Pélage donne un procédé indirect. « Pour faire, dit-il, un amalgame d'or, prenez une partie d'or et trois parties de magnésie et de cinabre (sulfure rouge de mercure). » Dans cette opération, le mercure ne pouvait se porter sur l'or qu'après avoir cédé le soufre à la magnésie.

Olympiodore. — Ce maître de l'art sacré est-il le même que l'historien de ce nom qui fut, en 452 de notre ère, envoyé comme ambassadeur auprès du terrible Attila, roi des Huns? Quelques savants, entre autres Reinesius, l'ont pensé; mais il est plus probable que notre auteur, qui s'intitulait lui-même *Philosophe d'Alexandrie*, est le même que l'Olympiodore commentateur de Platon et d'Aristote, vivant vers le milieu du IVᵉ siècle, peu de temps avec le règne de Théodose le Grand.

Dans ses *Commentaires sur l'art sacré et la pierre philosophale*, Olympiodore classe les corps en *très-volatils*, en *peu volatils* et en *fixes*. « Les anciens, dit-il, admettent trois catégories de *substances chimiques variables* (πτνοι). La première comprend les substances qui se volatilisent promptement, comme le soufre; la seconde, celles qui s'enfuient lentement, comme les matières sulfureuses; la troisième, celles qui ne s'enfuient pas du tout, comme les métaux, les pierres, la terre. » — Parmi les anciens dont l'auteur invoque ici l'autorité, nous voyons d'abord Démocrite, Anaximandre, puis Pélage, Hermès, Marie la Juive, Synésius, etc. Il leur reproche d'avoir caché la vérité sous des allégories. C'est Olympiodore qui nous apprend qu'il y avait beaucoup d'alchimistes en Egypte, pratiquant leur art au profit des rois du pays.

« Tout le royaume d'Egypte s'est maintenu, dit-il, par cet art. Il n'était permis qu'aux prêtres de s'y livrer. La physique *psammurgique* était l'occupation des rois. Tout prêtre ou savant qui aurait osé propager les écrits des anciens était mis hors la loi. Il possédait la science, mais il ne la communiquait point. C'était une loi chez les Egyptiens de ne rien publier à ce sujet. Il ne faut donc pas en vouloir à Démocrite et aux anciens en général s'ils se sont abstenus de parler du grand œuvre... » Plus loin, l'auteur donne formellement à l'art sacré le nom de *chimie*, (χημεία).

Qu'était-ce que cette occupation royale, nommée *physique psammurgique*? Olympiodore va lui-même nous le dire : « Sachez maintenant, amis qui cultivez l'art de faire de l'or, qu'il faut préparer les *sables* (ψάμμους) suivant les règles de l'art; sans cela, l'œuvre n'arrivera jamais à bonne fin. Les anciens donnent le nom de *sables* aux sept métaux, parce qu'ils proviennent de la terre des minerais, et qu'ils sont utiles. »

Les Commentaires d'Olympiodore renferment des données curieuses sur le tombeau d'Osiris, ainsi que sur les caractères sacrés ou hiéroglyphes dont faisaient usage les alchimistes égyptiens. On y trouve, entre autres, que les hiérogrammates (scribes sacrés) représentaient le monde, en caractères hiéroglyphiques, par un dragon qui se mord la queue.

Démocrite (*Pseudo-Démocrite*). — Démocrite le Mystagogue, qu'il ne faut pas confondre avec le philosophe ancien du même nom, était probablement contemporain de Zosime. On a de lui un opuscule, intitulé les *Physiques et les Mystiques* (φυσικὰ καὶ μυστικά), dont Piziminti de Vérone a donné, au XVI° siècle, une traduction latine (Padoue, 1578, in-8°). L'auteur raconte que le maître (Ostane le Mède) étant mort avant qu'il eût le temps d'initier son disciple aux mystères, ce dernier (Démocrite) résolut de l'évoquer des enfers pour l'interroger sur les secrets de l'art sacré, et que, pendant l'évocation, le maître ayant tout à coup apparu, s'était écrié : « Voilà donc la récompense de tout ce que j'ai fait pour toi!... » Démocrite se hasarda à lui adresser plusieurs questions; il lui demanda, entre autres, comment il fallait disposer et *harmoniser les natures*. Pour toute réponse, le maître répliqua : « Les livres sont dans le temple. » Toutes les recherches que fit Démocrite pour trouver ces livres restèrent vaines. Quelque temps après, ce philosophe se rendit au temple pour assister à une grande fête. Etant à table avec ceux qui composaient l'assemblée, il vit tout à coup une des colonnes de l'édifice s'entr'ouvrir spontanément. Démocrite s'étant baissé pour regarder dans l'ouverture de la colonne, y aperçut les livres désignés par le maître. Mais il n'y avait que ces trois phrases : *La nature se réjouit de la nature ; la nature dompte la nature, la nature domine la nature.* Nous fûmes, ajoute Démocrite, fort étonné de voir que ce peu de mots contint toute la doctrine du maître. »

Cette citation montre que les alchimistes au moyen âge n'étaient que les imitateurs serviles des maîtres de l'art sacré : ils les copiaient même jusqu'aux contes dont ils défrayaient la crédulité. Ainsi, l'histoire de la colonne d'un temple entr'ouverte se retrouve, au XIV° siècle, littéralement appliquée à un moine allemand, à Basile Valentin.

Le Pseudo-Démocrite a donné un grand nombre de recettes pour faire de l'or. « Prenez dit-il, du mercure, fixez-le avec le corps de la magnésie ou avec le corps du stibium d'Italie, ou avec le soufre qui n'a pas passé par le feu, ou avec l'aphroselinum ou la chaux vive, ou avec l'alun de Mélos, ou avec l'arsenic, ou comme il vous plaira; jetez la poudre blanche sur le cuivre, et vous verrez le cuivre perdre sa couleur. Répandez de la poudre rouge sur l'argent.

et vous aurez de l'or ; si vous la projetez sur de l'or, vous aurez le corail d'or corporifié. La sandaraque produit la même poudre rouge, ainsi que l'arsenic bien préparé et le cinabre. La nature dompte la nature. » C'est en fondant leurs opérations sur de pareilles recettes que les alchimistes perdaient leur temps. Le *corail d'or* (χρυσοκόραλλος), qui porte ailleurs le nom de *coquille d'or* (χρυσοκογχύλιον), était le chef-d'œuvre de l'art ; car un seul grain de cette espèce de poudre de projection devait suffire pour produire immédiatement une grande quantité d'or.

Synésius. — Commentateur de Démocrite, Synésius est de plus de cinquante ans postérieur à Zosime. Peut-être est-il le même que le célèbre philosophe, évêque de Ptolémaïs, connu par ses *Lettres* et par un traité sur les *Songes*, d'après les doctrines néoplatoniciennes. Ses Commentaires, en partie imprimés à la fin du tome VIII de la Bibliothèque grecque de Fabricius, sont dédiés à *Dioscore, prêtre du grand Sérapis, à Alexandrie.*

D'après une observation très-judicieuse de Synésius, l'opérateur ne fait que modifier la matière : il est comme l'artiste, qui ne crée ni la pierre ni le bois sur lesquels il travaille ; il ne fait que les façonner avec ses instruments, suivant l'usage auquel il les destine.

Le *Traité de la pierre philosophale*, attribué à Synésius et traduit en français par P. Arnauld, est évidemment supposé ; car l'auteur cite Geber, qui vivait vers le IXe siècle.

Marie la Juive. — L'autorité de Marie est souvent invoquée par les alchimistes. Cette savante Juive avait été initiée en même temps que le Pseudo-Démocrite aux mystères de l'art sacré, dans le temple de Memphis. Les fragments qui nous restent d'elle sont des *Extraits faits par un philosophe chrétien anonyme.* La citation suivante en peut donner une idée : « Il y a deux combinaisons : l'une, appelée *leucosis*, appartient à l'action de blanchir ; l'autre, appelée *xanthosis*, relève de l'action de jaunir : l'une se fait par la trituration, l'autre par la calcination. On ne triture saintement, avec simplicité, que dans le domicile sacré : là s'effectuent la dissolution et le dépôt. Combinez ensemble le mâle et la femelle, et vous trouverez ce que vous cherchez. Ne vous inquiétez pas de savoir si l'œuvre est de feu. Les deux combinaisons portent beaucoup de noms, tels que eau de saumure, eau divine incorruptible, eau de vinaigre, eau de l'*acide du sel marin*, de l'huile de ricin, du raifort et du baume ; on l'appelle aussi eau de lait d'une femme accouchée d'un enfant mâle, eau de lait d'une vache noire, eau d'urine d'une jeune vache ou d'une bre-

bis, ou d'un âne, eau de chaux vive, de marbre, de tartre, de sandaraque, d'alun schisteux, de nitre, etc. Les vases ou les instruments destinés à ces combinaisons doivent être en verre. Il faut se
garder de remuer le mélange avec les mains; car le mercure est
mortel, ainsi que l'or qui s'y trouve corrompu. »

Ce passage contient la première mention qui ait été faite de
l'acide chlorhydrique sous le nom d'*acide du sel marin*. C'est,
dans l'ordre de leur découverte, le second des dissolvants des métaux; car l'acide sulfurique, nous l'avons montré plus haut, fut
découvert avant celui-là.

Dans une des nombreuses recettes pour faire de l'or, Marie parle
de *la racine de mandragore ayant des tubercules ronds*. Si, comme
tout concourt à le prouver, la mandragore était une Solanée, le
solanum ayant la *racine chargée de tubercules ronds*, ne pouvait
être que la pomme de terre, *solanum tuberosum*. Mais que devient
alors l'opinion jusqu'à présent universellement admise, d'après laquelle la pomme de terre nous vient de l'Amérique? Lors même
qu'on voudrait faire vivre l'alchimiste Marie à une époque beaucoup plus récente que celle que nous lui avons assignée, il n'en est
pas moins certain que l'écriture des manuscrits grecs où Marie
se trouve mentionnée, est antérieure à la découverte du Nouveau-
Monde.

Marie imagina divers appareils propres à la fusion et à la distillation. Dans la description d'un de ces appareils, nommé *kérotakis*,
elle s'étend sur une invention particulière pour transmettre la
chaleur à la cornue par l'intermédiaire d'un bain de sable ou de
cendres. Ce bain porte encore aujourd'hui le nom de *bain-marie*.

ÉCRIVAINS DE L'ART SACRÉ D'UNE ÉPOQUE INCERTAINE

*Epître d'Isis, reine d'Égypte et femme d'Osiris, sur l'art sacré,
adressée à son fils Horus :* tel est le titre d'un petit traité, écrit
sous forme de lettre, par un auteur complétement inconnu. On y
trouve, entre autres, la formule du serment par lequel les initiés
s'engageaient à ne communiquer à personne les secrets de leur
art. Voici cette formule, mise dans la bouche d'Isis par Amnaël,
le premier des anges et des prophètes : « Je jure par le ciel,
par la terre, par la lumière, par les ténèbres; je jure par le feu, par
l'air, par l'eau et par la terre; je jure par la hauteur du ciel, par
la profondeur de la terre et par l'abîme du Tartare ; je jure par

Mercure et par Anubis, par l'aboiement du dragon Kerkouroboros, et du chien à trois têtes, Cerbère, gardien de l'enfer; je jure par le nocher de l'Achéron; je jure par les trois Parques, par les Furies et par le glaive, de ne révéler à personne aucune de ces paroles, si ce n'est à mon fils noble et chéri. » Puis, s'adressant à Horus, Isis lui dit : « Maintenant, mon fils, va trouver le cultivateur et demande lui quelle est la semence et quelle est la moisson. Tu apprendras de lui que celui qui sème du blé récoltera du blé, que celui qui sème de l'orge récoltera de l'orge. Ces choses te conduiront, mon fils, à l'idée de la création et de la génération, et rappelle-toi que l'homme engendre l'homme, que le lion engendre le lion, que le chien reproduit le chien. C'est ainsi que l'or produit l'or; et voilà tout le mystère. »

Tout cela signifie, en dernière analyse, que pour faire de l'or faut prendre de l'or. Le secret n'était pas bien merveilleux. Un point cependant qui mérite d'être signalé, c'est l'assimilation de la nature minérale, inerte, à la nature organique, vivante. Pour les initiés, les pierres, les métaux étaient des êtres organisés, qui se reproduisaient et se multipliaient comme les animaux et les végétaux. C'est sur cette conception hardie que repose la théorie du *macrocosme* et du *microcosme*, telle qu'elle se trouve exposée à la suite de l'*Épitre d'Isis* (1).

« Hermès nomme, y est-il dit, *microcosme* l'homme, parce que l'homme ou le petit monde (ὁ μικρὸς κόσμος) contient tout ce que renferme le *macrocosme* ou le grand monde (ὁ μέγας κόσμος). Ainsi, le macrocosme possède de petits et de grands animaux, terrestres et aquatiques; l'homme a des puces et des poux : ce sont ses animaux terrestres; il a aussi des vers intestinaux : ce sont ses animaux aquatiques. Le macrocosme a des fleuves, des sources, des mers; l'homme a des vaisseaux ou intestins, des veines, des sentines. Le macrocosme a des animaux aériens; l'homme a des cousins et d'autres insectes ailés. Le macrocosme a des esprits qui s'élèvent, tels que les vents, les foudres, les éclairs; l'homme a des vents (φῦσαι), des pets (πέρδαι), des fièvres ardentes, etc. Le macrocosme a deux luminaires, le soleil et la lune; l'homme aussi a deux luminaires : l'œil droit, qui représente le soleil, et l'œil gauche la lune. Le macrocosme a des montagnes et des collines; l'homme a des os

---

1. Nos 2210 et 2250 de la collection des manuscrits grecs (alchimiques) de la Bibl. nat. de Paris.

et des chairs. Le macrocosme a le ciel et les astres ; l'homme a la tête et les oreilles. Le macrocosme a les douze signes du zodiaque; l'homme les a aussi depuis la *conque* de l'oreille[1], jusqu'aux *pieds*, qui se nomment les *Poissons* (signe du zodiaque qui suit le signe du Bélier). »

Hermès, qui passe pour l'auteur de cette singulière théorie du macrocosme et du microcosme, était la plus grande autorité des alchimistes. Surnommé *Trismégiste*, c'est-à-dire *trois fois très-grand*, Hermès est, disent-ils, le Thaat des Egyptiens, Mercure, le Dieu du ciel et de l'enfer, le principe de la vie et de la mort. Aussi se nommaient-ils eux-mêmes *philosophes hermétiques*, et leur science était *art hermétique*.

L'antiquité classique garde un silence absolu sur les prétendus écrits d'Hermès, cités par les adeptes et les philosophes néoplatoniciens. Au rapport de Iamblique, citant Manéthon, Hermès Trismégiste aurait écrit trente-six mille cinq cent vingt-cinq volumes sur toutes les sciences. De pareilles exagérations, il suffit de les signaler pour les juger.

Les écrits qui nous restent sous le nom d'Hermès se composent, en grande partie, d'emprunts faits aux livres de Moïse et de Platon. Leur auteur vivait probablement à l'époque critique du christianisme triomphant et du paganisme à l'agonie. Nous n'en citerons que la *Table d'émeraude*, le code des alchimistes. En voici le passage le plus saillant : « Ce qui est en bas est comme ce qui est en haut, ce qui est en haut est comme ce qui est en bas, pour l'accomplissement d'un être unique. Toutes les choses proviennent de la médiation d'un seul être. Le soleil est le père, la lune la mère, et la terre est la nourrice... Tu sépareras la terre du feu, ce qui est léger de ce qui est lourd ; tu conduiras l'opération doucement et avec beaucoup de précaution : le produit s'élèvera de la terre vers le ciel, et liera la puissance du monde supérieur avec celle du monde inférieur. C'est là que se trouvent la science et la gloire de l'univers; c'est de là que dérivent les belles harmonies de la création. Aussi m'appellé-je Hermès Trismégiste, initié aux trois parties de la philosophie universelle. Voilà ce que j'ai à dire sur l'œuvre du soleil. »

Suivant le P. Kircher, la *Table d'émeraude* renfermait la théorie

---

1. *Conque de l'oreille* en grec, Κριός, signifie aussi *bélier*, l'un des animaux du Zodiaque, signe du printemps.

de l'elixir universel et de l'or potable [1]. Une chose plus certaine que cette interprétation, c'est que ce code de l'alchimie ressemble aux oracles de l'antiquité : on y trouve tout ce que l'on voudra. C'était le grand secret de contenter tout le monde.

Sous le nom d'*Ostane*, qui se lit dans Hérodote, s'est caché un néochrétien alchimiste, peut-être contemporain du Pseudo-Hermès. Dans son petit traité sur l'*Art sacré et divin* [2], il parle d'une *eau merveilleuse*, qui était préparée avec des serpents ramassés sur le mont Olympe. Ces serpents devaient être distillés avec du soufre et du mercure jusqu'à production d'une huile rouge. Celle-ci était ensuite broyée et distillée sept fois avec du sang de vautours à ailes d'or, pris près des cèdres du mont Liban. « Cette eau, ajoute-t-il, ressuscite les morts et tue les vivants. » Cette dernière propriété était certainement plus sûre que la première : un mélange de serpents venimeux, broyés avec d'autres matières animales pu-tréfiées, devait, étant donné en breuvage, produire l'effet d'un poison violent. Les alchimistes excellaient dans la préparation de ces sortes de poisons.

Cosmas le Solitaire est l'auteur du petit traité qui a pour titre : *Interprétation de la science de la chrysopée*. La science de faire de l'or y est appelée *la vraie et mystique chimie* (ἡ ἀληθινὴ καὶ μυστικὴ χυμία). Cosmas a le premier parlé de l'*air subtil des charbons* (ἡ τῶν ἀνθράκων αὖρα), qui était probablement le gaz acide carboni-que. On ignore absolument l'époque à laquelle il vivait.

A l'exemple des anciens philosophes de la Grèce, quelques philosophes hermétiques traitaient les questions de leur science sous forme de poèmes; tels étaient Hierothée, Archelaüs et Hélio-dore. Ce dernier avait dédié au roi Théodose le Grand ses vers *Sur l'art mystique des philosophes*. Théodose étant mort en 395, le poème d'Héliodore ne saurait être d'une composition postérieure à la seconde moitié du IVe siècle de notre ère. Il est donc par là dé-montré que dès cette époque on s'occupait d'alchimie.

Il y eut aussi un certain nombre d'écrivains anonymes de l'art sacré. L'un de ces anonymes a laissé des *Préceptes pour ceux qui s'occupent de l'œuvre* [3]. Ces préceptes se terminent par une compa-raison d'une remarquable justesse. « Les poisons, dit l'auteur, sont

1. Ath. Kircher, *Œdipus Ægyptiacus*, t. II, p. 128.
2. Ms. grec, n° 2249 de la Bibl. nat. de Paris.
3. Ms. grec, n° 2249, fol. 3-5.

pareils à des ferments, parce qu'ils agissent en petites quantités comme le levain dans la panification. »

Nous ne possédons aucun renseignement sur *Jean d'Evigia, Etienne d'Alexandrie, Pelasius, Salmanas* et beaucoup d'autres, également cités au nombre de ceux qui ont écrit sur l'art sacré.

LIVRE TROISIÈME

MOYEN AGE

ALLIANCE DE L'ALCHIMIE AVEC LA CHIMIE PRATIQUE

Les doctrines mystiques et allégoriques des adeptes de l'art sacré furent reprises et développées par les alchimistes. Mais ceux-ci comprirent de plus en plus la nécessité, le milieu social aidant, de ne pas se livrer exclusivement à des spéculations étrangères aux besoins de la vie. Mais, comme l'esprit tient à ses conceptions, quelque fausses qu'elles soient, les adeptes, au lieu d'abandonner leur œuvre, aimèrent mieux l'allier avec quelques données de la pratique. Cette alliance de l'erreur avec la vérité retarda, pendant plusieurs siècles, l'avènement de la chimie expérimentale. L'erreur, quelque enracinée qu'elle soit, finira cependant par disparaître ; ainsi le veut la loi du progrès. Les manifestations intermittentes de cet instinct de la curiosité qui nous porte tous, en dépit de nos théories préconçues, à observer, à voir, avant de croire, sont les indices certains d'une marche progressive. Ces manifestations discontinues, inégales, véritables intercurrences de la méthode expérimentale dans la continuité de la fièvre des systèmes, ont souvent pour cause les vices mêmes de la nature humaine, parmi lesquels l'ardeur de s'entre-détruire occupe le premier rang. Nous avons fait voir combien on était, dès l'origine, avancé dans la connaissance des poisons. Nous allons montrer par l'histoire du feu grégeois et de la poudre à canon, combien sont rapides les progrès de l'art de s'entre-tuer ouvertement.

Feu grégeois et poudre à canon. — Les Romains, qui excellaient dans l'art de s'assommer méthodiquement, s'étaient, dès les premières guerres de la république, servis de résines, de bitume, de poix et d'autres matières inflammables, pour les lancer sur l'ennemi, pendant le siège des villes. L'ennemi apprit à se servir des mêmes moyens pour se défendre contre ses agresseurs. Ainsi, les habitants de Samosate défendirent leur ville assiégée par Lucullus,

en répandant, sur les soldats romains, de la *maltha* (bitume) em-
brasée, provenant des environs d'un lac de la Comagène.

On connaissait depuis longtemps les effets du *naphte*, dont le
nom signifie *feu liquide* (de *na*, eau, et *phtha*, feu, Vulcain). Médée
brûla, dit la légende, sa rivale à l'aide d'une couronne enduite de
naphte, laquelle prit feu à l'approche de la flamme de l'autel.
Anthémius de Tralles embrasa la maison de Zénon le Rhéteur, son
voisin, en y lançant la foudre et le tonnerre. Ammien Marcellin,
qui avait servi dans les armées de l'empereur Julien, parle de
flèches creuses, assujetties avec des fils de fer, et remplies de matières inflammables. Ces flèches incendiaient les lieux où elles venaient s'attacher. L'eau qu'on y jetait ne faisait que ranimer la
flamme; le sable pouvait seul l'éteindre.

Athénée a fait le premier mention du *feu automate* (πῦρ αὐτόματον),
qui paraît être identique avec le *feu grégeois*. Jules l'Africain en a
donné la composition. « Le feu automate se prépare, dit-il, de la
manière suivante : Prenez parties égales de soufre natif, de salpêtre, de pyrite kerdonnienne (sulfure d'antimoine?); broyez ces
substances dans un mortier noir, au milieu du jour. Ajoutez-y parties égales de soufre, de suc de sycomore noir et d'asphalte liquide;
puis vous mélangerez le tout de manière à obtenir une masse pâ-
teuse; enfin vous y ajouterez une petite quantité de chaux vive. Il
faut remuer la masse avec précaution, au milieu du jour, et se
garantir le visage; car le mélange peut prendre subitement feu.
Mettez ce mélange dans des boîtes d'airain fermées avec des couvercles, et conservez-le à l'abri des rayons du soleil, dont le contact
l'enflammerait. »

Suivant Constantin Porphyrogénète, le feu grégeois fut communiqué par un ange à Constantin, premier empereur chrétien, qui
devait faire jurer à ses successeurs d'en garder le secret. On voit
que ce secret a été assez mal gardé.

Le nom de *feu liquide*, πῦρ ὑγρόν, que portait le feu grégeois,
était donné aussi à l'essence de térébenthine et à l'eau-de-vie,
appelées *aquæ ardentes*, eaux ardentes. C'est dans un petit traité
latin de Marcus Græcus, intitulé *Liber ignium*, que nous avons
trouvé la première description exacte de ces eaux ardentes, ainsi
que de la poudre à canon, comme devant entrer dans la composition du feu grégeois.

L'eau-de-vie (*aqua ardens*) se préparait de la manière suivante :
« Prenez du vin vieux, ajoutez à un quart de ce vin deux onces de

soufre pulvérisé, deux livres de tartre provenant de bon vin blanc, deux onces de sel commun; mettez le tout dans une cucurbite bien plombée et lutée, et, après y avoir apposé un alambic, vous obtiendrez par la distillation une eau ardente que vous conserverez dans un vase de verre bien fermé. »

Le même auteur donne aussi le nom d'*eau ardente* à l'huile essentielle de térébenthine, dont il décrit la distillation en ces termes : « Prenez de la térébenthine, distillez-la par un alambic, et vous aurez une eau ardente qui brûle sur le vin, après qu'on l'a allumée avec une bougie. » Ces paroles expliquent pourquoi — ce qui paraissait si merveilleux.— le feu grégeois brûlait sur l'eau : c'est que par *eau* il fallait entendre, non pas l'eau commune, mais une *eau ardente*, telle que l'essence de térébenthine.

Voici en quels termes Marcus Græcus indique la composition de la poudre à canon : « Prenez une livre de soufre pur, deux livres de charbon de vigne ou de saule, et six livres de salpêtre. Broyez ces trois substances dans un mortier de marbre, de manière à les réduire en une poudre très-fine. » Cette poudre servait primitivement à faire des pétards et des fusées, appelées *faux volants*. « La fusée (*tunica ad volandum*), dit le même auteur, doit être grêle, longue et bien bourrée avec ladite poudre, tandis que le pétard (*tunica ad tonitruandum*) doit être court, épais, seulement à demi rempli de poudre et fortement lié aux deux bouts avec un fil de fer. »

La poudre à canon n'était pas alors employée à lancer des projectiles meurtriers : l'artillerie n'était pas encore inventée. Mais le passage de Marcus Græcus, qui nous apprend qu'on peut faire des feux volants avec des mélanges explosibles et inflammables, introduits dans des tubes ou dans des joncs creux, a pu conduire à l'invention des armes à feu [1].

LA CHIMIE DES ARABES

A mesure que nous avançons, nous voyons le malfaisant génie de la guerre détourner les esprits de la culture des sciences. En Espagne, les Arabes continuent leurs conquêtes. En Italie, en France et en Allemagne, des princes faibles ou indignes se disputent les lambeaux de l'empire de Charlemagne. Les empereurs byzantins,

1. Voy. notre *Hist. de la Chimie*, T. I, p. 309 (2e édit.).

occupés de sanglantes intrigues ou absorbés par de vaines disputes théologiques, avaient peine à se défendre contre les invasions des races barbares, venues du fond de l'Asie.

Les plus belles conquêtes et en même temps les plus durables sont celles qu'un peuple vaincu, mais civilisé, remporte par sa culture intellectuelle sur des vainqueurs incultes. Elles montrent, dans tout son éclat, la toute-puissance de l'esprit sur la force matérielle, brutale. C'est un spectacle que les Grecs offrirent plus d'une fois dans leur histoire. Aussi leur civilisation a-t-elle fini par prévaloir dans tout l'Occident de l'Ancien-Monde.

Pendant les siècles de ténèbres, la science brillait chez les Arabes : elle s'était modifiée en changeant de place. Djafar, plus connu sous le nom de *Geber*, fut, en ce qui concerne la chimie, le principal représentant de cette tendance pratique et expérimentale, dont on trouve, comme nous l'avons montré, des traces évidentes chez les Grecs et les Romains.

On n'a aucun renseignement précis sur la vie de ce savant arabe qui, à l'exemple des anciens, se donnait le titre de *philosophe*. On sait seulement qu'il était mahométan et natif de la ville de Koufa. Selon la plupart des témoignages, il vivait vers le milieu du huitième siècle.

Les écrits de Geber, qui doivent ici nous intéresser, ont été imprimés à Leyde, en 1668, sous le titre de *Gebri Arabis Chimia sive Traditio summæ perfectionis et investigatio magisterii*, etc., in-12.

L'observation alliée avec le raisonnement, telle était la méthode de Geber. Il émet à cet égard les plus sages préceptes. « Une patience et une sagacité extrêmes sont, dit-il, également nécessaires. Quand nous avons commencé une expérience difficile, et dont le résultat ne répond pas d'abord à notre attente, il faut avoir le courage d'aller jusqu'au bout, et ne jamais s'arrêter à demi-chemin ; car une œuvre tronquée, loin d'être utile, nuit plutôt au progrès de la science. » — Il nous avertit aussi de nous défier de l'imagination ; et à ce sujet il rappelle la doctrine, qui commençait alors à se répandre, de la *transmutation des métaux*. Il nous est, ajoute-t-il, aussi impossible de transformer les métaux les uns dans les autres, qu'il nous est impossible de changer un bœuf en une chèvre. Car si la nature doit, comme on le prétend, employer des milliers d'années pour faire des métaux, pouvons-nous prétendre à en faire autant, nous qui vivons rarement au delà de cent ans ? La température élevée que nous faisons agir sur les corps peut, il es

vrai, produire quelquefois, dans un court intervalle, ce que la nature
met des années à engendrer; mais ce n'est encore là qu'un bien
faible avantage. »

L'intervention des gaz, appelés *esprits*, dans les actions chimiques
fut longtemps l'une des questions les plus obscures et les plus con-
troversées. Geber en signala les principales conditions. « Il y a, dit-
il, des gens qui font des opérations pour fixer les esprits (*spiritus*)
sur les métaux; mais comme ils ne savent pas bien disposer leurs
expériences, ces esprits leur échappent pendant l'action du feu...
Si vous voulez, ô fils de la doctrine, faire éprouver aux corps des
changements divers, ce n'est qu'à l'aide des gaz que vous y par-
viendrez. Lorsque les gaz se fixent sur les corps, ils perdent leur
forme et leur nature; ils ne sont plus ce qu'ils étaient. Lorsqu'on
veut en effectuer la séparation, voici ce qui arrive : ou les gaz s'é-
chapperont seuls, et les corps où ils étaient fixés restent; ou les
gaz et les corps s'en vont tous les deux à la fois. »

La *coupellation*, qui consiste à séparer de leurs alliages l'or et
l'argent, cette opération si importante, vaguement indiquée par
Pline, Strabon et Diodore de Sicile, a été clairement décrite par
Geber sous le nom d'*examen cineritii*. « L'argent et l'or sup-
portent seuls, dit-il, l'épreuve du *cineritium*. Le plomb y résiste le moins : il se sépare et s'en va promptement. Voici comment on y procède. Que l'on prenne des cendres tamisées ou de la
chaux ou de la poudre faite avec des os brûlés, ou un mélange de
tout cela. Qu'on humecte cette poudre avec de l'eau, qu'on la pé-
trisse et la façonne ensuite avec la main de manière à la réduire en
une couche compacte. Au milieu de cette couche, on fera une fossette arrondie, au fond de laquelle on répandra une certaine quantité de verre pilé. Enfin, on fera dessécher le tout. Après quoi, on
placera dans la fossette ou coupelle (*fovea*) le corps (alliage)
que l'on veut soumettre à l'épreuve, et on allumera au-dessous
un bon feu de charbon. On soufflera sur le corps jusqu'à ce
qu'il entre en fusion. Le corps étant fondu, on y projettera du
plomb par parcelles, et on donnera un bon coup de feu; et lorsqu'on verra le corps se mouvoir vivement, c'est un signe qu'il n'est
pas pur. Attendez alors que tout le plomb ait disparu. Si, après la
disparition du plomb, ce mouvement n'a pas cessé, ce sera un
indice que le corps n'est pas encore purifié. Il faudra alors de nouveau y projeter du plomb, et souffler à la surface jusqu'à ce que
tout le plomb soit séparé. On continuera ainsi à projeter du plomb

et à souffler jusqu'à ce que la masse demeure tranquille, et qu'elle se montre pure et resplendissante à sa surface. Dès que cela a lieu, on éteindra le feu; car l'œuvre est alors parfaitement terminée. »

Continuons à signaler d'autres faits, décrits pour la première fois ou découverts par Geber.

Eau-forte (acide nitrique) et *eau régale*. — Geber connaissait parfaitement la préparation de l'eau forte et de l'eau régale, dissolvants, sans lesquels la chimie serait impossible. L'acide nitrique, il l'obtenait par la distillation du sulfate de cuivre (vitriol de Chypre) et de l'alun avec le nitre (nitrate de potasse). Pour avoir l'eau régale, il ajoutait du sel ammoniac à l'eau-forte.

Pierre infernale (nitrate d'argent). — Voici le mode de préparation indiqué par Geber : « Dissolvez d'abord l'argent dans l'eau-forte ; faites ensuite bouillir la liqueur dans un matras à long col, non bouché, de manière à en chasser le tiers; enfin laissez refroidir le tout : vous verrez se produire de petites pierres (*lapilli*), fusibles, transparentes. » Ces *lapilli* étaient des cristaux.

Sublimé corrosif (perchlorure de mercure). — Ce produit s'obtenait par la sublimation d'un mélange de sulfate de fer, d'alun, de sel marin et de nitre. « Recueillez, dit l'auteur, le produit dense et blanc, qui s'attache à la partie supérieure du vase... Si le produit de la première sublimation est sale ou noirâtre, il faudra le soumettre à une nouvelle sublimation. »

Distillation. — Geber admettait deux espèces de distillation : l'une qui s'opère à l'aide du feu, l'autre sans feu. La première espèce se subdivisait 1° en distillation *per ascensum*; c'était la volatilisation : les vapeurs venaient se condenser dans l'alambic ; 2° en distillation *per descensum*, où les liquides se séparaient des matières solides en passant, par voie d'écoulement, dans la partie inférieure du vaisseau. Quant à la distillation proprement dite, elle consistait à séparer les liquides par le filtre ; c'était une simple filtration.

Coagulation. — Par le mot de *coagulation* on désignait l'évaporation ayant pour résultat la cristallisation des sels métalliques, particulièrement de l'acétate de plomb. On appelait encore ainsi la transformation du mercure en une poudre rouge (oxyde de mercure), au moyen d'une température élevée. « Cette expérience se fait, dit Geber, dans un vase de verre à long col, dont l'orifice reste ouvert pendant tout le temps qu'on chauffe, afin que toute l'humidité puisse s'en échapper. » — A la place de cette *humidité*, on imagina plus tard le *phlogistique*. L'erreur dura jusqu'à l'époque où Lavoisier démontra que si, dans l'expérience de la transformation du mercure en oxyde rouge, l'orifice du vase doit rester ouvert, c'est non pas pour qu'il puisse *en sortir quelque chose*, mais pour qu'il puisse, au contraire, *y entrer quelque chose*.

Bien que Geber eût proclamé la nécessité de n'avancer que ce qui est expérimentalement certain, — proclamation de la méthode expérimentale, — il croyait à la composition des métaux. Les éléments qui devaient y entrer étaient le mercure, le soufre et l'arsenic. Cette théorie n'avait certainement pas pour elle l'expérience, mais elle dominait alors tellement les esprits, qu'il était difficile, même à Geber, de s'y soustraire. Il disait, il est vrai, qu'il ne fallait pas entendre par éléments des métaux le soufre, le mercure et l'arsenic ordinaires. Mais ce seraient alors des éléments doublement hypothétiques. Ce qu'il y a de curieux, c'est qu'en aucun temps, pas même aujourd'hui, on n'a complétement renoncé à l'opinion qui considère les métaux comme des corps composés d'un petit nombre d'éléments.

Enfin Geber n'était pas éloigné d'admettre que les substances, qui ont la propriété de purifier les métaux vils et de les transformer en métaux nobles (or et argent), peuvent servir aussi de médicaments universels, de panacées propres à guérir toutes les maladies et à conserver même la jeunesse. Voilà comment, en dépit de sa profession de foi, cet expérimentateur ouvrit la porte à toutes les spéculations de l'alchimie.

Rhasès. — Ce grand médecin essaya de suivre, au neuvième siècle, les traces de Geber. Il a parlé le premier d'une huile obtenue par la distillation de l'atrament (sulfate de fer) » Cette huile (*oleum*) ne pouvait être que l'*huile de vitriol* (acide sulfurique). Le résidu de l'opération était le *crocus ferri* (peroxyde de fer).

Rhasès a indiqué aussi « un procédé très-simple pour faire de l'eau-de-vie. » Ce procédé consistait à prendre une quantité suffisante de *quelque chose d'occulte*. « Broie-le, ajoute-t-il, de manière à en faire une sorte de pâte, et laisse-le ensuite fermenter pendant nuit et jour; enfin, mets le tout dans un vase et distille-le. » — Ce *quelque chose d'occulte*, que l'auteur s'obstinait à ne pas nommer, était, selon toute apparence, des grains de blé, qui

---

1. *Liber Raxis Lumen luminum*, manuscrit n° 6514, fol. 113 (de la Bibl. nat. de Paris).

sont, en effet, destinés à être enfermés, cachés au sein de la terre.
Quoi qu'il en soit, l'*occultum* de Rhasès ne pouvait être qu'une
substance amylacée ou sucrée, susceptible d'éprouver la fermentation alcoolique. Le même auteur donne aussi le moyen de rendre
l'eau-de-vie plus forte en la distillant sur des cendres ou sur de la
chaux vive.

Avicenne. — Le prince des médecins arabes a laissé un écrit intitulé : *de conglutinatione lapidum*, qui intéresse moins la chimie
que la géologie et la minéralogie. L'auteur divise les minéraux en
quatre classes : 1° minéraux infusibles ; 2° minéraux fusibles ;
3° minéraux sulfurés ; 4° sels. Les métaux sont, suivant lui,
composés d'un principe humide et d'un principe terreux. Le principal caractère du mercure consiste à être solidifié par la vapeur de
soufre. Dans le même traité de *La conglutination des pierres*
Avicenne parle des eaux incrustantes (chargées de bicarbonate de
chaux) et des aérolithes. « Il est tombé, raconte-t-il, près de Lur-
gea, une masse de fer du poids de cent marcs, dont une partie fut
envoyée au roi de Torate, qui voulut en faire fabriquer des épées.
Mais ce fer était trop cassant, et se trouvait impropre à cet usage. »

Calid. — Deux écrits attribués à Calid, roi d'Egypte, le *Livre des
secrets d'alchimie* et le *Livre des trois paroles*, se trouvent imprimés dans le *Théâtre chimique* et la *Bibliothèque* de Manget. L'alchimie s'y associe à l'astrologie. « Dans toute opération, il importe, dit l'auteur, d'observer les mouvements de la lune et du
soleil ; il faut connaître l'époque où le soleil entre dans le signe du
Bélier, dans le signe du Lion ou dans celui du Sagittaire ; car c'est
d'après ces signes que s'accomplit le grand œuvre. » — Le grand
œuvre se composait de quatre opérations ou *magistères*, qui étaient
la solution, la solidification, l'albification et la raréfaction.

Artéphius. — On a, sous le nom d'Artéphius, *La clef de Sagesse*
et un *Livre secret sur la pierre philosophale*. L'auteur se vantait de
pouvoir prolonger la vie au delà de mille ans à l'aide « d'une merveilleuse quintessence. » Mais il n'en donna pas la recette. Il croyait
à la végétation des minéraux, en l'assimilant à celle des végétaux.
« Toute plante est, dit-il, composée d'eau et de terre ; et pourtant
il est impossible d'engendrer une plante avec de l'eau et de la terre.
Le soleil vivifie le sol ; quelques-uns de ses rayons pénètrent plus profondément que d'autres au sein de la terre, ils s'y condensent et
forment ainsi un métal brillant, jaune, l'or, consacré à l'astre du
jour. Par l'action du soleil, les principes des métaux, les molécules

de soufre et celles de mercure se rassemblent, et, suivant que les unes ou les autres l'emportent en quantité, elles engendrent l'argent, le plomb, le cuivre, l'étain, le fer. »

Artéphius définissait le corps « quelque chose de tout à la fois apparent et de latent. La partie apparente, c'est l'aspect et l'étendue du corps ; la partie latente, c'est son esprit et son âme. »

D'autres philosophes arabes, tels que *Alphidius, Zadith, Rachaidib, Sophar, Bubacar,* inclinaient, par leurs doctrines, de plus en plus vers les théories de l'alchimie. Nous ne mentionnerons ici qu'*Alchid Bechir,* parce qu'il a parlé le premier du phosphore sous le nom d'escarboucle (*carbunculus*) et de bonne lune (*bona Luna*). (1) Il l'obtenait par la distillation des urines avec de l'argile, de la chaux et du charbon. Ce procédé est à peu près le même que celui qu'employa, au dix-septième siècle, Brandt, le chimiste auquel on attribue généralement la découverte du phosphore.

L'ALCHIMIE.

La chimie du moyen âge, c'est l'alchimie. Grand est le nombre de ceux qui l'ont cultivée, et il serait beaucoup trop long d'exposer leurs doctrines, qui n'ont d'ailleurs, pour la plupart, aucune utilité pratique.

Mais si nous passons sous silence les vaines spéculations de l'art hermétique, renouvelées de l'art sacré, nous aurons soin de mettre en relief les hommes et les faits qui, perdus en apparence, ont silencieusement réagi contre des idées funestes au progrès de la science ; ce qui vient à l'appui de cette thèse consolante que l'erreur, quelle que soit l'autorité dont elle se couvre, est destinée à disparaître.

Albert le Grand. — Encyclopédie vivante du moyen âge, Albert né en 1193, à Lauingen, sur le Danube, enseigna successivement la philosophie à Ratisbonne, à Cologne, à Strasbourg, à Hildesheim, enfin à Paris où le nom de la place *Maubert* (dérivé de *Ma,* abréviation de *magister,* et d'*Albert*) en rappelle encore le souvenir. Provincial de l'ordre des Dominicains, il fut nommé évêque de Ratisbonne. Mais préférant, exemple rare, l'étude des sciences aux dignités de l'Eglise, il se démit de ses fonctions épiscopales,

1. Manuscrit latin, n° 7156 (de la Bibl. nat. de Paris). fol. 143 *recto.*

et mourut, en 1280, à l'âge de quatre-vingt-sept ans, dans un couvent, près de Cologne.

Les ouvrages imprimés d'Albert le Grand forment 21 volumes in-fol. (Lyon, 1651, édit. de P. Jammi). Ce vaste recueil contient plusieurs traités qui intéressent l'histoire de la chimie.

Le petit traité *de Alchimia* donne des renseignements précieux sur l'état de la science au treizième siècle. L'auteur commence par déclarer qu'il est impossible de tirer quelques lumières des écrits alchimiques. « Ils sont, dit-il, vides de sens et ne renferment rien de bon... J'ai connu des abbés, des chanoines, des directeurs, des physiciens, des illettrés, qui avaient perdu leur temps et leur argent à s'occuper d'alchimie. » — Il conseille surtout aux adeptes de fuir tout rapport avec les princes et les grands : « Car si tu as, ajoute-t-il, le malheur de t'introduire auprès d'eux, ils ne cesseront pas de te demander : Eh bien, maître, comment va l'œuvre? Quand verrons-nous enfin quelque chose de bon? Et, dans leur impatience, ils finiront par te traiter de filou, de vaurien, etc., et te causeront mille ennuis. Et si tu n'obtiens aucun résultat, ils te feront sentir tout l'effet de leur colère. Si, au contraire, tu réussis, ils te garderont dans une captivité perpétuelle, afin de te faire travailler à leur profit. » Cet avertissement nous dépeint les relations des alchimistes avec les seigneurs d'alors.

Malgré quelques doutes, Albert croyait à la possibilité de la *transmutation* des métaux. Voici les arguments qu'il invoque à l'appui de sa croyance : « Les métaux sont tous identiques dans leur origine; ils ne diffèrent les uns des autres que par leur forme. Or la forme dépend des causes accidentelles que l'artiste doit chercher à découvrir et à éloigner; car ce sont ces causes qui entravent la combinaison régulière du soufre et du mercure, éléments de tout métal. Une matrice malade donne naissance à un enfant infirme et lépreux, bien que la semence ait été bonne; il en est de même des métaux engendrés au sein de la terre, qui leur sert de matrice : une cause accidentelle ou une maladie locale peut produire un métal imparfait. Lorsque le soufre pur rencontre du mercure pur, il se produit de l'or au bout d'un temps plus ou moins long, par l'action permanente de la nature. Les espèces sont immuables et ne peuvent, à aucune condition, être transformées les unes en les autres. Mais le plomb, le cuivre, le fer, l'argent, etc., ne sont pas des espèces, c'est une même essence, dont les formes diverses vous semblent des espèces. »

Ces arguments furent souvent reproduits par les alchimistes. Ils étaient acceptés comme des lois au beau temps des nominalistes et des réalistes.

Albert le Grand a l'un des premiers employé le mot *affinité* dans le sens qu'y attachent aujourd'hui les chimistes. « Le soufre, dit-il, noircit l'argent et brûle en général les métaux, à cause de l'affinité naturelle qu'il a pour eux (*propter affinitatem naturæ metalla adurit*)[1]. » — Il paraît avoir aussi appliqué pour la première fois le mot *vitreolum* à l'atrament vert, qui était le sulfate de fer.

Que faut-il entendre par *esprit métallique* et par *élixir?* Voici la réponse d'Albert : « Il y a quatre esprits métalliques : le mercure, le soufre, l'orpiment et le sel ammoniac, qui tous peuvent servir à teindre les métaux en rouge (or) ou en blanc (argent). C'est avec ces quatre esprits que se prépare la teinture, appelée en arabe *élixir*, et en latin *fermentum*, destinée à opérer la transsubstantiation des métaux vils en argent ou en or. » — Mais l'auteur a soin de nous avertir que l'or des alchimistes n'était pas de l'or véritable. Ce n'était probablement que du chrysocale. Il connaissait aussi le cuivre blanc (alliage de cuivre et d'arsenic), qu'il se gardait bien de prendre pour de l'argent.

Albert le Grand démontra le premier, par la synthèse, que le cinabre ou pierre rouge (*lapis rubens*), qui se rencontre dans les mines d'où l'on retire le vif argent, est un composé de soufre et de mercure. « On produit, dit-il, du cinabre sous forme d'une poudre rouge brillante en sublimant du mercure avec du soufre. »

Il a décrit très-exactement la préparation de l'acide nitrique, qu'il nomme *eau prime*, ou eau philosophique au premier degré de perfection. Il en indique en même temps les principales propriétés, surtout celles d'oxyder les métaux et de séparer l'argent de l'or. Ce qu'il appelle *eau seconde* était une espèce d'eau régale obtenue en mêlant quatre parties d'eau prime avec une partie de sel ammoniac. Pour avoir l'*eau tierce*, on devait traiter, à une chaleur modérée, le mercure blanc par l'eau seconde. Enfin l'*eau quarte* était le produit de distillation de l'eau tierce qui, avant d'être distillée, devait rester, pendant quatre jours, enfouie dans du fumier de cheval. Les alchimistes faisaient le plus grand cas de cette eau quarte, connue sous les noms de *vinaigre des philosophes*, d'*eau minérale*, de *rosée céleste*, etc.

[1]. *De Rebus metallicis*, Rouen, 1476.

Roger Bacon. Né en 1214, à Ilchester, R. Bacon fit ses études à Oxford et à Paris, et entra, à l'âge de vingt-six ans, dans l'Ordre des Cordeliers. Doué d'une sagacité rare, il fit des découvertes merveilleuses en optique et en chimie, ce qui lui valut le surnom de *Docteur admirable*. Cette supériorité lui attira la haine de ses confrères ignorants. Tant que vécut Clément IV, qui s'était déclaré le protecteur du savant frère Roger, celui-ci n'eut rien à craindre. Mais après la mort de ce pape, la haine, longtemps contenue, éclata publiquement. Le frère Roger fut accusé auprès de Jérôme d'Esculo, légat du pape Nicolas III, de magie, et d'avoir fait un pacte avec le diable. A l'accusation de magie, il répondit par son écrit *de Nullitate magiæ*. Quant aux expériences physiques et chimiques que les moines, ses confrères, regardaient comme l'œuvre du démon, voici sa réponse : « Parce que ces choses sont au-dessus de votre intelligence, vous les appelez œuvres du démon. » Mais le fanatisme était plus fort que la raison. La science perdit son procès. Roger Bacon fut jeté en prison et ses écrits furent proscrits comme renfermant « des nouveautés dangereuses et suspectes ». Il resta dix ans privé de sa liberté. Il faut que cet homme de génie ait eu bien à se plaindre de ses contemporains, pour qu'il se soit écrié sur son lit de mort : « Je me repens de m'être donné tant de mal pour éclairer les hommes. »

Quelques-uns seulement des écrits de R. Bacon, qui nous sont parvenus, traitent de la science dont l'histoire nous occupe ici.

Dans son *Speculum alchimiæ* il parle d'une *flamme* produite par la distillation des matières organiques. « Les sophistes m'objecteront sans doute, dit-il, qu'il est impossible d'emprisonner la flamme dans un vase. Mais je ne vous demande pas de me croire avant que vous en ayez vous-même fait l'expérience. Serait-il question ici du gaz d'éclairage?

R. Bacon parle aussi d'un air « qui est l'aliment du feu » (*aer cibus ignis*), et d'un autre air qui éteint le feu. Le premier ne pouvait être que l'oxygène, tandis que le dernier était probablement l'azote ou l'acide carbonique. Pour montrer que l'air contient l'aliment du feu, il rappelle que lorsqu'on fait brûler une lampe emprisonnée sous un vase, elle ne tarde pas à s'éteindre.

R. Bacon a été à tort présenté comme l'inventeur de la poudre à canon, puisqu'elle était déjà connue comme nous l'avons montré, de Marcus Græcus. Voici le passage sur lequel on s'était appuyé: « Nous pouvons, dit Bacon, composer avec du salpêtre et d'autres substances un feu susceptible d'être lancé à toute distance. On peut aussi parfaitement imiter la lumière de l'éclair et le bruit du tonnerre. Il suffit d'employer une très-petite quantité de nitre pour produire beaucoup de lumière, accompagnée d'un horrible fracas; ce moyen permet de détruire une ville ou une armée entière... Pour produire les phénomènes de l'éclair et du tonnerre, il faut prendre du salpêtre, du soufre, et *luru vopo vir can utriet* [1] ». Ces derniers mots paraissent être l'anagramme de la proportion de charbon pulvérisé. L'auteur répète à peu près la même chose dans son *Opus majus*, ajoutant que le pétard était connu comme un jeu d'enfance dans beaucoup de pays, et que ce jeu consistait à envelopper du nitre dans un feuillet de parchemin et à y mettre le feu. Il est donc hors de toute contestation que l'on connaissait au moins dès le treizième siècle le mélange explosible ayant pour base le nitrate potasse.

Thomas d'Aquin. — Disciple d'Albert le Grand, Thomas d'Aquin (né en 1225, mort en 1274) eut, en dehors du temps consacré à ses immenses travaux théologiques, assez de loisir pour s'occuper d'alchimie. Son *Traité sur l'essence des minéraux* (imprimé dans le tome V du *Theatrum Chemicum*) contient un passage fort intéressant sur la fabrication des pierres précieuses artificielles. « Il y a, dit le Docteur angélique, des pierres qui, bien qu'elles soient obtenues artificiellement, ressemblent tout à fait aux pierres naturelles. C'est ainsi qu'on imite, à s'y méprendre, l'hyacinthe et le saphir. L'émeraude se fait avec la poudre verte de l'airain. La couleur du rubis s'obtient avec le safran de fer. » L'auteur ajoute que l'on parvient à imiter la topaze en chauffant la masse vitreuse avec du bois d'aloès, et que tout cristal peut être coloré de diverses nuances. Ces faits d'ailleurs étaient connus depuis longtemps. L'art de peindre sur verre était pratiqué dès les premiers siècles du moyen âge, et cet art fut rapidement perfectionné, comme nous l'apprend Théophile, moine du onzième siècle [2]. Les vitraux des cathédrales sont peints avec des oxydes métalliques, qui ont été brûlés dans la substance du verre.

Dans le même Traité, Thomas d'Aquin nous apprend ce que les alchimistes entendaient par lait de vierge, *lac virginis*. « Ce lait se

1. *Epistola de secretis operibus et nullitate magiæ*; Paris 1542; (souvent réimprimé).
2. Voy. Charles de l'Escalopier, *Essai sur divers arts*; Paris, 1843.

prépare, dit-il, en faisant dissoudre de la litharge dans du vinaigre et en traitant la solution par le sel alcalin (carbonate de potasse ou de soude). » Le lait de vierge n'était donc autre chose que l'*eau blanche* des pharmaciens.

On y trouve aussi la description d'une opération que les alchimistes avaient coutume de faire, pour donner à croire qu'ils savaient changer le cuivre en argent. Cette opération consistait à projeter de l'arsenic blanc sublimé sur du cuivre. Celui-ci blanchit, en effet, et se change par là en un alliage qui a tout à fait l'aspect de l'argent.

Alphonse X. — Nous venons de voir un saint, le Docteur angélique, initié à l'alchimie. Voici un roi, que ses études de prédilection firent surnommer *le Savant*. Alphonse X, roi de Castille et de Léon (mort en 1284), auquel les astronomes doivent les *Tables alphonsines*, passe pour l'auteur d'un opuscule, intitulé *Clef de la Sagesse* [1]. On y lit que le roi Alphonse, admettait, comme les anciens, quatre éléments. Mais l'explication qu'il en donne est curieuse. « Le feu est, dit-il, un air subtil et chaud ; l'air est un feu grossier et humide ; l'eau, un air grossier froid et humide ; la terre, une eau grossière, froide et sèche. »

Voici comment l'auteur comprend la nature et la génération des minéraux. « Tous les minéraux renferment, dit-il, de l'or en germe. Ce germe ne se développe que sous l'influence des corps célestes ; les planètes produisent la couleur, l'odeur, la saveur, la pesanteur, qui nous frappent dans les substances soumises à notre observation. Les corps composés peuvent se réduire en leurs éléments, de même que ceux-ci peuvent se réunir pour former un composé. Ainsi le feu se change en air, et réciproquement l'air en feu. L'œuf minéral (*ovum minerale*) est le germe de tous les métaux ; ce germe est lui-même produit par l'union du feu et de l'eau. »

Tels sont les principes d'une *physiologie minérale*, mis en avant par le royal auteur de *la Clef de la Sagesse*.

Arnaud de Villeneuve. — Comme presque tous les savants de son époque, Arnaud de Villeneuve eut une vie très-agitée. Il parcourut l'Espagne, la France et l'Italie, laissant après lui la renommée d'un médecin expérimenté et d'un habile alchimiste. Il périt dans un naufrage sur les côtes de Gênes vers 1319, à un âge très-

---

1. *Clavis sapientiæ*, imprimé dans le *Theatr. Chem.* T. **V.**

avancé. Ses écrits alchimiques, imprimés dans la collection de ses Œuvres (Lyon ; 1532, in-fol.), ne donnent pas une haute idée de son esprit d'observation. On y lit, entre autres, que le soufre, l'arsenic, le mercure et le sel ammoniac sont les âmes des métaux, parce qu'ils s'élèvent comme des esprits pendant la calcination. « La lune (argent) est intermédiaire entre le mercure et des autres métaux, comme l'âme est intermédiaire (*medium*) entre l'esprit et le corps... L'âme est un ferment : de même que l'âme vivifie le corps de l'homme, ainsi le ferment anime le corps mort et altéré par la nature. »

Raymond Lulle. — La réputation de R. Lulle (mort vers 1330) est loin d'être justifiée par les ouvrages qui portent son nom. A l'exemple de la plupart des alchimistes, il assimile la formation des métaux aux fonctions des êtres vivants. « Les fruits sont, dit-il, astringents et acidules au commencement de l'été; il faut du temps et toute la chaleur du soleil pour qu'ils deviennent sucrés et aromatiques. La même chose arrive à notre médecine extraite de la terre des métaux : elle est fétide et repoussante avant qu'une digestion prolongée l'ait rendue plus agréable. »

Parmi les nombreuses découvertes, inexactement attribuées à R. Lulle, la seule qu'on puisse revendiquer pour lui, c'est celle du *nitre dulcifié* (acide nitrique alcoolisé).

Daustin. — Contemporain de Raymond Lulle, Daustin expose, dans son *Rosaire* [1] sur la composition de tous les corps de la nature, une théorie qui mérite d'être citée : « Tous les corps peuvent, dit-il, être distribués en trois classes : 1° les êtres sensibles et intellectuels (animaux et hommes); 2° les végétaux ; 3° les minéraux. Le semblable tend perpétuellement à s'unir à son semblable. Les éléments de l'intelligence sont homogènes avec l'intelligence suprême; c'est pourquoi l'âme désire ardemment rentrer dans le sein de la Divinité. Les éléments du corps sont de même nature que ceux du monde physique environnant; aussi tendent-ils à s'unir à ceux-ci. La mort est donc pour tous un moment désiré. » Paroles à méditer.

L'époque où l'on cultivait le plus ardemment l'alchimie en France coïncide avec les règnes des rois Jean et Philippe le Bel, qui passent pour avoir le plus abusé de l'altération des monnaies. Nous nous bornerons à citer parmi les alchimistes d'alors, GUILLAUME DE PARIS, ODOMAR, JEAN DE ROQUETAILLADE et ORTHOLAIN.

1. *Rosarius sive secretum secretorum*, manuscrit latin n° 7168 de la Bibl. Nat. de Paris.

Maître **Ortholain** écrivit, en 1358, sous le règne de Jean, une *Pratique alchimique*, qui contient un chapitre remarquable sur la distillation du vin et la préparation des eaux-de-vie de différents degrés de concentration. « Mettez, dit-il, du vin blanc ou rouge de première qualité dans une cucurbite surmontée d'un alambic, que vous chaufferez sur un bain de cendres. Le produit de la distillation devra être divisé en cinq parties : le liquide qui passe le premier est plus fort que les autres ; celui qui vient après est beaucoup moins fort ; le troisième l'est moins encore ; le quatrième ne vaut rien du tout ; quant au cinquième, il reste avec la lie au fond du matras. Le récipient doit être changé à des intervalles égaux. Chacune de ces eaux est séparée et conservée dans un vase particulier. Les trois premières sont des *eaux ardentes*, parce qu'un drap trempé dans ces eaux brûle sans se consumer. Si le drap n'est pas réduit en cendres, c'est le *phlegme* (eau) qui l'en préserve. »

L'exposition de ces faits est entremêlée de recettes alchimiqude, parmi lesquelles on remarque le moyen de préparer l'élixir qui sevait changer le plomb en or. Les sucs de mercuriale, de pourpier et de chélidoine entraient dans la composition de cet élixir.

Nicolas Flamel. — On a fait à N. Flamel une réputation d'alchimiste qu'il était loin d'avoir méritée. Il est vrai qu'il se disait en possession de la pierre philosophale, dont il aurait appris le secret dans le livre illustré d'Abraham le Juif. Ce qu'il y a de certain, c'est que, de pauvre qu'il était, (il tenait une échoppe d'écrivain public près de l'église Saint-Jacques de la Boucherie), il devint bientôt assez riche pour fonder des hospices, pour faire construire des églises et les doter de rentes.

Nicolas Flamel (mort à Paris en 1418) et sa femme Perrenelle sont passés à l'état de légende : on les supposait en possession du secret de prolonger la vie pendant des siècles.

Bernard de Trévise, dit le **Trévisan**, passa, comme Nicolas Flamel, sa vie à la recherche de la pierre philosophale. Il a lui-même raconté ses tribulations qui auraient dû décourager tous les adeptes. Natif de Padoue, il mourut en 1490 à l'âge de quatre-vingt-quatre ans. Suivant une légende, il aurait prolongé sa vie au delà de quatre siècles.

Basile Valentin. — Ce moine alchimiste appartient au xve siècle, et non au xiie, comme on l'a prétendu. Il vivait, dit-on, retiré dans le couvent de Saint-Pierre, à Erfurt. Ses écrits, dont aucun ne fut imprimé avant le xviie siècle, s'échappèrent un jour, dit-on,

d'une colonne de la cathédrale d'Erfurt, où ils avaient été longtemps cachés.

Dans son *Char triomphal de l'Antimoine*, dont l'édition originale
est en allemand (Leipz., 1604, in-8°), Basile Valentin montre qu'il
connaissait les différents oxydes d'antimoine obtenus, soit par la
simple calcination, soit par la déflagration de l'antimoine avec le
nitre. Il connaissait aussi le vin stibié, ainsi que le tartre stibié
(émétique), dont la découverte a été inexactement attribuée à
Adrien de Mynsicht. Dans le même écrit il est pour la première fois
question de l'*esprit de sel* (acide chlorhydrique), préparé au moyen
du sel marin et du vitriol. Cet acide servait à la préparation du
beurre (chlorure) d'antimoine.

Le procédé d'extraction des métaux par la voie humide remonte
à Basile Valentin. Ainsi, pour retirer le cuivre de la pyrite (sulfure), l'auteur du *Char triomphal d'Antimoine* nous apprend qu'il
faut d'abord convertir la pyrite en vitriol (sulfate) par l'humidité
de l'air, dissoudre ensuite le vitriol dans l'eau, enfin plonger dans
la liqueur une lame de fer. Le cuivre se dépose avec l'aspect qui le
caractérise. — Cette opération, aussi ingénieuse qu'exacte, était aux
yeux des alchimistes une véritable transmutation.

Dans un petit traité de B. Valentin, qui a pour titre *haliographia*
(écrit sur les sels), il est pour la première fois question de l'*or fulminant*. Pour le préparer, l'auteur faisait d'abord dissoudre l'or dans
l'eau régale et le précipitait par l'huile de tartre (solution de carbonate de potasse). Il décantait ensuite le liquide et recueillait le
précipité pour le sécher à l'air. C'est ici que nous trouvons pour la
première fois employé le mot précipité, *præcipitatum*, devenu depuis
d'un usage universel. « Gardez-vous bien, dit-il, de dessécher ce
précipité au feu ou seulement à la chaleur du soleil; car cette chaux
d'or, *calx auri*, disparaîtrait aussitôt avec une violente détonation.
Étant traitée par le vinaigre, il n'y a plus de danger à la manier. »

Dans ce même traité des sels, B. Valentin a, l'un des premiers,
parlé des *bains minéraux artificiels*. Les sels qu'il employait à cet
effet étaient : le nitre, le vitriol, l'alun et le sel de tartre. Il prescrivait ces bains contre les maladies de la peau, particulièrement contre
la gale.

Dans un autre ouvrage, intitulé *Macrocosme* ou *Traité des minéraux* [1], le même auteur parle, également l'un des premiers, de la

---

1. Cet ouvrage, qui paraît être très-rare, se trouve à la Bibliothèque de
l'arsenal, n° 183 (Ms. français).

préparation de l'huile de vitriol au moyen du soufre et de l'eau-forte. « Pour faire sortir, dit-il, la quintessence du soufre minéral, il faut dissoudre celui-ci dans l'eau-forte; par la distillation on sépare ensuite le dissolvant. »

A propos du *salpêtre,* l'auteur se parle à lui-même dans ce singulier soliloque : « Deux éléments abondent en moi, l'air et le feu; ces deux sont autour de la terre; l'eau n'y abonde pas. Aussi suis-je enflammé, ardent, volatil : un *subtil esprit est en moi; je sers d'accident nécessaire dans l'érosion des métaux.* »

Ces idées renferment en germe la découverte de l'oxygène. La fin du soliloque porte sur la combinaison de l'*esprit de nitre.* « Quand la fin de ma vie arrive, se dit le nitre à lui-même, je ne puis subsister seul; mes embrasements sont accompagnés d'une flamme gaillarde; quand nous sommes joints par amitié, et après que nous avons sué tous les deux ensemble dans l'enfer, le subtil se sépare du grossier, et ainsi nous avons des enfants riches, etc.

Qu'était-ce que l'*esprit de mercure* des alchimistes? Probablement l'oxygène, obtenu par la calcination de l'oxyde rouge de mercure. Le passage suivant pourrait le faire croire. « L'esprit de mercure est, dit B. Valentin, l'origine de tous les métaux; cet esprit n'est rien autre qu'un air volant çà et là sans ailes; c'est un vent mouvant, lequel, après que Vulcain (le feu) l'a chassé de son domicile, rentre dans le chaos; puis *il se dilate et se mêle à la région de l'air, d'où il était sorti.* » L'auteur ajoute que cet esprit agit à la fois sur les trois règnes, sur les animaux, sur les végétaux et les minéraux. « Chacun, dit-il, s'en nourrit suivant son instinct particulier; je pourrais, si je voulais, faire là-dessus de très-longs discours. » Mais c'est ici que l'auteur, chose regrettable, s'arrête tout court, comme s'il s'était imposé le silence par un serment.

Le *Mariage de Mars et de Vénus,* dont B. Valentin parle dans sa *Révélation des artifices secrets* (traité imprimé en allemand à Erfurt, 1624, in-12), était une opération qui consistait à dissoudre de la limaille de fer et de cuivre dans de l'huile de vitriol (acide sulfurique), à mélanger les deux dissolutions et à les abandonner à la cristallisation. Le vitriol (sulfate) ainsi produit contenait le fer et le cuivre associés l'un à l'autre. Soumis à la calcination, il donnait une poudre écarlate (mélange d'oxyde de fer et de cuivre). C'est cette poudre qui devait fournir le mercure et le soufre des philosophes. « Mets, dit l'auteur, cette poudre dans un vase distillatoire bien luté, et chauffe graduellement; tu obtiendras, d'abord, un esprit blanc, qui est le *mercurius philosophorum*, puis un esprit rouge, qui est le *sulphur philosophorum.* »

B. Valentin s'est le premier servi du mot *wismuth* (bismuth), en parlant d'un métal particulier, ayant quelque analogie avec l'antimoine. Il est encore le premier qui ait fait mention du danger d'empoisonnement auquel s'exposent les ouvriers qui travaillent dans les mines d'arsenic.

Eck de Sulzbach. — Confondu à tort avec la tourbe des alchimistes, Eck de Sulzbach occupe, au xv° siècle, une place à part par son esprit d'observation; il semble, en quelque sorte, avoir voulu réagir contre les tendances purement spéculatives de ses contemporains. D'abord c'est lui qui a le premier démontré expérimentalement que les *métaux augmentent de poids quand on les calcine.* « Six livres, dit-il, de mercure et d'argent amalgamé, chauffés, dans quatre vases différents, pendant huit jours, ont éprouvé une augmentation de poids de trois livres. » — Cette expérience fut répétée au mois de novembre 1489.

Les nombres donnés par Eck de Sulzbach ne sont pas sans doute d'une exactitude rigoureuse. Mais le fait de l'augmentation de poids n'en reste pas moins parfaitement établi. L'expérimentateur ne s'arrêta pas là. D'où vient cette augmentation de poids? « Elle vient, répondit-il, *de ce qu'un esprit s'unit au corps du métal;* et ce qui le prouve, ajoute-t-il, c'est que le *cinabre artificiel* (oxyde rouge de mercure), soumis à la *distillation, dégage un esprit* [1]. »

Il ne manquait plus que de donner un nom à cet esprit, de l'appeler *oxygène*, pour faire, à la fin du xv° siècle, une découverte qui devint au xviii° siècle le point de départ de la chimie moderne.

C'est dans le même traité d'Eck de Sulzbach, intitulé *la Clef des philosophes*, qu'on trouve la première description qui ait été faite de *l'arbre de Diane*. Voici le moyen de préparation indiqué par l'auteur : « Dissolvez une partie d'argent dans deux parties d'eau-forte. Prenez ensuite huit parties de mercure et quatre ou six parties d'eau-forte; mettez ce mélange dans la dissolution d'argent, et laissez le tout reposer dans un bain de cendres, froid ou chauffé très-légèrement. Vous remarquerez alors des choses merveilleuses : vous verrez se produire des végétations délectables, des monticules et des arbustes. »

---

1. *Clavis philosophorum*, dans le *Theatrum Chemic.*, t. IV, p. 1111.

On n'a aucun détail sur la vie d'Eck de Sulzbach, que nous nous félicitons d'avoir tiré d'un injuste oubli[1].

Des hommes passons aux industries et à ceux qui se trouvent directement en rapport avec la chimie.

Exploitation des mines. — Les anciens avaient entrepris d'immenses travaux pour l'exploitation des richesses métallurgiques des Pyrénées et de l'Espagne. Mais arrivés à une certaine profondeur, du sol ils se voyaient forcés de s'arrêter, soit à cause des airs irrespirables, soit à cause des eaux qu'ils rencontraient. Impuissants à vaincre ces obstacles, les ouvriers mineurs abandonnèrent ces anciennes mines, sur lesquelles on avait répandu beaucoup de contes superstitieux, conformément à l'esprit du temps. « La principale raison, dit Garrault, pour laquelle la plupart des mines de France et d'Allemagne sont abandonnées, tient à l'existence des esprits métalliques qui sont fourrés en icelles. Ces esprits se présentent les uns en forme de chevaux de légère encolure et d'un fier regard, qui de leur souffle et hennissement tuent les pauvres mineurs. Il y en a d'autres qui sont en figure d'ouvriers affublés d'un froc noir, qui enlèvent les ouvrants jusqu'au haut de la mine, puis les laissent tomber du haut en bas. Les follets ou *koballs* ne sont pas si dangereux ; ils paraissent en forme et habit d'ouvriers, étant de deux pieds trois pouces de hauteur : ils vont et viennent par la mine, ils montent et descendent, et font toute contenance de travailler... On compte six espèces desdits esprits, desquels les plus infestes sont ceux qui ont ce capuchon noir, engendré d'une humeur mauvaise et grossière... Les Romains ne faisaient discontinuer l'ouvrage de leurs mines pour quelque incommodité que les ouvriers pussent recevoir[2]. »

Ce dernier trait est caractéristique : il peut suffire pour distinguer l'esprit de l'antiquité d'avec celui du moyen âge.

Les souverains étaient censés les propriétaires de tous les trésors souterrains. Dans l'origine ils ne concédaient qu'à leurs proches le droit d'exploiter des mines. C'est ainsi que Charlemagne accorda à ses fils Louis et Charles, par lettres patentes, datées de Laon en 786, l'exploitation des mines de la Thuringe. Plus tard ce droit fut concédé à de simples particuliers. Les travaux des Francs et des Maures sont faciles à reconnaître ; leurs excavations souterraines ont généra-

1. Voy. notre *Histoire de la Chimie*, t. I, p. 471.
2. Garrault, dans Gobet, *Anciens Minéralogistes de France*, t. I.

lement la forme carrée. Les puits des mines exploitées par les Romains sont toujours ronds.

Lorsqu'on eut appris que les sables de certaines rivières sont aurifères, tout le monde voulait se mettre à la recherche de l'or. L'agriculture fut abandonnée et les campagnes devinrent bientôt désertes. Il en résulta des disettes cruelles, et les gouvernements recoururent à la force ou à des peines sévères pour ramener les chercheurs d'or à la culture des champs.

Kermès. Culture du pastel. — Le kermès ou la cochenille du chêne (*coccus ilicis*), bien connu des Grecs et des Arabes pour la teinture écarlate, paraît avoir été introduit dans l'occident de l'Europe vers le x⁰ ou xi⁰ siècle. À cette époque, plusieurs abbayes augmentaient leurs revenus en exigeant, sous forme de dîme, une certaine quantité de *sang de Saint-Jean*, comme on appelait alors le kermès.

Avant l'introduction de l'indigo, on employait le pastel (*isatis tinctoria*), plante de la famille des Crucifères, pour teindre les étoffes en bleu. Dès le xii⁰ siècle la culture du pastel avait déjà acquis un haut degré de prospérité dans l'Europe centrale, particulièrement en Lusace et en Thuringe.

Peinture sur verre. — Les vitraux peints étaient primitivement formés d'un assemblage de fragments de verre coloré. Cet assemblage de compartiments de toutes sortes de couleurs, transparents, agréables à la vue, rappelait le travail des artistes romains, connus sous le nom de *quadratarii*. On admirait beaucoup l'effet que produisait le soleil levant, entre autres, à travers les vitraux de l'Eglise de Sainte-Sophie, à Constantinople. Les vitres de couleur que le pape Léon III fit, en 795, mettre aux fenêtres de l'église de Latran étaient également fort admirées de leur temps.

L'art de brûler, dans la substance même du verre, des dessins de différentes couleurs, ne paraît pas être antérieur au xi⁰ siècle. L'abbé Suger, ministre de Louis le Gros, nous apprend lui-même qu'il fit venir de l'étranger les artistes les plus habiles pour peindre les vitres de l'abbaye de Saint-Denis, qu'ils brûlaient des saphirs en abondance et les brûlaient dans le verre, pour lui donner la couleur d'azur, la plus estimée des couleurs.

L'art de la peinture sur verre, où dominaient le bleu et le rouge (obtenu par l'oxyde de fer), se perfectionna dans les xiii⁰, xiv⁰ et xv⁰ siècles. Il se perdit vers le xvii⁰ siècle, et fut retrouvé de nos jours, grâce aux progrès de la chimie.

Altération des monnaies. — Les vices de l'homme sont, qu'on nous passe cette comparaison, le fumier du progrès. Pour s'assurer à quel point les monnaies étaient altérées par la cupidité, il fallait de nouveaux moyens chimiques. La pierre de touche, dont se servaient depuis longtemps les orfèvres, était un procédé devenu insuffisant. La coupellation, décrite par Geber, fut bientôt universellement pratiquée. Une ordonnance de Philippe de Valois, en date de 1343, entre à cet égard dans des détails curieux. « Les *coupelles*, y est-il dit, sont de petits vaisseaux plats et peu creux, composés de cendres de sarment et d'os de pied de mouton calcinés et bien lessivés; pour en séparer les sels qui feraient pétiller la matière de l'essay, on bat bien le tout ensemble, et après cela on met, dans l'endroit où l'on a fait le creux, une goutte de liqueur qui n'est autre chose que de l'eau où l'on a délayé de la mâchoire de brochet ou de la corne de cerf calcinés, ce qui fait une manière de vernis blanc dans le creux de la coupelle, afin que la matière de l'essay y puisse être plus nettement, et que le bouton de l'essay s'en détache plus facilement. »

La même ordonnance recommandait aux essayeurs d'employer du plomb parfaitement pur pour opérer le départ du cuivre allié à l'or ou à l'argent. Cette recommandation était d'autant plus nécessaire que le plomb était alors presque toujours argentifère, comme le montre l'analyse des couvertures de plomb d'anciennes églises. C'est de là que vient probablement la croyance populaire que le plomb qui vieillit sur les toits se change en argent.

Cependant pour opérer le départ de l'argent dans les alliages d'or et d'argent, la coupellation ne suffisait plus. On employa l'eau-forte pour dissoudre l'argent sans toucher à l'or. Ce moyen devint d'un usage fréquent dès le commencement du seizième siècle, à en juger par une ordonnance du roi François Ier. Les Vénitiens et les Hollandais avaient alors le monopole de la fabrication de l'eau-forte et de l'eau régale.

Avant l'emploi de l'eau-forte, les essayeurs se servaient du ciment royal et de l'antimoine. Le ciment royal était un mélange de briques pilées, de vitriol, de sel commun et de nitre, mélange déjà connu des anciens. Quant à l'emploi de l'antimoine, le procédé de calcination devait être très-défectueux : l'or ainsi séparé était peu malléable, il fallait le calciner de nouveau et en chasser les fleurs d'antimoine au moyen de soufflets.

L'altération des monnaies était un des moyens les plus ordinaires que les princes employaient alors pour remplir leurs caisses. Pour détourner d'eux les soupçons, ils accusaient de ce crime les physiciens et les alchimistes. Le roi Charles V fit, en 1380, une ordonnance par laquelle il interdisait à tous les citoyens « de se mêler de chimie et d'avoir aucune espèce de fourneau dans leurs chambres ou maisons. » Les souverains se relâchèrent plus tard de cette rigueur. On trouve, dans les archives des chancelleries de France, d'Allemagne et d'Angleterre, des transcriptions de lettres patentes conférant à des particuliers le privilége d'exploiter, pendant un certain nombre d'années, des procédés secrets « pour changer les métaux imparfaits en or et en argent. » C'était une prime d'encouragement donnée à la recherche de la pierre philosophale.

Falsification des aliments. — La fraude a puissamment contribué aux progrès de la chimie. La vente de la farine, du pain, de la viande de boucherie fut de tout temps l'objet d'une surveillance particulière. Le beurre même n'y échappait point. Une ordonnance du prévôt de Paris, en date du 25 novembre 1390, interdisait à toutes personnes faisant le commerce du beurre frais ou salé, « de mixtionner le beurre pour lui donner une couleur plus jaune, soit en y mêlant des fleurs de souci, d'autres fleurs, herbes ou drogues. » Elle leur faisait aussi défense « de mêler le vieux beurre avec le nouveau, sous peine de confiscation et d'amende arbitraire. »

La bière ou cervoise était alors sophistiquée autant qu'elle l'est aujourd'hui. C'est ce qui résulte des plus anciens statuts des brasseurs de Paris, qui portent que « nul ne peut faire cervoise, sinon d'eau et de grain, à savoir d'orge, de méteil ou de dragée ; que quiconque y mettra autre chose, comme baye, piment ou poix-résine, sera condamné à vingt sous d'amende, et ses brassins confisqués. » Ces statuts furent renouvelés avec quelques additions qui portaient « que les brasseurs seront tenus de faire la bière et cervoise de bons grains, bien germés et brassinés, sans y mettre ivraie, sarrasin, ni autres mauvaises matières, sous peine de quarante livres parisis d'amende; que les jurés visiteront les houblons avant qu'ils soient employés, pour voir s'ils sont mouillés, chauffés, moisis et gâtés; afin que s'ils sont trouvés défectueux, les jurés en fassent rapport à la justice, pour faire ordonner qu'ils seront jetés à la rivière. Aucuns vendeurs de bière et cervoise en détail n'en pourront vendre si elles ne sont bonnes, loyales et dignes d'entrer au corps humain, sous peine d'amende arbitraire et confiscation [1]. »

Le vin, plus encore que la bière, avait de tout temps exercé l'esprit malfaisant des sophisticateurs. Une ordonnance du prévôt de Paris, en date du 20 septembre, porte que « pour empêcher les mixtions et les autres abus que les taverniers commettaient dans le débit de leurs vins, il serait permis à toutes personnes qui prendraient du vin chez eux, soit pour boire sur le lieu, soit pour emporter, de descendre à la cave et d'aller jusqu'au tonneau pour le voir tirer en leur présence, etc. »

En traitant les vins par la litharge (oxyde de plomb), on en corrigeait l'acidité. Mais, par cette addition, il se produisait du sucre de Saturne (acétate de plomb), qui est un poison. D'anciennes ordonnances de police mentionnent plusieurs cas d'empoisonnement, dus à cette falsification. C'est ainsi que plusieurs vignerons d'Argenteuil furent punis d'une forte amende pour avoir mis de la litharge dans leurs vins, « afin de leur donner une couleur plus vive, plus de feu, et en diminuer la verdeur. »

Pharmacopées. Poisons. — Au moyen âge, les pharmacies n'étaient que des dépôts (*apothèques*) de sirops, d'électuaires, de conserves, de liqueurs alcooliques épicées, etc. Les apothicaires étaient primitivement placés sous la surveillance des médecins, et ils faisaient venir de l'Italie la plupart des médicaments officinaux, surtout les poisons.

L'une des substances dont les princes paraissent avoir alors fait souvent usage, et dont ils connaissaient parfaitement les propriétés, c'est l'*arsenic sublimé*, la mort-aux-rats, autrement nommé *acide arsénieux*. C'est ce qui résulte des instructions que donna, en 1384, Charles le Mauvais, roi de Navarre, au menestrel Woudreton, pour empoisonner Charles VI, roi de France, le duc de Valois, frère du roi et ses oncles, les ducs de Berry, de Bourgogne et de Bourbon. « Tu vas à Paris; tu pourras, lui disait le roi de Navarre, faire grand service, si tu veux. Si tu veux faire ce que je te dirai, je te ferai tout aisé et moult de bien. Tu feras ainsi : Il est une chose qui s'appelle *arsenic sublimat*. Si un homme en mangeait aussi gros qu'un pois, jamais ne vivrait. Tu en trouveras à Pampelune, à Bordeaux, à Bayonne et par toutes les bonnes villes où tu passeras, ès hôtels des apothicaires. Prends de cela et fais-en de la poudre. Et quand tu seras dans la maison du roi, du comte de Valois son frère,

---

1. De la Marre, *Traité de police*, T. I, p. 584.

des ducs de Berry, Bourgogne et Bourbon, tiens-toi près de la cuisine, du dressoir, de la bouteillerie, ou de quelques autres lieux où tu verras mieux ton point; et de cette poudre mets ès potages, viandes et vins, au cas que tu le pourras faire à la sûreté; autrement ne le fais point [1]. »

Rien de plus clair que ces royales instructions d'empoisonnement. Elles nous apprennent plus sur cette matière que tous les alchimistes du moyen âge. Ajoutons que c'est avec l'*arsenic sublimal* de Charles le Mauvais que se commettent encore aujourd'hui la plupart des crimes d'empoisonnement.

[1]. Woudreton fut pris, jugé et écartelé en place de Grève en 1381. Voy. les Chroniques du moine de Saint-Denis et de Juvénal des Ursins. Le procès-verbal de l'interrogatoire du menestral Woudreton, conservé au Trésor des Archives, a été rapporté par Secousse. (Mortonval, *Charles de Navarre*, t. II, p. 281.)

LIVRE QUATRIÈME

TEMPS MODERNES

Deux grands faits illuminent tout à coup la fin du xve siècle: l'invention de l'imprimerie et la découverte du Nouveau-Monde. La facilité avec laquelle la pensée pouvait désormais se multiplier et se propager, la prise de possession de l'hémisphère resté inconnu à l'ancien monde depuis l'origine de la terre, la renaissance des lettres et des arts, tout enfin semblait inviter les nations à établir un échange de lumière, à se rapprocher les unes des autres pour travailler à l'œuvre commune du progrès, lorsque les guerres de religion vinrent soudain réveiller les haines sanglantes et l'aveugle fanatisme du moyen âge. Heureusement que le mal, comme l'erreur, doit forcément disparaître devant cette irrésistible puissance dont chacun de nous, quoi que nous fassions, conserve au fond de son âme une ineffaçable étincelle. Mais arrêtons-nous dans ces considérations : elles ne seraient pas ici à leur place.

Trois hommes essayèrent, dès le seizieme siècle, de détourner la science de la voie stérile où elle se trouvait engagée : Paracelse, Georges Agricola et Bernard Palissy. Ils méritent chacun une mention spéciale.

Paracelse. — Cet homme étrange, dont le véritable nom était *Bombast de Hohenheim*, naquit en 1493 à Einsiedel, en Suisse. Pour s'instruire il alla d'une école à l'autre, sans s'arrêter nulle part longtemps. Il parcourut ainsi, dit-on, l'Allemagne, la France, l'Espagne, l'Italie, le Tyrol, la Saxe, la Suède. Quand il manquait d'argent, il se mettait à dire la bonne aventure d'après l'inspection des linéaments de la main, et à évoquer les morts; en un mot, il se faisait, pour vivre, chiromancien et nécromancien. Il poussa ses pérégrinations, comme il cherche lui-même à l'insinuer, jusqu'en Égypte et en Tartarie. On raconte aussi qu'il accompagna le fils du Khan des Tartares à Constantinople, pour y apprendre d'un Grec le secret de la teinture de Trismégiste. Ce qu'il y a de certain, c'est qu'il fut appelé, en 1526, à remplir la chaire de physique et de chirurgie, nouvellement créée à l'université de Bâle ; mais déjà au bout d'un an il dut quitter cette ville, et depuis lors on le trouve errant en Allemagne, en Bohême, en Moravie, en Autriche, en Hongrie, et en 1541, on le voit mourir à l'âge de quarante-huit ans dans l'hôpital de Salzbourg.

Dans ses ouvrages, dont l'édition la plus complète parut, en 1589, à Bâle (10 vol. in-4°), Paracelse se pose comme le chef de la médecine chimique. S'adressant aux médecins de son temps, voici ce qu'il leur disait : « Vous qui, après avoir étudié Hippocrate, Galien, Avicenne, croyez tout savoir, vous ne savez encore rien ; vous voulez prescrire des médicaments, et vous ignorez l'art de les préparer ! La chimie nous donne la solution de tous les problèmes de la physiologie, de la pathologie et de la thérapeutique ; en dehors de la chimie, vous tâtonnerez dans les ténèbres. »

Tel est le thème que Paracelse varie sur tous les tons. C'est toujours la même pensée qui l'anime : une guerre à outrance faite « aux docteurs à gants blancs », comme il les appelle, qui craignent de se salir les doigts en travaillant dans un laboratoire. « Parlez-moi plutôt, s'écrie-t-il, des médecins *spagiriques* (chimistes). Ceux-là du moins ne sont pas paresseux comme les autres ; ils ne sont pas habillés en beau velours, ni en soie, ni en taffetas ; ils ne portent pas de bagues d'or aux doigts, ni de gants blancs. Les médecins spagiriques attendent avec patience, jour et nuit, le résultat de leurs travaux. Ils ne fréquentent pas les lieux publics, ils passent leur temps au laboratoire ; ils portent des culottes de peau, avec un tablier de cuir pour s'essuyer les mains ; ils mettent leurs doigts aux charbons et aux ordures ; ils sont noirs et enfumés comme des forgerons et des charbonniers ; ils parlent peu et ne vantent pas leurs médicaments, sachant bien que c'est à l'œuvre qu'on reconnaît l'ouvrier ; ils travaillent sans cesse dans le feu, pour apprendre les différents degrés de l'art chimique.. »

Ne reprochons pas à Paracelse la violence de son langage. Elle est nécessaire à un réformateur, comme elle est naturelle à tout esprit révolutionnaire. Entrons plus avant dans les détails.

Les idées de Paracelse sur l'*air* étaient des plus saines, mais par cela même en désaccord avec les théories dominantes. « S'il n'y avait pas d'air, dit-il, tous les êtres vivants mourraient. Si le bois brûle, c'est l'air qui en est la cause ; sans l'air, il ne brûlerait pas. » Il paraît même n'avoir pas ignoré que l'étain augmente de poids quand on le calcine, et que cette augmentation est due à une portion d'air qui se fixe sur le métal.

Paracelse a l'un des premiers observé que lorsqu'on met de l'eau et de l'huile de vitriol (acide sulfurique) en contact avec le fer, il se dégage un air particulier; et il n'était pas éloigné de croire que cet air provient de la décomposition de l'eau, dont il serait un élément. L'habile observateur avait, en effet, devant lui, l'hydrogène, l'un des éléments de l'eau; il tenait dans ses mains l'une des vérités fondamentales de la chimie. Mais il la lâcha aussitôt, distrait par d'autres phénomènes qui n'avaient pas la même importance.

A l'exemple de la plupart des alchimistes, Paracelse supposait aux métaux trois éléments : l'esprit, l'âme et le corps, en d'autres termes, le mercure, le soufre et le sel. La *rouille* est, suivant lui, la *mort* d'un métal. « Le safran de Mars (rouille ou oxyde de fer) est du fer mort; le vert-de-gris est du cuivre mort; le mercure calciné, rouge, est du mercure mort, etc. Les métaux morts, les *chaux* des métaux peuvent être revivifiés ou réduits à l'état métallique par la suie (charbon). » Nous avons trouvé ici pour la première fois le mot *réduire*, employé encore aujourd'hui dans le sens de désoxyder.

Nous avons constaté, dans les ouvrages de Paracelse, la première mention qui ait été faite du *zinc* sous le nom que ce métal porte aujourd'hui. Mais l'auteur n'a indiqué aucun caractère propre à distinguer le zinc des autres métaux. « On rencontre, dit-il, en Carinthie, le zinc (*zincken*), qui est un singulier métal, plus singulier que les autres métaux. » Il le compara au mercure et au bismuth.

Aucun chimiste n'avait encore décrit d'une façon bien claire le moyen de séparer l'argent de l'or. Cette lacune fut comblée par Paracelse. « Pour séparer, dit-il, ces métaux à l'aide de l'eau-forte, on procède de la manière suivante. On réduit d'abord l'alliage en petites parcelles; puis on l'introduit dans une cornue, et on y verse de l'eau-forte ordinaire en quantité suffisante. Laissez digérer jusqu'à ce que le tout se résolve en une eau limpide : l'argent seul sera dissous, tandis que l'or se déposera sous forme de graviers noirs. C'est ainsi que les deux métaux se trouvent séparés l'un de l'autre. S'agit-il maintenant de retirer l'argent de la liqueur sans recourir à la distillation, on n'aura qu'à y plonger une lame de cuivre. On verra que l'argent se dépose, comme du sable, au fond du vase, pendant que la lame de cuivre est attaquée et corrodée. »

Paracelse partage l'opinion des alchimistes que les minéraux se développent comme les plantes. « Soumis à l'influence des astres et du sol, l'arbre, dit-il, développe d'abord des bourgeons, puis des fleurs, enfin des fruits. Il en est de même des minéraux. » — « L'alchimiste, dit-il encore, doit être comme le boulanger qui change la farine et la pâte en pain. La nature fournit la matière première : c'est à l'alchimiste de la façonner et de la pétrir. »

Les idées de Paracelse sur la vie et la composition matérielle de l'homme, sont fort curieuses. Selon ces idées, la vie est un esprit qui dévore le corps ; toute transmutation se fait par l'intermédiaire de la vie ; la digestion est une dissolution des aliments ; l'homme est une vapeur condensée : il retournera à la vapeur d'où il était sorti. La putréfaction est la transformation par excellence : « Elle conserve les vieux corps et les change en substances nouvelles ; elle produit des fruits nouveaux. Tout ce qui est vivant meurt, et tout ce qui meurt ressuscite. »

Les principales fonctions de la vie sont, suivant Paracelse, dévo-lues à un *Arché*, que les chimistes devraient prendre pour modèle dans toutes leurs opérations. Cet archée préside à la digestion, il élimine les matières qui doivent être rejetées, et assimile celles qui doivent se transformer en sang, en muscles, etc. Il réside principa-lement dans l'estomac ; mais il habite aussi les autres parties du corps, dont chacune est comparable à un estomac.

La médecine chimique, l'*iatrochimie* de Paracelse, repose sur la proposition suivante : L'homme est un composé chimique ; les ma-ladies ont pour cause une altération quelconque de ce composé ; il faut donc des médicaments chimiques pour les combattre.

Paracelse eut des partisans et des adversaires également ardents. Parmi ses partisans nous citerons, en première ligne, Léonard *Tur-neysser* (né en 1530, mort en 1596). Comme son maître, il par-courut, dit-on, une grande partie de l'Europe, et voyagea même en Asie et en Afrique. Prétendant avoir découvert un réactif propre à déceler les changements qu'éprouve le sang dans dif-férentes espèces de maladies, il fut appelé à Munster pour y or-ganiser une pharmacie iatro-chimique et un laboratoire modèle. Les richesses qu'il amassa en peu de temps furent attribuées à la pierre philosophale qu'on lui supposait avoir trouvée. Elles provenaient en réalité de la vente de ses almanachs prophétiques, de quelques procédés chimiques, de ses talismans, de ses manuscrits et surtout d'un certain nombre de cures heureuses obtenues par l'inspection

des urines. Le principal de ses ouvrages, dont la liste est assez considérable (1), a pour titre *Archidoxa* (Münster; 1569, in-4).

Parmi les partisans de Paracelse, nous mentionnerons encore :
Oswald *Croll*, qui préparait la lune cornée (chlorure d'argent) en
traitant une dissolution de pierre infernale (nitrate d'argent) par du
sel marin; — Pierre *Sévérin*, qui préconisait les préparations antimoniales dans le traitement des maladies internes ; — *Michel* d'Anvers, qui alla répandre l'usage des médicaments chimiques en Angleterre, où l'avaient déjà précédé Heister et Muffet ; — *Arago* de Toulouse,
qui vantait les vertus des préparations mercurielles ; — Joseph *Duchesne*, dit Quercetan, médecin de Henri IV, qui préparait le premier le *laudanum* (nom dérivé de *laudando*, remède à louer)
en faisant infuser de l'opium dans du vin, avec de l'ambre, de
l'essence de cannelle, des clous de girofle et des noix de muscade.
Ce même médecin découvrit le *gluten* en malaxant de la pâte de
farine sous un filet d'eau. « Cette substance glutineuse, tenace,
élastique, se détruit, rapporte-t-il, en partie par la fermentation. »
Il paraît aussi avoir le premier entrevu l'*azote* en parlant de la composition du nitre, comme ayant pour élément « un air qui éteint la
flamme. »

Bien que Paracelse donnât sous plus d'un rapport' prise à la
critique, ses adversaires n'étaient pas très-nombreux. Quelques-uns,
à défaut d'autres arguments, s'attaquèrent, comme Oporin et
Vetter, à sa vie privée, en le représentant comme un homme cra-
puleux et ivrogne.

Thomas Eraste, dont le véritable nom était *Lieber*, fut un de ses
antagonistes les plus sérieux. Niant la réalité de la pierre philosophale, il combat victorieusement la théorie d'après laquelle les corps
vivants auraient pour éléments le mercure, le soufre et le sel. Il
reproche à Paracelse beaucoup de mauvaise foi, et relève avec trop
d'aigreur les contradictions qui se rencontrent dans ses écrits.

On cite encore parmi les adversaires de Paracelse et des Paracel-
sistes, Dissenius, Seidel, Conrad Gesner, Crato de Kraftheim, Antoine Penot, Riolan, etc.

Quelques-uns se firent remarquer par un sage éclectisme. De ce
nombre était *Libavius*. Né à Halle vers 1560, il exerça l'état de
médecin, et devint en 1606 directeur du gymnase à Cobourg où il
mourut à l'âge de cinquante-six ans. Loin de jurer par les paroles

---

1. Voy. notre *Hist. de la Chimie*, t. II, p. 21 (2ᵉ édit. Paris, 1866).

du maître, il interrogea lui-même l'expérience et enrichit la science d'un grand nombre de faits nouveaux qui se trouvent en partie consignés dans son *Achymia recognita*, etc., Francf. 1597, in-4°.

Libavius donna le nom d'esprit acide de soufre (*spiritus sulfuris acidus*) à une solution aqueuse de gaz acide sulfureux, obtenue en brûlant au soufre et faisant arriver le produit gazeux dans un récipient plein d'eau : cette solution se change peu à peu en acide sulfurique au contact de l'air. Il reconnut l'identité de ce dernier acide avec celui qu'on obtient par la distillation du vitriol (sulfate de fer ou de cuivre), ou avec celui qui se produit quand on traite le soufre par l'eau-forte (acide nitrique).

Dans la partie de son ouvrage, relative à la chimie organique, Libavius parle le premier de l'acide camphorique, sous le nom d'*oleum camphoræ*, qu'il préparait en traitant le camphre par l'eauforte. Il y décrit aussi en un langage très-clair le moyen d'extraire l'alcool de la bière, ou de l'obtenir à l'aide des grains de blé, des fruits sucrés ou amylacés, des glands, des châtaignes, etc., qu'il faisait d'abord fermenter avant de les soumettre à la distillation.

Libavius s'occupa le premier, en véritable chimiste, de l'analyse des *eaux minérales*, dans son intéressant traité *De judicio aquarum mineralium*. Il y recommande d'évaporer les eaux qu'on veut analyser, de peser le résidu salin, et d'en comparer le poids avec celui de la liqueur employée. Il indique en même temps un moyen fort simple pour s'assurer si une eau est *minérale*, c'est-à-dire chargée de sels métalliques, alcalins ou terreux. Ce moyen consiste à tremper dans l'eau un drap blanc d'un poids connu, et à le sécher ensuite au soleil. Après sa dessiccation complète, le drap est pesé de nouveau ; s'il a augmenté de poids et qu'il présente des taches, on déduit de la différence la quantité de substances fixes, minérales dont l'eau était chargée.

Le nom de Libavius a été donné au bichlorure d'étain. La *liqueur fumante de Libavius* s'obtenait par un procédé analogue à celui qu'on emploie encore aujourd'hui, en soumettant à la distillation une partie d'étain et quatre parties de sublimé corrosif (bichlorure de mercure). Au lieu de l'étain pur, Libavius se servait d'un amalgame d'étain. Le sel ainsi obtenu, qui bout à 120° en répandant d'épaisses vapeurs, il l'appelait lui-même *liqueur* ou *esprit de sublimé mercuriel*.

Georges Agricola. — A. Landmann (en latin *Agricola*), né à Glaucha (Saxe) en 1494, mort en 1555, peut être considéré comme le représentant de la chimie métallurgique au seizième siècle. Il séjourna longtemps en Italie et en Bohême, et se mit en relation avec les célébrités de son temps, entre autres avec Érasme, dont il semble avoir pris pour modèle la latinité.

Les écrits d'Agricola, particulièrement son traité *De re metallica*, eurent un grand nombre d'éditions, et furent traduits dans les principales langues modernes. L'édition la plus complète parut à Bâle en 1657, in-fol. Les vues de l'auteur sur l'exploitation des mines ont un cachet éminemment pratique. Il faut, observe-t-il, beaucoup de patience et souvent de grandes dépenses, avant de rencontrer un filon assez riche pour dédommager l'exploitant de toutes ses peines. C'est pourquoi il n'y a guère, ajoute-t-il, que les gouvernements ou les sociétés d'industriels, réunissant en commun de grands capitaux, qui puissent se livrer fructueusement à ce genre d'entreprises... Avant d'ordonner les fouilles, il importe d'examiner la nature du terrain, les contrées du voisinage, les qualités de leurs eaux, de l'air, etc. Il faut qu'il y ait de vastes forêts aux environs, afin de fournir les matériaux nécessaires à la combustion du minerai et à la construction des machines.

Au nombre des moyens, indiqués par Agricola pour découvrir les filons métalliques, il s'en trouve un qui est emprunté à la physiologie végétale ; il mérite d'être signalé. « Lorsque les herbes sont, dit-il, chétives, pauvres en sucs, et que les rameaux et les feuilles des arbres revêtent une teinte terne, sale, noirâtre, au lieu d'être d'un beau vert luisant, c'est un signe que le sous-sol est riche en minerai où domine le soufre... Certains champignons et quelques espèces de plantes particulières peuvent également déceler la présence d'un filon. » Puis, bravant les croyances de son temps, il traite d'imposteurs tous ceux qui emploient pour la recherche des métaux, la *baguette de coudrier fourchu*, tournant entre le pouce et l'index. « Ce procédé rappelle, s'écrie-t-il avec indignation, la baguette de Circé, qui changea les compagnons d'Ulysse en pourceaux. »

Les divers traitements auxquels étaient soumis les minerais, retirés des entrailles de la terre, sont décrits dans un langage aussi clair qu'élégant. Ces minerais étaient d'abord broyés avec des marteaux, puis grillés, afin d'en expulser le soufre, cet élément minéralisateur par excellence. Voici le procédé de grillage alors usité. « On construit, dit l'auteur, une espèce de fossé carré, où l'on entasse des bûches les unes sur les autres en forme de croix, jusqu'à la hau-

leur d'une à deux coudées. On place sur ce bois les fragments de mineral broyés, en commençant par les plus gros. On recouvre le tout
de poussière de charbon et de sable mouillés, de manière à donner
au bûcher l'aspect d'une meule de charbonnier. Enfin on y met le
feu. Ce grillage s'opère en plein air. Cependant lorsque le mineral est
très-riche en soufre, on le brûle sur une large lame de fer, percée
d'une multitude d'orifices, par lesquels le soufre s'écoule pour se
figer dans des pots pleins d'eau placés au-dessous... Lorsque le mineral contient de l'or et de l'argent, on le pile, on le pulvérise dans
des moulins, et on le mêle avec du mercure. Il se produit un amalgame qui, étant fortement comprimé dans une peau ou dans un
linge, laisse passer le mercure sous forme d'une pluie fine, et l'or
reste; mais il y adhère un peu d'argent. »

Les minerais de fer, de plomb, d'étain, sont, nous apprend encore
l'auteur, mêlés avec de la poussière de charbon et de la terre
glaise; leur combustion s'effectue dans de grands fourneaux qua-
drangulaires. Si le mineral est riche, on perce, au bout de quatre
heures, la partie inférieure du fourneau avec de grands ringards de
fer. Si le mineral est pauvre, on ne pratique la percée qu'après une
combustion qui n'aura pas duré moins de huit heures.

A la fin de son traité de *Re metallica*, l'auteur s'étend sur les
verreries de Venise, qui faisaient alors l'admiration du monde entier. « C'est, dit-il, dans cette ville qu'on fabrique en verre des
choses incroyables, telles que des balances, des assiettes, des miroirs, des oiseaux, des arbres. J'ai eu occasion d'admirer tout cela
pendant un séjour de deux ans à Venise. »

Malgré son esprit d'observation, rebelle aux vaines théories des
alchimistes, Agricola croyait aux animaux *pyrogènes*, c'est-à-dire
qui naissent et vivent dans le feu, et qui meurent dès qu'on les en
retire. Il croyait même aux démons souterrains, qu'il divisait en
bons et en méchants. Il raconte qu'un de ces derniers tua un jour,
dans une galerie des mines d'Anneberg (Saxe), douze ouvriers à la
fois par la seule puissance de son souffle. On devine que ce démon
n'était autre chose qu'un gaz irrespirable, propre à déterminer
une asphyxie foudroyante.

Comme Geber et d'autres, Agricola savait que les métaux augmentent de poids par leur calcination. Mais il fit un pas de plus, en cons-
tatant que l'air humide produit le même effet. « Le plomb, dit-il,
augmente de poids quand il est exposé à l'influence d'un air humide.
Cela est tellement vrai que les toits de plomb pèsent, au bout de

quelques années, beaucoup plus qu'ils ne pesaient à leur origine. »

Dans le traité de la *Nature des fossiles* d'Agricola, nous avons trouvé la première mention qui ait été faite des mèches et des allumettes soufrées. « On fabrique, dit l'auteur, des mèches soufrées qui, après avoir reçu l'étincelle provenant de la friction du fer avec un caillou, nous servent à allumer les bois secs et les chandelles... Ces mèches soufrées consistent en fils de lin et de chanvre, en bois minces, enduits de soufre... On fait aussi, ajoute-t-il, entrer le soufre, exécrable invention, dans cette poudre qui lance au loin des boulets de fer, d'airain ou de pierre, instruments de guerre d'un genre nouveau (*novi tormenta generis*). » — On voit que la poudre à canon était maudite presque dès son origine. Malheureusement les hommes se conduisent toujours de manière à pouvoir s'appliquer ces paroles d'un ancien : *Meliora probo, deteriora sequor*.

Après Agricola, nous devons mentionner, parmi les métallurgistes du XVIe siècle, Biringuccio, Perez de Vargas et Césalpin.

Biringuccio décrit l'un des premiers, dans sa *Pyrotechnie* (Venise 1540, in-4°), à propos de l'affinage de l'or, le *procédé d'inquartation*, qui est encore aujourd'hui en usage. Il expose comment il faut d'abord coupeller l'alliage d'or, soumis à l'essai, avec environ quatre parties d'argent et une petite quantité de plomb, et comment il faut ensuite traiter par l'eau-forte le bouton de retour contenant l'argent d'inquartation. « L'or se ramasse, dit-il, au fond du matras, sous forme de poudre, et l'argent, réduit en eau (dissous), surnage. Vous enlèverez la liqueur par décantation, et vous traiterez le résidu par une nouvelle quantité d'eau-forte, jusqu'à ce que vous le voyiez devenir d'un jaune d'or, de noir qu'il était. Enfin, vous enlèverez de nouveau la liqueur qui surnage, et vous laverez le résidu (or) avec de l'eau pure. Des pesées exactes indiqueront la quantité d'or contenue dans l'alliage. »

Ce métallurgiste italien admettait la composition des métaux. Mais il ne croyait pas qu'ils fussent composés de soufre et de mercure. Suivant sa théorie, l'or serait une véritable combinaison, en proportions déterminées, de certains éléments primitifs, encore inconnus.

Perez de Vargas écrivit un traité *de Re metallica* (Madrid, 1569, in-8°), qui est loin de valoir celui d'Agricola. On y trouve cependant la première indication précise sur le manganèse. « Le *manganèse* (peroxyde de manganèse), dit-il, est une rouille noire, et ne se fond point seul; mais, étant mêlé et fondu avec les éléments du verre, il communique à cette substance une couleur d'eau limpide; il enlève au verre sa couleur verte ou jaune, et le rend blanc et transparent; les verriers et les potiers s'en servent avec avantage. » — Cette propriété valut au manganèse, tel qu'on le trouve dans la nature, le nom de *savon des verriers*.

En parlant de la trempe de fer, le métallurgiste espagnol donne le moyen de tremper une lime, de manière à la rendre très-dure. « Cela se fait, dit-il, avec des cornes de cerf ou des ongles de bœuf, avec du verre pilé, du sel, le tout trempé dans du vinaigre ; on en frotte la lime, on la chauffe, puis on la plonge dans de l'eau froide. »

Pour rendre le fer aussi mou et malléable que le plomb, il indique le procédé suivant : « On frotte le fer avec de l'huile d'amandes amères, on l'enveloppe d'un mélange de cire, de benjoin et de soude, et on recouvre le tout d'un lut fait avec de la fiente de cheval et du verre en poudre; on le place sur des braises ardentes pendant toute une nuit et on l'y laisse jusqu'à ce que le feu s'éteigne de lui-même et que le fer se refroidisse. »

La gravure sur métaux, mentionnée par Vargas, consistait à recouvrir le métal (fer, cuivre, argent, etc.) d'une couche de cire, de graisse, ou de mine de cinabre, et d'y écrire avec de l'eau-forte; le métal est attaqué dans tous les points où il a subi le contact de l'acide. — Cette méthode est encore aujourd'hui employée.

Césalpin. Professeur à l'université de Pise et premier médecin du pape Clément VIII, André Césalpin (né à Arezzo en 1519, mort à Rome en 1603) écrivit un traité *de Metallicis* où il définit les métaux « des vapeurs condensées par le froid. » Il distingue les minéraux des végétaux en ce que les premiers ne se putréfient pas, et qu'ils ne fournissent aucun aliment propre au développement des êtres animés; puis il soutient que « les coquillages, qu'on trouve incrustés dans la substance de certaines pierres, proviennent de ce que la mer avait autrefois couvert la terre et qu'en se retirant peu à peu, elle a laissé ces traces de son passage. » — Césalpin signala, l'un des premiers, comme caractère distinctif du règne organique et du règne minéral, que les minéraux sont seuls susceptibles de cristalliser en prenant des formes géométriques, régulières.

En parlant du plomb, qu'il appelle un *savon* propre à nettoyer l'argent et l'or pendant la coupellation, Césalpin indique un fait qui, joint à d'autres observations, devait plus tard amener la découverte de l'oxygène. « La crasse (*sordes*) qui recouvre, dit-il, le plomb exposé a l'air humide, provient d'une substance aérienne qui augmente le poids du métal. »

L'usage des *crayons de plombagine* remonte au moins au XVIe siècle. C'est ce qui résulte de ce passage de Césalpin : « La pierre molybdoïde (*lapis molybdoïdes*) est de couleur noire et de l'aspect du plomb; elle est un peu grasse au toucher, et tache les doigts. Les peintres se servent de cette pierre, taillée en pointe, pour tracer des dessins; ils l'appellent *pierre de Flandres*, parce qu'on l'apporte de la Belgique. »

Bernard Palissy. L'un des fondateurs de la méthode expérimen ale et de la chimie technique et agricole, B. Palissy naquit en 1499, près d'Agen. Il se passionna, à quarante-cinq ans, pour l'art des émaux et de la poterie, il faut l'entendre raconter lui-même toutes ses tribulations.... « Quand j'eus, dit-il, inventé le moyen de faire des *pièces rustiques*, je fus en plus grande peine et en plus d'ennui qu'auparavant. Car, ayant fait un certain nombre de bassins rustiques et les ayant fait cuire, mes esmaux se trouvoient les uns beaux et bien fondus, les autres mal fondus, d'autres estoient bruslés, à cause qu'ils estoient fusibles à divers degrés; le verd des lézards estoit bruslé avant que la couleur des serpents fût fondue; aussi la couleur des serpens, escrevices, tortues, cancres, estoit fondue auparavant que le blanc eust reçu aucune beauté. Toutes ces fautes m'ont causé un tel labeur et tristesse d'esprit, auparavant que j'ay eu rendu mes esmaux fusibles à un mesme degré de feu, j'ay cuidé entrer jusques à la porte du sépulcre. Aussi en me travaillant à telles affaires je me suis trouvé l'espace de plus de dix ans si fort escoulé en ma personne, qu'il n'y avait aucune forme, ni apparence de bosse aux bras ni aux jambes; ains estoyent mes dites jambes toutes d'une venue, de sorte que les liens de quoy j'attachois mes bas de chausses estoient soudain que je cheminais sur les talons avec le résidu de mes chausses. Je m'allois souvent proumener dans la prairie de Saintes, en considérant mes misères et ennuis... J'ai été plusieurs années que, n'ayant rien de quoy faire couvrir mes fourneaux, j'estois toutes les nuits à la mercy des pluies et vents, sans avoir aucun secours, aide, ni consolation, sinon des chats-huants qui chantaient d'un côté, et les chiens qui hurloient de l'autre; parfois il se levoit des vents et tempestes, qui souffloient de telle sorte le dessus et le dessous de mes fourneaux que j'estois contraint de quitter là tout, avec perte de mon labeur; et je me suis trouvé plusieurs fois qu'ayant tout quitté, n'ayant rien de sec sur moi à cause des pluyes qui estoient tom-

bées, je m'en allois coucher à la minuit ou au point du jour, ac-
coustré de telle sorte qu'un homme qui serait ivre de vin; d'autant
qu'après avoir longuement travaillé je voyois mon labeur perdu.
Or, en me retirant ainsi souillé et trempé, je trouvois en ma chambre une seconde persécution pire que la première, qui me fait à
présent émerveiller que je ne sois consumé de tristesse [1]. »

Ce tableau éloquent, que nous avons de beaucoup abrégé, a une
haute portée philosophique. Il montre que c'est en payant de sa
personne, par le travail de ses mains, que l'on fait avancer les arts
et les sciences.

Dévoué à la Réforme, B. Palissy se trouva impliqué dans les guerres
civiles et religieuses qui désolaient alors la Saintonge, sa contrée
natale. Il fut arrêté et traîné en prison; son atelier, construit à
grands frais, fut démoli. Tout le monde, à l'exception des juges
royaux de Saintes, s'intéressait au sort du malheureux *ouvrier de
terre, inventeur des rustiques figulines*. De la prison de Saintes il fut
conduit, pendant la nuit, dans celle de Bordeaux; il aurait péri,
comme tant d'autres de ses coreligionnaires, si le connétable, duc
de Montmorency, n'était pas intervenu en sa faveur auprès de la
reine-mère, la fameuse Catherine de Médicis. Mis en liberté, Palissy
s'attacha, par reconnaissance, au service de la reine-mère et du
connétable. Il fut dès lors employé à embellir des chefs-d'œuvre de
son art plusieurs châteaux royaux, particulièrement celui d'Écouen.
Il habitait les Tuileries, comme il nous l'apprend lui-même, et on
ne le connaissait que sous le nom de *Bernard des Tuileries*.

En 1572, il avait échappé, avec Ambroise Paré, aux massacres
de la Saint-Barthélemy, lorsque recommença le drame sanglant de
la Ligue. Un des principaux ligueurs, Matthieu de Launay, demanda,
en 1589, le supplice du vieux Bernard, alors enfermé à la Bastille.
Henri III alla lui-même le visiter dans cette prison, pour l'engager
à changer de religion. « Mon bon homme, lui dit le roi, il y a
trente-cinq ans que vous êtes au service de la reine-mère et de moi;
Nous avons enduré que vous ayez vécu en votre religion parmi les
feux et les massacres. Maintenant je suis tellement contraint par
ceux de Guise et mon peuple, qu'il m'a fallu, malgré moi, vous
mettre en prison. Vous serez brûlé demain, si vous ne vous con-
vertissez. — Sire, répondit Bernard, vous m'avez dit plusieurs
fois que vous aviez pitié de moi; mais moi j'ai pitié de vous, qui

---

[1]. *Œuvres* de B. Palissy; p. 5 et suiv. (Paris, 1777, in-4).

avez prononcé ces mots : *Je suis contraint* ; ce n'est pas parler en roi. Je vous apprendrai le langage royal, que les guisards, tout votre peuple, ni vous, ne sauriez contraindre un potier à fléchir les genoux devant des statues [1]. » — Le noble vieillard demeura inflexible, et mourut bientôt après à l'âge de quatre-vingt-dix ans.

Ne sachant ni le grec ni le latin, B. Palissy écrivit tous ses ouvrages en français. Ils furent pour la première fois réunis en un volume par Gobet et Faujas de Saint-Fond ; Paris, 1777. Ces écrits, publiés dans un intervalle de vingt-trois ans (de 1557 à 1580), ont été, pour la plupart, composés sous forme de dialogues. La *Théorique*, vaine et orgueilleuse, est victorieusement combattue par la *Pratique*, qui, beaucoup moins prétentieuse, se glorifie de n'avoir point eu d'autre livre que le ciel et la terre, « lequel est connu de tous, et est donné à tous de connoistre et lire ce beau livre. »

C'est à Bernard Palissy, comme nous l'avons montré dès 1843 (date de la 1re édition de notre *Histoire de la Chimie*), et non point à François Bacon, que l'on doit l'introduction définitive de la méthode expérimentale dans la science. L'*Art de Terre* du potier d'Agen parut avant le *Novum Organum* du chancelier d'Angleterre.

Un grand fait, la cristallisation, qui s'appelait jusqu'alors la *congélation*, avait mis beaucoup de trouble et de confusion dans l'esprit des alchimistes, qui presque tous prenaient ce phénomène pour une véritable *transmutation de l'eau*. B. Palissy parvint le premier à établir par des expériences précises que les sels et autres matières ne cristallisent qu'autant qu'ils ont été d'abord liquéfiés ou dissous dans l'eau. « Depuis quelque temps, dit-il, j'ay connu que le cristal se congeloit dedans l'eau ; et ayant trouvé plusieurs pièces de cristal formées en pointes de diamant, je me suis mis à penser qui pourroit être la cause de cela; et estant en telle rêverie, j'ay considéré le salpestre, lequel estant dissoult dedans l'eau chaude, se congèle au milieu et aux extrémités du vaisseau où elle aura bouilli ; et encore qu'il soit couvert de la dite eau, il ne laisse à se congeler. Par tel moyen j'ay connu que l'eau qui se congèle en pierres ou métaux n'est pas eau commune; car si c'estoit eau commune, elle se congèleroit également partout, comme elle fait par les gelées. Ainsi donc, j'ay connu par la congélation du salpêtre que le cristal ne se congèle point sur la superficie (comme l'eau simple), ains au milieu des eaux communes; tellement que toutes pierres portant forme carrée, triangulaire, etc., sont congelées dans l'eau. »

1. D'Aubigné, *Hist. univers.*, Part. III (an 1889).

Suivant B. Palissy, les sels sont très-répandus dans la nature. Aucun chimiste n'avait encore appliqué le nom de *sel* à un aussi grand nombre des corps. « La couperose, dit l'auteur dans son *Traité des sels*, est un sel; le vitriol est un sel, l'alun est sel, le borax est sel; le sublimé, le sel gemme, le tartre, le sel ammoniac, tout cela sont des sels divers. » Toutes ces substances, n'oublions pas de le rappeler, sont encore aujourd'hui comprises dans la classe des sels.

B. Palissy s'éleva avec force contre la doctrine des anciens, d'après laquelle le sel serait l'ennemi de la végétation, et il essaya d'établir, par voie expérimentale, la véritable théorie des engrais. Il démontra le premier que le fumier n'active la végétation qu'à raison des sels qu'il contient, et que, ces sels étant enlevés, le fumier est sans valeur. Ecoutons-le traiter lui-même cette importante question :

« Le fumier que l'on porte aux champs ne serviroit de rien, si ce n'estoit le sel que les pailles et foins y ont laissé en pourrissant. Par quoy ceux qui laissent leurs fumiers à la mercy des pluyes sont mauvais mesnagers, et n'ont gueres de philosophie acquise, ni naturelle. Car les pluyes qui tombent sur les fumiers, découlant en quelque vallée, emmènent avec elles le sel dudit fumier, qui se sera dissous à l'humidité, et par ce moyen, il ne servira plus de rien estant porté aux champs. La chose est assez aisée à voir; et si tu le veux croire, regarde quand le laboureur aura porté du fumier en son champ : il le mettra, en deschargeant, par petites piles, et quelques jours après il le viendra espandre parmi le champ, et ne laissera rien à l'endroit des dites piles; et toutefois après qu'un tel champ sera semé de bled, tu trouveras que le bled sera plus beau, plus verd et plus espais à l'endroit où les dites piles auront reposé, que non pas en autre lieu. Et cela advient parce que les pluyes qui sont tombées sur les dits pilots ont pris le sel en passant au travers et descendant en terre; par là tu peux connoistre que ce n'est pas le fumier qui est cause de la génération, mais le sel que les semences avoient pris en la terre...

« Si quelqu'un sème un champ pour plusieurs années sans le fumer, les semences tireront le sel de la terre pour leur accroissement, et la terre, par ce moyen, se trouvera desnuée de sel, et ne pourra plus produire. Par quoy la faudra fumer ou la laisser reposer quelques années, afin qu'elle reprenne quelque salsitude provenant des pluyes ou nuées. Car toutes terres sont terres; mais elles sont

bien plus salées les unes que les autres. Je ne parle pas d'un sel
commun seulement, mais je parle des sels végétatifs... Aucuns
disent qu'il n'y a rien de plus ennemi des semences que le sel; et
pour ces causes, quand quelqu'un a commis quelque grand crime,
on le condamne que sa maison soit rasée et le sol labouré et semé
de sel, afin qu'il ne produise jamais de semence. Je ne sais s'il y a
quelque pays où le sel soit ennemi des semences; mais bien sçay-je
que sur les bossis des marais salants de Xaintonge, l'on y cueille
du bled autant beau qu'en lieu où je fus jamais; et toutefois les dits
bossis sont formés des vuidanges des dits marais, je dis des vuidanges du fond du champ des marais, lesquelles vuidanges et
fanges sont aussi salées que l'eau de mer; et toutefois les semences
y viennent autant bien qu'en nulle terre que j'ay jamais vue. Je ne
sçay pas où c'est que nos juges ont pris occasion de faire semer du
sel en une terre en signe de malédiction, si ce n'est quelque contrée
où le sel soit ennemi des semences. »

Il n'est guère possible d'unir plus de sagacité à autant d'esprit.
L'expérience de nos jours a parfaitement confirmé les idées de
B. Palissy. Ce sont en effet les sels, particulierement les sels am-
moniacaux, qui jouent le principal rôle dans l'action des engrais.

B. Palissy avait sur l'origine des sources qui alimentent les rivières et les fleuves une opinion toute différente de celle des philosophes qui croyaient « que les sources de la terre sont allaictées
par les tétines de l'Océan. » Il était persuadé qu'elles ne proviennent
que des eaux de pluies. « La cause, dit-il, pourquoy les eaux se trouvent tant ès sources qu'ès puits n'est autre qu'elles ont trouvé un
fond de pierre ou de terre argileuse, laquelle peut tenir l'eau autant
bien comme la pierre; et si quelqu'un cherche de l'eau dedans des
terres sableuses, il n'en trouvera jamais, si ce n'est qu'il y ait au-
dessous de l'eau quelque terre argileuse, pierre ou ardoise, ou
minéral, qui retiennent les eaux des pluyes quand elles auront
passé au travers des terres. Tu me pourras mettre en avant que tu
as vu plusieurs sources sortant des terres sableuses, voir dedans
les sables mêmes. A quoy je responds, comme dessus, qu'il y a dessous quelque fond de pierre, et que si *la source monte plus haut que
les sables, elle vient aussi de plus haut.* »

Ce passage touche à la question des sous-sols, si importante en
agriculture, et résume en quelques mots toute la théorie des puits
artésiens.

Les alchimistes trouvèrent en B. Palissy un adversaire décidé. Il montra que leurs procédés de projection n'étaient que de la duperie, et que la fausseté de leur or et de leur argent se découvrait facilement par la coupellation. Comme preuves à l'appui il raconte ce qui se passa un jour à la cour de Catherine de Médicis.

« Le sieur de Courlange, varlet de chambre du roy, sçavait beaucoup de telles finesses, s'il en eust voulu user. Car, quelque jour venant à disputer de ces choses devant le roi Charles IX, il se vanta, par manière de facétie, qu'il lui apprendrait à faire de l'or et de l'argent; pour laquelle chose expérimenter il commanda audit de Courlange qu'il eust à besogner promptement, ce qui fut fait. Et au jour de l'expérience ledit de Courlange apporta deux phioles pleines d'eau claire, comme eau de fontaine, laquelle était si bien accoustrée que, mettant une aiguille ou autre pièce de fer tremper dans l'une des dites phioles, elle devenoit soudain de couleur d'or, et le fer étant trempé dans l'autre phiole, devenait couleur d'argent. Puis fut mis du vif-argent dedans les dites phioles, qui soudain se congela, celuy de l'une des phioles en couleur d'or, et celui de l'autre en couleur d'argent, dont le roy prit les deux lingots, et s'en alla vanter à sa mère qu'il avait appris à faire de l'or et de l'argent. Et toutes fois c'était une tromperie, comme de Coulange me l'a dit de sa propre bouche [1]. »

Voici en quels termes B. Palissy se railla des opérations des alchimistes : « Dis donc au plus brave d'iceux qu'il pile une noix, j'entends la coquille et le noyau; et l'ayant pulvérisée, qu'il la mette dans son vaisseau alchimistal. Et s'il fait rassembler les matières d'une noix ou d'une chastaigne pilée, les remettant au mesme estat qu'elles estoyent auparavant, je dirai lorsqu'ils pourront faire l'or et l'argent. Voire mais je m'abuse, car ores qu'ils pussent rassembler et régénérer une noix ou une chastaigne, encores ne seroit-ce pas là multiplier ni augmenter de cent parties, comme ils disent que s'ils avoient trouvé la pierre des philosophes, chascun poids d'icelle augmenteroit de cent. Or, je sçay qu'ils feront aussi bien l'un que l'autre. »

Dans son traité *de l'Or potable*, Palissy prend à part les médecins qui vantaient leur or potable comme une panacée, qui n'était, selon lui, que de l'or très-divisé. « Il y a, dit-il, un nombre infini de médecins qui ont fait bouillir des pièces d'or dedans des ventres de chapon, et puis faisoient boire le bouillon aux malades... Autres faisoient

---

1. *Traité des métaux et alchimie*, p. 315 des Œuvres de Palissy.

limer les dites pièces d'or, et faisoyent manger la limure aux malades parmi quelque viande. Autres prenoient de l'or en feuille, de quoy usent les peintres. Mais tout cela servoit autant d'une sorte que d'une autre. » — A cette occasion il juge fort sévèrement Paracelse et ses disciples : il les accuse de s'être fait une renommée par des moyens que l'honnêteté réprouve.

B. Palissy ne fut pas seulement un habile expérimentateur, opposé aux vaines théories; c'était encore un moraliste sévère et un philosophe d'un esprit indépendant et un peu railleur. A cet égard il se rapproche de tous les penseurs d'élite de son temps, tels qu'Erasme, Montaigne, Rabelais. Les réflexions qu'il fait sur l'homme en fournissent la preuve. « Je voulus, dit-il, savoir quelles espèces de folies estoyent en l'homme, qui le rendoient ainsi difforme et mal proportionné. Mais ne le pouvant savoir ni cognoistre par l'art de géométrie, je m'advisai de l'examiner par une philosophie alchimistale, qui fut le moyen que je mis soudain plusieurs fourneaux propres à cette affaire : les uns pour putréfier, les autres pour calciner, aucuns autres pour examiner, aucuns pour sublimer, et d'autres pour distiller. Quoy fait, je pris la tête d'un homme, et ayant tiré son essence par calcinations et distillations, sublimations et autres examens faits par matras, cornues et bains-maries, et ayant séparé toutes les parties terrestres de la matière exhalative, je trouvois que véritablement en l'homme il y avoit un nombre infini de folies, que quand je les eu apperçues, je tombay quasy en arrière comme pasmé, a cause du grand nombre de folies que j'avais apperçues en la dite teste. Lors me prit soudain une curiosité et envie de savoir qui estoit de ces plus grandes folies; et ayant examiné de bien près mon affaire, je trouvay que l'*avarice* et l'*ambition* avoient rendu presque tous les hommes fous; et leur avoit quasy pourri la cervelle. » — Montaigne n'aurait pas mieux dit.

A côté de Paracelse, d'Agricola et de Palissy viennent se placer, comme ayant exercé par leurs travaux une influence marquée sur leur siècle, Cardan, J.-B. Porta, Blaise de Vigenère, Claves, etc.

Jérôme Cardan. Prônant et combattant tour à tour les doctrines des alchimistes, mêlant aux observations les plus exactes les théories les moins fondées, J. Cardan (né à Pavie en 1501, mort en 1576) présente par ses contradictions beaucoup de ressemblance avec Paracelse. Son livre *de Veritate rerum* (Bâle, 1557, in-8°) contient des détails aussi propres à piquer la curiosité qu'à recevoir des applications utiles. On y trouve, entre autres, que c'est avec

des substances métalliques que l'on *varie la couleur de la flamme;*
que l'on peut faire une « bougie merveilleuse par sa couleur, son
odeur, son mouvement et son bruit, avec une partie de nitre, ⅕ de
myrrhe, d'huile commune, de suc d'épurge, ¹⁄₀ de soufre, ½ de cire;
et que l'on peut faire marcher des œufs sur l'eau, en les remplis-
sant de poudre à canon par une petite ouverture que l'on bouche
avec de la cire.

Un des chapitres les plus remarquables *de la Variété des choses*
est celui qui traite des *forces et des aliments du feu.* L'auteur y
divise implicitement les corps en *combustibles* et en *non combustibles,* et il établit, contrairement à l'opinion jusqu'alors généralement adoptée, que le *feu* n'est pas un élément. Il y parle aussi d'un
gaz (*flatus*) qui « alimente la flamme et rallume les corps qui présentent un point en ignition. » Il ajoute que ce même gaz existe
aussi dans le salpêtre. C'était entrevoir clairement l'oxygène. Nous
avons déjà signalé plus d'un de ces *entrevoyeurs,* qu'on pourrait
nommer les *clairvoyants* de la science.

Jean-Baptiste Porta. Encouragé par le cardinal d'Este, qui
avait fondé la première société savante sous le nom d'*Académie des
secrets,* J.-B. Porta (né en 1517, mort en 1615) parcourut l'Italie,
la France, l'Espagne, l'Allemagne, pour se mettre en rapport avec
les hommes les plus savants d'alors et pour acheter en même temps
les livres de science les plus rares. C'est lui-même qui nous apprend
ces détails dans la préface de sa *Magia naturalis,* dont la première
édition parut à Naples en 1584. Peut-être avait il appris de Bernard
Palissy l'art qu'il possédait de colorer les verres et les émaux. Il
consacra à cet art un chapitre particulier (*de Gemmis adulteran-
dis*), où il expose qu'il faut d'abord faire une pâte vitreuse avec à
peu près parties égales de tartre calciné (carbonate de potasse) ou
de soude, et de cristal de roche ou de pierre siliceuses pulvérisées
et bien lavées; qu'il faut chauffer ce mélange, pendant six heures,
dans des creusets d'argile à une température très-élevée, et qu'il
est bon d'ajouter à la masse viteuse une certaine quantité de céruse,
afin de rendre cette masse parfaitement transparente. Cela fait, il
ne s'agissait plus que de la colorer. On y parvient, ajoute-t-il, en
les faisant fondre avec des oxydes métalliques. Voulez-vous imiter
le saphir? mettez-y du cuivre brûlé; voulez-vous faire de l'améthyste?
employez-y le manganèse, etc. Après avoir fait connaître la fabrication des pierres précieuses, l'auteur parle des émaux, et il nous
apprend que ces derniers sont colorés par les mêmes moyens que le

verre; seulement la pâte est ici opaque, au lieu d'être transparente.

Cardan s'était imposé le silence le plus absolu en ce qui concerne les poisons. « Un empoisonneur, disait-il, est beaucoup plus méchant qu'un brigand. Il est d'autant plus à craindre qu'au lieu de vous attaquer en face, il vous dresse des piéges presque inévitables. Voilà pourquoi je me suis imposé le silence. »

Son compatriote J. B. Porta n'eut pas le même scrupule. Les *poisons* composent presque toute sa *Magie naturelle*. C'était son étude favorite ; il saisit toutes les occasions pour y revenir. Ainsi, dans le chapitre sur l'*art culinaire*, il glisse une recette pour faire que les convives ne puissent rien avaler. Cette recette consistait à faire macérer dans du vin des racines de belladone pulvérisées, et d'en donner à boire trois heures avant le repas. Le principe vénéneux de cette plante, qui trouvait dans le vin un dissolvant alcoolique et aqueux, déterminait en effet une constriction violente du pharynx, et entravait ainsi la déglutition. Mais, en forçant un peu la dose, le maître cuisinier devait faire plus que d'empêcher les convives de ne rien avaler ; il devait les conduire de la table au tombeau. C'était là sans doute le fond de la pensée de Porta. En insistant, dans son *de Re coquinaria*, sur l'usage de la famille des Solanées (jusquiame, belladone, stramoine), de la noix vomique, de l'aconit, de la staphysaigre, etc., l'auteur a-t-il voulu donner à entendre que cuisiniers et empoisonneurs se donnent la main ?

A propos de ses « expériences en médecine », il indique le moyen d'administrer un poison pendant le sommeil. Ce moyen consistait à enfermer dans une boîte de plomb bien close un mélange de suc de ciguë, de semences écrasées de stramoine, de fruits de belladone et d'opium; à laisser ces matières fermenter plusieurs jours dans cette boîte, et à ne l'ouvrir que sous les narines de la personne endormie. En dépassant la dose narcotisante des matières signalées, on entrait dans le domaine de ce que Porta appelle la *magie naturelle*. Des mets saupoudrés de stramoine ou de belladone faisaient apparaître les visions les plus étranges. L'auteur dit avoir vu des hommes ainsi empoisonnés être en proie à de véritables hallucinations : ils se croyaient tous métamorphosés en animaux ; les uns nageaient sur le sol comme des phoques; les autres marchaient comme des oies ; d'autres broutaient l'herbe, comme des bœufs, etc.

La question de *rendre l'eau de mer potable* occupait depuis longtemps l'esprit des philosophes et des chimistes. Porta n'y demeura pas étranger. « S'il est vrai, dit-il, que les eaux douces des fleuves et des rivières sont alimentées par la mer, il faut que la mer possède le secret de rendre l'eau de mer potable. Il faut donc observer et imiter la nature. Or, la distillation nous en fournit le moyen. » L'auteur conseille ici de construire un grand appareil distillatoire, approprié à la question, ajoutant que de 3 livres d'eau de mer il est parvenu à extraire 2 livres d'eau douce.

Blaise de Vigenère. — Né en 1522, B. de Vigenère devint à dix-huit ans secrétaire du chevalier Bayard, passa en la même qualité au service du duc de Nevers, accompagna Henri III en Pologne, et mourut à Paris en 1596.

C'est à Blaise de Vigenère qu'on doit la découverte de l'*acide benzoïque*. Voici comment il le retira le premier du benjoin, sous forme d'une *moelle blanche*. « Prenez, dit-il, du benjoin concassé en grossière poudre, et le mettez en une cornue avec de fine eau-de-vie qui y surnage trois ou quatre doigts ; et laissez-les ainsi par deux ou trois jours sur un feu modéré de cendres, que l'eau-de-vie ne se puisse pas distiller, les remuant à toutes heures. Cela fait, accommodez la cornue sur un fourneau, dans une terrine pleine de sable. Distillez à feu lent l'eau-de-vie, puis l'augmentant par ses degrez, apparoistront infinies petites aiguilles et filaments, tel qu'ès dissolutions de plomb et de l'argent vif. Ayant appresté un petit baston qui puisse entrer dedans le col de la cornue, car ces aiguilles s'y viendront réduire comme en une moelle ; si vous ne les ostiez soudain, le vaisseau se creveroit »[1].

Une expérience, quoiqu'elle soit rapportée en terme assez vagues, nous autorise à croire que B. de Vigenère, avait quelque connaissance de l'oxygène. En introduisant dans un vaisseau bien fermé et dans lequel on a préparé certaines substances, une bougie allumé, « on verra, dit-il, *infinis petits feux voltiger comme des éclairs,* qui ne sont accompagnés de tonnerres et de foudres, ni d'orage, *n'ayant qu'une inflammation d'air,* par le moyen du salpestre et du soufre qui se sont eslevés de la terre. »

Après avoir décrit différentes espèces de feux d'artifices et donné la composition du feu grégeois (soufre, bitume, poix, térébenthine, colophane, sarcocolle, nitre, camphre, graisse, huiles de lin, de pétrole, de laurier), l'auteur du *Traité du feu et du sel* cite l'expérience suivante, qu'il avait faite à Rome sur l'incubation artificielle.

---

1. *Traité du feu et du sel;* Paris, 1608, in-4.

« En ces fourneaux qu'on appelle à jour, l'ardeur du feu vient tellement à se modérer, qu'elle passe en une chaleur naturelle, vivifiante, au lieu qu'elle brusloit, cuisoit, consumoit. Et en tel feu puis-je dire avoir fait esclore à Rome, pour une fois, plus de cent ou six-vingts poullets, les œufs y ayant esté couvés et esclos ainsi que sous une galine. »

B. de Vigenère croyait à la transmutation des métaux; mais il se tenait éloigné des rêveries de la plupart des alchimistes de son temps, tels que *Gaston Claves, Grosparmy, Vicot, Drebbel, Sethon,* et surtout *Zécaire.* Ce dernier, qui prétendait avoir trouvé la pierre philosophale, quitta son pays natal, la France, et fut assassiné à Cologne par son compagnon de voyage (1).

Principaux faits scientifiques et industriels du seizième siècle. — Un vitrier saxon, Christophe Schürer, découvrit le *bleu de cobalt* en faisant par hasard fondre avec du verre les minerais de cobalt de Schneeberg, jusqu'alors rejetés comme inutiles sous le nom de *Wismuthgraupen.* Il le vendait d'abord comme un émail bleu aux potiers de son pays. Ce produit ne tarda pas à être connu des marchands de Nuremberg, qui l'exportèrent à Venise et en Hollande, où il se vendait de 150 à 180 francs le quintal. Les Vénitiens et les Hollandais apprirent ensuite eux-mêmes la fabrication du bleu de cobalt, et l'appliquèrent heureusement à la peinture sur verre, où ils excellaient.

La découverte de l'Amérique et une communication plus facile avec les Indes orientales par la voie du cap de Bonne-Espérance, firent faire de rapides progrès à l'art du teinturier. La *cochenille* et *l'indigo* devinrent bientôt d'un usage fréquent en Italie, en France, en Angleterre et même en Allemagne, en dépit des ridicules ordonnances des électeurs et ducs de Saxe, qui proscrivaient l'indigo « comme une couleur mordante du diable. » L'indigo porta un rude coup à la culture du pastel en Thuringe. C'est ce qui expliquait sa prohibition de la part des intéressés.

En France, l'usage de la *cochenille* ne remonte pas au-delà du règne de François Ier. Gilles Gobelin l'appliqua le premier à la teinture écarlate sur des étoffes de laine. Son atelier fort modeste, situé sur la petite rivière de la Bièvre à Saint-Marceau, aujourd'hui un faubourg de Paris, devint vers 1680, sous le nom de *Gobelins,* l'un

---

1. Zecaire a raconté lui-même les tribulations de sa vie d'alchimiste dans son *Opuscule de la vraie philosophie naturelle des métaux;* Anvers, 1567, in-12.

des établissements do teinture les plus célèbres de l'Europe.

Non loin des Gobelins s'éleva, vers la même époque, un autre établissement, cher aux sciences, et qui devait un jour donner au monde Buffon, Cuvier et Geoffroy Saint-Hilaire : nous avons nommé le Jardin des plantes. Guy de la Brosse, mathématicien du roi, avait près de l'hôpital de la Pitié, un jardin « garni de simples rares et exquises. » Dans un laboratoire voisin de ce jardin une réunion de savants se livrait aux opérations de la chimie. On y répétait, au retour des voyages de Belon, les expériences sur l'art de faire éclore des poulets dans des fourneaux dont les degrés de chaleur étaient réglés par des registres. Duchesne, dit Quercitan, Th. de Meyerne et Ribit (de la Rivière), médecin de Henri IV, furent les oracles de ces réunions. De la Rivière protégea Béguin, fit venir Davisson en France, et écrivait à tous ses amis pour les exciter à des recherches propres à l'avancement des sciences.

L'art du distillateur se perfectionna de plus en plus. Côme de Médicis, les ducs de Ferrare et plusieurs princes d'Autriche ne dédaignaient pas de s'occuper de la distillation des sucs d'herbes, de l'eau-de-vie, des essences, etc., comme nous l'apprend Jérôme Rubeus, de Ravenne, dans son traité *De distillation* (Bâle, 1586, in-12). On employait, suivant les circonstances, le feu nu, ou des bains d'eau, de sable et d'huile; le bec de l'alambic et le récipient étaient soigneusement entourés d'eau froide, afin de condenser la vapeur s'élevant de la cornue, à laquelle s'appliquait une température graduée. On s'ingéniait surtout à faire parcourir aux vapeurs le chemin le plus long, avant de les condenser dans le récipient. A cet effet on construisait des tubes recourbés en zig-zag, et on donnait aux appareils les formes les plus capricieuses. — Ambroise Paré et B. Vettori signalèrent l'inconvénient des vases de plomb pour la distillation des matières acides, et Crato de Kraftheim s'éleva avec force contre l'usage des vases de cuivre; il cite plusieurs cas d'empoisonnement, dus à du vinaigre qui avait séjourné dans des chaudières de cuivre.

L'eau-de-vie n'était encore qu'un médicament au XVe siècle, comme nous l'apprend un manuscrit français de cette époque (n° 7478 de la Bibliothèque nationale de Paris). « Eau-de-vie, y est-il dit, vault à toutes manières de douleurs qui peuvent venir par froidure et par trop grande abondance de fluide, et la dite eau vault aux yeux qui larmoyent et pleurent souvent. Elle vault aussi à toutes personnes qui ont haleyne puante et corrompue. Elle vault contre hydropisie qui procède et vient de froide chose; contre maladies qui sont incurables; contre plaies qui sont pourries et infectes; contre apostesme qui peut survenir à la main des dames; contre morsures de bêtes venimeuses, etc. » Enfin l'eau-de-vie était une véritable panacée : ses vertus devaient éclipser celles de l'or potable. Elle devait rajeunir les vieillards et prolonger la vie au delà du terme ordinaire, d'où son nom d'*aqua vitœ*. L'eau-de-vie ne se vendait d'abord comme médicament que chez l'apothicaire. Mais, dès le seizième siècle, elle devint une boisson, qui devrait aujourd'hui porter le nom d'*aqua mortis*, eau de mort.

Dans tous les pays de l'Europe septentrionale, tels que le nord de l'Allemagne, le Danemark, la Suède, la Russie, partout enfin où la vigne ne prospère point, l'eau-de-vie de grains, devint bientôt une liqueur fort goûtée. Ce genre de fabrication produisit alors une véritable révolution dans l'industrie, révolution comparable à celle qu'a produite, de nos jours, l'extraction du sucre de betterave. Cependant la fabrication de l'eau-de-vie de grains, au lieu d'être encouragée par les gouvernements, fut interdite par des scrupules religieux : elle paraissait une profanation de la matière qui compose le « pain quotidien ». Ce fait montre que l'esprit du moyen âge planait encore sur le seizième siècle.

LA CHIMIE AU DIX-SEPTIÈME SIÈCLE

L'œuvre commencée au seizième siècle par Paracelse, Agricola, Palissy, etc., fut continué, dans le siècle suivant, par Van Helmont, Robert Boyle, R. Fludd, Glauber, Kunckel, Mayow, etc. De leurs travaux surgirent d'importants faits scientifiques ou industriels

Van-Helmont. — Initié aux sciences et aux lettres, Jean-Baptiste Van-Helmont (né à Bruxelles en 1577, mort en 1644), eut plus d'autorité que Paracelse en opposant aux théories des anciens l'observation, et en combattant les médecins galénistes qui dédaignaient la chimie. Issu d'une ancienne famille noble (celle des comtes de Mérode), il refusa les offres de l'empereur Rodolphe II, et préféra aux splendeurs de la cour son laboratoire de Vilvorde, près de Bruxelles. Ses écrits furent publiés, après sa mort, par son fils, sous le titre de *Ortus medicinæ*.

Van-Helmont signala le premier l'existence des corps gazeux et devint ainsi le précurseur de la chimie pneumatique. Il proclama en même temps la nécessité de l'emploi de la balance. Voici comment il fut mis sur la voie de la découverte de ces corps impalpables, quoique matériels, qu'on nomme *gaz*. « Le charbon, et en général les corps qui ne se résolvent pas immédiatement, dégagent, dit-il, nécessairement, par leur combustion, de *l'esprit sylvestre*. Soixante-deux livres de charbon de chêne donnent une livre de cendre. Les soixante et une livres qui restent ont servi à former l'esprit sylvestre. Cet esprit, inconnu jusqu'ici, qui ne peut être contenu dans des vaisseaux, ni être réduit en un corps visible, je l'appelle d'un nouveau nom, *gaz*. Il y a des corps qui renferment cet esprit et qui s'y résolvent presque entièrement; il y est alors comme fixé ou solidifié. On le fait sortir de cet état par le ferment, comme cela s'observe dans la fermentation du vin, du pain, de l'hydromel. » Ainsi l'esprit sylvestre, c'est-à-dire le gaz acide carbonique, fut le premier gaz qu'on eût obtenu. Van-Helmont reconnut aussi d'identité du gaz produit par la combustion avec celui qui se développe pendant la fermentation, qu'il définit « la mère de la transmutation, divisant les corps en atomes excessivement petits. »

Pour montrer que la fermentation a besoin du contact de l'air, et que le gaz ainsi produit rend les vins mousseux, il invoque le témoignage de l'observation. « Une grappe de raisin non endommagée se conserve et se dessèche; mais une fois que l'épiderme est déchiré, le raisin ne se conserve plus, en se mettant à fermenter : c'est là le commencement de sa métamorphose... Le moût de vin, le suc de pommes, des baies, du miel, etc., éprouvent, sous l'influence du ferment, comme un mouvement d'ébullition, dû au dégagement du gaz. Ce gaz, étant comprimé avec beaucoup de force dans les tonneaux, rend les vins pétillants et mousseux. »

Van-Helmont fut aussi le premier à constater que le même gaz, qui se développe par la combustion du charbon et de la fermentation, peut provenir encore d'autres sources, très-différentes entre elles ; telles sont : 1° *L'action d'un acide sur des sels calcaires*. « Au moment où le vinaigre distillé dissout des pierres d'écrevisses (carbonate de chaux), il se dégage, dit-il, de l'esprit sylvestre. » 2° *Cavernes, mines, celliers*. « Rien n'agit plus promptement que le gaz, comme on le voit dans la grotte des Chiens près de Naples... Très-souvent il tue instantanément ceux qui travaillent dans les mines. On peut être sur-le-champ asphyxié dans les celliers. » 3° *Certaines eaux minérales*. « Les eaux de Spa dégagent du gaz sylvestre : il y a des bulles qui s'attachent aux parois du vaisseau ui en contient. » 4° *Tube digestif*. « Tout vent (*flatus*), qui se pro-

duit en nous par la digestion ou par les excréments, est du gaz
sylvestre. »

Suivant les chimistes d'alors, le gaz sylvestre n'était que de l'esprit de vin. Van-Helmont le croyait aussi d'abord. Mais il s'assura bientôt que c'est un produit tout à fait différent de l'esprit de
vin : le gaz sylvestre exerce, en effet, sur les voies respiratoires,
une action asphyxiante presque instantanée, qui n'a rien de commun avec l'action de l'esprit de vin volatilisé.

L'acquisition de ce premier fait fit poser la question suivante : N'y
a-t-il qu'un seul gaz, le gaz sylvestre, ou existe-t-il des gaz de nature
différente? Pour y répondre Van-Helmont consulta encore l'expérience. « Les gaz de l'estomac éteignent, dit-il, la flamme d'une
bougie. Mais le gaz stercoral, qui se forme dans le gros intestin et qui
sort par l'anus, s'allume en traversant la flamme d'une bougie, et brûle
avec une teinte irisée... Le gaz qui se produit dans les instestins
grêles n'est, comme celui de l'estomac, jamais inflammable; il est
souvent inodore et acide... Les gaz diffèrent donc entre eux selon
la matière, le lieu, le ferment, etc. ; ils sont aussi variables que les
corps d'où ils proviennent. Les cadavres nagent sur l'eau, à cause
des gaz qui s'y produisent par la putréfaction. »

L'acquisition de ce second fait, à savoir qu'il existe plusieurs genres
de gaz différents entre eux, ouvrit à la science un horizon nouveau. Mais on fut, comme il arrive toujours en pareille occurrence,
longtemps sans y faire attention. Ce n'était, il est vrai, la faute de
personne. Pour étudier les gaz, il fallait, en premier lieu, savoir
les isoler, les recueillir. Et c'est ce qu'ignorait encore Van-Helmont
lui-même, puisqu'il déclare que le gaz ne peut être emprisonné
dans aucun vaisseau, et qu'il brise tous les obstacles pour aller se
mêler à l'air ambiant. C'est pourquoi il donnait à tout gaz le nom
de *sylvestre*, c'est-à-dire d'incoërcible (de *sylvestris*, sauvage). En
second lieu, pour distinguer les différents gaz entre eux, il fallait
des moyens d'analyse qui manquaient encore complétement. C'était
déjà beaucoup que d'avoir constaté qu'il existe des gaz qui s'enflamment et d'autres qui ne s'enflamment point. Et quand Van-
Helmont dit que la flamme elle-même est un gaz incandescent ou
une fumée allumée, *fumus accensus*, il fit preuve d'une admirable
sagacité. A cette occasion nous citerons de lui une expérience qui
fut depuis répétée par tous les chimistes : « Placez, dit-il, une bougie au fond d'une cuvette; versez-y de l'eau de deux à trois doigts de
haut ; recouvrez la bougie, dont le bout allumé reste hors de l'eau,

d'une cloche de verre renversée. Vous verrez bientôt l'eau, comme par une sorte de succion, s'élever dans la cloche et prendre la place de l'air diminué et la flamme s'éteindre. »

Faut-il conclure de cette expérience que la flamme enlève à l'air la partie qui l'alimente, et qu'une fois cet aliment enlevé, elle doit s'éteindre en même temps que le volume d'air se trouve diminué d'autant ? C'est la conclusion qui aurait dû se présenter immédiatement à l'esprit de Van-Helmont. Mais il n'en eut pas même l'idée. Sa conclusion fut « qu'il peut se produire un vide dans la nature, et que ce vide est immédiatement rempli par un autre corps matériel. »

Au gaz sylvestre (acide carbonique), produit de la fermentation et de la combustion, au gaz intestinal (hydrogène sulfuré) inflammable et brûlant avec une teinte irisée, au gaz incandescent (hydrogène bicarboné, hydrogène, oxyde de carbone etc.), il faut ajouter le gaz que Van-Helmont appelait *gaz du sel*, et qu'il obtenait en mettant dans une terrine un mélange d'eau forte (acide nitrique) et de sel marin ou de sel ammoniac. « Il se produit, dit-il, même à froid, un gaz dont le dégagement fait briser le vaisseau ». — Ce gaz était, comme on voit, l'acide chlorhydrique, d'abord appelé *esprit de sel.*

A ces différents gaz il faut ajouter enfin le gaz sulfureux que Van-Helmont obtenait par la combustion directe du soufre et dont il connaissait la propriété d'éteindre la flamme. Mais il ne lui donnait pas de nom particulier : il l'appelait simplement *gaz sylvestre*, comme le gaz nitreux qu'il obtenait en traitant l'argent par l'eau forte.

Rien de plus instructif que de suivre ce grand médecin-chimiste dans les tentatives qu'il fait pour arriver à connaître la composition de ces corps étranges qui ressemblent, pour la plupart, à de l'air atmosphérique, et qu'il s'étonnait de n'avoir pas été découverts plus tôt. Il s'arrête d'abord sur la composition du gaz de charbon, *gaz carbonis* (gaz acide carbonique). Et procédant, comme de coutume, par voie expérimentale, il est conduit à déclarer que « matériellement ce gaz n'est autre chose que de l'eau (*non nisi mera aqua materialiter*). »

Voici comment il était parvenu à ce singulier résultat. Il constata d'abord qu'en chauffant du bois de chêne dans la cornue d'un appareil distillatoire, on voit se condenser, dans le récipient, un liquide incolore et limpide comme de l'eau. Était-ce de l'eau véritable? Pour résoudre cette question, Van-Helmont fit l'expérience sui-

vante : « Je mis, dit-il, dans un vase d'argile 200 livres de terre
(végétale), séchée au four, et j'y plantai une tige de saule pesant 5
livres. Au bout cinq ans, le saule, ayant pris du développement,
pesa environ 169 livres et 3 onces. Le vase n'avait jamais été ar-
rosé qu'avec de l'eau de pluie ou de l'eau distillée, et toutes les
fois qu'il était nécessaire. Le vase était large et enfoui dans le sol ;
et, pour le mettre à l'abri de la poussière, je le couvris de lames de
fer étamées, percées d'un grand nombre de trous... Je n'ai point
pesé les feuilles tombées pendant les quatre automnes précédents...
Enfin, je fis de nouveau dessécher la terre que contenait le vase,
et je lui trouvai le même poids que primitivement (200 livres,
moins 2 onces environ). Donc, *l'eau seule a suffi pour donner naissance à 164 livres de bois, d'écorce et de racines.* »

Cette conclusion est, en apparence, parfaitement légitime : il
était impossible de ne pas l'admettre alors comme l'expression de
la vérité, dans l'ignorance où tout le monde était de l'action incessante de l'air atmosphérique sur tous les phénomènes de la végétation. Ce n'est pas tout. L'analyse chimique ayant été encore à inventer, Van-Helmont devait confondre facilement l'eau commune,
employée à l'arrosage de son saule, avec l'eau obtenue par la distillation du bois. Enfin, l'action de l'air dans les phénomènes
chimiques étant alors encore inconnue, le moyen de ne pas confondre un produit de combustion avec un produit de distillation,
le gaz acide carbonique avec un liquide de composition très-com
plexe, extrait du bois par une opération d'où l'action de l'air
était exclu? Van-Helmont, malgré son esprit d'observation, ne pou
vait pas ne pas se tromper. Pourquoi? Parce qu'il touchait à des faits
pour l'explication ou la compréhension desquels la science n'était
pas encore assez avancée. Et aujourd'hui même, malgré nos progrès sommes-nous bien sûrs que ces conclusions, en apparence,
les plus légitimes, ne soient entachées d'aucune de ces erreurs,
dues à l'ignorance d'un ou de plusieurs anneaux de la chaîne des
faits?

En ce qui concerne la *composition des corps*, l'esprit de Van-
Helmont flottait dans une grande incertitude : tantôt il admettait,
avec les alchimistes, le soufre, le mercure et le sel, comme éléments ;
tantôt il partageait l'opinion des anciens qui regardaient, comme
éléments, l'air, l'eau et la terre. Il eut cependant le mérite d'avoir le
premier rejeté le feu comme élément, en le rangeant dans la classe
des gaz (incandescents).

Il eut aussi le courage de rejeter comme erronée la doctrine, jusqu'alors universellement admise, de la transformation de l'eau en air et de l'air en eau. « Sans doute l'*eau* peut, dit-il, être réduite en vapeur; mais ce n'est là que de la vapeur, c'est-à-dire de l'eau dont les atomes sont raréfiés, et qui se condensent aussitôt par l'action du froid pour reprendre leur état primitif. La vapeur d'eau qui existe dans l'air d'une manière invisible, et qui se résout, dans certaines conditions, en pluie, est celle qui se rapproche le plus de la nature des gaz... Quant à l'*air*, c'est un élément sec qui ne peut être liquéfié ni par le froid, ni par la compression. L'air n'est donc point une métamorphose de l'eau, qui est l'élément humide. »

Néanmoins Van-Helmont admettait la possibilité de la transformation de la terre en eau et réciproquement. « Le limon, la terre, tout corps tangible est, matériellement considéré, un produit de l'eau, et se réduit en eau, soit naturellement, soit artificiellement. » Et ici encore il essaie de fortifier le raisonnement par des preuves expérimentales. « En creusant, dit-il, dans la terre, on rencontre des couches superposées d'un aspect varié; ces couches sont les fruits de la terre, et proviennent d'une semence. Au-dessous de ces couches se trouvent des montagnes de silice, d'où découlent les premières richesses des mines. Au-dessous de ces roches, on trouve le sable blanc et de l'*eau chaude*. Lorsqu'on enlève une partie de ce sable et de cette eau, on voit aussitôt se combler le vide. Ce sable non mélangé est une espèce de crible à travers lequel les eaux filtrent, afin de conserver entre elles une communication réciproque depuis la surface de la terre jusqu'au centre. Et cette masse d'eau, accumulée dans les entrailles de la terre est peut-être mille fois plus considérable que les eaux de toutes les mers et fleuves réunis qui sont situés à la surface du sol. » — Cette manière de voir, si remarquable, déjà émise par Bernard Palissy, laissait clairement entrevoir l'existence des puits artésiens.

Van-Helmont nous a fait le premier connaître la préparation de la *liqueur des cailloux* par la fusion de la silice pilée avec un excès de potasse. « En y versant, dit-il, une quantité d'eau forte suffisante pour saturer tout l'alcali, on voit toute la terre siliceuse se précipiter au fond, sans avoir été changée dans sa composition. — Cette expression, alors toute nouvelle, de saturer, *saturare*, appliquée pour la première fois à la neutralisation d'une base par un acide, contenait une idée féconde, dont le développement était réservé à l'avenir.

Beaucoup d'alchimistes regardaient la dissolution d'un métal ou d'un sel comme la destruction même de ce corps. Van-Helmont combattit cette manière de voir. « Bien que l'argent soit, dit-il, amené par l'eau-forte à prendre la forme de l'eau, il n'en est aucunement altéré dans son essence. C'est ainsi que le sel commun, après sa dissolution dans l'eau, n'en reste pas moins ce qu'il était auparavant ; on le retrouve tout entier dans le dissolvant.

Van-Helmont à le premier signalé l'existence d'un acide particulier (suc gastrique) dans l'estomac. Cet acide est, dit-il, aussi nécessaire à la digestion que la chaleur constante du corps. Dans le duodénum, l'acide de l'estomac rencontre la bile, qui agit comme un alcali : il se combine avec la bile, à peu près comme le vinaigre fort avec le minium, et, par cette combinaison, l'un et l'autre perdent leurs propriétés primitives. » Ce même acide de l'estomac est, suivant l'auteur, capable de déterminer de nombreuses maladies, telles que le rhumatisme articulaire, la goutte, les palpitations de cœur, etc.

L'esprit vital (*spiritus vitalis*) est regardé par Van-Helmont comme une espèce de gaz, engendré dans l'oreillette et le ventricule gauches du cœur. « Il provoque la respiration en attirant l'air extérieur, il détermine la pulsation des artères, la contraction musculaire et la force nerveuse. Les gaz exercent sur lui une action puissante, immédiate, parce qu'il tient lui-même de la nature des gaz. » — L'esprit vital de Van-Helmont a beaucoup d'analogie avec son arché (*archeus*), ce fluide corporel (*aura corporalis*) qui sommeille dans les corps, comme la plante sommeille dans la graine, et qui imprime aux êtres vivants leurs caractères distinctifs, créant ainsi le type de chaque espèce. De même que l'esprit vital présidait à la respiration, et à la circulation, l'arché devait, véritable portier de l'estomac, *janitor stomachi*, régir la digestion, en rendant les aliments assimilables. Ces idées furent reprises et poussées à l'extrême par plusieurs médecins chimistes.

Enfin Van-Helmont fut un des fondateurs de la chimie pharmaceutique. Il signala le premier l'inconvénient de ces bols, sirops, électuaires, etc. qui, sous une énorme masse de matière inerte, contiennent à peine quelques traces du médicament proprement dit; il accorda beaucoup de confiance aux préparations antimoniales et mercurielles, ainsi qu'au sulfate de cuivre, employé comme vomitif; et il montra qu'il n'est aucunement indifférent d'employer, soit la décoction, soit l'infusion ou la macération, pour extraire des plantes les parties actives ; que l'infusion est beaucoup plus chargée de principes volatiles et odorants que la décoction.

Robert Boyle. — Le fondateur de la société Royale de Londres, R. Boyle (né en 1626, mort en 1691) appartient autant à l'histoire de la chimie qu'à celle de la physique. Il fut, comme a dit Boerhaave, l'ornement de son siècle. Ses premiers écrits parurent en anglais, à Londres, en 1661, 1663 et 1669, in-4°. Ils furent traduits en latin et imprimés à Cologne (1668, 3 vol. in-4°), à Venise (1695, in-4°) et à Genève (1714, 5 vol. in-4°) ; ils furent aussi publiés en français sous le titre de *Recueil d'expériences* ; Paris, 1679 in-8°. L'édition la plus complète parut à Londres, en 1744, 5 volumes in-fol.

Rompant en visière avec les doctrines traditionnelles, il traça un plan d'études nouveau. « Les chimistes, dit-il dans son *discours préliminaire*, se sont laissés jusqu'ici guider par des principes trop étroits et sans aucune portée. La préparation des aliments, l'extraction ou la transmutation des métaux, voilà leur théorie. Quant a moi, j'ai essayé de partir d'un tout autre point de vue : j'ai considéré la chimie, non pas comme le ferait un médecin ou un alchimiste, mais comme un philosophe doit le faire. J'ai tracé le plan d'une philosophie chimique que je serais heureux de voir complétée... Si les hommes avaient plus à cœur le progrès de la vraie science que leur propre réputation, il serait aisé de leur faire comprendre que le plus grand service qu'ils pourraient rendre au monde, se serait de mettre tous leurs soins à faire des expériences, à recueillir des observations, sans chercher à établir aucune théorie avant d'avoir donné la solution de tous les phénomènes qui peuvent se présenter. »

Le vœu le plus ardent de Boyle était de voir la méthode expérimentable universellement adoptée. Comme Van-Helmont, il insistait sur la nécessité de recourir à la chimie pour arriver à résoudre les problèmes de la médecine. Et il était persuadé que l'étude des ferments pourrait un jour éclaircir bien des phénomènes pathologiques jusqu'alors inexplicables.

Nous savons combien Van-Helmont hésitait à se prononcer sur la question, tant controversée, de la *composition des corps*. Boyle fit un pas de plus. Il constata la nature élémentaire de la terre, de l'eau et de l'air, ajoutant qu'il ne faut pas s'astreindre au nombre de trois, ni de quatre, ni de cinq éléments, et qu'il viendra peut-être un jour où l'on en découvrira un nombre beaucoup plus considérable.

« Il est très-possible que tel corps composé renferme, dit-il, seulement deux éléments particuliers; tel autre, trois; tel autre, quatre, etc.; de manière qu'il pourrait y avoir des substances qui se composeraient chacune d'un nombre différent d'éléments. Bien plus; tel composé pourrait avoir des éléments tout différents, dans leur essence, de ceux d'un autre composé, comme il y a des mots qui ne contiennent pas les mêmes lettres que d'autres mots. »

Ce que Boyle avait entrevu s'est réalisé. On compte aujourd'hui une soixantaine de corps simples ou non décomposables, et on connaît une multitude de composés qui diffèrent entre eux par leurs éléments, comme les mots qui ne se composent pas des mêmes lettres.

En opposition avec les idées alors dominantes, Boyle soutenait que l'or, comme tout autre métal, est indécomposable. « Je voudrais bien, dit-il, savoir comment on parviendrait à décomposer l'or en soufre, en mercure et en sel; je m'engagerais à payer tous les frais de cette opération. J'avoue que, pour mon compte, je n'y ai jamais pu réussir. » Puis il se demande si, outre les éléments visibles et palpables, il n'y aurait pas des éléments d'une nature plus subtile, invisibles et qui s'échappent inaperçus, à travers les jointures des vaisseaux distillatoires.

Après avoir démontré l'insuffisance complète des moyens d'analyse jusqu'alors employés, Boyle fit le premier une distinction qui équivaut à une véritable découverte. Nous avons vu à quelle étrange conclusion était arrivé Van-Helmont pour n'avoir pas su distinguer la *distillation* en vaisseaux clos d'avec la *calcination* à l'air libre. Boyle fit le premier ressentir l'importance de cette distinction. « Il serait, dit-il, à souhaiter que les chimistes nous apprissent clairement quel genre de division par le feu doit déterminer le nombre des éléments; car il n'est pas aussi facile qu'on se l'imagine d'apprécier exactement tous les effets de la chaleur. Ainsi, le bois de gaïac brûlé à feu nu se réduit en cendres et en suie, tandis que soumis à la distillation, il se résout en huile, en esprit, en vinaigre, en eau et en charbon. »

Boyle était dominé par cette idée fort juste, mais incomprise de la plupart de ses contemporains, que le feu seul ne saurait décomposer les corps ni leurs éléments hypostatiques, que le feu ne fait qu'arranger les molécules dans un ordre différent, en donnant naissance à des produits nouveaux qui sont, pour la plupart, de nature composée. C'est pourquoi toutes les tentatives qui avaient été faites jusqu'alors pour déterminer, par l'analyse, la composition des corps, lui paraissaient illusoires. « Vous composez, remarque-t-il, du savon avec de la graisse et de l'alcali, et pourtant ce savon, chauffé dans une cornue, fournit des produits nouveaux, également composés, qui ne ressemblent ni à la graisse, ni à l'alcali employés; il s'y trouve surtout une huile très-acide, fétide et tout à fait impropre à faire du savon. »

Boyle a été aussi le premier à signaler une distinction importante à faire entre le mélange et la combinaison. « Dans un mélange (*mixture*), les corps qui y entrent conservent chacun leurs propriétés caractéristiques, et sont faciles à séparer les uns des autres; dans une combinaison (*compoun mass*), les parties constituantes perdent leurs propriétés primitives et sont difficiles à séparer. » Il cite comme exemple le sucre de Saturne, qui se compose de vinaigre et de litharge, qui n'ont aucune saveur sucrée.

L'étude des propriétés, tant physiques que chimiques de l'air, eurent pour Boyle un attrait particulier. L'un des premiers il attira l'attention des chimistes sur le rôle de l'air atmosphérique. L'une de ses expériences consistait à remplir une fiole, au tiers ou au quart, d'un mélange de limaille de cuivre et d'une solution aqueuse d'esprit d'urine (ammoniaque), et à bien fermer la fiole après y avoir introduit un petit baromètre : le mélange se colorait en bleu céleste, à mesure que l'air, emprisonné dans le vaisseau, diminuait d'élasticité et faisait descendre la colonne de mercure.

L'air peut-il être engendré artificiellement? Pour répondre à cette question, Boyle fit une expérience du plus haut intérêt. Nous avons fait voir que Van Helmont connaissait l'existence des gaz, distincts de l'air proprement dit, mais qu'il n'était pas parvenu à les recueillir. Or, l'expérience suivante de Boyle contient implicitement l'invention d'une méthode particulière pour recueillir les corps aériformes. « Un petit matras de verre, de la capacité de trois onces d'eau et muni d'un long col cylindrique, est rempli d'environ parties égales d'huile de vitriol et d'eau commune. Après y avoir jeté six petits clous de fer, on ferme aussitôt l'ouverture du vase, parfaitement plein, avec un morceau de diapalme, et on plonge le col recourbé dans un autre vase supérieur renversé, d'une plus grande capacité, et contenant le même mélange. Aussitôt on voit s'élever, dans le vase supérieur, des bulles aériformes qui, en se ressemblant, dépriment le niveau de l'eau dont elles prennent la place. Bientôt toute l'eau du vase supérieur (renversée) est expulsée et remplacée par un corps qui a tout l'aspect de l'air. Ce corps est produit par l'action du liquide dissolvant sur le fer. »

Cette expérience suggère plusieurs réflexions d'une certaine portée. D'abord, la conclusion de l'auteur que l'air peut être régénéré est absolument erronée; car le gaz ainsi obtenu, — le premier gaz recueilli, — était de l'hydrogène. Mais pour la défendre il imagina une hypothèse, qui compte tout bas, encore aujourd'hui, un grand nombre de partisans. D'après cette hypothèse, la diversité des corps serait due à l'inégalité de forme, de grandeur, de structure, de mouvement des molécules élémentaires : un ou deux éléments primitifs suffiraient pour expliquer toute la variété des corps de la nature. « Et pourquoi, s'écrie Boyle, les molécules de l'eau ou de toute autre substance ne pourraient-elles pas, dans de certaines conditions, être groupées et agitées de manière à mériter le nom d'*air?* » — Notons enfin que l'appareil, imaginé par Boyle pour recueillir le gaz, rappelle le premier appareil distillatoire dont parle Pline, et qui consistait en un vaisseau unique, dont le fond représentait la cornue, tandis que le couvercle ou l'orifice bouché de laine servait de récipient. Dans l'appareil de Boyle, comme dans celui de Pline, il manquait exactement le même élément, un simple *tube intermédiaire*, pour faire communiquer, dans le premier cas, le matras contenant le mélange propre à dégager le gaz, avec une éprouvette pleine d'eau renversée sur un vase à eau, et dans le dernier, pour faire communiquer la cornue avec le récipient.

Est-ce tout l'air ou une partie seulement qui entretient la respiration? Plusieurs centaines d'expériences, faites dans l'intervalle de 1668 à 1678, montrent l'importance que Boyle attachait à la solution de cette question; il en déduisit que c'est seulement une partie de l'air qui entretient la respiration.

L'origine de la rouille (oxyde) des métaux, était alors souvent discutée. « Le vert-de-gris (carbonate de cuivre) et la rouille de fer sont engendrés par des effluves corrosifs de l'air. C'est l'étude de ces corps qui nous fera un jour connaître la composition de l'air. » Boyle consacra plusieurs expériences à démontrer que l'esprit de vin n'existe pas tout formé dans le jus des raisins, mais qu'il est produit par la fermentation du moût, et que la fermentation elle-même ne peut point s'effectuer dans le vide. Il fut ainsi conduit à conclure qu'il y a une substance vitale, *some vital substance*, qui, disséminée dans toute l'atmosphère, intervient dans la combustion, la respiration, la fermentation, considérées comme des phénomènes chimiques. « Il est, ajoute-t-il, surprenant qu'il y ait dans l'air quelque chose qui soit seul propre à entretenir la flamme, et qu'une fois cette matière consumée, la flamme s'éteigne aussitôt; et pourtant l'air qui reste a fort peu perdu de son élasticité. »

Cette *substance vitale* (oxygène) de l'air fut pour Boyle le supplice de Tantale : elle lui échappait chaque fois qu'il croyait la saisir. C'est ce qu'on voit surtout dans le traité qui a pour titre *Le feu et la flamme, pesés dans une balance.* L'auteur y expose une série d'expériences sur l'augmentation du poids des métaux (cuivre, plomb, étain) par la calcination. Après avoir montré que le résultat est à peu près le même quand on calcine les métaux, soit dans des creusets ouverts, soit dans des creusets fermés, il croit pouvoir établir que *l'augmentation du poids des métaux est due à la fixation des molécules du feu qui passent à travers les pores du creuset....* « Il faut, ajoute-t-il, que ces molécules du feu soient en nombre considérable pour être sensibles à la balance. »

C'est en reprenant et rectifiant cet important travail de Boyle que Lavoisier parvint, après avoir subi, lui aussi, le joug de l'erreur, à la découverte de l'oxygène.

Nous avons vu que Van Helmon avait pris pour de l'eau le liquide qu'on obtient par la distillation du bois. Boyle montra le premier que cette prétendue eau est un mélange de vinaigre et d'esprit de vin, mélange qu'il appelait *esprit adiaphorétique.* En soumettant celui-ci à une nouvelle distillation, à une température ménagée avec soin, il séparait les deux liquides : l'esprit inflammable (alcool de bois) passait dans le récipient, pendant que le vinaigre restait dans la cornue. Mais comme l'esprit de bois ainsi obtenu contenait toujours un peu de vinaigre, il traitait le mélange par la chaux : l'acide se fixait sur la chaux en la dissolvant, et l'esprit était rectifié par une dernière dissolution. « En chauffant fortement, continue l'auteur, cette chaux saturée par l'acier, on obtient, par la distillation, un esprit très-rouge, d'une odeur très-pénétrante, d'une saveur excessivement piquante et qui diffère entièrement des autres liquides acides. C'est ce que les chimistes ont nommé *teinture de corail.* En poussant la distillation du bois aussi loin que possible, on remarque que la liqueur qui passe dans le récipient n'est plus incolore, mais d'un assez beau jaune, d'une odeur très-forte, d'une saveur plus acide que l'esprit de vinaigre, et qu'elle possède toutes les propriétés dissolvantes des acides. Ne sachant pas trop me rendre compte de son origine, je lui ai donné le nom de vinaigre radical, *acetum radicalum*. »

Voilà comment Boyle fit le premier connaître les principaux produits de la distillation du bois.

Les premiers essais de *l'analyse chimique*, par l'emploi des dissolvants remontent aux travaux de Boyle. Ainsi, pour rendre l'opium plus actif, le célèbre expérimentateur le traitait par du tartre calciné (carbonate de potasse) et par de l'alcool. Il obtenait ainsi la *morphine*, sans le savoir. — Il proposa le premier l'emploi du sirop de violettes pour reconnaître si une substance est acide ou alcaline. « C'est là, dit-il, un caractère constant ; le sirop de violette est rougi par les acides et verdi par les alcalis. » — Ce réactif devint depuis lors d'un usage universel.

Dans un travail remarquable *Sur les causes mécaniques des précipités*, Boyle a fait ressortir l'utilité de la balance. Il constata ainsi que le précipité pèse quelquefois plus que les corps dissous; que, par exemple, le précipité blanc, produit par le sel marin dans une dissolution d'argent faite avec l'eau forte, pèse plus que l'argent dissous. Il n'avait qu'un pas à faire pour arriver à la découverte des *équivalents*..

Le *nitre* est de tous les produits chimiques le premier dont la composition ait été scientifiquement démontrée. Boyle employa pour cela, non pas l'analyse, mais la synthèse en préparant le nitre par un moyen direct. Ce moyen consistait à traiter à chaud les cendres des végétaux par l'eau forte, et à faire cristalliser la liqueur par .e refroidissement. Un autre moyen consistait à décomposer le nitre en le faisant déflagrer sur des charbons incandescents, et à le recomposer en combinant le résidu (potasse) avec l'eau forte. « La quantité qu'il faut, ajoute l'auteur, employer pour recomposer le nitre est à peu près aussi considérable que celle que le sel a perdue par la combustion. » La chaleur qui se produit pendant cette combustion, il l'expliquait par le mouvement des molécules ; car il fut le premier à établir en principe que la *chaleur est inséparable du mouvement*.

Boyle peut être regardé comme le fondateur de *l'analyse qualitative des eaux minérales*. Ainsi, il proposa la teinture de noix de galle pour s'assurer si les eaux sont ferrugineuses; le sirop de violettes, pour savoir si les eaux sont acidules ou alcalines ; l'ammoniaque, pour reconnaître la présence du cuivre; la dissolution d'argent (nitrate), pour déceler des traces de sel marin. « *L'arsenic* peut aussi, ajoute-t-il, se rencontrer dans les eaux minérales ; ce qui n'est pas étonnant, car ce corps existe abondamment dans l'intérieur de la terre, d'où jaillissent ces eaux. Il est très-difficile d'en constater la présence; car il n'est que faiblement soluble dans l'eau. L'esprit d'urine (carbonate d'ammoniaque) et l'huile de tartre *per deliquium* (carbonate de potasse) déterminent dans la solution arsenicale un léger précipité blanc. » — L'auteur a montré le premier que l'*arsenic blanc* doit être rangé parmi les acides, bien qu'il ait une réaction très-faible. Pour reconnaître l'arsenic, — qu'il classait parmi les poisons corrosifs, — il proposait l'emploi du sublimé corrosif, à cause du précipité blanc que celui-ci détermine immédiatement dans une dissolution.

La densité des eaux minérales avait été jusqu'alors entièrement négligée. Pour l'apprécier, Boyle imagina de présenter, comme terme de comparaison, l'eau distillée pesée dans un matras à col cylindrique très-long et étroit, de l'épaisseur d'un tuyau de plume d'oie, d'y introduire jusqu'à la tare marquée sur le col du matras et de peser les eaux dont on veut connaître la densité. Dans cette méthode, alors entièrement nouvelle, il n'est pas encore tenu compte de la température.

Attentif à tout, Boyle fut aussi le premier à recommander l'emploi du microscope pour constater, dans les eaux minérales, la présence de matières organiques ou d'êtres vivants.

D'après une croyance établie par Aristote et renouvelée par Scaliger, la *salaison de la mer* est due à l'action du soleil, et les eaux de mer ne sont salées qu'à la surface. Boyle renversa cette antique croyance par une expérience très-simple. Au moyen d'un vase métallique à soupapes, construit par lui, il se procura de l'eau de mer puisée à différentes profondeurs, et fut ainsi mis en état de démontrer qu'au fond elle est au moins aussi salée qu'à la surface, et que sa densité est partout sensiblement la même. « Il ne faut pas, dit-il fort judicieusement, faire entrer ici en ligne de compte les courants et les sources d'eau douce qui se trouvent accidentellement dans la mer, surtout dans le voisinage des côtes... La salaison de la mer provient du sel que l'eau dissout partout où il se rencontre. Ce sel paraît, depuis le commencement du monde, exister en masses considérables au fond des mers, comme on en rencontre des couches puissantes au sein de la terre, où il contribue à la formation des fontaines ou sources salées naturelles. Par la distillation, on obtient le sel en résidu dans la cornue; l'eau qui a passé dans le récipient est douce et potable. Il serait à souhaiter que l'on multipliât les expériences pour s'assurer si les mers sont partout également salées. Il ne serait pas impossible que l'on ne trouvât, sous ce rapport, de nombreuses inégalités. »

Ce que Boyle entrevoyait s'est réalisé. Ces inégalités ont été constatées par des analyses récentes. Mais une chose digne d'être notée, c'est que le réactif, proposé par Boyle pour déterminer la quantité de sel commun qui domine dans les eaux de mer, est de tous les réactifs le plus sensible : c'est une dissolution de nitrate d'argent. Tout le sel marin est par là précipité. Pour montrer combien ce moyen est exact, il s'était assuré que cette dissolution produit un nuage blanc très-marqué dans 3000 parties d'eau, tenant en dissolution une partie de sel marin sec. « Il est possible, ajoute-t-il, que des chimistes habiles trouveront un procédé moins coûteux; mais il sera difficilement aussi net et aussi certain que celui que je propose. » — Les recherches ultérieures l'ont confirmé.

Boyle osa le premier révoquer en doute la doctrine traditionnelle, d'après laquelle l'eau était un corps simple ou élémentaire : il se fonda sur ce que, dans l'alimentation des végétaux, l'eau donne naissance à des produits divers.

En analysant les calculs urinaires, il y découvrit le premier la présence de la chaux comme l'un de leurs principaux éléments constitutifs. — Il remarqua aussi que le sel commun retarde le point de congélation et le point d'ébullition de l'eau, et il signala, comme un fait exceptionnel, que l'eau se dilate, au lieu de se contracter, en passant à l'état solide (glace).

Personne ne se tenait mieux que Boyle au courant du mouvement général des sciences en Europe. S'agissait-il quelque part d'une découverte inattendue, il ne reculait devant aucune dépense pour s'en procurer les détails. C'est ainsi qu'il apprit d'un chimiste ambulant la découverte du phosphore. Un nommé Krafft s'étant approprié le secret de Brand, qui venait de découvrir le phosphore, passa en Angleterre où il gagna beaucoup d'argent en montrant le phosphore comme une curiosité. « Il montra, raconte Boyle, à Sa Majesté (Charles II), deux espèces de phosphore : l'un était solide, semblable à de la gomme jaune ; l'autre était liquide; celui-ci ne me paraissait être qu'une dissolution du premier... Après avoir vu moi-même cette substance singulière, je me mis à songer par quel moyen on pourrait arriver à la préparer artificiellement. M. Krafft ne me donna, en retour d'un secret que je lui avais appris, qu'une légère indication, en me disant que la principale matière de son

phosphore était *quelque chose qui appartenait au corps humain.* »
— Après bien des tentatives, Boyle parvint à se procurer quelques
petits morceaux de ce produit nouveau ; ils étaient de la grosseur
d'un pois, transparents, incolores. Il donna à ce corps étrange le
nom de *noctiluca glacial* ou de *phosphore*, et en indiqua très-bien
les propriétés, sa réaction avec les acides et les huiles essentielles,
le danger de le manier, etc.

Comme Boyle a le premier fait connaître publiquement le mode
d'extraction du phosphore, sans autre indice que de ce « quelque
chose qui appartenait au corps humain », on pourrait à juste titre
réclamer pour lui l'honneur de la découverte de ce corps luisant
dans l'obscurité. Voici le mode d'extraction qu'il a donné. De
l'urine humaine, évaporée jusqu'à consistance d'extrait, était soumise à la distillation avec trois fois son poids de sable blanc
très-fin. Ces deux matières, intimement mélangées, étaient in-
troduites dans une forte cornue à laquelle était adapté un grand
récipient en partie rempli d'eau. Après avoir soigneusement luté
les jointures de l'appareil, on y appliquait graduellement un feu
nu pendant cinq ou six heures, afin de chasser d'abord tout le
phlegme (eau); puis, le feu était poussé, pendant cinq ou six
heures, à un degré très-intense. Il se produisait alors des vapeurs
blanches, abondantes, semblables à celles qui se forment pendant
la distillation de l'huile de vitriol. Enfin, au moment de la chaleur
la plus forte, il passait dans le récipient un produit assez dense,
qui se réunissait, sous forme solide, au fond du récipient. C'était le
phosphore.

Antérieurement à la découverte du phosphore par Brand [1], Boyle
avait déjà fait, dès 1667, des observations nombreuses sur les
phosphores naturels, parmi lesquels il comprenait le ver luisant, le
diamant, le bois et les poissons pourris. Il nommait en même temps
artificiels les phosphores qui ne luisent dans l'obscurité qu'après
avoir été préalablement exposés au contact des rayons solaires ; tels
sont le phosphore de Baudouin (nitrate de chaux calciné) et la pierre
de Bologne (sulfure de baryum). A ces phosphores connus vint,
en dernier lieu, s'ajouter le phosphore proprement dit, qui luit
dans l'obscurité sans avoir besoin d'être auparavant exposé au
soleil.

Ce fut probablement pendant les recherches sur le phosphore que

1. Voy. plus loin *Kunckel*, p. 430.

Boyle découvrit la liqueur qui porte son nom ; il l'avait obtenue en soumettant à la distillation un mélange intime de soufre, de chaux vive et de sel ammoniac pulvérisé. « On chauffe, dit-il, d'abord lentement sur un bain de sable ; puis, la chaleur étant devenue plus intense, il passe dans le récipiant une *teinture volatile de soufre* qui pourrait devenir un remède utile en médecine. La liqueur distillée est d'une couleur rougeâtre, et répand à l'air, d'abondantes vapeurs blanches, suffocantes. » — Ce n'est pourtant guère, — chose triste à dire ! — que par *la liqueur fumante de Boyle* que le nom d'un des savants les plus éminents du dix-septième siècle est connu des chimistes et des physiciens de nos jours.

Robert Fludd. R. Fludd (né l'an 1574, mort en 1637), plus connue sous le nom latinisé de *Robertus de Fluctibus*, unissait à un rare esprit d'observation un singulier amour pour les doctrines cabalistiques. A la fois médecin, chimiste, physicien, mathématicien, il se fit en même temps une grande renommée comme astrologue et nécromancien. Il eut Gassendi pour adversaire en philosophie. A juger par ses écrits, il s'était proposé pour but l'alliance des sciences positives avec les sciences occultes.

R. Fludd s'attacha le premier à démontrer la continuité de la matière par l'air qui de toute part nous environne. Sa méthode semble avoir servi de modèle à celle qu'adopta plus tard Newton dans ses Principes de philosophie naturelle. Ainsi, après avoir émis la proposition « que la surface de l'eau est en contact immédiat avec l'air, et qu'il n'y a aucun intervalle vide entre ces deux éléments, » il en donne la démonstration suivante : « Quand on plonge le bout d'un tube dans l'eau, et que l'on aspire par l'autre bout l'air qui s'y trouve, on voit aussitôt l'eau suivre l'air en s'élevant dans le tube [1]. »

Voici comment il essaya de rattacher, par le raisonnement, les phénomènes du monde physique à ceux du monde surnaturel. « L'âme qui vivifie le corps, tend, dit-il, à s'élever comme la flamme vers les hautes régions de l'air. C'est là son instinct et son bonheur. Or, comment se fait-il que, en dépit de ce désir ascensionnel de l'âme, nous éprouvions une si grande fatigue, lorsque nous gravissons une montagne ? C'est que le corps matériel, dont l'essence est

---

1. R. De Fluctibus, *Utriusque Cosmi, majoris scilicet et minoris metaphysica, physica et historica*, III, liv. III, part. 7 (Oppenheim, 1677, infol.)

de tendre, tout au rebour, de l'âme, vers le centre de la terre, l'emporte de beaucoup par sa masse, sur l'étincelle qui nous anime. Il faut que l'âme réunisse toutes ses forces, pour élever avec elle et faire obéir à son impulsion la lourde masse du corps qui l'enchaîne. »

Ce raisonnement ne satisfait pas cependant l'auteur. Assimilant l'âme à la flamme, il a recours à l'expérience si connue d'une bougie allumée sous une cloche renversée sur une cuvette pleine d'eau : l'eau monte par l'action de la flamme.

Voici comment Fludd rattache la chimie à la physiologie. « Le chimiste ou alchimiste imite, dit-il, la nature. En commençant son œuvre, il réduit d'abord la matière en parcelles, il la broie et la pulvérise : c'est la fonction des dents. La matière ainsi divisée, il l'introduit par un tuyau dans la cornue : ce tuyau représente l'œsophage, la cornue l'estomac. Ensuite il mouille la matière avant de la soumettre à l'action de la chaleur : c'est ainsi que la salive et le suc gastrique humectent les aliments ingérés dans l'estomac. Enfin, il ferme exactement l'appareil, et l'entoure d'une chaleur humide, égale et modérée, en le plaçant dans un bain-marie et dans du fumier de cheval : c'est ainsi que l'estomac est naturellement entouré par le foie, la rate, les intestins, qui le maintiennent à une température égale... Les parties élaborées sont mises à part et servent à alimenter l'œuvre, tandis que les matières excrémentitielles sont rejetées comme inutiles. »

Dans tous les faits, l'esprit de Fludd cherchait des rapprochements. Lorsqu'on projette du soufre en poudre sur du nitre en fusion, il se produit une explosion plus ou moins violente, accompagnée d'une lumière soudaine. Dans ce fait il voyait l'explication des phénomènes de l'éclair et du tonnerre. C'est à ce propos qu'il donna la composition de deux produits, qui devaient s'enflammer au contact de l'eau, l'un consistait en un mélange de parties égales de nitre, de soufre et de chaux vive ; ce mélange était introduit dans un œuf vide, dont on bouchait ensuite les orifices avec de la cire : cet œuf, jeté dans l'eau, procurait le spectacle d'un petit feu d'artifice flottant. L'autre produit figurait une pierre qui devait s'enflammer aussitôt que l'on y cracherait : c'était un mélange de quatre parties de calamine (minerais de zinc), d'une partie d'asphalte, d'une partie de nitre, de deux parties de vernis liquide et d'une partie de soufre.

Rodolphe Glauber. — A l'exemple de Paracelse, Glauber (né à

Carlstadt en 1604, mort à Amsterdam en 1668) fit la guerre aux médecins qui dédaignaient l'étude de la chimie. Mais il manque à ses écrits [1] ce cachet scientifique qui caractérise les travaux de Boyle. Une forte teinte de misanthropie l'attira vers une vie de retraite. « Les hommes d'*aujourd'hui* (il aurait dû dire de *tous les temps*) sont, s'écrie-t-il, faux, méchants et traîtres; rien de leur parole n'est sacré; chacun ne songe qu'à soi. Si je n'ai pas fait dans ce monde tout le bien que j'aurais pu faire, c'est la perversité des hommes qui en a été la cause. »

Glauber est connu de tout le monde par le sulfate de soude, sel purgatif, qui porte le nom de *sel de Glauber*. En voici l'histoire, telle que l'auteur l'a racontée lui-même. « Pendant les voyages de ma jeunesse je fus atteint, à Vienne, d'une fièvre violente, appelée dans ce pays maladie de Hongrie, qui n'épargne aucun étranger. Mon estomac délabré rendait tous les aliments. Sur le conseil de quelques personnes qui avaient pitié de moi, j'allai me traîner, à une lieue de Neustadt, auprès d'une fontaine située à côté d'une vigne. J'avais emporté avec moi un morceau de pain que je croyais certainement ne pas pouvoir manger. Arrivé auprès de la fontaine, je tire le pain de ma poche, et, en y faisant un trou, je m'en sers en guise de coupe. A mesure que je bois de cette eau, je sens mon appétit revenir si bien, que je finis par mordre dans la coupe improvisée, et par l'avaler à son tour. Je revenais ainsi plusieurs fois à la source, et je fus bientôt délivré de ma maladie. Étonné de cette guérison miraculeuse, je demandai quelle était la nature de cette eau ; on me répondit que c'était une eau nitrée (*Salpeter-wasser*). »

Glauber n'avait alors que vingt-un ans, et à cet âge il ignorait encore, comme il nous l'apprend lui-même, entièrement la chimie. Cependant le fait de sa guérison inattendue ne lui sortit jamais de mémoire. Or, un jour il lui vint l'idée d'essayer l'eau de sa fontaine de santé, pour voir si elle était réellement chargée de nitre, comme le prétendaient les gens du pays. A cet effet, il en fit évaporer un peu dans une capsule. « Je vis, dit-il, se former de beaux cristaux longs, qu'un observateur superficiel aurait pu confondre avec les cristaux du nitre; mais ces cristaux ne fussent point sur le feu. » — Glauber trouva plus tard que ce sel avait la plus grande ressemblance avec celui qu'on obtient en dissolvant dans l'eau et

---

1. Ils ont été publiés sous le titre de *Opera chymica und Schriften*, etc. Francf. 1658, in-4.

faisant cristalliser le *caput mortuum* de la préparation de l'esprit de sel avec l'huile de vitriol et le sel marin. Or, ce *caput mortuum* du résidu de l'opération n'était autre chose que le sulfate de soude.

Glauber lui donna d'abord le nom de s l admirable, *sal admirable*, sans se vanter aucunement de l'avoir découvert; car il déclare que son sel admirable est le même que le *sal enixum* de Paracelse. « Ce sel, quand il est bien préparé, a, dit-il, l'aspect de l'eau congelée; il forme des cristaux longs, bien transparents, qui fondent sur la langue comme de la glace. Il a un goût de sel particulier, sans aucune âcreté. Projeté sur des charbons ardents, il ne décrépite point comme le sel de cuisine ordinaire, et ne déflagre point comme le nitre. Il est sans odeur et supporte tous les degrés de chaleur. On peut l'employer avec avantage en médecine, tant extérieurement qu'intérieurement. Il modifie et cicatrise les plaies récentes, sans les irriter. C'est un médicament précieux, employé à l'intérieur : dissous dans de l'eau tiède et donné en lavement, il purge les intestins et tue les vers... »

Telle est l'histoire du sel qui porte avec raison le nom de *Glauber.*

Glauber connaissait la nature aériforme de l'esprit de sel; car il savait qu'en distillant un mélange de sel commun et d'huile de vitriol, on n'obtient le *spiritus salis* sous forme liquide qu'à la condition de lui associer de l'eau. C'est pourquoi il recommandait l'emploi du vitriol humide. Il ne paraissait pas non plus ignorer que dans cette réaction l'huile de vitriole prend la place de l'esprit de sel qui se dégage. — Il vantait l'esprit de sel pour les usages culinaires, comme pouvant remplacer le vinaigre et le jus de citron. « Pour apprêter, dit-il, un poulet, des pigeons ou du veau à la sauce piquante, on met ces viandes dans de l'eau, avec du beurre et des épices; puis on y ajoute la quantité que l'on désire de l'esprit de sel, suivant le goût des personnes. On peut ainsi amollir et rendre parfaitement mangeable la viande la plus coriace, de vache ou de vieille poule. » — Il le recommandait aussi comme un excellent moyen pour conserver les fruits, pour coaguler le lait, attaquer les minerais, etc.

Parmi les chimistes qui ont entrevu le *chlore*, Glauber paraît être le premier en date. Il dit qu'en distillant l'esprit de sel sur des chaux métalliques (cadmie et rouille de fer), il obtenait « un esprit couleur jaune qui passe dans le récipient et qui dissout les métaux et presque tous les minéraux. » Il l'appelait *huile* ou *esprit de sel rectifié.* « Avec ce produit on peut, ajoute-t-il, faire de belles choses en médecine, en alchimie et dans beaucoup d'arts. Lorsqu'on le fait quelque temps digérer avec de l'esprit de vin déphlegmé (concentré), on remarque qu'il se forme à la surface de la liqueur une espèce de couche huileuse, qui est l'huile de vin (*oleum vini*), très-agréable, et un excellent cordial. » — Par la distillation des charbons de terre, il obtenait une *huile rouge de sang*, qu'il prescrivait comme fort utile dans le pansement des ulcères chroniques.

Le fait de la coloration rouge du verre par l'or avait été déjà signalé par Libavius. Les chimistes, à l'exception de Boyle, n'y firent pas grande attention. Ce fut accidentellement que Glauber découvrit cette propriété de l'or. « Je fis, raconte-t-il, fondre, il y a quelques années, dans un creuset, de la chaux d'or, *calcem solis*; et voyant que la fusion s'opérait difficilement, j'y ajoutai un peu de flux salin. L'opération étant terminée, je retirai le creuset du feu, et je fus fort surpris de trouver, à la place de l'or que j'y avais mis, une masse vitreuse d'un beau rouge de sang. Les fondants que j'avais employés étant des sels blancs, je ne pouvais attribuer cette coloration qu'à l'âme de l'or (*anima auri*). »

Le parti que Glauber sut tirer de cette observation montre toute sa sagacité d'opérateur. Pour obtenir la même coloration il proposa un moyen détourné, mais extrêmement ingénieux. Ce moyen consistait à précipiter l'or de sa dissolution dans l'eau régale par la *liqueur des cailloux*, et à faire fondre le précipité dans un creuset. « La couleur jaune se convertit en une couleur pourpre des plus belles. » — L'auteur ajoute que le même procédé pourra s'appliquer à tous les autres métaux pour la préparation des verres colorés ou des pierres précieuses artificielles.

Curieux de se rendre compte des phénomènes soumis à son observation, Glauber se demandait ce qui se passe lorsqu'on verse la liqueur des cailloux dans une solution d'or. Voici à ce sujet sa manière de voir : « L'eau régale qui tient l'or en dissolution, tue le sel de tartre (potasse) de la liqueur des cailloux (silicate de potasse), de manière à lui faire abandonner la silice; et, en échange, le sel de tartre paralyse l'action de l'eau régale, de manière à lui faire lâcher l'or qu'elle avait dissous. C'est ainsi que la silice et l'or sont tous deux privés de leurs dissolvants. Le précipité se compose donc à la fois d'or et de silice, dont le poids réuni représente celui de l'or et de la silice employés primitivement. » — De cette manière de voir à la loi d'échange ou de double décomposition il n'y avait qu'un pas.

A l'exemple cité nous devons en joindre un autre pour faire mieux ressortir toute l'habileté de Glauber à saisir la nature des réactions chimiques. On préparait depuis longtemps le *beurre d'antimoine* en soumettant à la distillation un mélange de sublimé corrosif et d'antimoine naturel (sulfure d'antimoine). Mais personne n'avait su expliquer cette réaction. Voici l'explication qu'en donna Glauber. « Dès que le mercure sublimé (perchlorure de mercure), mêlé avec l'antimoine, éprouve l'action de la chaleur, l'esprit, qui est combiné avec le mercure, se porte de préférence sur l'antimoine, et l'attaque en abandonnant le mercure, pour former une huile épaisse (beurre d'antimoine) qui s'élève dans le récipient. Le beurre d'antimoine n'est donc autre chose qu'une dissolution de régule d'antimoine (antimoine métallique) dans de l'esprit de sel. Quant au soufre de l'antimoine (naturel), il se combine avec le mercure, et donne naissance à du cinabre qui s'attache au col de la cornue; une partie du mercure se volatilise. Celui qui s'entend bien à la manipulation peut retrouver tout le poids du mercure employé. »

Cette explication, contre laquelle il n'y avait rien à objecter, devait servir, dans l'esprit de l'auteur, à renverser la théorie erronée, traditionnelle, d'après laquelle le beurre d'antimoine était l'huile de mercure, *oleum mercurii*, et le précipité blanc qui se produit quand on y ajoute l'eau, le mercure de vie, *mercurius vitæ*. « Prenez, dit-il, cette poudre blanche, appelée mercure de vie, et chauffez-la dans un creuset : vous la transformerez en un verre d'antimoine, et vous n'en tirerez pas une trace de mercure. » — Pour achever sa démonstration, il proposa un procédé qui permettait d'obtenir le beurre d'antimoine ou la prétendue *huile de mercure*, sans l'emploi du sublimé corrosif. Ce procédé, qui est encore aujourd'hui en usage, consistait à traiter les fleurs (oxyde) d'antimoine par l'esprit de sel. L'auteur ne manque pas d'ajouter que l'on obtient des produits analogues (chlorures), en traitant l'arsenic, le zinc, l'étain, etc., par l'esprit de sel (acide chlorhydrique).

Ces idées, parfaitement justes, furent repoussées comme des innovations dangereuses par les conservateurs de l'autorité traditionnelle. Mais, convaincu d'avoir pour lui la vérité, et voulant couper court à de vaines controverses, il finissait ses démonstrations par ces paroles : « Au reste je ne prétends imposer mes idées à personne : que chacun garde les siennes, si bon lui semble. Je dis ce que je sais dans le seul intérêt de la science. »

Ce mépris des discussions oiseuses et cet amour pur de la science éclatent à chaque page dans les écrits de Glauber.

Jean Kunckel. — Fils d'un alchimiste du duc de Holstein, Kunckel (né à Rendsbourg en 1630, mort en 1702) fut un des partisans les plus décidés de la méthode expérimentale que François Bacon avait, non pas créée, mais essayé de codifier. Il occupait la chaire de chimie à l'université de Wittemberg lorsqu'il fut, en 1659, appelé à Berlin pour diriger les fabriques de verre et le laboratoire de l'électeur de Brandebourg. Le roi de Suède, Charles XI, qui l'avait pris à son service, lui conféra des titres de noblesse sous le nom de *baron de Lœwenstern* [1].

Kunckel combattit les doctrines des alchimistes tout à la fois avec les armes de l'expérience et de la satire. C'est ainsi qu'il regardait le soufre fixe des métaux comme un élément imaginaire. « Moi, vieillard, qui me suis, dit-il, occupé de chimie pendant soixante ans, je n'ai pas encore pu découvrir ce que c'est que le *sulfur fixum*, et comment il fait partie constitutive des métaux. » — Raillant avec esprit les alchimistes qui ne s'entendent pas entre eux parce qu'ils ne donnent pas au même mot le même sens, il ajoute : « Les anciens ne s'accordent pas sur les espèces de soufre. Le soufre de l'un n'est pas le soufre de l'autre. A cela on me répond que chacun est libre de baptiser son enfant comme il l'entend. Soit. Vous pouvez même, si bon vous semble, appeler âne un bœuf; mais vous ne ferez jamais croire à personne que votre bœuf est un âne. »

Voici comment il s'exprime à l'égard des alchimistes qui s'attribuaient non-seulement le pouvoir de transmuter les métaux, mais de créer des êtres vivants à l'aide de certains éléments. « En chimie il y a des décompositions, des combinaisons, des purifications; mais il n'y a pas de transmutations. L'œuf éclot par la chaleur d'une poule. Avec tout notre art, nous ne pouvons faire un œuf; nous pouvons le détruire et l'analyser, voilà tout. »

L'*alkahest* de Paracelse et de Van Helmont, ce fameux dissolvant universel qui passait pour dissoudre tous les corps de la nature, fut particulièrement l'objet de la verve ironique de Kunckel. « Mais si l'*alkahest*, observe-t-il spirituellement, dissout tout ce qui est, il doit dissoudre aussi le vase qu'il renferme ; s'il dissout la silice, il doit dissoudre le verre, qui est fait avec de la silice... On a beau-

---

. Les principaux écrits de Kunckel ont paru après sa mort, sous le titre de *Laboratorium chimicum*, etc., (Hamb. 1716, in-8, et Berlin 1767, in-8.)

coup discuté sur ce grand dissolvant de la nature : les uns le font
dériver du latin *alkali est*; les autres de deux mots allemand *all
geist* (tout esprit); enfin d'autres le font venir de *alles ist* (c'est
tout). Quant à moi, qui ne crois pas au dissolvant de Paracelse et
de Van Helmont, je l'appellerai par son vrai nom : *Alles Lügen ist*
(c'est tout mensonge). »

Les recherches sur le *rubis artificiel* (verre rouge) étaient depuis
Libavius, Glaser et Boyle, à l'ordre du jour. Écoutons Kunckel raconter la découverte du *pourpre de Cassius*, qui en forme la
base. « L'honneur de la découverte du rubis artificiel revient à
notre siècle; car les verres rouges des anciens ne sont que des
verres peints d'un seul côté : lorsqu'on en râcle la surface, on aperçoit au-dessous de cette couche un verre grossier, verdâtre. Voici
comment se fit cette découverte. Il y eut un docteur en médecine
nommé Cassius, qui avait trouvé le moyen de précipiter l'or par
l'étain, ce dont Glauber lui donna peut-être la première idée. Ce
docteur essaya, mais en vain, d'incorporer son précipité dans le
verre. Dès que j'en eus entendu parler, je me mis à faire également des essais du même genre, et je réussis à obtenir du verre
d'un beau rouge : la couleur s'était complétement identifiée avec le
verre. Le premier de ces verres ainsi fabriqués, je l'offris à l'électeur Frédéric-Guillaume, mon prince et seigneur, qui m'envoya
100 ducats de récompense. Peu de temps après, le prince arche-
vêque de Cologne me chargea de lui faire un calice de verre rouge
d'un pouce d'épaisseur. Je me mis à l'œuvre et je réussis. Ce calice
était très-beau, et pesait vingt-quatre livres. Je reçus, comme prix
la somme de 800 thalers (environ 3000 fr.). L'électeur de Saxe fit
présent de quelques-uns de ces verres à la reine Christine, qui résidait alors à Rome; et bientôt l'usage des verres rouges rubis se
répandit, mais seulement parmi les grands seigneurs. »

Kunckel eut, l'un des premiers, des idées fort exactes, sur la
fermentation qu'il supposait de même nature que la putréfaction.
« Dans le règne animal, dit-il, la fermentation s'annonce par une odeur
fétide ; dès que la fermentation cesse, cette odeur disparaît aussi...
Une température douce et humide hâte la fermentation; c'est aussi
ce qui accélère la putréfaction. »

Il n'ignorait pas que par une première fermentation, les matières
sucrées donnent de *l'esprit de vin*, et qu'en poussant la fermentation plus loin, il ne se produit plus que du vinaigre. « Quelques
théoriciens (c'est ainsi qu'il nomme les alchimistes) prétendent que

l'esprit de vin est une espèce d'huile. Mais aucun des caractères propres à l'huile n'est applicable à l'esprit de vin; car celui-ci ne nage pas sur l'eau, il ne dissout pas le soufre, et ne forme pas de savon avec les alcalis. Donc l'esprit de vin n'est pas une huile. »

Cette manière de raisonner et de conclure conformément à la méthode expérimentale était, vers le milieu du dix-septième siècle, encore une grande nouveauté.

Kunckel savait aussi que les acides et une température trop basse empêchent la fermentation. « Si, en faisant fermenter du sucre, vous y ajoutez, dit-il, quelques gouttes d'huile de vitriol (acide sulfurique), vous verrez aussitôt la fermentation s'arrêter. Le froid agit de la même façon. » — Le fait est exact; mais voici l'application qu'il en tire. Attribuant les maladies, si nombreuses, de l'estomac, à une sorte de ferment, il préconise les substances contraires à la fermentation pour combattre ces maladies. « Les maux d'estomac ont, dit-il, pour cause des impuretés qui fermentent; car on les guérit facilement au moyen des acides ou des plantes amères : les acides et les plantes amères arrêtent la fermentation. Le sucre, au contraire, favorise les maladies d'estomac, parce qu'il augmente la fermentation. »

Kunckel doit être considéré comme un des promoteurs de la médecine chimique. L'un des premiers il distingua nettement le blanc (oxyde) d'antimoine, obtenu par la calcination, du régule d'antimoine (antimoine métallique) ou de l'antimoine désoxydé par le charbon. Il fit en même temps ressortir l'importance de cette distinction, par une singulière histoire d'empoisonnement. Une femme demanda à un pharmacien du régule d'antimoine pour se purger. Le pharmacien voulant montrer à sa cliente toute sa science, lui dit : Attendez un peu; je vais chasser auparavant le poison par le feu. Et aussitôt il se mit à calciner l'antimoine (à le convertir en oxyde métallique). La malheureuse femme qui prit cette poudre, eut, comme on le devine, des vomissements atroces, et elle faillit trépasser. La dose de l'antimoine métallique, que le pharmacien avait calcinée pour en chasser, à ce qu'il prétendait, le poison, avait été de 35 grains.

Les premières observations qui aient été faites relativement à l'action que *la lumière exerce sur la végétation*, remontent à Kunckel. Cet habile expérimentateur constata que les plantes que l'on fait croître dans l'obscurité n'atteignent jamais leur perfection, qu'elles n'acquièrent surtout aucune odeur aromatique.

C'est encore Kunckel qui a le premier signalé le fait qui devait, un siècle et demi plus tard, conduire H. Davy à l'invention de la *lampe de sûreté*. Voici ce fait : « Lorsqu'on interpose entre la flamme et le métal qu'elle fait fondre, une gaze métallique, l'action de la flamme est suspendue [1]. »

Enfin Kunckel a attaché son nom à la découverte du *phosphore* par les documents curieux qu'il nous a transmis. Cette découverte fut précédée de celle du *phosphore de Baudouin*, dont Kunckel raconte l'histoire en ces termes. « Il y eut à Grossenhayn en Saxe un savant bailli du nom de Baudouin, qui vivait dans la plus grande intimité avec le docteur Früben. Un jour il leur vint à tous deux l'idée de trouver un moyen de recueillir l'esprit du monde, *spiritum mundi*. A cet effet, ils firent dissoudre de la craie dans de l'esprit de nitre, et évaporèrent la liqueur jusqu'à siccité. Le résidu attirait fortement l'eau (humidité) de l'air. Cette eau, ils l'en retiraient par la distillation : c'était là leur *esprit du monde*, qu'ils vendaient fort cher (environ 2 francs les 35 grammes). Tous, seigneurs et vilains, voulaient faire usage de cette eau... C'était le cas de dire, ajoute Kunckel, que la foi opérait des miracles ; car l'eau de pluie aurait été tout aussi bonne. » — Un jour la cornue, où avait été calciné le nitrate de chaux (la craie avec de l'esprit de nitre), se brisa ; Baudouin remarqua que le résidu luisait dans l'obscurité, et qu'il n'avait la propriété de luire ainsi qu'après avoir été exposé à la lumière du soleil.

« Baudouin courut aussitôt, continue Kunckel, à Dresde pour communiquer ce résultat au conseiller de Friesen, à plusieurs ministres de la cour, et enfin à moi. Je fus, je l'avoue, émerveillé de cette singulière expérience ; mais il ne me fut pas permis de toucher la matière de mes mains. Pour obtenir cette faveur, je fis une visite à M. Baudouin, qui me reçut fort poliment, et me donna une belle soirée musicale. Bien que j'eusse causé avec lui toute la journée, il me fut impossible d'en apprendre le fin mot. La nuit étant venue, je demandai à M. Baudouin si son *phosphorus*, c'est ainsi qu'il appelait son produit de la cornue, pouvait aussi attirer la lumière d'une bougie, comme il attire celle du soleil. Il se mit sur-le-champ à en faire l'expérience. Toutefois je n'eus pas encore le bonheur de toucher le produit en question. — Ne serait-il pas, lui disais-je alors, plus convenable de lui faire absorber la lumière à distance au moyen d'un miroir concave ? — Vous avez raison, ré-

1. Kunckel, *Laboratorium*, p. 23.

pondit-il. — Et il alla aussitôt chercher lui-même son miroir, et cela avec tant de précipitation qu'il oublia sur la table la substance que j'étais si curieux d'examiner de près. La saisir de mes mains, en enlever un morceau avec les ongles et le mettre dans ma poche, tout cela fut l'affaire d'un instant. » — Baudouin revient, l'expérience commence, mais Kunckel ne dit pas si elle réussit. — « Je lui demandai, continue-t-il, s'il ne voudrait pas me faire connaître son secret. Il y consentit, mais à des conditions inacceptables. J'envoyai alors un messager à M. Tutzky, qui avait longtemps travaillé dans mon laboratoire, et le priai de se mettre immédiatement l'œuvre en traitant la craie par l'esprit de nitre (car je savais qu'on avait employé ces deux substances pour la préparation de l'*esprit du monde*), de calciner le mélange fortement et de m'informer du résultat de l'expérience par le retour du messager. » — L'expérience réussit, comme on le pense bien, au-delà de toute espérance, et le même soir Kunckel offrit à Baudouin un échantillon de son *phosphorus*, — en retour de sa soirée musicale. Il est difficile d'avoir en même temps autant d'esprit que de sagacité.

Les détails, concernant la découverte du phosphore proprement dit, font encore mieux ressortir les qualités de Kunckel.

« Quelques semaines après la découverte du phosphore de Baudouin, je fus obligé de faire un voyage à Hambourg. J'avais emporté avec moi un de ces têts luisants, pour le montrer à un de mes amis. Celui-ci, sans paraître surpris me dit : « Il y a dans notre ville un homme qui se nomme le *docteur Brand*; c'est un négociant ruiné qui, se livrant à la médecine, a dernièrement découvert quelque chose qui luit dans l'obscurité. » — Il me mit en rapport avec Brand. Celui-ci ayant donné à un de ses amis la petite quantité de phosphore qu'il avait obtenu par son procédé, je dus me rendre chez cet ami pour voir ce corps luisant. Mais, plus je me montrais curieux d'en connaître la préparation, plus on se tenait sur la réserve vis-à-vis de moi. Dans l'intervalle, j'envoyai à M. Krafft, à Dresde, une lettre dans laquelle je lui fis part de la nouvelle. Krafft, sans me répondre, se met aussitôt en route, arrive à Hambourg et achète, à mon insu, le secret de la préparation du phosphore pour 200 thalers (environ 750 francs). »

Nous passons sous silence les démêlés que Kunckel eut d'une part, avec Krafft, et de l'autre, avec Brand : ils se jouaient évidemment de lui. Enfin, sachant que Brand avait travaillé sur l'*urine*, il se mit lui-même à l'œuvre. « Rien ne me coûta ; et, au bout de quelques semaines, je fus assez heureux pour trouver, à mon tour, ce phosphore... Le secret de Brand devint bientôt si vulgaire, que ce *docteur tudesque*, le vendit, par besoin, à d'autres personnes, pour 10 thalers (environ 35 francs). Quant à moi, je fais ce que personne ne sait encore : mon phosphore est pur et transparent et d'une grande force. Mais je n'en fais plus maintenant, parce qu'il donne lieu à une foule d'accidents. »

Ces faits, auxquels une simple analyse aurait ôté le charme de leur récit, se passèrent de 1668 à 1669. Kunckel n'y mit pas autant de mystère que Brand ; car il communiqua gratuitement son procédé à plusieurs personnes, entre autres à Homberg qui fit le premier connaître en France la *manière de faire le phosphore brûlant de Kunckel*.

Homberg répéta le procédé de Kunckel dans le laboratoire de l'Académie des sciences, et en donna la description suivante.

« Prenez de l'urine fraîche, tant que vous voudrez ; faites-la évaporer sur un petit feu jusqu'à ce qu'il ne reste plus qu'un résidu brun, presque sec. Mettez ce résidu se putréfier dans une cave pendant trois ou quatre mois ; puis prenez-en deux livres et mêlez-les bien avec le double de menu sable ou de bol. Mettez ce mélange dans une bonne cornue de grès lutée ; et, ayant versé une pinte ou deux d'eau commune dans un récipient en verre qui ait le col un peu long, adaptez la cornue à ce récipient et placez-la à un feu nu. Chauffez d'abord faiblement pendant deux heures ; augmentez ensuite peu à peu le feu jusqu'à ce qu'il devienne très-violent, et continuez à chauffer ainsi pendant trois heures de suite. Au bout de ce temps, il passera dans le récipient d'abord un peu de phlegme, puis un peu de sel volatil, puis beaucoup d'huile noire et puante ; enfin la matière du phosphore passera sous forme de nuées blanches, formant aux parois du récipient une mince pellicule jaune, ou bien la matière tombera au fond du récipient sous forme de grains de sable. Il faudra alors éteindre le feu et ne pas ôter le récipient ; car le phosphore pourrait brûler si on lui donnait de l'air, pendant que le récipient qui le contient est encore chaud. Pour réunir ces petits grains, on les met dans une lingotière de fer-blanc ; et, ayant versé de l'eau sur ces grains, on chauffe la lingotière pour les faire fondre comme de la cire. Alors on verse de l'eau dessus jusqu'à ce que la masse du phosphore soit coagulée en un bâton dur, ressemblant à de la cire jaune [1]. »

1. *Mém.* de l'Acad. des sciences de Paris, T. X. (présenté le 30 avril 1692).

Telle est l'histoire de la découverte du phosphore. Elle soulèv une question litigieuse. Le procédé de Kunckel, décrit par Homberg, est au fond le même que celui de Boyle [1]. Guidés par leur sagacité, et travaillant à l'insu l'un de l'autre, ils étaient arrivés presque simultanément au même résultat. N'est-ce pas à eux que revient l'honneur de cette découverte plutôt qu'à Brand, qui ne vendait son secret qu'à beaux deniers comptants et à la condition de ne le communiquer à personne?

Angelo Sala. — Natif de Vicence, Sala passa depuis 1602 presque toute sa vie en Allemagne où il pratiquait la médecine et la chimie. Dans ses écrits, publiés à Francfort en 1647, in-4°, il se montre ennemi du charlatanisme et des vaines théories.

Le principal mérite de Sala est d'avoir fait le premier une étude approfondie et vraiment scientifique des préparations antimoniales. Il insiste surtout sur la réserve extrême avec laquelle il faut les employer en médecine. « Quiconque aime sa santé doit, dit-il, se tenir en garde contre ce genre de médicaments. Outre l'arsenic qui s'y trouve naturellement, l'antimoine peut, en se combinant avec d'autres corps, acquérir des propriétés vénéneuses, de même que le mercure qui, en lui-même n'est pas un poison, peut le devenir à l'état de sublimé. »

Indépendamment des oxydes et sulfures d'antimoine, Sala connaissait l'*émétique;* car il parle, en termes précis, d'un précipité antimonial, qu'on obtient en le faisant bouillir jusqu'à décoloration dans une liqueur alcaline de sel de tartre. Il parle aussi de la préparation de l'*émétique ferrugineux*, dans lequel le peroxyde de fer remplace exactement l'oxyde d'antimoine.

Sala a le premier parlé du *sel d'oseille* (bioxalate de potasse) sous le nom de *tartre;* car tous les produits acides ou salins retirés, non-seulement du vin, mais du mûrier, du tannin, etc., étaient pour lui des *tartres*. « Pour faire du *tartre bien acide*, il faut, dit-il, exprimer le suc de l'oseille (*rumex acetosa*), et le clarifier avec du blanc d'œuf. Cela fait, il faut filtrer la liqueur, l'évaporer, redissoudre le résidu dans l'eau bouillante et l'abandonner à la cristallisation. » L'auteur soutient avec juste raison qu'il n'est pas indifférent de traiter les racines, les tiges, les feuilles, les fruits des végétaux par l'alcool ou par l'eau; car il y a, remarque-t-il, des cas où l'un de ces véhicules est plus apte que l'autre à se charger des

---

1. Voy plus haut, p. 419.

principes qui affectent le goût ou l'odorat ; l'alcool se pénètre, en général, mieux que l'eau du principe odorant (huile essentielle), et l'eau dissout davantage le principe amer.

L'usage de l'eau-de-vie de grain était, dès le XVIIe siècle, très-répandu chez les habitants de l'Europe septentrionale. Pour la fabriquer, ils se servent, comme nous l'apprend A. Sala, de grains de blé grossièrement moulus, jettent cette farine dans une cuve, y versent de l'eau tiède, remuent la pâte demi-liquide avec des spatules ; ils y ajoutent de la levûre de bière et abandonnent le tout à la fermentation. « Il faut avoir, ajoute-t-il, quelque pratique pour savoir quand la fermentation est achevée et quand il est temps de soumettre le tout à la distillation pour en retirer l'*eau ardente*. »

Bien des questions, dont la solution préoccupait les anciens, nous paraissent aujourd'hui tellement simples que personne ne songe à s'y arrêter. Ainsi, l'*huile* ou *esprit de vitriol*, retiré du vitriol bleu (sulfate de cuivre), est-il le même que celui qu'on retire du vitriol vert (sulfate de fer)? Voilà ce que se demandaient jadis les chimistes. Presque tous admettaient deux produits différents : un *esprit de Vénus*, contenant un peu de cuivre, et un *esprit de Mars*, contenant un peu de fer.

Après avoir montré que ces deux produits ne contiennent ni cuivre, ni fer, et qu'ils ne constituent qu'un seul et même composé, Sala essaya d'établir que l'huile ou l'esprit de vitriol n'est qu'une *vapeur sulfureuse* ayant enlevé quelque chose à l'air ambiant (*ab ambiente œre extractum*). On voit qu'il touchait de près la vérité. S'il était parvenu à saisir ce *quelque chose* qui transforme le soufre en acide et le même corps aériforme qui entretient la combustion et la respiration, il aurait découvert l'oxygène. Mais cette découverte était réservée à d'autres.

Ce fut par la synthèse qu'on arriva d'abord à connaître la composition du cinabre et du nitre. Sala suivit la même voie pour arriver à la connaissance de la composition du sel ammoniac. « Si vous mêlez ensemble, dit-il, une partie de *sel volatil des urines* (ammoniaque) avec une proportion convenable d'*esprit de sel* (acide chlorhydrique), vous obtiendrez un produit qui ressemble en tous points au sel ammoniac ordinaire. » C'est, en effet, par la combinaison directe de l'ammoniaque avec l'acide chlorhydrique, qu'on obtient le chlorhydrate d'ammoniaque, connu longtemps sous le nom de *sel ammoniac*.

Otto Tachenius ou Tacken. — Vivant vers le milieu du XVIIe siècle, ce médecin chimiste n'est guère connu que par ses écrits, dont le principal a pour titre : *Hippocrates chemicus* (Venise, 1666, in-12°).

Tachenius précisa le premier ce qu'il faut entendre par le mot, si usité, de *sel.* « Tout ce qui est sel se décompose, dit-il, en deux substances, savoir : un alcali (base) et un acide. » Il cite comme exemple le sel ammoniac, « parce qu'on en tire l'esprit de sel, en tout pareil à celui obtenu avec le sel commun, et l'alcali volatil, identique avec celui que l'on extrait de l'urine. » Voilà la composition du sel ammoniac démontrée par l'analyse.

C'est à Tachenius que revient l'honneur d'avoir le premier signalé ce qui se passe quand on traite un alcali par de l'huile ou de la graisse. « Dans la saponification c'est, dit-il, un acide qui se combine avec l'alcali ; car l'huile ou la graisse renferme un acide masqué. »

Il démontra aussi par la synthèse que le *sel* ou l'*eau de Minderer* est un composé de vinaigre et d'alcali urineux (ammoniaque). — Les sels d'urine proviennent, d'après ses observations, des aliments ingérés dans le tube digestif, l'urine des mourants est presque entièrement privée de sels, et le fer, au lieu de passer dans les urines, est presque entièrement réjeté par les fèces en les colorant en noir. L'infusion de noix de galle lui servait de réactif pour constater que l'urine des malades soumis à un traitement ferrugineux n'est pas colorée en noir. Il appliqua le même réactif aux solutions métalliques de cuivre, de zinc, de plomb, de mercure, d'étain et marqua l'abondance et la couleur de ces précipités. Il constata, entre autres, que l'infusion de noix de galle transforme une solution d'or en une liqueur jaune de succin qui, étendu avec la main sur du papier, brille comme du vernis après avoir été desséché.

Les chimistes et alchimistes s'étaient servis indifféremment de *l'eau commune* et de *l'eau distillée*. Tachenius signala le premier la différence qui existe entre ces deux eaux. « L'eau de rivière, l'eau de puits, enfin l'eau commune, contient, dit-il, du sel qui est nécessaire aux plantes et même aux animaux. C'est pourquoi une dissolution d'argent (nitrate d'argent) y détermine un trouble, un précipité blanc, absolument comme si l'on avait versé un peu d'eau salée dans cette dissolution.

Tachenius a le premier établi que la *silice* est un acide : il s'appuyait sur ce que la silice est susceptible de se combiner avec la potasse pour former la *liqueur des cailloux*, qui est, selon lui, un véritable sel. Mais il en donna encore une autre preuve, plus con-vaincante. « La silice n'est attaquée par aucun acide ; l'eau forte même ne la corrode pas. Pourquoi? Parce que la silice est elle-même de la nature d'un acide, et que si elle contenait seulement la moindre parcelle d'un alcali, les acides l'attaqueraient en s'y com-binant.

Ce même observateur a le premier signalé un des faits fonda-mentaux de la chimie, à savoir que *tout acide est déplacé de sa combinaison par un autre acide plus puissant;* et il ajoute que l'acide qui se combine ainsi avec un alcali augmente nécessaire-ment de poids d'une manière constante. — Quant à *l'esprit acide vital*, que l'auteur surnomme *fils du soleil*, c'est un être imagi-naire. Mais, chose digne de remarque, il lui fait jouer le même rôle qu'à l'oxygène, appelé par Lavoisier *esprit générateur des acides*. Il le fait intervenir dans la formation du nitre, dans les phénomènes de la végétation et de la fermentation, et il soutient que cette intervention s'opère par l'intermédiaire des rayons solaires.

Tachenius connaissait le fait de l'augmentation du poids du plomb par la transformation de ce métal en minium. Mais l'explication qu'il en donne est assez embarrassée. Il semble attribuer la cause de cette augmentation à un esprit acide de bois, ou plutôt avec Boyle, à la flamme. Dans tous les cas, il ne partage pas l'opinion de ceux qui, s'étant également aperçus de l'augmentation des poids des métaux pendant leur calcination, l'avaient attribuée à la fixation de certaines particules aériennes.

Joachim Becher. — Fortement enclin à l'esprit de système, J. Becher (né à Spire en 1635, mort en 1682) visita les principales contrées de l'Europe sans s'établir nulle part. C'est ainsi qu'on le trouve tour à tour en Bavière, en Autriche, en Hollande, en Suède, en Angleterre, etc. Ses ouvrages, parmi lesquels on remarque *Œdipus chymicus* (Amsterd. 1664, in-12º) et *Physica subterranca* (Francf. 1669, in-8º), sont écrits dans un allemand entremêlé de beaucoup de phrases latines.

En traitant des métaux, Becher les regarde comme composés de trois éléments, d'une terre vitrifiable, d'une terre volatile, et d'un principe igné, combustible. Ces éléments remplaçaient, dans l'es-prit de l'auteur, le sel, le soufre, le mercure, éléments des alchi-mistes. Quant au *spiritus esurinus* ou *solum catholicum*, qui devait faire croître les minéraux, exister dans les sels, dans les eaux, etc., on a de la peine d'y reconnaître, comme on l'a voulu, l'oxygène ou l'acide carbonique.

Becher fut le maître de Stahl, l'auteur de la théorie du phlogistique.

Nicolas Lefèvre. — N. Lefèvre, auteur d'un *Traité de chimie* (Paris, 1660, in-8°), premier ouvrage de ce genre, fut appelé par Vallot, premier médecin de Louis XIV, à occuper, après la mort de Davisson, la chaire de démonstrateur de chimie au Jardin du Roi.

Les cours de chimie que les élèves suivaient dans cet établissement, étaient faits concurremment par un professeur et un démonstrateur. Le premier, planant dans les régions abstraites des systèmes, était l'incarnation de la *Théorie;* par une coutume traditionnelle, le premier médecin du roi en remplissait le rôle. Dès que le docteur avait cessé de parler, on voyait apparaître le démonstrateur qui devait appuyer les aperçus du professeur par des arguments *ante oculos :* il personnifiait la *Pratique.* Il va sans dire que les expériences du démonstrateur ne confirmaient pas toujours les paroles du maître, qui avait soin de se retirer après avoir terminé la première partie de la leçon. Cette mise en scène était en quelque sorte la réalisation des Dialogues de Bernard Palissy entre la *Théorique* et la *Practique,* qui ne s'accordaient presque jamais entre elles : curieux mode d'enseignement qui fut suivi au Jardin du Roi, pendant plus d'un siècle, jusqu'à la mort de Rouelle.

Lefèvre ne resta pas longtemps simple démonstrateur. Vers 1664, il fut appelé par Charles II, roi d'Angleterre, à diriger le laboratoire de Saint-James. Il devait sa réputation à son ouvrage, qui eut rapidement jusqu'à cinq éditions et fut traduit dans les principales langues de l'Europe. On sentait depuis longtemps le besoin de réunir en un corps de doctrine des matériaux dispersés un peu partout. Le *Traité de chimie* de Lefèvre répondait à ce besoin de l'époque; et c'est ce qui en explique le succès.

La définition que l'auteur donne de la chimie est beaucoup trop générale ; cette science aurait « pour objet toutes les choses naturelles que Dieu a tirées du chaos par la création » : ce serait, en un mot, la science universelle. La division, qu'il fait ensuite de la chimie en trois espèces, est mieux fondée. « L'une, dit-il, qui est tout à fait scientifique et contemplative, peut s'appeler *philosophique;* elle n'a pour but que la contemplation et la connaissance de la nature et de ses effets, parce qu'elle prend pour son objet les choses qui ne sont aucunement en notre puissance. La seconde espèce peut s'appeler *iatrochymie*, qui signifie *médecine chimique* : elle n'a pour but que les opérations auxquelles toutefois elle ne peut parvenir que par le moyen de la chimie contemplative et scientifique. La troisième espèce s'appelle *chymie pharmaceutique*, qui n'a pour but que les opérations auxquelles l'apothicaire ne doit travailler que selon les préceptes et sous la direction des iatrochimistes. »

Les préceptes qu'il donne aux pharmaciens sur le choix des vaisseaux, sur l'application des différents degrés de chaleur, sur la distillation et particulièrement sur la préparation des sirops, méritent d'être rappelés. « Il faut que, dit-il, quand les apothicaires cuiront des sirops de fleurs odorantes, on ne sente point leurs boutiques de trois ou quatre cents pas, ce qui témoigne la perte de la vertu essentielle des parties volatiles des fleurs et des écorces odorantes ; si ce n'est que ces apothicaires veuillent faire sentir leurs boutiques de bien loin par une vaine politique, qui néanmoins est très-dangereuse et très-dommageable à la société. »

Le principal mérite de Lefèvre est d'avoir l'un des premiers fait ressortir l'importance des *solutions saoulées*, c'est-à-dire *saturées*. Et il cite comme exemple le sel marin. « Prenez, dit-il, quatre onces de sel ordinaire, faites-les dissoudre dans huit onces d'eau commune à chaud, et vous verrez que l'eau ne se chargera que de trois onces de ce sel, et qu'elle laissera la quatrième, quoique vous fassiez bouillir l'eau et que vous l'agitiez avec ce sel. » — Il applique ce fait à tous les dissolvants (menstrues) en général, et se résume en ces termes : « Lorsque le menstrue est ainsi saoulé et rempli, soit à froid ou à chaud, il est impossible à l'art de lui en faire prendre davantage, parce qu'il est chargé selon le poids de nature, qu'on ne peut outre-passer, si on ne veut tout gâter. » Et, pour donner à cette loi un cachet classique il cite, avec beaucoup d'à-propos, ces vers d'Horace :

> Est modus in rebus, sunt certi denique fines,
> Quos ultraque citraque nequit consistere rectum.

Christophe Glaser. — Après son départ pour l'Angleterre, Lefèvre fut remplacé dans la place de démonstrateur au Jardin du Roi par un chimiste allemand, Ch. Glaser, natif de Bâle, et auteur d'un *Traité de chimie* (Paris, 1663), également fort estimé alors. Par le crédit de Vallot, premier médecin du roi, Glaser cumula la place de démonstrateur avec celle de pharmacien de la cour, et dut, plus tard, quitter la France par suite du fameux procès de l'empoisonneuse marquise de Brinvilliers, dans lequel il avait été impliqué.

Glaser peut être considéré comme l'inventeur du nitrate d'argent
fondu dans des lingotières. Voici son procédé, décrit par lui-même :
« Après avoir fait cristalliser la dissolution d'argent dans l'eau-forte,
mettez ce sel (nitrate d'argent cristallisé) dans un bon creuset d'Allemagne un peu grand, à cause que la matière en bouillant au
commencement s'enfle, et pourrait verser et s'en perdre. Mettez
votre creuset sur petit feu, jusqu'à ce que les ébullitions soient pas-
sées, que votre matière s'abaisse au fond ; et à ce moment vous aug-
menterez un peu le feu, et vous verrez votre matière comme de
l'huile au fond du creuset, laquelle vous verserez dans une lingotière
bien nette et un peu chauffée auparavant, et vous la trouverez dure
comme pierre, laquelle vous garderez dans une boîte pour vos
usages. » — Ce mode de préparation de la *pierre infernale* est employé encore aujourd'hui.

En projetant les fleurs de soufre sur du nitre en fusion, Glaser
obtenait le *sel* ou la *pierre de prunelle* (sulfate de potasse fondu), ainsi
nommé parce qu'il était préconisé comme un remède efficace contre
les fièvres prunelles ou ardentes. Ce sel antifébrile reçut depuis lors
le nom de *sel polychreste* (c'est-à-dire *très-utile*) *de Glaser*.

Cet habile manipulateur sentait toute la valeur des détails de
pratique. « Je fais profession, s'écriait-il, de ne dire que ce que je
fais, et de n'écrire que ce que je fais. »

Nicolas Lemery. — Disciple de Glaser, N. Lemery (né à Rouen
en 1645, mort à Paris en 1699), faisait, en 1672, un cours de chimie
à Paris dans la rue Galande, alors peuplée d'élèves. Après la révocation de l'édit de Nantes, Lemery fut obligé, comme protestant,
d'abandonner son enseignement et la pharmacie qu'il avait fondée.
Après avoir vécu quelque temps en Angleterre, il abjura le protes-
tantisme et rentra dans son pays.

Le *Cours de chymie* de Lemery, qui parut pour la première fois
à Paris en 1675, in-8°, eut encore plus de succès que les Traités
de chimie de Lefèvre et de Glaser. Le programme, que l'auteur se
proposait de réaliser, était celui d'un partisan décidé de la méthode
expérimentale. « Les belles imaginations des autres philosophes
touchant leurs principes physiques, élèvent, disait-il, l'esprit par de
grandes idées, mais elles ne prouvent rien démonstrativement. Et
comme la chimie est une science démonstrative, elle ne reçoit pour
fondement que celui qui lui est palpable et démonstratif. »

C'est à Lemery que revient l'honneur d'avoir l'un des premiers nettement distingué la *voie humide* de la *voie sèche*, distinction si importante en chimie organique. Voici comment il s'exprimait relativement au *sel acide* de potasse (il comprenait sous cette dénomination générale le bitartrate, le bioxalate etc., retirés de certains sucs végétaux abandonnés à la cristallisation). « On peut dire que ce sel acide est le véritable sel qui était dans la plante, puisque les moyens qu'on a employés en l'en tirant, sont naturels et incapables de changer sa nature. » Puis, l'auteur ajoute qu'il en est tout autrement du sel fixe « obtenu par la violence du feu. » — On sait depuis que les tartrate, oxalate, malate, citrate, etc., de potasse, qui existent naturellement dans les plantes, sont changés, par l'incinération, en carbonate de la même base. Déjà Lemery semblait persuadé que le sel alcalin (des cendres) provient de la destruction du sel acide par voie sèche.

Il appela particulièrement l'attention des chimistes sur l'antimoine naturel (sulfure d'antimoine) « composé, disait-il, de soufre et d'une substance fort approchante d'un métal (*stibium*). » Car il savait que le fer, avec lequel on préparait le régule d'antimoine, avait pour effet « d'enlever à cet antimoine naturel les parties sulfureuses qui s'opposent à la formation des cristaux de l'antimoine, disposés en forme d'étoile. »

Plus d'un siècle avant Berthollet, Lemery prétendait expliquer les phénomènes de l'éclair et du tonnerre par l'inflammation de l'hydrogène, gaz recueilli pour la première fois par Boyle, qui le confondait avec l'air commun. « Si l'on met, dit-il, dans un matras de moyenne grandeur, trois onces d'huile de vitriol, et douze onces d'eau commune, qu'on jette à plusieurs reprises une once de limaille de fer, il s y fera une ébullition et une dissolution du fer qui produit des vapeurs blanches, lesquelles s'élèveront jusqu'au haut du matras. Si l'on présente à l'orifice du cou de ce vaisseau une bougie allumée, la vapeur prendra feu à l'instant, et à un temps donné fera une fulmination violente, puis s'éteindra. Si l'on continue à mettre un peu de limaille de fer dans le matras, et qu'on en approche de la bougie allumée comme devant, réitérant le même procédé quatorze ou quinze fois, il se fera des ébullitions et des fulminations semblables aux premières, pendant lesquelles le matras se trouvera souvent rempli d'une flamme qui pénètrera et circulera jusqu'au fond de la liqueur. Il arrivera même quelquefois que la vapeur se tiendra allumée comme un flambeau au haut du cou du matras pendant plus d'un quart d'heure. Il me paraît que cette fulmination représente bien en petit la matière sulfureuse qui brûle et circule tout enflammée dans l'eau des nues, pour faire l'éclair et le tonnerre. » — C'est ainsi que « la vapeur qui s'enflamme au contact d'une bougie allumée, » que l'*air inflammable* avait été obtenu plus de cent ans avant d'avoir été décrit sous le nom d'*hydrogène,* comme un élément de l'eau.

Partant de ce fait qu'un mélange de parties égales de limaille de fer et de soufre pulvérisé et humecté d'eau, s'échauffe tellement qu'on a peine d'y toucher, Lemery expliqua l'origine des volcans, des tremblements de terre, etc., par la combustion naturelle de substances minérales.

Le mélange, spontanément inflammable, de limaille de fer et de soufre humectés, reçut le nom de *volcan artificiel de Lemery.*

Rappelons encore que nous devons à Lemery l'emploi de l'aimant pour constater la présence du fer dans des produits d'incinération. A cet effet, Lemery se servait d'un *couteau aimanté.* « On s'apercevra, dit-il, que beaucoup de particules du charbon se hérissent et seront attirées par le couteau, s'y attachant de même que la limaille de fer s'attache à l'aimant. Cette expérience montre que le charbon contient du fer. »

Guillaume Homberg. — Fils d'un officier au service de la Compagnie Hollandaise des Indes Orientales, G. Homberg (né en 1652 à Batavia, mort à Paris en 1715) vint fort jeune en Europe. Appelé en France par Colbert, il fut nommé en 1691 membre de l'Académie des Sciences, et enseigna la chimie au régent dont il devint premier médecin. A l'âge de cinquante-six ans, il épousa une femme (la fille de Dodart) qui l'aidait dans ses travaux de laboratoire.

Nous avons montré plus haut que Homberg avait le premier fait connaître en France le phosphore, sur les indications de Kunckel. Il le considérait, non pas comme un élément, mais comme « la partie la plus grasse de l'urine, concentrée dans une terre fort inflammable. » Et à cette occasion il remarque que toute urine n'est pas propre à donner du phosphore; qu'il faut qu'elle provienne de personnes qui boivent de la bière. « Tous les essais qu'on a faits, ajoute-t-il, avec l'urine de vin ont manqué ou produit si peu d'effet qu'à peine a-t-on pu s'en apercevoir. » — Cette observation paraît assez fondée, quand on songe que les grains de céréales, employés dans la fabrication de la bière, sont riches en phosphates, sels dont le jus de raisin est presque entièrement dépourvu.

Le *phosphore de Homberg*, qu'il ne faut pas confondre avec le phosphore extrait des urines, est, comme l'auteur le rapporte lui-même, dû au hasard. Voulant un jour calciner un mélange de sel ammoniac et de chaux vive, il fut surpris de voir que ces substances produisaient, par la fusion, une masse blanche qui avait la propriété de jeter un éclat lumineux à chaque coup de pilon, « à peu près comme quand on pile du sucre dans un milieu obscur, mais avec beaucoup plus d'éclat. » — Voici en quels termes, Homberg décrit le mode de préparation de son phosphore. « Prenez une partie de sel ammoniac en poudre, et deux parties de chaux vive ; mêlez-les exactement, remplissez-en un creuset, et mettez-le à un petit feu de fonte. » — On voit, d'après cela, que le phosphore de Homberg n'était autre chose que du *chlorure de calcium*, sel qui attire, ce que l'auteur n'ignorait pas, fortement l'humidité de l'air.

Les travaux de Homberg *sur la saturation des acides par les alcalis* indiquaient la voie qui devait conduire à la loi des équivalents et des proportions définies. « La force des acides consiste, dit l'auteur, à pouvoir dissoudre ; celle des alcalis consiste à être dissolubles ; et plus ils le sont, plus ils sont parfaits en leur genre. » — Substituez aux mots *dissoudre* et *dissolubles* ceux de *neutraliser* et de *neutralisables*, et vous aurez la définition des acides et des bases, telle qu'on la donne aujourd'hui.

Pour montrer que le même alcali se combine dans des *proportions différentes avec des acides différents*, Homberg traitait une quantité déterminée (une once) de sel de tartre calciné (potasse) avec de l'esprit de nitre en excès (acide nitrique concentré). Puis, après avoir évaporé la liqueur jusqu'à siccité, il pesait le résidu : l'augmentation du poids de la potasse indiquait la quantité d'acide absorbée. Généralisant ce fait, il dressa une table des différentes proportions d'acides volatiles (susceptibles d'être chassés par l'évaporation), se combinant avec la même quantité de base. Il s'attacha ensuite à montrer que « la quantité d'un acide que prend un alcali est la mesure de la force passive de cet alcali. » — Enfin il fit voir que la chaux éteinte (carbonate de chaux) dissout la même quantité d'acide que la chaux vive. Cette expérience lui servait d'argument pour réfuter la théorie de quelques chimistes qui prétendaient que la chaux perdait sa force alcaline par la calcination.

Le duc d'Orléans avait acheté pour son maître de chimie une lentille ardente, de trois pieds de diamètre, venant des ateliers du célèbre opticien Tschirnhausen. C'est avec cette lentille que Homberg fit ses expériences mémorables sur la fusibilité et la volatilité des métaux.

CHIMIE TECHNIQUE ET MÉTALLURGIQUE AU XVII° SIÈCLE

A mesure que nous avançons, nous voyons se multiplier le nombre des chimistes qui essayaient de répandre le goût des travaux de laboratoire au profit des arts industriels. Stiesser, F. M. Hoffmann, Mayow, Eschholu, Bohn, Bourdelin, Dodart et tant d'autres, s'empressèrent de communiquer au public les résultats de leurs expériences, leurs *acta laboratorii*.

Les souverains rivalisèrent de zèle pour favoriser le développement d'une science qui promettait tant de merveilles. Charles XI, roi de Suède, fonda en 1683, à Stockholm, un laboratoire modèle, dont Hierne et Wallerius eurent successivement la direction. Aux termes du programme proposé, on devait étudier la nature des métaux, perfectionner la composition des médicaments, analyser les terres les plus favorables à l'agriculture, trouver une matière propre à couvrir les maisons, qui réunisse à la légèreté le pouvoir de résister aux incendies, chercher le moyen de garantir le fer de la rouille, le bois de la pourriture, etc. Parmi les premiers travaux sortis de ce laboratoire, nous signalerons particulièrement ceux de Hierne *Sur l'acide de la fourmi* et *Sur l'augmentation du poids des métaux par la calcination*.

On savait depuis longtemps que les fourmis rougissent les fleurs humides de la chicorée sauvage, de la bourrache, etc., sur lesquels on les fait courir. J. Wray eut le premier, en 1670, l'idée de soumettre les fourmis à la distillation. Il parvint ainsi à constater que ces insectes, seuls ou humectés d'eau, donnent une liqueur très-acide, semblable à l'*esprit de vinaigre*. Hierne reprit le travail de Wray, inséré dans les Transactions philosophiques de Londres. Il remarqua que, dans la distillation des fourmis, il y a trois liquides différents qui passent successivement dans le récipient : le premier est l'*acide de la fourmi* (acide formique) faible; le second est franchement acide, plus fort que le premier; enfin celui qui passe le dernier n'est plus que de l'alcali volatil (verdissant le sirop de violettes).

Après avoir reconnu l'exactitude du fait de l'augmentation du poids des métaux par la calcination, Hierne cherche à l'expliquer par la fixation d'une espèce d'acide gras et sulfureux (*acidum pingue et sulphureum)*, contenu dans le bois et les charbons. Il avoue cependant que cette explication laisse beaucoup à désirer, puisque les métaux se convertissent en chaux (oxydes) sans l'intermédiaire du bois et des charbons [1].

La découverte des mines du Pérou contribua au progrès de la *chimie métallurgique*. Ces mines d'argent consommaient des quantités énormes de mercure depuis l'adoption du procédé d'amalgamation. Ce procédé présentait de grands avantages à côté de grands inconvénients. Ceux-ci venaient principalement de la perte considérable du mercure dont le prix allait en augmentant. Alonso Barba, qui fut pendant plusieurs années curé à Potosi, nous a donné à cet égard des renseignements curieux dans son ouvrage intitulé : *El arte de los metallos, en que se enseña el verdadero beneficio, etc.*, Madrid, 1640, in 4°. « L'usage du mercure était, dit-il, rare, et on en consommait très-peu avant ce siècle d'argent ; on ne s'en servait que pour des compositions pharmaceutiques dont on pouvait très-bien se passer... Mais, depuis que par le moyen du mercure on sépare l'argent des minerais moulus en farine, la quantité de ce métal qu'on emploie à cette opération est presque incroyable. Si l'argent qu'on a tiré des mines du Pérou a rempli le monde de richesses, on a perdu ou employé au moins une fois autant de mercure ; de telle façon qu'encore aujourd'hui (vers l'année 1610) celui qui travaille le mieux consomme le double de mercure de ce qu'il peut tirer d'argent, et il est rare qu'il ne s'en perde pas davantage. On a commencé à Potosi, en 1574, à se servir du procédé d'amalgamation, et jusqu'à présent on a porté aux caisses royales de cette ville, pour le compte du roi d'Espagne, plus de 204,700 quintaux de mercure, sans compter ce qui y est entré par d'autres voies. » — Cette quantité de mercure fut consommée dans l'espace d'environ trente-cinq ans, depuis 1574 jusqu'en 1609.

A. Barba attribua cette perte du mercure à la construction défectueuse des appareils dans lesquels on chauffait les *pinas :* on appelait ainsi des masses d'argent de forme pyramidale, contenant encore une quantité notable de mercure qui n'avait pas passé par les pores des toiles. — L'eau forte, dont l'usage avait été gardé jusqu'alors comme un secret, aurait pu servir avantageusement dans l'affinage des mines d'or et d'argent. Mais le mode de préparation coûteux de cet acide, et son emploi défectueux, ne permettaient pas

---

1. *Acta chem. Holm.* T. II.

d'en tirer de grands bénéfices. Tout allait bien, tant que les Espagnols n'avaient pour ainsi dire qu'à se baisser pour ramasser l'argent et l'or natifs, ou qu'à torturer les indigènes pour leur faire apporter leur métal ; mais, dès qu'il fallut mettre la main à l'œuvre, fouiller dans les entrailles de la terre pour en arracher les trésors cachés, déployer de l'activité et faire preuve d'intelligence, — il n'y eut plus d'Eldorado : l'Amérique devint pour ces indignes exploitants une terre maudite.

En France, les travaux métallurgiques furent encouragés par plusieurs ordonnances de Henri IV, de Louis XIII et de Louis XIV. Ce fut sous le règne de Louis XIII que vint en France une fameuse aventurière, la baronne de Beausoleil, qui fit paraître deux mémoires ; l'un, dédié au roi, avait pour titre : *Véritable déclaration faite au roi et nos seigneurs de son conseil des riches et inestimables trésors nouvellement découverts dans le royaume de France*; l'autre, dédié au cardinal Richelieu, était intitulé : *La restitution de Pluton ; œuvre auquel il est amplement traité des mines et minerais de France, etc.*

La baronne raconte sérieusement qu'elle a vu, dans les mines de Neusol et de Chemnitz en Hongrie, à quatre ou cinq cents toises de profondeur, « de petits nains, de la hauteur de trois ou quatre paulmes, vieux et vestus comme ceux qui travaillent aux mines, se servir d'un vieux robon et d'un tablier de cuir qui leur pend au fort du corps, d'un habit blanc avec capuchon, une lampe et un baston à la main, spectres espouvantables à ceux que l'expérience dans la descente des mines n'a pas encore assurez. » — Après avoir énuméré les mines, découvertes en grande partie à l'aide de la boussole et de la baguette en coudrier, la baronne se résume en ces termes : « Nous demandons, moi et mon mari, seulement la sécurité des biens que nous avons employés, et des deniers que nous emploierons et dépenserons, ci-après, pour remplir vos coffres de thrésors et de finances, pour enrichir vos sujets, en ayant dans vos provinces des fontaines qui jetteront l'or et l'argent comme le bras, et le tout par des moyens aussi justes et innocents que l'innocence même. » La baronne de Beausoleil vit, comme elle devait s'y attendre, sa requête rejetée. Mais ce rejet donna lieu à des réclamations nombreuses et à des procès qui eurent un grand retentissement, et dans lesquels furent impliqués plusieurs hauts personnages.

En Allemagne, la guerre de Trente ans, comme en Angleterre la guerre civile, avait paralysé toutes les branches de l'industrie.

Les riches mines du Harz, de la Saxe et de la Bohème furent fermées faute d'exploitants.

Les mines de mercure d'Istla devinrent, dès 1660, très-lucratives pour la maison d'Autriche. — En Suède et en Norwège la métallurgie entra dans une phase de prospérité à partir de la seconde moitié du dix-septième siècle.

Une étude plus approfondie de la métallurgie appela l'attention des chimistes sur un fait capital, signalé déjà par plus d'un observateur, celui de l'augmentation du poids des métaux par leur calcination. Mais aucun ne poussa l'examen de ce fait aussi loin que le pharmacien périgourdin, *Jean Rey*, qui posa la question et la résolut en ces termes :

« Responce favorable à la demande, *pourquoi l'estain et le plomb augmentent de poids quand on les calcine*.

« A cette demande doncques, appuyée sur les fondements déjà posés, je responds et soustiens glorieusement que ce surcroît de poids vient de l'air qui, dans le vase, a esté espessi, appesanti et rendu aucunement adhésif par la véhémente et longuement continue chaleur du fourneau, lequel air se mesle avec la chaux et s'attache à ses plus menues parties[1] ».

Le principe sur lequel Rey fondait son explication était la pesanteur de l'air. « L'air, dit-il, est un corps pesant, et, comme tel, il peut céder à l'étain et au plomb des molécules pesantes qui, par leur addition, augmentent nécessairement le poids primitif de ces métaux. » — A propos de la fixation des « molécules aériennes, » l'auteur constata que, passé un certain terme, le métal n'augmente plus de poids, et qu'il se maintient dans un état constant. « L'air espaissi s'attache à la chaux (métallique), et va adhérant peu-à-peu jusqu'aux plus minces de ses parties ; ainsi son poids augmente du commencement jusqu'à la fin. Mais quand tout en est affublé, elle n'en sçauroit prendre davantage. Ne continuez pas votre calcination soubs cet espoir : vous perdriez votre peine. »

Cette citation laisse entrevoir la connaissance de la loi des combinaisons en proportions définies.

---

1. *Essays sur la recherche de la cause pour laquelle l'estain et le plomb augmentent de poids quand on les calcine ;* Bazas, 1630, in-8, opuscule réédité par Gobet, Paris, 1777.

CHIMIE DES GAZ DANS LA SECONDE MOITIÉ
DU XVII° SIÈCLE

La chimie des gaz ou *chimie pneumatique* date des travaux de Van-Helmont et de Boyle. Ces travaux furent continués par Wren, Hook, mais surtout par Mayow, et Jean Bernouilli.

Pour recueillir le fluide élastique (gaz acide carbonique), qui se dégage d'une matière en fermentation, Ch. Wren se servait d'une vessie adaptée au goulot du ballon qui contenait le mélange fermentescible. Il constata que ce fluide élastique ressemblait à l'air et pouvait être absorbé par l'eau. Cette expérience fut faite en 1664.

Une expérience analogue fut faite, dans la même année, en présence de la Société royale de Londres par Hooke. Ce physicien chimiste employa, à cet effet, un matras à deux ouvertures, à chacune desquelles s'adaptait un tube en verre ; il y introduisit des coquilles d'huîtres concassées (carbonate de chaux) et de l'eau-forte. Le gaz acide carbonique qui se dégageait par la réaction des deux matières, fut recueillie dans une vessie. Mais ce fluide élastique ne devint l'objet d'aucun examen.

Moray, Birth, Boccone, Pozzi, la Morendière, etc., racontèrent des cas nombreux d'asphyxie, occasionnés par des gaz irrespirables. Ant. Portius composa toute une dissertation sur l'irrespirabilité de l'air de la grotte de Chien, près de Naples [1]. Jessop, Lister, Browne, Hogdson, Shirley, etc., rapportent un grand nombre d'accidents, arrivés dans les mines d'Angleterre par suite de l'explosion d'airs inflammables. Leurs observations se trouvent consignées dans les premiers volumes de la Société royale de Londres.

Jean Mayow. — Frappé de ces phénomènes étranges qui se passent dans le monde des fluides élastiques, J. Mayow (né en 1645, mort en 1679) se livra à une série de travaux qui devaient particulièrement contribuer au développement de la chimie des gaz. Ces travaux ont été imprimés dans un livre fort remarquable, qui a pour titre : *Tractatus quinque medico-physici, quorum primus agit de sale nitro et spiritu nitro-aereo; secundus de respiratione*, etc., Oxford, 1674, in-8°. Avant d'en donner une analyse succincte, nous devons rappeler, une fois pour toutes, que le mot *sel* avait alors

---

1. A. Portius, *Dissertationes variæ* ; Venise, 1683, n° 2.

un sens beaucoup plus étendu qu'aujourd'hui, et qu'il équivalait à peu près au mot de *substance chimique*.

Mayow avait pour pensée-maîtresse que « l'air qui nous environne de toutes parts, et dont la ténuité échappe à notre vue en simulant un immense espace vide, est imprégné d'un *certain sel universel*, participant de la nature du nitre, c'est-à-dire d'un esprit vital, igné (*spiritus vitalis, igneus*), éminemment propre à déterminer la fermentation. » Cet esprit devait se trouver fixé dans le nitre dont la formation à l'air, dans certaines conditions, était connue depuis longtemps. C'est pourquoi il reçut le nom d'*esprit nitro-aérien*.

L'auteur savait aussi que la limaille de fer, exposée à l'air humide, est corrodée comme si elle était attaquée par des acides, et se convertit en safran de mars (oxyde de fer). Ce fait le conduisit à supposer qu'il existe dans l'air un *certain esprit acide et nitreux*. « Cependant, ajoute-t-il, en examinant la chose plus attentivement, on trouve que l'esprit acide du nitre (acide nitrique) est trop pesant, proportionnellement à l'air dont il se compose; et puis l'esprit nitro-aérien (l'air qui entre dans la composition de l'acide nitrique), quel qu'il soit, sert d'aliment au feu et entretient la respiration des animaux, tandis que l'esprit acide du nitre est éminemment corrosif, et, loin d'entretenir la vie et la flamme, il n'est propre qu'à les éteindre. »

On voit que Mayow tenait dans sa main, sans s'en douter, tout un faisceau de vérités : l'oxygène, l'azote (le second élément de l'acide nitrique), l'intervention de ces deux éléments dans les phénomènes de la nature. Mais pour comprendre les vérités qu'il tenait, il lui aurait fallu connaître certains faits généraux qui en sont le lien; il lui aurait fallu, par exemple, savoir que deux corps aériformes peuvent s'unir de manière à former un liquide et même un corps solide; que dans leurs combinaisons les éléments perdent complètement les propriétés qui les caractérisent chacun pris isolément, etc. C'était ce défaut de connaissances nécessaires qui jetait le trouble dans l'esprit d'un observateur d'ailleurs éminemment sagace.

Cela compris (et pour le comprendre il a fallu tout l'intervalle de temps, — espace de la pensée perfectible, — qui nous sépare du dix-septième siècle), nous pouvons nous donner le spectacle, — spectacle instructif! — de voir Mayow se débattre au milieu des vérités qui l'embarrassaient. « Bien que, continue-t-il, l'esprit de nitre ne provienne pas en totalité de l'air, il faut cependant admettre qu'une partie en tire son origine. D'abord on m'accordera qu'il existe, quel que soit ce corps, quelque chose d'aérien, nécessaire à l'alimentation de la flamme. Car l'expérience démontre qu'une flamme exactement emprisonnée sous une cloche ne tarde pas à s'éteindre, non pas, comme on le croit communément, par l'action de la suie qui se produit, mais par privation d'un aliment aérien. Dans un verre où l'on a fait le vide, il est impossible de faire brûler, au moyen d'une lentille, les substances même les plus combustibles, telles que le soufre et le charbon. Mais il ne faut pas s'imaginer que l'aliment igno-aérien soit tout l'air lui-même ; non ; il n'en constitue qu'une partie, la partie, il est vrai, la plus active... Il faut ensuite admettre que les particules igno-aériennes, nécessaires à l'entretien de la flamme, se trouvent également engagées dans le sel de nitre, et qu'elles en forment la partie la plus active, celle qui alimente le feu. Car un mélange de nitre et de soufre peut être très-bien enflammé sous une cloche vide d'air, par conséquent d'où l'on a extrait cette partie de l'air qui sert à alimenter la flamme. Et ce sont alors les particules igno-aériennes du nitre qui font brûler le soufre. » — Ici vient l'exposé des expériences, destinées à justifier cette manière de voir. — « Donc, conclut avec raison l'auteur, le nitre contient en lui-même ces particules igno-aériennes nécessaires à l'alimentation de la flamme. Dans la déflagration du nitre, les particules nitro-aériennes deviennent libres par l'action du feu, qu'elles alimentent. »

Que deviennent, demande Mayow, les particules nitro-aériennes pendant la combustion? Et il répond lui-même aussitôt qu'elles se convertissent en un autre air pernicieux. De là il passe à un autre ordre de faits non moins remarquables. « Dans la combustion produite par les rayons solaires (au moyen d'une lentille), ce sont, dit-il, les particules igno-aériennes qui interviennent exclusivement. Car l'antimoine, calciné à l'aide d'une lentille, se convertit en antimoine diaphorétique, entièrement semblable à celui qu'on obtient en traitant l'antimoine par l'esprit de nitre. L'antimoine, ainsi traité par l'une ou par l'autre méthode, augmente de poids d'une manière à peu près constante. Il est à peine concevable que cette augmentation de poids puisse provenir d'autre chose que des particules igno-aériennes, fixées pendant la calcination. »

On voit que Mayow fait partout jouer à l'esprit nitro-aérien le même rôle qu'à l'oxygène. Il attribue aussi à l'action de cet esprit toutes les transformations qui s'effectuent au contact de l'air. Corruption et fermentation sont pour lui synonymes et il affirme avec juste raison, que « toutes les choses faciles à se gâter peuvent, à l'abri du contact de l'air, se conserver; et que c'est pourquoi les fruits et les viandes, couverts d'une couche de beurre, sont préservés de la putréfaction; de même que le fer enduit d'huile est garanti de la rouille. »

Quant aux phénomènes de la respiration, Mayow a posé les bases de la théorie qui fut plus tard reprise et développée par Lavoisier. « L'usage de la respiration consiste, dit-il, en ce que, par le ministère des poumons, certaines particules, absolument nécessaires au maintien de la vie animale, sont séparées de l'air et mêlées à la masse du sang, et que l'air expiré a perdu quelque chose de son élasticité... Les particules aériennes, absorbées pendant la respiration, sont destinées à changer le sang noir ou veineux en sang rouge ou artériel. Aussi le sang exposé à l'air a-t-il une couleur plus rouge à la surface qui se trouve immédiatement en contact avec l'air. »

En traitant de la chaleur animale (*incalescentia*), il n'hésite pas à en attribuer l'origine à la respiration ou à l'absorption des particules igno-aériennes. « Ne voyons-nous pas, ajoute-t-il, que la marchasite du vitriol (sulfure de fer naturel), exposée à l'air humide, s'échauffe et acquiert une chaleur assez intense, à mesure qu'elle absorbe les particules igno-aériennes qui la transforment en vitriol ? »

Nous avons montré plus haut que Boyle, en obtenant l'hydrogène par un procédé qu'on emploie encore aujourd'hui, avait regardé ce gaz comme à peu près identique avec l'air. Mayow n'admettait pas cette identité, après avoir répété la même expérience.

Les travaux du précurseur de Lavoisier parurent extravagants aux conservateurs de la science traditionnelle.

Jean Bernouilli. — Si célèbre comme mathématicien, J. Bernouilli ne se laissa détourner de la voie suivie par Mayow. L'un des premiers il démontra l'existence d'un corps aériforme (gaz acide carbonique) dans la craie, et il parvint à le recueillir. Pour cela il employa un gros tube de verre fermé à l'un des bouts, une sorte d'éprouvette, (*a* de la fig. 1 ci-dessous), qu'il faisait plonger dans une petite cuvette en verre (*b* de la fig.), à moitié remplie d'une liqueur acide. L'éprouvette était elle-même entièrement remplie de la même liqueur, et, par son extrémité ouverte, renversée dans la cuvette. Après avoir ainsi disposé son petit appareil, il introduisit dans le bout inférieur et ouvert de l'éprouvette un morceau de craie (c de la fig.); il vit se manifester aussitôt un dégagement de nombreuses bulles de fluide élastique, qui chassèrent l'eau de l'éprouvette pour en occuper la place.

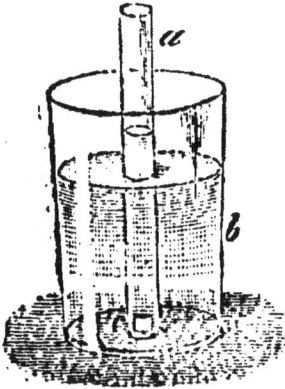

Ne comprenant pas toute la portée de cette expérience, Bernouilli se contenta d'en conclure que *des corps solides peuvent renfermer un fluide élastique*, conclusion qui nous doit paraître aujourd'hui beaucoup trop modeste, mais qui eut une grande importance à une époque où l'idée qu'*un corps aériforme peut se combiner avec un corps solide*, paraissait à la majorité des chimistes une impossibilité ou une absurdité.

Fig. 1.

J. Bernouilli démontra aussi le premier expérimentalement que l'effet de la poudre à canon est dû à des gaz ou fluides élastiques qui, étant mis en liberté, demandent à occuper un espace beaucoup plus considérable, et poussent par conséquent devant eux tous les obstacles qu'ils rencontrent dans leur expansion. Pour faire cette démonstration, il mit quatre grains de poudre dans un matras ayant un col très-long et recourbé, qui plongeait, par son extrémité ouverte, dans un vase contenant de l'eau. Par l'abaissement de la colonne liquide du col du matras, il calcula l'étendue de l'espace que devaient occuper ces quatre grains de poudre enflammés et réduits à l'état de gaz au moyen d'une lentille.

L'auteur conclut de cette expérience « que le fluide élastique contenu dans la poudre à canon, y éprouve une condensation de plus de cent fois son volume. » L'espace qu'occupent les gaz provenant de l'inflammation de la poudre à canon est beaucoup plus considérable que ne l'indique Bernouilli. Mais l'erreur était inévitable, car tout le monde ignorait alors que ces gaz se dissolvent en grande partie dans l'eau, ce qui devait diminuer d'autant l'abaissement de la colonne du liquide.

Frédéric Hoffmann. — Ce célèbre médecin-chimiste (né en 1660, mort en 1743) appartient par ses travaux à la fin du dix-septième et au commencement du dix-huitième siècle. Par la variété et l'étendue de ses connaissances, ainsi que par les rapports qu'il entretenait avec tous les savants de son époque, F. Hoffmann, professeur à l'Universilé de Halle, personnifiait toute une Académie. C'est par une lettre de Garelli, médecin de l'empereur Charles VI, qu'il fut instruit que l'*acqua toffana* ou *acquetta di Napoli*, avec laquelle on avait, disait-on, empoisonné plus de six cents personnes, parmi lesquelles deux papes, Pie III et Clément XIV, n'était autre chose qu'une dissolution arsénicale, administrée à différents degrés de concentration pour produire des effets plus ou moins prompts.

F. Hoffmann souleva l'une des questions les plus graves de la science, à savoir si l'eau est un corps élémentaire, comme on l'avait admis de toute antiquité, ou si c'est un corps composé. Et il n'hésita pas à se prononcer dans le sens qui fut depuis démontré être la vérité même. « L'eau est, dit-il, composée d'un élément très-fluide, d'une espèce d'esprit éthéré et d'un esprit salin. » — Ce fut là une idée d'autant plus hardie qu'elle ne reposait alors sur aucune démonstration ; ce fut un de ces traits lumineux qui, pareils à des météores, apparaissent tout-à-coup pour s'éteindre aussitôt et pour réapparaître dans tout leur éclat après une période plus ou moins longue.

Les eaux minérales *gazeuses* fixèrent particulièrement l'attention de F. Hoffmann. Il n'ignorait pas que les nombreuses bulles qui s'en élèvent sont dues au dégagement d'un fluide élastique, et que ce même fluide, par l'action de la chaleur qui le dilate, fait éclater les bouteilles, dans lesquelles on tient exactement renfermées des eaux acidules gazeuses, comme celle de Wildung, d'Eger, etc. Il ne lui échappait pas non plus que ces eaux laissent dégager le fluide élastique en abondance, lorsqu'on y met du sucre ou quelque acide. Enfin, ce fluide élastique, appelé tantôt *spiritus elasticus*, tantôt *substantia aerea* ou *aetherea*, mais le plus souvent *spiritus mineralis*, et qui n'était autre chose que le gaz acide carbonique, « joue, ajoute l'auteur, un immense rôle dans le règne minéral, aussi bien que dans le règne végéto-animal. » Enfin il reconnut le premier que l'esprit minéral (acide carbonique) est de *nature acide*, parce que, étant dissous dans l'eau, il rougit la teinture de tournesol.

F. Hoffmann distingua le premier la magnésie de la chaux, deux terres alcalines qui de tout temps avaient été confondues ensemble. Comme le sujet était nouveau, il y procéda avec beaucoup de réserve. « Un assez grand nombre de sources, parmi lesquelles je citerai, dit-il, celles d'Eger, d'Elster, de Schwalbach, et même celle de Wildung, renferment un certain sel neutre, qui n'a pas encore reçu de nom, et qui est à peu près inconnu. Je l'ai trouvé aussi dans les eaux de Hornhausen, qui doivent à ce sel leur propriété

apéritive et diurétique. Les auteurs l'appelaient vulgairement *nitre.*
Cependant ce sel n'a absolument rien de commun avec le nitre :
d'abord il n'est pas inflammable, sa forme cristalline est toute différente, et il ne donne point d'eau forte comme le nitre. C'est un
sel neutre, semblable à l'*arcanum duplicatum* (sulfate de potasse),
d'une saveur amère et produisant sur la langue une sensation de
froid. Il ne fait effervescence ni avec les acides, ni avec les alcalis,
et n'est pas très-fusible au feu. »

Après avoir ainsi signalé tous les caractères négatifs d'un sel jusqu'alors confondu avec le nitre, l'auteur passe à l'énumération des
caractères positifs, sujet beaucoup plus difficile : il s'agissait de *distinguer la magnésie de la chaux.* Mais il importait auparavant
de savoir quel est l'acide qui forme, avec cette espèce de chaux
innommée, le sel dont on faisait alors, comme aujourd'hui, un si
grand commerce, et qui, à la dose d'une once et au-delà, était employé comme purgatif. « Ce sel, dit-il, paraît provenir de la combinaison de l'*acide sulfurique,* — c'est son expression, *acidum sulphureum,* — et d'une *terre calcaire, de nature alcaline.* C'est au
sein de la terre que cette combinaison s'opère; l'eau dissout le sel
qui se forme ainsi, et le charrie avec elle. »

Hoffmann revient plus d'une fois sur ce sujet, et il remarqua que
« cette terre alcaline (obtenue en traitant une solution de sel par
l'alcali fixe) diffère de la chaux, notamment en ce que celle-ci,
traitée par l'esprit de vitriol, donne un sel très-peu soluble, qui
n'est nullement amer, et qui n'a presque aucune saveur. »

Personne avant Hoffmann n'avait songé à prendre le sel purgatif
amer, que Lister appelait *nitro-calcaire,* pour un « composé d'acide
sulfurique et d'une espèce de terre alcaline, différente de la chaux. »
C'est cette espèce de *terre alcaline, différente de la chaux,* qui porte
aujourd'hui le nom de *magnésie.*

Le fer n'étant pas, par lui-même, soluble dans l'eau, à quoi est
due sa dissolution dans les eaux minérales ferrugineuses ? A l'esprit minéral (gaz acide carbonique), répond sans hésiter Hoffmann. « Car, ajoute-t-il, à mesure que celui-ci s'échappe dans
l'air, l'ocre abandonne l'eau, et se dépose au fond des vases sous
forme d'une poussière légère. » — Tout cela était parfaitement
exact. Mais personne n'entrevoyait encore alors l'identité de l'esprit minéral avec « l'air provenant de la combustion des charbons, » que Hoffmann avait, l'un des premiers, signalé comme dangereux à respirer.

Nous venons de montrer la part, assez large, qui revient à Hoffmann, dans le mouvement progressif de la science. Cependant il n'est guère connu des chimistes et des pharmaciens que par la *liqueur anodine d'Hoffmann*, mélange de parties égales d'alcool et d'éther.

Vers le milieu et la fin du xviie siècle il se passa un fait trop important pour être passé ici sous silence ; nous voulons parler de la *fondation des Académies et sociétés savantes*. C'est aux effets réunis des membres de ces sociétés qu'on doit surtout le développement et les applications variées de la méthode expérimentale.

L'idée-mère de ces associations, qui se proposaient de travailler en commun aux progrès des connaissances humaines, remonte à la plus haute antiquité. Les prêtres de l'Egypte avaient des laboratoires dans leurs temples, et y pratiquaient l'art sacré. Ce même esprit d'association animait les grandes écoles philosophiques de la Grèce, notamment celles de Pythagore et de Platon. Plus tard, les alchimistes, imitant les prêtres de Thèbes et de Memphis, se réunissaient dans les cathédrales pour se communiquer leurs idées et leurs découvertes. C'était la théorie, c'était l'élément spéculatif qui l'emportait ici sur l'élément expérimental. Mais bientôt l'esprit humain, obéissant en quelque sorte à la loi universelle du pendule, devait faire une excursion en sens contraire : il va visiblement incliner vers le domaine de l'observation.

L'Italie prit l'initiative par l'Académie des *Secrets*, qui s'éteignit avec Porta, mais surtout par celle des *Lyncei*, fondée en 1602, et dissoute après la mort du prince de Cesi, le protecteur de Galilée. L'Académie *del Cimento*, créée, en 1657, sous le patronage du prince Léopold, frère du grand duc de Toscane, Ferdinand II, rendit, pendant sa courte existence, de grands services aux sciences d'observation.

L'Angleterre et la France s'associèrent à ce mouvement. Les assemblées savantes qui se tenaient, dès 1645, dans la maison de Robert Boyle, aboutirent, en 1662, à la création de la Société Royale de Londres, qui depuis 1665 publie ses travaux sous le titre de *Philosophical Transactions*. — Les savants que le Père Mersenne, l'ami de Descartes et le traducteur de Galilée, réunissait chez lui dès 1635, furent le noyau de l'Académie royale des sciences de Paris, fondée en 1666 par Colbert.

En Allemagne, l'*Académie des curieux de la nature*, placée sous le patronage du prince de Montecuculli, fit, dès 1670, paraître ses travaux annuellement divisés par *Décades*, sous le titre de *Mis- cellanea curio, Ephemerides medico-physicæ Germanicæ Academiæ Naturæ Curiosorum*, etc. D'après une coutume alors très-commune aux savants allemands, les membres de cette Académie se donnaient des noms grecs ou latins.

Vers la même époque on vit aussi apparaître les premiers jour- naux scientifiques. Parmi les plus importants recueils périodiques, destinés à la propagation des sciences, nous citerons le *Journal des savants* et les *acta Eruditorum* de Leipzig, fondé en 1682, par Men- cken père et fils, qui comptaient Leibniz au nombre de leurs colla- borateurs les plus assidus. Le *Journal des Savants*, fondé à Paris, date de janvier 1665; il fut hebdomadaire jusqu'à l'année 1707. A partir de là le journal n'a pas cessé de paraître mensuellement.

LA CHIMIE AU XVIIIᵉ SIÈCLE

L'esprit humain n'avance pour ainsi dire que par soubresaut. C'est ce que démontre l'histoire des sciences. Parties seulement de quelques rares points lumineux, la chimie et la physique vont faire tout-à-coup des pas de géant.

Mais gardons-nous bien d'être injustes envers nos prédécesseurs et de trop nous exalter dans notre orgueil. Nous nous trouvons aujourd'hui, en face de la postérité, dans la même situation où se trouvaient vis-à-vis de nous nos prédécesseurs. Si Eck de Sulzbach, Boyle et tant d'autres ne parvinrent pas à découvrir l'oxygène, ce n'était point de leur faute, ils avaient tout fait pour y atteindre. Les découvertes, comme les grandes vérités, sont lentes à se faire jour; elles ne brillent de tout leur éclat que sur les scories des généra- tions éteintes. Et les générations qui se succèdent ne sont que les anneaux d'une chaîne dont aucun œil mortel ne mesurera l'é- tendue.

DÉVELOPPEMENT DE LA CHIMIE DES GAZ DANS LA PREMIÈRE MOITIÉ DU XVIIIᵉ SIÈCLE

L'étude des gaz est le point de départ de la chimie moderne. Mais pour bien étudier ces corps aériformes, il fallut trouver le moyen de les manipuler aussi aisément qu'un corps solide ou liquide. Boyle, ñ. Fludd, Mayow, avaient déjà essayé de les recueillir, de les emprisonner dans des vaisseaux ; mais ils n'ont rien généralisé à cet égard, ils y ont eux-mêmes si peu insisté, que leurs tentatives passèrent inaperçues.

La solution complète de cette importante question était réservée à un modeste savant français, qui vécut obscurément au milieu de ses contemporains. « Les ténèbres ne comprirent point la lumière. »

Moitrel d'Element. — Cet homme modeste faisait, en 1719, à Paris, et peut-être antérieurement à cette époque, des cours de manipulation, ainsi annoncés par voie d'affiches : « La manière de rendre l'air visible et assez sensible pour le mesurer par pintes, ou par telle autre mesure que l'on voudra; pour faire des jets d'air, qui sont aussi visibles que des jets d'eau. »

Malgré la nouveauté du sujet, le cours de Moitrel n'eut aucun succès, et, pour comble de malheur, les juges, les académiciens auxquels le pauvre physicien s'était adressé pour obtenir leur approbation, le traitèrent de visionnaire, et le tuèrent moralement. Il ne lui resta d'autre ressource que de mettre ses idées par écrit, et d'essayer d'en vendre le manuscrit à un libraire. C'est ce qu'il fit. La brochure de Moitrel, imprimée en 1719, aujourd'hui introuvable, se vendait trois sous, chez Thiboust, imprimeur libraire au Palais de Justice [1]. L'auteur l'avait dédié *aux dames,* soit pour se venger de messieurs les académiciens, soit que les femmes, devinant mieux la vérité que les hommes, eussent prêté une oreille plus attentive aux paroles du professeur. Quoi qu'il en soit, son opuscule, chef-d'œuvre de clarté et de logique, renferme la méthode qui, avec de légères modifications, devait servir plus tard à recueillir les gaz. Moitrel ne l'appliqua qu'à l'air, la connaissance des autres gaz étant encore dans les langes. Il procède par des expériences fort simples, dont il donne ainsi le dispositif et les explications.

« **Expérience I.** Air plongé au fond de l'eau pour faire voir que tout est plein d'air, et que nous en sommes environnés de toutes parts, comme les poissons sont environnés d'eau au fond des mers.

« *Disposition.* On plonge au fond de l'eau un grand verre à boire renversé, et l'on voit que l'eau n'entre point dans le verre, quoiqu'il soit renversé et ouvert.

« *Explication.* Un verre qui serait plein d'eau le serait toujours,

---

1. Cette brochure a été réimprimée en 1777 par Gobet, dans son édition du *Traité de Jean Rey.*

quoique renversé dans l'eau ; il en est de même à l'égard de l'air, car le verre, quoique renversé, est plein d'air. C'est pourquoi, lorsqu'on le plonge dans l'eau, l'eau n'y peut pas entrer, parce l'air, qui est un corps, occupe la capacité du verre, et résiste à l'eau. Si l'on veut voir cet air, il n'y a qu'à pencher le verre, et on le voit sortir, et l'eau entrer à sa place.

« *Remarque.* On connaît par cette expérience que tout ce qui nous paraît vide est plein d'air, et que nous en sommes entourés, quelque part que nous allions.

« **Expérience II.** — *Jet d'air.* Pour faire voir l'air par le secours de l'eau, et pourquoi nous ne le voyons pas naturellement.

« *Disposition.* On plonge dans l'eau un entonnoir de cristal, dont le bout est fort fin, qu'on bouche d'abord avec le pouce. Cet entonnoir, qui est renversé, est retenu au fond de l'eau par le moyen d'un cercle de plomb. Quand on retire le pouce pour laisser sortir l'air de l'entonnoir on le voit fournir un jet d'air, qui traverse l'eau et s'élève jusqu'à sa superficie.

« *Explication.* L'eau, par sa pesanteur, comprime l'air par la base de l'entonnoir, où il y a moins de pression, parce que toute la hauteur de l'eau presse sous la base de l'entonnoir, et qu'il n'y a pas la moitié de cette hauteur d'eau qui presse sur le petit trou. On voit le jet d'air parce qu'il se fait dans l'eau, comme on voit un jet d'eau, parce qu'il se fait dans l'air. Si on faisait un jet d'eau dans l'eau, on ne le verrait pas, comme on ne verrait pas un jet d'air dans l'air ; et un homme qui serait dans l'eau, les yeux ouverts, ne verrait pas l'eau parce que l'eau qui baignerait ses yeux l'empêcherait de voir l'eau ; mais il verrait fort bien un jet d'air, s'il y en avait un. Car il en est de même de l'air, où nos yeux sont pour ainsi dire baignés, et nous empêchent de le voir.

« *Remarque.* Je ne prétends pas dire que l'air soit la cause de ce que l'on voit l'eau ; mais seulement que l'air ne se peut distinguer dans l'air, non plus que l'eau dans l'eau, et qu'il faut une distance entre nos yeux et l'objet.

« **Expérience III.** Mesurer l'air par pintes, ou par telle autre mesure que l'on voudra, pour faire voir que l'air est une liqueur qu'on peut mesurer comme les autres liqueurs.

« *Disposition.* On plonge dans l'eau une mesure renversée, on tient à sa superficie, au-dessus de la mesure, le vase où l'on veut mettre l'air mesuré. Ce vase, qui est de cristal, doit être renversé et plein d'eau.

« *Explication.* Lorsqu'on penche la mesure, on en voit sortir l'air qui coule au travers de l'eau, pour s'aller rendre dans le vase disposé à ce sujet, duquel il descend autant d'eau qu'il y monte d'air, parce que l'air est moins pesant que l'eau.

« **Expérience IV.** Mesurer une pinte d'air dans une bouteille qui ne tient pas pinte, afin de voir répandre le surplus.

« *Disposition.* On se sert d'une bouteille ordinaire, dont on ôte l'osier. Quand la bouteille est pleine d'eau, on la bouche avec le doigt, afin de la renverser sans en répandre pour faire tremper le bout du goulot dans l'eau du grand récipient, au fond duquel on a mis un entonnoir en verre, que l'on élève ensuite pour le faire entrer dans le goulot de la bouteille qui doit être à la superficie de l'eau.

« *Explication.* On met, avec une mesure, de l'air dans l'entonnoir, cet air coule dans la bouteille, et au quatrième demi-setier on voit répandre l'air que la bouteille n'a pu contenir. On le voit couler entre la bouteille et l'entonnoir, mieux que si c'était du vin ou autre liqueur. »

Ces expériences fondamentales, qu'il importait de reproduire intégralement, auraient dû montrer, aux yeux de tout le monde, avec quelle facilité on peut recueillir et manipuler des corps auxquels les alchimistes avaient désespéré de jamais pouvoir « couper les ailes, » et sans la connaissance exacte desquels la chimie, telle qu'elle est aujourd'hui, aurait été absolument impossible.

Honneur en soit donc rendu à Moitrel d'Elément ! — Mais la gloire a aussi ses chances : elle n'arrive pas toujours à ceux qui la méritent. Notre manipulateur passa inconnu, pendant que d'autres acquirent de la célébrité en mettant ses idées à profit. Moitrel occupait à Paris, rue Saint-Hyacinthe, une misérable mansarde, et vivait du produit des leçons qu'il donnait aux écoliers. Une personne charitable eut pitié du vieux et pauvre physicien ; elle l'emmena avec elle en Amérique, et c'est là qu'il mourut.

Continuons à signaler les principaux essais du même genre, qui avaient été faits dans la première moitié du XVIIIe siècle.

Étienne Hales. — Les appareils dont on s'était jusqu'à présent servi pour recueillir les gaz manquaient tous de la chose, en apparence, la plus simple du monde, d'un tube nécessaire pour faire communiquer le récipient avec la cornue. C'est Hales, l'auteur de la *Statique des végétaux,* (né en 1677, mort à Londres en 1761), qui eut le mérite de cette invention qui aurait dû, ce semble, venir

depuis longtemps à l'esprit du premier venu. — Boyle et Mayow
n'avaient employé, pour recueillir des gaz, que des ballons de verre
pleins d'eau, renversés sur des cuvettes remplies du même liquide.
— Voyez, ci-dessous (fig. 2), le dessin de l'appareil de Hales, dont se

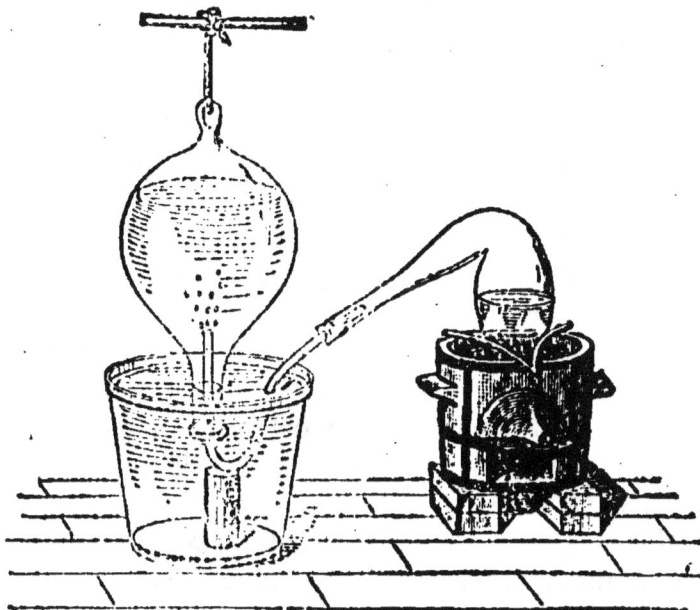

|Fig. 2.

servirent plus tard Black, Priestley, Lavoisier, et sans lequel l'acide
carbonique, l'oxygène, l'hydrogène, et tant d'autres gaz seraient
peut-être encore à découvrir.

Hales avait, dès l'année 1724, entrepris une série d'expériences
sur la distillation des produits végétaux et les fluides élastiques qui
s'en dégagent. Les résultats de ces expériences, joints à d'autres
sur la végétation des plantes, sur leur transpiration, sur la circulation de la sève, se trouvent consignés dans *Vegetable staticks*, etc.
(Lond. 1727, in-8°), que Buffon s'empressa de traduire en français
(Paris, 1735, in-4°).

Les gaz que Hales parvint à recueillir étaient de nature et de
provenance très-diverses. Il s'attachait à montrer que les gaz obtenus avec des substances différentes, telles que le bois de chêne, le
blé de Turquie, le tabac, les huiles, le miel, le sucre, les pois, la
cire, le succin, le sang, la graisse, les écailles d'huîtres, etc., sont
la plupart inflammables. Il avait soin, dans ses expériences, de

comparer le poids de la substance employée avec la quantité de gaz produit.

Indépendamment de ces gaz, Hales recueillit des fluides élastiques provenant de l'action des acides sur les métaux, de la combustion du soufre, du charbon, du nitre, de la fermentation, de la distillation des eaux de Spa, de Pyrmont, etc. Il fit voir aussi que l'air, dans lequel brûle un corps combustible, tel que le phosphore, diminue de volume ; qu'après l'extinction de ce corps, il est impossible de le rallumer dans le même air; que la respiration des animaux produit le même effet que la combustion, d'où il conclut que les animaux absorbent une certaine partie de l'air, laquelle se combine dans les poumons avec les particules combustibles du sang. « Dans l'intérieur des vésicules pulmonaires le sang est, ajoute-t il, séparé de l'air par des cloisons si fines, qu'il est raisonnable de penser que le sang et l'air se touchent d'assez près pour tomber dans la sphère d'attraction l'un de l'autre; et que c'est par ce moyen que le sang peut continuellement absorber de nouvel air, en détruisant son élasticité. » — On voit que l'auteur était bien près de considérer la respiration comme un phénomène de combustion.

Les principaux gaz recueillis par Hales étaient : l'hydrogène, l'hydrogène sulfuré, l'hydrogène bicarboné (gaz inflammables), l'acide carbonique, l'hydrogène protocarboné, le gaz sulfureux, l'azote, l'oxygène. Le gaz ammoniac et l'esprit de sel (gaz acide chlorhydrique) ne pouvaient pas être recueillis sur l'eau, parce qu'ils s'y dissolvent. Mais tous ces gaz n'étaient pour Hales que de l'air atmosphérique, modifié par divers mélanges. L'air, provenant de la distillation de la cire, de la graisse, des pois, etc., s'il est inflammable, c'est qu'il est, disait-il, imprégné de particules de soufre ou d'huile. Si l'air est irrespirable, c'est que ses molécules ont subi une diminution de l'élasticité nécessaire à l'entretien de la respiration. Car, d'après une doctrine, alors fort accréditée parmi les physiciens, ce qui devait entretenir la fonction respiratoire c'était l'élasticité et non pas un élément particulier de l'air. En développant cette doctrine erronée, Hales croyait obstinément que l'air atmosphérique est le principe qui unit entre elles les particules de tout corps matériel, et qu'il est éliminé, plus ou moins pur, soit par la combustion, soit par la fermentation.

Hales savait aussi que le plomb augmente très-sensiblement de poids par l'opération qui le change en minium, et que le minium chauffé au moyen d'une lentille dégage beaucoup de fluide élastique.

Mais son trop grand attachement à des théories préconçues l'empêcha de saisir l'importance de ce double fait de synthèse et d'analyse.

Cependant les recherches de l'auteur de la Statique des végétaux excitèrent l'attention des médecins chimistes.

Boerhaave répéta les expériences de Hales et il se fit à cet égard à peu près les mêmes idées que le savant anglais.

Venel, professeur de chimie à Montpellier, présenta, en 1750, à l'Académie des Sciences de Paris deux mémoires destinés à prouver que les eaux de Seltz et la plupart des eaux acidules doivent leur saveur piquante aux nombreuses bulles d'air qui s'en élèvent comme on le voit dans le vin de Champagne. Mais, moins sagace que Van Helmont, qui eut garde de confondre cet air avec l'air commun, Venel, d'accord avec Hales, les considéra comme identiques. Geoffroy aîné, Desaguliers, Duhamel, Veratti, Nollet, Sauvages, Alberti, etc., étudièrent les airs inflammables ou irrespirables.

Mais cette étude avait dérouté l'esprit des plus habiles observateurs jusqu'au moment où Black apparut.

Joseph Black. — Cet éminent chimiste naquit à Bordeaux, en 1728, de parents écossais, établis en France. Il étudia la médecine à Glasgow et à Edimbourg, et succéda, en 1765, à Cullen, dans la chaire de chimie à l'université de cette dernière ville. Il l'occupa jusqu'à sa mort, arrivée le 26 novembre 1799.

Le premier travail de Black eut pour objet la distinction analytique de la magnésie et de la chaux. « Lorsque je commençai, rapporte l'auteur, à faire des expériences de chimie, j'eus la curiosité d'examiner de plus près la terre décrite par Hoffmann. Le résultat de ces expériences me suggéra, quelque temps après, l'idée de donner une explication plus satisfaisante de l'action de la chaux vive sur les sels alcalins (carbonates), et je me trouvai ainsi engagé dans une série de travaux qui devaient plus tard répandre une vive lumière sur beaucoup de points obscurs de la chimie. »

Black raconte ici qu'en 1754, les docteurs Whytt et Alston, ses collègues à l'université d'Edimbourg, avaient soulevé une fort intéressante question de médecine pratique. Whytt prétendait que l'eau de chaux faite avec la chaux des coquilles d'huîtres est un dissolvant plus efficace des calculs urinaires que l'eau de chaux préparée avec le calcaire commun. Alston, au contraire, donnait la préférence à cette dernière eau. « Attentif à cette discussion, j'avais, ajoute Black, conçu l'espoir qu'en essayant un grand nombre de terres alcalines, je pourrais peut-être en rencontrer quelques-unes qui fussent différentes par leurs qualités, et qui donnassent une eau encore plus efficace que la chaux des coquilles d'huîtres. » Il commença donc ses recherches par la terre alcaline d'Hoffmann. A cet effet il traitait une solution de sel cathartique amer (sulfate de magnésie) par la potasse ordinaire (carbonate de potasse). Le précipité blanc, ainsi obtenu, était de la magnésie carbonatée. Voici les caractères qu'il en donna, et qui ne permettaient plus désormais de confondre la magnésie avec la chaux. 1º La magnésie (carbonate de magnésie) fait effervescence avec les acides et les neutralise; les composés qu'elle forme avec les acides diffèrent notablement de ceux de la chaux avec ces mêmes acides. 2º Elle précipite la terre calcaire de ses combinaisons avec les acides. 3º Exposée à l'action du feu, elle ne se change pas en chaux vive. 4º Calcinée et traitée par l'eau, elle ne donne point de solution sensible au goût; elle est donc insoluble dans l'eau, tandis que la chaux vive s'y dissout sensiblement.

Un fait qui avait particulièrement frappé l'attention de Black, c'est que la magnésie ordinaire (carbonatée) n'a plus les mêmes propriétés avant qu'après sa calcination. Il constata d'abord que par la calcination elle diminue considérablement de volume, en même temps que son poids diminue, et qu'elle se dissout sans effervescence dans les acides, bien que les sels qu'elle forme avec les acides ne diffèrent point de ceux que ces mêmes acides donnent avec la magnésie ordinaire, non calcinée.

Comment le feu pouvait-il produire ces changements, et qu'elle était la matière qui s'était séparée par l'action de la chaleur, et qui avait ainsi diminué le poids et le volume de la magnésie?

Pour répondre à cette question, Black chauffa jusqu'au rouge une quantité déterminée de magnésie (carbonate de magnésie) dans une cornue de verre, à laquelle était adapté un récipient entouré d'eau froide. « Mais je n'obtins, dit-il, qu'une très-petite quantité de fluide aqueux (*watery fluid*), contenant des traces d'une matière volatile; et pourtant la magnésie avait beaucoup perdu de son poids. Ce résultat m'étonna, et me rappela certaines expériences de Hales. Je conjecturai alors que la perte du poids qu'avait éprouvée la magnésie était peut-être due à la sublimation d'une matière aérienne, élastique, ou d'un air passé à travers le lut de l'appareil. Je me confirmai dans cette manière de voir en pensant que l'effervescence que la magnésie fait avec les acides pourrait bien provenir de l'expulsion d'un air combiné avec cette substance... Mais comment la magnésie avait-elle acquis cet air? Elle ne pouvait pas l'acquérir pendant qu'elle était encore combinée avec l'acide sulfurique dans le sel d'Epsom : l'effervescence que la magnésie (non calcinée) produit, au contact d'un acide, prouve que celle-ci ne peut pas être combinée en même temps avec un acide et avec cet air en question. *La magnésie ne peut donc avoir reçu cet air que de l'alcali (carbonate de potasse) employé à la précipiter.* »

Pour s'assurer de l'exactitude de ce raisonnement, Black calcina dans un creuset une quantité déterminée (120 grains) de magnésie commune, et il constata qu'elle perdait ainsi une certaine quantité (70 grains) de son poids. Cette magnésie calcinée fut ensuite dissoute, sans effervescence, dans une quantité suffisante d'acide vitriolique dilué, et la liqueur fut précipitée par une solution chaude d'alcali fixe (carbonate de potasse). En pesant ce précipité, lavé et desséché, il reconnut que la magnésie avait recouvré à peu de chose près la totalité du poids qu'elle avait perdu par la calcination; et il trouva à ce précipité tous les caractères de la magnésie énumérés plus haut.

Cette expérience confirma Black dans l'idée que la magnésie reçoit une certaine quantité d'air de la part de l'alcali employé pour la précipiter. A cette occasion il expliqua parfaitement le double échange entre l'acide et la base, et conclut que la somme des forces qui tendent à unir l'alcali avec l'acide est plus grande que la somme des forces qui tendent à unir la magnésie avec l'air en question.

Enfin, de quelle nature était cet air? Pour résoudre cette question, l'habile chimiste fit une expérience très-importante, qu'il a décrite en ces termes : « Mettez un peu de sel alcalin (carbonate de potasse) ou de chaux ou de magnésie (carbonatées) dans un flacon contenant un acide étendu; fermez aussitôt l'ouverture du flacon avec un bouchon de liége, par lequel passe un tube de verre recourbé en col de cygne; l'autre extrémité du tube sera (d'après la méthode de Hales) introduite dans un vase de verre renversé, rempli d'eau et placé dans une cuvette du même liquide. Vous verrez aussitôt une vive effervescence se produire et de nombreuses bulles élastiques traverser l'eau pour en gagner la surface, en déprimant la colonne du liquide. Ce n'est donc pas là une vapeur passagère qui s'échappe, mais un fluide élastique permanent, non condensable par le froid. »

C'est à ce fluide élastique que Black donna le nom d'*air fixe*
ou d'*air fixé (fixed air)*, nom qui fut changé par Bergmann en
celui d'*acide aérien*, et finalement par Lavoisier en celui de *gaz
acide carbonique.*

Le premier compte-rendu des expériences du célèbre chimiste anglais parut en 1757. Dans la même année, Black constata que l'*air
fixe* est absorbable par les alcalis, et mortel pour tous les animaux
qui le respirent à la fois par la bouche et par les narines. « Mais
j'eus, ajoute-t-il, occasion d'observer que les moineaux qui mouraient
dans cet air au bout de dix à onze secondes pouvaient y vivre trois
ou quatre minutes, lorsque les narines de ces oiseaux avaient été
préalablement fermées avec du suif. Je pus me convaincre que le
changement qu'éprouve l'air salutaire sous l'influence de la respiration consiste principalement, sinon uniquement, dans la transformation d'une partie de cet air en air fixe; car j'avais remarqué
qu'en soufflant à travers un tuyau de pipe dans de l'eau de chaux
ou dans une solution d'alcali caustique, la chaux se précipitait, et
que l'alcali perdait de sa causticité. »

Dans la même année, Black observa que l'air qui se dégage pendant la fermentation est de l'air fixe, ce qu'avait déjà remarqué
Van-Helmont. Dans la soirée du même jour où il avait fait cette
observation, il montra, au moyen de l'eau de chaux, que la combustion du charbon donne naissance à de l'air fixe, et confirma
ainsi expérimentalement l'idée de Van-Helmont.

Enfin, ce fut par une série d'expériences remarquables, que
Black parvint le premier à établir que les alcalis et les terres alcalines renferment une certaine quantité d'air fixe qui, au contact d'un
acide, se dégage avec effervescence ; que cet air est intimement
combiné avec les alcalis, puisque la chaleur la plus intense ne suffit
pas à leur faire perdre la faculté de faire effervescence avec les acides, que les alcalis sont pour ainsi dire *neutralisés* par cet air ; que
la chaux calcinée, (comme tout alcali caustique), exposée à l'air libre,
attire peu à peu les particules de l'air fixe qui existe dans l'atmosphère; et que tout air n'est pas de l'air fixe, mais qu'il faut,
contrairement à l'opinion de Hales, admettre une différence entre
l'élément prédominant de l'air atmosphérique, et cet air qui forme
la crème de l'eau de chaux.

Ces vérités furent cependant loin d'être admises à l'unanimité. La
plupart des chimistes contemporains les rejetèrent comme contraires à l'autorité des théories régnantes ou traditionnelles. Parmi

ces théories il y en avait surtout une, sur laquelle nous devons nous arrêter un moment.

Stahl. Théorie du phlogistique. — Ernest Stahl (né à Anspach en 1660, mort en 1734 à Berlin,) était le collègue de Frédéric Hoffmann à l'Université, nouvellement fondée, de Halle, lorsqu'il fut appelé à remplir la charge de premier médecin du roi de Prusse, père de Frédéric II.

Stahl s'acquit une immense renommée comme auteur d'une théorie, radicalement fausse, mais qui, par son apparente simplicité, captiva l'esprit de la plupart des chimistes et physiciens du XVIIIe siècle. Nous voulons parler de la *théorie du phlogistique*.

L'auteur de cette théorie était, dès le principe, possédé de l'idée que, pendant la combustion, quelque chose est expulsé du corps qui brûle ou se calcine, mais que pour que ce quelque chose soit expulsé, il faut un *expulseur*. Cet expulseur était, suivant Stahl, le feu proprement dit, ou, comme il l'appelle, le *mouvement igné*. « Car attribuer, ajoute-t-il, à l'antagonisme des contraires, tel que le froid et le chaud, la combustion du charbon, de l'amadou, d'un fil, c'est chercher la cause de trop loin. » Aussi la trouva-t-il dans le *principe sulfureux*, comme « le plus propre à produire le mouvement igné et à servir de substratum au feu dans tous les phénomènes de combustion. »

Voici, en résumé, la pensée-maîtresse de Stahl, dégagée de ces considérations accessoires où l'esprit de controverse tient une trop large place.

Le feu affecte deux états différents : l'état de combinaison et l'état la liberté. Tous les corps contiennent un principe de combustibilité, qui se traduit par leur aptitude à se combiner. C'est ce feu, ce principe combustible, fixé ou combiné, que Stahl appelle *das verbrennliche Wesen*, le principe combustible, et que ses disciples ont nommé le *phlogiston*, du grec φλόξ, flamme. Ce principe, disentils, insaisissable à l'état de combinaison, ne devient appréciable à nos sens qu'au moment où il quitte ses liens en se dégageant d'un corps quelconque. Il reprend alors ses propriétés ordinaires, il redevient feu, avec accompagnement de chaleur et de lumière. La combustion n'est donc autre chose que le passage du feu combiné, du *phlogistique*, à l'état de feu libre. Ainsi, tous les corps se composent, en dernière analyse, d'un principe inflammable ou phlogistique, et d'un autre élément qui varie suivant les espèces. Plus un corps est combustible ou inflammable, plus il est riche en phlogistique. Le charbon, les huiles, la graisse, le soufre, le phosphore, etc., sont les matières les plus riches en phlogistique; elles sont en même temps les plus propres à communiquer ce principe inflammable aux substances qui en manquent.

Suivant la théorie du phlogistique, tout métal est un corps composé : ses éléments sont le phlogistique et une matière terreuse. Le phlogistique est partout le même, tandis que la matière terreuse varie suivant chaque espèce de métal. Cette matière n'est, ajoutent les phlogisticiens, autre chose que la rouille (oxyde) du métal ; son aspect terreux, pulvérulent, lui a valu le nom de *chaux*. Lorsqu'on chauffe le métal, son phlogistique s'en va, et la chaux reste. C'est pourquoi cette opération se nomme *calcination* (du latin *calx*, chaux). Voulez-vous tirer de cette chaux, l'éclat, la couleur, la ductilité, la malléabilité, enfin toutes les propriétés qui caractérisaient le métal? Rendez-lui son phlogistique. C'est ainsi que vous changerez le colcothar en fer, le pomphorix en zinc, etc. Comment rendre à ces chaux leur phlogistique? En le chauffant avec du charbon, avec des graisses, en un mot, avec des matières riches en phlogistique.

Cette théorie parut, dès son apparition, si naturelle, qu'elle fut accueillie comme l'une des plus grandes découvertes des temps modernes, non-seulement par les chimistes, mais par les plus grands philosophes du dix-huitième siècle [1]. Dès lors comment s'étonner qu'elle ait eu de si nombreux partisans ?

Dans l'idée des phlogisticiens, la *calcination* est une opération *analytique*, puisque le métal (ou tout autre corps) se dédoublerait en phlogistique et en chaux, et la *réduction* est une opération *synthétique*, puisque le produit de la calcination reprendrait par là son phlogistique.

D'après la théorie, aujourd'hui universellement adoptée, et dont l'avènement commençait alors à poindre, la calcination est, au contraire, une *synthèse*, puisque le métal, loin de perdre, absorbe quelque chose en augmentant de poids ; et la réduction est une décomposition, car le charbon, au lieu de rendre, enlève quelque chose au métal, en lui faisant perdre de son poids exactement ce qu'il avait gagné pendant la calcination.

---

1. Kant mettait la théorie de Stahl sur le même rang que la loi de la chute des corps, trouvée par Galilée (Voy. Préface de la 2ᵉ édit de la *Critique de la raison pure*, p. XIII ; Leip., 1828).

Si les phlogisticiens voulaient, disaient leurs adversaires, employer la balance, ils renonceraient immédiatement à leur théorie, comme étant en contradiction avec l'expérience. Erreur! Car voici leur réponse : « Nous savons parfaitement, disent les Stahliens, que les métaux augmentent de poids pendant leur calcination. Mais ce fait, loin d'infirmer notre théorie, vient au contraire la confirmer. En effet, le phlogistique étant plus léger que l'air, tend à soulever le corps avec lequel il est combiné, et à lui faire perdre une partie de son poids; ce corps doit donc peser davantage après avoir perdu son phlogistique. »

La fameuse théorie Stahlienne repose donc sur une illusion, sur une erreur de statique, puisque le phlogistique est supposé faire l'office d'un aérostat. Ses partisans semblaient ignorer que tout corps matériel est pesant et que le phlogistique (en admettant son existence), doit, ainsi que l'air inflammable avec lequel il fut identifié, occuper un espace moins grand, à l'état de combinaison, qu'à l'état de liberté.

Quand Stahl établit sa théorie, il n'avait aucune connaissance exacte des gaz. Aussi ses disciples furent-ils obligés de modifier la doctrine du maître après la découverte de l'azote, de l'oxygène, du chlore, de l'hydrogène. Et comme ces fluides élastiques paraissaient avoir certains rapports avec le phlogistique, l'azote s'appelait d'abord *air phlogistiqué*, l'oxygène *air déphlogistiqué*, le chlore *acide marin déphlogistiqué*, le gaz sulfureux *acide vitrio- lique phlogistiqué*, etc.

Il se présente ici un double spectacle qui n'est pas rare dans l'his- toire des sciences : d'une part, la méthode expérimentale, judicieu- sement appliquée, multipliait les faits qui battaient en brèche les systèmes établis; d'autre part, les partisans de ces systèmes s'obs- tinaient, soit amour-propre, soit conviction, à ne point abandonner l'autorité doctrinale qui avait en quelque sorte présidé à tous leurs travaux. Il en résulta que les additions supplémentaires à la théorie du phlogistique, vains échafaudages d'un édifice croulant, s'accu- mulaient à un tel point qu'il devint bientôt impossible de s'y recon- naître. C'est le châtiment réservé à l'erreur.

Cependant soyons justes même envers une erreur, aujourd'hui dis- parue. D'abord, en divisant les chimistes en deux camps ennemis, la théorie du phlogistique entretenait une émulation très-salutaire au progrès de la science. Puis, cette théorie a soulevé certaines ques- tions qui même aujourd'hui sont loin d'avoir été complétement résolues. Par exemple qu'y a-t-il de logé dans les interstices des ato mes? Comment s'expliquent les phénomènes de chaleur, de lumière, d'électricité, etc., qui se produisent pendant les combinaisons et les décompositions ?

Chimistes adversaires des pneumatistes. — Black peut être considéré comme le chef de cette grande école qui s'était proposé pour but une étude approfondie des corps aériformes. Ses premiers adversaires furent aussi nombreux que violents. Ils contestaient surtout à Black ce fait capital « qu'un air (gaz acide carbonique) se fixe sur la chaux et les alcalis en leur enlevant leur causticité ».

Frédéric Meyer, pharmacien d'Osnabruck, se fit particulièrement remarquer par la singularité de ses attaques dans ses *Essais de chimie sur la chaux vive, la matière élastique et électrique, le feu et l'acide universel* (Hannovre et Leipz., 1764, in-8; trad. en français par le Dreux; Paris, 1766, in-12°). On sait que la chaux commune (car bonate de chaux), effervescible avec les acides, étant soumise à l'action du feu, se change en chaux vive (chaux caustique), en abandonnant son acide carbonique. Au dire de Meyer, c'est tout le contraire qui arrive : la pierre calcaire, effervescible avec les acides, absorberait dans le feu un acide particulier, appelé par l'auteur *acidum pingue*, acide qui la changerait en chaux caustique en même temps qu'il lui enlèverait la propriété de faire effervescence avec les acides. Le même effet se produirait lorsqu'on verse de l'alcali fixe ou volatil dans de l'eau de chaux : la chaux se troublerait en cé dant à l'alcali son *acidum pingue*, et en lui rendant sa causticité.

La plus simple expérience devait faire crouler cet échafaudage systématique ; c'est que la pierre calcaire perd de son poids, lors qu'elle absorbe le prétendu acide gras, *acidum pingue*, et *vice versa*. Si vous demandez à l'auteur de vous montrer son *acidum pingue*, il vous répondra que c'est une matière semblable à celle du feu et de la lumière; que c'est par l'intermédiaire de cet acide insaisissable que la chaux s'unit aux huiles; que c'est ce même acide qui se dégage de la combustion du charbon et augmente le poids des métaux pendant la calcination. On voit que ce fantas tique *acidum pingue* est tantôt le gaz acide carbonique, tantôt l'oxygène, que c'est enfin tout ce que l'on voudra, sauf un corps réel.

Le système de Meyer, si contraire aux faits de l'expérience, trouva cependant des défenseurs ardents, justifiant l'adage que l'homme est de feu pour l'erreur et de glace pour la vérité. On est surtout surpris de voir Lavoisier parmi les approbateurs de Meyer; car, en analysant le traité de Meyer, il dit : « Ce traité contient une multitude d'expériences, la plupart bien faites, et *vraies*, d'après lesquelles l'auteur a été conduit à des conséquences tout opposées à celles de M. Hales, de M. Black et de M. Macbride. Il est peu de livres de chimie moderne qui annoncent plus de génie que celui de Meyer » [1]. A juger par ces paroles, le reproche qu'on a fait à Lavoisier d'avoir cherché à dissimuler habilement les emprunts qu'il a faits à d'autres, surtout à Black, ne paraît pas tout-à-fait dénué de fondement.

Chimistes partisans des pneumatistes, particulièrement de la doctrine de Black. — Jacquin, professeur de chimie et de botanique à l'université de Vienne, attaqua, l'un des premiers, le livre de Meyer. Mal lui en prit. Toute l'école meyerienne se déchaîna contre lui : on l'accabla d'injures où l'odieux le disputait au ridicule. Dans son *Examen chemicum doctrinæ Meyerianæ* (Vienne, 1769, in-12°), Jacquin reproduit, en grande partie, les expériences de Black et de Macbride. Mais il s'éloigna de Black, et se rapprocha de Hales en soutenant que l'air fixe de la chaux et des alcalis est le même que l'air atmosphérique. Jacquin distingua le premier l'*air de porosité* de l'air de *combinaison*. « L'air de porosité peut, dit-il, être dégagé par l'action de la machine pneumatique ; tandis que l'air de combinaison est dans un état particulier, qui ne lui permet pas de reprendre son élasticité. » En parlant de la préparation de la chaux caustique, il fait une remarque importante, à savoir qu'il faut une calcination prolongée pour que les couches intérieures de la pierre calcaire perdent leur air, et que la chaleur employée à cet effet doit dépasser celle de la fusion du verre.

Jacques Well, poussé à bout par les assertions malveillantes de *Crans* et de *Smeth*, partisans de l'école meyerienne, s'associa à Jacquin pour combattre cette école. Crans, contestant l'exactitude des expériences de Black et de Jacquin, prétendait que la pierre calcaire ne perd point par la calcination la propriété de faire effervescence avec les acides, que la chaux caustique peut se conserver longtemps à l'air sans s'altérer, qu'elle acquiert, au contraire, à la longue, plus de causticité ; que la crème de chaux n'est que de la chaux qui a perdu son principe caustique, son *acidum pingue*, etc. Il serait inutile d'énumérer toutes les objec-

---

1. Lavoisier, *Opuscules physiques et chimiques;* Paris, 2ᵉ édit. 1801, 4. 60.

ons ineptes que Crans faisait dans son pamphlet (auquel Lavoisier consacra quinze pages d'analyse) contre les expériences de Black, (auxquelles Lavoisier n'avait accordé que cinq pages et demi d'analyse). Smeth, dans sa dissertation inaugurale (*Sur l'air fixe*, Utrecht, 1772, in-4°), arriva à des conclusions non moins étranges que celles de Crans : elles tendaient à établir « que la doctrine de l'air fixe de Black n'est appuyée que sur des fondements incertains et débiles ; que, de la manière dont elle est présentée par ses partisans, elle ne peut soutenir aucun examen sérieux, et qu'elle ne sera que l'opinion d'un moment. » — Cette *opinion d'un moment* était tout bonnement l'expression de la vérité, que Lavoisier eut la faiblesse de méconnaître dans une analyse de vingt-deux pages, consacrée au misérable factum de Smeth.

CHIMIE INDUSTRIELLE ET MÉDICALE AU XVIIIᵉ SIÈCLE

Depuis la fondation des sociétés savantes, les sciences comme les lettres présentaient une tendance oligarchique, tandis que l'organisation sociale inclinait de plus en plus vers la démocratie. Anciennement, c'était tout le contraire.

Quatre nations viennent ici se placer au premier rang : les Français, les Allemands, les Anglais et les Suédois. C'est à Paris, à Berlin, à Londres et à Stockholm que va se débattre le sort de la science.

Jetons un coup d'œil sur les travaux des chimistes qui, joints à ceux du siècle précédent, composent en quelque sorte l'avant-garde de la révolution qui va bientôt s'opérer dans la science.

A. Chimistes français.

Geoffroy aîné, (né à Paris en 1672, mort en 1731,) qui succéda, en 1712, à Fagon, premier médecin de Louis XIV, dans la chaire de chimie au Jardin du roi, fit faire un grand pas à la science par sa *Table des différents rapports observés en chimie entre différentes substances*. On y trouve pour la première fois nettement exprimé cet important fait général : « Toutes les fois que deux substances, ayant quelque tendance à se combiner l'une avec l'autre, se trouvent mêlées ensemble, et qu'il survient une troisième qui a plus d'affinité avec l'une des deux, elle s'y unit en faisant lâcher prise à

l'autre. » C'est là-dessus que Geoffroy entreprit d'établir la classification des acides, des alcalis, des terres absorbantes et des
substances métalliques [1]. »

Geoffroy croyait à la génération des métaux et particulièrement
du fer qui existe dans les cendres des matières organiques.

Geoffroy jeune (né à Paris en 1685, mort en 1752), disciple
de Tournefort, s'appliqua à l'exercice de la pharmacie et présenta,
en 1707, à l'Académie des sciences, un mémoire ayant pour objet
l'*application de la botanique à la chimie*. Frappé de ce que les
plantes les plus différentes donnaient toujours à peu près des mêmes
principes à la combustion ou à la distillation (seuls modes d'analyse
alors connus), Geoffroy jeune pensa qu'il devait y avoir « dans la
combinaison de ces principes quelque différence qui occasionne celle
qu'on remarque surtout dans la couleur et l'odeur des différentes
plantes. » Or, cette différence il la cherchait dans la manière dont
l'huile essentielle se trouve mêlée avec les autres principes. C'est
ainsi qu'il vit que l'essence de thym, combinée en diverses proportions, avec les acides et les alcalis, donnait à peu près toutes
les nuances de couleur qu'on observe dans les plantes. Il découvrit
aussi que les huiles essentielles sont contenues dans des vésicules particulières, disséminées dans certaines parties du végétal. Quant à ces
huiles elles-mêmes, il les considérait comme composées d'acide, de
phlegme, d'un peu de terre et beaucoup de matière inflammable.

Geoffroy jeune montra, l'un des premiers, que la base du sel
marin (soude) est une des parties constitutives du borax [2].

Boulduc (né à Paris en 1675, mort en 1742) simplifia la préparation du sublimé corrosif et fit des recherches sur les eaux minérales.

Louis **Lemery** (né à Paris en 1677, mort en 1743), fils de Nicolas Lemery dont nous avons parlé plus haut, découvrit, en 1726,
par un simple hasard, que le plomb, « lorsqu'il a une certaine
forme, fort approchante d'un segment sphérique ou d'un cham-
pignon », devient presque aussi sonore que le métal des cloches.
Réaumur remarqua que cette observation de Boulduc n'est vraie
qu'à la condition que le plomb ait acquis cette forme par la fusion,
et que si on la lui donne à froid, ce métal reste aussi sourd qu'il
l'est ordinairement.

---

1. *Mém.* de l'Acad. des Sciences, année 1713.
2. *Mém.* de l'Acad., année 1732.

Hellot (né à Paris en 1685, mort en 1761) contribua aux progrès de la teinture par sa *Théorie chimique de la teinture des étoffes*. Il partit des principes que voici : « Dilater les pores de l'étoffe à teindre, y déposer les particules d'une matière étrangère, et les y retenir, ce sera bon teint. Déposer ces matières étrangères sur la seule surface des corps, ou dans des pores dont la capacité ne soit pas suffisante pour les recevoir, ce sera le petit ou faux teint, parce que le moindre choc détachera les atomes colorants. Enfin, il faut que ces corps soient couverts d'une espèce de mastic, que ni l'eau de pluie, ni les rayons de soleil ne puissent altérer. » — Ce sont ces principes que Hellot essaya de mettre en pratique.

Rouelle (*Guillaume-François*), originaire de Normandie (né en 1703, mort à Paris en 1770), fut le maître de Lavoisier. Démonstrateur du cours de chimie de Bourdelin au Jardin du Roi, esprit original, aimant la contradiction, Rouelle s'attachait par ses expériences à donner plus souvent un éclatant démenti aux théories du professeur [1].

1. Grimm, dans sa Correspondance, a raconté beaucoup d'anecdotes sur le compte de Rouelle qui arrivait dans l'amphithéâtre, en habit de velours, perruque poudré, petit chapeau sous le bras. Très calme au début de la leçon, il s'échauffait peu à peu ; si sa pensée venait à s'embarrasser, il s'impatientait, posait son chapeau sur une cornue, ôtait sa perruque, dénouait sa cravate ; enfin, tout en continuant à parler, il déboutonnait son habit et sa veste, et les quittait l'un après l'autre. Dans ses manipulations, Rouelle était ordinairement assisté de son neveu. Mais cet aide ne se trouvait pas toujours sous la main, Rouelle l'appelait en criant à tue-tête : « Neveu, éternel neveu ! » et l'éternel neveu ne venant pas, il s'en allait lui-même dans les arrière-pièces de son laboratoire chercher les objets dont il avait besoin. Cela ne l'empêchait pas de continuer sa leçon comme s'il était en présence de ses auditeurs. A son retour, il avait ordinairement fini la démonstration commencée, et rentrait en s'écriant : « Oui, messieurs ! voilà ce que j'avais à vous dire. » Alors on le priait de recommencer, ce qu'il faisait de la meilleure grâce du monde, croyant seulement avoir été mal compris. Dans sa pétulance et sa distraction, il émettait souvent des vues neuves, hardies, profondes ; il décrivait des procédés dont il eût bien voulu dérober le secret à ses élèves, mais qui lui échappaient à son insu, dans la chaleur de l'improvisation ; puis il ajoutait : « Ceci est un de mes arcanes que ne dis à personne, » et c'était là précisément ce qu'il venait de révéler à tout le monde. Ses récriminations et ses plaintes faisaient en quelque sorte partie de son cours. Aussi était-on sûr d'entendre, à telle leçon, une sortie contre Macquer ou Malouin, contre Pott ou Lehmann ; à telle autre, une diatribe contre Buffon ou Bordeu. Dans son emportement, il ne se faisait faute d'aucune injure ; mais la plus

Par l'originalité de ses leçons, Rouelle fut un de ceux qui réussirent le mieux à populariser la chimie en France. Parmi ses travaux la plupart publiés sous forme de mémoires dans le recueil de l'Académie des Sciences, on remarque particulièrement celui qui traite *De l'inflammation des huiles essentielles au moyen de l'esprit de nitre.* On y trouve, entre autres, un procédé aussi simple qu'ingénieux. Ce procédé, présenté de nos jours comme nouveau, consistait à distiller l'acide nitrique (esprit de nitre) avec l'acide vitriolique. Son inventeur en comprenait, de plus, parfaitement la théorie. « L'acide vitriolique ne sert, dit Rouelle, qu'à concentrer davantage l'acide nitreux (nitrique), et à le dépouiller de la plus grande partie de son phlegme (eau), cet acide ayant plus de rapport avec l'eau que l'acide nitreux ; toutes les fois qu'on mêle un acide vitriolique bien concentré à un acide nitreux phlegmatique (aqueux), le premier se charge du phlegme du second, et l'en dépouille. Cela nous offre donc un moyen de porter l'acide nitreux à un état de concentration beaucoup plus considérable que celui auquel on peut espérer parvenir par la distillation. »

Dans un mémoire *Sur les sels neutres,* présenté en 1754 à l'Académie, Rouelle distingua le premier les sels en *sels acides,* en *sels moyens* (neutres) et en *sels avec excès de base;* il établit en même temps que, dans les sels acides, l'excès d'acide se trouve, non pas simplement ajouté, mais combiné, et que la combinaison de l'acide avec la base a des limites. Cette dernière remarque pouvait le conduire à la *loi des proportions fixes.* — Contrairement à la théorie de la plupart des chimistes d'alors, il démontra que le sel lixiviel (potasse) existe déjà dans les plantes avant leur incinération [1].

Baron (né à Paris en 1715, mort en 1768) éclaircit l'histoire jusqu'alors si obscur du *borax,* et il parvint à établir que « le *sel sédatif,* nom donné à l'*acide borique,* est toujours le même par quelque acide qu'il ait été retiré du borax; qu'on peut régénérer le borax en unissant le sel sédatif avec le sel de soude, qu'on peut artificiellement faire deux espèces de borax, différentes, par leurs bases, de celui qui est connu jusqu'ici, savoir l'une en combinant le sel sé-

commune, l'épithète qui résumait tous ses griefs, c'était celle de *plagiaire.* Pour témoigner toute son horreur pour l'attentat de Damiens, il ne manquait pas de dire que c'était un *plagiat.* « Oui, messieurs, s'écriait-il tous les ans à certain endroit de son cours, en parlant de Bordeu, c'est un de vos gens, un *frater,* un *plagiaire,* qui a tué mon frère que voilà. »

1. Roux, *Journal de Médecine,* t. XL, p. 103 ; t. XLVIII, p. 299.

datif avec l'alcali du tartre (potasse), — borax de potasse, — et l'autre en le combinant avec l'alcali du sel ammoniaque — borax d'ammoniaque, — enfin que la dénomination, imposée par Homberg, de *sel volatil narcotique du vitriol*, est impropre en tous points, puisque ce sel est très-fixe par lui-même et n'est sublimable que par son eau de cristallisation, qu'il ne participe en rien, lorsqu'il est bien préparé, de l'acide vitriolique employé pour décomposer le borax, et qu'il n'est point narcotique [1]. »

Duhamel du Monceau et Grosse. Initié à presque toutes les sciences, Duhamel du Monceau (né à Paris en 1700, mort en 1785) affirma l'un des premiers que la base du sel marin (soude) est un alcali différent de l'alcali (potasse), qu'on retire des plantes terrestres. Pour s'assurer si cette différence tient à celle des plantes ou des terrains, il fit semer des kali (*salsola soda*), plante riche en soude, dans sa terre de Donainvilliers, et suivit ces expériences pendant un grand nombre d'années. Se défiant de ses connaissances, il pria Cadet d'examiner les sels que contenaient les cendres des kalis de Donainvilliers, et ce chimiste remarqua que la première année l'alcali minéral (soude) y dominait encore; que dans les années suivantes, l'alcali végétal (potasse) augmentait rapidement; enfin qu'il se trouvait presque seul après quelques rotations végétatives.

Duhamel observa le premier sur de jeunes animaux nourris par la garance qui rougit les os, que l'ossification s'opère par les lames du périoste comme la formation du bois par l'endurcissement de la partie interne des couches corticales. On sait que ces expériences, confirmées et continuées par d'autres observateurs, amenèrent la découverte de la grande loi de la rotation permanente de la matière d'un corps vivant, la forme restant attachée à son type.

Duhamel publia, de concert avec GROSSE, l'histoire de l'*éther*, liquide qui doit son nom à sa fluidité extrême. L'éther (sulfurique), dont on attribue à tort la découverte à Frobenius, et qui à cause de cela s'appelait *liqueur de Frobenius*, était connu avant ce chimiste. Newton avait déjà dit que l'éther s'obtient par un mélange d'huile de vitriol et d'esprit de vin. Mais personne n'avait encore aussi bien que Grosse approfondi la question. Sachant que, pendant

---

1. *Mém.* de l'Acad. des Scien. 1747 et 1748. — François Hœfer, qui découvrit l'acide borique dans les eaux de Monterotondo près de Sienne, observa l'un des premiers que l'acide borique communique à l'alcool qu'on brûle une *flamme verte*. Fr. Hœfer était contemporain de Baron.

la distillation du mélange d'huile de vitriol et d'esprit-de-vin, il se dégageait des substances différentes, Grosse voulut d'abord s'assurer de la nature de ces substances : « Pour cela je m'avisai, dit-il, de piquer avec une épingle la vessie qui joint le récipient au bec de la cornue, afin de discerner par l'odorat les différentes liqueurs à mesure qu'elles se succéderaient. La première ne sentait presque que l'esprit-de-vin, approchant cependant un peu de l'eau de Rabel (mélange d'alcool et d'acide sulfurique) ; la deuxième passa en vapeurs blanches, et sentait beaucoup l'éther, ce qui me fit juger qu'elle était la seule qui le contint, et que les autres ne servaient qu'à l'absorber ; la troisième avait une odeur de soufre des plus pénétrantes. » — Cette étude préalable, qui atteste beaucoup de sagacité, inspira à Grosse le mode de préparation suivant : « Je distillai, dit-il, trois parties d'huile de vitriol sur une partie d'esprit-de-vin très-rectifié, jusqu'à ce que j'aperçus à la voûte de la cornue les vapeurs blanches dont j'ai parlé ; alors je cessai le feu. On a par ce moyen la liqueur qui contient l'éther, seulement un peu mêlée d'esprit-de-vin qui passe d'abord, et puis d'un peu d'esprit sulfureux qui vient ensuite, malgré la cessation du feu. Lorsqu'on veut avoir l'éther seul, il faut employer l'eau commune pour le séparer ; et si on ne trouve pas cet éther assez sec (privé d'eau), on peut le rectifier par une lente distillation, et alors l'*éther monte avant l'esprit-de-vin*, qui cependant passait toujours le premier dans la première opération. »

Ce mode de préparation de l'éther fut perfectionné par Cadet et Baumé.

Macquer (né à Paris en 1718, mort en 1784) s'occupa, l'un des premiers, de l'analyse du bleu de Prusse qu'il regardait comme une combinaison de fer avec une substance particulière que les alcalis enlèvent aux produits charbonneux. Il en donna comme preuve que l'alcali, digéré sur le bleu de Prussese, charge de cette substance et ne laisse plus qu'une chaux de fer, tandis que ce même alcali, ainsi saturé et versé dans une dissolution de fer, reproduit le bleu de Prusse.

Directeur de la manufacture royale des porcelaines de Sèvres, Macquer montra le premier que le diamant perd plus de poids, quand on le calcine dans le vide, et qu'il se dissipe, au contraire, quand on le calcine au contact de l'air. Ce fut le début de ces expériences qui, confirmées par Rouelle, Darcet et Cadet, amenèrent Lavoisier à découvrir l'identité du carbone avec le diamant.

Tillet, l'un des principaux collaborateurs de Macquer, présenta, en 1763, à l'Académie des Sciences, un mémoire sur l'*Augmentation réelle de poids qui a lieu dans le plomb converti en litharge*, dans lequel il montra tout ce qu'il y a d'étrange (relativement aux idées alors régnantes) dans le fait de cette augmentation qu'il dit être d'un huitième : « C'est là, ajoute-t-il, un vrai paradoxe chimique, que l'expérience met hors de tout doute ; mais, s'il est facile de constater ce fait, il ne l'est pas autant d'en rendre une raison suffisante ; il échappe à toutes les idées physiques que nous avons, et ce n'est que du temps qu'on peut attendre la solution de cette difficulté. » — La solution complète de cette difficulté se fit attendre encore dix ans : Lavoisier la donna dans son célèbre mémoire *Sur la décomposition de l'air par l'oxydation du plomb et de l'étain.*

Parmi les savants français qui méritèrent bien de la chimie industrielle d'alors, citons encore : RÉAUMUR (né en 1683, mort en 1757), qui publia des mémoires, remplis de faits nouveaux, sur la porcelaine, sur le fer et l'acier, sur la nature des terres, sur la pourpre qu'on retire de certains coquillages ; — LASSONE (né en 1717, mort en 1788), qui se fit remarquer par ses recherches sur les grès cristallisés de Fontainebleau, sur quelques combinaisons de l'acide borique, sur le phosphore ; — BUQUET (né à Paris en 1746, mort en 1780), qui essaya de rattacher la chimie plus étroitement à la physiologie et à l'histoire naturelle.

B. Chimistes allemands.

Les chimistes allemands étaient à cette époque généralement trop imbus de la théorie de *Stahl* [1] pour admettre les idées nouvelles qui commençaient à se faire jour. Il y eut cependant quelques observateurs, exempts de tout esprit de système ; tels étaient Pott et Marggraf, dont nous allons dire un mot.

Pott. — Disciple de Stahl et de Frédéric Hoffmann, Pott (né en 1692, mort en 1777 à Berlin) fut un des chimistes les plus laborieux de son temps. Parmi ses nombreux travaux, la plupart insérés dans le recueil des mémoires de l'Académie de Berlin dont il était membre, nous ne mentionnerons que celui qui a pour objet le *borax* [2].

---

1. Voy. plus haut, p. 464.
2. Le nom de *borax* vient de l'arabe *baurach* (nitre et borax).

Ce sel, que les Grecs et les Romains paraissent avoir connu sous le nom de *chrysocolle* (soudure d'or), était primitivement tiré des lacs du Tibet et de l'Inde. Quelle est sa nature ou sa composition? Zwelfer, Berger et d'autres, regardaient le borax comme un alcali fixe naturel; Homberg le définissait un sel urineux minéral; Melzer le prenait pour un sel marin minéral, composé d'un principe terreux vitrifiable, d'alcali urineux, d'un acide subtil et de phlogistique enfin on avait émis les hypothèses les plus étranges sur la composition du borax. Ce qui contribuait à entretenir les chimistes dans ces hypothèses c'est que la matière organique grasse dont le *tinckai* ou borax brut est toujours sali, donne naissance, par la distillation et la combustion, à des produits empyreumatiques, ammoniacaux, propres à embrouiller plutôt qu'à éclaircir la question; car cette matière grasse, purement accidentelle, était considérée comme essentiellement inhérente à la composition même du borax.

Tel était l'état de la question lorsque Pott fit, en 1741, paraître sa *Dissertation sur le borax*. Ce chimiste prétendait, avec Geoffroy et Lemery jeune, que le borax est « une substance saline, composée d'un alcali et d'un acide [1]. » Quel est cet acide? Ce n'est pas, répondirent Pott et Neumann, l'acide vitriolique, puisque le borax, chauffé par le charbon, ne donne point de foie de soufre; ce n'est pas non plus l'acide muriatique, puisque traité par l'esprit de nitre, il ne donne pas d'eau régale. Cependant on savait qu'en soumettant une solution chaude de borax à l'action de l'acide vitriolique, on obtient un précipité blanc, appelé *sel sédatif*, et que la liqueur où le précipité se dépose, laisse, par l'évaporation, du sel de Glauber (sulfate de soude). Ce fait, publié en 1702 par Homberg, était alors connu de tous les chimistes, et aucun n'osait pourtant soutenir, excepté Baron, que le prétendu *sel sédatif* est un acide particulier (acide boracique ou borique), combiné avec l'alcali (soude) du sel de Glauber. Homberg s'était complétement mépris sur la nature de son sel sédatif, qu'il regardait comme un produit du vitriol de fer, et qu'il nommait indifféremment sel *volatil narcotique de vitriol, sel volatil de borax, fleurs de vitriol philosophique, sel blanc des alchimistes, fleurs de Diane*, etc. Pour Pott enfin, le sel sédatif, dont il décrivit très bien les principales propriétés, était « un sel neutre, composé de quelques molécules de vitriol et de borax »; et cela, ajoute-t-il

---

1. *Neumann* (né en 1683, mort en 1737), collègue de Pott à l'Académie de Berlin, se fit connaître par sa dissertation sur le camphre, qu'il était parvenu à extraire de l'huile essentielle de thym.

parce qu'il colore la flamme de l'alcool en vert, comme le fait, à un degré intense, le vitriol de cuivre.

Le principal mérite de Pott est d'avoir découvert l'*acide succinique* cristallisé par la distillation de l'ambre, et d'avoir fait le premier connaître les principales propriétés de cet acide.

Pott se fit aussi connaître, moins avantageusement que par ses travaux, par la violence de ses polémiques avec plusieurs savants de son temps, notamment avec le médecin de Frédéric II, avec *Eller*, qui a le premier étudié les altérations qu'éprouvent les globules du sang par le contact de diverses substances chimiques.

Marggraf. — Expérimentateur habile, sobre d'hypothèses, logicien sévère, André-Sigismond Marggraf (né à Berlin en 1709, mort en 1780), membre de l'Académie de Berlin, a introduit dans l'analyse des matières organiques la voie humide, et découvert le sucre indigène. Ses travaux, insérés dans le recueil des Mémoires de l'Académie de Berlin, ont été, en grande partie, traduits en français par Formey, et publiés sous le titre d'*Opuscules chimiques; Paris,* 2 vol. in-8°.

Le mémoire qui renferme la découverte du sucre de betteraves parut en 1745, sous le titre d'*Expériences chimiques faites dans le dessein de tirer un véritable sucre de diverses plantes qui croissent dans nos contrées.* Ce mémoire eut pour point de départ l'idée d'appliquer aux plantes ou racines sucrées le procédé employé pour l'extraction du sel d'oseille et d'autres sels acides par l'évaporation du suc des végétaux. Parmi les racines indigènes les plus sucrées l'auteur place, en première ligne, la betterave, la carotte et le chervis, et il parvint à établir que le sucre qui s'y trouve est en tout pareil au sucre de canne, que ce sucre y existe tout formé, que le meilleur moyen d'extraction consiste à dessécher les racines et à les faire bouillir dans de l'esprit de vin, qui se charge du sucre et le dépose, par le refroidissement, sous forme cristalline.

Voici comment Marggraf arriva à ces résultats merveilleux. « Les plantes que j'ai soumises, dit-il, à un examen chimique pour tirer le sucre de leurs racines, et dans lesquelles j'en ai trouvé effectivement de véritable, ne sont point des productions étrangères; ce sont des plantes qui naissent dans nos contrées aussi bien que dans d'autres, des plantes communes qui viennent même dans un terroir médiocre et qui n'ont pas besoin d'un grand soin de culture. Telles sont la betterave blanche, le chervis (*sisarum Dodonæi*) et la carotte (*daucus carotta*). Les racines de ces trois plantes m'ont fourni jusqu'à présent un sucre très-copieux et très-pur. Les premières marques caractéristiques qui indiquent la présence du sucre emmagasiné dans les racines de ces plantes, sont que ces racines étant coupées en morceaux et desséchées, ont non-seulement un goût fort doux, mais encore qu'elles montrent pour l'ordinaire, surtout au *microscope*, des particules blanches et cristallines qui tiennent de la forme du sucre. »

C'est la première fois que nous voyons employer, en chimie, le microscope, comme un auxiliaire de l'analyse. Mais reprenons la description que l'auteur fait d'un procédé qui a servi de base au procédé actuel.

« Comme le sucre, continue-t-il, se dissout même dans l'esprit de vin (chaud), j'ai jugé que ce dissolvant pourrait peut-être servir à séparer le sucre des matières étrangères; mais pour m'assurer auparavant combien de sucre pouvait être dissous par l'esprit de vin le plus rectifié, j'ai mis dans un verre deux drachmes du sucre le plus blanc et le plus fin, bien pilé, que j'ai mêlé avec quatre onces d'esprit de vin le plus rectifié; j'ai soumis le tout à une forte digestion continuée jusqu'à l'ébullition; après quoi le sucre s'est trouvé entièrement dissous. Tandis que cette dissolution était encore chaude, je l'ai filtrée et mise dans un verre bien fermé avec un bouchon de liège, où, l'ayant gardée environ huit jours, j'ai vu le sucre se déposer sous forme de très-beaux cristaux. Mais il faut bien remarquer que la réussite de l'opération demande qu'on emploie l'esprit de vin le plus exactement rectifié, et que le verre aussi bien que le sucre soient très-secs; sans ces précautions la cristallisation se fait difficilement. Cela fait, j'ai pris des racines de betterave blanche coupées en tranches, je les ai fait sécher avec précaution et les ai ensuite réduites en une poudre grossière; j'ai pris huit onces de cette poudre desséchée, je les ai mises dans un verre qu'on pouvait boucher; j'y ai versé seize onces d'esprit de vin le plus rectifié, et qui allumait la poudre à canon. J'ai soumis le tout à la digestion au feu, poussé jusqu'à l'ébullition de l'esprit de vin, en remuant de temps en temps la poudre qui s'amassait au fond. Aussitôt que l'esprit de vin a commencé à bouillir, j'ai retiré le verre du feu, et j'ai versé promptement tout le mélange dans un petit sac de toile, d'où j'ai fortement exprimé le liquide qui y était contenu; j'ai filtré la liqueur exprimée encore chaude, j'ai versé le liquide filtré dans un verre à fond plat, fermé avec un bouchon de liège, et l'ai gardé dans un endroit tempéré. D'abord l'esprit de vin y est devenu trouble, et, au bout de quelques semaines, il s'est formé un produit cristallin, ayant tous les caractères du sucre, médiocrement pur et composé de cristaux compactes. En dissolvant de nouveau ces cristaux dans de l'esprit de vin, on les obtient plus purs. »

Cette opération ne devait servir que de moyen pour s'assurer si une plante contient du sucre, et en quelle quantité. Ce fut ainsi que Marggraf parvint à établir que la betterave blanche contient environ 6 pour cent de sucre. « Ce qui mérite, ajoute-t-il, d'être remarqué en passant, c'est que la plus grande partie du sucre se sépare de l'esprit de vin par la cristallisation et que la partie résineuse demeure dans l'esprit de vin. De plus, il paraît que dans cette opération, l'eau de chaux vive n'est point du tout nécessaire pour dessécher le sucre et lui donner du corps, mais que le sucre existe tout fait, sous forme cristalline, au moins dans nos racines. »

Mais le procédé d'extraction décrit ayant été trouvé trop coûteux pour être industriel et praticable, Marggraf en chercha un autre. Il trouva donc « que ce qu'il y avait de mieux à faire c'était de suivre la route ordinaire, en ôtant à ces racines leurs sucs par expression, en évaporant le suc exprimé, pour le soumettre à la cristallisation, et en purifiant les cristaux qui prennent naissance. »

— L'auteur ne manque pas d'observer que la carotte se prête plus difficilement que la betterave à l'extraction du sucre, à cause d'une *matière glutineuse* (pectine), qui entrave la cristallisation; qu'il faut apporter beaucoup de soin au râpage, etc. Mais la plus grande difficulté consistait à retirer de la betterave un sucre parfaitement blanc. Enfin il réussit à obtenir « un sucre semblable au meilleur sucre jaunâtre de Saint-Thomas. »

Marggraf termine son travail, à tous égards si remarquable, par les réflexions suivantes sur la culture des plantes zaccharifères : « Quoique ces racines (betterave, carotte, etc.) fournissent toujours, dit-il, une quantité quelconque de sucre, il pourrait cependant arriver que dans telle année elles en donnassent une plus grande quantité que dans telle autre, suivant que le temps est plus humide ou plus sec. On doit aussi faire attention à la parfaite maturité de ces racines. C'est vers la fin d'octobre et de novembre qu'elles sont les meilleures... Il y a lieu de croire que ces racines, après qu'elles ont poussé des tiges, des feuilles, mais surtout des graines, sont moins propres à l'extraction du sucre. »

Quant aux avantages économiques du sucre indigène, ils n'échappèrent pas non plus à la sagacité de l'auteur. « Le pauvre paysan, au lieu d'un sucre cher ou d'un mauvais sirop, pourrait, ajoute-t-il, se servir de notre sucre des plantes, pourvu qu'à l'aide de certaines machines il exprimât le suc des plantes, qu'il le séparât en quelque façon, et qu'il le fît épaissir jusqu'à la consistance de sirop. Le suc épaissi serait assurément plus pur que la mélasse; et peut-être même ce qui resterait après l'expression pourrait avoir encore son utilité. Outre cela, les expériences rapportées mettent en évidence que le sucre peut être préparé dans nos contrées tout comme dans celles qui produisent la canne à sucre. »

La découverte de Marggraf était entièrement oubliée, lorsqu'à l'époque du blocus continental elle fut reprise par des chimistes et des industriels qui en eurent la gloire et le profit. Aujourd'hui le sucre, grâce à son extraction de la betterave, est devenu une denrée de première nécessité.

Parmi les autres travaux de Marggraf, nous signalerons ceux qui ont pour objet :

Le *phosphore et ses composés*. — Dans quel état le phosphore existe-t-il dans l'urine? Comment s'explique son extraction? Voilà des questions qu'il était réservé à Marggraf de résoudre. Cet habile observateur démontra que le phosphore existe dans l'urine à l'état de sel (phosphate) cristallisable, et qu'après la séparation de ce sel ce qui reste de l'urine n'est guère propre à la production du phosphore. — D'où vient le phosphore dans les urines? Un alchimiste aurait répondu que cette substance est engendrée de toute pièce dans le corps de l'homme. Mais voici la réponse de Marggraf : « Comme les végétaux nous servent continuellement de nourriture, il y a toute apparence que c'est là la source du phosphore qui est en notre corps. » — Marggraf savait que le phosphore est susceptible de former des combinaisons particulières (phosphures) avec les métaux, à l'exception de l'or et de l'argent. Il connaissait aussi l'acide phosphorique, qu'il obtenait en brûlant le phosphore à l'air. « Ce produit floconneux, étant pesé encore chaud, avait pris, remarque-t-il, une augmentation de poids de trois drachmes et demi (environ 13 grammes). » Si Marggraf avait cherché la cause de cette augmentation de poids dans l'air, il aurait pu arriver à la découverte de l'oxygène.

Le *zinc*. — Marggraf insista l'un des premiers sur la nécessité de réduire le minerai de zinc dans des vaisseaux fermés, à l'abri du contact de l'air, « duquel s'ensuivrait l'inflammation du zinc une fois formé. » C'était le seul moyen d'obtenir le zinc métallique. Celui-ci était recueilli dans des récipients contenant un peu d'eau froide.

Le *plâtre* (gypse). — C'est à Marggraf que l'on doit la connaissance de la composition de la pierre à plâtre. Il était parvenu à cette découverte par ce simple raisonnement : Le tartre vitriolé (sulfate de potasse), qui a été calciné avec du charbon, fait effervescence avec les acides en exhalant une odeur puante du soufre. Or, le plâtre se comporte à peu près de la même façon. Il est donc, selon toute apparence, composé d'acide vitriolique et d'une terre alcaline. L'habile chimiste se confirma dans cette idée en voyant que le plâtre, traité par l'alcali fixe (potasse), donnait du tartre vitriolé et de la chaux. Il constata la même réaction pour le *spath pesant* (sulfate de baryte), et il en conclut de même que ce produit se compose d'acide vitriolique et d'une terre alcaline.

La *soude*, appelée *substance alcaline du sel commun*. — Marggraf parvint le premier à distinguer nettement la soude de la potasse. A cet effet, il montra, par des expériences exactes, que le sel commun se compose d'acide muriatique et d'un alcali particulier, et non pas d'une terre alcaline, comme on l'avait cru jusqu'alors; qu'on obtient l'acide du sel commun sous forme de vapeurs blanches, en traitant ce sel par l'acide du nitre, que cet acide du sel (acide muriatique) précipite en blanc la dissolution d'argent; qu'en traitant le nitre cubique (nitrate de soude), résidu de l'opération précédente, par le charbon, on obtient un sel alcalin (carbonate de soude), très soluble dans l'eau, mais qui se distingue de l'alcali fixe (carbonate de potasse), extrait des cendres des végétaux, en ce qu'il n'est pas comme celui-ci déliquescent à l'air. Voici, en somme, les caractères principaux, indiqués par Marggraf pour distinguer l'alcali fixe végétal (potasse) de l'alcali du sel commun (soude) : *a*, l'alcali du sel commun donne, avec l'acide du vitriol, des cristaux de sel de Glauber (sulfate de soude), différents de ceux du tartre vitriolé (sulfate de potasse) : les premiers sont plus solubles dans l'eau que les derniers; — *b*, l'alcali du sel commun donne avec l'eau forte (acide nitrique) du nitre qui cristallise en cubes, tandis qu'avec l'alcali végétal il donne du nitre qui cristallise en prismes; le nitre cubique produit avec la poussière de charbon une flamme jaune, et le nitre prismatique une flamme bleuâtre; — *c*, en combinant l'acide muriatique avec l'alcali du sel commun on reproduit le sel commun, tandis que ce même acide donne avec l'alcali végétal le sel digestif

de Sylvius (chrorure de potassium). En conséquence de ces caractères distinctifs, Marggraf donna à l'alcali du sel commun le nom
d'alcali fixe *minéral*, pour le mettre pour ainsi dire en opposition
avec l'alcali fixe *végétal*.

Examen chimique de l'eau. — Marggraf expliqua le premier pourquoi les eaux dites *dures* ou *séléniteuses*, sont impropres à la cuisson des haricots, pois, lentilles, etc. « C'est que, dit-il, pendant la
cuisson, un peu de terre se sépare toujours de ces eaux et va s'attacher à la surface des légumes, et le reste de l'eau ne peut pas s'y
insinuer aussi promptement. » — Pour s'assurer si les eaux sont
ferrugineuses il employa le premier la *lessive du sel alcalin calciné
avec du sang* (cyano-ferrure de potassium). Ce réactif lui donna
des précipités de bleu de Prusse, non-seulement avec les eaux ferrugineuses, mais avec presque toutes les macérations aqueuses de
matières órganiques. Ces précipités bleus sont-ils réellement dus
à l'action du fer? Pour s'en assurer, il prescrivit de les calciner
d'abord, puis de les chauffer fortement avec un peu de charbon ou
de graisse dans un creuset fermé. « Après l'opération, on trouvera,
ajoute-t-il, une poudre noirâtre dans le creuset; qu'on approche
de cette poudre un bon aimant, et on le verra attirer les particules
du fer. »

Analyse de l'argent par la vive lumière. — Dans un mémoire
publié, en 1749, dans le recueil des Mémoires de l'Académie de
Berlin, on trouve les premiers indices d'une méthode analytique,
dont on attribue l'invention à Gay-Lussac, et qui a été depuis substituée à la coupellation. « Pour préparer, dit Marggraf, l'argent corné
(chlorure d'argent), on prend par exemple, deux onces d'argent
qu'on dissout à chaud dans cinq onces d'eau forte. Si l'argent contient de l'or, celui-ci se déposera. Cette solution d'argent est ensuite
précipitée par une solution de sel commun pur; on ajoute de celle-ci
jusqu'à ce qu'il ne se manifeste plus de trouble. On laisse reposer
la liqueur pendant une nuit; le lendemain on en retire la liqueur
simple qui surnage ; on lave et on dessèche le précipité blanc, qui
pèse deux onces, cinq drachmes et quatre grains. L'augmentation
du poids vient de l'acide du sel commun; par conséquent dans un
once de ce précipi il se trouve six drachmes et quelques grains.
Si l'opération dont on vient de parler, se fait avec un argent qui
ne soit point d'un aussi bon aloi que par la coupelle, on comprendra
facilement que le précipité doit être moins pesant, parce qu'il ne se
précipite ici autre chose que l'argent, le cuivre restant en dissolu-

tion. Il faut avoir soin de laver le précipité avec de l'eau distillée. »
— Pour réduire le chlorure d'argent (lune cornée), l'auteur avait imaginé un procédé assez ingénieux. Ce procédé consistait à dissoudre le chlorure d'argent dans de l'ammoniaque, à introduire dans cette dissolution six parties de mercure pour une partie de chlorure d'argent, et à laisser reposer le mélange. « On y trouve le lendemain un bel arbre de Diane, qui n'est autre chose qu'un amalgame d'argent. On sépare le mercure par la distillation, et l'argent reste pur. » — L'argent coupellé n'est jamais aussi pur que celui obtenu par la méthode que Marggraf a esquissé.

Musc artificiel. — En traitant l'huile essentielle du succin par l'acide du nitre concentré, Marggraf obtint une résine jaune qui a l'odeur du musc, sans conserver le moindre vestige de l'odeur de l'huile du succin. Cette découverte eut lieu en 1758. Elle n'a guère jusqu'à présent servi qu'à la sophistication du musc naturel.

C. Chimistes suédois.

C'est à Upsal et à Stockholm que s'était concentré le mouvement scientifique de la Suède. Dès l'année 1720, une réunion de savants, parmi lesquels on remarque Brandt et Wallerius, publiait par cahiers trimestriels, soit des mémoires originaux, soit des dissertations inaugurales ou des analyses de travaux étrangers. Cette réunion forma le noyau de l'*Académie des sciences d'Upsal*, fondée en 1728. Celle de Stockholm ne fut instituée qu'en 1739, sous les auspices de Linné, d'Alstrœmer, etc.

Brandt — George Brandt (né en 1694, mort en 1768) attacha son nom à l'histoire de l'*arsenic* et du *cobalt*. L'arsenic blanc était déjà connu des anciens; mais il faut venir jusqu'au dix-huitième siècle pour apprendre que cette substance est une chaux (oxyde) métallique, soluble dans la potasse et précipitable par les acides; qu'il est fusible, qu'il communique au verre de plomb une couleur rouge, qu'il rend les métaux cassants, etc. Ces faits se trouvent exposés dans un mémoire de Brandt publié, en 1733, dans les actes de l'académie d'Upsal. Brandt obtint le premier le régule d'arsenic (arsenic métallique) en chauffant doucement jusqu'au rouge une pâte d'arsenic blanc avec de l'huile.

Le minerai de *cobalt* avait été pendant longtemps confondu avec le minerai de cuivre; mais toutes les tentatives qu'on fit pour en retirer ce métal, échouèrent. Peut-être est-ce à cette circonstance qu'est dû le nom de *cobalt* (de l'allemand *Kobalt*, lutin) dont le minéral était, dès le seizième siècle, employé pour la préparation de l'émail bleu. En 1742, Brandt annonça que la propriété de ce minéral de produire un smalt bleu vient d'un métal particulier ou plutôt d'un demi-métal. Il constata que le régule de cobalt (cobalt métallique) est de couleur grise, un peu rosé, attirable à l'aimant, grenu ou fibreux, suivant le degré de chaleur employé pour sa fusion.

Dans un mémoire, qui a pour titre *Expériences sur le vitriol de fer*, Brandt commit une de ces erreurs qui doivent être soigneusement mises en relief dans une histoire philosophique de la science. On savait depuis longtemps que les pyrites (sulfure de fer et de cuivre), exposées à l'air humide, se changent en sulfates. Plusieurs chimistes, entrevoyant la vérité, partirent de là pour admettre dans l'air l'existence d'un fluide élastique particulier, qui se fixerait sur le soufre pour le changer en huile de vitriol (acide sulfurique). Brandt rejeta cette explication, en niant l'existence d'un fluide élastique capable de produire un tel changement. Et il n'éprouva aucun embarras pour y substituer une explication de son crû. « L'huile de vitriol ne dissout point, dit-il, le fer, à moins qu'on ne l'étende d'une certaine quantité d'eau ; il en est de même de l'acide vitriolique contenu dans la pyrite grillée ; il n'agit, sur la chaux (oxyde) de fer, qu'à la condition de s'être préalablement chargé d'une quantité d'humidité atmosphérique suffisante pour pouvoir la dissoudre [1]. »

Cette explication devait sembler parfaitement légitime à une époque où l'oxygène n'était pas encore découvert. Il fut donc impossible à Brandt de connaître le rôle que joue ce gaz dans la formation du vitriol, par suite de l'oxygénation du fer et du soufre. Son explication était fausse parce qu'il lui manquait la connaissance d'un terme dans la série du progrès. Les savants d'aujourd'hui, malgré leur sagacité, sont-ils bien sûrs de ne pas se trouver, pour leurs explications, dans le même cas que l'habile et sagace chimiste Brandt ?

Cronstedt. — Minéralogiste plutôt que chimiste, Cronstedt (né en 1722, mort en 1765) découvrit le *nickel*. En analysant le minerai, connu sous le nom de *kupfernickel*, il constata que les réactions observées ne doivent pas toutes être mises sur le compte du cuivre, mais qu'elles proviennent d'une substance particulière, à

---

1. *Actes de l'Acad. d'Upsal*, année 1741.

laquelle il donna le nom de *nickel*. La calcination et la réduction des cristaux verts, que forme le kupfernickel à l'air, lui donnèrent le régule ou nickel métallique. « Ce régule est, dit-il, de couleur d'argent dans l'endroit de la cassure, et composé de petites lames, assez semblables à celles du bismuth; il est dur, cassant et faiblement attiré par l'aimant. » — Les dissolutions du nickel dans l'eau forte, dans l'esprit de sel, etc., sont vertes comme celles du cuivre, et elles donnent de même, avec l'ammoniaque en excès, une belle couleur d'azur. A ces caractères trompeurs, qui auraient pu faire confondre le nickel avec le cuivre, Cronstedt opposa un réactif infaillible : « Le fer et le zinc précipitent, dit-il, le cuivre de toutes ses solutions, tandis qu'ici le fer et le zinc sont sans action; c'est pourquoi le nickel approche beaucoup plus du fer que du cuivre [1]. »

La découverte de Cronstedt fut loin d'être universellement adoptée. Sage et Mennet s'obstinaient à regarder le nickel, non pas comme un métal nouveau, mais seulement comme un composé de différents métaux, séparables les uns des autres par l'analyse. Mais les résultats annoncés par Cronstedt furent confirmés en 1775, par les travaux de Bergmann.

Faggot communiqua, en 1740, à l'Académie de Stockholm, dont il était membre, des recherches, sur le moyen de garantir le bois de l'action du feu et de la pourriture. Ce moyen consistait à faire macérer le bois dans de l'eau tenant en dissolution de l'alun et du vitriol. Le même chimiste proposa une méthode nouvelle pour évaluer la richesse de la poudre à canon en nitre. Suivant cette méthode, on dissout la poudre écrasée dans de l'eau distillée et on maintient dans la dissolution une balance hydrostatique, dont la tare aura été prise dans une liqueur titrée, normale.

Un autre membre de l'Académie de Stockholm, *Funck*, montra le premier que la *blende*, qu'on avait jusqu'alors rejetée comme un minerai inutile, non métallifère, contient un métal, le zinc. Il réfuta en même temps une croyance, alors commune à presque tous les chimistes, à savoir que le zinc n'est qu'un alliage, parce que les minerais zincifères renferment presque toujours du plomb et du cuivre. « Mais ces métaux, objecte Funck, n'y existent qu'accidentellement et en petite quantité; autant vaudrait regarder le soufre

1. *Mémoire sur le nickel*, dans les Actes de 'Acad. de Stockholm, année 1751 et 1754.

comme une partie constituante du cuivre et du fer. » — Ceux qui ne
connaissent de la science que l'état actuel, ne se doutent guère des
obstacles que rencontre l'établissement des vérités les plus simples,
dès que ces vérités contrarient une théorie régnante.

Bergmann. — Observateur aussi pénétrant qu'écrivain lucide,
Torbern Bergmann (né en 1735 a Catharinenberg en Suède, mort en
1784) doit être compté au nombre des chimistes qui ont le plus
puissamment contribué à l'avènement de la chimie moderne. Ses
travaux, très-variés, font de lui le prédécesseur immédiat de Priestley, Scheele et Lavoisier. Il débuta fort jeune dans la carrière des
sciences; car, en 1758, à l'âge de vingt-deux ans, il occupait une
chaire d'histoire naturelle à l'Université d'Upsal, et neuf ans plus
tard il succéda à Wallerius dans la chaire de chimie et de minéralogie à l'Université de Stockholm.

Celui de ses mémoires, qui traite de l'acide aérien, mérite une
analyse détaillée.

Acide aérien. — Bergmann commença, en 1770, ses recherches sur
l'acide aérien (air *fixe* de Black, gaz *acide carbonique* des chimistes
actuels); et il en communiqua les principaux résultats à Priestley
avant de les publier, en 1774, dans les *Mémoires* de l'Académie de
Stockholm. Trois procédés sont recommandés par lui comme les
plus convenables pour obtenir l'acide aérien. Le premier consiste à
verser de l'acide vitriolique sur des pierres calcaires; le deuxième,
à calciner de la magnésie blanche; et le troisième, à recueillir le
fluide élastique qui se dégage pendant la fermentation. L'appareil,
destiné à le recueillir, était celui de Hales, légèrement modifié. La
principale modification qu'y apporta Bergmann c'était de faire passer
le gaz dans des flacons de lavage, afin de l'avoir parfaitement pur
et exempt de l'acide qu'il aurait pu entraîner. Il constata ainsi que l'a-
cide aérien est soluble, que l'eau en absorbe à peu près son volume
à la température de 10° C., et que cette solubilité diminue avec l'élévation de la température. Il trouva aussi que la densité de l'eau mêlée
d'acide aérien, à la température de 2°, est à la densité de l'eau distillée
comme 1,015 est à 1,000. C'est dans sa dissolution dans l'eau que
« l'acide aérien affecte, dit-il, la langue d'une légère saveur aigrelette,
assez agréable : c'est là le véritable esprit des eaux minérales froides
acidules. C'est par ce moyen et en ajoutant quelques sels dans une
juste proportion, qu'on imite parfaitement les eaux de Selz, de Spa
et de Pyrmont. Je fais usage de ces eaux artificielles depuis huit ans,
et j'en éprouve les plus heureux effets. » — D'après cette dernière

indication, la découverte de l'eau gazeuse artificielle, médicinale, remonte au moins à 1766 [1].

Pour montrer que l'air fixe est un acide, Bergmann se servait de la teinture de tournesol. Il constata en même temps, qu'il suffit d'une très-petite quantité de ce gaz pour rougir toute une bouteille de cette teinture, et que celle-ci redevient bleue par l'effet de la chaleur. « A la vérité, ajoute-t-il, les acides minéraux, versés à très-petite dose dans cette teinture, paraissent produire également une altération aussi peu durable; mais, en examinant la chose de plus près, on découvre l'illusion. Le suc de tournesol, qui a été préparé avec des matières alcalines, en retient toujours une portion; au moment où l'alcali (carbonate de potasse) s'unit à l'acide, il laisse échapper son air fixe qui colore la liqueur, et celui-ci s'évaporant, la teinte rouge disparaît. Supposons que la saturation de l'alcali exige une quantité d'acide égale à m, il est évident qu'on peut en ajouter dix fois $\frac{m}{10}$ avant que la saturation soit complète (en supposant $m > 10$), et qu'à chaque fois on produira une couleur rouge passagère; mais, quand on aura une fois atteint le point de saturation, l'acide que l'on versera au-delà produira une altération constante, et détruira par degrés la couleur bleue; d'où il résulte que c'est l'air fixe et non l'acide minéral qui produit la coloration rouge toutes les fois qu'elle disparaît. »

Les paroles citées renferment tous les éléments de l'*alcalimétrie*. Mais Bergmann ne s'arrête pas simplement à la saveur et à la réaction, offertes par la teinte de tournesol pour se prononcer sur l'acidité de l'air fixe; il fait ressortir l'importance des combinaisons que ce gaz peut produire avec les alcalis et les oxydes (chaux) métalliques. Il cherche *dans quelles proportions* il se combine avec les bases pour former des carbonates, qu'il nomme *sels aérés*. La méthode générale qu'il emploie ici, témoigne d'une exactitude jusqu'alors inaccoutumée. Il importe de la faire connaître. « Soient, dit l'auteur, deux flacons dont l'un plus grand, contenant un poids déterminé d'alcali (carbonaté) dissous dans l'eau, pèse (y compris cette dissolution et le bouchon), comme A, et dont l'autre plus petit, rempli d'un acide quelconque, ait un poids égal à B; que l'on verse dans le grand flacon une portion de l'acide du petit, et qu'on

---

1. C'est donc à tort que Priestley a revendiqué pour lui l'honneur de cette découverte (Voy. notre *Hist. de la Chimie*, t. II, p. 436, 2° édit.)

les bouche aussitôt légèrement l'un et l'autre; dès que l'effervescence aura cessé, qu'on verse de nouveau de l'acide, ayant toujours
soin de fermer tout de suite le flacon, et que l'on continue ainsi
jusqu'à saturation. Supposons qu'apres cela le poids du premier
soit a, et celui du second b; il est certain que B—b ayant été versé
dans le grand flacon, la perte du petit devrait répondre à ce que
l'autre a gagné, ou B—b = a—A. Or, c'est ce qui n'arrive pas, à
moins que l'on n'emploie un alcali parfaitement caustique; autrement
on trouve toujours B—b > a—A ; et la différence (B—b) — (A + a)
indique le poids de l'air fixe qui a été dégagé. Il faut que l'effervescence se fasse lentement, sans augmentation de chaleur, et que
le flacon soit d'une grandeur convenable, afin d'éviter qu'il ne sorte
un peu de vapeur humide avec l'air fixe, ce qui serait une cause d'erreur... Si on évapore ensuite jusqu'à siccité la dissolution contenue
dans le grand flacon, et qu'on calcine doucement le résidu pour
enlever l'eau de cristallisation et l'acide surabondant qui peut s'y
trouver, on reconnaîtra à l'augmentation du poids connu de l'alcali
et de l'air fixe qui en a été dégagé, quelle est la quantité d'acide
nécessaire à la saturation de l'alcali privé d'eau et d'air. »

Cette méthode qui est applicable à tous les sels, donna à son auteur les résultats suivants pour la composition des *aérates* (carbonates) :

100 parties d'*aérate de terre pesante* (carbonate de baryte) se composen
de. . . . .   7 parties d'acide aérien.
                                                    65 p. de baryte.
                                                     8 p. d'eau.
100 parties d'*aérate de chaux* se composent de   34 parties d'acide aérien.
                                                    55 p. de chaux.
                                                    11 p. d'eau.
100 p. d'*aérate de magnésie* se composent de   25 parties d'acide aérien.
                                                    45 p. de magnésie.
                                                    30 p. d'eau.

Bergmann remarqua en outre que le carbonate de chaux et le
carbonate de magnésie se dissolvent dans un excès d'acide, et que
c'est pourquoi on peut les rencontrer dans beaucoup d'eaux minérales. Il fit la même remarque pour le fer et le manganèse. Il observa
aussi que la liqueur des cailloux, exposée à l'air libre, dépose peu à
peu de la terre siliceuse par suite de l'absorption de l'acide aérien,
et que cette séparation de silice est très-lente dans des flacons
dont le col est étroit ou qui sont à moitié bouchés.

Voici comment Bergmann essaya de justifier le qualificatif d'a*é-

rien ou *d'atmosphérique* qu'il a donné à l'acide carbonique. « L'acidité de l'air fixe étant démontré, il y a plusieurs raisons pour le nommer *acide aérien* ou *atmosphérique*. Il a, en effet tellement la légèreté, la transparence, l'élasticité de l'air, que ce n'est que depuis très-peu de temps qu'on a commencé à l'en distinguer. De plus, cet océan d'air qui environne notre terre, et qu'on nomme *atmosphère*, n'est jamais sans une certaine quantité d'air fixe : cela se manifeste journellement par divers phénomènes. L'eau de chaux, exposée à l'air libre, fournit de la crème de chaux, ce qui n'arrive pas dans les bouteilles bien bouchées. La chaux vive exposée longtemps à l'air recouvre à la fin tout ce qu'elle avait perdu au feu, et redevient absolument terre calcaire, au point de ne pouvoir plus servir à la préparation du mortier qu'après qu'on l'a de nouveau privée de son acide. La terre pesante (baryte) et la magnésie recouvrent de même à l'air leur poids, et la faculté de faire effervescence avec les acides ; les alcalis purs perdent à l'air leur causticité, etc. »

Bergmann explique parfaitement par la densité de l'acide aérien, (plus grande que celle de l'air) les cas d'asphyxie qui arrivent dans certaines localités à la surface du sol. Il cite, comme exemples, la source d'eau minérale de Pyrmont, où les oies, ayant le cou très-long, peuvent seules nager sans être incommodées, les sources de Schwalbach, la grotte du Chien près de Naples, etc. — Après avoir montré que l'acide aérien est impropre à entretenir la flamme, et que les armes à feu ne peuvent faire explosion dans un semblable milieu, l'auteur expose une série d'expériences faites avec une précision telle qu'elles pourraient servir de modèle à tous les physiologistes expérimentateurs. Il est permis d'en conclure que l'acide carbonique tue non pas seulement par privation d'air respirable, mais en exerçant une action délétère sur l'économie, particulièrement sur le sang et tout le système circulatoire.

Composition de l'air. — Bergmann émit le premier sur cet important sujet une opinion que son ami et disciple Scheele devait confirmer. « L'air commun est, dit-il, un *mélange de trois fluides élastiques*, savoir, de l'*acide aérien libre*, mais en si petite quantité qu'il n'altère pas sensiblement la teinture de tournesol ; d'un air qui ne peut servir ni à la combustion, ni à la respiration des animaux, et que nous appellerons *air vicié* (azote), jusqu'à ce que nous connaissions mieux sa nature ; enfin, d'un air absolument nécessaire au feu et à la vie animale, qui fait à peu près le quart de l'air commun, et que je regarde comme l'*air pur* (oxygène). »

Si cette manière de voir, que devait sanctionner l'expérience, avait eu pour but de renverser les théories des écoles régnantes, Bergmann aurait été traité de révolutionnaire, et il aurait devancé Lavoisier. Mais il n'alla pas jusque-là.

Analyse des eaux. — En déterminant les quantités des sels contenus dans les eaux par le poids des précipités, Bergmann fut l'un des créateurs de l'*analyse quantitative.* Il proposa aussi plusieurs réactifs nouveaux, tels que le cyanoferrure de potassium jaune (préparé en faisant bouillir quatre parties de bleu de Prusse avec une partie de potasse) pour précipiter le fer de ses dissolutions; l'acide oxalique, appelé alors *acide du sucre* (obtenu en traitant le sucre par l'acide nitrique), pour précipiter la chaux de ses dissolutions; l'acide vitrielique, pour précipiter la baryte; l'ammoniaque pour déceler les sels de cuivre; le nitrate d'argent, pour reconnaître la présence du sel marin; le sucre de saturne pour les foies de soufre, etc.

Acide du sucre. — Bergmann fut le premier à produire artificiellement une matière organique. L'acide oxalique existe naturellement dans l'oseille (*rumex acetosa*) et dans beaucoup d'autres plantes. L'habile chimiste suédois l'obtint en traitant le sucre par l'acide nitrique. Mais s'il ne reconnut pas d'abord l'identité de *l'acide du sucre* avec l'acide oxalique, il indiqua un excellent moyen pour connaître la composition de l'acide cristallin qu'il avait découvert. « Une demi-once de cristaux donne, dit-il, à la distillation près de 100 pouces cubes de fluides élastiques, dont moitié est de l'acide aérien (acide carbonique), qu'on sépare aisément par l'eau de chaux, et moitié un air qui s'allume, et donne une flamme bleue (oxyde de carbone). » — Il est impossible d'énoncer en moins de mots de plus grands résultats. Ainsi, le chimiste qui avait découvert le composé nouveau, en fit en même temps connaître les principes de composition, et parmi eux se trouve un corps également nouveau, l'*oxyde de carbone,* qui uni à son volume de gaz acide carbonique, reconstitue l'acide oxalique.

Le mémoire sur les *acides métalliques* (publié en 1781, dans les Actes de l'Académie de Stockholm) renferme la première description qui ait été donnée de l'*acide molybdique* et de l'*acide tungstique,* qui paraissent avoir été découverts presque en même temps par Bergmann et Scheele.

Magnésie et chaux. — La plupart des chimistes d'alors regardaient la magnésie comme une modification ou une *transmutation* de la chaux. Cette manière de voir, empruntée à l'alchimie, attira l'attention de Bergmann. Après avoir montré que la magnésie forme avec l'acide vitriolique (sulfurique) un sel très-soluble, qu'avec le vinaigre elle donne un sel à peine cristallisable, etc., tandis que la chaux donne avec l'acide citrique un sel peu soluble, qu'avec le vinaigre elle forme un sel d'une belle cristallisation, etc., l'auteur arrive à faire quelques réflexions qu'il est bon de rappeler, en tout temps. « Il n'est guère possible, dit-il, qu'une même matière prenne des caractères aussi différents. Cependant tant qu'il n'est question que de possibilité, je n'ai rien autre chose à répondre, sinon que nous ne sommes pas encore assez avancés dans la science chimique pour juger sûrement *a priori* si la nature peut ou ne peut pas opérer de semblables transmutations. Mais gardons-nous de conclure à la réalité du fait, d'une possibilité même accordée ou difficile à détruire : ce serait ouvrir la porte à une infinité de métamorphoses semblables à celles d'Ovide.... N'abandonnons donc point l'expérience, qui doit être pour nous le vrai fil d'Ariane. »

Par son travail sur les *Attractions électives* [1], où se trouve les premières Tables d'affinité, Bergmann tenta, l'un des premiers, d'imprimer à sa science de prédilection une marche vraiment scientifique.

LES FONDATEURS DE LA CHIMIE MODERNE

Tout en suivant chacun une route différente, trois chimistes ont fondé, vers la fin du dix-huitième siècle, la chimie moderne : Priestley, Scheele et Lavoisier, un Anglais, un Suédois et un Français. Nous devons consacrer à chacun un chapitre particulier.

I. PRIESTLEY

Initié à presque toutes les sciences, Joseph Priestley (né à Fieldhead en 1733, mort en Amérique en 1804) s'occupa, au milieu de ses controverses théologiques, de ses expériences si importantes sur les gaz et l'électricité tout en ne perdant point de vue ses idées de rénovation sociale. Il n'avait qu'une ambition, celle de parvenir à rendre les hommes meilleurs. C'est à ses opinions politiques, libérales, hautement exprimées que Priestley dut le double titre de citoyen français et de membre de la Convention nationale. Mais cette dis-

---

1. Nouv. Actes de l'Acad. d'Upsal, année 1775.

tinction lui suscita, dans son pays, des tracasseries à un tel point
intolérables qu'il résolut de s'expatrier. En 1794, l'année même de
la mort de Lavoisier, il s'embarqua pour l'Amérique et ne trouva le
repos si longtemps cherché que dans une ferme isolée près des
sources du Susquannah. Ses derniers moments furent remplis par
les épanchements de cette piété qui avait animé toute sa vie. Le
seul reproche qu'on puisse lui adresser c'est de n'avoir pas tenu
assez compte des travaux de ses contemporains et de s'être montré
le défenseur obstiné d'une théorie insoutenable. Bien qu'entouré de
faits en opposition avec la théorie de Stahl, il est mort phlogisticien.

En 1772, Priestley fit paraître les premières *Observations sur différentes espèces d'air.* Bientôt suivies d'autres semblables, elles
eurent pour résultat immédiat de donner l'éveil aux chimistes en
faisant mieux étudier qu'on ne l'avait fait jusqu'alors, la nature des
corps aériformes. Il substitua le premier le mercure à l'eau pour
recueillis les gaz solubles : modification des plus heureuses, apportée à l'appareil de Hales dont il se servait. Voici les gaz que Priestley
a fait connaître plus particulièrement.

Gaz acide carbonique. — Une brasserie du voisinage fit naître
dans Priestley l'idée d'examiner de plus près l'*air* qui se dégage
pendant la fermentation du moût de bière. Il ajouta peu de chose à
ce qu'en avaient déjà dit Black et Bergmann sous le nom d'*air fixe*
d'*acide aérien.* La seule observation originale qu'il fit c'est que la
pression de l'atmosphère favorise la dissolution de l'acide carbonique dans l'eau, et qu'à l'aide d'une machine à condenser on
pourrait communiquer aux eaux communes les propriétés des eaux
de Selz ou de Pyrmont. C'est là tout le secret de l'invention des eaux
gazeuses artificielles. Priestley remarqua aussi, l'un des premiers,
que les végétaux peuvent très-bien vivre dans cet air fixe (acide
carbonique) où les animaux périssent, et que les végétaux sont aptes
à y régénérer les qualités respirables de l'air commun. Il observa
même que cette sorte de régénération ne s'effectue que sous l'influence de la lumière solaire. « Les preuves, dit-il, d'un rétablissement partiel de l'air par des plantes en végétation servent à rendre
très-probable que le tort que font continuellement à l'atmosphère
la respiration d'un si grand nombre d'animaux, et la putréfaction
de tant de masses de matières végétales et animales, est réparé, au
moins en partie, par le règne végétal ; et, malgré la masse prodi-
gieuse d'air qui est journellement corrompue par les causes désignées,
si nous considérons l'immense profusion des végétaux qui couvrent

la surface du sol, on ne peut s'empêcher de convenir que tout est compensé, et que le remède est proportionné au mal. »

Malheureusement au moment où Priestley parlait ainsi (août 1771), l'oxygène n'était pas encore découvert, et cette lacune dans la progression nécessaire des faits constituant la science, l'empêcha absolument de se rendre compte des conditions essentielles du phénomène.

Les expériences, faites en 1771 et 1772, portent particulièrement sur l'air inflammable (hydrogène), l'air nitreux, l'acide de l'esprit de sel, et l'air du nitre.

L'*air nitreux* de Priestley est ce qu'on appelle aujourd'hui le *bioxyde d'azote*. Ce gaz fut découvert le 4 juin 1774, en traitant le cuivre par l'eau forte. L'auteur en constata le premier les propriétés d'être irrespirable, de rougir au contact de l'air atmosphérique, d'être non précipitable par l'eau de chaux, de communiquer à l'hydrogène une flamme verte. Il proposa en même temps ce gaz comme un moyen de reconnaître la pureté de l'air, ainsi que comme un préservatif de la putréfaction, pour conserver les pièces d'anatomie, etc. Ce gaz a, en effet, ce qu'ignorait Priestley, la propriété de s'emparer de l'*oxygène* de l'air en se changeant en gaz acide nitreux.

On voit comment Priestley était bien près de toucher à la connaissance de la composition de l'air. Il en approcha encore davantage dans une expérience mémorable, qui fut plus tard répétée par Lavoisier. Cette expérience consistait à suspendre un morceau de charbon dans un vaisseau de verre rempli d'eau jusqu'à une certaine hauteur et renversé dans un autre vaisseau plein d'eau, et à brûler le morceau de charbon au foyer d'une lentille. Il constata ainsi qu'il se produit de l'air fixe, absorbé et précipité en blanc par l'eau de chaux ; qu'après cette absorption la colonne d'air est diminuée d'un cinquième, et que l'air qui reste éteint la flamme, tue les animaux, et que son volume n'est diminué ni par l'air nitreux, ni par un mélange de fer et de soufre.

Priestley ne se doutait guère que ces propriétés, la plupart négatives, appartenaient à un gaz, encore à découvrir (le gaz *azote*) qui, mêlé au gaz absorbable par l'air nitreux, forme l'air atmosphérique. L'expérience si remarquable que nous venons de citer, et celle qu'il fit en substituant les métaux au charbon, restèrent complétement stériles entre ses mains, parce qu'il avait l'esprit dominé par la théorie du phlogistique, qui l'entraînait dans les explications les plus embarrassées.

Priestley distinguait l'air nitreux de ce qu'il appelait *l'air du nitre*. Celui-ci était de l'oxygène impur, à juger par la propriété qu'il lui attribue, de rallumer vivement une mèche de bougie à demi-éteinte.

Pour arriver à connaître l'espèce d'air qui, suivant Hales, était contenue dans les chaux (oxydes) métalliques et avait par là contribué à l'augmentation du poids des métaux, Priestley décomposa le premier le minium par des étincelles électriques, et recueillit sur le mercure le gaz qui se dégageait et qui n'était autre que *l'oxygène* pur. Mais comme il voyait ce gaz se dissoudre en partie dans l'eau, il en conclut que c'était de l'air fixe (gaz acide carbonique). Cette expérience capitale fut ainsi perdue pour la science. Pourquoi donc n'avait-il pas employé ses deux réactifs habituels, la respiration et la combustion, une souris et une bougie? Parce qu'il était sous l'empire d'une théorie préconçue. Tous les phlogisticiens regardaient le charbon, revivifiant les chaux métalliques, comme très-riche en phlogistique. Or, Priestley était l'auteur d'une théorie à laquelle il tenait beaucoup, à savoir que le fluide électrique est, de tous les fluides le plus riche en phlogistique, sinon le phlogistique lui-même. On comprend dès lors sans peine comment, dans le sens de Priestley, l'électricité devait agir comme un réductif puissant, et pourquoi, dans l'assimilation du fluide électrique au charbon, le gaz obtenu (oxygène) fut d'abord identifié avec le gaz acide carbonique.

Oxygène (air déphlogistiqué). — Ce n'est qu'un an après la belle expérience de l'oxyde de plomb décomposé par les étincelles électriques, que l'oxygène fut, sous le nom d'*air déphlogistiqué*, préparé, recueilli et distingué comme un fluide élastique particulier. Il importe ici de citer les dates. « Le 1er août 1774, je tâchai, dit Priestley, de tirer de l'air du mercure *per se* (oxyde rouge de mercure), et je trouvai sur-le-champ que, par le moyen d'une forte lentille, j'en chassais l'air très-promptement. Ayant recueilli cet air environ trois ou quatre fois le volume de mes matériaux, j'y admis de l'eau, et je trouvai qu'il ne s'absorbait point; mais ce qui me surprit plus que je ne puis l'exprimer c'est qu'une chandelle brûla dans cet air avec une vigueur remarquable. » — Priestley obtint le même air avec le *précipité rouge*, préparé en traitant le mercure par l'acide nitrique. Et comme le mercure calciné *per se* avait été préparé par la calcination du mercure à l'air libre, il en conclut que celui-ci recevait *quelque chose de nitreux* de l'atmosphère.

Priestley suspecta d'abord la pureté de son précipité rouge. Aussi ne négligea-t-il rien pour l'avoir parfaitement pur. « Me trouvant à Paris au mois d'octobre suivant (de l'année 1774), et sachant qu'il y a de très-habiles chimistes dans cette ville, je ne manquai pas, raconte-t-il, l'occasion de me procurer, par le moyen de mon ami, M. Magellan, une once de mercure calciné, préparé par M. Cadet, et dont il n'était pas possible de suspecter la bonté. Dans le même temps je fis part plusieurs fois de la surprise que me causait l'air que j'avais tiré de cette préparation, à MM. Lavoisier, Leroi et d'autres physiciens qui m'honorèrent de leur attention dans cette ville, et qui, j'ose le dire, ne peuvent manquer de se rappeler cette circonstance. »

Une nouvelle expérience avec le minium qui, par sa réduction au moyen d'un miroir ardent, donna la même espèce d'air que le mercure calciné, fit cesser l'incertitude dans laquelle se trouvait alors Priestley. « Cette expérience avec le minium me confirma, dit-il, davantage dans mon idée que le mercure calciné doit emprunter à l'atmosphère la propriété de fournir cette espèce d'air, le mode de préparation du minium étant semblable à celui par lequel on obtient le mercure calciné. Comme je ne fais jamais un secret de mes observations, je fis part de cette expérience, aussi bien que de celles sur le mercure calciné et sur le précipité rouge, à toutes mes connaissances à Paris et ailleurs. Je ne soupçonnais pas alors où devaient me conduire ces faits remarquables [1]. »

Cependant Priestley resta jusqu'à la fin de février 1775, comme il le raconte lui-même, dans l'ignorance de la véritable nature du gaz en question. Ce ne fut que le 8 mars qu'il parvint, par l'expérience d'une souris, à se convaincre que l'air dégagé du mercure calciné est au moins aussi bon à respirer, sinon meilleur, que l'air commun. Des observations ultérieures lui apprirent que cet air, qu'il a nommé *air déphlogistiqué*, est un peu plus pesant que l'air commun; qu'il forme avec l'air inflammable, employé en certaines proportions, un mélange qui détonne à l'approche d'une flamme, et qu'il serait aisé de produire, à volonté, une température très-élevée, à l'aide de soufflets ou de vessies remplies d'air déphlogistiqué.

Il essaya le premier l'action de l'oxygène sur lui-même en le respirant à l'aide d'un siphon. « La sensation qu'éprouvèrent, dit-il,

_____

1. Priestley, *Expériences et observations sur différentes espèces d'air.* t. II, p. 41 et suiv. (trad. de Gibelin, Paris, 1777).

mes poumons, ne fut pas différente de celle que cause l'air commun. Mais il me sembla ensuite que ma poitrine se trouvait singulièrement dégagée et plus à l'aise pendant quelque temps. Qui peut assurer que dans la suite cet air pur ne deviendra pas un objet de luxe très à la mode? Il n'y a que deux souris et moi qui ayons eu le privilège de le respirer. » — A la suite de ces expériences il proposa d'employer en médecine l'air déphlogistiqué et de l'appliquer au traitement de la phthisie pulmonaire; car, suivant sa théorie, la respiration est destinée à s'opposer sans cesse à la putréfaction, en évacuant des poumons l'air fixe (acide carbonique) qui se produit pendant la putréfaction-et la fermentation, et le meilleur moyen de favoriser cette action consisterait dans l'introduction de l'air déphlogistiqué, appelé depuis lors *air vital*. Enfin, faisant un appel aux chimistes, il leur recommanda de s'assurer, par des expériences répétées dans différents temps et lieux, si l'air a toujours conservé le même degré de pureté, la même proportion d'air vital, ou s'il doit, dans la suite des siècles, éprouver quelque changement.

L'acide de l'esprit de sel (acide chlorhydrique). — Priestley fut le premier à le recueillir à l'état de gaz sur le mercure : il montra ainsi que l'acide muriatique (acide chlorhydrique) est un gaz dissous dans l'eau d'où on peut l'expulser par la chaleur, et en étudia les propriétés les plus caractéristiques.

Air alcalin (gaz ammoniac). — Priestley obtint ce gaz en chauffant une partie de sel ammoniac avec trois parties de chaux. Voyant avec quelle facilité l'eau le dissout, il le recueillit sur le mercure. Il en fit connaître aussi les principales réactions.

Gaz sulfureux. — Le gaz, obtenu en chauffant l'acide vitriolique (sulfurique) avec du charbon, était ce que Priestley appelait *air de l'acide vitriolique*. Il constata que ce gaz partage la propriété du gaz ammoniac d'éteindre les corps en combustion, d'être irrespirable, d'être absorbé par le charbon, etc.

Priestley découvrit encore quelques autres gaz; mais il en méconnut entièrement la nature. Nous citerons notamment l'azote, gaz irrespirable qu'il nomma *air phlogistiqué*, par opposition à l'air vital ou oxygène, appelé *air déphlogistiqué*; — l'oxyde de carbone dont la flamme bleue avec laquelle il brûle, frappa son attention; — l'hydrogène *bicarboné* (gaz d'éclairage), qu'il confondait avec l'hydrogène.

Aucune conception générale n'avait présidé à ces recherches, dans lesquelles le hasard jouait, selon leur auteur même, un grand rôle. Quand on lit les *Observations et expériences* de Priestley sur différentes espèces d'air, on arrive facilement à se persuader que le célèbre savant anglais est, en réalité, le père de la chimie moderne, et que Scheele et Lavoisier ne sont que ses ingrats disciples. Mais on change d'opinion quand on compare les travaux de ces chimistes entre eux, et on remarque que Priestley ne rendait pas toujours aux autres la justice qu'il aurait voulu qu'on rendît à lui-même. Aveuglé par la théorie du phlogistique, Priestley fit fausse route au milieu de la richesse des faits dont il s'était entouré. On peut lui laisser la priorité, d'ailleurs incontestable, de la découverte de l'oxygène ; cela ne diminue en rien le mérite de Lavoisier d'avoir reconstruit l'édifice de la science avec des matériaux qui en d'autres mains seraient peut-être restés complétement stériles.

II. SCHEELE

Peu de chimistes ont eu autant de sagacité que Charles-Guillaume Scheele (né à Stralsund en 1742, mort en 1786) : aucun détail n'échappait à son regard scrutateur. Sa courte carrière fut des plus pénibles et des plus laborieuses à la fois. Le mariage qu'il contracta avec une veuve qui avait plus de dettes que de dote, la gestion de la pharmacie qu'il possédait à Kjoping, petite ville de Suède, étaient loin d'amener la situation de fortune nécessaire pour celui qui voulait consacrer tout son temps au culte de la science. Il parvint néanmoins à faire de grandes choses avec de petites ressources. Jamais il n'ambitionna les honneurs, ni les distinctions[1]. Les passions égoïstes n'eurent aucune prise sur lui, et l'idée de faire, comme tant d'autres, de la science un marche-pied était également éloignée de son esprit et de son caractère.

Par ses travaux peu nombreux, mais dont chacun renferme une découverte, Scheele imprima à la chimie minérale et organique cette marche assurée qui convient à une science essentiellement expéri-

1. M. Dumas, dans ses *Leçons de philosophie chimique*, raconte ici sur Scheele l'anecdote suivante : Le roi de Suède, Gustave III, dans un voyage hors de ses états, fut peiné de n'avoir rien fait pour un homme dont il entendait sans cesse parler. Il crut nécessaire à sa gloire de le faire inscrire sur la liste des chevaliers de ses ordres. Le ministre chargé de transmettre cette nomination demeura stupéfait. « Scheele ! Scheele, c'est singulier, se disait-il en lui-même. » L'ordre était positif, pressant, et Scheele fut fait chevalier. Mais ce ne fut pas, on le devine, Scheele l'illustre chimiste, ce ne fut pas Scheele, l'honneur de la Suède, ce fut un autre Scheele qui se vit l'objet de cette faveur inattendue.

mentale. S'il est inférieur à Lavoisier par l'esprit de généralisation et de synthèse, il lui est supérieur par son esprit analytique dans l'application de la méthode expérimentale.

Lorsque Scheele fit, en 1777, paraître son livre *Sur l'air et le feu* [1], on connaissait déjà les expériences de Black, de Priestley et de Lavoisier sur certains fluides élastiques. Mais il y apporta des données nouvelles, particulièrement en ce qui concerne l'oxygène et l'analyse de l'air. Ainsi, il fit absorber l'oxygène, qu'il appelait *air du feu*, par le foie de soufre, par l'huile de térébenthine, par la limaille de fer humide, par le phosphore, par les métaux, etc. Il étudia aussi l'action que ce gaz exerce sur la respiration des animaux, et proposa le premier l'emploi du manganèse (peroxyde de manganèse) et de l'acide sulfurique pour le préparer. Malheureusement ses préoccupations théoriques ne lui permettaient pas de saisir avec justesse l'enchaînement des faits. Ses expériences, si habilement exécutées, ne le conduisirent qu'à des conclusions erronées, à savoir « que le phlogistique est un véritable élément; qu'il peut, par l'affinité qu'il a pour certaines matières, être transmis d'un corps à un autre; qu'en se combinant avec l'air du feu (oxygène) il constitue le calorique; que le calorique (combinaison du phlogistique avec l'oxygène) vient, par suite de la combustion et de la respiration, adhérer à l'air corrompu (azote) et le rend plus léger. » — On est surpris de voir que Scheele, lui qui se faisait gloire de n'admettre que ce qui tombe sous les sens, ait pu prendre la défense d'une entité aussi imaginaire que celle du phlogistique.

Le Traité de l'air et du feu est suivi d'un mémoire sur l'Analyse de l'air [2], où éclate tout le talent expérimentateur de Scheele. Dans ce beau travail l'incomparable analyste montre que « l'air est un mélange de deux fluides élastiques bien distincts, dont l'un s'appelle *air vicié* ou *corrompu* (azote), parce qu'il est absolument dangereux et mortel, soit pour les animaux, soit pour les végétaux; l'autre s'appelle *air pur* ou *air de feu*, parce qu'il est tout à fait salutaire et qu'il entretient la respiration. »

Mais dans quelles proportions l'*air vicié* et l'*air pur*, l'oxygène e

---

1. Il parut d'abord en allemand sous le titre de *Abhandlung von der Luft und Feuer*, Upsal et Leipzig, 1777. Il fut, en 1780, traduit en anglais, et, l'année suivante, en français.

2. Ce mémoire, qui a pour titre *Quantum aeris puri in atmosphæra quotidie insit*, parut dans les Actes de l'Acad. des Sciences de Suède, année 1779.

l'azote, entrent-ils dans un volume d'air donné? Voici, d'après une figure (fig. 3), jointe au mémoire original, et ci-dessous reproduite, le procédé d'analyse inventé par Scheele pour résoudre cette question. Au fond d'une cuvette A se trouve fixée, sur un support B, une tige de verre surmontée d'une capsule C, posée sur un petit plateau horizontal. Cette capsule renferme deux parties de limaille de fer et une partie de soufre en poudre, humectées d'eau. Ce mélange était destiné à absorber tout l'oxygène, contenu dans l'air atmosphérique, que renfermait l'éprouvette D, renversée sur le petit

apparoil B C dans la cuvette pleine d'eau. A l'extérieur de cette éprouvette était collée une bande de papier E, marquant, par sa longueur, le tiers de la capacité du verre cylindrique. Cette bande était elle-même divisée en 10 parties égales, en sorte que chaque trait de E marquait le 30ᵐᵉ du volume de l'air atmosphérique, contenu dans l'éprouvette D. On comprend sans peine qu'à mesure que l'oxygène était absorbé, l'eau s'élevait dans l'éprou-

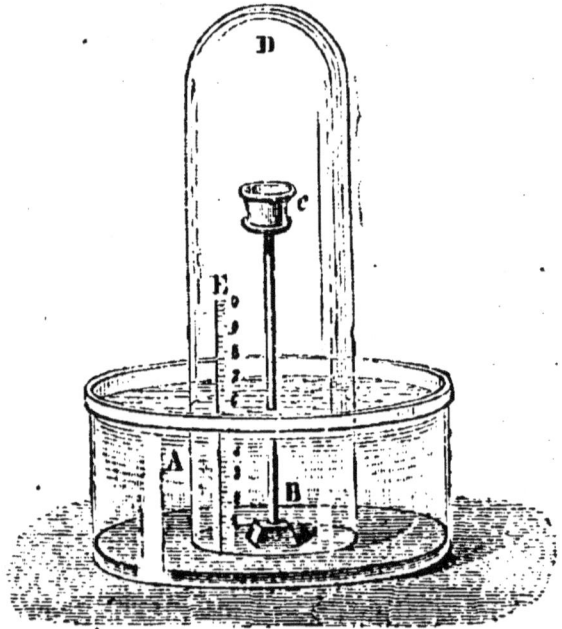

Fig. 3.

vette pour combler le vide, et que la colonne d'eau, montant graduellement, mesurait la quantité d'oxygène enlevé à l'air par le mélange de soufre et de limaille de fer humecté.

Cette analyse, commencée le 1er janvier 1778 et continuée sans relâche jusqu'au 31 décembre de la même année, est le premier exemple d'une analyse de l'air, vraiment scientifique. Elle donna pour résultat que l'air, pris dans n'importe quelle localité, contient une quantité à peu près invariable d'oxygène, et que cette quantité est de neuf trentièmes, c'est-à-dire d'un peu plus de 25 pour cent, ce qui ne s'éloigne pas beaucoup du résultat obtenu par des analyses plus récentes.

Parmi les autres travaux de Scheele, tout aussi importants, nous signalerons les suivants :

Acide citrique cristallisé. — On avait depuis longtemps essayé de faire cristalliser le jus de citron par la simple cristallisation. Mais de ce qu'on y avait échoué, on en avait conclu que le jus de citron et en général tous les sucs végétaux sont incristallisables. Scheele émit le premier une opinion contraire. Il pensa que si le jus de citron ne cristallise pas, cela tient aux matières étrangères qui s'y trouvent, et que si l'on parvenait à enlever celles-ci, on obtiendrait l'acide du citron sous forme de cristaux. Pour s'assurer de l'exactitude de son raisonnement, il employa le procédé qu'il avait recommandé à Retzius pour l'extraction de l'acide du tartre, au moyen de la craie[1].

« Mettez, dit-il, une mesure (*cantharus*) de jus de citron dans un matras en verre d'une capacité convenable, et chauffez-le sur un bain de sable. Dès que la liqueur commence à bouillir légèrement, vous y ajouterez, par petites portions, de la craie desséchée, pulvérisée et pesée, jusqu'à ce que l'acide ne fasse plus d'effervescence. Pendant ce moment-là vous remuerez la liqueur constamment avec une spatule de bois. Pour saturer une mesure de jus de citron, il faut environ 10 loths (100 grammes) de craie sèche. Cela fait, on ôte le matras du bain de sable, et on le place dans un endroit tranquille. La chaux saturée d'acide citrique (*calx citrata*) se dépose alors sous forme de poudre. On enlève par décantation l'eau légèrement colorée en jaune qui nage sur le résidu; on lave celui-ci à différentes reprises avec de l'eau chaude, jusqu'à ce que l'eau décantée soit exempte de toute coloration. On ajoute ensuite au citrate de chaux ainsi lavé 11 loths (110 grammes) d'acide vitriolique étendu de 10 parties d'eau. On remet la cornue sur le bain de sable et on laisse bouillir le mélange pendant un quart d'heure. Le vaisseau étant refroidi, on jette le mélange sur un filtre ; on lave le gypse (sulfate de chaux), qui reste sur le filtre, avec un peu d'eau froide, afin de lui enlever l'acide du citron qui pourrait y adhérer... Pour enlever toute la chaux, on verse dans la liqueur quelques gouttes d'acide vitriolique étendu ; s'il se forme un précipité, il faut continuer à en verser jusqu'à ce que toute la chaux soit éliminée à l'état de gypse. En évaporant alors l'acide filtré une dernière fois, on verra de petits cristaux se former, et par l'exposi-

---

1. Retzius le publia, en 1770, dans les Actes de l'Académie de Stockholm.

tion à un froid modéré, l'acide du citron se prendra en beaux cristaux, semblables à ceux du sucre candi [1]. »

Tel est le fond du procédé qu'on emploie encore aujourd'hui, non seulement pour l'extraction de l'acide citrique, mais pour celle de presque tous les acides végétaux.

Découverte du chlore. — Le *chlore* a été découvert par Scheele, qui lui donna le nom d'*acide muriatique déphlogistiqué.* C'est ce qui résulte de la lecture d'un mémoire qui traite de la *magnésie noire* (peroxyde de manganèse), et qui se trouve imprimé dans les Actes de l'Académie des sciences de Stockholm, de l'année 1774. En traitant le peroxyde noir de manganèse par l'acide sulfurique, il obtint un sel blanc, légèrement rosé, soluble dans l'eau : c'était le sulfate de manganèse. Il remarqua en même temps que, pendant cette opération, il se dégageait un fluide élastique qui avait toutes les propriétés de l'*air déphlogistiqué* (oxygène).

En soumettant ainsi successivement le peroxyde noir de manganèse à l'action de tous les acides alors connus, son attention fut appelée sur une réaction singulière que lui offrait l'acide muriatique. « Je versai, dit-il, une once d'acide muriatique sur une demi-once de magnésie noire en poudre (peroxyde de manganèse). Au bout d'une heure je vis ce mélange à froid se colorer en jaune; par l'application de la chaleur, il se développa une forte odeur d'eau régale... Pour mieux me rendre compte de ce phénomène, je me servis du procédé suivant. J'attachai une vessie vide à l'extrémité du col de la cornue contenant le mélange de magnésie noire et d'acide muriatique. Pendant que ce mélange faisait effervescence, la vessie se gonflait; l'effervescence ayant cessé, j'ôtai la vessie. Celle-ci était *teinte en jaune par le corps aériforme qu'elle contenait,* exactement comme par l'eau régale. Ce corps n'est point de l'air fixe (gaz acide carbonique); son odeur, excessivement forte et pénétrante, affecte singulièrement les narines et les poumons. En vérité, on le prendrait pour la vapeur qui *se dégage de l'eau régale chauffée.* Quiconque voudra connaître la nature de ce corps, devra l'étudier à l'état de fluide élastique »

C'était bien là le *chlore* que Scheele venait de découvrir. « Ce fluide élastique corrode, ajoute-t-il, les bouchons des bouteilles où il se trouve renfermé, et les teint en jaune; il attaque de même le

---

1. *De succo citri ejusque cristallisatione;* dans *Nova acta Acad. reg. Suec.,* année 1784.

papier. Il blanchit le papier bleu de tournesol, et détruit les couleurs rouge, bleue, jaune des fleurs, et même la couleur verte des feuilles. Pendant cette action, il se change, en présence de l'eau, en acide muriatique. Les fleurs ou les plantes ainsi altérées ne peuvent recouvrer leurs couleurs primitives, ni par les alcalis ni par les acides. » — Parmi les autres propriétés du chlore qu'il fit le premier connaître, nous citerons encore celles de tuer les insectes sur-le-champ, d'éteindre la flamme, d'attaquer tous les métaux, de donner avec une solution d'or, traitée par l'alcali volatil, un précipité fulminant, de reproduire enfin avec la soude le sel de cuisine, qui décrépite sur les charbons ardents.

Quelle est la composition de ce nouveau corps aériforme? Le nom seul d'*acide muriatique déphlogistiqué*, que lui avait donné Scheele, montre l'influence de la théorie dominante. D'après cette théorie, le peroxyde de manganèse avait pour effet d'enlever à l'acide muriatique son phlogistique, et de donner ainsi naissance à un nouveau fluide élastique, à l'acide muriatique déphlogistiqué. Au lieu de *déphlogistiqué*, mettez acide muriatique *déshydrogéné*, et vous aurez le *chlore*, corps élémentaire. Mais cette découverte était réservée à un autre, qui devait venir après Scheele. La vérité se joue des mortels.

Le peroxyde noir de manganèse fut pour Scheele une véritable mine de faits nouveaux. En traitant cette substance par un mélange d'acide sulfurique et de sucre, il obtint un acide semblable au vinaigre le plus fort : c'était l'*acide formique*, l'acide qui existe naturellement dans la fourmi. C'était le second exemple d'un produit organique obtenu artificiellement à l'aide de la chimie. Le premier avait été l'acide oxalique [1].

En faisant fondre un mélange de nitre pulvérisé et de peroxyde de manganèse, Scheele obtint le premier une matière verte, connue sous le nom de *caméléon minéral*. Cette matière doit son nom aux phénomènes de coloration qu'elle présente dans l'eau.

Découverte du manganèse. — Bergmann, Scheele et Gahn s'étaient occupés presque en même temps de la *magnésie noire*. Ils s'accordèrent tous les trois sur un point essentiel, à savoir que cette substance diffère de toutes les terres connues et qu'elle n'est pas un corps simple. Dès l'année 1774, Bergmann avait trouvé que la magnésie noire était la chaux (oxyde) d'un métal particulier, et que le métal

---

1. Voy. pag. 490.

qu'il appelait *magnésium* (manganésium) est au moins aussi difficile
à fondre que le platine. Et, chose digne de remarque, c'était moins
par l'expérience que par l'induction qu'on avait été amené à cette
découverte. Voici comment on avait raisonné : La magnésie noire
colore le verre en rouge, et celui-ci redevient incolore par la fusion
avec le charbon; sa densité est très-considérable; ses dissolutions
dans les acides sont précipitées par le sel lixiviel du sang (cyano-
ferrure jaune de potassium). Or, tous ces caractères ne sont propres
qu'aux composés métalliques, aucun n'est applicable aux terres,
telles que la chaux, l'alumine, etc. Donc, la magnésie noire doit
être une chaux (oxyde) métallique. Fort de ce raisonnement, Gahn
parvint le premier à obtenir, par un procédé fort simple, le manganèse à l'état métallique. Ce procédé consistait à former de petites
boulettes avec la magnésie noire et de l'huile, à les introduire dans
un creuset tapissé à l'intérieur de poussière de charbon humectée
d'eau, à luter sur ce creuset un matras, et à exposer le tout, pendant
quatre heures, à une chaleur très-intense. Après l'opération Gahn
trouva, au fond du creuset, un certain nombre de globules métalliques : c'était le régule de manganèse.

Découverte de la baryte. — La terre pesante, *terra ponderosa*, à
laquelle Guyton Morveau donna plus tard le nom de *baryte* (de βαρύς
pesant), se trouve pour la première fois mentionnée comme une terre
entièrement différente de la terre calcaire, dans la dissertation de
Scheele *De magnesia nigra*, parue en 1774. Scheele y revint, d'une
façon plus détaillée, dans son *Examen chemicum de terra ponderosa*, publié en 1779. Il retira la baryte du spath pesant (sulfate de
baryte), que Gahn avait déjà trouvé composé d'acide vitriolique et
d'une terre particulière (baryte).

Découverte du tungstène. — La terre de baryte doit être distinguée
d'une autre terre pesante, nommée *tungstène*. Le minerai blanc qui
portait le nom de *tungstène* ou de *wolfram*, avait été toujours pris
pour une mine d'étain ou de fer contenant une terre inconnue.
Scheele montra le premier par l'analyse, que ce minerai est essentiellement composé d'une matière blanche pulvérulente, analogue à
l'acide molybdique, et à laquelle il donna le nom d'*acide de tungstène* (acide tungstique). Il en décrivit en même temps les propriétés
chimiques et les caractères qui le distinguent de l'acide molybdique.
— Les frères d'Elhuyart retirèrent les premiers le tungstène métal
de l'acide tungstique.

Découverte du molybdène. — Le minerai de molybdène, *molyb-*

dœna membranacea nitens de Cronstedt, avait été toujours confondu avec la plombagine [1]. Scheele, qui en fit le premier l'analyse, le montra composé de soufre et d'une poudre blanchâtre à laquelle il reconnut les propriétés d'un acide (acide molybdique) [2]. Pensant que cette poudre pourrait bien être une chaux (oxyde) métallique, il invita, en 1782, Hielm à s'en occuper. Hielm réussit, en effet, à en extraire un métal particulier, qui reçut le nom de molybdène.

Acide du fluor. — Scheele remarqua l'un des premiers, qu'en traitant le spath fluor par l'acide sulfurique, on obtient des vapeurs acides qui attaquent la silice de la cornue et qui diffèrent de tous les autres acides connus. C'était là ce qu'il appelait *acide fluorique* (acide fluosilicique). Il remarqua en même temps que la croûte pierreuse qui se produit dans l'eau où l'on cherche à recueillir cet acide, est de la silice pure.

Quelques chimistes français, notamment Achard et Monnet, élevèrent des doutes sur l'existence de l'acide fluorique. C'est ce qui engagea Scheele à faire une nouvelle série d'expériences qui confirmèrent sa découverte. Mais il essaya vainement, comme tant d'autres depuis lors, à isoler le fluor de ses combinaisons.

Découverte de l'acide arsénique. — On connaissait depuis longtemps l'arsenic blanc, auquel Fourcroy donna le nom d'*acide arsénieux.* En évaporant jusqu'à siccité un mélange de 2 parties d'arsenic blanc pulvérisé, 7 parties d'acide muriatique et 4 parties d'acide nitrique, Scheele obtint le premier l'*acide arsénique*, et il en décrivit en même temps les principales propriétés. En ajoutant à une solution de vitriol bleu une solution d'arsenic blanc et de potasse, il obtint une matière tinctoriale, connue depuis sous le nom de *vert de Scheele*. A cette occasion, il nous avertit que l'arsenic blanc du commerce est souvent mélangé de plâtre, et que le meilleur moyen de reconnaître la sophistication consiste à en projeter quelques parcelles sur une lame rougie au feu. « Si tout, dit-il, se volatilise, c'est un indice que l'arsenic n'est point falsifié. »

Bleu de Prusse; acide prussique. — La découverte de cette matière tinctoriale est due au hasard, c'est-à-dire qu'elle n'a pas été amenée par le raisonnement. Un Prussien, nommé Diesbach, préparateur de couleurs à Berlin, avait acheté de la potasse chez Dippel,

---

1. Scheele montra le premier en 1779, que la plombagine n'est autre chose que du carbone mêlé de quelques traces de fer.

2. *De molybdæna*, dans les Actes de l'Acad. des scien. de Stockh., année 1778.

fabricant de produits chimiques (connu par l'huile animale em-
pyreumatique qui porte le nom de Dippel) pour précipiter une
décoction de cochenille, d'alun et de vitriol vert (sulfate de fer),
Diesbach, étonné d'obtenir, au lieu d'un précipité, une poudre d'un
très-beau bleu, avertit Dippel qui se rappela aussitôt que l'alcali
(potasse) qu'il venait de lui vendre, avait été calciné avec du
sang, et avait servi à la préparation de son huile animale. Cette
découverte eut lieu en 1710 ; mais, son histoire ne fut connue que
longtemps après ; car la préparation du *bleu de Prusse* ou *bleu de
Berlin* demeura secrète jusqu'à l'année 1724, époque où Woodward
et Brown publièrent leurs procédés en Angleterre. Ce dernier avait
trouvé qu'on pouvait, dans la préparation de l'alcali, substituer au
sang la chair de bœuf et d'autres matières animales, que l'alun ne
servait qu'à étendre la couleur, et que la teinture bleue (sesquifer-
rure de potassium) était produite par l'action de l'alcali (calciné avec
le sang) sur le fer du vitriol vert. Pour expliquer la formation du bleu
de Prusse, Geoffroy supposait que le sang ou toute autre matière
animale communique à l'alcali (potasse) le phlogistique nécessaire
pour réviviﬁer le fer du vitriol vert ; de là le nom d'*alcali phlogistiqué*, donné primitivement au cyanure de potassium. Cette explication fut adoptée par presque tous les chimistes contemporains de
Geoffroy. A la théorie donnée, en 1752, par Macquer, qui voyait
dans la matière colorante une substance particulière accompagnant
le fer, Morveau en présenta, en 1772, une autre. D'après la théorie
de Morveau, l'alcali phlogistiqué est combiné avec un acide particulier qui jouerait le principal rôle dans la formation du bleu de
Prusse. Suivant Le Sage, cet acide était l'acide phosphorique. Lavoisier réfuta cette théorie.

Tel était l'état de la question, lorsque Scheele vint démontrer
que le bleu de Prusse renferme une « matière subtile tinctoriale »
(*materia tingens*), qui peut être extraite de l'alcali phlogistiqué
(cyanure de potassium) par les acides et que cette matière contribue
essentiellement à la formation de la couleur bleue. La *materia tingens* de Scheele était ce que Morveau nomma *acide prussique*, nom
qui a prévalu. Pensant que ce devait être un composé d'ammoniaque
et de charbon, l'illustre chimiste suédois, pour vériﬁer son hypothèse, maintint pendant un quart d'heure, à la chaleur rouge, un
mélange de parties égales de charbons pulvérisés et de potasse ; il
y ajouta par petits fragments du muriate d'ammoniaque, et continua
à chauffer le mélange jusqu'à ce qu'il ne s'en dégageât plus de va-

peurs ammoniacales. L'opération terminée, il fit dissoudre le résidu dans une certaine quantité d'eau; et il trouva à cette dissolution toutes les propriétés du prussiate alcalin (cyanure de potassium) [1]. Ces expériences de Scheele furent répétées, en 1787, par Berthollet, qui montra que le bleu de Prusse est un composé d'acide prussique, de potasse et d'oxyde de fer, cristallisable en octaèdres.

Acide oxalique. — Scheele reconnut le premier l'identité de l'*acide du sucre* de Bergmann avec l'acide du sel d'oseille. Pour l'extraction de cet acide il préférait l'acétate de plomb à la chaux « parce que l'acide vitriolique ne déplace pas tout l'acide oxalique, qui a la plus grande affinité pour la chaux [2]. »

L'emploi du même procédé d'extraction lui fit découvrir l'acide contenu dans le suc des pommes, des baies et d'autres fruits aigres, acide non précipitable par la chaux, comme l'est l'acide du citron. L'acide nouveau reçut le nom d'*acide malique* (du latin *malum*, pomme). Scheele en fit connaître aussi les principales propriétés, celles d'être incristallisable, de former avec les alcalis des sels déliquescents, de donner avec la chaux un sel cristallin assez soluble dans l'eau bouillante, tandis que le citrate de chaux y est insoluble, etc. [3].

Acide gallique. — Le sédiment cristallin qui se forme dans une infusion de noix de galle exposée à l'air, fut également l'objet des recherches de Scheele. Il reconnut que ce sédiment est un acide particulier (*acide gallique*), dû à l'intervention directe de l'air.

Acide lactique. — Pour retirer l'acide du lait aigri, Scheele procéda de la manière suivante : il évapora un huitième de petit-lait, le jeta sur un filtre et satura la liqueur acide par la chaux. Puis, au moyen de l'acide de l'oseille il sépara la chaux de l'acide lactique; la liqueur filtrée fut de nouveau soumise au même réactif pour enlever les dernières traces de chaux, et évaporée jusqu'à consistance de miel. Enfin la liqueur fut traitée par l'alcool qui devait dissoudre l'acide lactique à l'exclusion du sucre de lait; ce qui resta, après

---

1. *De materia tingente cœrulei Berolinensis,* dans les Nouv. Actes de l'Acad. de Stockh. 1782 et 1783.

2. *De acido acetosellæ,* dans les Nouv. Actes de la Soc. de Stockh. de 1784.

3. *De acido pomorum et baccarum,* dans les Nouv. Actes de la Soc. de Stockh. 1785.

l'évaporation de l'alcool, était de l'eau contenant l'acide lactique sensiblement pur [1].

Glycérine. — Scheele distingua le premier la matière sucrée, fournie par les huiles et les graisses, de celle qui est contenue dans les végétaux. Pour obtenir la première, il fit bouillir une partie de litharge avec deux parties d'huile d'olive récente et un peu d'eau. Ce mélange ayant acquis la consistance d'onguent, il le laissa refroidir et décanta l'eau. Cette eau, évaporée jusqu'à consistance sirupeuse, renfermait la matière sucrée, qui reçut plus tard le nom de *glycérine* (de γλυκύς, doux). Ce principe doux des huiles diffère, comme le constata Scheele, du sucre véritable : 1° en ce qu'il ne cristallise pas; 2° en ce qu'il résiste mieux que le sucre à une température élevée et qu'il n'est pas susceptible de fermenter [2].

Nature de l'éther. — Dans un mémoire intitulé *Experimenta super œtheris natura*, Scheele donne des détails fort intéressants sur l'action combinée du peroxyde de manganèse, de l'acide sulfurique et de l'alcool. « Un mélange de 2 p. de magnésie noire (peroxyde de manganèse), de 1 p. d'acide vitriolique et de 2 p. d'esprit-de-vin, entre, dit-il, bientôt en effervescence sur un bain de sable légèrement chauffé, et donne naissance à de l'éther; mais si l'on augmente le feu, on n'obtiendra que du vinaigre. » Il obtenait divers liquides éthériformes en substituant à l'acide sulfurique l'acide muriatique ou d'autres acides. Il n'ignorait pas qu'on rencontre de grandes difficultés dans la préparation de l'éther acétique, et que, pour faciliter la formation de cet éther, il faut employer du vinaigre contenant un peu d'acide muriatique ou sulfurique.

Acide urique. — Scheele découvrit, presqu'en même temps que Bergmann, dans la gravelle une matière blanchâtre qui, étant chauffée avec l'acide nitrique, se colorait en rouge. Il reconnut que cette matière a les propriétés d'un acide, qui reçut d'abord le nom d'*acide lithique* (de λίθος, pierre), parce qu'on le trouve abondamment dans certains calculs urinaires, puis celui d'*acide urique* [3].

En passant ainsi en revue les travaux de Scheele, on se demande comment un seul homme a pu, dans l'espace de seize ans, faire tant de découvertes.

1. *De lacte ejusque acido,* dans les Nouv. Act. de l'Acad. de Stockh., année 1780.

2. *De materia saccharina peculiari oleorum expressorum et pinguedinum,* dans les Nouv. Actes. de l'Acad. de Stockh., année 1783.

3. Nouv. Actes de l'Acad. de Stockh., année 1782.

III. LAVOISIER

Pour renverser une autorité régnante, il suffit d'un esprit révolutionnaire; mais pour élever sur des ruines un édifice nouveau, il faut un génie créateur. Lavoisier eut l'un et l'autre. C'était l'homme qu'il fallait pour renverser l'autorité de Stahl, la doctrine du phlogistique, et pour jeter les fondements d'une école dont l'enseignement dure encore.

Né à Paris le 20 août 1743, Antoine-Laurent Lavoisier reçut de son père, riche négociant, une éducation soignée. Ne vivant pour ainsi dire qu'avec des maîtres, tels que Rouelle, Bernard de Jussieu, Guettard, il concourut, à vingt-un ans, pour une question proposée par l'Académie sur le meilleur système d'éclairage public. On rapporte que pour rendre ses yeux plus sensibles aux différentes intensités de la lumière des lampes, il fit teindre sa chambre en noir et s'y enferma pendant six semaines sans voir le jour. Son mémoire, récompensé d'une médaille d'or, fut imprimé par ordre de l'Académie. « Que de motifs, s'écrie à son début le jeune auteur, pour exciter un citoyen! Dans ce mouvement général, comment ne sentirait-il pas son âme s'échauffer d'un zèle patriotique! Comment ne serait-il pas tenté de joindre ses efforts à ceux de ses concitoyens! » Ce premier travail fut bientôt suivi de deux mémoires *Sur le gypse* (en 1765 et 1766), et de différents articles de physique, sur le passage de l'eau à l'état de glace, sur le tonnerre, sur l'aurore boréale, etc.

Lavoisier n'avait que vingt-cinq ans lorsqu'il succéda au chimiste Baron à l'Académie; il l'emporta sur le minéralogiste Jars, dont la candidature était appuyée par Buffon et patronnée par un puissant ministre, le duc de Choiseul. Encouragé par son élection, il consacra son temps et sa fortune à l'avancement de sa science favorite. Ce fut principalement pour subvenir à des frais d'expériences physico-chimiques coûteuses qu'il sollicita et obtint, en 1769, la place de fermier-général. Dès cette époque il réunissait chez lui, régulièrement une fois par semaine, des savants français et étrangers pour leur soumettre les résultats de ses travaux de laboratoire, et provoquer des objections ou l'émission d'idées nouvelles. Ses conférences formaient en quelque sorte une Académie libre, militante, qui devait battre en brèche les doctrines traditionnelles de la chimie alors enseignée.

Appelé, en 1776, par le ministre Turgot, à la direction générale
des poudres et salpêtres, il fit à Essone des expériences qui faillirent lui coûter la vie en même temps qu'à Berthollet [1]. Ces expériences le conduisirent à perfectionner la poudre à canon au point
de donner plus de 200 mètres de portée dans des circonstances où,
avant lui, la meilleure poudre ne portait qu'à 150 mètres. Il fit
aussi supprimer les recherches que l'on avait alors l'habitude de
faire dans les maisons pour se procurer du salpêtre, et il parvint à
quintupler la production en délivrant la France du tribut qu'elle
payait à l'Angleterre pour le nitre des Indes. Pour encourager
l'agriculture, il proposa de diminuer l'intérêt de l'argent, et pour
combattre la routine, il faisait, en essayant des procédés nouveaux,
valoir par lui-même 240 arpents de terre dans le Vendômois : « Il
récoltait ainsi, dit son biographe et collègue Lalande, trois setiers
là où les procédés ordinaires n'en donnaient que deux ; au bout de
neuf ans il avait doublé la production. »

Au début de la révolution, Lavoisier fut élu député suppléant à
l'Assemblée nationale, et il présenta, dans la séance du 21 novembre 1789, le compte-rendu de la caisse d'escompte. Nommé,
en 1791, commissaire de la Trésorerie, il proposa, pour simplifier
la perception des impôts, un nouveau plan dans un ouvrage dont
il ne parut qu'un extrait sous forme de brochure, et qui devait avoir
pour titre : *De la richesse territoriale.* Il prit aussi une part active
à la Commission nommée par la Convention nationale pour créer un
nouveau système des poids et mesures, et comme trésorier de
l'Académie il mit de l'ordre dans les comptes et les inventaires. Ses
derniers travaux eurent pour objet la respiration et la transpiration. Ces importantes recherches physiologiques n'étaient pas encore terminées quand la hache révolutionnaire vint, le 18 mai 1794,
trancher la vie de ce grand citoyen.

Lavoisier était le quatrième des vingt-huit fermiers généraux qui
furent guillotinés le même jour. On a représenté cette mort comme
une ineffaçable tache de la révolution française ; on a répété et
varié sur tous les tons ces paroles de Lalande : « Un homme aussi
rare, aussi extraordinaire que Lavoisier aurait dû être respecté par
les hommes les moins instruits et les plus méchants ; il fallait que
le pouvoir fût tombé entre les mains d'une bête féroce. »

---

1. Pour les détails de l'explosion de la poudrière d'Essone, voy. t. II,
p. 551, en note, de notre *Histoire de la chimie.*

Mais pour que, dans un moment donné, les plus méchants puissent se raviser, il faut leur apprendre d'abord ce qu'ils ignorent. Il fallait montrer à « cette bête féroce » qu'elle commettrait un crime de lèse-humanité en immolant un homme qui, par ses travaux et ses découvertes, avait reculé les bornes de la science; il fallait exposer aux regards de tous Lavoisier quintuplant la production du salpêtre et délivrant la France d'un tribut qu'elle payait à l'étranger, Lavoisier améliorant et encourageant l'agriculture, Lavoisier consacrant son temps, sa fortune, les revenus de sa charge, à produire dans l'ordre intellectuel une révolution aussi grande que celle qui se produisait alors dans l'ordre politique et social; il fallait montrer que ces deux révolutions étaient sœurs, et que ce serait souiller la patrie d'un crime irréparable que de traîner sur l'échafaud un de ses plus glorieux enfants. L'Académie des sciences se serait honorée elle-même, si elle était venue en corps, au pied du tribunal révolutionnaire, réclamer un de ses membres; si, par un suprême effort, elle eût tenté d'arracher à l'ignorance populaire et aux passions déchaînées une aussi illustre victime. Où étaient donc alors, nous le demandons, les amis, les collaborateurs, les collègues de Lavoisier? Guyton Morveau et Fourcroy étaient, non-seulement les collègues de Lavoisier à l'Académie, mais membres de la Convention nationale. Ils ne firent rien pour soustraire Lavoisier à la hache révolutionnaire.

Travaux de Lavoisier. — Trois questions avaient particulièrement fixé l'attention du grand chimiste : 1° La composition de l'air atmosphérique; 2° l'augmentation du poids des métaux par la calcination ; 3° l'insuffisance de la théorie du phlogistique. Ces trois questions étaient tellement connexes que la résolution de l'une devait comprendre en même temps celle des deux autres.

Dès 1770 Lavoisier paraît avoir été autorisé à croire que l'air n'est pas un corps simple, que les métaux absorbent, pendant leur calcination, sinon la totalité, au moins une partie de l'air, enfin que la théorie du phlogistique était radicalement erronée. Cette triple croyance formait pour ainsi dire le pivot de ses recherches; mais il n'avait pas même osé l'énoncer sous forme d'hypothèse, tan qu'il lui manquait la sanction de l'expérience.

Composition de l'air. Oxygène et azote. — Le travail de Charles Bonnet *Sur les fonctions des feuilles dans les plantes* avait inspiré à Lavoisier la réflexion suivante : « On dira peut-être que si l'air est la source où les végétaux puisent les différents principes que l'ana-

lyse y découvre, ces mêm   principes doivent exister et se retrouver
dans l'atmosphère. Je répondrai que, quoique nous n'ayons point
encore d'expériences démonstratives en ce genre, on ne saurait
douter cependant que la partie basse de l'atmosphère, celle dans
laquelle croissent les végétaux, ne soit extrêmement composée. Pre-
mièrement, il est probable que l'air qui est en fait la base n'est
point un être simple, un élément, comme l'ont pensé les premiers
physiciens. Secondement, ce fluide est le dissolvant de l'eau et de
tous les corps volatils qui existent dans la nature. »

Tels sont les termes dans lesquels Lavoisier posa le problème de
la composition de l'air. Voici comment il essaya de le résoudre. Sachant qu'il est impossible de calciner les métaux dans des vaisseaux exactement clos et privés d'air, et que la calcination est d'autant plus rapide que le métal présente à l'air plus de surface, il
« commençait à soupçonner, — ce sont ses propres expressions,
— qu'un fluide élastique quelconque, contenu dans l'air, était
susceptible, dans un grand nombre de circonstances, de se fixer,
de se combiner avec les métaux, et que c'était à l'addition de cette
substance qu'était dû le phénomène de la calcination, l'augmentation de poids des métaux convertis en chaux. » — Eh bien, ce que
Lavoisier *commençait*, par sa véritable intention du génie, *à soupçon-*
ner, c'était la vérité même. Malheureusement les expériences sur
lesquelles il croyait devoir s'appuyer, l'induisirent en erreur. Ces
expériences consistaient à brûler soigneusement, à l'aide d'un miroir ardent, un mélange pesé de minium (chaux de plomb) et de
charbon dans un volume d'air, également pesé d'avance. Quel devait être le résultat de ces expériences? S'il ne s'agissait que constater
le *fait brut*, tel qu'il se présente aux yeux de tout le monde, Lavoisier le savait : le minium se changeait en plomb, d'oxyde il redeve-
nait métal, sans cependant que l'air changeât de volume. Mais
ce que Lavoisier ignorait alors et ce que nous savons *aujourd'hui*,
c'est l'*interprétation du fait*, que donne l'intelligence redressée et
éclairée par sa marche progressive : le fluide élastique, nommé plus
tard *oxygène*, qui par sa combinaison avec le plomb formait le
minium, ce fluide, au lieu de se dégager librement, se portait, en
abandonnant le plomb redevenu métal, sur le charbon et produisait
immédiatement un autre fluide, qui reçut par la suite le nom de
gaz acide carbonique. Or, ce fut ce dernier gaz que Lavoisier prit
d'abord pour l'oxygène, c'est-à-dire pour le fluide élastique qui se
fixe sur le métal pendant la calcination, et son erreur était inévi-

table; car, par une singulière coïncidence, il avait précisément affaire à un gaz qui, en se combinant avec le charbon, ne change pas de volume. Personne ne savait alors (en 1772) que le même volume d'oxygène donne, par sa combinaison avec le carbone, exactement un égal volume de gaz acide carbonique. Et ce fut, chose curieuse, Lavoisier lui-même qui le découvrit en brûlant un diamant, au moyen d'un miroir ardent, dans de l'oxygène pur. En somme, ce grand expérimentateur se trompait de la meilleure foi du monde, et il ne pouvait pas ne pas se tromper : il lui manquait la connaissance d'une terme nécessaire, dans la série du progrès.

Il n'y a pas de spectacle plus instructif que celui de l'homme qui, en cherchant à atteindre la vérité, se trouve aux prises avec l'erreur. Lavoisier croyait si bien tenir la vérité en prenant le gaz acide carbonique pour l'oxygène qu'il déposa, le 1er novembre 1772, le résultat de son expérience, sous pli cacheté, au secrétariat de l'Académie. Dans un document publié après sa mort, il explique lui-même cette précaution : « J'étais, dit-il, jeune, j'étais nouvellement entré dans la carrière des sciences ; j'étais avide de gloire, et je crus devoir prendre quelques précautions pour m'assurer la propriété de ma découverte. Il y avait à cette époque une correspondance habituelle entre les savants de France et ceux d'Angleterre ; il régnait entre les deux nations une sorte de rivalité qui donnait de l'importance aux expériences nouvelles et qui portait quelquefois les écrivains de l'une et de l'autre nation à les contester à leur véritable auteur. » Cette insinuation ne pouvait s'adresser qu'à Black ou à Priestley.

Cependant poussé par l'instinct du vrai, Lavoisier recommença ses expériences, et cette fois il parvint à démontrer « que ce n'est point le charbon seul, ni le minium seul, qui produit le dégagement du fluide élastique ainsi obtenu, mais que celui-ci résulte de l'*union du charbon avec une partie du minium.* » Il tenait cette fois la vérité. Mais il la lâcha presque aussitôt pour revenir à la théorie du phlogistique, dont il subissait, comme tant d'autres, l'empire. Afin de faire accorder les faits avec cette théorie, il inclinait à penser « que tout fluide élastique résulte de la combinaison d'un corps quelconque avec un principe inflammable ou peut-être même avec a matière pure du feu (phlogistique), et que c'est de cette combinaison que dépend l'état d'élasticité. » Puis il ajoute : « La substance fixée dans les chaux métalliques et qui en augmente le poids, ne serait pas, dans cette hypothèse, un fluide élastique, mais la partie fixe d'un fluide élastique, qui a été dépouillé de son principe inflammable. Le charbon alors, ainsi que toute substance charbonneuse employée dans les réductions, aurait pour objet principal de rendre au fluide élastique fixe le phlogistique, la matière du feu, et de lui restituer en même temps l'élasticité qui en dépend. » — Que d'efforts pour faire entrer un fait dans le cadre d'une fausse théorie !

Cependant il n'était guère possible de mieux raisonner dans l'état de la science d'alors. Les savants de nos jours n'auraient peut-être pas eu la même réserve que Lavoisier, lorsqu'il se hâte d'ajouter, comme correctif, à l'hypothèse qu'il vient d'admettre : « Au surplus, ce n'est qu'avec la plus grande circonspection qu'on peut hasarder un sentiment sur cette matière si difficile, et qui tient de près à une plus obscure encore, je veux dire la nature des éléments mêmes, au moins de ce que nous regardons comme éléments. »

D'autres expériences vinrent bientôt obliger Lavoisier d'admettre « que l'air dans lequel on a calciné des métaux (sans charbons) — azote, — n'est point dans le même état que celui — acide carbonique, — qui se dégage des effervescences et des réductions. » Il dut reconnaître en même temps que si les deux fluides élastiques (azote et acide carbonique) éteignent également la flamme, ce sont cependant des corps très-distincts, puisque l'un trouble l'eau de chaux, tandis que l'autre est sans effet sur cette solution. Toutes ces expériences tendaient à faire voir « que la calcination des métaux dans des vaisseaux exactement fermés cesse dès que la partie fixable de l'air qui y est contenu a disparu ; que l'air se trouve diminué d'environ un vingtième [1], par l'effet de la calcination, et que le poids du métal se trouve augmenté d'autant. »

Fort de ce fait, Lavoisier allait enfin saisir la vérité, lorsque l'autorité d'un homme célèbre vint se jeter à la traverse. Boyle croyait et était parvenu à faire croire aux physiciens et aux chimistes que « la matière de la flamme et du feu pénétrait à travers la substance du verre, qu'elle se combinait avec les métaux, et que c'était à cette union qu'était due la conversion des métaux en chaux et l'augmentation de poids qu'ils acquéraient. » Cette opinion se ressentait de l'influence de la théorie du phlogistique.

Lavoisier reprit les expériences de Boyle en les variant très-ingénieusement, et il en conclut qu'on ne peut calciner qu'une quantité

1. Comparez plus haut Scheele, p. 499.

déterminée d'étain dans une quantité d'air donnée, et «que les cornues scellées hermétiquement, pesées avant et après la calcination de la portion d'étain qu'elles contiennent, ne présentent aucune différence de pesanteur, ce qui prouve évidemment que l'augmentation de poids qu'acquiert le métal ne provient ni de la matière du feu, ni d'aucune matière extérieure à la cornue. » [1] — Il remarque aussi, en passant, « que la portion de l'air qui se combine avec les métaux est un peu plus lourde que celle de l'atmosphère, et que celle qui reste après la calcination est, au contraire, un peu plus légère ; de sorte que dans cette supposition l'air atmosphérique fournirait, relativement à sa pesanteur spécifique, un résultat moyen entre ces deux airs. » — « Mais, ajoute-t-il aussitôt, il faut des preuves plus directes que je n'en ai pour pouvoir prononcer sur cet objet... C'est le sort de tous ceux qui s'occupent des recherches physiques et chimiques d'apercevoir un nouveau pas à faire sitôt qu'ils en ont fait un premier, et ils ne donneraient jamais rien au public, s'ils attendaient qu'ils eussent atteint le but de la carrière qui se présente successivement à eux et qui paraît s'étendre à mesure qu'ils avancent. »

Eh bien! ce que Lavoisier n'osait énoncer que sous forme d'hypothèse était cependant la vérité. Enfin la suite de ses recherches le conduisit à proclamer que *l'air n'est point un corps simple, et qu'il se compose d'une portion salubre et d'une mofette irrespirable.* Ce fut là le 89 de la chimie. A dater de ce moment commença une ère nouvelle pour la science.

Le hardi révolutionnaire devint le point de mire d'innombrables attaques de la part des savants attachés aux anciennes doctrines : à la presque unanimité ils traitaient la *portion salubre de l'air* et la *mofette irrespirable* de corps *imaginaires.* Il importait donc de montrer aux incrédules, l'existence de ces corps, mais comment? Voilà le point. Nous en parlons aujourd'hui bien à notre aise : ce qui nous paraît maintenant si simple était alors d'une difficulté presque insurmontable, et, sans l'intervention de ce Dieu qu'on nomme le *hasard*, Lavoisier ne serait peut-être jamais arrivé à la démonstration que ses antagonistes avaient le droit d'exiger.

Voyons ce qu'il y avait pour ainsi dire de providentiel dans la découverte de l'*oxygène* et de l'*azote*, de ces principaux éléments

---

1. *Sur la calcination de l'étain dans les vaisseaux fermés, etc.*, Mém. lu, en 1774, à l'Académie dans la séance publique de la Saint-Martin.

le l'air. Les métaux dont on s'était jusqu'alors servi pour les expériences de l'augmentation de poids étaient, ne l'oublions pas, principalement le plomb et l'étain. Or, ces métaux absorbent bien, pendant leur calcination, la *portion salubre* de l'air; mais, quand cet élément a été une fois absorbé, ils ne le rendent plus par la même opération. Et si on cherche à le leur enlever au moyen du charbon, on obtiendra, il est vrai, un air irrespirable, mais cette espèce de mofette est bien différente, comme nous l'avons montré plus haut, de celle qui reste après la calcination du plomb ou de l'étain dans l'air emprisonné dans un vaisseau. Heureusement il existe un métal singulier, bien connu des alchimistes, un métal liquide, qui, — véritable *Deus ex machina*, — remplit ici à merveille toutes les conditions nécessaires à la réussite de la démonstration. Le mercure possède, pendant sa calcination, l'étrange propriété de lâcher, dans la seconde période de chaleur, la portion d'air qu'il avait absorbé pendant la première. En fixant cet air, le mercure se change en oxyde rouge, le mercure *per se* des anciens chimistes; puis, à une température plus élevée, ce même oxyde repasse à l'état de métal, pendant que l'air (oxygène), qui avait été fixé, se dégage. Rien de plus facile aussi que de le recueillir, comme l'avaient enseigné Moitrel et Hales.

Mais laissons Lavoisier raconter lui-même ses embarras : c'est un des chapitres les plus instructifs de l'histoire des sciences. Après avoir remarqué que le fer présentait les mêmes inconvénients que le plomb et l'étain, il recourut enfin au mercure. « L'air qui restait, dit-il, après la calcination du mercure et qui avait été réduit aux cinq sixièmes de son volume, n'était plus propre à la respiration, ni à la combustion; car les animaux qu'on introduisit y périssaient en peu d'instants, et les lumières s'y éteignaient sur-le-champ, comme si on les eût plongées dans l'eau. D'un autre côté, j'ai pris 45 grains de matière rouge (chaux de mercure qui s'était formée pendant la calcination), je les ai introduits et chauffés dans une petite cornue de verre, à laquelle était adapté un appareil propre à recevoir les produits liquides et aériformes qui pourraient se dégager. (Voy. fig. 4.) Lorsque la cornue a approché de l'incandescence, la matière rouge a commencé à perdre peu à peu de son volume, et, en quelques minutes, elle a entièrement disparu. En même temps il s'est condensé, dans le petit récipient, 41 grains 1/2 de mercure coulant, et il a passé sous la cloche 7 à 8 pouces cubes d'un *fluide élastique, beaucoup plus propre que l'air de l'at-*

mosphère à entretenir la combustion et la respiration. Ayant fait passer une portion de cet air dans un tube de verre d'un pouce de diamètre, et y ayant plongé une bougie, elle y répandit un éclat éblouissant : le charbon, au lieu de s'y consommer paisiblement

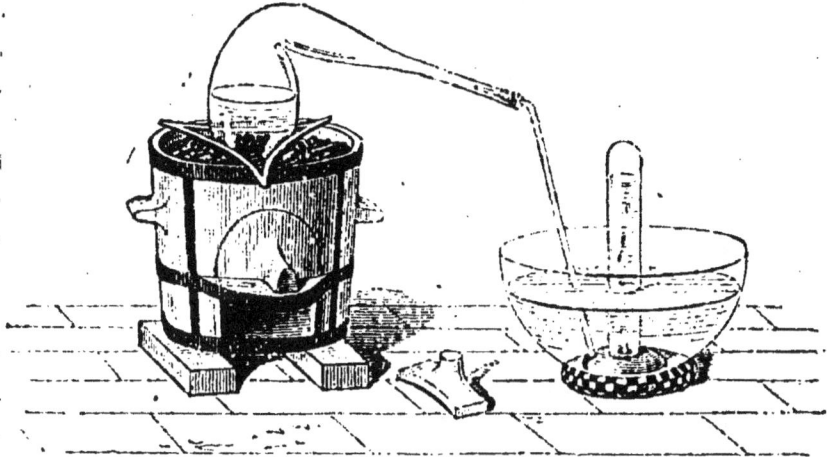

Fig. 4.

comme dans l'air ordinaire, y brûlait avec une flamme et une sorte de décrépitation, à la manière du phosphore, et avec une vivacité de lumière que les yeux avaient peine à supporter. »

Voilà comment furent mis en évidence la *portion salubre*, qui reçut de Lavoisier le nom d'*oxygène*, et la *portion insalubre* de l'air, qui devait, plus tard, s'appeler *azote*. Le nom d'*oxygène* (du grec ἐξύς, acide, et γεννάω, j'engendre) signifie littéralement *générateur de l'acide*. Le nom d'*azote* (de α privatif et ζωή, vie) est la traduction grecque de *mofette* ou d'air *irrespirable*. C'est Guyton Morveau qui lui donna ce nom, « afin de distinguer, disait-il, cet air non vital et existant naturellement dans l'atmosphère, des autres gaz, également non respirables, mais qui ne font partie de l'atmosphère qu'accidentellement. »

Il se présente ici une question, souvent agitée, celle de savoir si c'est Lavoisier qui a découvert l'*oxygène*. Non, répondrons-nous [1], si l'on n'entend par là que le fait pur et simple de la découverte d'un corps aériforme, d'un gaz particulier. Mais, si l'on entend y associer en même temps le nom de celui qui a donné à un fait nouveau toute sa valeur, qui a su en tirer toutes les consé-

---

1. Voy. plus haut p.494.

quences, et qui l'a élevé à la hauteur d'un principe, on ne devra jamais séparer le nom de Lavoisier de la découverte de l'oxygène. En effet, sans le génie fécondant de Lavoisier, les importants travaux de Priestley qui découvrit l'oxygène, ne seraient jamais devenus la base d'une chimie nouvelle.

Etat des corps. — Priestley se faisait des corps aériformes (gaz) une tout autre idée que Lavoisier. Ce qui fixait l'attention du premier n'attirait que médiocrement celle du second ; il est si difficile de distinguer le principal de l'accessoire. L'*état aériforme*, cette condition changeante où un corps matériel se trouve être devenu quelque chose d'invisible et d'impalpable, voilà le principal pour Priestley ; ce n'était là qu'un accessoire pour Lavoisier. De là deux théories inconciliables, dont on trouve déjà des traces chez les philosophes grecs, et dont il faut chercher l'origine dans la nature humaine.

Pour désigner un gaz, Priestley employait toujours deux noms: l'un constant, — c'était le nom du genre ; — l'autre, variable, — c'était le nom de l'espèce. — De là des dénominations telles que, air *fixe*, air *inflammable*, air *nitreux*, air *phlogistiqué*, air *déphlogistiqué*, etc. Ces divers fluides étaient, suivant Priestley, de l'*air*, de l'air commun, diversement *transformé* ou *modifié ;* le principal agent de ces transformations ou modifications devait être le phlogistique. — Cette manière de voir s'accordait parfaitement avec la doctrine des anciens concernant la composition de la matière. D'après cette doctrine, l'air, l'eau, la terre étaient les éléments des corps, non pas dans le sens qu'on y attache aujourd'hui, mais parce que tous les corps de la nature se présentent à nous dans l'état *aériforme*, dans l'état *liquide*, dans l'état *solide*, auxquels il faut encore ajouter l'état *igné*. Ces différents états de la matière, ayant pour type l'air, l'eau, la terre et le feu, voilà les éléments, selon l'idée de la plupart des philosophes anciens. C'est ainsi que la chaux, la silice, l'argile, la magnésie, etc., étaient des *terres*, c'est-à-dire des modifications particulières de la terre ou de ce qui se présente à nous à l'état solide. Si cette manière de voir était exacte, tous les objets qui tombent sous les sens ne seraient que des modifications diverses ou des états *allotropiques* de l'air, de l'eau, de la terre et du feu. Ce dernier élément (chaleur et lumière réunies) avait de tout temps embarrassé les physiciens. Aussi l'avaient-ils tantôt admis, tantôt retranché du nombre des éléments. Pour tout concilier, Stahl le supposait fixé et inégalement répandu, sous le nom de *phlogistique*, dans tous les corps matériels. Cette hypothèse tendait à tout ramener à l'unité de substance à travers les évolutions et les formes si variées de la matière.

Destruction de la théorie du phlogistique. — En déclarant le phlogistique une chose fictive, imaginaire, Lavoisier fit un vrai coup d'Etat scientifique. Pour le justifier, il eut d'abord soin de faire ressortir les contradictions des stahliens qui, pour faire concorder l'expérience avec la théorie, étaient obligés de présenter le phlogistique, tantôt comme quelque chose de pesant, tantôt comme ne pesant rien. Mais, en supprimant le phlogistique, il maintenait essentiellement la distinction des corps en *solides*, *liquides* et *gazeux*. Dans sa conviction, « la même substance peut être solide, liquide ou aériforme, suivant les conditions où elle se trouve » ; l'état de gaz ou de fluide aériforme n'est qu'un accident qui ne change pas la nature du corps, il n'en modifie, ni la simplicité, ni la composition. Afin de mieux faire saisir ce qu'il ne cessait de répéter depuis plusieurs années, il s'élança, par une contemplation hardie, dans l'infini de l'espace. « Considérons un moment, disait-il, ce qui arriverait aux différentes substances qui composent le globe, si la température en était brusquement changée. Supposons, par exemple, que la terre se trouve transportée tout-à-coup dans une région où la chaleur habituelle serait supérieure à celle de l'eau bouillante : bientôt l'eau, tous les liquides susceptibles de se vaporiser à des degrés voisins de l'eau bouillante, et plusieurs substances mêmes se transformeraient en fluides aériformes qui deviendraient partie de l'atmosphère. Ces nouveaux fluides aériformes se mêleraient à ceux déjà existants, et il en résulterait des décompositions réciproques, des compositions nouvelles... On pourrait, dans cette hypothèse, examiner ce qui arriverait aux pierres, aux sels et à la plus grande partie des substances fusibles qui composent le globe : on conçoit qu'elles se ramolliraient, qu'elles entreraient en fusion, et formeraient des liquides; ou, si, par un effet contraire, la terre se trouvait tout-à-coup placée dans les régions très-froides, par exemple de Jupiter ou de Saturne, l'eau qui forme aujourd'hui nos fleuves et nos mers, et probablement le plus grand nombre des liquides que nous connaissons, se transformeraient en montagnes solides, en rochers très-durs, d'abord diaphanes comme le cristal de roche, mais qui avec le temps, se mêlant avec des substances de diff. rentes natures, deviendraient des pierres opaques diversement colorées. Une partie des substances cesserait d'exister dans l'état de fluide invisible, faute d'un dégré de chaleur suffisant ; il reviendrait donc à l'état de liquidité, et ce changement produirait de nouveaux liquides, dont nous n'avons aucune idée. »

Tel est le point de vue élevé d'où Lavoisier considérait l'état des corps. Si les uns sont naturellement solides, les autres liquides, d'autres gazeux, cela tient au plus ou moins de chaleur que la planète reçoit du Soleil : si la terre venait à changer sa distance moyenne à l'astre central de notre monde, les objets dont s'occupe la chimie changeraient d'état, mais non de composition. Bref, l'idée sur laquelle il revient souvent et qui fait de lui le véritable promoteur de la *chimie pneumatique*, c'est que les mots *air*, *vapeur*, *fluide élastique*, etc., n'expriment qu'un simple mode de la matière.

Cette manière de voir érigée en principe, était d'une vérité trop frappante pour être bien comprise. C'est ce que Lavoisier nous apprend lui-même. « Ce principe que je n'ai cessé, dit-il, de répéter depuis plusieurs années, sans jamais avoir eu la satisfaction d'être entendu, va nous donner la clef de presque tous les phénomènes relatifs aux différentes espèces d'air et à la vaporisation. » — De là il part pour établir que si la chaleur change les corps en vapeur, la pression de l'atmosphère apporte à ce changement une résistance d'une valeur déterminable, et que la tendance des corps volatiles à se vaporiser est en raison directe du degré de chaleur auquel ils sont exposés, et en raison inverse du poids ou de la pression qui s'oppose à la vaporisation.

Le génie est prophète. Ce que Lavoisier avait dit au sujet de certains corps composés, réputés simples, devait se réaliser. Après avoir défini la chimie « la science qui a pour objet de décomposer les différents corps de la nature, » il complète ainsi sa définition : « Nous ne pouvons donc pas assurer que ce que nous 'regardons comme simple aujourd'hui le soit en effet ; tout ce que nous pouvons dire, c'est que telle substance est le terme actuel auquel arrive l'analyse chimique, et qu'elle ne peut plus se diviser au-delà, dans l'état actuel de nos connaissances. Il est à présumer que les terres (la chaux, la magnésie, l'alumine, etc.) cesseront bientôt d'être comptées au nombre des substances simples : elles sont les seules de cette classe qui n'aient point de tendance à s'unir à l'oxygène, et je suis bien porté à croire que cette indifférence pour l'oxygène tient à ce qu'elles en sont déjà saturées. Les terres, dans cette manière de voir, seront peut-être des *oxydes métalliques*... »

Ce qui avait porté Lavoisier à parler ainsi c'était le rôle, trop exclusif, qu'il faisait jouer à l'oxygène. Il était convaincu que l'oxygène entrait dans la composition de tous les corps, tant acides que basiques. Si cette conviction lui faisait, d'un côté, entrevoir la vérité, elle l'exposait, de l'autre, à des erreurs funestes.

Après avoir présenté l'*oxygène*, par le nom même qu'il lui avait donné, comme le *générateur de tous les acides*, Lavoisier se trouva en présence d'une difficulté, insoluble par son système. Je veux parler de l'acide obtenu par la réaction de l'acide sulfurique sur le sel marin (*murias*), et qui, à cause de cette circonstance, portait alors le nom d'*acide muriatique* (esprit de sel des anciens). Voici le raisonnement qu'il fit, non point pour rectifier, mais pour corroborer, à ce qu'il s'imaginait, son système. « Quoiqu'on ne soit pas encore parvenu, disait-il, ni à composer, ni à décomposer l'acide qu'on retire du sel marin, *on ne peut douter cependant qu'il ne soit formé comme tous les autres de la réunion d'une base acidifiable avec l'oxygène.* » Voyez comme l'esprit de système rend hardiment affirmatif l'esprit le plus réservé ! — « Nous avons, continue Lavoisier, nommé cette base inconnue *base muriatique*, *radical muriatique*, en empruntant ce nom au latin *murias*, donné anciennement au sel marin. Ainsi, sans pouvoir déterminer quelle est exactement la composition de l'acide muriatique, nous désignerons sous cette dénomination un acide volatil, dans lequel le radical acidifiable *tient si fortement à l'oxygène qu'on ne connaît jusqu'à présent aucun moyen de les séparer.* »

Dans les paroles que nous venons de souligner, Lavoisier faisait en quelque sorte un appel à tous les chimistes pour chercher à confirmer — quoi ? une erreur, née d'une doctrine préconçue, trop exclusive.

Quand on se trouve une fois engagé dans la voie de l'erreur, on ne rencontre plus que des exceptions ou des singularités ; c'est ce que montre l'histoire de l'analyse de l'acide muriatique. Mais laissons encore la parole au maître. « Cet acide présente, au surplus, dit Lavoisier, une particularité très-remarquable ; il est comme l'acide du soufre, susceptible de plusieurs degrés d'oxygénation ; mais, contrairement à ce qui a lieu pour l'acide sulfureux et l'acide sulfurique, l'addition d'oxygène rend l'acide muriatique plus volatil, d'une odeur plus pénétrante, moins soluble dans l'eau, et *diminue ses qualités d'acide.* » — Ce dernier point, caractéristique du chlore, appelé par suite d'une fausse théorie, *acide muriatique oxygéné*, — aurait été un trait de lumière, si l'esprit de système ne rendait pas aveugle. Mais continuons à citer Lavoisier. — « Nous avions d'abord été tenté d'exprimer ces deux degrés de saturation, comme nous avions fait pour l'acide du soufre, en faisant varier les terminaisons : nous aurions nommé l'acide le moins saturé d'oxygène *acide muriateux*, le plus saturé, *acide muriatique;* mais nous avons vu que cet acide, qui présente des résultats particuliers et dont on ne connaît aucun exemple en chimie, demandait une *exception*, et nous nous sommes contenté de le nommer *acide muriatique oxygéné.* »

Défions-nous du recours aux exceptions ! Il y a souvent là-dessous plus d'une de ces redoutables erreurs qui nous font lâcher la vérité alors que nous la tenons. Cet *acide muriatique oxygéné* exceptionnel était précisément le *radical* que Lavoisier cherchait, c'était le *chlore*, qui avait été déjà découvert par Scheele, mais qui ne fut démontré comme un radical ou corps simple que par Davy; se combine, — ce qui renversait la théorie de Lavoisier, — avec l'hydrogène, l'un des éléments de l'eau, pour former l'acide muriatique, nommé aujourd'hui *acide chlorhydrique*. Mais n'anticipons pas.

Le mystérieux radical de l'acide muriatique devint pour Lavoisier l'objet de ses préoccupations : il y revint souvent, et chaque fois avec une certaine hésitation, comme s'il doutait qu'il s'était trop aventuré. « Nous n'avons, dit-il, nulle idée de la nature du radical de l'acide muriatique ; ce n'est que par analogie, plutôt que par suite d'une théorie préconçue, que nous concluons qu'il contient le principe acidifiant ou oxygène. M. Berthollet avait soupçonné que ce radical pouvait être de nature métallique; mais, comme il paraît que l'acide muriatique se forme journellement dans des lieux habités, il faudrait supposer qu'il existe un gaz métallique dans l'atmosphère, ce qui n'est pas sans doute impossible, mais on ne peut l'admettre au moins que d'après des preuves. » — Ce qui entretenait Lavoisier dans son erreur c'est que son *acide muriatique oxygéné* s'obtenait en distillant de l'acide muriatique sur des oxydes métalliques, tels que les oxydes de manganèse et de plomb. Et comme dans cette opération ces oxydes perdaient leur oxygène en modifiant l'acide muriatique, le moyen de faire autrement que de penser avec Lavoisier que l'acide muriatique s'était *oxygéné !* — Cette manière de voir, fondée sur un fait d'expérience, était pourtant complétement erronée, ainsi que le démontra plus tard Davy.

Théorie de la combustion et de la respiration. — Pour Lavoisier la combustion était tout à la fois un phénomène universel et l'indice d'une méthode analytico-synthétique. C'était la combustion (oxydation) des métaux qui l'avait conduit à la découverte de la composition de l'air. En brûlant le phosphore dans l'air il avait obtenu l'acide phosphorique sous forme de flocons blancs, et il avait pu déterminer la quantité d'oxygène employée à la transformation du phosphore en acide phosphorique. Des expériences semblables, faites avec le charbon et le soufre, lui donnèrent les acides que ces corps produisent en se combinant avec l'oxygène.

Le plus remarquable de tous les phénomènes de combustion c'est celui qui amena la découverte de la *composition de l'eau*. Les esprits étaient depuis des siècles tellement dominés par l'idée que l'eau est un élément, que ni Mayow, ni Boyle, ni Lemery, qu connaissaient déjà l'air inflammable (hydrogène), ne pouvaient s'imaginer que cet air entrât dans la composition de l'eau. Les premiers doutes sérieux sur la simplicité de l'eau ne remontent qu'à l'année 1776 ou 1777. « A cette époque, raconte Lavoisier, Macquer ayant présenté une soucoupe de porcelaine blanche à l'air inflam. mable qui brûlait tranquillement à l'orifice d'une bouteille, il observa que cette flamme n'était accompagnée d'aucune fumée fuligineuse, il trouva seulement la soucoupe mouillée de gouttelettes assez sensibles d'une liqueur blanche comme de l'eau, et qu'il a reconnue, ainsi que M. Sigaud, qui assistait à cette expérience, pour de l'eau pure [1]. »

Une flamme sans fumée était un phénomène trop curieux pour ne pas devenir un objet de discussion ; Lavoisier n'admettait pas d'abord, dans l'expérience de Macquer, la formation de l'eau : il voyait que l'air inflammable devait, en brûlant, donner de l'acide vitriolique et de l'acide sulfureux (provenant de l'acide sulfurique employé pour la préparation de l'hydrogène). Bucquet pensait, au contraire, qu'il devait y avoir formation d'air fixe (acide carbonique). Mais il renonça à son opinion après s'être assuré, de concert avec Lavoisier, que dans la combustion de l'air inflammable il ne se produit pas de gaz qui soit, comme l'acide carbonique, précipitable par l'eau de chaux. Mais l'opinion de Lavoisier n'était pas mieux fondée que celle de Bucquet. Lavoisier y avait été conduit par une théorie imaginaire, suivant laquelle « il se produit, dans toute combustion, un acide, que cet acide était l'acide vitriolique, si l'on brûlait du soufre l'acide phosphorique, si l'on brûlait du

---

1. Mém. lu à l'Acad. des Sciences à la rentrée publique de la Saint-Martin 1783.

phosphore ; l'air fixe, si l'on brûlait du charbon. » D'après cette théorie, l'air inflammable devait, par sa combustion, également donner un produit acide.

Cependant divers indices le firent douter de l'exactitude de sa théorie, du moins en ce qui concernait la combustion de l'hydrogène. Pour éclaircir ses doutes, il fit construire deux caisses pneumatiques, dont l'une devait fournir l'oxygène et l'autre l'hydrogène en assez grande quantité ; des tuyaux à robinet permettaient de conduire ces deux gaz à volonté dans une cloche où devait se faire la combustion. Cette importante expérience fut faite le 24 juin 1783. Le résultat ne fut pas douteux. « L'eau obtenue, soumise à toutes les épreuves qu'on peut imaginer, parut, raconte Lavoisier, aussi pure que l'eau distillée : elle ne rougissait nullement la teinture de tournesol, elle ne verdissait pas le sirop de violette, elle ne précipitait pas l'eau de chaux, enfin par tous les réactifs connus on ne put y découvrir le moindre indice de mélange. » A cette expérience assistaient Laplace, Le Roi, Van der Monde et de Blagden, secrétaire de la Société royale de Londres. « Ce dernier nous apprit, ajoute Lavoisier, que M. Cavendish avait déjà essayé, à Londres, de brûler de l'air inflammable dans des vaisseaux fermés et qu'il avait obtenu une quantité d'eau très-sensible. » Mais Cavendish ne lut son mémoire, où il rendait compte de ses expériences à la Société royale de Londres, qu'en 1784, tandis que Lavoisier avait lu le sien, le 25 juin 1783, à l'Académie des Sciences de Paris, où il proclama que *l'eau n'est point un élément, mais qu'elle est composée d'air inflammable et d'air vital.* Cette différence de dates tranche la question de priorité en faveur du chimiste français [1].

Après avoir montré la composition de l'eau par la synthèse, Lavoisier voulut encore la faire voir par l'analyse. Il fut ainsi conduit à décomposer l'eau en la faisant passer sur du fer incandescent. Il constata que dans cette expérience le métal s'oxyde, pendant que l'hydrogène se dégage, et qu'on peut, inversement, régénérer l'eau par l'action de l'hydrogène sur l'oxygène qui avait été absorbé par le métal.

D'après les idées de Lavoisier, la *respiration* n'est qu'un cas particulier de la combustion. Dès 1777, l'éminent chimiste soutenait que « la respiration est une combustion lente d'une portion de carbone contenue dans le sang, et que la chaleur animale est en-

1. Voy. notre *Hist. de la Chimie*, t. II, p. 519 et 521 (2° édit.)

tretenue par la portion du calorique qui se dégage au moment de
la conversion de l'oxygène en acide carbonique, comme il arrive
dans toute combustion de charbon. » Plus tard il émit l'opinion
que « très-probablement la respiration ne se borne pas à une combustion du carbone, mais qu'elle est encore la combustion d'une
partie de l'hydrogène contenue dans le sang ; de là une formation
à la fois d'eau et d'acide carbonique pendant l'acte de la respiration [1]. »

Analyse des matières organiques. — Lavoisier tenait un journal
de toutes ses expériences de laboratoire. Sur un des feuillets
de ce journal, on trouve à la date du 18 avril 1788, une expérience inachevée, qui avait pour but de recueillir les produits
de la combustion de 1000 grains de sucre mêlés avec 10000 gr.
d'oxyde rouge de mercure. Le mélange était placé dans une
terrine, et les produits passaient : 1° dans un matras vide ;
2° dans un flacon contenant de l'eau ; 3° dans deux autres
flacons, renfermant de la potasse caustique liquide, pesée avec soin
avant et après l'expérience, et dont l'augmentation de poids représentait le poids de l'acide carbonique produit par la combustion du
sucre. L'oxygène que le mercure avait abandonné étant connu,
celui que l'acide carbonique contenait l'étant également, il était facile de savoir par induction si l'hydrogène avait trouvé dans la matière même la quantité d'oxygène nécessaire à sa conversion en
eau, s'il en avait cédé au carbone, ou s'il en avait pris à l'oxyde de
mercure [2].

Le même procédé avait été appliqué par Lavoisier à l'analyse
des principales résines. Il s'agissait de s'assurer combien la sandaraque, la gomme laque, le galipot, etc., exigeaient d'oxyde de mercure pour leur combustion complète. Recueillir et apprécier, au
poids et au volume, les quantités d'acide carbonique et d'eau résultant d'une combustion, telle fut, en résumé, la méthode analytique de Lavoisier. Elle forme encore aujourd'hui la base de l'a-
nalyse des matières organiques.

Nomenclature chimique. — Vers le milieu de l'année 1786,
Guyton Morveau, Berthollet et Fourcroy se joignirent à Lavoisier
pour examiner un projet de nomenclature, proposé par G. Morveau en 1783, et pour arrêter ensemble le plan d'une réformée exi-
gée par le progrès de la chimie. Plus une science se perfectionne,

1. Mém. inséré dans le recueil de la Société de médecine, année 1783.
2. Œuvres de Lavoisier, t. III, p. 773 (Paris, 1865, in-4°).

plus le besoin d'un langage précis, en quelque sorte algébrique, se fait sentir. C'est ce que comprenaient alors tous les chimistes, même ceux qui paraissaient le plus tenir aux traditions du passé. « Ne faites grâce, écrivait Bergmann à Morveau, à aucune dénomination impropre; ceux qui savent déjà entendront toujours; ceux qui ne savent pas encore entendront plus tôt. »

Après huit mois de conférences, presque journalières, avec ses collègues, Lavoisier communiqua à la séance publique de l'Académie, du 18 avril 1787, les *Principes de la réforme et du perfectionnement de la nomenclature de la chimie*, et il les développa dans un second mémoire, lu le 2 mai suivant.

L'œuvre collective de Lavoisier, de Morveau, de Berthollet et de Fourcroy, porte particulièrement sur les *corps composés*. Ces corps ont été divisés en *acides*, en *bases* et en *sels*. La nomenclature de l'école française implique donc une véritable classification des matières dont s'occupe la chimie [1].

École de Lavoisier.

La nomenclature et la théorie de la combustion caractérisent ce qu'on est convaincu d'appeler l'*école de Lavoisier* ou l'*école chimique française*. En renversant le système du phlogistique, Lavoisier se fit de nombreux adversaires, et il ne parvint jamais à convaincre Bergmann, Scheele et Priestley. Quelques-uns, comme Crell, Westrumb, Wiegleb, Trommsdorf, F. Gmelin, Richter, Léonhardi, essayèrent de concilier les doctrines du phlogistique avec les idées modernes ; mais, chose curieuse à noter, Morveau, Berthollet et Fourcroy se montrèrent d'abord opposés aux idées novatrices de leur collègue, et ne se rendirent que vaincus par l'évidence.

Morveau [2] devint un des plus zélés partisans de la chimie moderne. Ses premiers travaux scientifiques se trouvent insérés, sous forme d'articles, dans la *Collection académique* de Dijon, dans le *Journal de Physique*, les *Annales de chimie* et le *Journal des mines*. On y remarque ses Recherches sur les ciments propres à

1. Voy., pour plus de détails, notre *Hist. de la Chimie*, t. II, p. 558 et suiv. (2e édit.)

2. Guyton Morveau (né en 1737 à Dijon, mort à Paris en 1816), avocat général au parlement de Dijon, se démit, en 1762, de sa charge pour se livrer entièrement à l'étude de la chimie. A l'époque de la révolution, il fut appelé à jouer un rôle politique. Député en 1791 à l'Assemblée Législative, qu'il présida l'année suivante, il devint membre de la Convention

bâtir, ses Observations sur la matière métallique, sur le dissolvant du quartz, sur la fusibilité des terres, sur le spath pesant, sur la combustion du diamant, etc. Le travail, où il proposa le premier la réforme du langage chimique, a pour titre : *Mémoire sur les dénominations chimiques, la nécessité d'en perfectionner le système, les règles pour y parvenir, suivi d'un tableau d'une nomenclature chimique;* Dijon, 1782, in-8.

Berthollet (1) débuta, en 1770, par une brochure (*Observations sur l'air*), où il parle de l'action de l'affinité dans la double décomposition des sels, et laisse déjà entrevoir ce qu'on appelle aujourd'hui *la loi de Berthollet.* En 1785, il montra le premier, par l'emploi de l'eudiomètre de Volta, que l'*alcali volatil* (ammoniaque) est un composé d'hydrogène, d'azote et d'eau. En 1789, après s'être rallié aux idées de Lavoisier, il fit voir que l'*acide sulfureux* « est de l'acide sulfurique surchargé de soufre, » ou, ce qui revient au même, privé d'une partie de son oxygène, et que réciproquement l'acide sulfureux peut prendre les propriétés de l'acide sulfurique, soit par une diminution du soufre, soit par une augmentation de l'oxygène. Dans son mémoire *Sur la nature de l'acide prussique et de ses sels*, communiqué à l'Académie le 15 déc. 1787, il laissa entrevoir l'existence du radical qui reçut le nom de *cyanogène.* En 1788, il découvrit l'*acide chlorique*, qui s'appelait alors *acide muriatique suroxygéné*, recommanda le premier le chlorate de potasse pour la préparation de l'oxygène, et proposa de le substituer au nitre dans la fabrication de la poudre à canon. Des expériences furent faites à la fabrique des poudres d'Essonne ; elles coûtèrent la vie à plusieurs

nationale, vota avec les membres les plus avancés du parti de la Montagne, et entra en 1793 dans le comité de Défense générale et de Salut public. Envoyé, en 1794, comme commissaire à l'armée du Nord, il créa le corps des *aérostatiers*, et utilisa les ballons pour les reconnaissances militaires à la bataille de Fleurus. De 1800 à 1814, il fut administrateur des monnaies et contribua beaucoup à l'établissement du nouveau système monétaire.

1. Claude-Louis *Berthollet*, né en 1748 à Talloire près d'Annecy (Savoie), mort en 1822 à Arcueil, près Paris. Reçu docteur en médecine à l'université de Turin, il vint jeune à Paris, entra en 1780 à l'Académie des sciences, et succéda, en 1784, à Macquer comme directeur des Gobelins. Après le traité de Campo-Formio, le vainqueur de l'Italie devint un moment l'élève de Berthollet. Appelé à faire partie de l'expédition d'Égypte, Berthollet fonda, associé à Monge, l'institut du Caire. Créé sénateur et comte de l'Empire, il accepta, à la Restauration, l'un des premiers, la pairie. Il fonda la *Société d'Arcueil* dont le recueil contient les premiers travaux de Thénard, de Gay-Lussac, de Humboldt, etc.

personnes par suite d'une formidable explosion. Dans la même année il découvrit l'*argent fulminant*. Il parle de cette découverte dans son travail *Sur la combinaison des oxydes métalliques avec les alcalis et la chaux*. « Si les métaux oxydés, disait-il, se comportent comme des alcalis avec les acides, ils agissent à leur tour comme des acides avec les alcalis. » Partant de là il considérait les oxydes métalliques comme un terme intermédiaire entre deux progressions opposées. Ses *Éléments de l'art de la teinture* (2 vol. in-8, 1791), et son *Essai de statique chimique* (2 vol. in-8, 1803) ont été mis au rang des meilleurs ouvrages de la chimie moderne. Enfin Berthollet fit, en 1789, une véritable révolution dans le monde industriel en employant le premier le chlore, alors nommé *acide muriatique oxygéné*, pour le blanchiment des étoffes.

Fourcroy [1] répandit, par son enseignement, le goût de la chimie. Son *Système des connaissances chimiques* (Paris, 6 vol. in-4 ou 11 vol. in-8, 1801) passa longtemps pour un ouvrage classique.

Chaptal, qui professa jusqu'en 1796 la chimie dans la nouvelle École de Médecine, suivit l'exemple de Fourcroy, de Berthollet et de Morveau. Il fut un moment ministre de l'intérieur.

Parmi les autres partisans des doctrines de Lavoisier, nous citerons : *Gingembre*, qui découvrit, en 1783, l'*hydrogène phosphoré* spontanément inflammable à l'air; *Bayen*, qui découvrit le *mercure fulminant*; Jean *Darcet*, qui attacha son nom à l'*alliage fusible*, composé de 8 parties de bismuth, de 5 p. de plomb et de 3 p. d'étain; *Pelletier*, qui faillit périr à la suite d'une explosion déterminée par l'action de l'acide nitrique sur l'hydrogène phosphoré; *Parmentier*, qui eut la gloire de dissiper les préventions qui s'opposaient à un usage plus général de la pomme de terre.

En Angleterre, Cavendish et Kirwan adoptèrent franchement, après quelques hésitations, les principes de l'école chimique française.

Cavendish (né à Nice en 1731, mort à Londres en 1810) mit noblement son temps et sa fortune au service de la science. Ses expériences sur l'hydrogène remontent à 1765. Il trouva la com-

---

1. Adrien-François *Fourcroy* (né à Paris en 1755, mort en 1809) obtint en 1784, par la protection de Buffon, la chaire de chimie au Jardin du Roi, fit, en 1792, partie de la Convention nationale, entra dans le comité du Salut public, devint, après le 18 Brumaire, directeur général de l'instruction publique, et mourut le jour où il fut créé sénateur et comte de l'Empire avec une dotation de 20,000 fr. de rente.

position de l'acide nitrique dans la même année où Berthollet découvrit la composition de l'ammoniaque. *Kirwan* (né vers 1750 en Irlande, mort en 1812), longtemps fidèle à la doctrine du phlogistique, s'avoua loyalement vaincu par les démonstrations que lui opposèrent Lavoisier, Berthollet, Fourcroy.

En Allemagne, la *chimie pneumatique* ou *antiphlogistique*, c'est ainsi qu'on y appelait l'école française, rencontra dans Gœttling, Gren, et Girtanner, des adversaires décidés.

Gœttling (né à Bernbourg en 1755, mort professeur à Iéna en 1809) enseignait, entre autres, que l'oxygène est le résultat d'une combinaison particulière du calorique avec l'azote, et que l'azote provient de l'union de la lumière avec l'oxygène. — *Gren* (né à Bernbourg en 1760, mort professeur à Halle en 1798) fut l'auteur d'une théorie mixte, d'après laquelle le phlogistique serait une base expansible qui, par son union avec le calorique, produirait la lumière. Quant au calorique, ce serait, non pas un fluide, mais une force primordiale, expansive, cause du mouvement des molécules de la matière. — *Girtanner* (né à Saint-Gall en 1760, mort professeur à Gœttingue en 1800), auteur d'une *Nouvelle nomenclature chimique à l'usage des Allemands* (Gœttingue, 1791, in-8), croyait avoir trouvé « que la base de l'acide muriatique (chlorhydrique) est l'hydrogène, que cet élément, au premier degré d'oxydation forme l'eau et, au second degré, l'acide muriatique, de la même manière que l'azote au premier degré d'oxydation forme l'air atmosphérique, et, au second, l'acide nitrique. » — C'est le cas de rappeler que rien n'est séduisant comme l'erreur.

Senebier (né à Genève en 1742, mort en 1809), auteur de l'Art d'observer, continua de croire au phlogistique, malgré les travaux de Lavoisier, qu'il cite souvent dans ses *Recherches sur l'influence de la lumière pour métamorphoser l'air fixe en air pur par la végétation* (Genève, 1783, in-8). Dans cet ouvrage il compléta les expériences d'*Ingenhousz* (né à Bréda en 1730, mort près de Londres en 1799), qui avait découvert, d'accord avec Priestley, que les végétaux dégagent, sous l'influence du soleil, un air éminemment respirable (oxygène), et que, pendant la nuit, ils dégagent, au contraire, un air irrespirable (acide carbonique).

LA CHIMIE AU XIXᵉ SIÈCLE

Humphry Davy continua dignement l'œuvre commencée par Lavoisier. Né en 1778 à Penzance, petite ville du comté de Cornouailles
en Angleterre, il perdit à seize ans son père, et sa mère resta avec
la charge de cinq enfants. Dans l'espoir de se suffire bientôt à lui-
même, il se mit aussitôt en apprentissage chez un apothicaire de
la localité. Enflammé de l'amour de la science, il construisit
ses premiers appareils avec quelques tubes de verre qu'il avait
achetés, sur ses petites épargnes, à un marchand de baromètres
ambulant; il les compléta avec de vieux tuyaux de pipe et avec
une seringue dont l'avait gratifié le chirurgien d'un navire français,
échoué près de Land's End. Le voisinage de la mer le conduisit à
faire de l'air contenu dans les vésicules de certaines algues l'objet
de ses premières recherches. Il montra que les plantes marines
décomposent, comme les plantes terrestres, l'air, sous l'influence
de la lumière, et il adressa son travail au docteur Beddoes qui le
publia, en 1798, dans ses *Contributions to physical and medical
Knowledge*. Le docteur Beddoes, ayant fondé à Clifton, près de
Bristol, un établissement qui, sous le nom d'*Institution pneumatique*, avait pour but d'appliquer les gaz au traitement des maladies
pulmonaires, résolut de s'attacher le jeune chimiste, et chargea un
de ses amis de négocier auprès de l'apothicaire de Penzance la ré-
siliation du contrat d'apprentissage. La négociation ne fut pas
longue : l'apothicaire ne demandait pas mieux que de se défaire
d'un apprenti qu'il considérait comme « un bien pauvre sujet. »
Davy entra, en 1799, à l'Institution pneumatique de Clifton.

Le premier gaz que le jeune chimiste eut à expérimenter dans
l'établissement du docteur Beddoes, était le *protoxyde d'azote*,
décrit par Priestley sous le nom d'*oxyde nitreux*. Un célèbre prati-
cien, le docteur Mitchell, avait présenté ce gaz comme le principe
immédiat de la contagion et capable de déterminer les plus ter-
ribles effets si on le respirait en quantité même très-minime. C'é-
tait pour vérifier cette théorie que le choix de Davy s'était porté sur
le gaz en question. Les premières expériences faites avec du gaz
impur, n'ayant donné aucun résultat concluant, il se mit, le 12 avril
1799, à respirer le protoxyde d'azote pur. Davy n'avait alors que
vingt-un ans; sa mort était certaine pour peu que la théorie du
docteur Mitchell fût vraie. Mais il ne songea pas même à faire

valoir son courage : le gaz pénétra dans les poumons sans y produire aucun malaise sensible. Ce succès l'engagea à recommencer
en variant les proportions du gaz inspiré. De ces expériences qui
se continuèrent pendant plus de six mois, nous ne rapporterons que
celle qui se fit le 26 décembre 1799 en présence du docteur Kinglake. Nous en empruntons le récit à Davy lui-même. Après avoir
rappelé les sensations éprouvées dans les expériences précédentes,
il continue en ces termes : « Bientôt je perdis tout rapport avec le
monde extérieur; des traces de visibles images passaient devant
mon esprit comme des éclairs, et se liaient avec des mots de manière à produire des représentations entièrement nouvelles. Je
créais des théories, et je m'imaginais que je faisais des découvertes. Quand M. Kinglake m'eut fait sortir de ce genre de demi-
délire, l'indignation et le dépit furent les premiers sentiments que
j'éprouvais à la vue des personnes qui m'entouraient. Mes émotions
étaient celles d'un sublime enthousiaste. Pendant une minute je
me promenais dans la chambre, tout à fait indifférent à ce qu'on
me disait. Après avoir recouvré mon état normal, je me sentais en-
traîné à communiquer les découvertes que j'avais faites pendant
mon expérience. Je faisais des efforts pour rappeler mes idées :
elles étaient d'abord faibles et indistinctes; puis elles firent soudain
explosion, et je m'écriai avec solennité et comme d'inspiration : Rien
n'existe que la pensée, l'univers se compose d'impressions, d'idées,
de plaisirs et de peines [1].

Ces expériences produisirent une grande sensation. On s'en exa-
géra la portée. Les plus enthousiastes voyaient déjà dans le protoxyde
d'azote, qui reçut le nom de *gaz hilarant*, le moyen de varier les
jouissances de la vie. Ce qu'il y eut de plus certain c'est que le nom
de Davy devint rapidement populaire sur le continent comme dans
les îles Britanniques.

Le comte de Rumford venait de créer à Londres un établissement,
devenu depuis célèbre sous le nom d'*Institution Royale* : Davy y
entra, en 1801, comme professeur de chimie. Malgré son air juvénile
et ses manières un peu provinciales, il sut, dès sa première leçon,
charmer son auditoire par la lucidité de sa parole, et le jeune professeur devint bientôt l'homme à la mode dans la capitale de la
Grande-Bretagne. Aussi fut-il comblé de distinctions et d'honneurs.
Dès 1803, il entra à la Société Royale de Londres, qu'il présida

---

1. *Œuvres* de H. Davy (réunies par John Davy), t. III, p. 209.

depuis la mort de J. Banks. En 1812, il fut créé baronnet, et élu,
en 1819, l'un des huit associés étrangers de l'Institut de France.
Dans cet intervalle il visita le continent, séjourna quelque temps à
Paris (depuis le milieu d'octobre jusqu'à la fin de décembre 1813)
et se trouva à Reims en avril 1814.

Après son retour à Londres au printemps de 1815, Davy inventa
la *lampe des mineurs*, qui devait sauver la vie à des milliers d'ouvriers. On dépensait tous les ans des sommes considérables pour la
réparation des navires dont les doublages en cuivre étaient oxydés
par l'eau de mer. Davy fut invité à y porter remède. Voyant dans
ce phénomène une action électro-chimique, il imagina de neutraliser l'état électrique du cuivre par de petits clous de fer, dont un
seul devait préserver de l'oxydation au moins un pied carré de
cuivre. On croyait tout possible à cet homme de génie : on lui
commandait, pour nous servir d'une expression de Cuvier, une
découverte comme à d'autres une fourniture. Le prince-régent,
devenu roi sous le nom de Georges IV, chargea Davy de dérouler
les manuscrits carbonisés, qu'on venait de retirer des fouilles
d'Herculanum et de Pompéi. L'éminent chimiste profita de ce second voyage en Italie pour analyser les couleurs dont se servaient
les peintres de l'antiquité, et pour étudier les volcans. Ce fut pendant ces pérégrinations de valétudinaire qu'il écrivit ses *Consolations
en voyage, ou les Derniers jours d'un philosophe*, que Cuvier appelait « l'ouvrage de Platon mourant. »

La santé de Davy, toujours fort délicate, déclina rapidement. Il
se hâta de retourner dans sa patrie. Mais à peine arrivé à Genève
il expira, en 1829, à l'âge de cinquante et un ans. Son tombeau se
voit, dans le cimetière de Genève, à côté de celui de Pictet : il est
marqué par une simple pierre, portant pour toute épitaphe ce mot :
Spero (J'espère)! Il errait sur les lèvres du mourant qui mettait son
espérance dans une autre vie.

Travaux de Davy. — A la terre la poussière du corps, à nous la
pensée qui vivifie. Lavoisier avait soupçonné que la potasse, la soude,
la chaux, la magnésie, etc., qui passaient pour des corps simples,
pourraient bien être des corps composés. Ce que Lavoisier n'avait
qu'entrevu, Davy le réalisa au moyen de l'action décomposante de
la pile de Volta. C'est ainsi qu'en employant une batterie de 250 plaques (cuivre et zinc) il découvrit d'abord le *potassium*, et démontra
que la potasse est un composé de potassium et d'oxygène. Rien
n'égala sa joie quand il vit apparaître le potassium sous forme de

petits globules d'un vif éclat métallique, tout à fait semblables aux
globules de mercure, percer la croûte de la potasse et s'enflammer
au contact de l'eau et de l'air. « Il se promenait dans sa chambre,
raconte son frère, en sautant comme saisi d'un délire extatique ; il
lui fallut quelque temps pour se remettre et continuer ses recherches [1]. » La découverte du potassium fut presque immédiatement suivie de celle du *sodium*, extrait de la soude.

Ces découvertes ne furent pas acceptées sans contestation. Les
uns prétendaient que Davy s'était trompé ; les autres, que le potassium et le sodium, loin d'être des corps simples, n'étaient que des
combinaisons d'hydrogène ou de carbone avec les alcalis. Pour
répondre à ses contradicteurs, Davy répéta ses expériences, et
montra par l'analyse que le potassium et le sodium non-seulement
ne contiennent ni hydrogène ni carbone, mais qu'ils ne peuvent
brûler, en se changeant en potasse et en soude, qu'au contact de
matières oxygénées et qu'on ne peut les conserver que dans des
liquides exempts d'oxygène, tel que le pétrol. Ayant ainsi démontré
que la potasse et la soude sont de véritables *oxydes*, il assimila, par
une conception hardie, le potassium et le sodium à de véritables
métaux.

Ces résultats le firent naturellement songer à décomposer par le
même moyen les terres alcalines, telles que la chaux, la baryte, la
strontiane, la magnésie. Les premiers essais échouèrent. Il modifia
alors son procédé. Sur quelques indications, fournies par Berzélius
et Pontin, engagés dans les mêmes recherches, il mettait les terres
alcalines, légèrement humectées et mêlées d'oxyde de mercure, en
contact avec des globules de ce métal ; il obtenait ainsi des amal-
games, d'où il expulsait ensuite le mercure par la distillation. Le
barium, le *strontium*, le *calcium* et le *magnesium* furent découverts
par ce moyen, en très-petites quantités, il est vrai, mais suffisantes
pour montrer les propriétés les plus caractéristiques de ces éléments
nouveaux.

Le corps que Scheele avait découvert en traitant l'acide muriatique
(chlorhydrique) par l'oxyde de manganèse, et qu'il avait nommé
acide muriatique déphlogistiqué, occupait singulièrement l'attention
des chimistes depuis la fin du xviiie siècle. Berthollet en avait fait
l'objet d'une série d'expériences, et, de ce que ce corps, dissous
dans l'eau, dégageait de l'oxygène sous l'influence de la lumière,

---

1. John Davy, *Memoirs of th. life of sir Humphry Davy*, p. 109.

il en avait conclu que c'était une combinaison d'oxygène avec l'acide muriatique, et il lui avait donné le nom d'*acide muriatique oxygéné*. Quant à l'acide muriatique, Berthollet, d'accord avec Lavoisier, le regardait comme une combinaison de l'oxygène avec un radical encore inconnu.

Davy hésitait à adopter cette manière de voir de l'école française. Si, se disait-il, l'acide muriatique était de l'oxygène uni à un radical inconnu, on pourrait le décomposer facilement au moyen d'un corps avide d'oxygène, conséquemment propre à mettre le radical en liberté. Pour s'en assurer, il essaya, dès 1808, l'action du potassium sur le gaz acide muriatique (chlorhydrique) humide, et il vit constamment se former de l'hydrogène. Il constata, en outre, que, sans l'intervention de l'eau ou de ses éléments, il lui était impossible d'obtenir, avec l'acide muriatique oxygéné *sec* (chlore), les moindres traces d'acide muriatique.

Les expériences du chimiste anglais furent répétées, en France, par Gay-Lussac et Thenard; elles donnèrent exactement les mêmes résultats. Grand fut l'embarras des deux chimistes français; car ils s'étaient ouvertement déclarés pour la théorie de Lavoisier, d'après laquelle tous les acides avaient l'oxygène pour élément acidifiant. « L'eau, se disaient-ils, est donc un ingrédient nécessaire à la formation de l'acide muriatique; mais comment se fait-il qu'elle y adhère avec tant de force qu'on ne puisse l'en retirer par aucun moyen ? Ne serait-ce pas seulement par un de ses deux éléments, par l'hydrogène, qu'elle concourt à former cet acide ? Et l'oxygène qui se produit dans cette opération et que l'on croyait provenir de l'acide muriatique oxygéné, ne serait-il pas simplement l'autre élément de l'eau ? Mais alors ni l'acide muriatique oxygéné, ni l'acide muriatique ordinaire, ne contiendrait de l'oxygène : *l'acide muriatique ne serait que l'acide muriatique oxgéné, plus de l'hydrogène* [1]. »

Ces dernières paroles montrent que les deux chimistes français allaient saisir la vérité; ils la tenaient déjà, quand l'autorité du système régnant la leur fit lâcher aussitôt. Ils ne représentaient leur manière de voir que comme l'expression d'une *hypothèse possible*; mais cette hypothèse ils n'osaient la soutenir en face de leurs vieux maîtres, Berthollet, Fourcroy, Chaptal, pour lesquels la théorie de Lavoisier était comme une seconde religion.

_____

1. *Mém. de la Société d'Arcueil*, t. II.

Davy n'avait pas les mêmes ménagements à garder. Il aborde donc le problème avec une complète liberté d'esprit. Reprenant les tentatives, qui avaient été faites pour désoxyder l'acide muriatique oxygéné, il déclara que ce prétendu acide muriatique oxygéné ou dephlogistiqué est un *corps simple*, et qu'en se combinant avec l'hydrogène, il forme l'acide muriatique. Ce corps simple, gazeux, jaune, reçut de Davy le nom de *chlorine* (du grec χλωρός, jaune pâle), qui fut changé en celui de *chlore*, nom qui a prévalu.

Cette importante découverte renversa la théorie de Lavoisier, qui faisait jouer à l'oxygène un rôle trop exclusif. Elle servit à démontrer que l'oxygène n'est pas l'élément unique de la combustion, que le chlore peut, dans ses combinaisons, jouer le même rôle que l'oxygène, enfin qu'il y a des acides (*hydracides*), des sels (*haloïdes*) et des bases (*chlorobases*), dans la composition desquels il n'entre pas un atome d'oxygène.

Malgré l'évidence de ces faits, Davy ne rencontra d'abord que très-peu de partisans ; et, chose curieuse, ce fut parmi ses compatriotes qu'il trouva le plus de contradicteurs. Murray, qui jouissait d'une grande autorité comme professeur de chimie à Edimbourg, continuait à enseigner que le chlore est une combinaison de l'oxygène avec l'acide muriatique sec, et il défendait avec une vivacité extrême, dans le journal de Nicholson, la théorie Lavoisienne. Davy dédaigna de répondre lui-même aux attaques dont il était l'objet ; il en chargea son frère John. « Cette polémique, dit John Davy, quoique conduite avec une âcreté inutile, ne fut cependant pas tout-à-fait sans résultats. Elle fit découvrir deux gaz nouveaux, l'*euchlorine* (acide chloreux), composé de chlore et d'oxygène, et le *phosgène*, composé de chlore et d'oxyde de carbone. Ces deux gaz, que Murray avait rencontrés dans ses recherches, et dont il ignorait la composition, étaient la principale cause de l'erreur qu'il soutenait [1]. » — D'autres faits vinrent bientôt donner complétement raison à H. Davy.

Découverte de l'iode. — Vers le milieu de 1811, Courtois, salpêtrier de Paris, signala dans les cendres des plantes marines une substance noirâtre qui corrodait ses chaudières. Il donna quelques échantillons de cette substance, sur laquelle il n'avait aucune idée arrêtée, à Clément, chimiste. Celui-ci se mit à l'examiner, et communiqua le résultat de son travail à l'Académie des sciences le 20 no-

---

1. *Vie de H. Davy*, par John Davy, en tête du t. I de ses *Œuvres*.

vembre 1813. Il n'y était point encore question de cette substance comme d'un corps simple, nouveau, à ajouter à la liste grossissante des éléments. Davy, qui avait obtenu, par une faveur spéciale de Napoléon Ier (à cause du blocus continental), la permission de traverser la France pour se rendre en Italie, se trouvait alors à Paris.

C'est ici que se présente une étrange contestation de priorité. Qui des deux, de Gay-Lussac ou de Davy, montra le premier que la substance noirâtre de Courtois est un corps simple, nouveau, l'*iode* enfin ? L'un et l'autre ayant fait connaître leurs droits, nous n'avons qu'à les écouter dans leurs exposés respectifs.

Après avoir dit que Clément était encore occupé de ses recherches quand Davy vint à Paris et qu'il ne crut pouvoir mieux accueillir un savant aussi distingué qu'en lui montrant la nouvelle substance qu'il n'avait encore montrée qu'à Chaptal et Ampère, Gay-Lussac continue en ces termes : « Peu de temps après avoir montré l'iode à M. Davy et lui avoir communiqué le résultat de ses recherches, M. Clément lut sa note à l'Institut et la termina en annonçant que j'allais la continuer. Le 6 décembre, je lus en effet à l'Institut une note qui fut imprimée dans le *Moniteur* le 12 décembre, et qui l'a été ensuite dans les *Annales de chimie*, t. LXXXVIII, p. 311. Je ne rappellerai pas ici que les résultats qu'elle renferme ont déterminé la nature de l'iode et que j'ai établi que cette substance est un corps simple, analogue au chlore. Personne n'a contesté jusqu'à présent que j'ai fait connaître le premier la nature de l'iode, et il est certain que M. Davy n'a publié ses résultats que plus de huit jours après avoir connu les miens [1]. »

Nous venons de voir que Gay-Lussac a eu soin d'apprendre lui-même au public, dans une note insérée au *Moniteur* du 12 décembre 1813, comment il détermina le premier la nature de l'iode.

Voici maintenant ce que Davy avait écrit, en français, le 11 décembre de la même année, dans le *Journal de Physique*, qui, comme le *Moniteur*, se publiait à Paris.

1. *Annales de Chimie*, t. XCI, p. 5. — *Moniteur* du 12 déc. 1813.

« *Lettre sur une nouvelle substance découverte par M. Courtois dans le sel de varech, à M. le chevalier Cuvier, par sir H. Davy.*

aris, le 11 décembre 1813.

« Monsieur, je vous ai dit, il y a *huit jours*, que je n'avais pu découvrir d'acide muriatique dans aucun des produits de la nouvelle substance découverte par M. Courtois dans le sel de varech, et que je regardais l'acide qu'y a fait naître le phosphore dans les expériences de MM. Desormes et Clément, comme un composé de cette nouvelle substance et d'hydrogène, et la substance elle-même *comme un corps nouveau, jusqu'à présent indécomposé*, et appartenant à la classe des substances qui ont été nommées *acidifiantes* ou *entretenant la combustion*. Vous m'avez fait l'honneur de demander communication de mes idées par écrit. Plusieurs chimistes s'occupent aujourd'hui de cet objet, et il est probable qu'une partie de ces conclusions auront été également trouvées par eux, principalement par M. Gay-Lussac, dont la sagacité et l'habileté doivent nous faire espérer une histoire complète de cette substance. Mais, puisque vous pensez qu'une comparaison des différentes vues et expériences, faites d'après différents plans, pourraient répandre plus de lumières dans un champ de recherches si nouveau et si intéressant, je vous communiquerai mes résultats généraux... »

L'auteur indique ici les expériences, propres à faire connaître la nature de l'iode ; puis il ajoute en terminant :

« J'ai essayé de décomposer la nouvelle substance en l'exposant à l'état gazeux dans un petit tube, à l'action de la pile de Volta, par un filament de charbon qui devient chauffé jusqu'au rouge durant l'opération. Il se forme, dans le commencement, un peu d'acide ; mais cette formation cesse bientôt, et, quand le charbon a été chauffé au rouge, la substance n'a éprouvé aucune altération.

« Je suis, Monsieur, etc.

« Hunphry Davy. »

Il suffit de comparer pour juger. C'est incontestablement Davy, et non Gay-Lussac, qui le premier a fait connaître la nature de l'iode. Le nom même d'*iode* (de ἰώδης violacé), fut proposé par Davy, qui l'avait d'abord appelé *iodine*, à cause de son analogie avec le chlore, nommé par lui *chlorine*.

L'illustre chimiste anglais fut très-sensible au tour (*turn*) que lui avait joué celui qu'il avait proclamé « le premier des chimistes français. » Il s'en expliqua dans une lettre à son frère. « Pendant mon séjour à Paris, je voyais, dit-il, souvent Berthollet, Cuvier,

Chaptal, Vauquelin, Humboldt, Morveau, Clément, Chevreul et Gay-Lussac. Ils étaient tous polis et attentifs pour moi, et, sauf le tour que m'a joué Gay-Lussac en publiant, sans l'avouer, ce qu'il avait d'abord appris de moi, je n'eus à me plaindre d'aucun de ces messieurs. Mais qui pourrait faire taire l'amour-propre ?... Il n'est cependant pas bon d'entrer en conflit avec la vérité et la justice. Mais laissons là la morale et mes griefs. L'iode est pour moi un utile allié... La vieille théorie (la théorie de Lavoisier) est maintenant presque tout-à-fait abandonnée en France [1]. »

COUP D'ŒIL GÉNÉRAL SUR LA CHIMIE DE NOTRE ÉPOQUE.

En terminant, mentionnons brièvement les travaux des principaux chimistes qui, depuis le commencement de notre siècle, ont suivi, dans les différents pays de l'Europe, les traces des fondateurs de la chimie moderne.

En **France**, nous voyons *Vauquelin* [2] se rattacher étroitement à Lavoisier par l'intermédiaire de Fourcroy, son protecteur et ami. Il se fit d'abord connaître par deux découvertes importantes : en 1797, par la découverte du *chrôme*, dans le plomb spathique de la Sibérie, et en 1798, par celle de la *glucyne*, dans l'émeraude et le béryl. Il s'occupa ensuite de l'analyse des matières organiques, découvrit, avec Robiquet, l'*asparagine*, fit, en société avec Correa de Serra, une série d'expériences sur la sève des végétaux, donna une des premières analyses de la matière cérébrale, de la laite des poissons, du chyle du chacal, etc., et rendit de grands services à l'hygiène et à l'industrie par ses observations concernant l'action du vin, du vinaigre, de l'huile sur les vases de plomb et d'étain, ainsi que par ses expériences sur le fer, l'acier, l'eau de couleurs des bijoutiers, sur la fabrication de l'alun, du laiton, etc.

La décomposition de la potasse et de la soude au moyen de la pile excita l'émulation des chimistes. Gay-Lussac et Thenard obtinrent du gouvernement de Napoléon Ier les fonds nécessaires pour la

---

1. *Vie de H. Davy*, t. I. de ses *Œuvres*.

2. *Louis-Nicolas Vauquelin* (né en 1763 près de Pont-l'Evêque en Normandie, mort en 1829) débuta comme garçon de pharmacie, remplaça, en 1801, Darcet au Collége de France, devint, en 1801, directeur de l'École de pharmacie, et, l'année suivante, professeur de chimie au Jardin des Plantes. En 1827, il fut envoyé par le collége électoral de Lisieux à la Chambre des députés,

construction d'une pile colossale. Ce fut pendant ces expériences que Gay-Lussac faillit perdre la vue par la projection d'un fragment de potassium, qu'il essayait pour la première fois. En combinant l'électricité avec l'action désoxydante du potassium, ces deux chimistes parvinrent, en 1808, à découvrir que l'*acide boracique* (acide borique) est composé d'oxygène et d'un corps simple, nouveau, qui reçut le nom de *bore*, et ils montrèrent que l'*acide fluorique* de Scheele est composé d'hydrogène et de *fluor*, corps particulier qui, à cause de sa propriété d'attaquer tous les vases, n'a pu encore être isolé à l'état de pureté.

Vers la même époque, Gay-Lussac [1] proposa, de concert avec son collaborateur Thenard, l'emploi, généralement adopté, du bioxyde de cuivre pour les combustions et analyses des substances organiques.

En 1815, pendant ses recherches sur le bleu de Prusse, il découvrit le *cyanogène*, et montra que ce corps nouveau, quoique composé de deux éléments (carbone et azote), joue le rôle d'un radical ou d'un corps simple, qu'il s'unit au chlore pour former l'*acide chlorocyanique*, et à l'hydrogène pour produire l'*acide hydrocyanique* ou *cyanhydrique*, nom qui fut depuis lors substitué à celui d'acide prussique. Les conseils qu'il fut appelé à donner à l'administration des octrois et à la fabrication des poudres le conduisirent à inventer l'*alcoolomètre*, le *chloromètre* et l'*alcalimètre*. Les fonctions qu'il remplit comme directeur du Bureau de garantie, qui lui avait été confié à l'hôtel de la Monnaie, devinrent pour lui l'occasion d'imaginer un procédé d'analyse des monnaies d'argent par voie de précipitation (voie humide). Ce procédé, introduit à la Monnaie de Paris depuis 1823, a remplacé l'ancien procédé de la coupellation, dans tous les hôtels de Monnaie.

Le premier travail de *Thenard* [2] remonte à 1800. Il a pour objet

---

1. *Joseph-Louis* GAY-LUSSAC (né en 1778 à Saint-Léonard dans le Limousin, mort en 1850 à Paris) vint en 1794 à Paris fut en 1809 nommé, par la protection de Berthollet, professeur de chimie à l'école Polytechnique et professeur de physique à la Sorbonne. En 1832, il échangea cette dernière chaire contre la chaire de chimie générale du Jardin des Plantes. En 1839, il fut élevé à la pairie.

2. *Louis-Jacques* THENARD (né en 1777, à la Louptière, près de Nogent-sur-Seine, mort à Paris en 1857) débuta sous les auspices de Vauquelin et de Fourcroy, devint successivement professeur de chimie, à l'École Polytechnique, au Collège de France et à la Sorbonne, où il faillit s'empoisonner un jour avec une solution de sublimé corrosif qu'il avait prise pour de l'eau

les combinaisons de l'arsenic et de l'antimoine avec l'oxygène et le soufre. Il fut bientôt suivi de ses recherches sur les oxydes et les sels de mercure, sur les phosphates, les tartrates, etc. Ses observations sur les sels de cobalt lui firent trouver une matière tinctoriale qui porte le nom de *bleu de Thenard*. Mais sa découverte la plus remarquable fut, en 1818, celle de l'*eau oxygénée*, qu'il avait obtenue en chauffant de la baryte dans de l'oxygène, et traitant le produit par de l'acide chlorhydrique. L'eau oxygénée lui servit à la formation de plusieurs peroxydes nouveaux ; il en proposa aussi l'usage pour la restauration des tableaux à l'huile, noircis par le temps. Son *Traité de chimie élémentaire, théorique et pratique*, dont la 1re édition parut en 1813-16 (4 vol. in-8) et la dernière en 1836 (5 vol. in-8) a joui d'une grande autorité, pendant plus d'un quart de siècle.

Parmi les élèves de Gay-Lussac et Thenard, nous citerons *Pelouze* (né en 1807 à Valognes), dont la mort prématurée (en 1865) a été une perte pour la science. Les travaux sur le dosage des nitrates, sur l'acide œnanthique, qu'il découvrit, en 1836, en commun avec M. Liebig, sur l'acide butyrique, sur les tartrates, sur le pyroxyle, etc., lui acquirent rapidement une position élevée.

Le doyen de la chimie contemporaine, M. *Chevreul* (né à Angers en 1788) se plaça de bonne heure, par ses travaux classiques sur les *corps gras*, au même rang que Gay-Lussac et Thenard. Ses ouvrages sur la teinture, sur le contraste des couleurs, sont le résultat d'une longue expérience, acquise comme directeur des Gobelins.

Pelletier (né en 1788 à Paris, mort en 1842) concourut avec *Caventou* à la découverte d'un grand nombre d'alcalis végétaux, dont le plus remarquable était la quinine, à raison de ses précieuses propriétés médicinales.

Deux chimistes, fort regrettés, *Gerhardt* (mort en 1856, à l'âge de quarante ans) et *Laurent* (mort en 1857, à quarante-six ans) avaient entrepris d'imprimer à la science une direction nouvelle. Les premiers travaux de Gerhardt, faits en commun avec M. Cahours, portaient sur les huiles essentielles. De 1849 à 1855, Gerhardt mit au

sucrée. En 1825, il obtint de Charles X le titre de *baron*, entra en 1827 à la Chambre des députés et en 1832 il fut élevé à la Pairie par Louis-Philippe. En 1865, son village natal a été autorisé à prendre le nom de *La Louptière-Thenard*.

jour ses recherches sur les *séries homologues*, sur la *théorie des types*, sur les *acides anhydres* et les *amides*. Les théories établies par lui ont le double avantage de relier entre eux des faits connus, qui étaient jusqu'alors sans lien apparent, et d'en laisser entrevoir d'autres entièrement nouveaux. Laurent s'était attaché à faire prévaloir le même ordre d'idées. Il insista plus particulièrement sur la faculté qu'on a de substituer, dans un composé organique, un nombre variable d'éléments simples ou complexes par des groupes analogues, sans altérer la physionomie générale, ou le type de ce composé.

L'un des plus éminents chimistes de notre époque, M. *Dumas* (né à Alais en 1800) débuta, dans la carrière scientifique, par les travaux de physiologie, exécutés en collaboration avec le docteur Prévost de Genève. Ses travaux sur les éthers, sur l'isomérie, sur les substitutions, sur la détermination exacte de plusieurs poids atomiques, sont de vrais titres de gloire. — Son ami, M. *Balard* (né à Montpellier en 1802), eut, à l'âge de vingt-quatre ans, le bonheur de découvrir le *brôme*.

L'économie rurale et l'industrie agricole trouvèrent d'utiles enseignements dans les travaux de MM. *Boussingault, Payen, Péligot, Pasteur, Kuhlmann, Paul Thenard, Millon, Reiset, Ville*, etc.

La chimie organique, végétale ou animale, qui semblait un moment emporter tous les suffrages, n'a pas cependant fait négliger la chimie minérale, beaucoup mieux assise. Les travaux de M. *Frémy* sur les acides sulfazotés, sur les sels de cobalt, les silicates, les aciers, etc., ont élargi le domaine de la chimie. — M. *H. Sainte-Clair de Ville* a étudié, au grand profit de la science, l'action des températures élevées sur la décomposition et la recomposition des corps. Son mode d'extraction de l'*aluminium* a rendu ce métal propre aux usages industriels. — Les opérations synthétiques de M. *Berthollet* ouvrent à la chimie une ère nouvelle.

L'Allemagne n'est pas restée en arrière de la France. *Dœbereiner* (né en 1780, mort en 1849) perfectionna l'analyse des substances organiques. Professeur à l'université d'Iéna, il découvrit la propriété singulière qu'a le platine à l'état spongieux d'enflammer l'hydrogène au contact de l'air ou de l'oxygène, propriété qui sert à la fabrication de briquets, de veilleuses et d'endiomètres de platine.

Mitscherlich, professeur à l'université de Berlin (né en 1794, mort vers 1860), contribua beaucoup aux progrès de la science par ses recherches sur l'isomorphisme et le dimorphisme, sur la formation

des cristaux artificiels, comparés à la formation des cristaux naturels, sur l'analogie de composition des corps organiques et des
corps inorganiques, etc. Un de ses collègues à l'université de Berlin, *Henri Rose* (né en 1795), s'est acquis une réputation méritée par
les services qu'il a rendus à la chimie analytique.

M. *Liebig* (né en 1803), professeur à l'université de Munich, gratifié du titre de baron par le grand-duc de Hesse-Darmstadt, a contribué plus qu'aucun autre chimiste à l'avancement de la chimie
organique, et en a établi les rapports avec l'agriculture, la physiologie et la pathologie. Il serait trop long d'énumérer ici les observations et les faits nouveaux dont il a enrichi la science. — Son ancien
collaborateur, M. *Wœhler* (né en 1809), professeur à Goettingue,
retira le premier l'aluminium métallique de l'alumine, et fut aussi le
premier à obtenir, en 1829, une matière animale par voie artificielle :
c'était l'*urée* qu'il vit se produire par la distillation du cyanate d'ammoniaque.

M. *Bunsen* a créé, de concert avec M. Kirchkoff, une méthode
analytique, fondée sur la sensibilité des raies noires de Fraunhoffer
dans le spectre coloré de la lumière. Cette méthode, si étrange en
apparence, a non-seulement amené la découverte d'un certain
nombre d'éléments nouveaux, tels que le *césium*, le *rubidium*, le
thallium, etc., mais elle a fait étendre l'analyse chimique aux corps
célestes dont la lumière est accessible à notre vue. — Les travaux
de *Schœnbein*, de *Kolbe*, de *Scherer*, de *Kopp.*, etc., ajoutent encore
aux progrès si rapides de la science.

La **Suède** a produit des chimistes de premier ordre : après
Scheele il suffit de nommer *Berzelius*. Peu de savants ont joui d'une
autorité aussi grande que celle de Berzelius (né en 1779, mort en
1848). Prenant l'électricité pour base de son système et de sa classification chimique, il découvrit plusieurs corps simples (le *silicium*
en 1809, le *sélénium* en 1817), il signala le caractère métallique du
thorium, du *zirconium*, du *calcium*, du *barium*, du *strontium*, du
tantale et du *vanadium*, après des analyses plus exactes de leurs
oxydes, et il fit du chalumeau à gaz un puissant moyen d'investigation ;
enfin par son grand *Traité de chimie*, traduit dans les principales
langues de l'Europe, et par ses *Rapports annuels*, publiés depuis 1821
jusqu'en 1848, il répandit particulièrement le goût des études chimiques, au grand profit de la science.

En **Angleterre**, le mérite de Davy, que nous avons déjà fait
connaître, fut presque égalé par celui de *Wollaston* (né à Londres

en 1766, mort en 1828). A la fois chimiste et physicien, Wollaston découvrit, en 1804, deux métaux, le *palladium* et le *rhodium*, dans le minerai de platine, d'où Tennant avait déjà retiré, en 1803, l'*osmium* et l'*iridium*. Un autre métal, le *columbium*, que Hatchett avait découvert en 1803, fut reconnu, en 1809, par Wollaston pour identique avec le tantale d'Ekeberg.

Thomas *Graham* (né à Glascow en 1805, mort à Londres en 1869) s'est fait connaître par d'importantes recherches sur les phosphates, sur les combinaisons de l'alcool avec les sels ; mais on lui doit surtout une nouvelle méthode d'analyse fondée sur la diffusion des corps dans un milieu donné, particulièrement sur les solutions en contact avec des membranes ; d'où le nom de *dialyse*, donné à cette méthode [1].

La *Chimie actuelle* tend à tout ramener aux atomes. L'idée de présenter la matière comme formée de particules infiniment petites, insaisissables, *insécables* (d'où le nom d'*atomes*, du grec ἀτομή), est fort ancienne : elle date de plus de vingt-deux siècles. Mais il faut arriver à une période assez rapprochée de nous, pour la voir scientifiquement développée. « Quel que soit, disait Boyle au xviie siècle, le nombre des éléments, on démontrera peut-être un jour qu'ils consistent dans des corpuscules insaisissables, de forme et de grandeur déterminées, et que c'est de l'arrangement de ces corpuscules que résulte le grand nombre de composés que nous voyons. » — Vers le milieu du xviiie siècle, les chimistes étaient frappés de ce fait que deux sels neutres, par exemple, le sulfate de potasse et le nitrate de chaux, peuvent, par un échange de leurs bases et de leurs acides, produire des sels également neutres, comme le sont le sulfate de chaux et le nitrate de potasse dans l'exemple cité. D'où vient que les seconds sels conservent la neutralité des premiers ? Cela vient, répondit Wenzel, de ce que les quantités relatives des bases qui neutralisent un poids donné d'un certain acide sont exactement celles qui neutralisent un poids donné d'un autre acide. Cette interprétation de Wenzel, chimiste de Freiberg, complétée plus tard par Richter, établissait que la combinaison entre les acides et les bases a lieu suivant des *proportions définies*. Mais elle passa inaperçue. Le courant des idées n'allait pas encore de ce côté-là.

Près d'un demi-siècle après Wenzel, Dalton (né en 1766, mort à

1. Voy. la notice de M. Williamson sur M. Graham, dans le *Moniteur scientifique* du 1er décembre 1869.

Manchester en 1844) trouva, en 1801, la loi des *proportions mul-tiples*, par l'examen de certains composés gazeux du carbone avec l'hydrogène (gaz des marais et gaz oléfiant) et du carbone avec l'oxygène (oxyde de carbone et acide carbonique). D'après cette loi, qui est un fait général, deux corps se combinent entre eux dans les rapports très-simples, c'est-à-dire que, si l'on suppose le poids de l'un constant, le poids de l'autre varie de manière à donner les rapports numériques de 1 à 2, 1 à 3, 2 à 3, 1 à 4, 1 à 5, etc. Dalton alla plus loin. Reprenant l'ancienne idée des atomes, il lui donna un sens précis en supposant que « chaque espèce de matière ou corps élémentaire a des atomes d'un poids invariable et que la combinaison entre diverses espèces de matière ou corps élémentaires résulte, non pas de la pénétration de leur substance, mais de la juxtaposition de leurs atomes. » Par cette hypothèse fondamentale, Dalton expliqua le fait des proportions définies et celui des proportions multiples. — William Prout, qui avait adopté les idées de son compatriote, choisit l'hydrogène pour l'unité des poids relatifs des atomes. Ces proportions pondérales, suivant lesquelles les corps se combinent, Dalton les nomma *poids atomiques*, Wollaston *équivalents*, Davy *nombres proportionnels*. Dalton donna aussi un sens plus net au nom de *molécule*, en considérant celle-ci comme la somme des poids de tous les atomes élémentaires d'un corps composé.

Les recherches de Gay-Lussac sur les rapports volumétriques suivant lesquels les gaz se combinent entre eux, vinrent encore à l'appui des proportions définies. Après avoir montré que 2 volumes d'hydrogène s'unissent exactement à 1 volume d'oxygène pour former 2 volumes de vapeur d'eau, Gay-Lussac généralisa cette observation, en établissant que les gaz se combinent en proportions volumétriques simples et définies. Si l'on ajoute cette donnée à celle des proportions pondérales définies qui expriment, d'après Dalton, les poids relatifs des atomes combinés, on pourra en induire que les poids des volumes des gaz qui se combinent représentent les poids de leurs atomes. Or, les poids de volumes égaux des gaz, rapportés à l'un d'eux, sont ce qu'on appelle leur densité. Il doit donc exister un rapport simple entre les densités des gaz et leurs poids atomiques. Il a été, en effet, reconnu que les densités des gaz sont proportionnelles aux poids de leurs atomes. Voilà comment les densités des gaz venaient offrir un moyen de détermination ou de contrôle des poids atomiques.

Cependant Dalton mettait en doute l'exactitude des faits avancés

par Gay-Lussac, et celui-ci pensait que le fait des rapports simples
et définis entre les volumes des gaz qui se combinent, pouvait très-
bien se concilier avec l'opinion de Berthollet qui, rejetant la loi des
proportions définies, admettait que les corps s'unissent, en général,
en proportions très-variables. C'est ainsi que ces deux hommes, au
lieu de se rapprocher par leurs travaux, s'éloignaient l'un de
l'autre.

En 1811, Avogrado, frappé du fait que les mêmes variations de
température et de pression font éprouver à tous les gaz sensiblement les mêmes variations de volume, émit, pour l'expliquer, l'hypothèse d'après laquelle les molécules ou groupes d'atomes, unis
entre eux par l'affinité et mis en mouvement par la chaleur, sont
contenus en égal nombre dans des volumes égaux de différents gaz [1].
Cette belle hypothèse, passée inaperçue, fut reproduite en 1814 par
Ampère, avec la différence qu'il nommait *molécules* les atomes, et
particules ce qu'Avogrado avait appelé *molécules intégrantes* : c'é-
tait introduire dans le langage scientifique une confusion fâcheuse.
Partant de la conception d'Avogrado, renouvelée par Ampère, on
disait donc alors que « volumes égaux de gaz renferment un égal
nombre d'atomes, dans les mêmes conditions de température et de
pression. » Cette proposition était trop absolue. Elle ne fut trouvée,
en effet, vraie que pour un certain nombre de gaz élémentaires, tels
que l'oxygène, l'hydrogène, l'azote, le chlore, etc.; elle n'est point
applicable aux gaz composés, tels que le gaz ammoniacal, ni, comme
l'a montré M. Dumas, au phosphore, à l'arsenic, au mercure, en
vapeur : aucun de ces corps ne renferme, sous le même volume, le
même nombre d'atomes que le gaz oxygène, hydrogène, etc.

Berzelius, rapportant les poids atomiques à celui de l'oxygène,
supposé égal à 100, en donna une table plus complète. La quantité
d'un métal capable de former avec 100 d'oxygène le premier degré
d'oxydation, était pour lui le poids atomique de ce métal. Adop-
tant les données fournies par Gay-Lussac, pour la composition de
l'eau (résultant de l'union de 2 volumes ou atomes d'hydrogène
avec 1 volume ou atome d'oxygène), il prenait pour le poids atomique de l'hydrogène le poids de 1 volume de ce gaz. Les atomes
étaient pour lui les volumes gazeux, conséquemment les poids atomiques étaient pour lui les poids relatifs de volumes égaux des gaz.
Or, comme il faut 2 volumes d'hydrogène, d'azote, de chlore, de

1. *Journal de Physique*, t. LXXII, p. 58 (juillet 1811).

brome, etc., pour former avec 1 volume d'oxygène le premier degré d'oxydation, Berzelius se vit obligé d'admettre des *atomes
doubles*, des atomes indissolublement unis deux à deux, de manière à représenter par 2 atomes l'*équivalent* de l'hydrogène, de
l'azote, du chlore, etc. C'est ainsi qu'apparut pour la première fois
une distinction tranchée entre *atomes* et *équivalents*, et cette distinction semblait concilier les idées de Dalton et de Wollaston avec
celles de Gay-Lussac.

Mais ce ne fut là qu'un progrès apparent. L'hypothèse des atomes
doubles conduisit à des notions inexactes sur la grandeur des molécules. S'il est vrai, par exemple, que 2 atomes d'hydrogène forment
avec 1 atome d'oxygène 1 molécule de vapeur d'eau, il serait inexact
de dire qu'un double atome d'hydrogène, en s'unissant à un double
atome de chlore, forme 1 molécule de gaz acide chlorhydrique; cett
union donne 2 molécules; car il ne faut que 1 atome de chlore et
1 atome d'hydrogène pour former 1 molécule de gaz acide chlorhydrique. On connaît aujourd'hui beaucoup d'autres cas du même genre;
ainsi, 3 atomes d'hydrogène s'unissent à 1 atome d'azote pour former
1 molécule de gaz ammoniacal.

La notation, créée par Berzélius pour indiquer la composition
atomique des corps, est fondée sur le dualisme électro chimique,
emprunté à Davy, qui admettait que les corps, au moment de se
combiner, sont dans des états électriques opposés, que l'un est
électro-positif et l'autre électro-négatif. De là sa division des corps
simples en électro-positifs et électro-négatifs. Mais l'ordre électrique ne suit point l'ordre des affinités. Ainsi l'oxygène, le plus
électro-négatif des corps simples, a plus d'affinité pour le soufre, son
voisin dans l'ordre électrique, que pour l'or, qui est électro-positif.
Les sels qui, par leur composition d'acides et de bases, paraissaient
donner le plus solide appui à la théorie dualistique, n'ont pas
davantage résisté à l'épreuve de l'expérience; car dans la décomposition, par exemple, du sulfate de cuivre ou du sulfate de soude,
sous l'influence de la pile, ce n'est point la base, l'oxyde de cuivre
ou l'oxyde de sodium (soude), qui se dépose, comme élément électro-positif, au pôle négatif, c'est le cuivre ou le sodium lui-même;
car l'oxyde se réduit en ses deux éléments : l'oxygène se rend avec
l'acide au pôle positif.

Mais la théorie électro-chimique de Berzelius était tellement
en faveur, qu'on ne tint d'abord aucun compte des avertissements
de l'expérience. Poursuivant son œuvre dualistique, l'illustre chi-

miste suédois groupait les atomes de carbone et d'hydrogène, ou de carbone, d'hydrogène et d'azote, de manière à en former des *radicaux* binaires ou tertiaires, *non oxygénés*, qui devaient entrer dans la composition des acides, et, en général, dans les matières oxygénées d'origine organique. « Les substances organiques, disait-il, sont formées d'oxydes à radical composé. » C'est ainsi qu'il présentait l'acide formique et l'acide acétique comme résultant de 3 at. d'oxygène unis au *formyle* (radical imaginaire, composé de 2 at. de carbone et de 3 at. d'hydrogène), et à l'*acétyle* (composé de 4 at. de carbone et de 6 at. d'hydrogène.)

Les rapports de l'alcool avec l'éther avaient été, dès 1816, énoncés en ces termes par Gay-Lussac : 4 volumes de gaz oléfiant (hydrogène bicarboné) peuvent se combiner avec 2 volumes et avec un vol. de vapeur d'eau ; la première combinaison donne de l'alcool, la seconde de l'éther. Cette manière de voir fut confirmée par MM. Dumas et Boullay dans leur travail *sur les éthers composés.* Ils assignèrent même au gaz oléfiant un rôle analogue à celui de l'ammoniaque, en comparant les éthers aux sels ammoniacaux. Berzelius alla plus loin. Assimilant les éthers aux sels en général, il y admettait l'existence d'un oxyde organique, formé de 1 at. d'oxygène et d'un radical (l'*éthyle* de M. Liebig), composé de 4 at. de carbone et de 10 at. d'hydrogène. L'*oxyde d'éthyle*, qui est l'éther ordinaire, s'unit, en effet, comme un oxyde métallique, à l'eau pour former un *hydrate*, qui est l'alcool, ainsi qu'aux acides anhydres pour former les éthers acétique, nitrique, etc. ; de même que l'*éthyle* s'unit au chlore, au brôme, etc., pour former le chlorure, le bromure, etc., d'éthyle, qui sont les éthers chlorhydrique, bromydrique, etc. Toutes ces combinaisons sont binaires, conformément à la théorie de Berzelius.

Mais, objectait-on, ces raisons sont hypothétiques : l'éthyle, l'acétyle, le formyle, etc., n'ont aucune existence réelle. On les découvrira, répondaient les partisans de la théorie dualistique. Gay-Lussac n'a-t-il pas isolé le cyanogène? — Au milieu de ces discussions, M. Bunsen vint à découvrir la *cacodyle.* Ce corps, composé de carbone, d'hydrogène et d'arsenic, est propre à se combiner directement et à plusieurs degrés, avec l'oxygène, le soufre, le chlore, etc. ; bref, le cacodyle a tous les caractères d'un radical. L'ensemble de ces résultats forme la phase la plus brillante de la théorie des radicaux.

L'assimilation de l'éther à des oxydes permit d'introduire s formules dualistiques de la chimie minérale dans la chimie organique. Mais un fait nouveau vint mettre le trouble parmi les partisans de la théorie Berzélienne qui excluait des radicaux l'oxygène. En 1828, MM. Liebig et Wœhler, qui débutèrent alors dans la carrière scientifique, furent conduits, par un travail remarquable sur l'essence des amandes amères, à représenter cette essence comme une combinaison de l'hydrogène avec un radical particulier, le *benzoïle*, composé de carbone, d'hydrogène et d'oxygène. En remplaçant l'hydrogène de cette combinaison (hydrure de benzoïle) par du chlore, ils obtenaient le chlorure de benzoïle. Au contact de l'eau, ce chlorure se décompose en acide chlorhydrique et en oxyde de benzoïle, et celui-ci, uni aux éléments de l'eau, forme l'*hydrate d'oxyde de benzoïle*, lequel n'est autre chose que l'acide benzoïque lui-même. Et ce dernier se produit aussi par la fixation directe de l'oxygène sur l'essence d'amandes amères, c'est-à-dire sur l'hydrate de benzoïle. Berzelius repoussa la théorie du benzoïle, radical oxygéné, parce qu'elle contrariait sa théorie des radicaux non oxygénés. Mais son autorité ne tarda pas à s'écrouler.

Gay-Lussac avait observé que la cire, soumise à l'action du chlore, perd de l'hydrogène et gagne pour chaque volume de ce gaz un volume de chlore. Quelque temps après, en 1831, M. Dumas fit le même genre d'observations concernant l'action du chlore sur l'essence de térébenthine, sur la liqueur des Hollandais (gaz oléfiant), et sur l'alcool. Enfin, dans un mémoire lu à l'Académie des sciences le 13 janvier 1834, il fut à même de poser les trois règles suivantes : « 1° Quand un corps hydrogéné est soumis à l'action déshydrogénante du chlore, du brome, de l'iode, de l'oxygène, etc., par chaque atome d'hydrogène qu'il perd, il gagne un atome de chlore, de brome ou d'iode, ou un demi-atome d'oxygène; 2°, quand le corps hydrogéné renferme de l'oxygène, la même règle s'observe sans modification; 3°, quand le corps hydrogéné renferme de l'eau, celle-ci perd son hydrogène sans que rien le remplace, et à partir de ce point, si on lui enlève une nouvelle quantité d'hydrogène, celle-ci est remplacée comme précédemment. »

Ces règles énoncent un simple fait de substitution, où le chlore remplace l'hydrogène. Laurent leur donna une plus grande extension en montrant que le chlore joue dans ces substitutions le même rôle que l'hydrogène.

Si quelqu'un était choqué de cette manière de voir, ce devait être Berzelius. Comment admettre, en effet, que le chlore, élément élec-

tro-négatif, soit capable de jouer, dans une combinaison, le même
rôle que l'hydrogène, élément électro-positif? Il traita donc l'idée
de Laurent, d'un jeune chimiste sans autorité, avec le silence du
dédain. Mais il entra dans l'arène quand il vit sa théorie électro-
chimique attaquée par M. Dumas, fort de la découverte de l'*acide
trichloracétique*, qui est de l'acide acétique dans lequel 3 atomes
d'hydrogène ont été remplacés par 3 atomes de chlore. C'est du
vinaigre chloré, disait M. Dumas, mais c'est toujours un acide
comme le vinaigre ordinaire. Son pouvoir acide n'a pas changé. Il
sature la même quantité de base qu'auparavant ; il la sature également bien, et les sels auxquels il donne naissance, comparés aux
acétates, présentent des rapprochements pleins d'intérêt et de généralité. » Puis, prenant à part la théorie du maître, il ajoutait :
« Ces idées électro-chimiques, cette polarité spéciale attribuée aux
molécules des corps simples, reposent-elles donc sur des faits
tellement évidents qu'il faille les ériger en articles de foi? Ou
du moins, s'il faut y voir des hypothèses, ont-elles la propriété
de se plier aux faits, de les expliquer, de les faire prévoir avec
une sûreté si parfaite qu'on en ait tiré un grand secours dans
les recherches de la chimie ? Il faut bien en convenir, il n'en est
rien.... »

Berzelius répliqua vigoureusement. Mais les formules qu'il donna,
à l'appui de ses radicaux et de son système dualistique, quoique
très-ingénieusement conçues, sont tellement compliquées qu'on a
dû les abandonner.

Cette polémique célèbre, qui dura plusieurs années, mit en
relief un fait nouveau, à savoir que « deux substances, en se
combinant l'une avec l'autre, peuvent contracter une union plus
intime que celle où se trouvent les oxydes et les acides dans les
sels. » C'est ainsi que l'acide sulfurique, dans ses combinaisons avec
diverses substances organiques, n'est plus précipité par la baryte.
Gerhardt appela les acides, qui avaient ainsi perdu une de leurs
propriétés les plus caractéristiques, *acides copulés*, et il donna le
nom de *copules* aux corps organiques où ces acides se trouvaient
engagés. A ces mêmes combinaisons M. Dumas donna le nom de
conjuguées. Après s'être moqué des mots, Berzelius finit par adopter
les faits et les idées ; il essaya même d'en élargir considérablement
le cadre.

Pendant qu'on se combattait pour des théories, la science mar-
chait. Laurent étudia la naphthaline et ses nombreux dérivés par

voie de substitution ; M. Regnault, les dérivés chlorés de l'éther chlorhydrique et de la liqueur des Hollandais ; M. Malaguti, l'action du chlore sur les éthers, et de l'acide nitrique sur les substances organiques. Enfin, M. Dumas émit une idée qui ranima la controverse. Cette idée consistait à considérer les corps formés par l'action de l'acide nitrique, les *corps nitrogénés*, comme renfermant les éléments de l'acide hyponitrique substitués à de l'hydrogène. Berzelius et ses élèves ne voyaient là qu'un cas particulier de la théorie des équivalents, lorsque M. Liebig vint proclamer l'idée de M. Dumas comme propre à donner la clef d'un grand nombre de phénomènes en chimie organique. Presque au même moment, un habile chimiste belge, M. Melsens, parvint à convertir l'acide trichloracétique en acide acétique par substitution inverse, c'est-à-dire en remplaçant le chlore par l'hydrogène. Il fut désormais impossible de représenter les deux acides comme possédant chacun une constitution particulière. Berzelius se rabattit alors sur les copules. « L'acide trichloracétique et l'acide acétique sont, disait-il, l'un et l'autre des acides oxaliques copulés ; seulement l'acide trichloracétique renferme dans la copule 3 atomes de chlore substitués à 3 atomes d'hydrogène. » Cette concession permit à Berzelius de conserver les formules dualistiques qui étaient l'expression de sa théorie.

De Laurent et Gerhardt date l'avènement de la *théorie des types*, dont le germe se trouvait dans les travaux de M. Dumas.

Par ses belles recherches sur la naphthaline, Laurent fut, en 1837, conduit à la théorie des noyaux. Il entendait par *noyaux* des radicaux, les uns fondamentaux, les autres dérivés ; les premiers ne devaient contenir que du carbone et de l'hydrogène. Supprimant l'idée dualistique, il considérait toute combinaison comme formée d'un noyau et d'appendices, constituant un tout analogue au cristal. Plus tard il assimila les combinaisons chimiques à des systèmes planétaires, où les atomes seraient maintenus par l'affinité (attraction).

Dans ses *Recherches sur la classification chimique des substances organiques*, Gerhardt signala, en 1842, un fait qui devint en quelque sorte le pivot de ses recherches. Voici l'énoncé de ce fait : « Lorsqu'une réaction organique donne lieu à la formation de l'eau et de l'acide carbonique, la proportion de ces corps ne correspond jamais à ce qu'on nomme un équivalent, mais toujours à 2 équivalents ou à un multiple de cette quantité. » Partant de là, Gerhardt réduisit à la moitié de leurs équivalents toutes les formules de chimie organique, et reproduisit ainsi les formules atomiques de Berzelius. Puis il choisit pour unité de mesure la molécule d'eau, à laquelle devaient être rapportées les molécules de tous les corps composés, occupant à l'état de gaz ou de vapeur, 2 volumes. Au point de vue dualistique il opposa le point de vue unitaire. Un sel ne devait plus être un composé binaire, mais un tout, un groupement unique d'atomes divers, capables d'être échangés contre d'autres atomes. Ce groupement étant inaccessible à l'expérience, Gerhardt entreprit de classer les atomes d'après leurs mouvements et leurs métamorphoses, exprimables par des équations ou des formules. Rejetant les formules rationnelles de Berzelius comme hypothétiques, il fonda sa classification sur des formules empiriques. Tous les corps s'y trouvent rangés en progression ascendante, suivant le nombre d'atomes contenus dans leur molécule, depuis les composés les plus simples jusqu'aux composés les plus complexes. C'est là ce qu'il appelait l'*échelle de combustion*, parce que à l'aide des procédés d'oxydation on peut faire descendre tel composé à un rang inférieur, dans la *série homologue*, en lui enlevant un ou plusieurs atomes de carbone.

Après la mort de Berzelius, en 1848, l'idée unitaire, représentée par Laurent et Gerhardt, n'eut plus d'adversaires redoutables. Il ne s'agissait plus dès lors seulement de raisonner, il fallait produire et démontrer.

Les chimistes étaient depuis longtemps frappés de ce fait que les alcaloïdes organiques renferment tous de l'azote et donnent de l'ammoniaque par la distillation sèche. L'ammoniaque y existe-elle toute formée, intimement conjuguée aux autres éléments de l'alcali organique? Berzelius le croyait, et son opinion fut généralement adoptée, mais depuis que M. Dumas eut découvert les *amides*, on changea d'idée. La plupart des chimistes admettaient que les alcaloïdes renferment tous un élément commun, l'*amidogène*, principe générateur des amides, qui est de l'ammoniaque, moins un atome d'hydrogène.

La question en était là, lorsque, en 1849, la découverte de M. Wurtz des *ammoniaques composées* vint jeter un nouveau jour sur la constitution des bases organiques. Les ammoniaques composées, qui présentent avec l'ammoniaque des relations de propriétés les plus frappantes, peuvent, suivant M. Wurtz, être envisagées, soit comme de l'éther dans lequel l'oxygène a été remplacé par de l'amidogène, soit comme de l'ammoniaque dans laquelle 1 équivalent d'hydrogène est occupé par 1 équivalent d'un radical alcoolique. L'idée de les comparer à l'ammoniaque, prise pour *type*, se présenta naturellement à l'esprit [1]. Dans la même année de 1849, un chimiste anglais, d'origine allemande, M. Hofmann, fut conduit à la même idée en considérant la diéthylamine et la triéthylamine qu'il venait de découvrir, comme de l'ammoniaque dans laquelle 1, 2 ou 3 atomes d'hydrogène sont remplacés par 1, 2 ou 3 groupes ou radicaux alcooliques.

Voilà comment fut créé le type *ammoniaque*, pierre d'attente d'une théorie, dans laquelle devait se fusionner celle des radicaux et des substitutions. Les travaux de M. Williamson sur les éthers amenèrent en 1851, le type *eau*. Tous les corps de ce type renferment 1 atome d'oxygène et 2 autres éléments, simples ou composés, représentant les 2 atomes d'hydrogène de l'eau.

L'idée de types fut reprise et élargie par Gerhardt, qui y ajouta le type *hydrogène* et le type *acide chlorhydrique*. Comme Laurent, Gerhardt regardait la molécule d'hydrogène comme formée de 2 atomes, c'était de l'hydrure d'hydrogène, comme le chlore libre était du chlorure de chlore, le cyanogène libre du cyanure de cyanogène. Les oxydes métalliques offrant une constitution analogue à celle de l'eau, il fit rentrer tous les métaux dans le type hydrogène. Il y rangeait encore les aldéhydes, les acétones et beaucoup d'hydrocarbures, entre autres les radicaux alcooliques, l'éthyle et le méthyle, découverts par MM. Kolbe et Frankland. Le type chlorhydrique comprenait les chlorures, iodures, bromures, tant minéraux qu'organiques ; il se confondait avec le type hydrogène. Gerhardt donna, en même temps, plus d'extension au type eau par sa découverte des acides organiques anhydres. Il fit aussi rentrer dans le type ammoniaque, non-seulement les bases organiques volatiles, mais toutes les amides. Enfin, il donna à ces nouvelles idées un développement tel qu'on peut le considérer comme le principal fondateur de la *théorie des types*.

La théorie des types a choqué particulièrement les disciples de

(1) M. Dumas avait déjà employé, en 1839, le mot de *type chimique*, en désignant par là tous les corps qui contiennent le même nombre d'équivalents, groupés de la même manière et qui possèdent les mêmes propriétés essentielles comme l'acide acétique et l'acide chloracétique. Mais comme il aurait fallu admettre autant de types qu'il y a de composés capables de se modifier par substitution, on ne donna alors aucune suite à l'idée de type ainsi comprise.

Lavoisier, parce que les acides, les oxydes et les sels s'y trouvant confondus. Mais Lavoisier avait rapproché ces corps par leurs propriétés sensibles ; il ne pouvait pas songer à les rapprocher par leur constitution atomique. Et c'est précisément ce genre de rapprochement que fait la théorie des types. Ainsi, d'après cette théorie, l'aniline, devenue si importante dans l'industrie tinctoriale, est une base énergique, tandis que la trichloraniline est, d'après M. Hofmann, incapable de se combiner avec les acides. Il y a des amides, découvertes par Gerhardt, qui résultent de la substitution de 2 radicaux oxygénés à 2 atomes d'hydrogène de l'ammoniaque ; dans ces amides la molécule ammoniacale se trouve tellement modifiée par l'influence des radicaux oxygénés, qu'elle forme des sels, non plus avec les acides, mais avec les bases. Ce n'est point confondre l'acide hypochloreux avec la potasse caustique que de dire que ces deux composés renferment un égal nombre d'atomes groupés de la même manière, mais que l'un contient du chlore là où l'autre contient du potassium.

Une autre objection, plus sérieuse, a été faite contre la théorie des types. « Vos trois ou quatre types, disait M. Kolbe, ne sont qu'un vain échafaudage. Pourquoi la nature se serait-elle astreinte à façonner tous les corps sur le modèle de l'eau, de l'ammoniaque, de l'acide chlorhydrique ? Pourquoi ceux-là plutôt que d'autres ? » A cela on a répondu que la théorie des types exprime des faits, et non des hypothèses. Un fragment de potassium décompose violemment l'eau sur laquelle il est projeté : l'hydrogène de la molécule d'eau est remplacé par le potassium et il se forme de la potasse avec l'oxygène de la même molécule. Cette réaction est un fait expérimental. Il en est de même de toutes les autres réactions qu'expriment les formules de la théorie des types.

La théorie des types serait-elle le dernier mot de la science ? Personne n'oserait le soutenir. Déjà elle vient d'être dépassée par une nouvelle théorie qui prend son point d'appui dans la capacité de saturation des radicaux, nommée *atomicité*. Cette nouvelle théorie a pour auteur un chimiste éminent, M. Würtz [1]. D'autres doctrines, concernant le groupement des atomes, ont été émises par MM. Gaudin, Hofmann, etc. Mais nous ne pouvons ici qu'en signaler l'existence.

---

[1] V. M. Würtz, *Histoire des doctrines chimiques*, p. 177 et suiv. (Paris, 1869).

Désorientée par les théories qui l'ont assaillie de toute part, et dans lesquelles *l'élément humain* ne joue que trop souvent un rôle prépondérant, la science marche aujourd'hui à peu près sans boussole. Elle reflète sensiblement l'image de la société où nous vivons.

FIN

TABLE DES MATIÈRES

DE L'HISTOIRE DE LA PHYSIQUE

NOTION PRÉLIMINAIRE 1

LIVRE PREMIER.

MATIÈRE 2

Propriétés immédiates de la matière (poids, volume, densité,
  élasticité, compressibilité) 3
  Balance 4
  Porosité 7
  Élasticité. 9
  Compressibilité 10
  Pèse-liqueur d'Hypatie 13
Atmosphère terrestre 14
  Pesanteur de l'air 16
  Baromètre 22
  Usages du baromètre 30
  Le vide ; machine pneumatique 36
  Loi de Mariotte 43
Liquéfaction et solidification des gaz 50
  Instruments divers 51
  Manomètre. 54
  Fusil à vent 56
  Machines à raréfier et à comprimer l'air 56
  Aérostats 57
Hygrométrie 64
  Hygroscope de Saussure 69
  Hygromètre condenseur 70
Acoustique 73
  Monocorde 74

Musique mathématique ou pythagoricienne. 74
Echo 76
Porte-voix. Cornet acoustique 78
Propagation et vitesse du son 79
Vibrations 87

LIVRE DEUXIÈME

MOUVEMENT 95

CHAPITRE Ier.

PESANTEUR 95

CHAPITRE II.

CHALEUR 104
Théorie dynamique de la chaleur 108
Aperçu historique des principaux effets de la chaleur 110
Thermoscope. Thermomètre. Dilatation 110
Chaleur latente. 121
Chaleur spécifique 127
Le pyromètre. Mesure de la dilatation des corps. 135
Dilatation des gaz. 143
Formation, densité, force élastique des vapeurs. 147
Propagation de la chaleur 159
Pouvoir émissif. Thermomètre de Leslie 105
Conductibilité. Refroidissement. 160

CHAPITRE III.

LUMIÈRE 163
Miroirs et lentilles 171
Décomposition de la lumière. Couleurs. Spectre solaire . . . 183
Anneaux colorés. Théories de la lumière. Diffraction 193
Interférences 199
Double réfraction 204
Polarisation 208
Polarisation chromatique. 214
Polarisation circulaire ou rotatoire 217
Vitesse de la lumière 210
Spectres invisibles de la lumière 220
Spectre chimique. Photographie. Photochimie 220
Raies noires du spectre. Analyse spectrale 222
Théorie la plus récente de la lumière 224
Phosphorescence et fluorescence 226

Histoire de divers instruments d'optique 227
    Lunettes astronomiques 227
    Loupe. Microscope. 229
    Chambre obscure. Chambre claire. 232
    Lanterne magique. 233
    Photométrie. Photomètre 234
    Polariscope, ... 236
    Cyanomètre. Hélioscope. Héliostat 237
    Kaléidoscope. Phares 238

CHAPITRE IV.

    Electricité et magnétisme. 240
    Boussole. 243
L'électricité et le magnétisme depuis le XVIᵉ siècle jusqu'à nos
jours 246
    Machine électrique 257
    Bouteille de Leyde. 259
    Carreau électrique. 260
    Théories. 261
    Tableaux et illuminations électriques. 262
    Tableau magique. Electrophore. 263
    Clavecin et carillon électrique 264
    Cercles électriques colorés 264
    Aigrettes électriques. 265
    La béatification de Bose 265
    Identité de l'électricité et de la foudre. 265
    Electromètre 271
    Electricité atmosphérique. 272
    Tourmaline. 275
    Poissons électriques 276
    Théories. Lois des attractions et des répulsions. Balance de
    Coulomb. 278
Electricité dynamique. 279
    Applications de l'électricité dynamique. 287
Magnétisme terrestre. Electro-magnétisme. 289
    Déclinaison. 289
    Inclinaison 291
    Intensité. 292
    Théories et lois. 295
    Electro-magnétisme 297

FIN DE LA TABLE DES MATIÈRES.

TABLE DES MATIÈRES

DE L'HISTOIRE DE LA CHIMIE

LIVRE PREMIER

ANTIQUITÉ

Arts primitifs. — *Origine de la chimie pratique* 317
   Pain. Vin. Vinaigre. Huile 317
   Métaux 320
   Corps non métalliques. Substances diverses 326
   Étoffes 330
   Embaumement 331
   Teinture. Couleurs 332
   Encres 334
   Poisons 335
   Eaux minérales 337
   Air 338
   Théories 310

LIVRE DEUXIÈME

Art sacré. — *Origine de la chimie théorique* 316
   Écrivains de l'art sacré d'une époque incertaine 352

LIVRE TROISIÈME

MOYEN AGE

Alliance de l'alchimie avec la chimie pratique 357
   La chimie des Arabes 359
L'alchimie. Albert le Grand 359
   Roger Bacon 368
   Thomas d'Aquin 369
   Alphonse X. Arnauld de Villeneuve 370
   Raymond Lulle. Daustin 371

Ortholain. Nic. Flamel. Basile Valentin 372
Eck de Sulzbach. 875
Exploitation des mines. 376
Kermès. Culture du pastel. Peinture sur verre. 377
Altération des monnaies. 378
Falsification des aliments. 379

LIVRE QUATRIÈME

TEMPS MODERNES

Paracelse 382
Georges Agricola. 387
Biringuccio. Perez de Vargas 390
Césalpin 391
Bernard Palissy. 392
Jérôme Cardan 398
J.-B. Porta 399
Blaise de Vigenère 401
Principaux faits scientifiques et industriels au xvie siècle. 402
La chimie au xviie siècle. 404
Robert Boyle. 411
Robert Fludd 420
Rodolphe Glauber. 421
Jean Kunckel 428
Angelo Sala 432
Otto Tachenius. 433
Joachim Becher. 435
Nicolas Lefèvre. 436
Christophe Glaser. 437
Nicolas Lemery 438
G. Homberg. 440
Chimie technique et métallurgique au xviie siècle. 442
Chimie des gaz dans la seconde moitié du xviie siècle. . . 446
Jean Mayow. 446
Jean Bernoulli. 449
Frédéric Hoffmann. 450
La chimie au xviiie siècle. 451
Moitrel d'Élément 455
Joseph Black. 460
Stahl. Théorie du phlogistique. 461
Chimie industrielle et médicale au xviiie siècle 469

A. CHIMISTES FRANÇAIS

Geoffroy aîné 469
Geoffroy jeune. Louis Lemery. 470
Hellot. Rouelle. 471
Baron. 472
Duhamel du Monceau et Grosse 473
Macquer. 474

B. CHIMISTES ALLEMANDS

Pott. 475
Marggraf 477

C. CHIMISTES SUÉDOIS

Brandt 483
Cronstedt 484
Faggot 485
Bergmann. 486

LES FONDATEURS DE LA CHIMIE MODERNE

I. Priestley 491
II. Scheele. 497
III. Lavoisier 508
IV. Humphry Davy 629

COUP D'ŒIL GÉNÉRAL SUR LA CHIMIE DE NOTRE ÉPOQUE

Vauquelin. Gay-Lussac. Thenard. Chevreul, etc. 537
Frémy, H. Sainte-Claire de Ville, Berthollet. Mitscherlich.
   Woehler. 540
Bunsen. Liebig. 541
Berzélius. Wollaston. Graham. 549
Dumas. Pelouze. Laurent. Gerhardt. Malaguti, Regnault. . . 541
Wurtz, Williamson, Frankland, Kolbe. 550

FIN DE LA TABLE DES MATIÈRES DE L'HISTOIRE DE LA CHIMIE.

Coulommiers. — Imp. PAUL BRODARD. — 718-1900.

www.ingramcontent.com/pod-product-compliance
Lightning Source LLC
Chambersburg PA
CBHW031346210326
41599CB00019B/2670